BERGISCHE FORSCHUNGEN

Abb. 1: Erich Philipp Ploennies (1672–1751)

Burkhard Dietz

Erich Philipp Ploennies (1672-1751)

Leben und Werk eines mathematischen Praktikers der Frühaufklärung

Neustadt/Aisch 1996

BERGISCHE FORSCHUNGEN

Quellen und Forschungen zur bergischen Geschichte,
Kunst und Literatur

Herausgegeben
im Auftrage des Bergischen Geschichtsvereins
von Wolfgang Köllmann, Jürgen Reulecke und Jürgen Stohlmann

Band XXIV

Die Deutsche Bibliothek – CIP-Einheitsaufnahme
Dietz, Burkhard:
Erich Philipp Ploennies (1672–1751):
Leben und Werk eines mathematischen Praktikers
der Frühaufklärung /
Burkhard Dietz. –
Neustadt/Aisch: Verlagsdruckerei Schmidt GmbH,
1996
ISBN 3-87707-491-X

Originalausgabe
Neustadt/Aisch 1996
Druck und Verlag:
Verlagsdruckerei Schmidt GmbH, Neustadt/Aisch

Schutzumschlag (Entwurf: Burkhard Dietz),
Vorderseite: Erich Philipp Ploennies nach einem
Gemälde von J. G. Wentzel, 1720,
Siegerlandmuseum, Siegen;
Rückseite: Titelvignette der Gründungsakten des
»Istituto delle Science«, Bologna, 1738
Betreuung der Druckvorlage: Andreas Klaus, Siegen
Gedruckt mit Unterstützung des Landschaftsverbandes Rheinland

Inhalt

Vorwort

Mit der vorliegenden Untersuchung, die den ersten Teil meiner im Wintersemester 1992/93 vom Fachbereich 1 der Universität-Gesamthochschule Siegen angenommenen Dissertation darstellt[1], wird ein Projekt zum Abschluß gebracht, das in seinen Ursprüngen bereits 1986 unter der akademischen Obhut von Herrn Professor Dr. Wolfgang Köllmann (Bochum) in Angriff genommen wurde. Nachdem zunächst 1988 mit der Edition der Ploenniesschen Handschrift „Topographia Ducatus Montani" (1715) ein erstes wichtiges Arbeitsziel erreicht war[2], konnte die von vornherein mit eingeplante monographische Studie über Leben und Werk von Erich Philipp Ploennies allerdings erst 1991 fortgesetzt und 1992 fertiggestellt werden. Aus der Retrospektive betrachtet, war diese zeitliche Verzögerung für die Bearbeitung des Themas jedoch kein eigentlicher Nachteil. Ganz im Gegenteil: Sie bot vielmehr die Chance, aus den kritischen und bestätigenden Reaktionen, die in Form von Rezensionen und Gesprächen über die Ploennies-Edition folgten[3], zu lernen und die daraus resultierenden Erfahrungen mit der inzwischen rasch fortschreitenden Forschung über das 17. und 18. Jahrhundert zu verbinden.

So entstand eine Arbeit, in welcher unter biographie- und wissenschaftshistorischen Gesichtspunkten der Versuch unternommen wurde, nicht nur den eingangs skizzierten

---

1 Die vollständige Dissertation wurde 1993 auf Mikrofiches unter etwas anderem Titel veröffentlicht (*Burkhard Dietz*, Ploennies. Leben und Werk eines Baumeisters, Mathematikers und Kartographen in der Frühaufklärung [1672-1751], phil. Diss. Siegen 1993, 786 S.). Neben den für diesen Band ausgekoppelten biographisch-wissenschaftsgeschichtlichen Teilen wird daraus demnächst auch das umfangreichere Kapitel „Überlieferung und Ploennies-Rezeption im 18. bis 20. Jahrhundert" im Druck erscheinen (in: ZBGV 97, 1995/96). Dort werden vor dem Hintergrund allgemeiner historiographiegeschichtlicher und rezeptionsgeschichtlicher Entwicklungslinien u.a. die Ansätze und Ergebnisse der bisherigen Ploennies-Forschung analysiert.
Mit Ausnahme der im Anhang publizierten Dokumente sowie der „Topographia Ducatus Montani" (s. Anm. 2), der Karten und noch erhaltenen Katasterverzeichnisse der Vermessung des Siegerlandes sind alle anderen persönlichen und amtlichen Schriften von E. P. Ploennies in transkribierter, kommentierter und übersetzter Fassung in der erwähnten Mikrofiche-Veröffentlichung greifbar.

2 *Erich Philipp Ploennies*, Topographia Ducatus Montani (1715), hg. u. bearb. v. *Burkhard Dietz*, 2 Bde. (Bergische Forschungen XX), Neustadt a.d. Aisch 1988.

3 Bisher sind folgende Rezensionen zur Ploennies-Edition erschienen: *Jürgen Rainer Wolf*, in: AHG N.F. 46 (1988); *Hans-Peter Ehmke*, in: Wolfenbütteler Barock-Nachrichten XV (1988), S. 106 f; *Clemens v. Looz-Corswarem*, in: WF 39 (1989), S. 681 f; *Hans-Joachim Häbel*, in: NA 100 (1989), S. 293 f; *Heinz-K. Junk*, in: HJbL 39 (1989), S. 463-465; *Jörg Engelbrecht*, in: AHVN 192/193 (1990), S. 262; *Christian Reinicke*, in: DJb 62 (1990), S. 345 f; *Pierre-François Burger*, in: Francia 17 (1990), S. 282 f; *Dietrich Meyer*, in: MEKGR 40 (1991), S. 411 f sowie die ausführliche Besprechung von *Fritz Hellwig*: Zur älteren Kartographie des Herzogtums Berg, in: RhVjbll 55 (1991), S. 355-362. Allen Rezensenten danke ich für ihre konstruktiven Besprechungen, insbesondere jedoch Herrn Prof. Burger, Paris, für seine Anregungen zu einem Vergleich mit der frühneuzeitlichen Statistik Frankreichs.

sozialgeschichtlichen Methoden Rechnung zu tragen. Wichtig erschien es etwa auch, die grundsätzliche Einsicht Theodor Schieders zu berücksichtigen, daß im Grunde „jede biographische Darstellung ... das Problem" aufwerfe, „wie sich ein persönlich-individuelles Leben zu seiner Mit- und Umwelt, zu den großen Strukturgegebenheiten verhält". Schieder leitete hieraus das Konzept einer Biographie ab, bei der der Verfasser gleichsam wie ein „Photograph seine Position verändert" und dabei in einem „ständigen Wechsel der Blickrichtung ... sein Objekt zu erfassen versucht"[4]. Andererseits galt es auch darauf zu achten, daß der eigentliche Gegenstand der historischen Betrachtung, das Individuum, bei solchen ‚Positionswechseln' nicht aus dem Blick geriet, daß seine „zentrale ... Stellung" nicht verdeckt wurde, sondern daß der Mensch immer „innerhalb eines Geflechts von Beziehungen zu seinem Milieu und seiner Zeit" (J. Le Goff) sichtbar blieb[5].

In zwei systematischen und zwei biographisch-chronologischen Kapiteln sowie einem Anhang mit ausgewählten Dokumenten wird so das Leben und Werk eines Menschen analysiert, der gewiß nicht zu den „großen Persönlichkeiten" seiner Zeit zählte, der aber gerade wegen seiner relativen Durchschnittlichkeit ein vorzügliches historisches Untersuchungsobjekt darstellt. Das Individuum Erich Philipp Ploennies, ein Mathematiker, Baumeister und Kartograph des späten 17. und frühen 18. Jahrhunderts, der der Nachwelt über zwei sehr präzis angefertigte Landesaufnahmen hinaus keine wirklich „großen" Werke hinterließ, wird hier zum historischen Typus, zum Stellvertreter für viele andere namenlos gewordene Gelehrte, insbesondere für viele „mathematische Praktiker", die schon zu ihren Lebzeiten im Schatten von Newton, Leibniz, Vauban und Tschirnhaus standen. Dabei wollten manche von ihnen - und jeder oft auf seine recht spezifische Art und Weise - bestimmten wissenschaftlichen Ideen oder Disziplinen zum Durchbruch verhelfen. Nicht wenige von ihnen beschleunigten so, ob gewollt oder ungewollt, den Prozeß der Aufklärung und - je nachdem, wie praktikabel die von ihnen vertretenen Pläne erschienen - auch den damit einhergehenden Ausbau der frühmodernen Staaten.

Die Drucklegung des ersten Teils meiner Dissertation gibt mir Gelegenheit, einer Reihe von Personen zu danken, die kritisch, ratend und ermunternd an ihrer Entstehung Anteil genommen und mich durch tätige Hilfe unterstützt haben. Besonders dankbar bin ich Herrn Prof. Dr. Jürgen Reulecke (Siegen), dem während der gesamten Bearbeitungszeit wichtigsten Gesprächspartner; er betreute die fortschreitende Arbeit nicht nur „väterlich" - d.h. wie man es sich von einem „Doktorvater" nur wünschen kann -, sondern stand mir auch immer wieder mit wissenschaftlichem und menschlichem Rat sowie mit freundlichen Durchhalte-Appellen bei. Zu großem Dank bin ich außerdem Herrn Prof. Dr. Wolfhard Weber (Bochum) verpflichtet, der mir auf dem Gebiet der sozialhistorisch orientierten Wissenschafts- und Technikgeschichte manche neue Perspektive aufzeigte und das Zustandekommen der Arbeit im Rahmen eines Pro-

---

4 *Theodor Schieder*, Nachwort, in: *ders.*, Friedrich der Große. Ein Königtum der Widersprüche, Frankfurt a.M. 1983, S. 494.

5 *Jacques Le Goff*, Wie schreibt man eine Biographie?, in: *Fernand Braudel u.a.*, Der Historiker als Menschenfresser. Über den Beruf des Geschichtsschreibers, Berlin 1990, S. 106.

jekts an der Ruhr-Universität Bochum und eines Gastkolloquiums an der Herzog August Bibliothek Wolfenbüttel großzügig förderte.

Es ist mir ferner ein besonderes Anliegen, den Herren Prof. Dr. Ulf Dirlmeier (Siegen), Prof. Dr. Winfried Schulze (München) und Prof. Dr. Harald Witthöft (Siegen), dem Zweitgutachter im Promotionsverfahren, dafür zu danken, daß sie mir in entscheidenden Arbeitsphasen wichtige Hinweise und Anregungen gaben. Für ihre tatkräftige und geduldige Unterstützung danke ich nicht minder verbindlich den Leiterinnen und Leitern sowie den Mitarbeiterinnen und Mitarbeitern der von mir besuchten Archive, Bibliotheken und Museen, von denen ich hier - gewissermaßen stellvertretend für alle - Herrn Theo Koblitz (Mülheim a.d. Ruhr, früher Hauptstaatsarchiv Düsseldorf) nennen will, der in seinem Photo-Labor wahrhaft mustergültige Abzüge der Ploenniesschen Topographie anfertigte und mich bei meinen Recherchen zu den mißglückten Restaurierungsmaßnahmen auf manche Spur auch und gerade zur Rezeptionsgeschichte brachte.

Für die Aufnahme der Arbeit in die Reihe der „Bergischen Forschungen“ danke ich neben den Mitgliedern der Wissenschaftlichen Kommission und des Hauptvorstandes vor allem dem früheren Vorsitzenden des Bergischen Geschichtsvereins e.V., Herrn Prof. em. Dr. Wolfgang Köllmann, der sich bis zum Ende seiner Amtszeit für die Veröffentlichung meiner Studie durch den Bergischen Geschichtsverein eingesetzt hat. Das Ploennies-Projekt war insgesamt eines der aufwendigsten in der Geschichte dieses Geschichtsvereins, es sollte aber seit den ersten organisatorischen Weichenstellungen durch Prof. Köllmann zugleich auch in besonderer Weise den wissenschaftlichen Zielen und Traditionen dieses Vereins gerecht werden. Dankbar dafür, daß ich mich seit Beginn der 1980er Jahre an der Arbeit des größten regionalen Geschichtsvereins in Deutschland aktiv beteiligen konnte, hoffe ich nun zum Abschluß des Projekts, diese wissenschaftlichen Erwartungen einlösen und den Verein zur Durchführung weiterer Forschungsvorhaben ermuntern zu können.

Aus dem Kreise meiner Freunde danke ich schließlich Dr. Ralph Angermund (Düsseldorf/Haan), dem anspruchsvollen und geselligen Gesprächspartner aus alten Zeiten, für seinen Rat und Zuspruch. Elmar Beckel (Gevelsberg) danke ich herzlich für seine unentbehrlichen technischen Hilfen. Die größte und wichtigste Unterstützung fand ich beim Abfassen der Arbeit allerdings tagtäglich in meiner lieben Frau Annette, die mir nicht nur durch gewissenhafte Korrekturvorschläge behilflich war, sondern auch bei unserer Tochter ständig um Verständnis dafür warb, daß der Vater wieder einmal viel zuwenig Zeit hatte.

Im Januar 1996 Burkhard Dietz

1. Einleitung

Von ihrer inhaltlichen und methodischen Struktur her bemüht sich die vorliegende Arbeit darum, nicht nur eine Biographie im herkömmlichen Sinne zu sein, d.h. eine Untersuchung, die erstens das Leben eines historischen Individuums - in diesem Fall das Leben von Erich Philipp Ploennies, einem Mathematiker, Baumeister und Kartographen der frühen Aufklärungszeit - als soziale Existenz zu erfassen versucht, und die zweitens darauf abzielt, das ermittelte biographische Material, die für die Persönlichkeitsentwicklung dieses Individuums relevanten Ereignisse und Prozesse, vor dem Hintergrund einer chronologisch verlaufenden Zeitschiene darzustellen. Die vorliegende Arbeit verfolgt auch das Ziel, im jeweiligen Kontext strukturelle sozial- und wissenschaftsgeschichtliche Probleme zu analysieren: zum Beispiel Fragen der Sozialisation, der Bildung und des Selbstverständnisses von Bürgerlichen reichsritterschaftlicher und patrizischer Provenienz im späten 17. und frühen 18. Jahrhundert, ihre Beziehung und Einstellung zu den immer attraktiver erscheinenden mathematisch-naturwissenschaftlichen Disziplinen und die daraus sich ergebenden Konsequenzen für das Studium, die Berufswahl und für die Chancen der Status-Verbesserung; eingehender untersucht werden aber auch bestimmte von Ploennies hinterlassene Werke, sein stadtplanerischer Entwurf für die Erweiterung von Darmstadt aus dem Jahre 1698, seine mathematische Veröffentlichung von 1724 und vor allem seine beiden kartographisch-deskriptiven Landesaufnahmen von 1715 und 1726. Diese strukturellen Untersuchungseinheiten liegen - trotz des stets unternommenen Versuchs einer integrierenden Darstellungsform - oftmals wie „Versatzstücke" quer zur eigentlichen Chronologie der biographischen Entwicklung. Auf diese Weise wird es an bestimmten Stellen möglich, die Ereignisstruktur der Biographie aufzubrechen und durch analytische bzw. problemorientierte Passagen zu ergänzen. Methodisch gesehen werden dabei sowohl inhaltlich-resümierende als auch analytische Akzente gesetzt, die in der Regel zugleich wichtige Forschungsergebnisse deutlich werden lassen.

Einer dieser problemorientierten Teile, der im direkten Zusammenhang mit der werkimmanenten Interpretation der Ploenniesschen Landesaufnahmen steht, beschäftigt sich mit der Entwicklung und den recht spezifischen Ausformungen einer Wissenschaft, die man im 17. Jahrhundert „Staatenkunde" nannte[1]. In ihren Ursprüngen auf Hermann Conring zurückgehend, der die „Staatenkunde" erstmals 1660 an der Univer-

1 Vgl. vor allem die Beiträge des Sammelbandes von *Mohammed Rassem/Justin Stagl* (Hg.), Statistik und Staatsbeschreibung in der Neuzeit, vornehmlich im 16.-18. Jahrhundert (Quellen und Abhandlungen zur Geschichte der Staatsbeschreibung und Statistik, Bd. 1), Paderborn 1980; *Michael Stolleis* (Hg.), Hermann Conring (1606-1681). Beiträge zu Leben und Werk (Historische Studien, Bd. 23), Berlin 1983; *Harm Klueting*, Die Lehre von der Macht der Staaten. Das außenpolitische Machtproblem in der „politischen Wissenschaft" und in der praktischen Politik im 18. Jahrhundert (Historische Forschungen, Bd. 29), Berlin 1986; *Hans Erich Bödeker u. a.* (Hg.), Aufklärung und Geschichte. Studien zur deutschen Geschichtswissenschaft im 18. Jahrhundert (Veröffentlichungen des Max-Planck-Instituts für Geschichte, Bd. 81), Göttingen 1986.

sität Helmstedt unter dem Titel „Notitia rerumpublicarum“ öffentlich lehrte, von hier aus die frühe Kameral- und Policeywissenschaft beeinflussend und im 18. Jahrhundert dann vor allem von Gottfried Achenwall und August Ludwig Schlözer an der Universität Göttingen als „Staatswissenschaft“ mit großem Erfolg weiterentwickelt, stand diese Disziplin mit ihren statistischen Arbeitsgebieten einerseits in der Tradition der bereits im 16. Jahrhundert eingeleiteten „wissenschaftlichen Revolution“ und andererseits - bezogen auf das alte Deutsche Reich - am Beginn eines durch den Aufstieg des frühmodernen Staates entscheidend begünstigten und daher nun besonders rasch voranschreitenden Prozesses der Entfaltung und Ausdifferenzierung der Wissenschaften: „Wissenschaft und Absolutismus, kooperationsbereit und -bedürftig auch auf anderen Feldern, traten ... in ein ständiges Abhängigkeitsverhältnis“ (M. Stolleis)[2]. Erich Philipp Ploennies, der diesen „Bedarf“ des absolutistischen Fürstenstaates an wissenschaftlichen Zuträgern und Hilfsmitteln wahrgenommen hatte, propagierte nun eine Variante der „Staatenkunde“, die als geographisch-deskriptive Variante bzw. als eine Kombination aus „Staatsbeschreibung“ und „Staatsvermessung“ bezeichnet werden kann[3]. Diese Variante der „Staatenkunde“, ihre Position und Funktionalität im Beziehungsgeflecht zwischen Wissenschaft und Staat bzw. zwischen Wissenschaft und absolutistischem Fürstentum anhand der Landesaufnahmen von Erich Philipp Ploennies genauer vorzustellen, ist Aufgabe eines jener strukturellen „Versatzstücke“ (freilich die eines der wichtigsten in dieser Arbeit), von denen anfangs die Rede war und die über den rein chronologischen Charakter einer konventionellen Biographie hinausgehen. Gleichwohl erscheint es wegen des biographischen Grundrasters sinnvoll, zunächst den Forschungsstand der modernen Biographik aufzuarbeiten.

1.1 Biographische Methode und Sozialgeschichte heute

Die Entscheidung für eine biographische Skizze, zumal für die eines noch kaum bekannten Naturwissenschaftlers und Geographen, der im Zeitalter der Frühaufklärung und des Barock lebte und sich in verschiedenen Territorien auf recht spezifische Art und Weise an der Fortentwicklung frühmoderner Staaten und ihrer Ökonomie beteiligte, war in mehrfacher Hinsicht reizvoll. Zunächst natürlich deshalb, weil eine nähere Untersuchung von Leben und Werk der in den Blick genommenen Persönlichkeit einige neue, für die historische Forschung relevante Erkenntnisse zu gewinnen versprach, zum Beispiel - um nur einige wesentliche Aspekte zu nennen - Erkenntnisse über das

2 *Michael Stolleis*, hier zit. nach *Rudolf Vierhaus*, Staaten und Stände. Vom Westfälischen zum Hubertusburger Frieden, 1648 bis 1763, Berlin 1984, S. 148.

3 Vgl. dazu die Edition *Erich Philipp Ploennies*, Topographia Ducatus Montani (1715), hg. u. bearb. v. *Burkhard Dietz*, T. 1: Landesbeschreibung und Ansichten, T. 2: Karten (Bergische Forschungen, Bd. XX), Neustadt a.d. Aisch 1988 und darin meinen einleitenden Aufsatz „Erich Philipp Ploennies und die Topographia Ducatus Montani aus dem Jahre 1715“, ebd., S. IX-XLIV.

breite Spektrum der Tätigkeitsbereiche von Naturwissenschaftlern in der frühen Neuzeit, über die Probleme ihrer Eingliederung in die Gesellschaft und nicht zuletzt auch wissenschaftsgeschichtliche Erkenntnisse über die in der neueren Historiographie bisher kaum eingehender analysierte Quellengattung der Landes- bzw. Staatsbeschreibung. Diese erste, mehr oder weniger konventionelle Begründung, hatte ihre speziellen Ursachen einerseits in der Quellenlage und andererseits auch darin, daß die natürliche Lebensspanne des betreffenden „Helden" fast genau mit jener bewegten Zeit übereinstimmte, in der - nach einem der vielen assoziativen Etiketten der neueren Forschung - die mitunter doch recht schwierige „Geburt der Neuzeit" vollendet wurde[4]. Gemeint ist hier vor allem die Zeit zwischen etwa 1670 und 1750, die unterhalb der verkrusteten Oberfläche der ständischen Gesellschaft eine besonders dynamische Phase des krisenhaften Übergangs und des Neubeginns war, eine Phase, die Reinhart Koselleck mit dem Topos der „statischen Bewegtheit" treffend charakterisierte und die schließlich auch von den Zeitgenossen selbst als „große Wende" (W. E. Peuckert) begriffen wurde: „Statt der ... Endzeit", die noch wenige Jahre zuvor unter dem Eindruck des Dreißigjährigen Krieges erwartet worden war, hatte sich in der zweiten Hälfte des 17. Jahrhunderts „tatsächlich eine andere, eine neue Zeit eröffnet", dessen wurde man sich nun allmählich bewußt[5]. Doch ungetrübt war dieses Wissen keineswegs; die Ungewißheit des Neuen forderte in den folgenden Jahrzehnten vielmehr zahllose wissenschaftlich-intellektuelle Bemühungen um eine möglichst rationale und fortschrittliche Gestaltung von Gegenwart und Zukunft heraus, ein Vorgang, den man nach Paul Hazards bekannter Studie gemeinhin als „Krise des europäischen Geistes" zu bezeichnen pflegt[6]. Im Zeichen dieser Krise standen auch die recht vielschichtigen Aktivitäten des Naturwissenschaftlers und Geographen Erich Philipp Ploennies, dem die vorliegende Untersuchung gewidmet ist.

Die Entscheidung für die biographische Grundstruktur, die lediglich durch Versatzstücke etwa zu den gesellschaftlichen Rahmenbedingungen, zu wissenschaftsgeschichtlich oder interpretatorisch relevanten Problemen des Ploenniesschen Werks ergänzt wird, stellte aber auch deshalb eine Herausforderung dar, weil sich das Genre der Biographie zur Zeit im Kontext verschiedener methodischer und theoretischer Debatten um neue Trends in der Sozialgeschichte eines besonderen Interesses erfreut. Wodurch dies zu erklären ist, versuchte kürzlich der Turiner Historiker Giovanni Levi zu ergründen, als er schrieb: „Ich denke ..., daß die Aufmerksamkeit, die neuerdings - in einer Zeit, in der die globalisierenden Paradigmen in eine Krise geraten sind und wieder eine fruchtbare Diskussion der auf die soziale Wirklichkeit angewandten Interpretations-

4 Vgl. *Leonhard Bauer/Herbert Matis*, Geburt der Neuzeit. Vom Feudalsystem zur Marktgesellschaft, München ²1989.

5 *Reinhart Koselleck*, Vergangene Zukunft der frühen Neuzeit, in: *ders*, Vergangene Zukunft. Zur Semantik geschichtlicher Zeiten, Frankfurt a.M. ²1984, S. 17-37, hier S. 27 f, 34; *Will-Ernst Peuckert*, Die große Wende, 2 Bde., Darmstadt 1966; vgl. hierzu auch *Adalbert Kempt*, Die Säkularisierung der universalhistorischen Auffassung. Zum Wandel des Geschichtsdenkens im 16. und 17. Jahrhundert, Göttingen 1960.

6 *Paul Hazard*, Die Krise des europäischen Geistes 1680-1715, Hamburg 1939.

schemata entbrannt ist - zahlreiche Historiker für Biographie und Autobiographie gezeigt haben, zu einigen Überlegungen Anlaß gibt. Meines Erachtens", so konkretisierte Levi seinen Eindruck, „konzentriert sich rund um die Biographie ... ein Großteil der Probleme der heutigen Geschichtsschreibung: die Beziehungen zu den Sozialwissenschaften, die Probleme der Betrachtungsebenen und die des Verhältnisses zwischen Normen und Praktiken bis hin zu den schwierigen Themen der Grenzen der Freiheit und Rationalität der Menschen."[7]

In der Tat: Wenn es darum geht, die Ursachen für die zunehmende Aufmerksamkeit aufzuzeigen, die Historiker, aber nicht nur sie allein, neuerdings der Biographie entgegenbringen, weisen eine Reihe von Indizien auf den von Levi angeführten Paradigmenwechsel oder, besser ausgedrückt, auf die in der westeuropäisch-angloamerikanischen Geschichtswissenschaft seit den späten 1970er Jahren entwickelten Alternativkonzepte einer Sozialgeschichte mit alltagsgeschichtlichen und anthropologischen Akzenten hin[8].

---

7 *Giovanni Levi*, Les usages de la biographie, in: Annales E.S.C. 44 (1989), S. 1325-1336, Zit. S. 1325 (dt. Vom Umgang mit der Biographie, in: Freibeuter 46, 1990, S. 33-45).

8 In dieser Hinsicht richtungweisend waren u.a. *Natalie Zemon Davis*, Society and Culture in Early Modern France. Eight Essays, Stanford 1975 (dt. Humanismus, Narrenherrschaft und die Riten der Gewalt. Gesellschaft und Kultur im frühneuzeitlichen Frankreich, Frankfurt a.M. 1987); *Emmanuel Le Roy Ladurie*, Montaillou, village occitan de 1294 à 1324, Paris 1975 (dt. Montaillou. Ein Dorf vor dem Inquisitor 1294 bis 1324, Frankfurt a.M. 1980); *ders.*, Le Carneval de Romans. De la Chandeleur au mercredi des Cendres, 1579-1580, Paris 1979 (dt. Karneval in Romans. Eine Revolte und ihr blutiges Ende, 1579-1580, Stuttgart 1982); *Carlo Ginzburg*, Il formaggio e i vermi. Il cosmo di un mugnaio del '500, Turin 1976 (dt. Der Käse und die Würmer. Die Welt eines Müllers um 1600, Frankfurt a.M. 1979); *ders.*, Spurensicherungen. Über verborgene Geschichte, Kunst und soziales Gedächtnis, Berlin 1983; *Peter Burke*, Popular Culture in Early Modern Europe, London 1978 (dt. Helden, Schurken und Narren. Europäische Volkskultur in der frühen Neuzeit, Stuttgart 1981); *Robert Muchembled*, Kultur des Volks - Kultur der Eliten. Die Geschichte einer erfolgreichen Verdrängung, Stuttgart [2]1984 (Originalausgabe Paris 1978).
Die deutsche Annäherung an historisch-anthropologische Methoden und Themen vollzog sich zunächst im Bereich der in den 1970er und frühen 1980er Jahren besonders intensiv betriebenen Arbeiterbewegungs- und Arbeiterschaftsgeschichte, vor allem im Zusammenhang mit der Erforschung der Alltagsgeschichte von Arbeitern und Unterschichten, im Kontext von Untersuchungen zur Geschichte der Freizeit, der Arbeiterkultur sowie zur Geschichte des Streik- und Protestverhaltens. Mit Ausnahme der Protestforschung, die gezielte Anleihen bei britischen Autoren wie Edward P. Thompson und Eric J. Hobsbawm machte, war dies jedoch eine geniun deutsche historiographische Entwicklung, deren Grundlagen meist durch strukturgeschichte Lokal- und Regionalstudien von Historikern gelegt wurden, die aus dem direkten oder indirekten Umfeld der Conze-„Schule" stammten. Nicht unwesentlich verstärkt wurde dann der unterschwellig schon vorhandene Trend zu historisch-anthropologischen Themenbereichen durch die Protoindustrialisierungs-Debatte, die im Zusammenwirken mit der Diskussion von Thompsons und Hobsbawms Arbeiten zu vor- und frühindustriellen Revolten die seit längerem besonders mit der Erforschung der Industrialisierung beschäftigten deutschen Sozialhistoriker nachdrücklich an die in der frühen Neuzeit angelegten Traditionszusammenhänge erinnerte - eine Tatsache übrigens, die noch zu Zeiten

Im Gegensatz zur eher generalisierenden und allgemeine bzw. übergreifende Phänomene untersuchenden Strukturgeschichte der 1960er und 1970er Jahre[9] legten sie besonderen Wert darauf, die Identität historischer Individuen wieder deutlich erkennbar werden zu lassen[10], weshalb vorzugsweise kleine soziale und räumliche Einheiten - Re-

---

der Historischen Schule der Nationalökonomie, gegen Ende des 19. Jahrhunderts, wohlbekannt war.
Dies war nun der Schnittpunkt, an dem die Forschungsinteressen aus verschiedenen Richtungen, nicht zuletzt auch auf internationaler Ebene, zusammenliefen. Begünstigt durch eine immer intensiver werdende internationale Kommunikation und den Willen zur Annäherung sowie zum Vergleich der wissenschaftlichen Methoden vertiefte und beschleunigte sich in Deutschland in den 1980er Jahren, und zwar mit erheblichen Folgen für den Buchmarkt, die Rezeption neuerer und neuester Forschungsarbeiten aus dem Umfeld der Annales-Schule sowie aus der amerikanischen, britischen und italienischen Sozialgeschichte. So wurden deutsche Historiker, die schon in den 1960er und 1970er Jahren zu Fernand Braudel und anderen führenden Vertretern der damals noch stark wirtschaftsgeschichtlich orientierten Annales Kontakte aufgenommen hatten, nun durch die zweite und dritte Generation der Annales mit der Geschichte der Mentalitäten sowie mit historisch-anthropologischen Forschungsrichtungen konfrontiert, die inzwischen auch im angloamerikanischen Kulturraum sowie in Italien diskutiert und dort - teilweise durch eigenständige Wissenschaftstraditionen modifiziert - erprobt oder weiterentwickelt worden waren.
Für die historisch-anthropologische Forschung in Deutschland waren neben den etwas älteren und zumeist programmatisch formulierten Arbeiten von Wolf Lepenies, Thomas Nipperdey, August Nitschke und einigen Mitarbeitern aus dem Umkreis der universalgeschichtlichen Zeitschrift Saeculum (vgl. hierzu *Rolf Sprandel*, Historische Anthropologie. Zugänge zum Forschungsstand, in: Saeculum 27 [1976], S. 121-142) u.a. wichtig *Hans Medick/ David Sabean* (Hg.), Emotionen und materielle Interessen in Familie und Verwandtschaft. Historische und sozialanthropologische Beiträge zur Familienforschung, Göttingen 1984; *Richard van Dülmen/Norbert Schindler* (Hg.), Volkskultur. Zur Wiederentdeckung des vergessenen Alltags (16. bis 20. Jahrhundert), Frankfurt a.M. 1984; *Robert Berdahl u.a.*, Klassen und Kultur. Sozialanthropologische Perspektiven der Geschichtsschreibung, Frankfurt a.M. 1982 (weitere Hinweise in Anm. 10).
Um erste zusammenfassende Darstellungen der hier kurz skizzierten historiographischen Entwicklung bemühen sich eine Reihe der Autoren im Sammelband von *Alf Lüdtke* (Hg.), Alltagsgeschichte. Zur Rekonstruktion historischer Erfahrungen und Lebensweisen, Frankfurt a.M. 1989 sowie *Wolfgang J. Mommsen*, Geschichte als Historische Sozialwissenschaft, in: Theorie der modernen Geschichtswissenschaft, hg. v. *Pietro Rossi*, Frankfurt a.M. 1987, S. 107-146 und *Peter Borscheid*, Alltagsgeschichte - Modetorheit oder neues Tor zur Vergangenheit?, in: Sozialgeschichte in Deutschland, Bd. III: Entwicklungen und Perspektiven im internationalen Zusammenhang, hg. v. *Wolfgang Schieder u. Volker Sellin*, Göttingen 1987, S. 78-100; *Volker Sellin*, Mentalitäten in der Sozialgeschichte, in: ebd., S. 101-122.

9 *Jürgen Kocka*, Sozialgeschichte. Begriff - Entwicklung - Probleme, Göttingen ²1986, S. 97 ff; *Hans-Ulrich Wehler*, Anwendung von Theorien in der Geschichtswissenschaft, in: Theorie und Erzählung in der Geschichte, hg. v. *Jürgen Kocka u. Thomas Nipperdey* (Beiträge zur Historik, Bd. 3), München 1979, S. 17-39.

10 Besonders wichtig waren in diesem Zusammenhang die Arbeiten von: *Friedrich H. Tenbruck*, Die unbewältigten Sozialwissenschaften oder Die Abschaffung des Menschen, Graz 1984; *Hans Medick*, „Missionare im Ruderboot?“ Ethnologische Erkenntnisweisen als Her-

gionen, Städte, Dörfer oder sogar Stadtteile - mit Hilfe methodischer Anleihen aus der Kulturanthropologie und Ethnologie untersucht wurden[11]. Jenseits aller forschungsimmanenten Wirkungen, die in Westdeutschland vor allem die dogmatischen Vertreter der etablierten Historischen Sozialwissenschaft zu mitunter recht scharfen Verteidigungstiraden um die einst errungenen theoretischen Bastionen herausforderte[12], war ein besonders erfreuliches Ergebnis dieser zunächst nur wissenschaftsintern wahrgenommenen Erneuerung, daß sie in nicht geringem Maße dazu beitrug, daß geschichtswissenschaftliche Untersuchungsergebnisse einer breiteren Öffentlichkeit noch näher gebracht werden konnten[13]. Wie groß der Anteil der biographischen Forschung an dieser Entwicklung sein würde, erkannte Arnaldo Momigliano schon 1984, als er meinte: „Es überrascht nicht, daß die Biographie immer mehr ins Zentrum der historischen Forschung rückt. Während fast jede Art von Politik- und Sozialgeschichte ... komplexer geworden ist, bleibt die Biographie etwas relativ Einfaches. Ein Individuum hat klare Umrisse und eine beschränkte Zahl bedeutungsvoller Beziehungen ...; die Biographie läßt jede Art von Fragestellung innerhalb genau festgelegter Grenzen zu“[14].

Den Befund, daß der Biographie im Kontext der neuesten historiographischen Entwicklung gewiß eine besondere Bedeutung beizumessen sei, bestätigte wenig später

---

ausforderung an die Sozialgeschichte, in: GG 10 (1984), S. 295-319; *Hans Süssmuth* (Hg.), Historische Anthropologie. Der Mensch in der Geschichte, Göttingen 1984; *Gert Zang*, Die unaufhaltsame Annäherung an das Einzelne. Reflexionen über den theoretischen und praktischen Nutzen der Regional- und Alltagsgeschichte, Konstanz 1985.

11 Vgl. hierzu insbes. *Clifford Geerz*, Thick Description: Towards an Interpretative Theory of Culture, in: *ders.*, The Interpretation of Culture. Selected Essays, New York 1973, S. 2-30 (dt. in *ders.*, Dichte Beschreibung. Beiträge zum Verstehen kultureller Systeme, Frankfurt a.M. 1983, S. 7-43; eine Gegenposition vertritt *Medick*, Missionare (Anm. 10). Zur theoretisch-methodologischen Debatte haben selbstverständlich auch einige der in Anm. 8 genannten thematischen Pionierstudien beigetragen.

12 *Hans-Ulrich Wehler*, Neoromantik und Pseudorealismus in der neuen „Alltagsgeschichte“, in: Die Zeit, 18.9.1981 (wiederabgedruckt in *ders.*, Preußen ist wieder chic... Politik und Polemik in zwanzig Essays, Frankfurt a.M. 1983, S. 99-106); *ders.*, Geschichte von unten gesehen. Wie bei der Suche nach dem Authentischen Engagement mit Methodik verwechselt wird, in: Die Zeit, 3.5.1986; *Jürgen Kocka*, Klassen oder Kultur? Durchbrüche und Sackgassen in der Arbeitergeschichte, in: Merkur 36 (1982), S. 955-965.

13 Vgl. dazu etwa *Natalie Zemon Davis*' Buch „Le retour du Martin Guerre“, Paris 1982 (dt. Die Wiederkehr des Martin Guerre, München 1984). Zur Entstehungs- und Rezeptionsgeschichte dieses Buches s. auch *dies.*, The Return of Martin Guerre. „On the Lame“, in: AHR 93 (1988), S. 572-603; ihre methodisch-theoretische Grundauffassung von Geschichte und Geschichtsschreibung erläuterte Davis in einem Interview, abgedruckt unter dem Titel „Vom anderen Umgang mit der Geschichte“, in: Freibeuter 24 (1985), S. 65-75.

14 *Arnaldo Momigliano*, Storicismo rivisitato, in: *ders.*, Fondamenti della storia antica, Turin 1984, S. 464; noch 1974 hatte Momigliano zu bedenken gegeben, daß „der Biographie ... in der historischen Forschung derzeit eine zweideutige Rolle zugewiesen“ werde; sie könne „ein Instrument der soziologischen Forschung sein“, könne „aber auch dazu benutzt werden, dieser aus dem Weg zu gehen“ (*ders.*, Lo sviluppo della biografia greca, Turin 1974, S. 8). Zur italienischen Debatte um moderne biographische Darstellungsweisen vgl. auch *Giacomo Debendetti*, Il personaggio uomo, Mailand 1970.

auch Jacques Le Goff. Seinen Blick auf den französischen Buchmarkt gerichtet, kam er zu dem Ergebnis, daß das Genre der Biographie zur Zeit eine geradezu „phänomenale Wiedergeburt" erlebe und daß man daraus fast den freilich etwas gewagten Schluß ziehen könne, „die gegenwärtige Geschichtsschreibung" sei eventuell „dabei, das Rad der Geschichte zurückzudrehen", denn „die Erzählung, das Ereignis, die ‚politische' Geschichte" kämen „wieder in Mode"[15]. Einer entsprechenden Analyse seines französischen Kollegen Bernard Guenée zustimmend, relativierte er jedoch selbst sofort die damit angedeutete Gefahr eines vielleicht drohenden Rückfalls in historistische Kategorien der Geschichtsschreibung - in Westdeutschland hatte man sich aus demselben Grund immerhin schon zu der Behauptung verstiegen, die Biographik sei und bleibe nun einmal die letzte „Auffangstellung des ... Historismus"[16].

In Frankreich dagegen fiel die Reaktion wesentlich gelassener und auch besonnener aus: Gewiß sei es, so stellte Guenée fest, unverzichtbar gewesen, „die Strukturen zu untersuchen", aber konsequenterweise habe die Einsicht in die Tatsache, daß die Dinge „nun einmal von Menschen gemacht" werden, dazu geführt, daß sich „der Biograph ... verstärkt auf den Zufall, das Ereignis (und) die chronologischen Abläufe konzentrieren" durfte, denn, so Guenée weiter, „allein die Biographie vermochte den Historikern das Gefühl der Zeit zu vermitteln, die die Menschen tatsächlich gelebt hatten"[17]. Und Le Goff fügte Guenées Einschätzung unter dem Eindruck der neuesten Veröffentlichungen ergänzend, aber genauso konziliant, hinzu: „Der Erforscher historischer Strukturen, der übersättigt war vom Abstrakten, hatte Lust auf das Konkrete. Er wollte tatsächlich zu jenem Historiker werden, von dem Marc Bloch sagt, er sei ‚wie der Menschenfresser im Märchen: Wo er Menschenfleisch riecht, da wittert er seine Beute.' Und zwar nicht irgendeine Beute, nicht mehr die Menschen innerhalb einer Gesellschaft, das kollektiv erfaßte Menschenpotential; nein, was er da vor die Nase bekam, war der Mensch als Individuum, eine ganz bestimmte historische Persönlichkeit. Die zunehmende Vorrangstellung der sozialökonomischen, vor allem aber der ökonomischen Geschichte ... hatte bereits dazu geführt, daß sich als Gegenreaktion die Kulturgeschichte, die Psychohistorie, die Geschichte der Mentalitäten, des Imaginären immer stärker entwickelten und eine regelrechte Blüte erlebten."[18] Insofern sei es kein Wunder, daß sich die historische Biographie - auch und gerade unter innovationsfreudigen Historikern - einer immer größer werdenden Beliebtheit erfreue. Angesichts der großen

---

15 *Jacques Le Goff*, Comment écrire une biographie historique aujourd'hui?, in: Le Débat, Nr. 54, März-April 1989 (dt. Wie schreibt man eine Biographie?, in: *Fernand Braudel u.a.*, Der Historiker als Menschenfresser. Über den Beruf des Geschichtsschreibers, Berlin 1990, S. 103-112, Zit. S. 103); die marxistische Position der französischen „Annalisten" und Mentalitätshistoriker vertritt *Michel Vovelle*, De la biographie à l'étude de cas, in: Problèmes et méthodes de la biographie. Actes du Colloque (Mai 1985), Paris 1985, S. 191 ff.

16 *Jürgen Oelkers*, Biographik. Überlegungen zu einer unschuldigen Gattung, in: NPL 3 (1974), S. 296-309, Zit. S. 299.

17 *Bernard Guenée*, Entre l'église et l'état. Quatre vies de prélats français à la fin du moyen âge, Paris 1987, hier zit. nach *Le Goff*, Wie schreibt man eine Biographie? (Anm. 15), S. 103.

18 *Le Goff* (Anm. 15), S. 103 f.

Tradition, die die biographische Forschung in der französischen Geschichtswissenschaft und in der sogenannten Schule der Annales gehabt habe - und in diesem Zusammenhang erinnerte Le Goff an die aufsehenerregenden Arbeiten von Lucien Febvre über Luther (1928) und Rabelais (1942) -, komme dies nicht ganz von ungefähr, auch wenn bei Marc Bloch und vielen anderen das Interesse an der kollektiven Psychologie, an den Lebensbedingungen, der mentalen Atmosphäre, den Arten des Fühlens und Denkens von größeren Gruppen und Massen immer im Vordergrund ihrer wissenschaftlichen Bemühungen gestanden habe. Gewiß könnten diese und andere von den Historikern aus dem Umfeld der Annales entwickelten Kategorien auch bei der Untersuchung einzelner Individuen erfolgreich angewendet werden. Und so stellte Le Goff schließlich die suggestive Frage, warum der Historiker von heute, der wissenschaftlich wesentlich besser gerüstet sei als früher, jetzt nicht in der Lage sein sollte, „sich wieder jenen unvermeidlichen Gegenständen der Geschichte zuzuwenden, als da wären: das Ereignis, das Politische, das Individuum ..., jenen Gegenständen also, die einst verraten wurden von einer positivistischen Historiographie mit ihren reduktionistischen, mystifizierenden Methoden, welche die Annales ... so energisch bekämpft haben?“[19]

Selbstbewußt und offenbar grundsätzlich an einer positiven Integration neuer Forschungsrichtungen interessiert, trug Le Goff darüber hinaus auch noch dadurch zu einem möglichst unverkrampften Neubeginn der biographischen Forschung bei, daß er sein eigenes aktuelles Biographie-Projekt vorstellte und zur weiteren methodischen Orientierung auf eine - seiner Auffassung nach - gelungene Definition des britischen Historikers Robert Barlett hinwies, in der wesentliche Aspekte dessen zusammengefaßt seien, was auch aus französischer Sicht eine zeitgemäße historische Biographie zu berücksichtigen habe. Barlett hatte 1982 geschrieben: „Natürlich besteht das Hauptziel einer biographischen Studie darin, ein Individuum zu vergegenwärtigen, doch dies läßt sich nur dadurch erreichen, daß man immer wieder von jener Welt spricht, in der dieses Individuum lebte. Bei einer solchen Art von Studie kommt es ganz vorrangig darauf an, zu untersuchen, wodurch dieser Mann, diese Frau geformt wurden und in welcher Beziehung er bzw. sie zu dieser Welt standen; doch wird man im Verlauf der Untersuchung zwangsläufig darauf hinarbeiten, zu allgemeingültigeren Aussagen zu kommen.“[20]

Die Intensität des internationalen Gedankenaustauschs zum Zwecke einer neuen methodisch-theoretischen Fundierung der Biographik zeigt, daß es sich hierbei in der Tat um ein zentrales und hochaktuelles Thema der modernen sozialgeschichtlich orientierten Forschung handelt[21], ein Thema, das vermutlich schon allein deshalb auch noch in Jahren Gegenstand so mancher Kontroverse sein wird, weil sich das Objekt der Auseinandersetzung zugleich im Schnittpunkt verschiedener anderer Problemfelder und

---

19 Ebd., S. 105.

20 *Robert Barlett*, Gerald of Wales, 1146-1223, Oxford 1982, hier zit. nach *Le Goff*, S. 111.

21 Vgl. hierzu besonders auch die Sammelbände von *Daniel Aaron* (Hg.), Studies in Biography, Cambridge/Mass. 1978 und *Daniel Bertaux* (Hg.), Biography and Society. The Life History Approach in the Social Siences, Beverly Hills 1981.

Diskussionslinien befindet. Um nur einige der wichtigsten übergreifenden Konfliktpunkte zu nennen, die jenseits aller Richtungskämpfe - etwa zwischen historischer Anthropologie und Strukturgeschichte - sowohl in allgemeinen Theoriedebatten wie auch bei Überlegungen zur Methodik der modernen Biographie immer wieder in Erscheinung treten, sei an dieser Stelle hingewiesen auf die je gegensätzlichen Begriffspaare von Theorie und Erzählung, von Subjektivität und Objektivität, von Mikro- und Makroperspektive bzw. auf das Verhältnis von Einzel- zu Gesamtanalyse. Gewiß wird mancher Historiker angesichts dieser Sachlage skeptisch bemerken, ob es denn für die Begründung einer modernen Methodik der biographischen Forschung notwendig sei, die schon von Bourdieu als „absurd" bezeichnete Diskussion um das Verhältnis von Individuum und Gesellschaft in der Sozial- und Geschichtswissenschaft wiederzubeleben oder gar zu Ende zu führen[22]; vielleicht wird er die moderne Biographie aus diesem Grunde schon vorab als eine „illusion biographique" abtun oder gar ernsthafte Zweifel daran anmelden, „ob Biographie überhaupt möglich sei"[23].

Um so erfreulicher ist es da, wenn vor dem Hintergrund der Erfahrungen der letzten Jahre eine „Typologie der verschiedenen Arten" von modernen Biographien entwickelt wird, „in denen die Historiker - fasziniert von der Reichhaltigkeit der individuellen Geschichte und zugleich außerstande, das Unwiederholbare und Unklassifizierbare des Lebens eines Individuums ganz zu erfassen - ... das Problem der Biographie zu lösen versucht haben"[24]. Freilich ohne einen Anspruch auf Vollständigkeit erheben zu wollen, meinte Giovanni Levi jedenfalls, seinen Blick vor allem nach Frankreich, Italien und Nordamerika richtend, die in den vergangenen rund zwanzig Jahren erschienenen Biographien in vier Großgruppen einteilen zu können, nämlich:

1. in den Typus „Prosopographie und modale Biographie", in dem die Gruppe der prosopographisch und modal verwendeten Biographien zusammengefaßt sind; diese Biographien zeichnen sich vor allem dadurch aus, daß sie in unterschiedlich starker Intensität „Belege für Verhaltensweisen oder Aspekte liefern, die mit den statistisch häufigsten sozialen Bedingungen zusammenhängen"[25]; das biographische Material wird hier gewissermaßen nur zur Unterfütterung oder Illustrierung von historischen Phänomenen verwendet, die im wesentlichen bereits bekannt sind;

2. in den Typus „Biographie und Kontext", in dem vor allem Aspekte wie „Zeit, Milieu und Ort ... als Rahmenbedingungen stark betont" werden[26]. Dieser Typus ist jedoch wiederum zu untergliedern in a) eine ‚normalisierende Biographie', in der „selbst noch die außergewöhnlichsten" Merkmale und Eigenschaften einer historischen Persönlichkeit „in einem Kontext interpretiert" werden, „der sie ermöglicht (hat) und

---

22 „... l'opposition, tout à fait absurde scientifiquement, entre individu et société" (*Pierre Bourdieu*, Fieldwork in Philosophy, in: Choses dites, Paris 1987, S. 43).

23 *Pierre Bourdieu*, L'illusion biographique, in: Actes de la recherche en sciences sociales, 62/63, Juni 1986, S. 69-72.

24 *Levi* (Anm. 7), S. 38.

25 Ebd., S. 38; vgl. hierzu auch *Pierre Bourdieu*, Esquisse d'une théorie de la pratique, Genf 1972, S. 186-189 (dt. Entwurf einer Theorie der Praxis, Frankfurt a.M. 1979).

26 Ebd., S. 39.

damit auch normal erscheinen läßt"[27], und b) in eine Biographie, bei deren Anfertigung „die dokumentarischen Lücken mit Hilfe der Analogie zu anderen Lebensgeschichten von in gewisser Hinsicht homologen Personen ... ergänzt" werden; insgesamt gesehen hat diese Gruppe „sehr reichhaltige Ergebnisse hervorgebracht ..., wenn auch der Kontext oftmals als starr und in seinem Innern kohärent gezeichnet und als unbeweglicher Hintergrund benutzt wurde, um die Biographie zu erklären"[28];

3. in den Typus „Biographie und Extremfälle", bei dem außergewöhnliche historische Persönlichkeiten in ihrer ganzen Besonderheit dargestellt werden, um durch die Beschreibung des Extremfalls, „die Grenzen des sozialen Feldes" herauszuarbeiten, innerhalb deren der betreffende Fall möglich war[29]; und

4. in den Typus „Biographie und Hermeneutik", bei dem in weitgehender Übereinstimmung mit den Methoden der hermeneutischen Anthropologie ein starker Akzent auf den Sprechakt bzw. auf die Deutung von Dialogen gelegt wird; das auf diese Weise zutage geförderte Wissen „ist das Ergebnis eines Kommunikationsprozesses zwischen zwei Personen oder zwei Kulturen, nicht einfach eine objektive Beschreibung"[30].

So abstrakt diese Strukturanalyse der neueren Biographik im einzelnen auch erscheinen mag, sie ist doch außerordentlich nützlich, und zwar nicht nur wegen der zahlreichen methodischen und inhaltlichen Anregungen, die ihr zu entnehmen sind, sondern vor allem auch deshalb, weil sie in konzentrierter Form einen Überblick über den aktuellen Stand der biographischen Forschung in Frankreich, Italien, Großbritannien und den USA vermittelt. Damit ermöglicht sie zugleich einen direkten Vergleich mit der deutschen historischen Biographik, der lange Zeit kaum Beachtung geschenkt wurde. Das änderte sich, als mit dem Aufstieg der Alltagsgeschichte seit den späten 1970er Jahren und später mit dem Aufkommen historisch-anthropologischer Forschungsrichtungen vielversprechende Alternativen zur eher generalisierenden, quantifizierenden und theorieorientierten Historischen Sozialwissenschaft angeboten wurden. Das bald zu verzeichnende ‚merkwürdige Interesse an Biographien'[31] setzte eine allmählich immer

27 Ebd., S. 40; als Beispiel für den Typus der ‚normalisierenden' Biographie kann Natalie Zemon Davis' Buch über Martin Guerre angesehen werden (Anm. 13).

28 Ebd.

29 Ebd.; als Beispiel für den Typus Biographie und Extremfall kann hier Carlo Ginzburgs Biographie des Müllers Menocchio angeführt werden (Anm. 8); in der Einleitung schreibt Ginzburg: „Folglich kann auch ein Extremfall ... sich als repräsentativ erweisen. Sowohl negativ, weil er zur Präzisierung dessen beiträgt, was in einer gegebenen Situation unter dem ‚statistisch Häufigeren' zu verstehen ist, als auch positiv, weil er glaubt, die latenten Möglichkeiten von etwas ... näher zu beschreiben, was uns nur durch bruchstückhafte und entstellte Dokumente ... bekannt ist" (ebd., S. 16).

30 Ebd., S. 41 f.

31 Vgl. *A. Grünenberg/B. Voigt*, Das merkwürdige Interesse an Biographien, in: Berliner Hefte. Zeitschrift für Kultur und Politik 5 (1977), S. 28-37; für die hier skizzierte Begründung der modernen deutschen Biographik waren u.a. folgende Veröffentlichungen wichtig: *Manfred Bosch* (Hg.), Persönlichkeit und Struktur in der Geschichte. Historische Bestandsaufnahme und didaktische Implikation, Düsseldorf 1977; *Hagen Schulze*, Die Biographie in der Krise der Geschichtswissenschaft, in: GWU 29 (1978), S. 508-518; *Grete Klingenstein/*

intensiver werdende Biographieforschung in Gang. Sie wandte sich bewußt von der historistischen Kategorie des „homo claustus“ ab, nach der der einzelne Mensch „eine kleine Welt für sich“ sei, „die letzten Endes ganz unabhängig von der großen Welt außerhalb seiner existiert“[32]. In gleicher Weise verwarf sie die auf Droysen zurückgehende Auffassung[33], daß „der Biograph durch ‚Intuition‘ und ‚Nacherleben‘ die innere Notwendigkeit der Entwicklung und der Handlungen der beschriebenen Person verstehen und darstellen könne“[34]. Nicht nur das Verfahren, die subjektiven Lebenserfahrungen, die Entscheidungsprozesse und die tatsächlichen Handlungsabläufe einer geschichtlichen Persönlichkeit aus Mangel an Quellen durch die ebenso subjektiven Lebenserfahrungen des Historikers zu rekonstruieren, war inzwischen obsolet geworden, auch verschiedene andere besonders charakteristische Merkmale historistischer Biographik galten in der nun aufkommenden modernen biographischen Forschung, die sich selbst als „Sozialbiographik“ verstand[35], als grundsätzlich überholt, etwa die Annahme von der stringenten chronologischen Abfolge, vom kohärenten, gradlinigen, absolut rational entscheidenden und handelnden Menschen und nicht zuletzt auch die fast ausschließliche Bestimmung sogenannter ‚großer Persönlichkeiten‘ zu biographischen Objekten[36].

Statt dessen zog man aus den Erfahrungen verschiedener sozialwissenschaftlich beeinflußter Disziplinen, vor allem aus der Erziehungs- und der Kommunikationswissenschaft, aber auch aus der Psychologie und Psychiatrie, die Konsequenz, daß eine moderne historische Biographik idealiter den Gegenstand ihrer Untersuchung „von drei ...

Heinrich Lutz/Gerald Stourzh (Hg.), Biographie und Geschichtswissenschaft. Ansätze zur Theorie und Praxis biographischer Arbeit, Wien 1979; *Martin Kohli*, Wie es zur ‚biographischen Methode‘ kam und was daraus geworden ist. Ein Kapitel aus der Geschichte der Sozialforschung, in: ZfS 10 (1981), S. 273-293; *Joachim Matthes* (Hg.), Biographie in handlungswissenschaftlicher Perspektive, Nürnberg 1981; *Ulrich Herrmann*, Biographische Konstruktionen und das gelebte Leben. Prolegomena zu einer Biographie- und Lebenslaufforschung in pädagogischer Absicht, in: ZfP 33 (1987), S. 303-323; *ders.*, Probleme und Aspekte historischer Ansätze in der Sozialisiationsforschung, in: Handbuch der Sozialisationsforschung, hg. v. *Klaus Hurrelmann* u. *Dieter Ulich*, Weinheim 1980, S. 227-252; *Hermann Bausinger*, Einleitung, in: Lebenslauf und Lebenszusammenhang. Autobiographische Materialien in der volkskundlichen Forschung, hg. v. *Rolf W. Brednich*, Freiburg 1982, S. 5-7.

32 *Norbert Elias*, Über den Prozeß der Zivilisation. Soziogenetische und psychogenetische Untersuchungen, Bd. 1, Frankfurt a.M. 1976 (unveränderter ND der 2. Aufl., Bern 1969), S. IL.

33 Gemeint ist die Auffassung Droysens, nach der es nichts gebe, „was den menschlichen Geist bewegt und sinnlichen Ausdruck gefunden hat, das nicht verstanden werden könnte“ (*Johann Gustav Droysen*, Historik. Vorlesungen über Enzyklopädie und Methodologie der Geschichte, hg. v. *Rudolf Hübner*, München 1937, S. 24).

34 *Andreas Gestrich*, Einleitung: Sozialhistorische Biographieforschung, in: Biographie - sozialgeschichtlich, hg. v. *Andreas Gestrich*, *Peter Knoch* u. *Helga Merkel*, Göttingen 1988, S. 5-28, Zit. S. 6.

35 Ebd., S. 9.

36 Hier folge ich Überlegungen von *Levi* (Anm. 7), S. 34 u. *Gestrich* (Anm. 34), S. 9.

Seiten her anzugehen" habe, die ihrerseits wiederum „in ihrer gegenseitigen Abhängigkeit gesehen werden müssen: (a) der Primärgruppe und ihrer Sozialisationsformen, (b) der Sekundärgruppen bzw. der Gesamtgesellschaft und ihrer materiellen, institutionellen und ideologischen Rahmenbedingungen und (c) den impliziten und expliziten Verarbeitungsformen gesellschaftlicher Erfahrungen im Rahmen von Interaktion und Kommunikation, von autobiographischen Selbstentwürfen oder auch von psychischen Krisen und Krankheiten".[37] Gewiß ist dieses Programm außerordentlich schwer einzulösen, doch wenn man berücksichtigt, welche Fortschritte die interdisziplinär arbeitende Sozialgeschichte in den einschlägigen Themenbereichen allein in den letzten zehn bis zwanzig Jahren gemacht hat (z.B. durch die zahlreichen Veröffentlichungen etwa zur Geschichte der Kindheit, Jugend und Familie, zur Sozialisationsforschung und Psychohistorie, zur Geschichte der Schule und Ausbildung, der Universitäten und Professionalisierung, der Mentalitäten und Geschlechter, des generativen Verhaltens, der Körper- und Sinneswahrnehmungen, des Alters und des Todes), dann erscheint eine Realisierung schon nicht mehr ganz so unmöglich. Voraussetzung dafür ist freilich erstens eine hinreichende Quellengrundlage, vor allem dann, wenn es sich bei dem biographisch zu untersuchenden Individuum einmal nicht um eine Persönlichkeit aus den oberen sozialen Schichten der Bevölkerung handelt, sondern - wie im vorliegenden Fall - um den Typus des eher durchschnittlichen Menschen, der zwar durch spezifische intellektuelle Leistungen hervorgetreten, dessen Leben aber doch nur recht fragmentarisch überliefert ist. Eine zweite Voraussetzung dafür, das methodisch-inhaltlich so anspruchsvolle Programm der modernen „Sozialbiographik" zumindest annäherungsweise umsetzen zu können, stellt das thematische Spektrum und wissenschaftliche Niveau der zur Verfügung stehenden lokal- und regionalgeschichtlichen Literatur dar, denn sie bildet das substantielle Rückgrat einer jeden Lebensgeschichte, die nach neueren Kriterien verfaßt wird - ohne sie scheint eine eingehendere Charakterisierung der gesellschaftlichen, wirtschaftlichen, politischen und auch kulturellen Verhältnisse im Umfeld der darzustellenden Person, und zwar auf den Ebenen aller verschiedenen Lebensabschnitte, schlechterdings unmöglich zu sein.

Wenn unter besonderer Berücksichtigung dieser tatsächlich essentiellen Voraussetzungen in der vorliegenden Studie trotzdem der Versuch unternommen werden soll, den Erfordernissen der modernen Sozialbiographik zu entsprechen, dann bedeutet das zugleich, daß mit Rücksicht auf den ‚Spezialfall' Ploennies - das heißt vor allem mit Rücksicht auf die Interpretation seiner Werke - weitere Modifikationen des biographischen Grundmusters durchaus sinnvoll, ja geradezu notwendig sein können. Hinzuweisen ist hier vor allen Dingen auf die anregenden methodisch-inhaltlichen Angebote der ‚historischen Wissenschaftsforschung' und der ‚intellectual history', die beide dem individuellen Charakter des Forschungsgegenstandes in vorzüglicher Weise entgegenkommen: die historische Wissenschaftsforschung, weil sie im Gegensatz zur traditionellen Wissenschaftsgeschichte „multidisziplinär orientiert" ist und nicht nur die an-

37 *Gestrich*, a.a.O., S. 21.

geblich bruchlose Kontinuität der Wissenschaftsentwicklung im Auge hat, sondern weil sie ihre Aufmerksamkeit gerade auch auf jene zahllosen Irrtümer und Hürden richtet, deren Ursachen vielleicht disziplinimmanent waren und die gerade mit den durch sie hervorgerufenen Negativerfahrungen einen nicht unwesentlichen Einfluß auf den weiteren Fortgang des Forschungsprozesses ausübten[38]; indem sie darüber hinaus der Einsicht folgt, „daß verschiedene Disziplinen in einem überschaubaren Zeitraum sich mehr ähneln können, als die unterschiedlichen Ausgangsformen ein- und derselben Disziplin über eine längere Zeitstrecke hinweg“[39], eignet sie sich besonders zur Untersuchung der von Ploennies verfaßten Werke, die auf der Grundlage verschiedener sich gegenseitig beeinflussender Disziplinen entstanden[40]. Umgekehrt ist die vorliegende Studie deshalb aber auch in der Lage, die von der historischen Wissenschaftsforschung zunächst nur angenommene Tatsache zu bestätigen, daß sich „analoge, vielleicht auch komplementäre, auf alle Fälle aber systematisch miteinander verknüpfbare Stufenfolgen in der Entwicklung unterschiedlichster Disziplinen (und protowissenschaftlicher Wissensgebiete, B.D.) aufzeigen lassen“[41].

Schließlich ist im konkreten Zusammenhang dieser Arbeit auf das Konzept der ‚intellectual history‘ aufmerksam zu machen, das eine ausgesprochen anregende Alternative zur herkömmlichen Geistesgeschichte darstellt und das sich hier insofern besonders zur Anwendung eignet, weil es zunächst - allgemein definiert - „die Untersuchung des informellen Denkens, der Hintergründe von Meinungen und literarischer Bewegungen“ zum Gegenstand hat[42]. Im Gegensatz zum geistesgeschichtlichen Ansatz, der von der Tendenz und Tradition her eher philosophisch orientiert und abgehoben erscheint,

---

38 *Wolf Lepenies*, Wissenschaftsgeschichte und Disziplingeschichte, in: GG 4 (1978), S. 437-451, hier insbes. S. 442 ff, wo die Konstituierung einer sich zur traditionellen Wissenschaftsgeschichte hin bewußt abgrenzenden modernen „Historischen Wissenschaftsforschung“ gefordert und erläutert wird; vgl. auch *ders.*, Vergangenheit und Zukunft der Wissenschaftsgeschichte. Das Werk Gaston Bachelards. Die Bildung des wissenschaftlichen Geistes, Frankfurt a.M. 1978. Zur Definition der herkömmlichen Wissenschaftsgeschichte s. *H.J. Dahms/U. Majer*, Wissenschaftsgeschichte, in: Wissenschaftstheoretisches Lexikon, hg. v. *Edmund Braun* u. *Hans Rademacher*, Graz 1978, Sp. 670 ff.

39 *Lepenies*, Wissenschaftsgeschichte und Disziplingeschichte, a.a.O., S. 444 mit expliziten Bezügen auf *Michel Foucault*, Archäologie des Wissens, Frankfurt a.M. 1978.

40 Zur hier virulenten Disziplingeschichte der Geographie s. *Lepenies*, a.a.O., S. 445; vgl. auch *Hanno Beck*, Krise der Geographie - Krise der Geschichte der Geographie? Geographiegeschichte und Wissenschaftstheorie, in: SudA 61 (1977), S. 45-53; zum Kontext der Geschichte der Naturwissenschaften s. *Lorenz Krüger*, Wissenschaft zwischen Natur und Geschichte. Einige Gedanken zur historischen Wissenschaftstheorie der Naturwissenschaften, in: GG 4 (1978), S. 452-471.

41 *Lepenies*, S. 444.

42 *Robert Darnton*, Intellectual and Cultural History, in: The Past Before Us: Contemporary Historical Writing in the United States, hg. v. *M. Kammer*, Ithaca 1980, S. 337; vgl. auch *Felix Gilbert*, Intellectual History: its Aims and Methods, in: Daedalus, W. 1971, S. 80-97.

bemüht sich die ,intellectual history' darum[43], die Ideen oder die Denksysteme möglichst nicht von jenen Bedingungen isoliert zu betrachten, die ihre Entstehung erst ermöglicht haben. Sie hat vielmehr die Absicht, die Denkstrukturen einer bestimmten Epoche auf die sie bestimmenden sozioökonomischen Voraussetzungen zurückzuführen, um aufzeigen zu können, welche intellektuellen Konstruktionen und künstlerischen Produktionen, welche kollektiven Praktiken und auch welche philosophischen Denkweisen wodurch geformt wurden. So soll es allmählich gelingen, jenes sogenannte „Universum aus Abstraktion", das die alte, gewissermaßen „körperlose" Geistesgeschichte geschaffen hat, durch eine stärker auf die Rahmenbedingungen bezogene Sichtweise zu ersetzen[44]. Indem die „Beziehungen zwischen Werk und Schöpfer, zwischen dem Werk und seiner Zeit, zwischen den verschiedenen Werken ein und derselben Zeit" auf der Grundlage ihrer sozioökonomischen Bedingungen betrachtet werden[45], eröffnen sich im Hinblick auf Ploennies' Werke und seine schöpferischen Leistungen subtile Möglichkeiten der historischen Interpretation: Eine solche Perspektive berücksichtigt nämlich in besonderer Weise die Tatsache, daß „die Kategorien des Denkens keine universellen sind", daß die Denkstrukturen „vor allen Dingen von den materiellen (Techniken) oder begrifflichen (Wissenschaften) Instrumenten abhängen, die sie ermöglichen", und schließlich „daß - entgegen einem naiven Evolutionismus - es keinen kontinuierlichen und notwendigen Fortschritt" gibt[46], sondern daß intellektuelle Leistungen immer vor dem spezifischen Hintergrund ihrer Epoche zu sehen sind und auch die Möglichkeiten diskontinuierlicher Entwicklungen in sich bergen[47]. Indem diese Gesichtspunkte in der vorliegenden Studie besonders betont werden, rücken sie die schöpferische Tat des einzelnen zwar in ein anderes Licht, vor allem aber wirken sie heilsam der Gefahr der posthumen Heroisierung einer historischen Persönlichkeit und der Stilisierung einer - im Grunde vielleicht naheliegenden - intellektuellen Leistung zur vermeintlichen geistigen Großtat entgegen.

---

43 Die folgenden Ausführungen basieren im wesentlichen auf *Roger Chartier*, Intellektuelle Geschichte und Geschichte der Mentalitäten, in: Freibeuter 29 (1986), S. 22-31 u. Freibeuter 30 (1986), S. 21-35, hier T. 1, S. 26 f.

44 Ebd.

45 Ebd., S. 27.

46 Ebd., S. 28.

47 Schon 1942 faßte Lucien Febvre diese Einsicht in folgende Worte: „Jeder Zivilisation entspricht ihr eigenes geistiges Werkzeug; mehr noch: jeder Epoche einer bestimmten Zivilisation, jedem Fortschritt der Techniken oder der Wissenschaften, der sie kennzeichnet, ein erneuertes Werkzeug, das für bestimmte Verwendungen entwickelter ist als andere. Ein geistiges Werkzeug, das diese Zivilisation, diese Epoche durchaus nicht mit Sicherheit den nachfolgenden Zivilisationen und Epochen gänzlich weitergeben kann; es kann Verstümmelungen, Rückschritte, beträchtliche Deformationen erfahren. Oder aber auch Fortschritte, Bereicherungen, neue Verfeinerungen. Es nützt der Zivilisation, die es hervorgebracht hat; es nützt der Epoche, die es verwendet; es nützt weder für alle Ewigkeit noch für die gesamte Menschheit: ja nicht einmal für die begrenzte innere Zivilisationsentwicklung" (*Lucien Febvre*, Le problème de l'incroyance au XVIième siècle. La religion de Rabelais [1942], Paris [2]1968, S. 141 f).

1.2 Krise und Neubeginn: Sozioökonomische Grundstrukturen einer Periode des Übergangs (spätes 17. bis frühes 18. Jahrhundert)

Zu Recht hat Robert Mandrou die hier angesprochene Periode, die zugleich einen Großteil des Lebens von Erich Philipp Ploennies (1672-1751) umfaßt, als „die Zeit der heftigen Gegensätze" charakterisiert, als eine Zeit, in der die „pathetische Mentalität" der Eliten, der barocke Lebensstil und seine kulturellen Erscheinungsformen, „in Wirklichkeit Ausdruck einer sozialen Krise ohnegleichen" war, denn es zeichnete sich ab, daß „eine seit Jahrhunderten herrschende soziale Hierarchie ... vom Ruin bedroht" war[48]. Mit dieser Feststellung soll hier nicht der umstrittenen These von der „Krise des 17. Jahrhunderts", in der sich die Gesellschaften Europas angeblich seit den 1620er Jahren befanden, das Wort geredet werden[49]; an dieser Stelle geht es vielmehr darum, einige jener strukturellen Krisenmomente des späten 17. und frühen 18. Jahrhunderts deutlich zu machen, die die innenpolitische Lage der deutschen Staaten so nachdrücklich bestimmten, daß ihr Zustand „fast als eine Art Ausnahmezustand" erschien[50].

Diese tiefgreifende Depression zu bewältigen, war in erster Linie eine Aufgabe der politisch Agierenden, der absoluten Herrscher, der hohen Staatsbeamten und der je nach Territorium mehr oder weniger entmachteten Stände. Bemerkenswerterweise sahen sich aber auch Wissenschaftler unterschiedlichster Disziplinen herausgefordert: Mit den ihnen zur Verfügung stehenden Mitteln bemühten sie sich darum, theoretische

48 *Robert Mandrou*, Der europäische Barock: Pathetische Mentalität und soziale Umwälzung, in: *Marc Bloch* u.a., Schrift und Materie der Geschichte. Vorschläge zur systematischen Aneignung historischer Prozesse, hg. v. *Claudia Honegger*, Frankfurt a.M. 1977, S. 368-392, Zit. S. 375, 384.

49 Zur internationalen Debatte um die „Krise des 17. Jahrhunderts" vgl. zunächst *Eric J. Hobsbawm*, The General Crisis of the European Economy in the 17th Century, in: PP 5 (1954), S. 33-53, 6 (1955), S. 44-65, wiederabgedruckt mit einem Postskript unter dem Titel „The Crisis of the Seventeenth Century", in: Crisis in Europe, 1560-1660. Essays from Past and Present 1952-1962, hg. v. *T. Aston*, London 1965, S. 1-58 (dort insbes. auch die Aufsätze von H. Trevor-Roper [S. 59-95] u. R. Mousnier [S. 97-104]) sowie auch die Beiträge des Sammelbandes von *G. Parker/L. M. Smith* (Hg.), The General Crisis of the Seventeenth Century, London 1978; *Henry Kamen*, The Iron Century. Social Change in Europe 1550-1660, London 1971; *Theodore K. Rabb*, The Struggle for Stability in Early Modern Europe, New York 1975; *Miroslav Hroch/Josef Petrán*, Das 17. Jahrhundert - Krise der Feudalgesellschaft?, Hamburg 1981; *Helmut G. Koenigsberger*, Die Krise des 17. Jahrhunderts, in: ZHF 9 (1982), S. 143-165; *Hartmut Lehmann*, Literaturbericht Absolutismus und Aufklärung, in: GWU 38 (1987), S. 241-256, 311-324, 373-388; *Klaus Malettke*, Fragestellungen und Aufgaben der neuen Absolutismus-Forschung in Frankreich und Deutschland, in: GWU 30 (1979), S. 140-157.

50 *Heinz Duchhardt*, Das Zeitalter des Absolutismus, München 1989, S. 74; hierzu und zum folgenden vgl. auch *Fritz Wagner*, Europa im Zeitalter des Absolutismus und der Aufklärung. Die Einheit der Epoche, in: Europa im Zeitalter des Absolutismus und der Aufklärung, hg. v. *Fritz Wagner* (Handbuch der Europäischen Geschichte, Bd. 4), Stuttgart 1968, S. 1-163.

Konzepte und vor allem praktische Vorschläge zur Überwindung der krisenhaften Situation zu entwickeln. Einer von ihnen war der Mathematiker, Geograph und Baumeister Erich Philipp Ploennies, dessen hier zu untersuchendes Leben und Werk - vordergründig betrachtet - zunächst einmal wie das jedes anderen Zeitgenossen des späten 17. und frühen 18. Jahrhunderts von der krisenhaften wirtschaftlichen und gesellschaftlichen Lage Deutschlands betroffen war. Was ihn jedoch hervorhebt, interessant macht und aus der breiten Masse der im einzelnen kaum noch identifizierbaren Individuen als historische Persönlichkeit erkennbar werden läßt, ist die Tatsache, daß er als Wissenschaftler in verschiedenen Territorien Westdeutschlands auf ganz spezifische, bisher kaum eingehender analysierte Weise an der Ausarbeitung solcher praktischer Lösungsversuche beteiligt war. Die Depressionsphase des späten 17. und frühen 18. Jahrhunderts berührte also gleich in dreifacher Hinsicht das Leben dieses Menschen: Unerbittlich prägte sie von Kindheit an seinen Alltag und seine soziale Existenz, aber sie, die im Grunde Ursache und Gegenstand seines Denkens und Arbeitens wurde, gewährte ihm auch eine passable Daseinssicherung sowie nicht zuletzt eine Tätigkeit, die offensichtlich seiner wissenschaftlichen ‚Berufung' weitgehend entsprach und seinen gesellschaftlichen Status durch eine gewisse Nähe zu Fürsten und hohen Adligen nicht geringfügig beeinflußte.

Ausgangspunkt der Strukturkrise des späten 17. und frühen 18. Jahrhunderts und der von Mandrou konstatierten säkularen Spannungen war die sozioökonomische Situation Deutschlands nach dem Dreißigjährigen Krieg, der eine graduell sehr unterschiedlich verwüstete Landschaft und eine ebenso unterschiedlich dezimierte Bevölkerung hinterließ. Neuesten Untersuchungen zufolge verringerte sich durch den „Krieg der Kriege" (J. Burkhardt) die Bevölkerung Deutschlands - je nach Kriegseinwirkung allerdings mit erheblichen regionalen Differenzierungen - um insgesamt 7 Millionen Menschen, das heißt sie sank von etwa 18-20 Millionen um 1600 auf rund 11-13 Millionen um 1650[51]. Neben der städtischen Bevölkerung, die um etwa 33% zurückging, wurden vor allem die weit ungeschützter lebenden Menschen des flachen Landes, deren Anteil an der Gesamtbevölkerung sich bis zur Mitte des 17. Jahrhunderts um 40% reduziert hatte[52], von Armeen und später auch von einzelnen marodierenden Soldaten heimgesucht, die nicht nur mordeten und brandschatzten, sondern auch „das Land kahl fra-

51 *Christof Dipper*, Deutsche Geschichte 1648-1789, Frankfurt a.M. 1991, S. 44 (berechnet nach der geographischen Ausdehnung Deutschlands von 1871, ohne Elsaß-Lothringen); vgl. hierzu auch *Hermann Kellenbenz*, Deutsche Wirtschaftsgeschichte, Bd. 1, München 1977, S. 305.

52 Vgl. hierzu jetzt die grundlegende Gesamtdarstellung von *Johannes Burkhardt*: Der Dreißigjährige Krieg, Frankfurt a.M. 1992; die quantitativen Angaben folgen *Günther Franz*, Der Dreißigjährige Krieg und das deutsche Volk. Untersuchungen zur Bevölkerungs- und Agrargeschichte, Stuttgart [4]1979, S. 60 ff; *Dipper*, a.a.O., S. 273; *P. Guillaume/J.-P. Poussou*, Démographie historique, Paris 1970, S. 115-118, 135 ff; *Ernst Wolfgang Buchholz*, Vom Mittellater zur Neuzeit, in: *ders./Wolfgang Köllmann*, Raum und Bevölkerung in der Weltgeschichte. Bevölkerungs-Ploetz, Bd. 2, Teil II, Würzburg 1956, S. 68 ff; *Paul Mombert*, Die Entwicklung der Bevölkerung Europas seit der Mitte des 17. Jahrhunderts, in: ZfN 7 (1936), S. 533-545.

ßen", so daß infolge der auf diese Weise beeinträchtigten agrarischen Produktion vielerorts Hungersnöte und Epidemien ausbrachen, die ihrerseits wiederum den Mangel an landwirtschaftlichen Arbeitskräften verschärften und zusätzliche Wüstungen entstehen ließen[53]. Trotz dieser enormen Schwierigkeiten muß es mittelfristig offenbar gelungen sein, die Lebensmittelproduktion (zumindest bis zu einer gewissen Größenordnung) aufrecht zu erhalten, denn es stellte sich bald heraus, daß die Getreidepreise trotz aller Verknappung fielen[54]. Das deutete darauf hin, daß die Bevölkerungsverluste zunächst wohl proportional größer waren als die Einbußen in der Herstellung von Nahrungsmitteln; gerade diese eher marginale Konsequenz des Krieges hatte schließlich jedoch den erfreulichen Effekt, daß der demographische Aufholprozeß durch die zurückgegangene Zahl der Esser erheblich begünstigt wurde[55]. So paradox es klingen mag: Die - relativ gesehen - ungewöhnlich gute Versorgung mit Lebensmitteln löste genauso wie die Tatsache, daß nun früher, manchmal auch häufiger geheiratet[56] und dadurch eine generell größere Anzahl von Kindern pro Ehe in die Welt gesetzt wurde, nach 1648 ein rasantes Bevölkerungswachstum aus, welches trotz erneuter Verluste durch Epidemien (Beulenpest im Rhein-Main-Gebiet 1665-1667), durch extreme klimatische Bedingungen (1690-1720) und Kriege (Holländischer Krieg, 1672-1678; Pfälzischer Erbfolgekrieg, 1688-1697) schließlich dazu führte, daß schon um 1700 wieder 15-17 Millionen Menschen in Deutschland lebten[57]. Dazu hatten nicht zuletzt die Zuwanderungen verschiedener, meist religiös verfolgter Gruppen beigetragen, die aus nahezu allen west- und südosteuropäischen Anrainerstaaten ins Reich gekommen waren[58]. Mit ihnen und den klimatisch-epidemischen Krisen des späten 17. und frühen 18. Jahrhunderts lief der große demographische Konjunkturzyklus nach dem Dreißigjährigen Krieg allmählich aus; deutlich verlangsamte sich nun das Wachstum der Bevölkerung, ja „stellenweise kehrte sich der Trend sogar" durch Abwanderungen nach Nordamerika um[59]. Das Vorkriegsniveau der Bevölkerung von 18-20 Millionen Menschen konnte so trotz des ‚demographischen Take-off' der 1650er bis 1680er Jahre erst wieder zwischen 1720 und 1750 erreicht werden[60].

Verglichen mit der Lage der Bevölkerung war die Situation der deutschen Agrarwirtschaft, die aufs Ganze gesehen den noch immer weitaus wichtigsten Sektor darstell-

---

53 *Rudolf Vierhaus*, Deutschland im Zeitalter des Absolutismus, Göttingen 1978, S. 14 f.

54 *Dipper* (Anm. 51), S. 45 f, 186 f; *Wilhelm Abel*, Geschichte der deutschen Landwirtschaft vom frühen Mittelalter bis zum 19. Jahrhundert, Stuttgart ²1967, S. 262.

55 *Franz Irsigler/Rainer Metz*, The Statistical Evidence of „Long Waves" in Pre-Industrial and Industrial Times, in: SSI 23 (1984), S. 408: Tab. „Trend und Trendphasen der inflationsbereinigten Weizen-/Roggenpreise in Köln 1450-1790"; *Abel*, a.a.O.; *Dipper*, a.a.O., S. 46.

56 Vgl. hier die widersprüchlichen Angaben bei *Dipper* (Anm. 51), S. 46 u. 49.

57 *Kellenbenz* (Anm. 51), S. 305.

58 *Vierhaus*, Absolutismus (Anm. 53), S. 29 f.

59 *Dipper* (Anm. 51), S. 55.

60 *Kellenbenz* (Anm. 51), S. 305; *Ilja Mieck*, Europäische Geschichte der Frühen Neuzeit, Stuttgart ³1981, S. 145 f;

te[61], nach dem Dreißigjährigen Krieg kaum weniger katastrophal. Obwohl auch hier aufgrund verschiedener Verfassungen relativ große regionale Unterschiede zwischen dem gutsherrschaftlich organisierten Osten und dem grundherrschaftlich bewirtschafteten Süden und Westen Deutschlands bestanden, kann doch zumindest im Hinblick auf die konkrete Beeinträchtigung der landwirtschaftlichen Produktion resümierend festgestellt werden, daß die Krise des Agrarsektors nach 1648 „nicht die Ausmaße der spätmittelalterlichen Agrarkrise“ erreichte[62]. Gleichwohl kam es nicht selten vor, daß ganze Landstriche, zumal jene, die durch den Krieg besonders in Mitleidenschaft gezogenen worden waren, wo Äcker und bäuerliche Anwesen weitgehend verwüstet und der Viehbestand so gut wie ganz vernichtet waren, nun längere Zeit wüst und unbebaut blieben[63]. Zurückzuführen war dies zum einen auf eine weitere unmittelbare Folge des Krieges, nämlich auf den erheblichen Mangel an Arbeitskräften, zum anderen auf die mittelbare Folge, daß die Agrarwirtschaft wegen allgemein steigender Lohnkosten und Steuern sowie wegen fallender Getreide- und Grundstückspreise unter immer stärkeren Rentabilitätsdruck geriet[64]. Da etliche „Bauern und selbstwirtschaftende Gutsherren [darüber] klagten, daß selbst gegen guten Lohn keine Arbeitskräfte zu bekommen seien, daß das Gesinde mehr verdiene als sie selber, daß es unbeständig, unzuverlässig und anmaßend sei, sich nicht an [die] hergebrachte Ordnung halte, sondern sich vorher nicht gekannte Eigenmächtigkeiten herausnehme“[65], so war es kein Wunder, daß die deutsche Agrarwirtschaft noch Jahrzehnte nach dem Dreißigjährigen Krieg von einer „oft dramatischen Reduzierung der ... Produktion“ geprägt war[66]. Trotz aller Verknappung - das sollte in diesem Zusammenhang nicht vergessen werden -, ließ die Nahrungsgrundlage immerhin noch die rasch zunehmende Geburtlichkeit der ersten Nachkriegsjahre zu[67]. Mittelfristig trug aber gerade die schnell wachsende Bevölkerung, die nicht zuletzt auch durch gezielte bevölkerungspolitische Eingriffe der Landesherren („Peuplierung“) vermehrt wurde, in entscheidendem Maße zur Reaktivierung und Konsolidierung der Agrarwirtschaft bei[68]. Sie vollzog sich freilich nicht ohne neue Schwierigkeiten, die vor allem durch veränderte Schuld- und Besitzverhältnisse sowie durch

---

61 *Wilhelm Abel*, Landwirtschaft 1648-1800, in: Handbuch der deutschen Wirtschafts- und Sozialgeschichte, Bd. 1: Von der Frühzeit bis zum Ende des 18. Jahrhunderts, hg. v. *Hermann Aubin* u. *Wolfgang Zorn*, Stuttgart 1971, S. 507-510; *Vierhaus*, Absolutismus (Anm. 53), S. 16, 31-36.

62 *Peter Kriedte*, Spätfeudalismus und Handelskapital. Grundlinien der europäischen Wirtschaftsgeschichte vom 16. bis zum Ausgang des 18. Jahrhunderts, Göttingen 1980, S. 83; *Wilhelm Abel*, Agrarkrisen und Agrarkonjunktur. Eine Geschichte der Land- und Ernährungswirtschaft Mitteleuropas seit dem hohen Mittelalter, Hamburg [3]1978, S. 152-195.

63 *Fiedrich Lütge*, Deutsche Sozial- und Wirtschaftsgeschichte. Ein Überblick, Berlin [3]1966, S. 337 f.

64 Ebd., S. 349 f; *Abel* (Anm. 61 u. 62), a.a.O.; *Vierhaus*, Absolutismus (Anm. 53), S. 31; *Kriedte* (Anm. 62), S. 83.

65 *Vierhaus*, Staaten (Anm. 2), S. 64 f.

66 *Duchhardt* (Anm. 50), S. 18.

67 Vgl. *Dipper* (Anm. 51), S. 54.

68 *Vierhaus*, Absolutismus (Anm. 53), S. 32, 36.

klimatische Ereignisse hervorgerufen wurden[69]; letztlich beflügelte aber der ‚demographische Take-off' die agrarische Konjunktur durch eine allmählich steigende Nachfrage, die nun allerdings in tendenziell anderer Weise befriedigt wurde als zuvor, denn wie im späten Mittelalter verliefen in der Agrarwirtschaft mittlerweile „Extensivierungs- und Intensivierungsvorgänge ... parallel"[70]. Gemessen an der gesamten agrarischen Produktion verringerte sich seit dem späten 17. Jahrhundert dadurch vor allem der Anteil der Viehzucht zugunsten des Getreideanbaus, „auch gerade auf solchen Flächen, die bisher der Viehzucht gedient hatten", denn es hatte sich gezeigt, daß die rasch „anwachsende Bevölkerung ... größerer Mengen an Getreide" bedurfte, Mengen, die zu diesem Zeitpunkt von der Getreidewirtschaft nur eher schlecht als recht, von der Viehwirtschaft aber überhaupt nicht in den erforderlichen Größenordnungen bereitgestellt werden konnten[71]. So veränderten die landwirtschaftlichen Wiederaufbaumaßnahmen, mit denen man die bis etwa 1700 andauernde Depression zu überwinden suchte[72], nicht nur die Ernährungsgewohnheiten weiter Bevölkerungskreise; langfristig gesehen wuchs auch die Fläche des bebauten Landes, und zwar von 1648 bis 1800 allein um 60%, und durch spezielle, insbesondere nach englischem und niederländischem Vorbild eingeführte Verbesserungen im Fruchtwechsel sowie in der Anbautechnik konnte schließlich sogar der Ertrag je Flächeneinheit um rund 20% gesteigert werden[73].

Diese auf den ersten Blick positiv erscheinende Bilanz muß jedoch insofern relativiert werden, als der demographische Wachstumsprozeß letztendlich doch immer etwas schneller vonstatten ging als das Retablissement des Agrarsektors und die Produktion von Nahrungsmitteln[74]. Wie neuere Forschungen gezeigt haben, war diese überaus langsame Konsolidierung der Landwirtschaft nicht zuletzt auch auf klimatische Veränderungen zurückzuführen[75]. Schon „in der Mitte des 16. Jahrhunderts trat ein ungewöhnlich radikaler Klimaumschwung ein. Quellen zufolge herrschte bis weit nach 1700 das kälteste Regime seit dem Ende der letzten großen Eiszeit ..., wenngleich beträchtliche Schwankungen von Jahr zu Jahr und zwischen verschiedenen Jahresfolgen festzustellen waren ... Dieser Zeitabschnitt kann trotz einiger Jahre bzw. Dekaden, für die wir weitere Verschlechterungen oder Verbesserungen feststellen können, durchaus als der allgemeine Höhepunkt der Kleinen Eiszeit angesehen werden."[76] Besonders drama-

---

69 *Abel* (Anm. 61 u. 62), a.a.O.; *Lütge* (Anm. 63), S. 347-353; *Vierhaus*, Absolutismus (Anm. 53), S. 32-36.

70 *Kriedte* (Anm. 62), S. 84.

71 *Lütge* (Anm. 63), S. 353 f.

72 *Dipper* (Anm. 51), S. 187; *Irsigler/Metz* (Anm. 55), S. 408.

73 *Vierhaus*, Absolutismus (Anm. 53), S. 36.

74 Ebd.

75 Einen aufschlußreichen und bis heute gültigen Überblick über die für Historiker relevanten Aspekte der Klimaforschung, insbesondere über deren Methoden, lieferte *Emmanuel Le Roy Ladurie*, Le climat. L'histoire de la pluie et du beau temps, in: Faire de l'histoire, hg. v. *Pierre Nora u. Jacques Le Goff*, Bd. 3, Paris 1974, S. 3-30 (dt. Die Geschichte von Sonnenschein und Regenwetter, in: *Marc Bloch* u.a., Schrift und Materie [Anm. 48], S. 220-246).

76 *H. H. Lamb*, Klima und Kulturgeschichte. Der Einfluß des Wetters auf den Gang der Geschichte, Reinbek 1989, S. 233.

tisch wurde die Klimaveränderung zwischen 1690 und 1720, wobei innerhalb dieses Zeitraums wiederum die 1690er Jahre einen „Tiefpunkt ohnegleichen" bildeten[77]. Schlechtwetterperioden dieser Art beeinträchtigten selbstverständlich nicht nur die landwirtschaftliche Entwicklung, sie beeinflußten auch in geradezu existentieller Weise die generell noch viel naturverbundener lebenden Menschen. Nicht zu Unrecht wurden sie daher von Fernand Braudel als die „schrecklichen neunziger Jahre des 17. Jahrhunderts" gekennzeichnet, schließlich waren sie die „kältesten seit siebenhundert Jahren"[78].

Das Signum dieser klimatischen Entwicklung war in Deutschland wie im übrigen Mitteleuropa eine Abfolge von einem Jahr oder mehreren Jahren mit einem kalten und langen Winter sowie einem nassen Frühling und Sommer[79]. Nachdem schon der Winter 1662/63 extrem lang gewesen war, bildete sich 1683/84 an der englischen und französischen Kanalküste fünf Kilometer breites Packeis, während „der Eisgürtel an der niederländischen Nordseeküste eine Breite von 30 bis 40 km" erreichte und auch die Schiffahrt in Nord- und Ostsee zum Erliegen kam[80]. Ähnliches wiederholte sich im Winter 1708/09, der in ganz Europa „außergewöhnlich streng war"; er ließ die Ostsee zufrieren, die man nun zu Fuß überqueren konnte[81], und sorgte in Frankreich für einen „Ausfall der Ernte und seuchenartige Krankheiten"[82]. In wirtschaftlicher Hinsicht von noch größerer Bedeutung als die strengen Winter waren Sommer mit extrem hohen Niederschlägen und niedrigen Durchschnittstemperaturen; sie verringerten die agrarische Wachstumsperiode in den 1690er Jahren im allgemeinen um etwa fünf Wochen, in besonders kalten Jahren (z.B. 1695, 1716, 1725 und 1740, als die Sommertemperaturen rund 2°C unter dem heutigen Normalwert lagen) sogar um acht bis neun Wochen[83]. Obwohl bei historisch-meteorologischen Angaben dieser Art gewiß immer etwas Vorsicht geboten ist, denn „das Klima ist stets ein überaus vielschichtiges System, das das Leben der Pflanzen, Tiere und Menschen auf vielen Umwegen je nach Ort, Anbauformen und Jahreszeiten unterschiedlich beeinflußt"[84], so können doch aufgrund der Vielzahl der überlieferten Beweise kaum Zweifel an den konkreten Auswirkungen solch dramatischer Verschlechterungen der Großwetterlage bestehen: Den betroffenen Landstrichen brachten sie Mißernten, überproportionale Preissteigerungen, Hungersnöte, Unterernährung, Krankheiten und Seuchen bei entkräfteten Menschen, die Zerstörung von Saatgut und Anbaukulturen sowie - ganz allgemein gesprochen - Rückschläge in der landwirtschaftlichen und demographischen Gesamtentwicklung[85]. Aufs Ganze

77 *Dipper* (Anm. 51), S. 11.

78 *Fernand Braudel*, Sozialgeschichte des 15.-18. Jahrhunderts, Bd. 1: Der Alltag, München 1985, S. 42.

79 *Le Roy Ladurie*, Geschichte von Sonnenschein (Anm. 75), S. 235; *Dipper* (Anm. 51), S. 11.

80 *Lamb* (Anm. 76), S. 254.

81 Ebd., S. 268.

82 *Robert Mandrou*, Staatsräson und Vernunft 1649-1775, Frankfurt a.M. 1982, S. 134.

83 *Lamb* (Anm. 76), S. 255 f, 268.

84 *Braudel* (Anm. 77), S. 42.

85 *Dipper* (Anm. 51), S. 10-16.

gesehen kann daher festgestellt werden: „Solange die ‚Kleine Eiszeit‘ für ein Übermaß ungünstiger Wachstumsbedingungen sorgte und entsprechend überörtliche Hungerkrisen auslöste - und das waren, Wilhelm Abel zufolge, die Jahre 1624-25, 1658-65, 1691-1700, 1708-12, 1739-41 -, solange hielt auch eine besondere Wirtschafts- und Bevölkerungsweise an“[86]; sie war freilich kaum dazu in der Lage, die gravierenden Folgen des Dreißigjährigen Krieges rasch zu beseitigen.

Ein vergleichsweise günstiges Bild vermittelte dagegen die gewerbliche Wirtschaft. Wenngleich auch sie unter dem Mangel an Fachkräften, der Zerstörung von Produktionsstätten und -mitteln sowie dem Zusammenbruch des Fernhandels zunächst sehr zu leiden hatte[87], überwanden „Gewerbe und Handel die Stagnation früher ... als die Landwirtschaft“[88]. Das lag zum einen daran, daß die nach dem Krieg schnell wachsende Bevölkerung bald auch die Nachfrage nach Gebrauchs- und Konsumgütern des täglichen Bedarfs steigerte; in größeren und vor allen Dingen in befestigten und unzerstörten Städten, in die die Landbevölkerung geflohen war und wo daher ein spezifischer lokaler Markt existierte, kam es auf diese Weise ziemlich schnell zur Wiederbelebung der zünftischen Aktivitäten und Traditionen[89]. Zum anderen war für das relativ zeitige Retablissement der gewerblichen Wirtschaft eine Umorientierung entscheidend, die im wesentlichen darauf zurückzuführen ist, daß von einer bestimmten Größenordnung an die städtischen Zünfte offensichtlich nicht mehr in der Lage waren, den Bedarf zu decken[90]; die allgemein üblichen, einst zur sozialen Sicherung der Zunftmitglieder eingeführten Aufnahmebegrenzungen, Preiskontrollen, Quotierungs- und Qualitätsbestimmungen hemmten nun eine Erweiterung der Produktion[91]. Das begünstigte in erheblichem Maße die Entwicklung zunftfreier Gewerbe, die auf dem flachen Land ansässig waren und meist im Auftrag von kapitalkräftigen Verleger-Kaufleuten Textilien in der

86 Ebd., S. 16.

87 Vgl. *Theodore K. Rabb*, The Effects of the Thirty Years‘ War on the German Economy, in: JMH 39 (1962), S. 40-51.

88 *Vierhaus*, Staaten (Anm. 2), S. 72; *Lütge* (Anm. 63), S. 334 ff; *Dipper* (Anm. 51), S. 140-157; zum folgenden ist grundlegend *Fernand Braudel*: Sozialgeschichte des 15.-18. Jahrhunderts, Bd. 2: Der Handel, München 1986, S. 322-375; vgl. hierzu und zum folgenden auch die in analytischer Hinsicht nützliche Zusammenfassung von *Hans-Ulrich Wehler*, Deutsche Gesellschaftsgeschichte, Bd. 1: Vom Feudalismus des Alten Reiches bis zur Defensiven Modernisierung der Reformära 1700-1815, München 1987, S. 59-123 sowie den instruktiven Überblick bei *Wilfried Reininghaus*, Gewerbe in der frühen Neuzeit, München 1990.

89 Ebd.

90 *Eckart Schremmer*, Standortausweitung der Warenproduktion im langfristigen Wirtschaftswachstum. Zur Stadt-Land-Arbeitsteilung im Gewerbe des 18. Jahrhunderts, in: VSWG 59 (1972), S. 1-40.

91 *Mieck* (Anm. 60), S. 154; als Fallstudie vgl. bes. *Herbert Kisch*, Das Erbe des Mittelalters, ein Hemmnis wirtschaftlicher Entwicklung: das Tuchgewerbe im Aachener Raum vor 1790, in: *ders.*, Die hausindustriellen Textilgewerbe am Niederrhein vor der industriellen Revolution. Von der ursprünglichen zur kapitalistischen Akkumulation (Veröffentlichungen des Max-Planck-Instituts für Geschichte, Bd. 65), Göttingen 1981, S. 258-316.

familienwirtschaftlichen Heimproduktion herstellten[92]. Daneben entwickelte sich zu dieser Zeit der ebenfalls oft - aber nicht ausschließlich - auf dem Verlagsprinzip basierende Typus der dezentral organisierten Manufaktur, in der meist mittels Wasserkraft und Mühlentechnik etwa Metallwaren, Papiere, Öle, aber auch Luxusartikel wie Seide und Porzellan produziert wurden[93]. Wie das Heimgewerbe wiesen auch die (Mühlen-) Manufakturen, die im rheinisch-westfälischen Raum punktuell schon im späten 17. und frühen 18. Jahrhundert zu regelrechten regionalen Verbundsystemen ausgebaut wurden[94], in organisatorischer und finanzieller Hinsicht etliche Merkmale einer „Industrialisierung vor der Industrialisierung“ und einer Produktion nach kapitalistischen Grundsätzen auf. Von der Forschung wird dieses Phänomen als „Proto-Industrialisierung“ bezeichnet[95].

Beide protoindustriellen Produktionsformen entwickelten sich im weiteren Verlauf des 18. Jahrhunderts, vor allem im Zuge der um 1720/30 stärker in Gang kommenden Konjunktur[96], relativ dynamisch, auch wenn manche Manufaktur nur durch staatliche Förderungsmaßnahmen oder gar durch eine völlige Übernahme in staatliche Regie wirtschaftlich erfolgreich sein konnte[97]. Manufakturen wurden so oftmals zu Versuchs- und Prestigeobjekten von Regierungen, die in wirtschaftspolitischer Hinsicht kaum über hinreichende Erfahrungen verfügten und die sich zudem mit einer Fülle höchst

---

92 *Herbert Kisch*, The Textile Industries of Silesia and the Rhineland. A Comparative Study in Industrialization, in: JEH 19 (1959), S. 541-564 (dt. mit einem Postskript von 1977: Die Textilgewerbe in Schlesien und im Rheinland: eine vergleichende Studie zur Industrialisierung, in: *Kriedte/Medick/Schlumbohm*, s. Anm. 95, S. 350-386); *ders.*, From Monopoly to Laissez-faire: The Early Growth of the Wupper Valley Textile-Trades, in: JEEH 1 (1972), S. 298-407 (dt. Vom Monopol zum Laissez-Faire: Das frühe Wachstum der Textilgewerbe im Wuppertal, in: *ders.*, Die hausindustriellen Textilgewerbe, s. Anm. 91, S. 162-257); *Dipper* (Anm. 51), S. 154 ff.

93 *Vierhaus*, Staaten (Anm. 2), S. 74; *Dipper* (Anm. 51), S. 157-166. Als Fallstudien vgl. hierzu *Peter Kriedte*, Proto-Industrialisierung und großes Kapital. Das Seidengewerbe in Krefeld und seinem Umland bis zum Ende des Ancien Régime, in: AfS 23 (1983), S. 219-266; *Burkhard Dietz*, Vom spätmittelalterlichen Handwerk zur industriellen Produktionsweise: der Aufstieg des bergischen Papiergewerbes (16. bis 19. Jahrhundert), in: ZBGV 93 (1988/89), S. 81-131.

94 Zur Kategorie der „verstreuten und verbundenen Manufakturen und Werkstätten“, auf die ich mich hier beziehe, vgl. *Braudel*, Sozialgeschichte, Bd. 2 (Anm. 85), S. 324; als Überblick ist noch immer grundlegend *Jacob van Klaveren*, Die Manufakturen des Ancien Régime, in: VSWG 51 (1964), S. 145-191.

95 Für die deutsche Sozial- und Wirtschaftsgeschichte maßgebend wurde *Peter Kriedte/Hans Medick/Jürgen Schlumbohm*, Industrialisierung vor der Industrialisierung. Gewerbliche Warenproduktion auf dem Land in der Formationsperiode des Kapitalismus (Veröffentlichungen des Max-Planck-Instituts für Geschichte, Bd. 53), Göttingen 1977.

96 *Fernand Braudel/Frank C. Spooner*, Prices in Europe from 1450 to 1750, in: The Cambridge Economic History of Europe, Bd. IV: The Economy of Expanding Europe in the Sixteenth and Seventeenth Centuries, hg. v. *E. E. Rich* u. *C. H. Wilson*, Cambridge 1967, S. 374-486, hier S. 435; *Dipper* (Anm. 51), S. 183-188.

97 *Klaveren* (Anm. 94), passim; *Dipper* (Anm. 51), S. 164 f.

ungünstiger Rahmenbedingungen konfrontiert sahen[98]. Der Aufschwung des verlagsmäßig organisierten Heimgewerbes war dagegen rein marktwirtschaftlich begründet: Zum anfangs noch ziemlich bescheidenen regionalen und überregionalen Bedarf der Nachkriegsjahrzehnte trat nämlich eine langsam steigende Nachfrage nach preisgünstigen Textilien aus verschiedenen Kolonien, so daß nun auch der lange Zeit ganz außer Kraft gesetzte Außenhandel endlich wiederbelebt wurde[99].

So konnte die lange Depressionsphase, die sich infolge des Dreißigjährigen Krieges eingestellt hatte, nach ersten positiven Anzeichen seit der Jahrhundertwende in den 1720er Jahren überwunden werden[100]. An diesem letztlich gelungenen Retablissement der Wirtschaft waren freilich nicht allein kapitalkräftige Verleger-Kaufleute und Manufakturisten beteiligt gewesen; auch eine in Deutschland bis dahin kaum erprobte politische Praxis hatte zur erfolgreichen Überwindung der Wirtschaftskrise beigetragen. Gemeint ist die Tatsache, daß einzelne Landesherren zunächst nach dem Vorbild Colberts, dann auch zögernd nach den Empfehlungen der ersten Kameralisten (Johann Joachim Becher, Philipp Wilhelm v. Hörnigk) versucht hatten, durch ordnungspolitische und fiskalische Maßnahmen sowie durch die Verleihung von Privilegien und Monopolen fördernd in die wirtschaftliche Entwicklung ihres Staates einzugreifen[101]. Auch wenn die Peuplierungspolitik noch bis weit ins 18. Jahrhundert hinein im Mittelpunkt der meisten Bemühungen um eine ökonomische Konsolidierung der deutschen Territorialstaaten stand[102], so war mit diesen frühen wirtschaftspolitischen Initiativen doch ein entscheidender Schritt in die richtige Richtung getan: Mit ihnen hatten die Fürstenstaaten des Alten Reichs eines der wichtigsten politischen Instrumente entdeckt, um den

98 *Vierhaus*, Staaten (Anm. 2), S. 74 f; vgl. auch *Ingomar Bog*, Der Merkantilismus in Deutschland, in: JNS 173 (1961), S. 125-145; s. hierzu auch den nur sehr kursorischen Überblick bei *Fritz Blaich*, Die Epoche des Merkantilismus, Wiesbaden 1973, S. 16 ff, 146-154.

99 *Kriedte/Medick/Schlumbohm* (Anm. 95), S. 84 ff; *Ernst Schulin*, Der Ausgriff Europas nach Übersee. Eine universalhistorische Skizze des Kolonialzeitalters, in: Saeculum 35 (1984), S. 73-85.

100 *Dipper* (Anm. 51), S. 185, 187.

101 *Duchhardt* (Anm. 50), S. 20; zum Colbertismus vgl. *Eli Heckscher*, Merkantilismus, 2 Bde., Jena 1932; *Jacob van Klaveren*, Das Zeitalter des Merkantilismus, in: VSWG 50 (1963), S. 57-70; *A. Wolfgang Gerloff*, Staatstheorie und Staatspraxis des kameralistischen Verwaltungsstaates (Abhandlungen aus dem Staats- und Verwaltungsrecht, Bd. 56), Breslau 1937; *Blaich* (Anm. 98), S. 18 f.

102 *Bauer/Matis* (Anm. 4), S. 305; *Dipper* (Anm. 51), S. 284 f; *Wehler*, Gesellschaftsgeschichte 1 (Anm. 88), S. 231 f; vgl. auch *Reiner Schulze*, Policey und Gesetzgebungslehre im 18. Jahrhundert, Berlin 1982; *Marc Raeff*, The Well-Ordered Police State. Social and Institutional Change through Law in the Germanies and Russia 1600-1800, New Haven 1983; *Detlef Baum*, Bürokratie und Sozialpolitik. Zur Geschichte staatlicher Sozialpolitik im Spiegel der älteren deutschen Staatsverwaltungslehre, Berlin 1988; *Herwig Birg* (Hg.), Ursprünge der Demographie in Deutschland. Leben und Werk Johann Peter Süßmilchs (1707-1767), Frankfurt a.M. 1986.

Maximen des Absolutismus - so kostspielig die Unterhaltung stehender Heere und repräsentativer Höfe auch sein mochte - wenigstens annähernd genügen zu können[103].

Trotz dieser Neuerungen und der insgesamt doch recht zuversichtlichen Situation der Wirtschaft, kamen einige Zeitgenossen des In- und Auslands, die die Entwicklung Deutschlands aufmerksam beobachteten, nicht umhin festzustellen, daß die Territorien des Reichs gegenüber ihren westeuropäischen Nachbarstaaten in der Mehrzahl doch noch immer relativ rückständig seien. Was vor allem auffiel, waren „unvollkommene Nachahmungen, Enge und Provinzialismus"[104]. In der Tat vermittelte die soziokulturelle Lage Deutschlands zu Beginn des 18. Jahrhunderts einen weit ungünstigeren Eindruck als die allmählich prosperierende Wirtschaft[105]. Im Vergleich zum frühen 17. Jahrhundert zeigte sich, daß „der Zuschnitt des gesellschaftlichen und kulturellen Lebens enger, lokaler geworden", daß sich „der Abstand zwischen den Höfen ... und dem Leben des Volkes in Stadt und Land vergrößert" hatte, daß die Menschen, zumal in religiöser Hinsicht, stark verinnerlicht waren und - last but not least - daß der Krieg wie auch die in seiner Folge von den Landesherren massiv vorangetriebene Machtausdehnung zugunsten eines zentralstaatlichen Gewaltmonopols die ständischen Strukturen und sozialen Unterschiede zementiert hatten[106]. Die landbesitzenden Bauern, deren Anteil an der Gesamtbevölkerung in der ersten Hälfte des 18. Jahrhunderts drastisch sank, schotteten sich strikt gegenüber der landlosen, ihrerseits rasch anwachsenden unterbäuerlichen Schicht ab, und die bürgerlichen Mittelschichten konzentrierten sich, da sie in politischer Hinsicht schwächer denn je zuvor waren, ganz auf die Sicherung des Status quo[107]. Wie das Bürgertum, das sich ganz „in die aristokratisch-patrizisch geprägte

---

103 *Wilhelm Störmer*, Territoriale Landesherrschaft und absolutistisches Staatsprogramm. Zur Mikrostruktur des Alten Reiches im 18. Jahrhundert, in: BlldLg 108 (1972), S. 90-104; s. auch *Michael Stolleis*, Pecunia Nervus Rerum. Zur Staatsfinanzierung in der frühen Neuzeit, Frankfurt a.M. 1983.

104 *Vierhaus*, Staaten (Anm. 2), S. 44.

105 Vgl. hierzu und zum folgenden *Wehler*, Gesellschaftsgeschichte 1 (Anm. 88), S. 124-217; *Franz*, Der Dreißigjährige Krieg (Anm. 52), insbes. S. 47; *Francis L. Carsten*, The Empire After the Thirty Years' War, in: New Cambridge Modern History, Bd. V: The Ascendancy of France 1648-88, hg. v. *Francis L. Carsten*, Cambridge 1961, S. 430-457; *Henry Kamen*, The Economic and Social Consequences of the Thirty Years' War, in: PP 39 (1968), S. 44-61.

106 *Vierhaus*, Absolutismus (Anm. 53), S. 16-21, Zit. S. 20; zu den prominentesten zeitgenössischen Beobachtern und Analytikern der relativen Rückständigkeit der deutschen Territorien zählte *Johann Joachim Becher*, Politischer Diskurs von den eigentlichen Ursachen des Auf- und Abnehmens der Städte, Länder und Republiken, Frankfurt 1759 (verfaßt in den 1660er Jahren!); aufschlußreich sind in diesem Zusammenhang auch die zeitgenössischen Vergleiche mit den vielfach als vorbildlich angesehenen Verhältnissen in den Niederlanden (s. hierzu *Ruth Elsner v. Gronow*, Die öffentliche Meinung in Deutschland gegenüber Holland nach 1648, Diss. Marburg 1914, insbes. S. 21, 63).

107 *Dietrich Saalfeld*, Die ständische Gliederung der Gesellschaft Deutschlands, in: VSWG 67 (1980), S. 457-483; *Karl Bosl/Eberhard Weis*, Die Gesellschaft in Deutschland, Bd. 1: Von der fränkischen Zeit bis 1848, München 1976, S. 35-49, 64-79, 113-120; *Wehler*, Gesellschaftsgeschichte 1 (Anm. 88), S. 159, 179 f; *Dipper* (Anm. 51), S. 88-95.

Lebenswelt“ einfügte, „ohne sie bis ins ausgehende 18. Jahrhundert in Frage zu stellen“[108], verhielten sich auch die verschiedenen Gruppen des Adels, die ihre Standesprivilegien nach Kräften verteidigten und die - oft allerdings mit nur geringem Erfolg - den sozialen Aufstieg von Beamten, Offizieren, Unternehmer-Kaufleuten, Kriegs- und Hoflieferanten sowie Gelehrten zu verhindern suchten[109]. Gerade unter den Gebildeten aber, denen die wahren Ausmaße der gesellschaftlichen Verkrustung und der soziokulturellen Rückständigkeit Deutschlands, etwa durch Vergleiche mit Frankreich, den Niederlanden und England, in besonderer Weise bewußt waren, entstand daher „eine ebenso problematische wie folgenreiche Einstellung zu Gesellschaft und Staat“[110]. Als Staatsdiener und auch als sogenannte ‚freie‘ Wissenschaftler suchten sie - wie der Fall Ploennies belegt - nach Möglichkeiten und Wegen, um ihre eigene berufliche und soziale Existenz zu sichern oder zu verbessern. In der Regel stellten sie ihre spezifischen Erfahrungen, ihr Wissen und Können, zu diesem Zweck in den Dienst eines Staates, der beispielsweise an der Effektivierung seiner Verwaltung, d.h. am Ausbau der landesherrlichen Macht interessiert war, oder sie bemühten sich um eine Anstellung an einem der vielen Höfe, die jetzt wegen ihrer immer umfangreicheren Repräsentationsaufgaben zu neuen Arbeitgebern wurden[111]. Indem sie auf diese Weise das bestehende Gesellschaftsystem akzeptierten und stabilisierten, liefen sie gleichzeitig aber Gefahr, „den Machtcharakter der Politik zu unterschätzen“, „die Macht idealistisch zu verklären oder vor ihr zu kapitulieren“[112].

---

108 *Wehler*, a.a.O., S. 180; vgl. auch *Hellmuth Rössler* (Hg.), Deutsches Patriziat 1430-1740 (Deutsche Führungsschichten in der Neuzeit, Bd. 3), Limburg a.d. Lahn 1968; *Vierhaus*, Absolutismus (Anm. 53), S. 51, 77-80 .

109 *Heinz Reif*, Sozialgeschichte des deutschen Adels, Frankfurt a.M. 1987; *Karl-Georg Faber*, Mitteleuropäischer Adel im Wandel der Neuzeit, in: GG 7 (1982), S. 276-296; *Vierhaus*, Absolutismus (Anm. 53), S. 59-63; *Rudolf Vierhaus* (Hg.), Der Adel vor der Revolution, Göttingen 1971; *Albert Goodwin* (Hg.), The European Nobility in the 18th Century, New York ²1967; *Hellmuth Rössler* (Hg.), Deutscher Adel 1555-1740, Darmstadt 1965.

110 *Vierhaus*, Staaten (Anm. 2), S. 44.

111 Vgl. *Jürgen von Kruedener*, Die Rolle des Hofes im Absolutismus (Forschungen zur Sozial- und Wirtschaftsgeschichte, Bd. 19), Stuttgart 1973.

112 *Vierhaus*, Staaten (Anm. 2), S. 44; zur Gruppe der Gebildeten vgl. auch *Otto Gerhard Oexle*, Alteuropäische Voraussetzungen des Bildungsbürgertums - Universitäten, Gelehrte und Studierte, in: Bildungsbürgertum im 19. Jahrhundert, T. 1: Bildungssystem und Professionalisierung im internationalen Vergleich, hg. v. *Werner Conze* u. *Jürgen Kocka*, Stuttgart 1985, S. 29-78; *Rudolf Vierhaus*, Bildung, in: Geschichtliche Grundbegriffe. Historisches Lexikon zur politisch-sozialen Sprache in Deutschland, hg. v. *Otto Brunner*, *Werner Conze* u. *Reinhart Koselleck*, Bd. 1, Stuttgart 1972, S. 508-551; *Ulrich Herrmann* (Hg.), „Die Bildung der Bürger“. Die Formierung der bürgerlichen Gesellschaft und die Gebildeten im 18. Jahrhundert, Weinheim 1982; nach wie vor sehr aufschlußreich ist in diesem Zusammenhang auch *Wilhelm Roessler*, Die Entstehung des modernen Erziehungswesens in Deutschland, Stuttgart 1961; *Hellmuth Rössler/Günther Franz* (Hg.), Universität und Gelehrtenstand 1400-1800 (Deutsche Führungsschichten in der Neuzeit, Bd. 4), Limburg a.d. Lahn 1970.

1.3 Frustration und Dynamik der Intellektuellen um 1700

Das obrigkeitsstaatliche Verhalten der Gebildeten, das sich im Alten Reich durch den Ausbau der souveränen Fürstenstaaten entwickelte, kam freilich nicht von ungefähr, denn die „verstaatlichte Intelligenz“ (H.-U. Wehler)[113] lebte in einer höchst widersprüchlichen Situation, in einer Situation, die in mancherlei Hinsicht dem janusköpfigen Charakter der Epoche, der fast unüberwindlich erscheinenden Statik der ständischen Gesellschaftsordnung und ihrer nur unterschwellig bemerkbaren Dynamik, entsprach[114]: Einerseits wirkte allein schon die Möglichkeit eines eventuell zu erreichenden sozialen Aufstiegs beflügelnd und motivierend auf viele Familien der mittleren und höheren Schichten des städtischen Besitzbürgertums, einen ihrer Söhne studieren zu lassen. Andererseits zwang aber die Realität zu einer mehr als nüchternen Einschätzung der tatsächlichen Erfolgsaussichten auf diesem Gebiet. Die relative Begrenztheit der in Frage kommenden Stellen, die Unwägbarkeiten des Klientel- und Patronagewesens und die Seltenheit des wirklich gelungenen sozialen Aufstiegs boten nämlich im Grunde kaum Anlaß zur Zuversicht[115], eher ließen sie Gefühle der Enttäuschung und unverdienten Zurücksetzung aufkommen, Frustrationen, die sich in der zweiten Hälfte des 17. Jahrhunderts erstmals in einer deutlich wahrnehmbaren öffentlichen Kritik am universitären Ausbildungswesen Luft machten.

An dieser unter bürgerlichen Intellektuellen vor allem nach 1650 und nach 1690 besonders weit verbreiteten Frustration hatte eine Entwicklung entscheidenden Anteil, die offensichtlich auf die sozialpsychologische Verfassung bestimmter Teile des Bürgertums und Patriziats in der wirtschaftlichen Depressionsphase der zweiten Hälfte des 17. Jahrhunderts zurückzuführen war. Gemeint ist die bemerkenswerte Tatsache, daß in den mittleren und höheren Schichten des städtischen Besitzbürgertums der Wille zur Subsistenzsicherung durch Bildung und zum sozialen Aufstieg in den „Stand der Gelehrten“ am Ende des Dreißigjährigen Krieges offenbar so stark war, daß selbst die bedrohliche Gesamtlage sie nicht davon abhalten konnte, ihre Söhne zur sofortigen Aufnahme eines Studiums anzuhalten[116]. Dazu veranlaßte sie vor allem der zu diesem Zeit-

113 *Wehler*, Gesellschaftsgeschichte 1 (Anm. 88), S. 210; zur Verwendung des Begriffs des Intellektuellen im folgenden und zur ‚Geburt‘ des Intellektuellen im Mittelalter vgl. die grundlegende Untersuchung von *Jacques Le Goff*, Die Intellektuellen im Mittelalter, Stuttgart ²1987.

114 Vgl. *Koselleck*, Vergangene Zukunft (Anm. 5).

115 Vgl. *Dipper* (Anm. 50), S. 81 f.

116 Hierzu und zum folgenden vgl. *Willem Fijhoff*, Surplus ou déficit? Hypothèses sur le nombre reel des étudiants en Allemagne à l'époque moderne (1576-1815), in: Francia 7 (1979), S. 171-218, insbes. Tab. 1 (S. 188), Tab. 4 (S. 206), S. 213-218. Siehe auch *René König*, Vom Wesen der deutschen Universität, Berlin 1935, S. 17-22; *Alfred Heubaum*, Geschichte des deutschen Bildungswesens seit der Mitte des 17. Jahrhunderts, Bd. I: Das Zeitalter der Standes- und Berufserziehung, Berlin 1905 (ND ebd. 1973); *Hans Gerth*, Die sozialgeschichtliche Lage der bürgerlichen Intelligenz um die Wende des 18. Jahrhunderts, Berlin 1935, insbes. S. 24-79; spätestens seit der Arbeit von Frijhoff gilt als überholt: *Franz Eulenburg*, Über die Frequenz der deutschen Universitäten in früherer Zeit,

punkt noch wenig verheißungsvolle Zustand von Handel und Gewerbe, und so konzentrierten sie sich ganz darauf, trotz aller alter und neu hinzugekommener Schwierigkeiten die schon vor dem Krieg vielfach bewährten Muster der Existenzsicherung durch akademische Bildung zu reproduzieren, indem sie die Laufbahn eines Gebildeten mit den zwar seltenen, aber vergleichsweise verlockenden Karrieremöglichkeiten einschlugen. Zur Verwirklichung dieser Pläne stand ihnen - gemessen an den Studenten- und Bevölkerungszahlen des späten 17. und frühen 18. Jahrhunderts - die schon recht ansehnliche Palette von über zwanzig in- und ausländischen Universitäten zur Verfügung[117], von denen die sechzehn deutschen Universitäten allerdings in konfessioneller und soziokultureller Hinsicht meist als sogenannte Landesuniversitäten geführt wurden; sie unterstanden dem persönlichen Regiment der Landesherren[118].

Die Auswirkungen, die diese doch relativ begrenzten Möglichkeiten der Zukunftsplanung und das daraus abgeleitete Bildungsverhalten des wohlhabenderen Bürgertums hatten, waren zwar nicht überraschend, für die weitgehend an statische Verhältnisse gewöhnte Gesellschaft des späten 17. Jahrhunderts nahmen sie zum Teil aber durchaus bedrohliche Züge an. Hatte sich die Zahl der Studierenden infolge des Dreißigjährigen Krieges drastisch reduziert, so stiegen die Immatrikulationen seit etwa 1645/48 derart sprunghaft an, daß schon in den 1650er Jahren wesentlich mehr Erstsemester an den Universitäten des Reichs eingeschrieben waren als vor 1618. Zwar beruhigte sich die Situation an den Hochschulen dann zwischen 1660 und 1680 wieder ein wenig, der Trend der zunehmenden Studierwilligkeit hielt letztlich aber unvermindert an. Von 1680 bis 1700 nahm die Zahl der Immatrikulierten erneut rapide zu und schließlich stabilisierte sich die Frequenz der Erstsemesterzugänge, bei nur leicht nachgebendem Trend, bis 1750 auf dem verhältnismäßig hohen Niveau von durchschnittlich mehr als 3000 neu hinzukommenden Studenten pro Jahr[119].

Angesichts der ohnehin schon sehr begrenzten Zahl von Stellen, die für Intellektuelle trotz des steigenden Bedarfs der Höfe und Staatsverwaltungen zur Verfügung standen, ist es leicht vorstellbar, welche Folgen diese Entwicklung mittelfristig hatte. Mit gewissen Verzögerungen, die durch unterschiedlich lange Studienzeiten hervorgerufen wurden, nahm der Druck auf dem Arbeitsmarkt für Gebildete zwischen 1650 und 1660 sowie zwischen 1690 und 1710 bisher ungekannte Formen an: Bei einer nur langsam steigenden Nachfrage nach Studierten stieg die Konkurrenz derart an, daß im Hinblick auf die Situation an den Universitäten bald eine „Überfüllungstheorie" entstand, die

---

in: JNS 13 (1897), S. 481-555; *ders.*, Die Frequenz der deutschen Universitäten von ihrer Gründung bis zur Gegenwart (Abhandlungen der phil.-hist. Klasse der Königl. Sächsischen Gesellschaft der Wissenschaften, Bd. 24), Leipzig 1904; *Konrad H. Jarausch*, Deutsche Studenten 1800-1970, Frankfurt a.M. 1984, S. 14 ff.

117 Vgl. dazu die instruktive Graphik (Abb.1) „Gründung von Universitäten und Hochschulen im Universitätsrang in Mitteleuropa" in: *Alois Mayr*, Universität und Stadt. Ein stadt-, wirtschafts- und sozialgeographischer Vergleich alter und neuer Hochschulstandorte in der Bundesrepublik Deutschland (Münstersche Geographische Arbeiten, H. 1), Paderborn 1979, S. 23.

118 *Bauer/Matis* (Anm. 4), S. 417.

119 *Frijhoff* (Anm. 116), a.a.O.

auf eine administrative Beobachtung der Neuimmatrikulationen und auf die Einführung strenger Aufnahmeprüfungen abzielte[120]. Wie neuere Forschungen, die auch die quantitative Entwicklung der Studentenfrequenzen in der ersten Hälfte des 17. Jahrhunderts zum Vergleich berücksichtigt haben, zeigen konnten, entbehrte diese „Überfüllungstheorie" in bezug auf die Belastung der Universitäten tatsächlich aber jeglicher Grundlage, sie war vielmehr der propagandistische Ausdruck jener tiefgreifenden Frustration, die weite Teile des städtischen Besitzbürgertums und Patriziats angesichts des nach wie vor relativ begrenzten Arbeitsmarktes für Gebildete erfaßt hatte[121]. Daher, und nicht etwa weil die Universitäten überfüllt gewesen wären, ging es ihnen einzig und allein darum, „die Zahl der Studenten streng an die der verfügbaren Ämter anzupassen"[122]; die Forderung des zeitgenössischen Autors Paul Grunewald von 1677 lautete folglich auch „ne plures civium literis incumbent quam cuiusvis status ratio requirit"[123]. Gleichwohl - das muß an dieser Stelle relativierend hinzugefügt werden - stellten die Intellektuellen neben Verlegerkaufleuten und Unternehmern das zweifellos dynamischste Element der ständischen Gesellschaft dar; trotz aller Beschränkungen waren sie die wichtigste Aufstiegsgruppe[124].

Von außen betrachtet, bildeten die Intellektuellen um 1700 eine noch weitgehend homogene Gruppe. Obwohl im ursprünglichen Sinne kein eigener „Stand", doch aufgrund ihrer im Studium erworbenen besonderen Fähigkeiten als „Stand der Gelehrten" bezeichnet, nahmen die Gebildeten im Gefüge der ständisch strukturierten Gesellschaft einen Sonderstatus ein, den sie selbst permanent einforderten und durch spezielle Verhaltensweisen unterstrichen, den aber auch der Staat, die Kirche und alle anderen Institutionen, „die der Gebildeten bedurften", anerkannten[125]. Hervorgehoben waren diese Intellektuellen auch durch ihren Beruf bzw. durch ihr Amt, das sie nach dem Studium anstrebten und innehatten; als landesherrliche Bediente, als land- oder reichsständische Beamte konnten sie mitunter eine steile Karriere machen, und als Doktoren beider

---

120 Vgl. dazu die bei *Wilhelm Ermann/Ewald Horn*, Bibliographie der deutschen Universitäten, Bd. 1, Leipzig 1904, S. 226 ff verzeichneten Schriften zur „Überfüllungstheorie", etwa die anonym erschienene Arbeit „Von dem übermassigen Studieren der Teutschen", in: Die rechte Reise-Kunst, Frankfurt 1674, S. 276-288; vgl. auch *Paul Grunewald* (Anm. 123).

121 *Roger Chartier*, Die Zeit, um zu begreifen. Die frustrierten Intellektuellen des 17. Jahrhunderts, in: *ders.*, Die unvollendete Vergangenheit. Geschichte und die Macht der Weltauslegung, Berlin 1989, S. 120-139, insbes. S. 128 f.

122 Ebd., S. 129; vgl. auch *Roger Chartier* u. *Jacques Revel*, Université et société dans l'Europe moderne: positions des problèmes, in: RHMC 25 (1978), S. 353-374.

123 *Paul Grunewald*, Germania milite destitua, et literatis sua ceu mole laborans, Cosmopoli, Leiden 1677, S. 21, hier zit. nach *Chartier*, Die Zeit (Anm. 121), S. 129.

124 *Vierhaus*, Absolutismus (Anm. 53), S. 51.

125 *Rudolf Vierhaus*, Umrisse einer Sozialgeschichte der Gebildeten in Deutschland, in: QFIAB 60 (1980), S. 395-419, Zit. S. 397; vgl. hierzu auch *Wolfgang Zorn*, Hochschule und höhere Schule in der deutschen Sozialgeschichte der Neuzeit, in: Spiegel der Geschichte. Festgabe f. Max Braubach, hg. v. *Konrad Repgen* u. *Stephan Skalweit*, Münster 1964, S. 321-339; *Lawrence Stone* (Hg.), The University in Society, 2 Bde., Princeton 1974.

Rechte wurden Bürgerliche sogar dem Adel gleichgeachtet. Angesichts solcher Statusverbesserungen war es wohl kaum weiter verwunderlich, wenn „Gelehrte dieses Typs, vor allem dann, wenn sie angesehenen Institutionen angehörten - also Universitäten, Akademien, Gerichtshöfen - oft eine professionell-zünftische Mentalität“ an den Tag legten, die besonderen Wert auf Prestige legte und nicht selten in Arroganz ausartete[126]. Diese im Verhalten, in der Kleidung, in der Sprache, in den Gebärden und selbstverständlich im sozialen Umgang meist überdeutlich zum Ausdruck gebrachte Distanzierung zum Kreis der nicht Dazugehörigen, den ‚nur‘ Besitzenden und Besitzlosen, sollte das Verhältnis der Sozialgruppen zueinander noch lange beeinträchtigen.

Ganz anders war das Bild, das der „Stand der Gelehrten“ in der Innenansicht vermittelte. Mit der Strukturkrise des späten 17. Jahrhunderts, dem Niedergang der Städte, der parallel dazu verlaufenden „Konzentrierung des öffentlichen Lebens an den Höfen und mit der stärkeren Betonung ständischer Unterschiede“ spaltete sich die bis dahin gemeinschaftlich durchgeführte Ausbildung Adliger und Bürgerlicher[127]. Der Adel bevorzugte seitdem die eigens für die Vermittlung einer spezifisch höfisch-galanten Bildung errichteten Ritterakademien und die Unterrichtung durch Privatlehrer, sogenannte „Hofmeister“; die Söhne des mehr oder weniger wohlhabenden Bürgertums wählten dagegen eher die traditionellen Ausbildungsgänge über Lateinschulen und Universitäten[128]. Dabei beschränkten sie sich aber in zunehmendem Maße auf solche Bildungsinhalte, die später für die Sicherung und eventuelle Verbesserung ihrer bürgerlichen Existenz von Belang sein konnten, vor allem zogen sie sehr konkret - und zwar je geringer das eigene Vermögen, desto früher - die Möglichkeit des Eintritts in landes- oder grundherrliche, kirchliche oder städtische Dienste in Betracht. Angesichts der bis etwa 1700 bzw. 1720 andauernden ökonomischen Depression, die die Möglichkeiten einer einkömmlichen Tätigkeit im Bereich der Wirtschaft von vornherein drastisch reduzierte, boten diese Dienste immerhin „relativ viele Chancen“[129].

Die sozialpsychologisch bedingten Motivations- und Kompensationseffekte, die durch die spezifischen Bedingungen des Stellenmarktes und den Wunsch nach sozialem Aufstieg entstanden waren, dürften um 1700 auf die Entwicklung der Wissenschaften einen mindestens genauso günstigen Einfluß ausgeübt haben wie die Aktivitäten all jener Landesherren, die das Know-how eines hochqualifizierten Arbeitskräftepotentials, die Repräsentativität akademischer Einrichtungen und die vielfältigen Resultate wissenschaftlicher Forschung in zunehmendem Maße zu schätzen wußten, deshalb im Laufe der Zeit immer mehr Studierte in den Staatsdienst aufnahmen und überdies auch langsam den Auf- und Ausbau ihrer Hohen Schulen vorantrieben. Schon aus Eigennutz kamen die Aufstiegswilligen und Intellektuellen dem Bedürfnis der absolutistisch regie-

126 *Vierhaus*, Umrisse, S. 399.

127 Ebd., S. 400.

128 *Klaus Bleeck*, Adelserziehung auf deutschen Ritterakademien. Die Lüneburger Adelsschulen 1655-1850, 2 Bde., Frankfurt a.M. 1977; *Rainer A. Müller*, Universität und Adel. Eine soziokulturelle Studie zur Geschichte der bayerischen Landesuniversität Ingolstadt, 1472-1648, Berlin 1974.

129 *Vierhaus*, Umrisse (Anm. 124), S. 401.

renden Fürsten nach wissenschaftlicher Unterfütterung ihrer Herrschaft, dem einerseits herrschaftsstabilisierenden und andererseits typisch barocken Wunsch nach Ordnung, Systematisierung und Effektivierung etwa im Verwaltungs-, Militär- und Bauwesen gern entgegen. Es ist daher nicht weiter verwunderlich, daß sie sich in besonderer Weise darum bemühten, sich in einem oder mehreren der genannten Gebiete umzutun, Ideen für nützliche Verbesserungen oder eindrucksvolle Projekte zu entwickeln und bei allem die Praxisbezogenheit ihrer Wissenschaft zu betonen[130]. Auf diese Weise wurde die Tradition des erstarrten und längst überkommenen Späthumanismus durch einen rationalistisch orientierten Wissenschaftsschub angereichert, an dessen Spitze naturwissenschaftliche Fächer rangierten und in dessen Verlauf die Ausdifferenzierung der bis dahin noch weitgehend als Einheit betrachteten Disziplinen rasche Fortschritte machte[131]. Von grundlegender Bedeutung war in diesem Zusammenhang die Mathematik,

---

130 *Karl-Georg Faber*, Zum Verhältnis von Absolutismus und Wissenschaft (Akademie der Wissenschaften und der Literatur. Abhandlungen der geistes- und sozialwissenschaftlichen Klasse, Jg. 1983, Nr. 5), Mainz 1983; *Harm Klueting*, Die Lehre von der Macht der Staaten (Anm. 1); *John Desmond Bernal*, Sozialgeschichte der Wissenschaften, Bd. 2: Die wissenschaftliche und die industrielle Revolution, Reinbek [4]1970, S. 420 ff, 458 ff; *Peter Weingart*, Wissensproduktion und soziale Struktur, Frankfurt a.M. 1976, S. 140 ff; *Everett Mendelsohn/Peter Weingart* (Hg.), The Social Production of Scientific Knowledge (Sociology of Science, Bd. 1), Dordrecht 1977; *Gernot Böhme/Wolfgang van den Daele/ Wolfgang Krohn*, Experimentelle Philosophie. Ursprünge autonomer Wissenschaftsentwicklung, Frankfurt a.M. 1977; *Edgar Zilsel*, Die sozialen Ursprünge der neuzeitlichen Wissenschaft, Frankfurt a.M. 1976, S. 49 ff; *Lewis S. Feuer*, The Scientific Intellectual: The Psychological and Sociological Origins of Modern Science, New York 1963; *Herbert Butterfield*, The Origins of Modern Science 1300-1800, London [8]1968.

131 Hierzu und zum folgenden vgl. *Rupert A. Hall*, The Scientific Revolution 1500-1800, Boston 1966; *Thomas S. Kuhn*, Die Struktur wissenschaftlicher Revolutionen, Frankfurt a.M. [2]1976; *Gaston Bachelard*, La formation de l'ésprit scientifique. Contribution à une psychoanalyse de la connaissance objective, Paris [8]1970 (dt. Die Bildung des wissenschaftlichen Geistes. Beiträge zu einer Psychoanalyse der objektiven Erkenntnis, Frankfurt a.M. 1978) ; *Richard F. Jones*, Ancient and Moderns. A Study of the Rise of Scientific Movement in the Seventeenth-Century England, Berkeley/L.A. 1965; *Stephen F. Mason*, Geschichte der Naturwissenschaft in der Entwicklung ihrer Denkweisen, Stuttgart 1961, S. 333-344; *Joachim Otto Fleckenstein*, Scholastik, Barock, exakte Wissenschaften, Einsiedeln 1949; *ders.*, Naturwissenschaft und Politik. Von Galilei bis Einstein, München 1965; *ders.*, Die Einheit von Technik, Forschung und Philosophie im Wissenschaftsideal des Barock, in: TG 32 (1965), S. 19-30.

Barbara Stollberg-Rilinger, Der Staat als Maschine. Zur politischen Metaphorik des absoluten Fürstenstaats (Historische Forschungen, Bd. 30), Berlin 1986; *Stefan Smid*, Recht und Staat als „Maschine". Zur Bedeutung einer Metapher, in: Der Staat. Zeitschrift für Staatslehre, Öffentliches Recht und Verfassungsgeschichte 27 (1988), S. 325-350; *Carl Schmitt*, Der Staat als Mechanismus bei Hobbes und Descartes, in: Archiv für Rechts- und Sozialphilosophie 30 (1936/37), S. 622-632; *Alex Sutter*, Göttliche Maschinen. Die Automaten für Lebendiges bei Descartes, Leibniz, La Mettrie und Kant, Frankfurt a.M. 1988; *Arno Baruzzi*, Mensch und Maschine. Das Denken sub specie machinae, München 1973, bes. S. 11 ff; *Ahlrich Meyer*, Mechanische und organische Metaphorik politischer Philosophie, in: AfB 13 (1969), S. 128-199; *Anneliese Maier*, Die Mechanisierung des Weltbilweil sie erstens der zentralen Vorstellungskategorie des Barockzeitalters, der Vorstellung von der geometrischen Ordnung der Dinge, Körper und Bewegungen entsprach, weil sie zweitens die angeblich nach bestimmten Gesetzmäßigkeiten ablaufende Mechanik im Lauf der Himmelskörper, der Staaten und anderer als Maschinen gedachter Systeme zu entzaubern half, drittens, weil sie das theoretisch-methodische Fundament für die Weiterentwicklung der übrigen (Natur-)Wissenschaften legte, und schließlich viertens, weil sie die akademische Kommunikation internationalisierte und damit in entscheidendem Maße zum wissenschaftlichen Fortschritt wie auch zur Vorbereitung des aufklärerischen Gedankenaustauschs beitrug.

Die Mathematik und speziell die Geometrie prägten den Charakter des Barockzeitalters so stark, daß ihre Nutzbarmachung gleichsam „zum Staatszweck erhoben wurde“[132]. Nach ihren Regeln baute man Festungen, die weit mehr sein sollten als nur militärische Zweckbauten, die vielmehr auch durch die geometrische Regelmäßigkeit ihrer Erscheinung „die territoriale Integrität des Staates und das politische Ideal des kompakten, auf die Person des Herrschers symmetrisierten Untertanenverbandes nach außen hin“ demonstrieren und versinnbildlichen sollten[133]. Nach geometrischen Prinzipien wurden aber auch Gärten angelegt, Fecht-, Duell- und andere zeremonielle Rituale exerziert, militärische Formationen aufgestellt, Musikstücke komponiert, ganze Städte geplant und aus dem Boden gestampft, nützliche und weniger nützliche mechanische Apparate konstruiert sowie Sakral- und Profanbauten errichtet. Kurzum: Die Geometrie wurde zur Methode erhoben, mit welcher auf nahezu allen Gebieten die Genialität der göttlichen Ordnung bewiesen werden konnte und mit welcher der auf der göttlichen Ordnung beruhende, der wie sie selbst symmetrisch und hierarchisch erscheinende Herrschaftsapparat der absolutistisch regierenden Fürsten in Szene gesetzt und gefestigt wurde[134].

---

des, Leipzig 1938; *Eduard J. Dijksterhuis*, Die Mechanisierung des Weltbildes, Berlin 1956; *Jürgen Mittelstrass*, Neuzeit und Aufklärung. Studien zur Entstehung der neuzeitlichen Wissenschaft und Philosophie, Berlin 1970; *Marie Boas*, The Establishment of the Mechanical Philosophy, in: Osiris 10 (1952), S. 412-541; *René Taton* (Hg.), Histoire générale des sciences, Bd. II: La science moderne (de 1450 à 1800), Paris 1958; *Michel Foucault*, Die Ordnung der Dinge. Eine Archäologie der Humanwissenschaften, Frankfurt a.M. 1971; *Hans Blumenberg*, Der Prozeß der theoretischen Neugierde (erw. u. überarb. Neuausg. v. „Legitimität der Neuzeit“, 3. T.), Frankfurt a.M. 1973.

132 *Duchhardt* (Anm. 50), S. 75.

133 Ebd; vgl. hierzu auch *Wolfgang Röd*, Geometrischer Geist und Naturrecht, München 1970.

134 *Henning Eichberg*, Geometrie als barocke Verhaltensnorm, in: ZHF 4 (1977), S. 17-50; *ders.*: Die Rationalität der Technik ist veränderbar. Festungsbau im Barock, in: Technik-Geschichte. Historische Beiträge und neuere Ansätze, hg. v. *Ulrich Troitzsch* u. *Gabriele Wohlauf*, Frankfurt a.M. 1980, S. 212-240; *Hubert Ch. Ehalt*, Ausdrucksformen absolutistischer Herrschaft. Der Wiener Hof im 17. und 18. Jahrhundert (Wirtschafts- und sozialgeschichtliche Studien, Bd. 14), München 1980; *Norbert Elias*, Die höfische Gesellschaft. Untersuchungen zur Soziologie des Königtums und der höfischen Aristokratie, Frankfurt a.M. ²1983; *Rudolf Vierhaus*, Höfe und höfische Gesellschaft in Deutschland im 17. und 18. Jahrhundert, in: Kultur und Gesellschaft in Deutschland von der Reformation bis zur

Zur gleichen Zeit vollzog sich zwar auch im Bereich der Geisteswissenschaften, vor allem in der Geschichtswissenschaft durch die Einführung von Quellenkritik und hilfswissenschaftlichen Instrumentarien, mancher Wandel[135]; insgesamt gesehen war aber der Einfluß der mathematisch-naturwissenschaftlichen Disziplinen auf die weitere Entwicklung von Wissenschaft und Gesellschaft entscheidend. Indem die Dinge der Welt und die Ideen der Menschen auf geometrische Figuren und mathematische Grundstrukturen zurückgeführt wurden, in denen sich doch am reinsten und klarsten das unnachahmliche Genie Gottes zu offenbaren schien, wurden zugleich die Vorherrschaft und Kontrollfunktion, die die Theologie bis dahin über die anderen Wissenschaften ausgeübt hatte, unterminiert und der Emanzipations- und Differenzierungsprozeß der Disziplinen sowie der Prozeß der Öffnung für die Gedanken der Aufklärung eingeleitet[136].

Die „Fixierung der ‚barocken Welt' auf die naturwissenschaftlich-mathematischen Disziplinen" läßt im übrigen auch die Gründe dafür erkennbar werden[137], warum sich Intellektuelle und vor allem Mathematiker um 1700 bei Regierenden einer besonderen Gunst erfreuten und selbst als Bürgerliche ein hohes Ansehen genossen: Durch ihre recht spezifischen Kenntnisse und Fähigkeiten wurden sie innerhalb weniger Jahrzehnte ‚hoffähig' bzw. ‚administrabel', wenngleich sie natürlich als ‚Bediente' und Untertanen auch weiterhin ganz und gar der Willkür ihres Souveräns ausgeliefert blieben[138]. Ein treffendes Beispiel für die hier skizzierte Gesamtentwicklung ist Gottfried Wilhelm Leibniz (1646-1716), der, obschon als Bibliothekar und Hofrat in hannoverschen Diensten beschäftigt, doch mehr oder weniger ungestört seinen umfassenden wissenschaftlichen Ambitionen nachgehen und sich dabei den Ruf eines „universale(n) Ruhmesblatt(es) des Heiligen Römischen Reiches" (R. Mandrou) erwerben konnte[139]. Leibniz

---

Gegenwart, hg. v. *Klaus Bohnen*, *Sven-Aage Jϕrgensen* u. *Friedrich Schmöe* (Kopenhagener Kolloquien zur deutschen Literatur, Bd. 4), Kopenhagen/München 1981, S. 36-56.

135 Vgl. hierzu *Otto Dann*, Das historische Interesse in der deutschen Gesellschaft des 18. Jahrhunderts. Geschichte und historische Forschung in den zeitgenössischen Zeitschriften, in: Historische Forschung im 18. Jahrhundert. Organisation - Zielsetzung - Ergebnisse, hg. v. *Karl Hammer* u. *Jürgen Voss* (Pariser historische Studien, Bd. 13), Bonn 1976, S. 386-415; *Andreas Kraus*, Grundzüge barocker Geschichtsschreibung, in: HJb 88 (1968), S. 54-77; *Rudolf Vierhaus*, Geschichtsschreibung als Literatur im 18. Jahrhundert, in: *Hammer/Voss* (Hg.), a.a.O., S. 416-431; *ders.*, Historisches Interesse im 18. Jahrhundert, in: Geschichte und Aufklärung (Anm. 1), S. 264-275 ; *Notker Hammerstein*, Jus und Historie. Ein Beitrag zur Geschichte des historischen Denkens an deutschen Universitäten im späten 17. und im 18. Jahrhundert, Göttingen 1972; *Jürgen Voss*, Geschichtswissenschaft und Diplomatie im Zeitalter der Aufklärung. Johann Daniel Schöpflin (1694-1771), München 1979.

136 S. Anm. 131.

137 *Duchhardt* (Anm. 50), S. 78.

138 Vgl. Anm. 130.

139 *Mandrou*, Staatsräson (Anm. 82). Schon das Urteil der Zeitgenossen über Leibniz fiel kaum weniger überschwenglich aus; Diderot etwa meinte, Leibniz habe „allein Deutschland soviel Ruhm gebracht, wie Plato, Aristoteles und Archimedes zusammen Griechenland" (zit. nach *Günter Scheel*, Leibniz' Eintritt in den braunschweigischen Staatsdienst und seine Wolfenbütteler Wohnung, in: Zur Stadtgeschichte Wolfenbüttels, hg. v. *Hans-*

repräsentiert in geradezu idealtypischer Weise den (Natur-)Wissenschaftler der Zeit um 1700, der, bei großer sozialer Anerkennung, zwischen „Altem“ und „Neuem“ stand, der bemüht war, die „Umsetzung der Wissenschaft in die Praxis“ zu fördern, ohne dabei „das ‚pansophische‘ Ideal der Einheit aller Wissenschaften“ zu gefährden, der die Welt mechanistisch deutete, aber damit nur die göttliche Ordnung unter Beweis stellen wollte, der davon überzeugt war, „daß Wissenschaft alle Bereiche des menschlichen Denkens, Tun und Verhaltens umfasse und daß sie vom Staat gefördert werden müsse“, und der trotz der daraus abgeleiteten Forderung nach dem konsequenten Anwendungsbezug von Wissenschaft doch versuchte, ein Theoriegebäude zu errichten, das Natur, Gesellschaft und Religion als Bestandteile eines geschlossenen, logisch-konsequenten Systems erscheinen lassen sollte[140].

In ähnlicher Weise bemühten sich auch andere, namentlich meist kaum bekannt gewordene Naturwissenschaftler darum, zwischen alt und neu zu vermitteln, während sie durch ihre individuellen Leistungen im Endeffekt oft nur dazu beitrugen, der „statischen Bewegtheit“ (R. Koselleck) der Epoche noch mehr Dynamik zu verleihen und die „wissenschaftliche Revolution“ voranzutreiben. Tatsächlich spricht einiges dafür, daß die Ordnung der Dinge durch sie in der Regel gar nicht tangiert, geschweige denn verändert wurde, sondern daß „hinter der majestätisch ruhigen Fassade“ der ständischen Gesellschaft die „wissenschaftliche Revolution“ bzw. die „Revolution des Geistes“ (P. Chaunu) den Weg für die umfassenden Modernisierungsprozesse des späteren 18. und des 19. Jahrhunderts ebnete[141]. Einer dieser namentlich nicht besonders in Erscheinung getretenen Naturwissenschaftler, der sowohl von seiner Sozialisation als auch von seiner Ausbildung her zunächst noch ganz im späten 17. Jahrhundert und in der Wissenschaftstradition des auf Geometrie und Mathematik fixierten Barockzeitalters verwurzelt war und der sich dann im 18. Jahrhundert doch auf seine Weise am wissenschaftlichen Fortschritt zu beteiligen suchte, hieß Erich Philipp Ploennies. Von Hause aus Mathematiker, schuf er auf der Basis mathematischer und geographischer Methoden zu Beginn des 18. Jahrhunderts eine recht eigenwillige Textgattung, eine Kombination aus „Staatsbeschreibung“ und „Staatsvermessung“, mit der er einerseits dazu beitragen wollte, die spezifischen Bedürfnisse der im Ausbau befindlichen absolutistischen Territorialstaaten zu befriedigen, mit der er andererseits aber auch - und damit folgte er ganz der inzwischen verbreiteten Maxime „vom Gemeinnutz zum Eigennutz“ (W. Schulze)[142] - seine eigene soziale Existenz sichern und verbessern wollte. Die nachfolgende Untersuchung versucht nun, das Leben dieses Erich Philipp Ploennies auf der Grundlage der sozialen Bedingungen mit seinen verschiedenen wissenschaftlichen und beruflichen Entwicklungsstufen nachzuzeichnen. Dabei sollen gleich-

---

Georg Reuter, Wolfenbüttel 1988, S. 125-134, hier S. 127). Vgl. hierzu auch *Joachim Otto Fleckenstein*, Gottfried Wilhelm Leibniz. Barock und Universalismus, München 1958.

140 *Vierhaus*, Absolutismus (Anm. 53), S. 96.

141 *Pierre Chaunu*, Europäische Kultur im Zeitalter des Barock, Frankfurt a.M. [2]1989, S. 11-19, Zit. S. 11.

142 *Winfried Schulze*, Vom Gemeinnutz zum Eigennutz. Über den Normenwandel in der ständischen Gesellschaft der frühen Neuzeit, in: HZ 243 (1986), S. 591-626.

zeitig die Hintergründe, die zur Entstehung dieses Werks geführt haben, aufgezeigt, die Funktionen, die es in der sozioökonomischen und politischen Lage um 1720 erfüllen sollte, dargestellt und die Bedeutung, die ihm im Gesamtzusammenhang der wissenschaftlichen Entwicklung beigemessen werden kann, erörtert werden.

2. Traditionsbewußtsein und modifizierte Zukunftsplanung: Erich Philipp Ploennies 1672-1698

2.1 Jugend in Speyer, Herkunft und sozialer Status

Trügerisch war das nach wie vor imposante äußere Erscheinungsbild, das die freie Reichsstadt Speyer - zumal vom Rhein aus - durch die vom Dom gekrönte Silhouette, durch die Weitläufigkeit des nur leicht befestigten Terrains und die alte Bausubstanz in den 1670er und 1680er Jahren vermittelte[1]. Tatsächlich zehrte die Stadt zu dieser Zeit, in der Erich Philipp Ploennies in Speyer zur Welt kam und aufwuchs, nur noch vom schönen Schein besserer, jedoch unwiederbringlich vergangener Tage, das heißt von ihrem im 16. und frühen 17. Jahrhundert begründeten Ruf, eines der prächtigsten urbanen Zentren am Rhein zu sein. Dichter, Gelehrte und Reisende des In- und Auslands hatten damals Lobsprüche und lange epische Hymnen nach dem Vorbild Homers auf Speyer verfaßt, um ihre Beobachtungen in ihnen angemessen erscheinender Weise zum Ausdruck zu bringen, und sie hatten damit nicht unwesentlich zur Verbreitung des großen Ansehens dieser Stadt beigetragen[2]. Mittlerweile sah die Realität aber ganz anders aus. Anhaltende wirtschaftliche und soziale Probleme bestimmten das Leben der Stadt sowie die Aktivitäten eines Magistrats, der angesichts der Fülle und Komplexität der Schwierigkeiten offenbar nicht in der Lage war, den rasch voranschreitenden Niedergang aufzuhalten[3].

---

1 Hierzu und zum folgenden vgl. *Renate Engels*, Zur Topographie der Stadt Speyer vor 1689, in: Geschichte der Stadt Speyer, hg. v.d. Stadt Speyer, Red.: *Wolfgang Eger*, Bd. III, Stuttgart 1989, S. 487-547; *Anton L. Doll*, Speyer, in: Rheinland-Pfalz und Saarland, hg. v. *Erich Keyser* (Deutsches Städtebuch, Bd. IV/3), Stuttgart 1964, S. 384-416; *Fritz Klotz*, Speyer. Kleine Stadtgeschichte (Beiträge zur Speyerer Stadtgeschichte, H. 2), Speyer [4]1988; *Franz Joseph Mone*, Geschichte und Beschreibung von Speyer, Speyer 1817; zum Festungsbau vgl. *Günter Stein*, Befestigungen des Mittelalters, Schlösser und Befestigungen der Neuzeit, in: Pfalzatlas, hg. v. *Willi Alter*, Textband I, Speyer 1964, S. 320 ff (Karte 49); *Fritz Klotz*, Die Waffen der Freien Reichsstadt Speyer, in: Pfälzische Heimatblätter 2 (1954), S. 47 ff.

2 Vgl. *Hartmut Harthausen*, Geistes- und Kulturgeschichte Speyers vom 16. bis zum 18. Jahrhundert, in: Geschichte der Stadt Speyer, Bd. III (a.a.O.), S. 349-434, bes. S. 373 f; *J. Praun*, Enkomion Spirae. Lobsprüche auf Speier aus dem 16. Jahrhundert, in: MHVPF 23 (1899), S. 85-100; besonders eindrucksvoll ist das lange Lobgedicht Theodor Reysmanns, das 1531 in lateinischer Sprache verfaßt wurde und mit Übersetzung greifbar ist in der Edition von *Gustav Bossert/Albert Kennel*, Theodor Reysmann und sein Lobgedicht auf Speier, in: MHVPF 29/30 (1907), S. 156-248; *Albert Becker*, Karl Desiderius Royers Epigramme auf Speyer, in: MHVPF 36 (1916), S. 177-184.

3 Vgl. hierzu *Theodor Folz*, Stadtherrschaft und Stadtbürgerschaft in Speyer, Speyer 1955; vgl. auch *Erich Maschke*, „Obrigkeit“ im spätmittelalterlichen Speyer und in anderen Städten, in:

Eigenwillige politische Aktivitäten, die nicht nur der religiösen Verfassung der Stadt, sondern in gleichem Maße auch der selbstbewußten reichsstädtischen Mentalität ihrer Bürgerschaft entsprungen waren, hatten diesen Prozeß des Niedergangs eingeleitet und schließlich sogar beschleunigt, denn allem Anschein nach war man auf seiten des Patriziats und Magistrats nicht willens, Lehren aus den Reaktionen der Umwelt auf die eigene Haltung zu ziehen. Von entscheidender Bedeutung war in diesem Zusammenhang die eigensinnige und wechselhafte Bündnispolitik der Stadt, die zu Beginn des Dreißigjährigen Krieges im vollen Bewußtsein ihrer damals noch ungetrübten ökonomischen Potenz und ihrer besonderen strategischen Lage der Protestantischen Union beigetreten war. Zwar veranlaßte sie die Kriegslage schon 1621 dazu, das Bündnis der evangelischen Stände wieder zu verlassen, doch blieb sie dadurch keineswegs von jenen kaiserlichen Zugriffen verschont, die der Stadt in Form von Einquartierungen und Zahlungen an Kaiser und Reich regelmäßig abverlangt wurden. Im Gegenteil: Die vorherige Bündniszugehörigkeit ließ die Stadt in politischer Hinsicht auch weiterhin suspekt erscheinen, und so war es kaum verwunderlich, daß alle Eingaben und Appelle, mit denen sich Speyer um eine Reduzierung seiner insgesamt doch recht umfangreichen finanziellen und logistischen Belastungen während des Krieges bemühte, mehr oder weniger kommentarlos abgewiesen wurden[4].

Die so entstandenen Vorbehalte gegenüber der einst so wohlhabenden Stadt Speyer, die aus der Perspektive Wiens gewiß verständlich waren, wurden schließlich rund fünfzig Jahre später bestätigt und erneuert, als Speyer wieder einen Versuch unternahm, sich vorzeitig seiner reichsstädtischen Verpflichtungen zu entziehen: Ältere, schon in den 1620er Jahren entwickelte Pläne einer möglichen Neutralität aufgreifend, bemühte sich die im Westen des Reichs geographisch ziemlich exponiert gelegene Stadt zu Beginn der 1670er Jahre darum, ein Neutralitätsabkommen mit Frankreich zustandezubringen. Dieses Unternehmen, das ein intensives diplomatisches Engagement erforderte, weil die Interessen der Stadt, des Reichs und des militärisch bereits in Lothringen und Holland aktiven Frankreich ständig aufeinander abgestimmt werden mußten, war für Speyer nicht nur außerordentlich kostspielig, denn selbstverständlich forderten die gegnerischen Parteien finanzielle und wirtschaftliche Leistungen von der Stadt; das Neutralitätsabkommen, das 1674 mit Billigung der Reichsstände ratifiziert wurde und

---

ders., Städte und Menschen. Beiträge zur Geschichte der Stadt, der Wirtschaft und Gesellschaft (VSWG, Beih. Bd. 68), Wiesbaden 1980, S. 121 ff; *Max Jung*, Wirtschaftsverfassung und Verwaltung der Freien Reichsstadt Speyer am Rhein im 17. und 18. Jahrhundert. Mit besonderer Berücksichtigung der merkantilistischen Strömungen, Diss. Frankfurt a.M. 1930, S. 82-91; *Wolfgang Hartwich*, Speyer vom Dreißigjährigen Krieg bis zum Ende der Napoleonischen Zeit (1620 bis 1814), in: Geschichte der Stadt Speyer (a.a.O.), Bd. II, Stuttgart [2]1983, S. 1-113.

4 *Hartwich* (Anm. 3), S. 5-28; s. hierzu auch *Franz Petri*, Im Zeitalter der Glaubenskämpfe (1500-1648), in: Rheinische Geschichte, Bd. 2: Neuzeit, hg. v. *Franz Petri* u. *Georg Droege*, Düsseldorf 1976, S. 1-217, bes. S. 111-147.

das sich für Speyer im Endeffekt als völlig nutzlos erwies, ließ auch das Ansehen der Stadt im Reich auf ein Minimum sinken[5].

Auf die wirtschaftliche und soziale Existenz der Familie Ploennies hatten der Prestigeverlust und die damit einhergehenden Ressentiments gegenüber Speyer, das man der Freundschaft mit dem aggressiven Nachbarn im Westen beschuldigte und das man gleichzeitig verdächtigte, die von den Reichsständen gegenüber Frankreich verhängten Wirtschaftssanktionen zu unterlaufen, allerdings weit weniger Auswirkungen als auf die meisten anderen Bürger der Stadt. Ploennies' Vater war nämlich Advokat und Prokurator am Reichskammergericht, dem obersten Reichsgericht, das seit 1527 in Speyer ansässig war und dessen Personal im Rahmen der Stadt eine in jeder Hinsicht privilegierte Stellung einnahm. Obwohl diese Sondergruppe, die im gesellschaftlichen Gefüge Speyers tatsächlich die Rolle einer elitären Gelehrtenkaste spielte, im Mikrokosmos der Stadt ein permanentes Konfliktpotential darstellte, trug sie durch ihr Sozialprestige und ihre finanziellen Möglichkeiten neben dem hier ebenfalls besonders stark vertretenen Klerus doch auch in erheblichem Maße zur (relativen) Stabilisierung der wirtschaftlichen Verhältnisse in der Stadt und zur Verbesserung ihres lädierten Ansehens bei. Diese Tatsache scheint aber nur einigen wenigen aufgeschlossenen Bürgern Speyers voll und ganz bewußt gewesen zu sein, denn der überwiegende Teil der im zünftischen Handwerk und im Handel beschäftigten Einwohner konzentrierte sich vor allem darauf, den wirtschaftlichen Niedergang der Stadt zu beklagen, eine drastische Beschränkung der steuerlichen und sonstigen Privilegien der „Kameralen" zu fordern und diese Forderung durch spezifische Verhaltensweisen im Alltag zu unterstreichen[6].

Die soziale Konfliktsituation, der im Alltag gewiß besonders drastisch zum Ausdruck kommende Gegensatz zwischen einer langsam verarmenden Bevölkerung und den in ihrer Existenz dagegen nahezu ungefährdeten Familien des Reichskammergerichtspersonals, war in der Tat nur das äußere Symptom einer tiefgreifenden ökonomischen Strukturkrise, die durch den Dreißigjährigen Krieg ausgelöst worden war und die nur kurzzeitig, aber nicht grundsätzlich hatte beigelegt werden können. In Relation zum sehr hohen Zerstörungsgrad der gesamten kurpfälzischen Rheinniederung, in der die Bevölkerung um rund 75% dezimiert worden war[7], war Speyer noch glimpflich davongekommen, denn die Stadt hatte durch direkte und indirekte Kriegseinwirkungen - d.h. durch Tötung, Flucht, Pest (1632) und Hunger (1636), dem nur geringe Zuwanderungen in die schwach befestigte Stadt gegenüberstanden - ‚nur' rund 50% ihrer Be-

5 *Hartwich* (Anm. 3), S. 27 f; *Kurt v. Raumer*, Die Zerstörung der Pfalz von 1689 im Zusammenhang der französischen Rheinpolitik, München 1930, S. 30 f; *ders.*, Speyers geschichtliche Stellung im Deutschen Reich, Speyer o.J.; *Max Braubach*, Vom Westfälischen Frieden bis zum Wiener Kongreß (1648-1815), in: Rheinische Geschichte (Anm. 4), S. 219-365, bes. S. 230, 234 f, 238, 251, 256 f.

6 S. dazu auch meine Ausführungen weiter unten sowie die weiterführende Literatur bei Anm. 57-75.

7 *Christof Dipper*, Deutsche Geschichte 1648-1789, Frankfurt a.M. 1991, S. 271; vgl. hierzu auch *Karl Mörsch*, Geschichte der Pfalz. Von den Anfängen bis zum 19. Jahrhundert, Landau 1987; *Volker Sellin*, Die Finanzpolitik Karl Ludwigs von der Pfalz. Staatswirtschaft im Wiederaufbau nach dem Dreißigjährigen Krieg, Stuttgart 1978.

völkerung verloren[8]. Dieser Aderlaß, der inklusive Klerus und Gerichtspersonal eine nominelle Verringerung der gesamten Einwohnerschaft von ca. 8000 (um 1600) auf rund 4100 (um 1650) bzw. eine Reduzierung der reichsstädtischen, das heißt steuerpflichtigen Bevölkerung von ca. 5800 auf etwa 2500 Bürger bedeutete, dieser demographische Aderlaß potenzierte sich in den 1650er bis 1680er Jahren mit den wirtschaftlichen Auswirkungen des Krieges, vor allem mit der hohen öffentlichen und privaten Verschuldung der verbliebenen Bürgerschaft, die durch Abgaben an Kaiser und Reich (Schwedische Satisfaktion, Türkenhilfe) sowie durch Steuererhöhungen des mehr oder weniger ratlosen Magistrats entstanden war[9]. Auf mittlere und lange Sicht hatte die hohe Verschuldung nicht nur die Konsequenz, daß die üblichen Kapitalreserven für Notfälle fehlten, sondern sie verhinderte auch Investitionen in neue, erfolgversprechende wirtschaftliche Unternehmungen. Sehr treffend war deshalb die Schilderung, die Matthäus Merian schon 1645 vom Zustand Speyers nach dem Dreißigjährigen Krieg verbreitete, als er meinte: „daher es hernach der Stad gar übel ergangen"; „von solcher Zeit an sie, deß Kriegs halber, ziemlich in Ruhe gestanden, aber gleichwol Soldaten haben, und mit der Theuerung, Hungersnoth und allerhand Kranckheiten kriegen müssen; dardurch sie dann in einen weit andern Stand, als sie vor dem jetzigen Teutschen Krieg gewesen, gerathen ist."[10]

Daß die Stadt und große Teile ihrer Bürgerschaft in den 1650er bis 1680er Jahren wirklich vor jenem wirtschaftlichen und finanziellen Ruin standen, den sie seit dem Ende des Krieges immer häufiger in entsprechenden Beschwerdeschreiben an den Magistrat beklagten[11], wird an der (im Vergleich zum allgemeinen und ungebrochenen demographischen Aufwärtstrend völlig untypischen) Bevölkerungsentwicklung Speyers deutlich: Nach der Pest- und Hungerkatastrophe von 1632/36 nahm die Einwohner- und Bürgerschaft - dem allgemeinen Trend noch voll und ganz entsprechend - sehr schnell zu, so daß schon um 1670/75 mit ca. 5900 Einwohnern bzw. rund 4100 Bürgern wieder ein relativ hoher Bevölkerungsstand erreicht war. Dann aber kehrte sich

---

8 Hartwichs (Anm. 3) Angaben zur Bevölkerungsentwicklung Speyers nach 1632 sind in sich sehr widersprüchlich und differenzieren nicht immer deutlich zwischen Bürgerschaft und Einwohnerschaft (in der auch der Klerus und das Gerichtspersonal enthalten sein sollte); vgl. dagegen die vorzügliche graphische Darstellung „Bevölkerungsentwicklung in Speyer 1535-1837" bei *Norbert Ohler*, Alltag in einer Zeit des Friedens, 1570-1620, in: Geschichte der Stadt Speyer, hg. v. d. Stadt Speyer, Red.: *Wolfgang Eger*, Bd. I, Stuttgart [2]1983, S. 583. Die folgende Argumentationsfigur stützt sich im wesentlichen auf Ohlers demographische Angaben. - Zur Pest- und Hungerkatastrophe von 1632/36 vgl. *M. Adele Herrmann*, 750 Jahre Kloster Sankt Magdalena Speyer 1228-1978, Speyer 1978, S. 42 ff.

9 Zur öffentlichen und privaten Verschuldung vgl. *Hartwich* (Anm. 3), S. 14 f, 17-29.

10 *Matthäus Merian*, Topographia Palatinatus Rheni et Vicinarum Regionum. Das ist Beschreibung und Eigentliche Abbildung der Vornemsten Stätte & Plätz der Intern Pfalz am Rhein Und Benachbarten Landschafften, als der Bistümer Wormbs Und Speyer ... (1645), hg. v. *Wolfgang Medding*, Kassel 1963 (ND der 2. Aufl. v. ca. 1672), S. 88 f.

11 *Hartwich* (Anm. 3), S. 14; vgl. hierzu auch *Reinhard Hildebrandt*, Rat contra Bürgerschaft. Die Verfassungskonflikte in den Reichsstädten des 17. und 18. Jahrhunderts, in: ZSSD 1 (1974), S. 221-241.

der Trend plötzlich in sein Gegenteil um, das heißt die Bevölkerung verringerte sich nun von Jahr zu Jahr, und zwar erstaunlicherweise mit derselben Geschwindigkeit, mit der sie zuvor gewachsen war. So kam es, daß Speyer kurz vor seiner Zerstörung durch die Truppen Ludwigs XIV. im Jahre 1689 wieder nur noch etwa 4000 Einwohner bzw. nur noch rund 2500 Bürger zählte[12]. Dieser außergewöhnlich rasche demographische

Abb. 2: Der alte Hafen von Speyer mit Lastschiffen, oberem Kran und Kettenfähre; im Hintergrund links der Dom, rechts daneben St. Guido (Ölgemälde, 1683)

Schrumpfungsprozeß, der im wesentlichen durch Abwanderungen verursacht worden war[13], war zweifellos die unmittelbare Folge der unvermindert stark anhaltenden wirtschaftlichen Strukturkrise. Die verfügbaren Kapitalreserven waren insgesamt viel zu gering, als daß man mit ihnen auch den übrigen seit Beginn der 1670er Jahre, das heißt seit der immer deutlicher werdenden Konfrontation mit Frankreich, sich durchsetzenden Elementen des wirtschaftlichen Niedergangs hätte entgegenwirken können; zu ih-

12 *Ohler* (Anm. 8), S. 583; *Doll* (Anm. 1), S. 387, 391.
13 *Jung* (Anm. 3), S. 37-48; *Hartwich* (Anm. 3), S. 15, 20-29.

nen zählte vor allem die unaufhaltsame Untergrabung des Stapelrechts für alle auf dem Rhein transportierten Güter durch Straßburg[14] und die parallel dazu verlaufende, sich langsam auswirkende Verlagerung des Handelsverkehrs auf andere Routen und andere Umschlagplätze, etwa auf Mannheim und Mainz[15]. So entstand das Phänomen, daß die im Dreißigjährigen Krieg von der Bausubstanz her kaum in Mitleidenschaft gezogene Reichsstadt Speyer[16] in den 1670er und 1680er Jahren noch mit einem äußeren Erscheinungsbild aufwarten konnte, das vor dem Hintergrund der wirtschaftlichen und sozialen Realität mehr als trügerisch war.

Realistisch eingestellte Bürger mußten sich daher bedauernd eingestehen, daß Speyer jetzt wohl eher „eine Stadt der Vergangenheit ... als der Gegenwart" darstelle, obwohl auch „dieses alte Speier" noch immer imstande sei, „auf den Fremden ... einen sehr vortheilhaften Eindruck" zu machen[17]. - Das war gewiß nicht übertrieben, denn zwei Jesuitenpater, die die Stadt 1660 auf einer Wissenschaftsreise besuchten, konnten später nur berichten, „Speyer sei eine ansehnliche Stadt mit breiten Straßen und vielen Häusern edler Leute geschmückt, aber von sehr alter Bauweise"[18]. Angesichts der Tatsache, daß der wirtschaftliche Niedergang der Stadt in dieser Zeit zu einer alltäglichen, sich permanent bestätigenden Erfahrung wurde[19], erfreuten sich solche positiven Beurteilungen natürlich besonderer Beliebtheit, genauso wie jene alten Lobsprüche auf Speyer, die nicht nur die Erinnerung an bessere Zeiten wachhielten, sondern die auch ein Traditions- und Selbstbewußtsein vermittelten, das durch zeitgenössische Erfahrungswerte kaum noch entstehen konnte. In einem dieser Lobsprüche hieß es etwa: „Mag der Rheinstrom stolze Städte grüßen und beglückte Gaun / reicher wird er nichts und schöner als das alte Speyer schaun! / Seine Türme, Plätze, Mauern, Kirchen, Straßen hoch und weit / seine Bürger, seine Helden, seines Rates Herrlichkeit, / seine Priester groß an Ehren und sein hohes Reichsgericht / dem sich Volk und Kronen beugen - haben ihres Gleichen nicht."[20] In einer „Welt, in der die Achtung vor der Vergangenheit eine der wichtigsten Bezugsgrößen" darstellte (R. Mandrou)[21], war es gewissermaßen selbstverständlich, daß solche und ähnliche Sprüche, von denen es gerade über Speyer eine besonders reichhaltige Auswahl gab, ständig rezitiert und vor allem Kindern und Jugendlichen eingeimpft wurden. Erich Philipp Ploennies wird davon zunächst nicht weniger betroffen gewesen sein als andere Speyerer Bürgerkinder, wenngleich er sich von ihnen sonst durch zwei entscheidende Kriterien sozialer Differenzierung (auf deren Beachtung die ständisch strukturierte Gesellschaft größten Wert legte)

---

14 *Peter Hertner*, Stadtwirtschaft zwischen Reich und Frankreich. Wirtschaft und Gesellschaft Straßburgs 1650-1714, Köln 1973, S. 124 f.

15 *Jung* (Anm. 3), S. 47.

16 *Hartwich* (Anm. 3), S. 32 f; vgl. dagegen die wesentlich dramatischere Schilderung der direkten Kriegseinwirkungen bei *Petri* (Anm. 4), S. 144.

17 *Johann Kaspar Zeuss*, Die freie Reichsstadt Speier vor ihrer Zerstörung nach urkundlichen Quellen örtlich geschildert, Speier 1843, S. 1.

18 Zit. nach *Hartwich* (Anm. 3), S. 33.

19 *Klotz* (Anm. 1), S. 108-111.

20 Theodor Reysmann (ca. Mitte 16. Jahrhundert), hier zit. nach *J. Praun* (Anm. 2), S. 93.

21 *Robert Mandrou*, Staatsräson und Vernunft, 1649-1775, Frankfurt a.M. 1982, S. 11.

unterschied: erstens durch seine Zugehörigkeit zur sozial besonders herausgehobenen Gruppe der Gelehrten, zu denen in Speyer um 1670 neben etwa 1400 Theologen vor allem auch die 300 Juristen des Reichskammergerichts und ihre Familien zählten[22], und zweitens durch seine Abstammung von einer alten reichsstädtischen und patrizischen Familie, deren erstgeborenes männliches Mitglied immer (und zwar seit 1532) dem Reichsritterstand angehörte[23], das heißt jenem Adel, der „direkt dem Kaiser unterstand" und der sich als „eine privilegierte Gruppe" innerhalb des Adels eines besonderen Ansehens, „besonderen Ansprüchen und Chancen" sowie einer „politische(n) Bedeutung" erfreute, „die über ihren Besitz und ihre Zahl erheblich hinausreichte"[24].

Als Erich Philipp Ploennies am 1. März 1672 in Speyer geboren wurde, war sein Vater, der aus dem Patriziat der Hansestadt Lübeck stammende, umfassend gebildete und 1663 in Basel und Gießen bei Otto Johann Tabor zum Doktor beider Rechte promovierte Jurist Friedrich Ploennies (1631-1686), bereits seit etwa acht Jahren am Reichskammergericht tätig, und zwar zunächst nur als Advokat, dann, seit 1667, auch als Prokurator[25]. 1665 hatte er die aus Tübingen zugezogene Johanna Maria Andler,

---

22 *Doll* (Anm. 1), S. 391; hierzu und zum folgenden vgl. auch *Burkhard Dietz*, Die „Topographia Ducatus Montani" von Erich Philipp Ploennies aus dem Jahre 1715, in: *Erich Philipp Ploennies*, Topographia Ducatus Montani (1715), hg. u. bearb. v. *Burkhard Dietz*, T. 1 (Bergische Forschungen, Bd. XX), Neustadt a.d. Aisch 1988, S. IX-XLIV, hier bes. S. XXVI ff; ferner die verschiedenen Arbeiten Wilhelm Güthlings, die alle starke biographische Akzente haben: *Wilhelm Güthling*, Erich Philipp Ploennies, in: WF 23 (1938), S. 254-261; *ders.*, Jülich-bergische Landesaufnahmen im 18. Jahrhundert, in: DJb 40 (1938), S. 289-313; *ders.*, Erich Philipp Ploennies (1668? bis 1744?), in: Nassauische Lebensbilder, Bd. 3, hg. im Auftrag der Historischen Kommission für Nassau v. *Karl Wolff*, Wiesbaden 1948, S. 153-164; *ders.*, Die Vermessung des Siegerlandes durch Erich Philipp Ploennies 1717-1726 (Siegerländer Beiträge zur Geschichte und Landeskunde, H. 1), Siegen 1950; *ders.*, Die Vermessungen im Siegerland 1717-1726, in: W 27 (1950), S. 47-58; *ders.*, Erich Philipp Ploennies (1672-1751), in: DJb 50 (1960), S. 102-119; *ders.*, Erich Philipp Ploennies (1672-1751) als Baudirektor und Kartograph im Siegerland, in: Siegerland 45 (1968), S. 13-21; *ders.*, Erich Philipp Ploennies. Baumeister und Kartograph (1672-1751), in: Schlösser und Burgen 9 (1968), S. 37-42.

23 Nachweis publiziert bei *Erwin Riedenauer*, Kaiserliche Standeserhebungen für reichsstädtische Bürger 1519-1740, in: Deutsches Patriziat 1430-1740, hg. v. *Hellmuth Rössler* (Deutsche Führungsschichten in der Neuzeit, Bd. 3), Limburg a.d. Lahn 1968, S. 27-98, bes. S. 39, 63; vgl. auch *Karl Friedrich v. Frank*, Standeserhebungen und Gnadenakte für das Deutsche Reich und die Österreichischen Erblande bis 1806, Bd. 4, Senftenegg 1973, S. 86.

24 *Rudolf Vierhaus*, Staaten und Stände. Vom Westfälischen bis zum Hubertusburger Frieden, 1648 bis 1763, Berlin 1984, S. 25 f; vgl. hierzu auch *Konrad Bornhak*, Deutsches Adelsrecht, Leipzig 1929.

25 Zur Person von Friedrich Ploennies, der nicht mit dem gleichnamigen Ratsherrn und Kämmerer von Lübeck (wahrscheinlich sein Vater, geb. 1607, gest. auch 1686) zu verwechseln ist, vgl. im einzelnen: a) zur Biographie und Herkunft: *Heinrich Kneschke* (Hg.), Neues allgemeines deutsches Adels-Lexicon, Bd. VII, Leipzig 1930 (ND d. Ausgabe Leipzig 1859-1870), S. 184; *Otfried Praetorius*, Juristen-Sippen am alten Reichskammergericht, in: Familiengeschichtliche Blätter 35 (1937), Sp. 76; b) zum Studium (Friedrich Ploennies studierte

die Schwester eines adligen Gerichtsadvokaten und -prokurators geheiratet[26], doch aus dieser ersten Ehe war nur der 1666 geborene Joachim Georg Ploennies hervorgegangen, der als Erstgeborener (nach dem Tod eines älteren Onkels) seit 1719 das Adelsprädikat eines Reichsritters trug und der es später, nach über zwanzigjähriger Tätigkeit als Kanzleidirektor in einem deutschen Kleinstaat, schließlich doch noch zum Kaiserlichen Rat und Reichskammergerichtsassessor der evangelisch-schwäbischen Stände brachte[27]. Johanna Maria Andler aber starb nach der Geburt ihres ersten Sohnes[28], und

---

1648-52 in Rostock, 1652-1655 in Königsberg, 1655 in Wittenberg, 1656 in Leipzig, 1657-1659 in Basel, 1660 in Gießen, 1661 ff wieder in Königsberg und 1663 erneut - zum Zweck der Promotion - in Basel): vgl. *Hans Georg Wackernagel* (Hg.), Die Matrikel der Universität Basel, Bd. 3, Basel 1962, S. 521, 772; *Georg Erler* (Hg.), Die Matrikel der Albertus-Universität zu Königsberg i. Pr., Bd. 1, Leipzig 1910, S. 529 sowie ebd., Bd. 2, Leipzig 1911/12, S. 20; *ders.*, Die jüngere Matrikel der Universität Leipzig 1559-1809, Bd. II, Leipzig 1909, S. 336; *Hermann Schüling*, Die Dissertationen und Habilitationsschriften der Universität Gießen 1650-1700, München 1982, S. 53. Zu dem in Lübeck lebenden Friedrich Ploennies (1607-1686) vgl. *Johann Heinrich Zedler*, Großes vollständiges Universal-Lexikon, Bd. 28, Leipzig 1741, Sp. 855.

26 *Praetorius* (Anm. 25), Sp. 76. Johanna Maria Andlers Vater war Assessor (rechtsprechendes Mitglied des Kammerkollegiums am Reichskammergericht) gewesen (*Funcke*, Anm. 27, S. 33); bei ihrem Bruder, der nach dem Tod des Vaters offenbar die Funktion des Familienoberhaupts übernahm, handelte es sich um den Kaiserlichen Reichshofrat und Freiherrn von Andler (vgl. Art. Joachim Georg von Ploennies, in: *Christian Gottlieb Jöcher*, Allgemeines Gelehrten-Lexicon, Bd. 3, Leipzig 1751, Sp. 1633 [ND Hildesheim 1961]).

27 Zu Joachim Georg (von) Ploennies (1666-1733) vgl. im einzelnen die Angaben bei *Kneschke* (Anm. 25); *v. Frank* (Anm. 23); *Zedler* (Anm. 25); *Jöcher* (Anm. 26); *Jöcher*, Suppl.-Bd. 6, hg. u. bearb. v. *Johann Christian Adelung* u. *Heinrich Wilhelm Rotermund*, Bremen 1819 (ND Hildesheim 1961), Sp. 416; *Friedrich Carl Gottlob Hirsching*, Historisch-literarisches Handbuch berühmter und denkwürdiger Personen, Bd. 8, Leipzig 1806 (ND Graz 1975), S. 79 f; eine vorzügliche Quelle zur Familiengeschichte der Ploennies' ist *Johann Georg Funcke*: Den Frieden mit Gott... [Leichenpredigt auf] Joachim Georg von Plönnies ..., [Wetzlar] 1733 [Universitätsbibliothek Marburg XIXe A 730]; Porträt in: Katalog Porträtsammlung 6: Hessen. Antiquariat Hans-Dietrich Diepenbroick-Grüter, Tecklenburg i. Westfalen o.J., Nr. 1607; ein Brief Joachim Georg (von) Ploennies' an einen unbekannten Universitätsangehörigen (datiert Weylburg, 30.12. 1718) ist überliefert im Universitätsarchiv Gießen (Handschriften), Cod. 135, Bl. 5-6 (vgl. auch *Hermann Schüling* [Bearb.], Verzeichnis der Briefsammlungen Cod. Giess. 132-135 in der Universitätsbibliothek Gießen [Handschriftenkataloge der Universitätsbibliothek Gießen, Nr. 5], Gießen 1983, S. 24); zu seinen auch später noch wiederholt aufgelegten Werken, seiner Dissertation (Marburg 1719) „Tractatio juris publici de ministerialibus - Von dem Zustand des niederen Adels in Teutschland", die nach Aussage von Zeitgenossen eine größere juristische Auseinandersetzung auslöste, sowie seinen „Annotationes ad Georgi Melchior de Ludolf, Commentationem systematicam juris cameralis" (postum Wetzlar 1764) vgl. die Angaben bei *Hilmar Schmuck/Willi Gorzny* (Bearb.), Gesamtverzeichnis des deutschsprachigen Schrifttums 1700-1910, Bd. 109, München 1984, S. 397.

28 *Zedler* (Anm. 25); s. dazu auch die widersprüchliche und offensichtlich falsche Angabe bei Praetorius, wonach Johanna Maria Andler erst nach der Geburt ihres zweiten Sohnes Erich

Friedrich Ploennies, der sich inzwischen durch seinen beruflichen Erfolg in finanzieller und sozialer Hinsicht nicht unwesentlich verbessert hatte, stellte 1667 endgültig unter Beweis, daß er die Spielregeln der „geschlossenen Heiratskreise sozialer Inzucht“ (H. Mitgau) mittlerweile bestens beherrschte[29]: Nachdem die offizielle Trauerzeit vorüber war, heiratete er erneut, und zwar - wie sollte es anders sein - wieder eine junge Frau aus einer der alteingesessenen Juristensippen Speyers. Sie hieß Euphrosina Maria Brunner, war die Tochter eines bürgerlichen Gerichtsassessors - das heißt eines Mitglieds des obersten Gerichtsgremiums[30] - und offenbar in besonderer Weise dazu geeignet, dem bereits vorhandenen Haushalt, in den sie nun mit ihrer Mitgift eintrat, sparsam und tüchtig vorzustehen[31]. Auf diese Fähigkeiten und auf die mit dem Stand der Familie Brunner verbundenen gesellschaftlichen Kontakte zur Spitze des Reichskammergerichts wird Friedrich Ploennies in erster Linie geachtet haben, denn er selbst konzentrierte sich zu dieser Zeit voll und ganz auf seine Karriere. Da er noch im Jahr seiner zweiten Eheschließung eine Prokuratur übernehmen konnte, dürfte er wohl weniger Wert auf die Vermehrung seines Besitzstandes durch die Mitgift gelegt haben (dies war für ihn gewiß eher eine mehr oder weniger willkommene Begleiterscheinung der Wiederverheiratung), sondern vielmehr an einer guten Mutter für seinen Sohn und an einer organisatorisch versierten Hausfrau interessiert gewesen sein. Dafür

Abb. 3: Der Jurist Joachim Georg von Ploennies (1666-1733), Kaiserlicher Rat und Assessor am Reichskammergericht in Wetzlar

Philipp Ploennies gestorben sein soll (*Praetorius,* Anm. 25, Sp. 76); in der Leichenpredigt auf Joachim Georg von Ploennies (*Funcke,* Anm. 27) heißt es dazu aber völlig unzweideutig, Joachim Georg sei der „einzige Sohn“ Friedrich Ploennies’ aus „erster Ehe“ gewesen, „dann seine Mutter, welche mit ihm im Kindbette gestorben, hatte Er nicht gekannt“ (ebd. S. 33).

29 *Hermann Mitgau,* Geschlossene Heiratskreise sozialer Inzucht, in: Deutsches Patriziat 1430-1740 (Anm. 23), S. 1-25.

30 Vgl. hierzu bes. *Sigrid Jahns,* Die Assessoren des Reichskammergerichts in Wetzlar (Schriftenreihe der Gesellschaft für Reichskammergerichtsforschung, H. 2), Wetzlar 1986.

31 Vgl. Anm. 25.

daß es sich bei dieser Eheschließung - wie bei den meisten Ehen in der frühen Neuzeit[32] - weniger um eine eigentliche Liebes-, sondern eher um eine Vernunftheirat gehandelt hat, die der zukunftsplanenden Strategie bürgerlicher Familien zuträglich war, dafür spricht auch die Tatsache, daß aus dieser Ehe erst fünf Jahre nach der Hochzeit das erste Kind hervorging, das dann im Rahmen der sehr kleinen reformierten Gemeinde Speyers auf den Namen Erich Philipp getauft wurde[33].

In den Familien von Gelehrten und Gebildeten, also auch und gerade in den Familien der Juristen des Reichskammergerichts, war die Trennung der Arbeitsbereiche von Mann und Frau gegen Ende des 17. Jahrhunderts bereits relativ weit fortgeschritten, wenngleich sich das Verhältnis der Eheleute zueinander schon aus räumlichen Gründen generell noch wesentlich enger darstellte, als man annehmen möchte. Zwar regelte die Frau, der bei den höhergestellten Advokaten und Prokuratoren in der Regel Personal zur Verfügung stand, im allgemeinen völlig selbständig den Ablauf der im Haushalt anfallenden Arbeiten sowie die Aufzucht der Kinder (in der Familie Ploennies wurden nach Erich Philipp mindestens zwei weitere Knaben geboren), aber die Frau nahm auch „starken Anteil an den Entscheidungen der ganzen Lebenswelt" des Mannes[34]. Die eventuell geringere emotionale Beziehung der Ehepartner zueinander änderte daran nur wenig, schließlich wurde die Ehe zu dieser Zeit doch eher als eine Lebensgemeinschaft

---

32 Hierzu und zum folgenden vgl. *Richard van Dülmen*, Fest der Liebe. Heirat und Ehe in der frühen Neuzeit, in: *ders.* (Hg.), Armut, Liebe, Ehre. Studien zur historischen Kulturforschung, Frankfurt a.M. 1988, S. 67-106; *ders.*, Heirat und Eheleben in der Frühen Neuzeit, in: AfK 72 (1990), S. 153-171; zur Argumentationsfigur der Herausbildung zukunftsplanender Strategien in Familien der frühen Neuzeit vgl. grundsätzlich *Natalie Zemon Davis*, Die Geister der Verstorbenen, Verwandtschaftsgrade und die Sorge um die Nachkommen. Veränderungen des Familienlebens in der frühen Neuzeit, in: *dies.*, Frauen und Gesellschaft am Beginn der Neuzeit. Studien über Familie, Religion und die Wandlungsfähigkeit des sozialen Körpers, Berlin 1986, S. 19-51; für die sozialgeschichtlichen Gesamtzusammenhänge vgl. bes. auch den breit angelegten Versuch, die Geschichte der Frühen Neuzeit konsequent von unten zu betrachten: *Richard van Dülmen*, Kultur und Alltag in der Frühen Neuzeit, 3 Bde., München 1990-94, hier vor allem Bd. 1, Kap. I-III; Bd. 2, Kap. II u. IV.

33 Fehl- oder Todgeburten sowie Kinder, die vielleicht noch vor der Taufe gestorben wären, sind nicht nachgewiesen. - StA Speyer, Reg. Schriftwechsel Ploennies, Schreiben Güthlings an v. Jan vom 2.4.1950: „der Erich Philipp Ploennies, um den Sie sich schon einmal freundlicherweise bemüht hatten, ist nach einer nun aufgefundenen Sterbeeintragung etwa am 1. März 1672 in Speyer geboren. Er war reformiert ...". Für die Zugehörigkeit zur reformierten Gemeinde spricht einerseits auch die Tatsache, daß sein älterer Bruder Joachim Georg später von den evangelischen Ständen Schwabens als Reichskammergerichtsadvokat präsentiert wurde, so daß bei ihm wohl auf jeden Fall von einer protestantischen Konfession ausgegangen werden kann; andererseits ist auch der Negativ-Befund zu beachten, daß Erich Philipp nämlich in keiner der beiden evangelisch-lutherischen Gemeindekirchen getauft wurde (vgl. dazu die im StA Speyer erhaltenen Taufregister der „Predigerkirche" [141/1] und der „Georgen-Pfarrei" [141/2]. Über die kleine Gemeinde der Reformierten in Speyer vgl. *Ohler*, Alltag [Anm. 8], S. 629 f sowie *Eugen Mayer*, Pfälzische Kirchengeschichte, Kaiserslautern 1939, S. 122, 128 f).

34 *Van Dülmen*, Heirat und Eheleben (Anm. 32), S. 171.

angesehen, die „nicht unbedingt auf ‚Liebe' gründete", sondern vielmehr „ein emotionales Solidaritätsgefühl voraussetzte, ohne das Überlebensmöglichkeiten nicht gegeben waren"[35]. Am Ende des 17. Jahrhunderts waren die Einstellungen der Menschen zur Ehe überhaupt weit weniger idealisiert als heute, sie waren um einiges archaischer, mit anderen Worten: das Besitzdenken, der ökonomische Überlebenswille und der Status-Erhalt sowie die Absicht, den sozialen Status nach Möglichkeit zu verbessern, waren meist wichtigere Kriterien für die Begründung einer ehelichen Lebensgemeinschaft als das emotionale Kriterium der Liebe. Das heißt allerdings nicht, daß sich die Partner in solchen Ehen nicht gut verstanden hätten; Grundlage ihrer Beziehung zueinander war vielmehr häufig ein allmählich immer stärker werdendes Vertrauensverhältnis, das dann oft dem Begriff der Liebe sehr nahe kommen konnte. So konzentrierte sich die Frau meist darauf, das Familienleben durch eine sorgsame und durchaus autoritätsbestimmte Betreuung des Haushalts und der Kinder zu stabilisieren. Darüber hinaus nahm sie aber auch maßgeblich Anteil an der Karriereplanung des Mannes und an der Zukunftsplanung der Familie, und schließlich repräsentierte sie in der Öffentlichkeit der Stadt in gleicher Weise wie ihr Gatte den sozialen Status der Familie, der fast ausschließlich durch Abstammung und Herkunft sowie durch Ausbildung und berufliche Tätigkeit des Mannes bestimmt war. Obwohl gerade im Rahmen mittlerer und gehobener bürgerlicher Schichten die Trennung der Arbeitsbereiche von Mann und Frau zu dieser Zeit deutlich zu werden begann, waren die Welten von Männern und Frauen von außen gesehen am Ende des 17. Jahrhunderts noch „weniger getrennt als im 18. Jahrhundert"[36]. Für die Familie Erich Philipp Ploennies' gilt dies insofern, als der Vater einen Großteil seiner Arbeit - zum Beispiel das Aktenstudium, die Prozeßvorbereitungen und Korrespondenzen - zu Hause erledigen konnte.

Der Vater, der bei Erich Philipps Geburt einundvierzig Jahre alt war, hatte zu diesem Zeitpunkt zweifellos den Höhepunkt seiner beruflichen Laufbahn erreicht. Als Advokat und Prokurator am Reichskammergericht, an dem trotz des wenig guten Rufs der Institution doch „Persönlichkeiten und Juristen tätig" waren, „die das Mittelmaß weit überstiegen"[37], hatte er keine rechtsprechende Funktion, sondern war vielmehr hauptsächlich damit befaßt, juristische Beratungen durchzuführen, Schriftsätze für prozessierende Parteien auszuarbeiten und diese dann auch als vereidigter Amtsträger „in der öffentlichen Audienz vor Gericht" zu vertreten[38]; damit gehörte er der mittleren Funk-

35 *Van Dülmen*, Fest der Liebe (Anm. 32), S. 67.

36 *Van Dülmen*, Heirat und Eheleben (Anm. 32), S. 171.

37 *Heinz Duchhardt*, Reichskammerrichter Franz Adolf Dietrich von Ingelheim (1659/1730-1742). Eine biographische Skizze, in: NA 81 (1970), S. 173-202, Zit. S. 173.

38 Vgl. hierzu und zum folgenden *Sigrid Jahns*, Die Universität Gießen und das Reichskammergericht, in: Academia Giessensis. Beiträge zur älteren Gießener Universitätsgeschichte, hg. v. *Peter Moraw* u. *Volker Press* (Veröffentlichungen der Historischen Kommission für Hessen in Verb. mit der Justus-Liebig-Universität Gießen 45), Marburg 1982, S. 189-219, bes. S. 209 ff sowie *dies.*, Juristen im Alten Reich. Das richterliche Personal des Reichskammergerichts 1648-1806, in: Forschungen aus Akten des Reichskammergerichts, hg. v. *Bernhard Diestelkamp* (Quellen und Forschungen zur höchsten Gerichtsbarkeit im Alten Reich, Bd. 14), Köln/Wien 1984, S. 1-40; *Bernhard Diestelkamp*, Das Reichskammerge-

tionselite des Reichskammergerichts an. Während die ranghöchsten, ihm in der hierarchischen Gliederung des Gerichts übergeordneten Mitglieder des rechtsprechenden Kammerkollegiums, die Kammerrichter, Präsidenten und Assessoren, vom Kaiser bzw. von den Ständen ernannt und „präsentiert" werden mußten, was immer zu Rücksichtnahmen und Abhängigkeiten führen konnte, war die Laufbahn eines Advokaten und Prokurators, der als „Subalterner" nur im weiteren Sinne zum Personal des Reichskammergerichts zählte, nach den entsprechenden Zulassungen doch erheblich freier zu gestalten.

Dieser Vorzug brachte allerdings auch Risiken im Hinblick auf die Sicherheit und Beständigkeit des Einkommens mit sich: Die ursprünglich streng voneinander getrennten, im späten 17. Jahrhundert aber de facto schon zu einem Berufsstand verschmolzenen Tätigkeitsbereiche der Advokaten und Prokuratoren[39] eröffneten im Grundsatz nur relativ unsichere und unberechenbare Verdienstmöglichkeiten. Prokuratoren, deren eigentliche Aufgabe es war, die schriftlichen Stellungnahmen der Prozeßparteien und Advokaten in gerichtlichen Anhörungen mechanisch vorzutragen[40], die aber durch ihr in der Gerichtsordnung fixiertes Vertretungsrecht das standesgemäße Ansehen von Amtspersonen genossen[41], wurden nur nach einer genau festgelegten Gebührenordnung mit äußerst geringen Sätzen bezahlt[42]. Advokaten hingegen, die durch ihr juristisches Studium, ein zweijähriges Praktikum und eine Prüfung die Zulassung zur anwaltlichen Tätigkeit am Reichskammergericht erwerben mußten[43], bezogen „vielfach ganz unverhältnismäßig höher(e)" Einkünfte, weil sie die Honorare mit ihren Klienten individuell aushandeln konnten und auch die Anzahl der übernommenen Fälle nicht begrenzt war[44]. So kam es, daß Prokuratoren, die keine Advokaten waren, ihre privilegierte Stellung dazu nutzen konnten, ihre eigentlich schlechteren Verdienstmöglichkeiten durch die Übernahme neuer Aufgaben etwa als „politische Agenten für die Beziehungen der Stände zum Gericht"[45] und durch eine extensive Auslastung mit (400 bis 600) Prozeßvertretungen derart zu kompensieren[46], daß schließlich sogar einige Advokaten „in finanzielle Abhängigkeit von ... Prokuratoren" gerieten, „deren private Hülfsarbei-

---

richt in der deutschen Geschichte, in: Das Reichskammergerichts-Museum in Wetzlar. Katalog, hg. v. d. Gesellschaft für Reichskammergerichtsforschung e.V., Wetzlar 1987, S. 7-10; *ders.*, Das Reichskammergericht im Rechtsleben des Heiligen Römischen Reiches Deutscher Nation (Schriftenreihe der Gesellschaft für Reichskammergerichtsforschung, H. 1), Wetzlar 1985; *Volker Press*, Das Reichskammergericht in der Deutschen Geschichte (Schriftenreihe der Gesellschaft für Reichskammergerichtsforschung, H. 3), Wetzlar 1987.

39 *Rudolf Smend*, Das Reichskammergericht, Teil 1: Geschichte und Verfassung (Quellen und Studien zur Verfassungsgeschichte des Deutschen Reiches in Mittelalter und Neuzeit, Bd. 4, H. 3), Weimar 1911, S. 311-374, hier S. 341 ff.

40 Ebd., S. 326 f.

41 Ebd., S. 343, 355

42 Ebd., S. 347.

43 Ebd., S. 322-358.

44 Ebd., S. 347 f.

45 Ebd., S. 355.

46 Ebd., S. 345.

ter sie wurden“[47]. In der Tat waren Prokuratoren aufgrund ihres offenbar überdurchschnittlichen Einkommens, das im Jahr durchaus 6000, in Einzelfällen sogar bis zu 12.000 Gulden erreichen konnte und das sie nicht nur in repräsentative Stadthäuser, sondern - wie von der Familie Ploennies bekannt ist - auch in Gärten mit Erholungspavillons investierten[48], auch gefragte Kreditgeber, vor allem beim verarmenden landsässigen Adel[49].

Von dieser Entwicklung, die nicht zuletzt dadurch begünstigt wurde, daß „seit dem 17. und 18. Jahrhundert die großen politischen Prozesse an den Reichshofrat übergingen“[50], profitierte gewiß auch Friedrich Ploennies, als er 1667 neben der Advokatur auch eine Prokuratur übernahm, wenngleich nicht nachzuweisen ist, daß er als Berichterstatter oder gar als „politischer Agent“ eines Standes tätig wurde. Zweifellos partizipierte auch er an den sich gegen Ende des 17. Jahrhunderts immer vorteilhafter gestaltenden Verdienstmöglichkeiten von Advokaten und Prokuratoren, zumal er durch seine umfassende juristische Bildung, seinen Doktorgrad und nicht zuletzt durch seine patrizisch-reichsritterschaftliche Herkunft (die ihm durch Erbfall zuletzt sogar erlaubte, das Adelsprädikat zu tragen[51]) einer der angesehensten und renommiertesten Anwälte unter den 30 bis 40 seinerzeit am Reichskammergericht zugelassenen Advokaten und Prokuratoren war[52]. Seine Kollegen und vor allem die leitenden Juristen der Zentralbehörde schenkten ihm und seiner anwaltlichen Tätigkeit nämlich schon allein deshalb besondere Beachtung, weil er einer der ersten Reichsritter war, die das Reichskammergericht als attraktiven Berufsort entdeckt hatten. In der Tat legten zur gleichen Zeit wie Friedrich Ploennies auch andere Reichsritter ihre bisher doch sehr grundsätzlichen Vorbehalte gegenüber dem Speyerer Reichsgericht ab und erkannten in ihm ein Betätigungsfeld, das ihren nachgeborenen Söhnen eine respektable Möglichkeit bot, der seit dem Dreißigjährigen Krieg gewachsenen wirtschaftlichen Bedrohung auszuweichen, eine gesicherte Lebensstellung und eine honorable gesellschaftliche Position zu erlangen[53]. Solchen Einsichten folgend, hatte Friedrich Ploennies als einer der ersten die sich ihm hier bietende Chance erfolgreich realisiert; von dieser Besonderheit wird nicht nur die so-

---

47 Ebd., S. 346.

48 StA Speyer, 1 A 807, fol. 3r (Beschreibung der vier Vorstädte 1677); vgl. auch *Günther Groh*, Das Personal des Reichskammergerichts in Speyer (Besitzverhältnisse), Ludwigshafen 1971, S. 83.

49 Vgl. hierzu *Georg Schmidt-von Rhein*, Das Reichskammergericht in Wetzlar, in: NA 100 (1989), S. 127-140, bes. S. 131 f.

50 *Smend* (Anm. 39), S. 355; s. hierzu auch *Wolfgang Sellert*, Über die Zuständigkeitsabgrenzung von Reichshofrat und Reichskammergericht (Untersuchungen zur deutschen Staats- und Rechtsgeschichte, N.F. 4), Aalen 1965; *Filippo Ranieri*, Versuch einer quantitativen Strukturanalyse des deutschen Rechtslebens im 16.-18. Jahrhundert (Jus Commune, Sonderh. 7), Frankfurt a.M. 1977.

51 *Funcke* (Anm. 27), S. 32.

52 *Smend* (Anm. 39), S. 350.

53 *Heinz Duchhardt*, Reichsritterschaft und Reichskammergericht, in: ZHF 5 (1978), S. 315-337, insbes. S. 322.

ziale Reputation seiner Familie im Kontext der recht differenzierten gesellschaftlichen Formation der Reichsstadt Speyer, sondern auch sein Ruf und der Verlauf seiner Karriere als Jurist entscheidend beeinflußt worden sein.

Der eigentliche berufliche Erfolg, der durch die soziale Komponente ‚edler' Abstammung „in linea recta"[54] gewiß gefördert wurde, basierte jedoch auf seiner außergewöhnlich umfassenden juristischen Bildung, und so wird Friedrich Ploennies nach sei-

Abb. 4: Blick in die Kanzlei eines Rechtsgelehrten des 17. Jahrhunderts

nem Aufstieg zum Prokurator auch wie einige seiner Kollegen „je nach dem Umfang" seiner „Geschäfte ein mehr oder weniger zahlreiches Hülfspersonal" beschäftigt haben, einen Substituten oder Bürovorsteher, der ihn gelegentlich in der Audienz vertreten konnte, Protokollisten, die meist einfache Schreiber oder Praktikanten waren und „die den für ihren Prokurator in Betracht kommenden Teil der Vorgänge in ein Manualpro-

54 *Funcke* (Anm. 27), S. 33.

tokoll aufzeichneten", die für ihren Dienstherrn Handakten führten und nach der Sitzung des Gerichts „die Rezesse und Schriftsätze für die nächste Audienz anfertigten"[55].

Friedrich Ploennies gehörte damit zwar nicht zu jenem besonders kleinen Kreis von Personen, die über Prozeßausgänge entschieden - die aber im Grunde nur zu reagieren vermochten -, er gehörte vielmehr zur Gruppe der Agierenden, die mit ihren Eingaben, Gutachten und Plädoyers immer wieder Bewegung in den trägen, stark reglementierten Apparat der Reichsjustizbehörde mit ihren Anhörungen, Beratungen und Richtersprüchen zu bringen versuchten und so aufs Ganze gesehen nicht unmaßgeblich den Verlauf der Verhandlungen und schließlich auch die Urteilsfindung beeinflußten. Im Hinblick auf seine berufliche und soziale Reputation war dabei im übrigen zu berücksichtigen, daß der Stand der Advokaten und Prokuratoren von der akademischen Qualifikation her - zumindest theoretisch - selbst dem höchsten Gerichtspersonal gleichgestellt war. Trotzdem bestand unter den akademisch ausgebildeten Juristen des Reichskammergerichts „keinerlei ‚esprit de corps', worüber wiederholt geklagt" wurde; „nur die vornehmeren Prokuratoren, die freilich auch von den ... exklusiv adeligen Assessorsgesellschaften ausgeschlossen waren, verkehrten ... mit den Mitgliedern des Gerichtskollegiums"[56]. Auch wenn das Personal des Reichskammergerichts und ihre Angehörigen in erster Linie bestrebt waren, unter Juristen zu bleiben - wodurch selbstverständlich die Ghettoisierung dieser an sich schon äußerst heterogenen gesellschaftlichen Gruppe wiederum nur gefördert wurde -, so war letztendlich doch der Gesichtspunkt des standesgemäßen und ebenbürtigen gesellschaftlichen Verkehrs von ausschlaggebender Bedeutung. Die Frage, wer sich mit wem von der sozialen Position her als gleichrangig betrachtete, war jedoch nicht nur für den alltäglichen gesellschaftlichen Umgang entscheidend, sie beeinflußte auch maßgeblich das Heiratsverhalten in den Juristenkreisen. Eine statistische Untersuchung der in Speyer im 16. und 17. Jahrhundert geschlossenen Ehen bestätigt die naheliegende Vermutung, daß man die Standesgrenzen durch die meist von den Eltern gestifteten Ehen nur in Ausnahmefällen übersprang; darüber hinaus konnte aber auch festgestellt werden, daß „die Richter und Anwälte am Reichskammergericht" neben Ehen mit gleich- oder höherrangigen Juristen „nur mit den oberen Schichten in der Stadt Heiratsverbindungen" anstrebten, wofür dann fast nur die Familien der „Bürgermeister und besondere Ratsherrenfamilien in Frage" kamen[57]. Anzunehmen ist, daß Friedrich Ploennies sich bereits vor 1667 durch verschiedene Kriterien, durch seine Herkunft, Bildung und vor allem durch seinen schnellen beruflichen Erfolg, zum aspirierenden Mitglied des oben bereits erwähnten Kreises „vornehmerer Prokuratoren" qualifiziert hatte, denn sonst wäre seine Ehe mit einer Tochter aus einer der ranghöchsten Juristensippen Speyers wohl gar nicht erst zustande gekommen; seit dieser Eheschließung aber dürfte die Zugehörigkeit der Familie Ploennies zur gesellschaftlich führenden Schicht der am Reichskammergericht tätigen Juristen unbestritten

---

55 *Smend* (Anm. 39), S. 346.

56 Ebd., S. 354.

57 *Willi Alter*, Die Reichsstadt Speyer und das Reichskammergericht, in: Geschichte der Stadt Speyer, hg. v. d. Stadt Speyer, Red.: *Wolfgang Eger*, Bd. III, Stuttgart 1989, S. 213-289, bes. S. 228-232, Zit.: S. 231.

gewesen sein. Deshalb war es auch kaum verwunderlich, daß sowohl Friedrich als auch seine Ehefrau Maria in den 1670er und 1680er Jahren wiederholt gebeten wurden, Patenschaften zu übernehmen[58], schließlich schienen sie wohl besonders dazu in der Lage zu sein, eine nicht nur in religiöser, sondern auch in materieller Hinsicht sorgenfreie Erziehung der Getauften gewährleisten zu können.

In dieser Atmosphäre, im sozialen Klima der angesehenen, aber auch besonders elitär eingestellten und permanent auf ständische Differenzierungen achtenden Juristensippen des Reichskammergerichts, wuchs Erich Philipp Ploennies heran. Zu den wichtigsten Erfahrungen, die er als Kind alltäglich machen mußte, zählte daher vor allem die strenge soziale Abschottung gegenüber den Familien zweitrangiger Juristen und untergeordneten Gerichtspersonals sowie auch gegenüber einfachen Bürgern der Stadt. Zu ihnen bestand im übrigen schon seit geraumer Zeit ein Spannungsverhältnis besonderer Art, das im wesentlichen daraus resultierte, daß alle Angehörigen des Reichskammergerichts einschließlich ihrer Familien, Diener und Mägde einst durch eine kaiserliche Verordnung mit Privilegien ausgestattetet worden waren[59], die nun die Gegensätze zwischen den gut verdienenden, in ihrer sozialen Existenz auch so schon hervorgehobenen „Kameralen" und der Speyerer Bevölkerung, die in zunehmendem Maße unter der Depression der Nachkriegszeit zu leiden hatte, immer eklatanter werden ließ[60]. Von dieser Bevorzugung der Juristensippen kaum weniger betroffen war auch der Magistrat und die Verwaltung der Reichsstadt Speyer, der angesichts rückläufiger Steuereinnahmen und nach wie vor hoher Belastungen nichts anderes übrig blieb, als sich weiter zu verschulden. Von nahezu allen städtischen Abgaben, vor allem von der für den Etat der Stadt besonders wichtigen zehnprozentigen Verbrauchssteuer und von den an den Stadttoren erhobenen Einfuhrzöllen befreit[61], hatten die Juristensippen einen Wohlstand erreicht, der es ihnen nicht nur ermöglichte, ihren Immobilienbesitz innerhalb der Stadt durch den Aufkauf von Häusern und Gärten ständig zu vergrößern[62]; sie waren durch diesen Wohlstand auch in der Lage, einträgliche Investitionen außerhalb der Stadtmauern zu tätigen. Sie kauften Weinberge, Gemüse- und Obstanbauflächen, Wiesen und Weiden, auf denen sie Vieh hielten, und ganze landwirtschaftliche Liegenschaften auf, und sie beteiligten sich - unter dem Vorwand, lediglich die eigene Versorgung sichern zu wollen - mittels ihres Personals am Handel mit agrarischen und sonstigen Produkten

58 *Günther Groh*, Das Personal des Reichskammergerichts in Speyer, 1. Teil: Familienverhältnisse, in: Pfälzische Familien- und Wappenkunde, Bd. II, H. 11 u. 12 (1957), S. 174 (insgesamt sieben Patenschaften).

59 Gemeint ist hier die Reichskammergerichtsordnung von 1495.

60 Hierzu und zum folgenden ist der sehr aufschlußreiche Bestand des StA Speyer, 1 A 205, maßgebend, der von „Differenzen verschiedener Art zwischen der Stadt und diesem Gerichte (d.h. dem Reichskammergricht) und dessen Angehörigen während seines Aufenthaltes in Speyer" (1 A 205, RKG) über Akten zu verschiedenen tätlichen Auseinandersetzungen (1 A 205, R 8/15, R 5/1, 6) bis hin zu verbotenem wirtschaftlichen Gebaren des RKG-Personals reicht (1 A 205, Q 5/6, Q 5/3. R 2/1); vgl. dazu auch die instruktive Auswertung von *Willi Alter*, Die Reichsstadt Speyer (Anm. 57).

61 *Alter* (Anm. 57), S. 245.

62 Ebd., S. 222 ff.

des täglichen Bedarfs[63]. Die zu Recht argwöhnischen, noch streng in zünftischen Regeln wirtschaftenden Kaufleute, Händler, Handwerker und Ackerbürger Speyers deckten diese Machenschaften allerdings schon bald auf und beschwerten sich mit juristischer Unterstützung des Rates, der sich seinerseits ständig um Steuereinnahmen betrogen sah, beim Richterkollegium des Reichsgerichts oder - da der Versuch der gütlichen Einigung auf diesem direkten Wege meist keinerlei Aussicht auf Erfolg hatte - häufig auch beim Kaiser und bei den Ständen, denn mit derselben Verordnung, die den Kameralen die privilegierte Stellung in der Reichsstadt garantiert hatte, war ihnen auch jede wirtschaftliche Tätigkeit, speziell die „Hantierung, Kaufmannschaft und Gasthaltung", strikt untersagt worden[64].

Abb. 5: Arm und Reich vor Speyers Toren (Kupferstich, Ende 17. Jahrhundert)

63 Ebd., S. 266-284.
64 Ebd., S. 279.

Das Verhältnis zwischen den Angehörigen des Reichskammergerichts und der Stadtbevölkerung war daher auch zu Erich Philipp Ploennies' Jugendzeit alles andere als entspannt. Permanente Auseinandersetzungen bestimmten vielmehr das Zusammenleben dieser beiden sozialen Gruppen innerhalb der Stadt, Auseinandersetzungen, die auf dem Rechtsweg, das heißt mit Beschwerdeschriften, Appellen und förmlich eingeleiteten Prozessen, fast nie zur Zufriedenheit der Bürger Speyers gelöst wurden. So kam es in Speyer, wo der soziale Friede - das kann aus der Fülle der Konfrontationen gewiß gefolgert werden - täglich bedroht war und sich „die von allen Seiten sicherlich gewünschte Harmonie" ständig mit Spannungen und Konflikten, mit Gängelungen und Repressalien abwechselte, immer wieder zu tätlichen Übergriffen, zu Schlägereien und Messerstechereien „bis hin zum Totschlag"[65]. Bezeichnend war jedoch, daß solche Aktionen, die tatsächlich nur Symptome einer über Jahre hin angestauten Aggressivität waren, nicht nur von Bürgern der Stadt ausgingen, sondern oft auch von Juristen der Reichsjustizbehörde angezettelt wurden. Für viele Speyerer Bürger waren daher die ehemals so angesehenen Juristen des Reichskammergerichts, die „in Gold und Purpur thronen(den) würd'ge(n) Männer", die der Dichter Jakob Mycillius noch rund hundert Jahre zuvor als eine Zierde der Stadt angesehen hatte[66], inzwischen nichts weiter als Gäste, die in Wirklichkeit „den Wirt vertreiben wolle(n)"[67].

In den Beschwerdeschriften, die schließlich sogar darauf hinausliefen, daß man offiziell die Verlegung des Gerichts an einen anderen Ort forderte, bekannten sich die Bürger Speyers zwar immer wieder dazu, daß sich ihre Vorfahren wohl tatsächlich „über den Einzug des Gerichts in die Stadt gefreut" hätten, weil man „sich ein Wachsen und Gedeihen Speyers" erhofft habe[68]; folglich habe man „anfangs auch noch mit gutem Vertrauen und friedlich beieinander gewohnt". Dann jedoch sei Unfriede entstanden: „Etliche Beisitzer [d.h. Assessoren des Gerichts] dünkten sich mehr" zu sein als andere; insbesondere einfache Bürger hielt man nun „nicht mehr für würdig und achtete" sie als zu „gering, um sich mit diesen in vertrauliche Konversation und gütliche Traktation einzulassen. Der Rat sah darin die Ursache allen Unheils."[69] Die Zünfte der Stadt, die in der Depressionsphase der Nachkriegszeit verzweifelt nach Mitteln und Wegen suchten, um aus der wirtschaftlichen Talfahrt herauszukommen, stimmten dem grundsätzlich zu, sie fügten allerdings noch verschiedene andere zu monierende Gesichtspunkte aus dem Wirtschaftsleben der Stadt hinzu. Vor allem wiesen sie unmißverständlich darauf hin, daß „die Bürger im Krieg und noch zur Stunde alle onera [d.h. Lasten], die personalia wie realia, allein zu tragen gehabt" hätten, „während die Reichskammergerichtsangehörigen über die vornehmsten Häuser, Gärten und Güter verfügten und davon ihre Schuldigkeit [d.h. ihre Grundsteuer] nicht abstatteten"[70]. Die umfangreiche wirtschaftliche Tätigkeit der Juristensippen weise im übrigen darauf hin,

65 Ebd., S. 237.
66 Jakob Mycillius, hier zit. nach *J. Praun*, Enkomion Spirae (Anm. 2), S. 99.
67 *Alter* (Anm. 57), S. 224.
68 Ebd., S. 255.
69 Ebd.
70 Ebd., S. 256.

daß sie mit der Inbesitznahme der vielen Immobilien innerhalb der Stadt, von denen sie mittlerweile über ein Drittel vereinnahmt hätten[71], noch immer nicht zufrieden seien. Weiterhin beharrten sie auf ihren Privilegien und betätigten sich in unerlaubten Handelsgeschäften, obschon dadurch das Einkommen der Zunftmitglieder und überhaupt der wirtschaftenden Bevölkerung nachhaltig geschmälert werde. Ihr ökonomisches Gebaren sei ganz allgemein „der Zehrung der Bürger abbrüchig und für die Stadt äußerst schädlich".[72] Denn durch das rücksichtslose und eigensinnige Verhalten der Juristen würden natürlich „die Einkünfte der Stadt erheblich geschwächt". Bevor das Gericht hier angesiedelt worden sei, sei Speyer „eine reiche, nahrhafte und populose Stadt mit alten, vornehmen Geschlechtern gewesen"; davon könne nun allerdings wohl keine Rede mehr sein[73]. Nach Auffassung des Rates trage die Hauptschuld an diesem Dilemma aber die Gruppe der Anwälte, also die Advokaten und Prokuratoren, denn diese Gruppe der Juristen „war die auffälligste, vermögendste, bodenständigste und vor allem die geschäftstüchtigste von allen".[74] Schließlich standen zu der Zeit, in der Erich Philipp Ploennies in Speyer aufwuchs, „etwa ein Drittel der Anwälte ... im Verdacht, [sich] zusätzliche Einkommensquellen erschlossen zu haben".[75]

Der Vater des jungen Erich Philipp - diese Feststellung erhärtete sich in Speyer immer mehr - hatte mit seiner Berufswahl also genau richtig gelegen, und zwar nicht nur in finanzieller, sondern auch in sozialer Hinsicht. Im sozialen Gefüge der ständisch strukturierten Gesellschaft des späten 17. Jahrhunderts gehörten Juristen wie er zu jener bürokratischen Funktionselite, die ihr hochspezialisiertes Leistungswissen nämlich einerseits als „wichtiges Attribut sozialer Reputation" nach außen hin ständig zur Geltung bringen konnten und die es andererseits vermochten, dieses Wissen „als Qualifikationskriterium für den monopolisierten Zugang zu begehrten Ämtern" einzusetzen. Während seine Vorfahren als Kaufleute und Juristen im 16. und frühen 17. Jahrhundert noch Schlüsselpositionen in den exklusiven Patrizier- und Honoratiorencliquen, in den berufsständischen Interessenvertretungen und in den Selbstverwaltungsinstitutionen der Stadtrepublik Lübeck eingenommen hatten, hatte sich Friedrich Ploennies gegen Mitte des 17. Jahrhunderts aus der schmalen Schicht dieses städtischen, bereits akademisch geschulten Bildungsbürgertums gelöst, um in einer intensiven universitären Ausbildung (deren Kosten offenbar keine so entscheidende Rolle spielten) das Fachwissen zu erwerben, das ihm im Zuge des einsetzenden Staats- und Bürokratieausbaus den Zugang zu Amt und Würde ermöglichte. Dabei war er gewiß besonders durch das Kriterium der Bürgerlichkeit eines leider nur nachgeborenen (!) Reichsritters motiviert, ein Merkmal, das aus der Perspektive einer im Grunde adelig-patrizischen Selbsteinschätzung natürlich als sozialer Nachteil angesehen wurde; auf jeden Fall gelang ihm so die Abnabelung von der angestammten, nur in begrenztem Maße noch tragfähigen Gesellschaft des mit der Zunftwirtschaft kooperierenden Stadtpatriziats, und er erlangte Kom-

71 Ebd., S. 224.
72 Ebd., S. 281.
73 Ebd., S. 256.
74 Ebd., S. 282.
75 Ebd.

petenzen, die über das durch sie erreichte Amt dazu geeignet waren, den eigenen Sozialstatus zu verteidigen bzw. ihm den gewünschten Sozialstatus (und zwar, was hier besonders wichtig war: vorzeitig vor dem doch ziemlich aussichtslosen und unberechenbaren Erbfall) zu verleihen. Auf diese Weise wurde Friedrich Ploennies - wie andere Juristen, die sich ähnlich verhielten - zu Protagonisten eines neuen und eigentümlichen Sozialtyps, der mit der formelhaften Wendung vom „Bildungsbürger als verstaatlichter Intelligenz" (H.-U. Wehler) treffend charakterisiert ist: Aus dem städtischen Bildungsbürgertum (hier: patrizisch-aristokratischer Provenienz) heraustretend, waren die Fürsten- und Staatsdiener, in selteneren Fällen eben auch die Amtsträger an einer Reichsbehörde, die ersten „Staatsbürger", die an eine Karriere im Staatsdienst gebunden waren[76].

Wie sich im weiteren Verlauf des vorliegenden Kapitels im einzelnen noch zeigen wird, sollte dieses von Friedrich Ploennies mit recht großem Erfolg praktizierte Verhaltensmuster sozialer Selbstbehauptung in krisenhafter Zeit in mancherlei Hinsicht beispielgebend für Erich Philipp Ploennies sein, der vorerst unter dem Eindruck, Mitglied einer traditionsreichen und in ihrer gesellschaftlichen Position besonders herausgehobenen Gelehrtenfamilie zu sein, in Speyer heranwuchs, der wahrscheinlich das von der Stadt unterhaltene, protestantisch ausgerichtete Gymnasium besuchte und dort erstmals mit naturwissenschaftlichen Lehrinhalten konfrontiert wurde[77] oder der vielleicht aber auch gemeinsam mit seinen Geschwistern von einem Hauslehrer unterrichtet und auf das Leben eines Mannes vorbereitet wurde, der in den Stand des gebildeten Bürgertums mit patrizisch-adeliger Herkunft hineingeboren worden war.

2.2 Traditionalität und Mobilität einer nobilitierten Patrizierfamilie: der Fall Ploennies

Die auf den ersten Blick eigentümlich anmutende Verbindung einer Zugehörigkeit zum Bürgertum, speziell zum Stand des reichsstädtischen Patriziats und zum „Stand der Gelehrten", und einer Anwartschaft des erstgeborenen bzw. ältesten noch lebenden männlichen Erben auf den Stand eines Reichsritters kann angesichts der rund 6700 Nobilitierungen, die von den habsburgischen Kaisern zwischen 1519 und 1740 zugunsten besonders verdienter reichsstädtischer Bürger vorgenommen wurden, keineswegs als

76 *Hans-Ulrich Wehler*, Deutsche Gesellschaftsgeschichte. Bd. 1: Vom Feudalismus des Alten Reiches bis zur Defensiven Modernisierung der Reformära, 1700-1815, München 1987, S. 202-217, Zit.: S. 210; vgl. dazu auch *Vierhaus*, Staaten (Anm. 24), S. 36 u. *ders.*, Deutschland im Zeitalter des Absolutismus, Göttingen 1978, S. 77 ff.

77 Die naturwissenschaftliche Tradition am städtischen Gymnasium zu Speyer hatten vor allem der vormalige Rektor Johann Georg Schwalbach mit seinen ausgeprägten astronomisch-mathematischen und biologischen Ambitionen sowie Dr. Johann Conrad Schragmüller begründet, der neben theologisch-philosopischen auch physikalische Werke verfaßte (vgl. *Harthausen*, Geistes- und Kulturgeschichte Speyers [Anm. 2], S. 387 f).

Sonderfall der deutschen Geschichte bezeichnet werden[78]. Trotzdem gehört dieses interessante historische Phänomen, abgesehen von der Feststellung der harten Fakten und statistischen Größenordnungen, zu den noch weitgehend unerforschten Problemen der deutschen Sozialgeschichte[79]. Am Beispiel der Familie Ploennies wird jedoch (vielleicht exemplarisch) deutlich, welche retardierenden, auf Traditionalität ausgelegten und welche zukunftweisenden, tendenziell an Fortschrittlichkeit und Mobilität orientierten Elemente hier eine jener Symbiosen aus „Alt“ und „Neu“ eingingen, die so häufig in der Geschichte der frühen Neuzeit anzutreffen sind[80]. In diesem speziellen Fall überwiegen allerdings, das wird die weitere Darstellung zeigen, die der sozialen Verkrustung der ständischen Gesellschaft bis dahin noch diametral gegenüberstehenden Elemente der sozialen Mobilität, der Anpassungsfähigkeit und Veränderbarkeit, vor allem im Hinblick auf die bislang noch fast ausschließlich durch den Stand und die Familientradition präjudizierten beruflichen Tätigkeitsfelder, die ihrerseits wiederum für die Frage des gelungenen oder nicht gelungenen Status-Erhalts bzw. sozialen Aufstiegs von entscheidender Bedeutung waren. Im Falle der Familie Ploennies weist die offenbar grundsätzlich vorhandene Bereitschaft zur - nicht unbedingt risikolosen - ‚Eroberung‘ neuer Berufsfelder jedenfalls von der Mitte des 17. Jahrhunderts direkt ins Zeitalter der Aufklärung, als Verhaltensweisen, wie sie Friedrich Ploennies und nach ihm in noch deutlicherer Form sein Sohn Erich Philipp an den Tag legten, immer häufiger

---

78 *Riedenauer*, Kaiserliche Standeserhebungen (Anm. 23), S. 29; vgl. auch *ders.*, Kaiser und Patriziat. Struktur und Funktion des reichsstädtischen Patriziats im Blickpunkt kaiserlicher Adelspolitik von Karl V. bis Karl VI., in: ZBLG 30 (1967).

79 Darauf und auf die in diesem Zusammenhang besonders bedauerliche Ergebnislosigkeit des von Erwin Riedenauer in München geleiteten, einschlägig ausgerichteten Forschungsprojekts hat bereits Wolfgang Zorn einmal mit Nachdruck hingewiesen (vgl. *Wolfgang Zorn*, Deutsche Führungsschichten des 17. und 18. Jahrhunderts. Forschungsergebnisse seit 1945, in: Internationales Archiv für Sozialgeschichte der deutschen Literatur 6 [1981], S. 176-197, bes. S. 183 f).

80 *Reinhart Koselleck*, Vergangene Zukunft der frühen Neuzeit, in: Epirrhosis. Festgabe für Carl Schmitt, hg. v. *Hans Barion*, *Ernst-Wolfgang Böckenförde*, *Ernst Forsthoff* u. *Werner Weber*, Bd. 2, Berlin 1968, S. 549-566 (wieder abgedruckt in *Reinhart Koselleck*, Vergangene Zukunft. Zur Semantik geschichtlicher Zeiten, Frankfurt a.M. [2]1984, S. 17-37); *ders.*, Fortschritt, in: Geschichtliche Grundbegriffe. Historisches Lexikon zur politisch-sozialen Sprache in Deutschland, hg. v. *Otto Brunner, Werner Conze* u. *Reinhart Koselleck*, Bd. 2, Stuttgart 1975, S. 351-353, 363-423; *ders.*, Neuzeit. Zur Semantik moderner Bewegungsbegriffe, in: Studien zum Beginn der modernen Welt, hg. v. *Reinhart Koselleck*, Stuttgart 1977, S. 264-299 (wieder abgedruckt in *ders.*, Vergangene Zukunft, a.a.O., S. 300-348); *ders.*, Das achtzehnte Jahrhundert als Beginn der Neuzeit, in: Epochenschwelle und Epochenbewußtsein, hg. v. *Reinhart Herzog* u. *Reinhart Koselleck*, München 1987, S. 269-282; *Johannes Kunisch*, Über den Epochencharakter der frühen Neuzeit, in: Die Funktion der Geschichte in unserer Zeit, hg. v. *Eberhard Jäckel* u. *Ernst Weymar*, Stuttgart 1975, S. 150-161; *Wolfgang Harm*, Der Übergang zur Neuzeit und die Wirkung von Traditionen, in: Der Übergang zur Neuzeit und die Wirkung von Traditionen. Vorträge gehalten auf der Tagung der Joachim Jungius-Gesellschaft der Wissenschaften (1977), Göttingen 1978, S. 7-14.

praktiziert wurden und das Kriterium des Geburtsstandes nicht mehr eine so entscheidende Rolle spielte: Hatte der Vater als einer der ersten Juristen patrizisch-reichsritterschaftlicher Herkunft das bis dahin von seinen Standesgenossen noch mit „haß und verachtung“ bedachte Reichskammergericht als ein für ihn adäquates neues Betätigungsfeld akzeptiert und sich damit zu einem sehr frühen „Staatsdiener“ entwickelt[81], so sollte der Sohn Erich Philipp in noch konsequenterer Weise, nämlich durch das für Angehörige seines Standes relativ ungewöhnliche Studium naturwissenschaftlicher Disziplinen und durch seine lebenslang im Dienste verschiedener Landesfürsten ausgeübte Tätigkeit als Baumeister und Kartograph, den vom Vater vorgezeichneten Weg einschlagen.

Diese dynamischen Verhaltensweisen kamen nicht von ungefähr, sie waren einerseits von der Familiengeschichte, andererseits aber auch von der spezifischen Situation her vorprogrammiert, in der sich das in die Reichsritterschaft aufgestiegene Patriziat befand. War der Reichsadel mit seiner unmittelbaren Stellung zum Kaiser, mit der er „sich fürstlicher Landeshoheit grundsätzlich“ entzog[82], mit seinen einflußreichen regionalen Standesorganisationen, seinen überkommenen adeligen Mentalitätsformen und dem damit einhergehenden Prestige - einer Mischung aus repräsentativer Würde und affektierter großer Gebärde[83] - gewissermaßen zum Inbegriff konservierter archaischer Zustände und Strukturen geworden, so waren Reichsritter aufgrund ihrer Ausbildung und ihres Selbstverständnisses doch auf der anderen Seite „als Verwaltungsbeamte der Territorien im zentralen und lokalen Bereich ... unersetzbar“[84]. Als „geborene Funktionäre der Herrschaft, erzogen, mit der Mobilität des Pferdes und mit der Gewalt des Schwertes für sich selbst oder für einen Landesherrn Herrschaftsansprüche durchzusetzen“, waren Angehörige des Reichsadels bis weit ins 17. Jahrhundert hinein daran gewöhnt, Spitzenpositionen im Hofstaat und in Lokalverwaltungen einzunehmen[85]. Erst die Konkurrenz zu aufsteigenden bürgerlichen Juristen führte auch beim Reichsadel zur Aneignung entsprechender Kenntnisse und in verstärktem Maße dazu, daß vor allem evangelisch gewordene Reichsritter Dienste an Fürstenhöfen anstrebten, wo sich ihnen „die Möglichkeit erheblicher Zusatzverdienste“ bot und sie „eine Chance der Unterbringung nachgeborener Söhne“ sahen[86]. Die berufliche Dynamik, die im Falle der Familie Ploennies seit etwa der Mitte des 17. Jahrhunderts festzustellen ist, entsprach also einer im protestantischen Reichsadel relativ verbreiteten Verhaltensweise,

---

81 Zit. aus der Chronik des Grafen von Zimmern (16. Jahrhundert) nach *Duchhardt*, Reichsritterschaft und Reichskammergericht (Anm. 53), S. 318.

82 *Volker Press*, Die Reichsritterschaft im Reich der frühen Neuzeit, in: NA 87 (1976), S. 101-122, Zit. S. 104.

83 *Carl Hinrichs*, Staat und Gesellschaft im Barockzeitalter, in: *ders.*, Preußen als historisches Problem. Gesammelte Abhandlungen, hg. v. *Gerhard Oestreich* (Veröffentlichungen der Historischen Kommission zu Berlin, Bd. 10), Berlin 1964, S. 205-226, bes. S. 219.

84 *Press* (Anm. 82), S. 105; vgl. hierzu auch *Klaus Bleeck/Jörn Garber*, Nobilitas: Standes- und Privilegienlegitimation in deutschen Adelstheorien des 16. und 17. Jahrhunderts, in: Daphnis 11 (1982), S. 49-114.

85 *Press*, a.a.O.

86 Ebd.

einer Verhaltensweise freilich, die in erster Linie als ein probates Mittel zur sozialen Selbstbehauptung, keineswegs als Möglichkeit zur individuellen Selbstentfaltung angesehen wurde. Insbesondere im reichsstädtischen Patriziats wird dies ganz ähnlich beurteilt und praktiziert worden sein, schließlich kam die in manchen Reichsstädten überaus enge Verbindung zwischen gehobenem Bürgertum und Reichsadel nicht von ungefähr[87]. Das macht auch die zuletzt in die Reichsstadt Lübeck weisende Geschichte der Familie Ploennies sehr gut deutlich.

Die Familiengeschichte wurde im Elternhaus von Erich Philipp Ploennies, das schließlich das Haus eines aufstrebenden Juristen und „Staatsbürgers" war, selbstverständlich intensiv gepflegt, konnten doch durch sie in besonders eindringlicher und auch für die Kinder motivierender Weise patrizisch-adeliges Selbstbewußtsein, tradierte bildungsbürgerliche sowie neue staatsbürgerliche Leitvorstellungen vermittelt werden[88]. Wie andernorts so wurden auch bei den Ploennies durch mündliche Erzählungen des Vaters und der Mutter Erinnerungen wachgehalten, Erinnerungen an die verlassene Heimatstadt, an die Zeit der bisher zurückgelegten Lebensbahn der Familie, an Karrieren und vorbildhafte Eigenschaften der Vorfahren, an frühere Erziehungsprinzipien, an das Studium und an Erfahrungen bei der Stellensuche, an die eigene Heirat und die der Geschwister, an erlittene Verluste und vielleicht auch an Gefahren, denen man mit knapper Not entronnen war[89]. Erzählt wurde dies alles, um bei der nachwachsenden Generation möglichst frühzeitig „ein volles und aufrichtiges Verständnis der Identität der Familie und ihres Trachtens und Strebens" zu erzeugen[90], das heißt vor allem ein Verständnis für jene drei identitätsbildenden Komponenten zu begründen, die neueren Forschungen zufolge in der gesamten frühen Neuzeit und in fast allen europäischen Gesellschaften gleichermaßen als ausgesprochen wichtige Merkmale einer standesbewußten, auf Selbstbehauptung ausgerichteten familiären Gemeinschaft angesehen wurden: die Tugendhaftigkeit der Familie, ihre Leistungsfähigkeit und ihre genetischen Qualitäten[91]. Mit Tugend war in erster Linie die Religiösität und christliche Moral gemeint,

---

87 *Otto Brunner*, Souveränitätsproblem und Sozialstruktur in deutschen Reichsstädten der frühen Neuzeit, in: VSWG 50 (1963), S. 329-360.

88 *Dietz*, Die „Topographia Ducatus Montani" (Anm. 22), S. XXVIII.

89 Hierzu und zum folgenden vgl. *Natalie Zemon Davis*, Die Geister der Vorstorbenen (Anm. 32), S. 34.

90 Ebd., S. 33.

91 Ebd, S. 33-39; zum Stellenwert der Familiengeschichte in den übrigen westeuropäischen Gesellschaften vgl. auch *Paul Delany*, British Autobiography in the Seventeenth Century, London 1969; *Alan MacFarlane*, The Family Life of Ralph Josselin, a Seventeenth Century Clergyman, Cambridge 1970, bes. S. 3-11; *Davis Bitton*, The French Nobility in Crisis, 1560-1640, Stanford 1969; *André Devyver*, Le sang épuré: Les préjugés de race chez les gentilshommes français de l'Ancien Régime (1560-1720), Brüssel 1973; *Arlette Jouanna*, L'idée de la race en France au XVIe siècle et au début du XVIIe siècle (1498-1614), in: Bulletin de l'association d'étude sur l'humanisme, la réforme et la renaissance 1 (1975); *Charles de Ribbe*, Les familles et la société en France avant la révolution d'après des documents originaux, Bd. I, Paris [3]1874; *Jean Gaudemet*, Les communautés familiales, Paris 1963; *Henriette Dussourd*, Au même pot et au même feu: Etude sur les communautés fami-

der es - dem Beispiel der Vorfahren entsprechend - unbedingt zu folgen galt; sie war konfessionsübergreifend von entscheidender Bedeutung, kam es doch allen gläubigen Eltern besonders darauf an, ihre Kinder dazu aufzufordern, dem Weg der Tugend zu folgen, das heißt dem Weg, „der die Menschen in den Himmel führt und sie in der Welt angesehen macht“[92]. Im bürgerlichen Milieu, im Umfeld potentieller Aufsteiger, war mit der Erziehung zur Tugendhaftigkeit durch familiengeschichtliche Erfahrungsvermittlung auch früh schon die Konditionierung zur Leistungsfähigkeit verbunden; „das Argument der Tugend und Leistung“ diente vor allem jenen Eltern als Rechtfertigung ihrer Handlungen und Erziehungsmaßnahmen, die die Hoffnung hegten, „in der sozialen Hierarchie aufzusteigen oder gar die Hierarchie selbst ein wenig verändern zu wollen“[93]. Hatte man jedoch bereits einen bestimmten Wohlstand und einen etwas herausgehobenen sozialen Status erreicht, so wurden, was seit dem 16. und 17. Jahrhundert beim Adel und Patriziat immer häufiger zu beobachten war, dagegen besonders stark die genetischen Qualitäten betont, in der Sprache der Zeit „die Rasse“ und „das Blut“. In Stammbäumen, die manchmal recht abenteuerlich anmuten konnten, weil sie so konstruiert waren, daß sie bis zur Zeit „vor Menschengedenken“ zurückreichten, wollten Eltern ihren Nachfahren zur Verteidigung von Privilegien und gesellschaftlicher Position den „guten Stamm“ nachweisen, durch den sie sich vom „niederen Volk“ und von den Armen unterschieden[94]. Im letzten Drittel des 17. Jahrhunderts, also zu der Zeit, als Erich Philipp Ploennies in Speyer heranwuchs, nutzten viele Familien zum Zweck der Kindeserziehung alle drei Arten, ihre Vergangenheit wunschgemäß darzustellen: „Für jene, die den ‚Stamm‘ betonten, war die Erfahrung der Familienplanung ... ein Argument für die Rolle, die Leistung spielte“, das heißt, daß hier die genetische Qualität bereits „als Anlage zur Tugend und nicht als die Tugend selbst“ angesehen wurde. Und „für jene, die Leistung betonten, war das vom ‚Stamm‘ abgeleitete Argument eine nützliche Waffe, um Kinder (beispielsweise) von den Gefahren einer nicht standesgemäßen Heirat zu überzeugen“[95]. Insgesamt gesehen bot das meist auf der Grundlage mündlicher Überlieferung vermittelte historische „Selbstporträt der Familie“ also genügend Raum zur warnenden Darstellung von eventuellen Konflikten, Fehltritten und Enttäuschungen; es war gewiß „offen genug, um glaubwürdig zu sein, und doch nicht so offenherzig, daß die Loyalität zu Ruf und Interessen der Familie untergraben wurden“[96]. Um so aufschlußreicher ist es festzustellen, was bei Familiener-

---

liales agricoles au centre de la France, Moulins 1962; *Louis Guibert/A. Leroux*, Livres de raison, registres de familles et journaux individuels limousins et marchois, in: Bulletin de la société scientifique, historique et archéologique de la Corrèze 7 (1885), 8 (1886); *P.-F. Geisendorf*, Histoire d'une famille du refuge français: Les Des Gouttes, Genf 1941; *Thomas Platter*, Lebensbeschreibung, hg. v. *A. Hartmann*, Basel 1944; *Felix Platter*, Tagebuch 1536-1567, hg. v. *Valentin Lötscher*, Basel 1976; *Gene Brucker* (Hg.), Two Memoirs of Renaissance Florence, New York 1967.

92 *Davis* (Anm. 32), S. 35.

93 Ebd.

94 Ebd.

95 Ebd., S. 35 f.

96 Ebd., S. 37.

innerungen dieser Art - selbstverständlich unter dem Vorwand, die Nachfahren vor negativen Einwirkungen schützen zu wollen - gern weggelassen wurde. Bei reformierten Familien wie bei der Familie Ploennies, die erfahrungsgemäß großen Wert auf die religiöse Komponente der Selbstdarstellung legten, die ihre Memoiren bewußt mit Psaltern und Beispielen aus dem Neuen Testament anreicherten, weil sie „den Haushalt als Arena der christlichen Erziehung“ betrachteten, wurde dabei besonders gern die religiöse Entwicklung der Familie, die frühere Zugehörigkeit zu einem anderen Bekenntnis, unterschlagen[97]. Das wird bei der Familie Ploennies möglicherweise auch der Fall gewesen sein, wenn man berücksichtigt, was für eine dezidiert antireformatorische Haltung ausgerechnet das berühmteste Mitglied der Familie, der 1532 in den Reichsritterstand erhobene Hermann Ploennies, einst an den Tag gelegt hatte.

So wurde im Elternhaus von Erich Philipp Ploennies die Erinnerung daran wachgehalten[98], daß die Vorfahren aus Münster stammten, wo sie seit dem späten 15. Jahrhundert als Tuchhändler, Gildemeister, Ratsmitglieder und Bürgermeister zu jener aufstrebenden, neuen bürgerlichen Honoratiorenschicht gehörten, die sich durch erheblichen Wohlstand, ausgedehnten Grundbesitz, akademische Bildung und politischen Einfluß auszeichnete und die auf dieser Grundlage die bis dahin dominierende Führungsschicht des erbmännischen Patriziats zu verdrängen begann[99]. Im 16. Jahrhundert bauten sie diese Position mit bemerkenswerter Energie und Dynamik weiter aus, indem sie sich vor allem von Münster aus am einträglichen west- und nordosteuropäischen Fernhandel beteiligten und indem sie parallel dazu ihren anhaltenden wirtschaftlichen Erfolg auf politisch-administrativer Ebene absicherten: Im Zeitraum von 1503 bis 1670 stellten sie in Münster allein zwölf Ratsherren, von denen wiederum vier zu Bürgermeistern mit teilweise recht langen Amtsperioden gewählt wurden[100]. Einer von ihnen war Hilbrand Ploennies d.Ä., dessen Persönlichkeit im Rahmen der Familienchronik sicherlich einen besonderen Stellenwert einnahm, denn er war nicht nur lange Bürgermeister von Münster, sondern zugleich auch der vielleicht bedeutendste Handelsherr dieser westfälischen Hansestadt im gesamten 16. Jahrhundert gewesen. Er und andere

---

97 Ebd., S. 36 f.

98 Hierzu und zum folgenden vgl. *Dietz* (Anm. 22), S. XXVIII ff.

99 *Helmut Lahrkamp*, Münsters wirtschaftliche Führungsschichten, in: Quellen und Forschungen zur Geschichte der Stadt Münster, N.F. 5 (1970), S. 1-53, bes. S. 9-37; *ders.*, Das Patriziat in Münster, in: Deutsches Patriziat (Anm. 23), S. 195-207; *Karl Zuhorn*, Vom Münsterschen Bürgertum um die Mitte des XV. Jahrhunderts, in: WZ 95 (1939), S. 88-193

100 Vgl. hierzu und zum folgenden *F. v. Klocke*, Nachrichten aus dem untergegangenen ältesten Ratswahlbuch 1345-1531, in: Quellen und Forschungen zur Geschichte der Stadt Münster 3 (1927), S. 113 f; vgl. ergänzend dazu auch *G. Aders*, Das verschollene älteste Bürgerbuch der Stadt Münster, in: WZ 100 (1960), S. 89 (Register); *R. Krumbholtz*, Die Gewerbe der Stadt Münster (Publikationen aus den Preußischen Staatsarchiven, Bd. 70), Leipzig 1898, S. 139 ff, 231 f; *E. Hövel*, Das Bürgerbuch der Stadt Münster 1538-1660 (Quellen und Forschungen zur Geschichte der Stadt Münster, Bd. VIII), Münster 1936, S. 49 f; *Josef Ketteler*, Vom Geschlechterkreise des Münsterschen Honoratiorentums, in: MWGF 5 (1928), S. 422-430.

Mitglieder der Familie traten als Kaufleute in den führenden Handelsmetropolen der Zeit in Erscheinung, etwa in Antwerpen, wo sie märkische Eisen- und Stahlwaren für den Export stapelten und verkauften, in Amsterdam, wo neben westfälischen Leinen- und Wolltuchen auch feine englische Tuche umgesetzt wurden, in Emden, wo sie mit Wein handelten und - last, but not least - in Lissabon, dem Zentrum des Handels zwischen Europa und Indien[101].

Zum wichtigsten Stützpunkt der familiären Wirtschaftsaktivitäten wurde jedoch schon im frühen 16. Jahrhundert die im Handel mit Skandinavien führende Hansestadt Lübeck[102]. Dort war der schon ältere, erfahrene Hermann Ploennies seßhaft geworden und hatte eine eigene Familie gegründet. Auch seiner kaufmännischen Tätigkeit war ein außerordentlicher Erfolg beschieden, und so erfüllte er mit seinem Vermögen schon bald eine der wichtigsten Voraussetzungen, um für die Wahl in ein öffentliches Amt als geeigneter Kandidat zu erscheinen. Dem bewährten Handlungsmuster zur Stabilisierung und Repräsentation wirtschaftlichen und sozialen Aufstiegs folgend, ließ er sich in den Rat und anschließend zum Bürgermeister von Lübeck wählen. Als solcher besaß er den Oberbefehl über die lübische Flotte, die zu dieser Zeit noch die größte aller Hansestädte war und die er 1522 gemeinsam mit dem Ratsherrn Bernd Bomhower zur Unterstützung der Schweden gegen Stockholm führte; dort hatte der Dänenkönig Christian II. (reg. 1513-1523) zwei Jahre zuvor eine Schreckensherrschaft errichtet: Die Lübecker blockierten den Hafen, bis ihnen am 21. Juni 1523 als Zeichen der dänischen Kapitulation die Schlüssel der Stadt übergeben wurden. Damit hatten Ploennies und Bomhower im Auftrag der von ökonomischen Interessen um die Kontrolle ihrer Handelswege und Absatzmärkte geleiteten Hansestadt zur Vertreibung des letzten dänischen Unionskönigs von schwedischem Territorium, zugleich auch zur Inthronisierung

---

101 Eine Fülle von interessanten Einzelheiten über die wirtschaftlichen Aktivitäten Hilbrand Ploennies' vermitteln *E. Planeth*, Der außerwestfälische Handel Münsterscher Kaufleute von 1536-1661, phil. Diss. Gütersloh 1937, S. 46 ff; *Horst Wagenführ*, Handelsfürsten der Renaissance, Stuttgart 1957, S. 66, 69; *Hans Haussherr*, Wirtschaftsgeschichte der Neuzeit vom Ende des 14. bis zur Höhe des 19. Jahrhunderts, Köln [4]1970, S. 93 ff; *R. Häpke*, Niederländische Akten und Urkunden zur Geschichte der deutschen Hanse und zur deutschen Seegeschichte, Bd. II, Lübeck 1923, Nr. 588, 589, 640; *R. van Roosbroek*, Niederländische Patrizier im Exil (1585-1600), in: Deutsches Patriziat (Anm. 23), S. 214; *R. Seeberg-Elverfeldt*, Revaler Regesten. Beziehungen der Städte Deutschlands zu Reval in den Jahren 1500-1807, Göttingen 1966, S. 256 (Nr. 501).

102 Zum folgenden vgl. auch *Jakob v. Melle*, Die Westfalen in Lübeck, hg. v. *A. Fahne*, Köln 1855, S. 56 f; *E. F. Fehling*, Lübeckische Ratslinie von den Anfängen der Stadt bis auf die Gegenwart, Lübeck 1925; *G. Wegmann*, Die führenden Geschlechter Lübecks und ihre Verschwägerungen, in: ZVLGA 31 (1941), S. 17-51; *Franz Siewert*, Geschichte und Urkunden der Rigafahrer in Lübeck im 16. und 17. Jahrhundert (Hansische Geschichtsquellen, N.F. Bd. 1), Berlin 1897, S. 91; *Johannes Kretzschmar*, Geschichte Lübecks in der Neuzeit, in: Geschichte der Freien und Hansestadt Lübeck, hg. v. *Fritz Endres*, Lübeck 1926, S. 57-64.

der Vasa-Dynastie (Gustaf I. Vasa, 1523-1560) und zur Begründung des modernen schwedischen Nationalstaats beigetragen[103].

Hermann Ploennies blieb nicht zuletzt aufgrund seiner Prominenz noch einige Jahre Bürgermeister, doch als er um 1530 mit aller Macht versuchte, die Einführung reformatorischer Neuerungen zu verhindern und sich kurz darauf auch noch öffentlich als Gegner des von Jürgen Wullenwever angeführten Lübecker Volksaufstands zu erkennen gab, war sein Ansehen in der Bürgerschaft rasch dahin, ja 1532 sah er sich sogar gezwungen, die Stadt zu verlassen[104]. Noch im selben Jahr allerdings wurde er während des Regensburger Reichstages von Kaiser Karl V. gemeinsam mit zwei Brüdern wegen seiner Verdienste um das Heilige Römische Reich Deutscher Nation in den Reichsritterstand erhoben[105]. Während Hermann Ploennies nun nach Münster zurückkehrte, wo er schon ein Jahr später starb, blieben seine Nachkommen in Lübeck ansässig. Bereits 1536 waren dort Ruhe und Ordnung wiederhergestellt worden, so daß das Patriziat mit seinen Familienverbänden und Interessenorganisationen die wirtschaftliche und politisch-administrative Führung der Stadt erneut übernehmen konnte. Anteil hatte daran natürlich auch wieder die Familie Ploennies, die zwischen 1532 und 1703 einen weiteren Bürgermeister und drei Ratsherren stellte[106] und die ihre Söhne vor allem seit dem 17. Jahrhundert auf die ihnen bevorstehenden Aufgaben mit einer noch intensiveren Ausbildung, dem Universitätsstudium, vorbereitete. Das beste Beispiel dafür war Erich Philipp Ploennies' Vater, der nicht weniger als fünfzehn Jahre lang studierte und dabei sieben verschiedene Universitäten besuchte[107], bis er - wie wir wissen - nach der Promotion und einer kurzen Tätigkeit als Rat in den welfischen Fürstentümern Calenberg (Hannover) und Lüneburg (Celle)[108] als Advokat ans Speyerer Reichskammerge-

103 *Wolf-Dieter Hauschild*, Frühe Neuzeit und Reformation: Das Ende der Großmachtstellung und die Neuorientierung der Stadtgemeinschaft, in: Lübeckische Geschichte, hg. v. *Antjekathrin Graßmann*, Lübeck 1988, S. 372 ff; *Philippe Dollinger*, Die Hanse, Stuttgart 1976, S. 52; *Ernst Walter Zeeden*, Hegemonialkriege und Glaubenskämpfe, 1556-1648, Frankfurt a.M. 1982, S. 30, 46; vgl. auch *J. Andersson*, Schwedische Geschichte von den Anfängen bis zur Gegenwart, München 1950; *M. Roberts*, The Early Vasas. A History of Sweden 1523-1611, Cambridge 1968.

104 *Wilhelm Jannasch*, Reformationsgeschichte Lübecks vom Petersablaß bis zum Augsburger Reichstag, 1515-1530 (Veröffentlichungen zur Geschichte der Stadt Lübeck, Bd. 16), Lübeck 1958, S. 153, 158, 265 ff, 307 f; *Hauschild* (Anm. 103), S. 388 f; offenbar ging Hermann Ploennies aufgrund seiner Taten und seiner religiösen Standhaftigkeit mit porträthaften Darstellungen (etwa im Rahmen allegorischer Altarbilder) auch in die deutsch-schwedische Kunstgeschichte ein: darüber berichtet relativ ausführlich der Beitrag von *Francis Beckett*, En gammelnederlandsk Altertavle paa Gaunφ, in: Statens Museum for Kunst (Kφbenhavn), Kunstmuseets arsskrift 1929-1931, Kopenhagen 1931, S. 45-60, S. bes. S. 52-60.

105 Dokumentiert bei *Riedenauer* (Anm. 23); S. 39, 63.

106 *Melle* (Anm. 102), S. 56 f; *Lahrkamp*, Münsters wirtschaftliche Führungsschichten (Anm. 99), S. 25-37.

107 Vgl. dazu die Nachweise in Anm. 25.

108 *Güthling*, Jülich-bergische Landesaufnahmen (Anm. 22), S. 293 (dort Anm. 3).

richt kam, um dort eine finanziell einträgliche und sozial angemessene Position zu erringen.

Das war in groben Zügen die Geschichte des wirtschaftlichen und sozialen Aufstiegs der Familie Ploennies bis zur Nobilitierung und zum Übergang vom patrizischen Besitz- und Stadtbürgertum zum Bildungs- und Staatsbürgertum, eine Geschichte, wie sie zur Kindes- und Jugendzeit von Erich Philipp Ploennies im Elternhaus immer wieder zum Zwecke der „Identitätsstiftung", das heißt der individuellen und sozialen Selbstfindung, zur Vermittlung patrizisch-adeligen Selbstbewußtseins sowie alter bildungsbürgerlicher und neuer staatsbürgerlicher Leitvorstellungen erzählt wurde. Als ständischer Traditionsnachweis und soziales Erfahrungsreservoir beeinflußte sie in entscheidendem Maße die Erziehung und Ausbildung von Erich Philipp Ploennies und sein Selbstverständnis[109]. Sie beeinflußte aber nicht zuletzt auch seine spätere Berufswahl, die er - dem Beispiel seines Vaters folgend - noch einmal von der familiären Tradition abweichend modifizierte, indem er eine Wissenschaft zum Gegenstand seiner akademischen Studien wählte, von der zwar alle Welt sprach und die auch gewiß die Kultur seiner Gegenwart nachhaltig beeinflußte, die sich aber noch keineswegs als eine Disziplin erwiesen hatte, die ein standesgemäßes Auskommen, geschweige denn einen weiteren sozialen Aufstieg in ähnlicher Weise hätte garantieren können wie etwa ein Studium der Jurisprudenz.

Selbstverständlich wurde der Knabe ganz im Sinne der patrizisch-adeligen Standeswelt, vor allem aber nach den pädagogischen Maßgaben des sozial aufstrebenden Bildungsbürgertums erzogen[110]. Die Kriterien dieser Erziehung, durch die der männliche Nachkomme später in die Lage versetzt werden sollte, selbst einen Hausstand mit Familie und dazugehörigem Personenkreis gründen und - nicht zuletzt auch in wirtschaftlicher Hinsicht - verantwortlich leiten zu können, wurden auf der Grundlage tradierter Erfahrungswerte grundsätzlich vom Familienvorstand, dem Hausvater, bestimmt. Er, im vorliegenden Fall also Friedrich Ploennies, betonte mit besonderer Autorität, daß Hausväter wie er „für alles", was im Hause vorgehe, verantwortlich seien: „Wir müssen für die Fehltritte unserer Kinder haften, und, wenn unsere Söhne so lange unter unserer väterlichen Gewalt stehen, bis sie selber aus Söhnen vom Hause Bürger geworden sind"[111], so hatte „das seinen Grund ebenfalls in der Sorge- und Verantwortungspflicht der Hausvaterschaft"[112] wie sie im letzten Drittel des 17. Jahrhunderts noch unbe-

---

109 S. dazu auch die familiengeschichtliche Selbstdarstellung bei *Funcke* (Anm. 27).

110 Die nachfolgenden Überlegungen zur Erziehung von Erich Philipp Ploennies basieren weitgehend auf *Wilhelm Roessler*, Die Entstehung des modernen Erziehungswesens in Deutschland, Stuttgart 1961. Für Anregungen bin ich Herrn Professor Roessler, Bochum, zu Dank verpflichtet.

111 Diese grundsätzlichen Stellungnahmen zur Bedeutung der Hausvaterschaft in der traditionellen Kindeserziehung stammen von *Konrad Friedrich Uden*, Über die Erziehung der Töchter des Mittelstandes, Stendal 1783, S. 91; zur Beziehung zwischen Vater und Sohn im 17. Jahrhundert vgl. auch die sehr anregenden Ausführungen von *Robert Muchembled*, Die Erfindung des modernen Menschen. Gefühlsdifferenzierung und kollektive Verhaltensweisen im Zeitalter des Absolutismus, Reinbek 1990, Kap. V: S. 266-332.

112 *W. Roessler* (Anm. 110), S. 60.

schränkt ihre Geltung hatte. Ihr hatte sich auch Erich Philipp Ploennies zumindest bis zum Verlassen des elterlichen Hauses, wenn nicht gar bis zur eigenen Eheschließung, zu unterwerfen, denn noch bis weit ins 18. Jahrhundert hinein galt der Grundsatz: „Allein der Hausvater ist der Vertreter des Staates; was dieser tun könnte, das soll er tun. Die ganze Einrichtung der häuslichen Erziehung hängt also von seinem Gutdünken ab."[113] Trotz dieser recht absolut formulierten Regel, ist die Figur des Haus- und Familienvaters keinesfalls als die eines Despoten oder Tyrannen zu betrachten; zu berücksichtigen ist vielmehr, daß der Hausvater in all „seinen Maßnahmen an Tradition und Sitte gebunden blieb und im Durchschnitt nur so lange Autorität durchzusetzen und zu fordern vermochte, als er Herkommen und Sitte nicht verletzte"[114]. So wurde das Kind, dessen Lebens-, Erlebnis- und Erziehungswelten im elterlichen Haus zusammenfielen und das trotz seiner Unmündigkeit schon als vollwertiges Mitglied der Hausgemeinschaft galt, seinen spezifischen körperlichen, seelischen und geistigen Fähigkeiten entsprechend und ganz im Sinne der Tradition bzw. der Wertmaßstäbe seines (Geburts-)Standes erzogen[115].

Da nun Erich Philipp Ploennies von Geburt her dem Stand des (nobilitierten) Patriziats reichsritterschaftlicher Provenienz angehörte und durch seinen Vater, den studierten und sogar promovierten Juristen Friedrich Ploennies, Mitglied des Standes der Gelehrten war, so wurde selbstverständlich auch seine gesamte Erziehung schon frühzeitig auf die Erfordernisse der gelehrten Welt und auf die Erziehung zum Gelehrten abgestimmt[116]. Wie in gebildeten Familien allgemein üblich, wurde der Sohn zunächst vom Vater unterrichtet[117], denn als Angehöriger der „res publica literaria", jener durch den Geist der Gelehrsamkeit und die Korporation der „universitas magistrorum et scholarium" miteinander verbundenen Sondergruppe der ständischen Gesellschaft, verfügte er nicht nur in den Wissensgebieten der humanistisch-lateinischen Bildung über alle erforderlichen Kenntnisse und Fähigkeiten, er wußte auch genau, wie der humanistische Wissenskanon mit dem Tugendkanon der adelig-patrizischen Welt zu verschmelzen war. Im elterlichen Hause wurde Erich Philipp Ploennies so schon in jungen Jahren auf das Gymnasium, das „Bildungs- und Erziehungsinstitut der frühneuzeitlichen Elite"[118], vorbereitet und mit dem Selbstwertgefühl des gelehrten Standes bekannt gemacht, des-

---

113 *Uden* (Anm. 111).

114 *W. Roessler*, a.a.O.

115 Ebd., S. 61.

116 Hierzu und zum folgenden vgl. *W. Roessler*, S. 95-128; ferner *Friedrich Wilhelm Euler*, Entstehung und Entwicklung deutscher Gelehrtengeschlechter, in: Universität und Gelehrtenstand 1400-1800, hg. v. *Hellmuth Rössler* u. *Günther Franz* (Deutsche Führungsschichten in der Neuzeit, Bd. 4), Limburg a.d. Lahn 1970, S. 183-232; zusammenfassend auch *Johannes Kunisch*, Die deutschen Führungsschichten im Zeitalter des Absolutismus, in: Deutsche Führungsschichten in der Neuzeit. Eine Zwischenbilanz, hg. v. *Hanns Hubert Hofmann* u. *Günther Franz* (Deutsche Führungsschichten in der Neuzeit, Bd. 12), Boppard a. Rh. 1980, S. 111-141.

117 *Vierhaus*, Staaten (Anm. 24), S. 158.

118 *Richard van Dülmen*, Entstehung des frühneuzeitlichen Europa 1550-1648 (Fischer Weltgeschichte, Bd. 24), Frankfurt a.M. 1982, S. 297.

sen Angehörige untereinander, das heißt jenseits aller „Vorbestimmung durch die Geburt", gleichberechtigte Mitglieder der „res publica literaria" waren, die sich jedoch nach außen hin als eine „nobilitas scientiae" definierten, als ein Sozialgebilde besonderer Art, dem „etwas Aristokratisches" (W. Roessler) anhafte[119]. Neben solchen Werten suchte der (Haus-)Vater in seiner Funktion als „Vorsteher, Richter, Ratgeber und Lehrer seines Familienstammes" dem Sohn die richtigen Formen des „Umgang(s) mit den Menschen des häuslichen und öffentlichen Lebenskreises" zu vermitteln, ihm Brauch, Sitte und Tradition seines Hauses näherzubringen[120]. Keineswegs zu unterschätzen war aber auch die vorschulische Leistungsfähigkeit, die dem künftigen Gymnasiasten bereits beim Eintritt in die Gelehrtenschule abverlangt wurde: Voraussetzung für den Besuch des Gymnasiums war im allgemeinen eine gewisse „Bildsamkeit", das heißt ein pädagogisch vorgeprägter „Entwicklungsgrad des Geistes und Körpers". Spezifische Grundkenntnisse wurden in der lateinischen Sprache, „in der Religion, Mathematik und Geographie" sowie im Griechischen verlangt[121].

Das Selbstbewußtsein der „nobilitas scientiae" und die vom Vater vermittelten Grundkenntnisse wurden dann im Gymnasium - im Fall von Erich Philipp Ploennies im Gymnasium der freien Reichsstadt Speyer - weiter verfeinert und vertieft. Hier, in diesem Gymnasium, das auf seine „Weise ein Abbild der res publica literaria" war[122], bildeten „Lehrer und Schüler ... eine Welt für sich, die mit der übrigen Welt in keinem Zusammenhange stand, sondern in sich abgeschlossen und gleichsam nach innen gekehrt war"[123]. Als ständische Bildungs- und Ausbildungsinstitution ganz darauf ausgerichtet, „zur rechten Einführung der Heranwachsenden in die Lebens- und Erfahrungswelt des gelehrten Standes" zu erziehen[124], war dieses Gymnasium wie alle anderen seiner Art eine schulische Einrichtung, die von den mit speziellen Trachtenmänteln (Scholana) ausgestatteten und zur lateinischen Konversation - auch und gerade in der Öffentlichkeit - angehaltenen Schülern in der Regel sechs Jahre lang ganztägig besucht wurde, eine Einrichtung, deren Erfolg durch „detaillierte Lehrpläne, ausreichende Lehrbücher und qualifizierte Lehrer" gesichert war[125]. Im Mittelpunkt des gymnasialen Bildungsprogramms standen vom Schulbeginn an der „Latein- und Rhetorikunterricht

---

119 *W. Roessler* (Anm. 110), S. 99; vgl. hierzu auch *Herbert Grundmann*, Literatus - illiteratus, in: AfK 40 (1958), S. 1-66; zum ständischen Selbstbewußtsein der Gelehrten ist noch immer wichtig *Erich Trunz*, Der deutsche Späthumanismus um 1600 als Standeskultur, in: Zeitschrift für Geschichte der Erziehung und des Unterrichts 21 (1931), S. 17-53 (wieder abgedruckt in: Deutsche Barockforschung. Dokumentation einer Epoche, hg. v. *Richard Alewyn*, Köln 1965, S. 147-181); *Rudolf Vierhaus*, Umrisse einer Sozialgeschichte der Gebildeten in Deutschland, in: QFIAB 60 (1980), S. 395-419.

120 *W. Roessler*, S. 62.

121 Ebd., S. 112.

122 Ebd., S. 102.

123 *Johann Friedrich Christian Campe*, Geschichte und Unterricht in der Geschichte, Leipzig 1859, S. 243, hier zit. nach *W. Roessler* (Anm. 110), S. 102.

124 *W. Roessler*, S. 106.

125 *Van Dülmen* (Anm. 118), S. 297.

sowie die Unterweisung in christlicher Lehre"[126]. Vor allem die möglichst perfekte Beherrschung des Neulateinischen (das als Kunstsprache angeblich in der Lage war, dem Heranwachsenden jene Distanziertheit zu vermitteln, wie sie später der Gelehrte seinen Forschungsgegenständen gegenüber einnehmen sollte[127]) galt als Inbegriff der humanistischen Bildungstradition und wurde daher bis zum Verlassen der Schule mit zunehmender Intensität gelehrt[128]. Durch „halbjährliche Examina mit öffentlichen Reden und Deklamationen, mit selbstgefertigten Gedichten in lateinischer und griechischer Sprache" wurden die Bemühungen der Lehrer, der „Magister der Gelehrsamkeit", wie sie genannt wurden, und die Fortschritte der Scholaren überprüfbar gestaltet, und zwar bis hin zum Abgang zur Universität; dann allerdings bestand nur noch „die Verpflichtung, eine größere Valediktionsrede in lateinischer Sprache anzufertigen und abzugeben"[129]. Bis dahin wurden die Scholaren, die nach Altersgruppen auf fünf bis sechs Klassen verteilt waren, allerdings durch die strengen Regeln des normierten Unterrichts und durch die nahezu unumschränkte Autorität des Lehrers auch zu christlichen Untertanen erzogen, denn neben der reinen Wissensvermittlung stellte die Disziplinierung der heranwachsenden Elite ein zumindest gleichgewichtiges pädagogisches Ziel dar[130]. In dieser Weise mit dem Wertesystem, dem Tugend- und Verhaltenskodex des Ständestaats vertraut, sollte jeder einzelne Zögling am Ende der Schulzeit schließlich „so gebildet und geistig gekräftigt" sein, daß er „die Kollegia in jeder Fakultätswissenschaft benutzen und in Sachen, die nicht zu seinem Fakultätsstudium gehören, sich selbst helfen kann"[131].

Wie das Beispiel des Speyerer Gymnasiums zeigt, wo sich schon in der ersten Hälfte des 17. Jahrhunderts durch die Magister Johann Georg Schwalbach (der sich besonderes mit Fragen der Astronomie und Zoologie beschäftigte) und Johann Conrad Schragmüller (der „physikalische und philosophische Werke" publizierte) eine Öffnung hin zu mathematischen, astronomischen und physikalischen Problembereichen vollzog, wurde an einzelnen höheren Lehranstalten des Alten Reichs eine vergleichsweise frühe naturwissenschaftliche Bildungstradition begründet[132]. Allerdings darf das Speyerer Beispiel - das überdies durch die positiven Schulerfahrungen des hier aufgewachsenen Kameralisten Johann Joachim Becher (1635-1682) bestätigt und bekräftigt wird[133] - nicht darüber hinwegtäuschen, daß dies eher eine Ausnahme war. Im Kontext des über-

---

126 *Ebd.*

127 *W. Roessler*, S. 99 f, 102 f.

128 Ebd., S. 102-106.

129 Ebd., S. 114.

130 *Van Dülmen* (Anm. 118), S. 297.

131 Zit. nach *W. Roessler* (Anm. 110), S. 111.

132 *Harthausen* (Anm. 2), S. 387 f.

133 Becher, dessen Vater lutherischer Pfarrer in Speyer war und der das sogenannte Retschergymnasium besucht hatte, behauptete später, daß er durch sein Studium an der Universität zu Mainz (seit ca. 1652) kaum neues Wissen habe erwerben können; auf den Grundlagen seiner Schulbildung habe er sich vielmehr fast alle wissenschaftlichen Lehrinhalte in autodidaktischer Weise angeeignet (vgl. *Heinrich Jantzen*, Johann Joachim Becher als theoretischer und praktischer Privatökonom, Diss. Köln 1925, S. 7 ff).

Abb. 6: Geometrie- und Zeichenunterricht in einem adeligen Haus um 1700

kommenen humanistischen Wissenskanons wurde den mathematisch-naturwissenschaftlichen Lehrinhalten auf der Ebene des Gymnasiums und der Gelehrtenschule zu dieser Zeit im allgemeinen noch kaum eine größere Bedeutung beigemessen; die dazugehörigen Fächer wurden vielmehr so lange vernachlässigt[134], bis sie sich auch an den Universitäten und Akademien als weitgehend eigenständige, moderne und nutzbringende

134 Vgl. hierzu insbes. *Friedrich Gundel*, Die Mathematik an den deutschen höheren Schulen, Teil 1: Von der Zeit Karls des Großen bis zum Ende des 17. Jahrhunderts (Zeitschrift für mathematischen und naturwissenschaftlichen Unterricht, Beih. 12), Berlin 1928; *Friedrich Paulsen*, Geschichte des gelehrten Unterrichts auf den deutschen Schulen und Universitäten vom Ausgang des Mittelalters bis zur Gegenwart, Bd. 1, Leipzig ³1919 (ND Berlin 1960), S. 489, 566; s. auch die nahezu zeitgenössische Darstellung von *A. G. Kästner*, Geschichte der Mathematik, Bd. I, Göttingen 1796; in marxistisch-leninistischer Perspektive *Hans Wußing*, Zum Charakter der europäischen Mathematik in der Periode der Herausbildung frühkapitalistischer Verhältnisse, in: Mathematik, Physik, Astronomie in der Schule 8 (1961), S. 519-532, 585-593; *C. I. Gerhardt*, Geschichte der Mathematik in Deutschland, München 1877 (ND New York/London 1965); allgemein auch *van Dülmen* (Anm. 118), S. 297; *Ernst Walter Zeeden*, Deutsche Kultur in der frühen Neuzeit, Frankfurt a.M. 1968, S. 217 ff; *Philippe Ariès*, Geschichte der Kindheit, München ⁶1984, S. 300-348.

Disziplinen erwiesen hatten[135]. Erst dann, um 1700, wurden die Forderungen nach einer zeitgemäßeren Vorbildung der Gymnasiasten, die Forderungen nach einer an den mathematisch-naturwissenschaftlichen Disziplinen, an den „Realien" und an der Zweckmäßigkeit für Staat und Gesellschaft orientierten Bildung allmählich auch auf der Ebene des höheren Schulwesens umgesetzt. Dies, obwohl so prominente Gelehrte wie Erhard Weigel, Veit Ludwig von Seckendorff, Ehrenfried Walter von Tschirnhaus und Gottfried Wilhelm Leibniz schon seit den 1660er Jahren wiederholt auf die Notwendigkeit der Modernisierung der tradierten Schulordnungen zugunsten „natürlicher und anderer nützlicher Wissenschaften" hingewiesen hatten[136].

Erich Philipp Ploennies hatte also aufs Ganze gesehen ausgesprochenes Glück, daß er das Speyerer Gymnasium besuchen konnte und dort, in einer insgesamt zwar noch immer vom lateinisch-humanistischen Wissenskanon geprägten, doch den Naturwissenschaften relativ aufgeschlossen gegenüberstehenden Gelehrtenschule, intensiver mit arithmetischen, geometrischen, astronomischen und physikalischen Fragestellungen konfrontiert wurde. Dabei dürfte er im Unterricht auch den für die Lösung geometrischer Aufgaben unabdingbaren Umgang mit Zirkel und Lineal erlernt haben. Im übrigen ist anzunehmen, daß diese Form des mathematisch-technischen Zeichnens in Speyer bereits durch jenen mehr naturkundlich-künstlerischen Zeichenunterricht ergänzt wurde, wie er sich in der westeuropäischen Adels- und Gelehrtenerziehung seit dem

---

135 *Paulsen* (Anm. 134), S. 566; *Klaus Bleeck*, Adelserziehung auf deutschen Ritterakademien. Die Lüneburger Adelsschulen 1655-1850, Teil 1, Frankfurt a.M. 1977, S. 115, 142, 205 (hier läßt sich die langsam zunehmende Berücksichtigung mathematisch-naturwissenschaftlicher Bildungsinhalte von der zweiten Hälfte des 17. bis zum Ende des 18. Jahrhunderts sehr deutlich nachvollziehen); vgl. hierzu auch *Alfred Heubaum*, Geschichte des deutschen Bildungswesens seit der Mitte des 17. Jahrhunderts, Bd. 1: Das Zeitalter der Standes- und Berufserziehung, Berlin 1905 (ND ebd. 1973), S. 32 f.

136 Zit. aus der revidierten Schulordnung von Andreas Reyher für das Fürstentum Gotha von 1672 (hier zit. nach *Vierhaus*, Staaten [Anm. 24], S. 157). Einer der enthusiastischsten Mathematiker, der bereits früh als Universitätsprofessor für eine wesentlich stärkere naturwissenschaftlich-mathematische Orientierung des gesamten Schulwesens eintrat und die Einseitigkeit des lateinisch-humanistischen Unterrichts kritisierte, war der in Jena lehrende Erhard Weigel (1625-1699), der nicht nur auf Pufendorf und Leibniz, sondern - wie noch zu sehen sein wird - auch auf Ploennies großen Einfluß ausübte. Stellvertretend für die vielen einschlägigen wissenschafts- und schulpolitischen Forderungen Weigels sei diesbezüglich seine aufschlußreiche Schrift „Kurtzer Entwurf der freudigen Kunst- und Tugend-Lehr vor Trivial- und Kinderschulen" (Jena 1682) erwähnt (vgl. auch *August Israel*, Die pädagogischen Bestrebungen Erhard Weigels, 1653-1699 Professor der Mathematik zu Jena. Ein Beitrag zur Geschichte der pädagogischen Zustände im 17. Jahrhundert, Zschopau 1884; weitere Literaturangaben s. Anm. 201 ff). Nicht weniger nachdrücklich als die Forderungen Weigels nach einer stärkeren Berücksichtigung der mathematisch-naturwissenschaftlichen Fächer in Schulen fiel auch der von Leibniz 1666 veröffentlichte Entwurf eines erneuerten Unterrichts in öffentlichen Schulen aus (*Gottfried Wilhelm Leibniz*, Nova methodus discendi docendique juris, in: *ders.*, Opera omnia, Bd. IV, hg. v. *L. Dutens*, Genf 1768, S. 169-230, bes. Teil 1: „de ratione studiorum in universum"), in denen „Geschichte und Mathematik mit Einschluß der Optik, Statik und Astronomie" feste Bestandteile des Lehrprogramms werden sollten (*Paulsen*, Anm. 134, S. 509).

17. Jahrhundert allgemein durchzusetzen begann[137]. Unter Berufung auf Plinius d.Ä., der schon in der Antike empfohlen hatte, das Zeichnen als festen Bestandteil des anspruchsvolleren Unterrichts einzuplanen, betonte man nun die Nützlichkeit, zeichnen zu können, vor allem für den Honnette homme, denn „aus dem Zeichnen zieht man manchen Vorzug, besonders im Krieg, wenn man Landschaften, Hochebenen, Flüsse, Brücken, Kastelle, Lager, Festungen und solche Dinge mehr abzeichnen kann", hieß es in einem der maßgebenden Traktate[138]. Ganz nach geometrischen Prinzipien wurde im Zeichenunterricht gelernt, wie alles Darzustellende einschließlich der menschlichen Gestalt in Kuben, Kreise und Dreiecke aufzuteilen und zu Papier zu bringen sei, denn schließlich bemühten sich selbst namhafte Künstler der Zeit darum, die Kunst mit Hilfe der Mathematik in den höheren Zustand einer Wissenschaft zu überführen[139]. Wenn Gérard de Lairesse, der Autor des kunstpädagogischen Standardwerks „Gründliche Anleitung zur Zeichenkunst", 1701 feststellte: „Die Grundlegung der Zeichenkunst besteht in einem kurzen und sicheren Weg, auf welchem man, vermittelst der Geometrie, zur vollkommenen Erlernung der Zeichenkunst gelangen kann"[140], dann zeigt dieser Satz die Gemeinsamkeiten und Berührungspunkte auf, die zwischen künstlerischem und mathematisch-technischem Zeichnen im Zeitalter des Barock bestanden[141].

Bei Erich Philipp Ploennies, der die Grundlagen seiner später zu besonderer Präzision ausgebildeten zeichnerischen Fertigkeiten gewiß schon in seiner Heimatstadt Speyer erlernte, wurde das Interesse an mathematisch-naturwissenschaftlichen Problembereichen auf diese Weise nur bestärkt. Eines seiner frühen Vorbilder mag dabei der lange in Speyer und Mainz ansässige Domkapitular Dietrich Kaspar von Fürstenberg (1615-1675) gewesen sein, der ein begeisterter Naturwissenschaftler, Alchemist und Zeichner gewesen war und der unter anderem mit Becher zusammengearbeitet hatte[142]; Leibniz, mit dem Fürstenberg über verschiedene Experimente, vor allem über seine Versuche der Metallveredelung korrespondiert hatte, bezeichnete ihn 1673 immerhin als einen der „größten Virtuosen in Deutschland und vielleicht in Europa", den es auf dem Gebiet von „realen Experienzen" bzw. in der auf „Experimenten gegründete(n)

137 Vgl. hierzu und zum folgenden *Wolfgang Kemp*, „... einen wahrhaft bildenden Zeichenunterricht überall einzuführen." Zeichnen und Zeichenunterricht der Laien 1500-1870. Ein Handbuch, Frankfurt a.M. 1979, S. 57-178 (Christian Frommert, Aachen, danke ich sehr herzlich für seine Anregungen zum Bereich des Konstruktiven Zeichnens und seinen Hinweis auf die Studie von Kemp); vgl. *Jörg Sellenriek*, Zirkel und Lineal. Kulturgeschichte des Konstruktiven Zeichnens, München 1987; *F. M. Feldhaus*, Geschichte des technischen Zeichnens, Wilhelmshaven 1953.

138 *Baldassare Castiglione*, Das Buch vom Hofmann (1529), Bremen o.J. (ND München 1986), S. 90 (hier nach der ersten deutschsprachigen Ausgabe zit. nach *Kemp* [Anm. 137], S. 59).

139 *Kemp* (Anm. 137), S. 123 f.

140 *Gérard de Lairesse*, Gründliche Anleitung zur Zeichenkunst (Original: Amsterdam 1701), Nürnberg 1780, S. 1.

141 *Kemp* (Anm. 137), S. 131-134.

142 Ebd., S. 69 f; *Helmut Lahrkamp*, Dietrich Kaspar von Fürstenberg, in: W 43 (1965), S. 227 f.

Philosophie“ gebe[143]. Ein solches Vorbild und natürlich die in wissenschaftlicher Hinsicht relativ aufgeschlossene und fortschrittliche Situation in Speyer dürften Erich Philipp Ploennies auf jeden Fall in dem Vorhaben bestärkt haben, seinen mathematisch-naturwissenschaftlichen Ambitionen in einem Universitätsstudium weiter nachzugehen. Nicht ausgeschlossen ist freilich auch, daß er schon zu diesem frühen Zeitpunkt (die vielleicht erst nebulös ausgeprägte) Vision einer beruflichen Zukunft als Mathematiker, Ingenieur oder Architekt vor Augen hatte[144], d.h. daß er bereits in diesen jungen Jahren den individuellen Plan einer im Stand der Gelehrten verharrenden, im Tätigkeits- und Wissenschaftsbereich vom Beispiel des Vaters jedoch deutlich modifizierten Zukunft entwickelt hatte.

2.3 Das Studium: Mathematik, Naturwissenschaften und akademische Lehrer

Erich Philipp Ploennies war sich offenbar - wie auch die anderen männlichen Mitglieder seiner Familie schon seit mindestens ein bis zwei Generationen - darüber im klaren, daß es für einen nachgeborenen und daher mit dem Makel der Bürgerlichkeit ausgestatteten Abkömmling aus patrizisch-adeligem Hause unabdingbar war, „Kunst und Wissenschaft“ zu beherrschen, wenn er die durch Geburt, Bildung und Beruf seiner Vorfahren erworbene ständische Existenz aufrechterhalten oder vielleicht sogar verbessern wollte. Von seinen künftigen adeligen Kommilitonen, die in diesem Punkt durchaus ähnlicher Ansicht waren, unterschied ihn jedoch eines: Für ihn waren das Studium sowie die Lebens- und Erlebniswelt der Universität gewiß nicht eine Durchgangsstation wie für die meisten adeligen Studenten, die als Edelmänner nach der Universität einen weit höheren Lebensstil erwarteten, als ihn etwa Wissenschaftler und Gelehrte an den Tag zu legen pflegten[145]; für Ploennies, den nachgeborenen Sohn eines Reichsritters, bot das Studium jenseits aller Wissensvermittlung und Erfahrungsbereicherung die entscheidende Möglichkeit zum sozialen Status-Erhalt, d.h. zur Bestätigung der Mitgliedschaft in der res publica literaria, und die auf ihn als Person und zukünftigen Hausvater zugeschnittene Chance zum Aufstieg in die mit dem Adel faktisch gleichgestellte akademische Elite, die nobilitas scientiae[146].

---

143 Zit. nach *Lahrkamp*, a.a.O., S. 251.

144 Zum Berufsbild des „praktischen Mathematikers“, des Ingenieurs und Architekten des 17. und 18. Jahrhunderts vgl. insbesondere die Beiträge des Ausstellungskatalogs: Architekt und Ingenieur. Baumeister in Krieg und Frieden, bearb. v. *Ulrich Schütte* u.a. (Katalog der Herzog August Bibliothek Wolfenbüttel), Wolfenbüttel/Braunschweig 1984.

145 *W. Roessler* (Anm. 110), 78 ff, 97 ff.

146 *Klaus Garber*, Zur Statuskonkurrenz von Adel und Gelehrtentum im theoretischen Schrifttum des 17. Jahrhunderts. Veit Ludwig von Seckendorffs „Teutscher Fürstenstaat“ und die deutsche „Barockdichtung“, in: Daphnis 11 (1982), S. 115-143; *ders.*, Gelehrtenadel und feudalabsolutistischer Staat. Zehn Thesen zur Sozial- und Mentalitätsgeschichte der

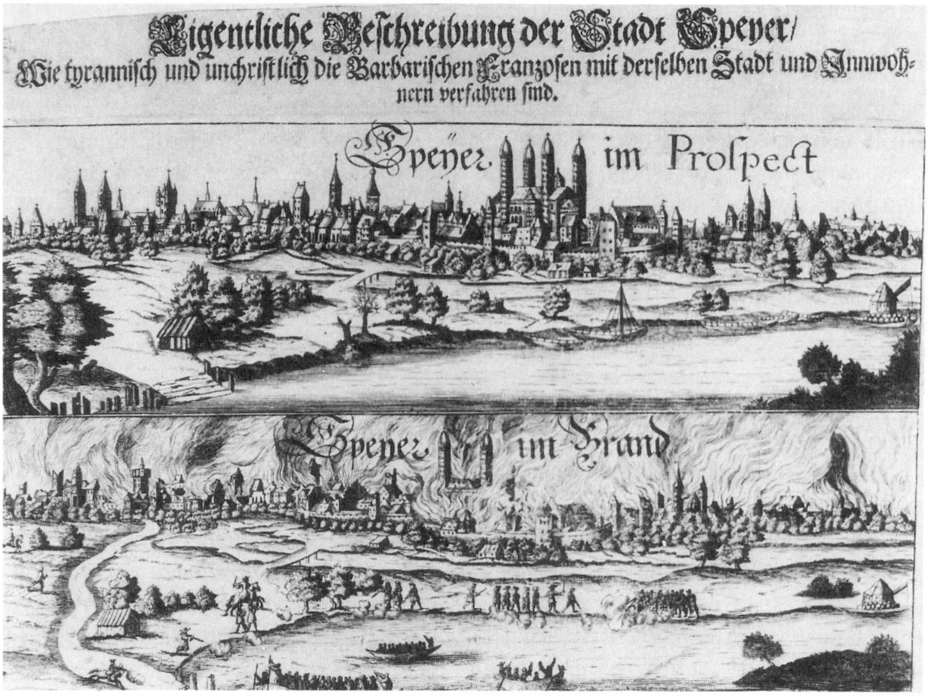

Abb. 7: Das unbeschädigte alte Speyer und das brennende Speyer im Mai 1689

So wandte sich Erich Philipp Ploennies, kaum daß er gegen Ende der 1680er Jahre - wahrscheinlich 1688 - das Speyerer Gymnasium beendet und jenes Abschlußgutachten erhalten hatte, mit dem „sowohl Auskunft über seine Leistungsfähigkeit wie über seinen Charakter" gegeben wurde[147], dem Studium zu. Die Tatsache, daß 1686 sein Vater verstorben[148] und damit eine wohl nicht unerhebliche Beeinträchtigung der Einkommensverhältnisse eingetreten war, änderte an der Absicht bzw. Möglichkeit zu studieren offenbar genauso wenig wie der Verlust des gesamten elterlichen Hausstandes im

„Intelligenz" in der Frühen Neuzeit, in: Kultur zwischen Bürgertum und Volk, hg. v. *Jutta Held* (Das Argument, Sonderbd. AS 103), Berlin 1983, S. 31-43; vgl. hierzu auch *Bernd Wunder*, Die Sozialstruktur der Geheimratskollegien in den süddeutschen protestantischen Fürstentümern (1660-1720). Zum Verhältnis von sozialer Mobilität und Briefadel im Absolutismus, in: VSWG 58 (1971), S. 145-220; *Volker Press*, Calvinismus und Territorialstaat. Regierung und Zentralbehörden der Kurpfalz 1559-1619 (Kieler historische Studien, Bd. 7), Stuttgart 1970; *Rainer A. Müller*, Die deutschen Fürstenspiegel des 17. Jahrhunderts. Regierungslehren und politische Pädagogik, in: HZ 240 (1985), S. 571-597.

147 *W. Roessler* (Anm. 110), S. 114.

148 Vgl. hierzu auch die in Anm. 25 genannte Literatur.

Jahre 1689, als der Rest der Familie Ploennies[149] mit den übrigen Einwohnern von Speyer die Stadt fluchtartig verlassen mußte, um vor den brandschatzenden Truppen Ludwigs XIV., denen die Zerstörung der Reichsstadt befohlen worden war, wenigstens mit dem Leben davonzukommen[150]. Es ist zwar nicht bekannt, wo genau Erich Philipp Ploennies sein Grundstudium absolvierte, überliefert ist allerdings, und zwar durch ihn selbst, daß er „in den berühmtesten Akademien[151] Deutschlands, besonders in Halle und Leipzig, darauf folgend auch bei Auswärtigen in Belgien, Frankreich und England" studierte, um sich „überall bei den berühmtesten Männern ... eine kaum ge-

149 Erich Philipp Ploennies' älterer Bruder Joachim Georg hatte bereits 1683 in Heidelberg zu studieren begonnen, war 1686 nach Helmstedt gewechselt, um dort sein Jurastudium fortzusetzen; nach der Zerstörung Speyers zog er 1689 zu seinem Onkel, dem Bruder seines verstorbenen Vaters, nach Riga, wo er 1690 eine Stellung als Sekretär am königlich schwedischen Landgericht annahm (*Funcke*, Anm. 27, S. 33 f).

150 Es ist möglich, aber nicht belegt, daß die Familie Ploennies wie viele andere Angehörige des Reichskammergerichts zunächst nach Frankfurt am Main flüchtete, um dort auf eine Entscheidung über die Zukunft des Gerichts zu warten (*Smend*, Anm. 39, passim); zur Zerstörung Speyers vgl. Anm. 5.

151 Bemerkenswerterweise benutzt Ploennies hier den Begriff der „Akademie" als Synonym für Hohe Schule, d.h. auch für „Universität". Damit weist er schon relativ früh auf die in der Umgangssprache gleich bezeichneten Bildungs- und Erziehungseinrichtungen hin, was auch Christoph Haymann 1743 feststellte, als er die vermeintliche strukturelle Gleichartigkeit aber durch die Unterscheidung von zwei Arten von gelehrten Gesellschaften herausstellte und schrieb: „Einige haben die Unterweisung junger Gemüther zur Absicht, und werden Schulen, desgleichen Collegia und Akademien genennet. Andere zwecken auf die Beförderung menschlicher Erkänntnis in allerley Künsten und Wissenschaften. Diese haben den Namen der Societäten oder Gesellschaften bis hieher behalten. Doch haben einige derselben auch anderer Benennungen sich gefallen lassen, indem sie Musea, Orden, Genossenschaften, Collegia und Akademien genennet werden" (*Christoph Haymann*, Kurzgefasste Geschichte der vornehmsten Gesellschaften der Gelehrten von den ältesten Zeiten an bis auf die gegenwärtige, Leipzig 1743, S. 32).
Noch deutlicher - und für das Verständnis des von Ploennies verwendeten Begriffs daher auch wichtiger - ist die Definition, die Johann Hübner 1757 anbot, als er das „sprachgeschichtliche Konnubium von Akademie und Universität" (*H. Dickerhof*, S. 42) mit folgender Erläuterung aufzulösen versuchte: „Universität, oder Akademie, sind 2 Namen, so man den hohen Schulen beyleget, aber gemeiniglich confundiret: Denn Universität bedeutet ein Collegium oder Corpus von Lehrenden und Lernenden, welche gleichsam eine eigene Republic unter sich machen, ihre eigene Jurisdiction und Leges haben, von niemand als von der höchsten Landes-Obrigkeit dependiren, und die Gradus litterarios aller Facultäten den Candidatis conferiren können; welches letzte im Gegentheil die Akademien nicht thun dürffen, und daher in diesem Punct geringer sind, als die Universitäten" (*Johann Hübner*, Neu-vermehrtes und verbessertes Reales Staats-, Zeitungs- und Conversationslexicon ... , Regensburg 1757, S. 1185 [Art. „Universität"]). Vgl. hierzu auch *Harald Dickerhof*, Gelehrte Gesellschaften, Akademien, Ordensstudien und Universitäten. Zur sogenannten „Akademiebewegung" vornehmlich im bayerischen Raum, in: ZBLG 45 (1982), S. 37-66.

wöhnliche Kenntnis der mathematischen Künste“ zu verschaffen[152]. Dieses Studium, das - dem Beispiel seines Vaters folgend - rund zehn Jahre (und zwar von etwa 1688/89 bis 1698) gedauert haben muß, dürfte Erich Philipp Ploennies wahrscheinlich also zunächst an verschiedenen Ritterakademien begonnen haben, zumal sie sich bei Adel und Patriziat gegen Ende des 17. Jahrhunderts relativ großer Beliebtheit erfreuten, weil die von ihnen vorrangig vermittelten Kenntnisse und Fähigkeiten in besonderer Weise dem zeitgenössischen Wissens- und Tugendkanon der Aristokratie sowie des Standes der Gelehrten entsprachen[153]. Um die Übernahme hoher und höherer Ämter in absolutistisch geführten Territorialstaaten vorzubereiten, wurde hier gemäß der allgemein zu beobachtenden „Rationalisierung und Intellektualisierung der Herrschaft“ ein Bildungsplan realisiert, der eine „modifizierte Gelehrten- mit der überkommenen Adelserziehung“ verband[154]. Modifiziert war der Bereich der Ausbildung zum Gelehrten insofern, als hier, an den Ausbildungsstätten der adelig-patrizischen Elite, wesentlich mehr Wert auf „natürliche und andere nützliche Wissenschaften“ gelegt wurde als zur gleichen Zeit an den Universitäten[155]; neben den traditionellen humanistischen Bildungsinhalten, die auch hier natürlich nicht fehlen durften, wurde an den Ritterakademien vor allem der Unterricht in Mathematik, in den lebenden Sprachen, in Deutsch und Französisch, in den „schönen Wissenschaften, Historie und Chronologie“, sowie in Geographie betont[156]; darüber hinaus wurden den Zöglingen aber auch besonders intensiv die am Hofe von Versailles entwickelten Gesellschafts- und Geselligkeitsformen vermittelt, wozu nicht nur Übungen in manierlichem Reden, in angemessenem Auftreten, in Fragen der Etikette und nicht zuletzt im Tanzen, Reiten und Fechten gehörten[157]. Während der Nachwuchs des Adels und nobilitierten Patriziats auf diese Weise einerseits mit dem Ideal des Hofmanns bekanntgemacht wurde[158], kamen sie andererseits in den

---

152 Zit. aus Ploennies' in lateinischer Sprache verfaßter Einladung zu seiner Antrittsvorlesung als ordentlicher Professor für Mathematik, Gießen, 27. Februar 1701 (UA Gießen, Phil. K. 9, ohne Fol.-Ang.; vgl. hierzu die transkribierte und übersetzte Fassung im Dokumententeil der vorliegenden Arbeit, Dok. 1).

153 Vgl. hierzu und zum folgenden neben *Bleeck*, Adelserziehung (Anm. 135) vor allem *Norbert Conrads*, Ritterakademien der frühen Neuzeit. Bildung als Standesprivileg im 16. und 17. Jahrhundert, Göttingen 1982.

154 *W. Roessler* (Anm. 110), S. 129; *Richard van Dülmen*, Kultur und Alltag in der Frühen Neuzeit, Bd. 3, München 1994, S. 188 ff.

155 *Vierhaus*, Staaten (Anm. 24), S. 157.

156 *W. Roessler* (Anm. 110), S. 130 f.

157 *Paulsen* (Anm. 134), S. 514-524.

158 Vgl. hierzu *Rudolf Vierhaus*, Höfe und höfische Gesellschaft in Deutschland im 17. und 18. Jahrhundert, in: Kultur und Gesellschaft in Deutschland von der Reformation bis zur Gegenwart, hg. v. *Klaus Bohnen*, *Sven-Aage Jørgensen* u. *Friedrich Schmöe* (Kopenhagener Kolloquien zur deutschen Literatur, Bd. 4), Kopenhagen/München 1981, S. 36-56; zusammenfassend auch *ders.*, Staaten (Anm. 24), S. 208-216; s. ferner die Fallstudien von *Hubert Ch. Ehalt*, Ausdrucksformen absolutistischer Herrschaft. Der Wiener Hof im 17. und 18. Jahrhundert (Wirtschafts- und sozialgeschichtliche Studien, Bd. 14), München 1980; *Gert Zang*, Sozialstruktur und Sozialisation des Adels im 18. Jahrhundert. Exemplarisch dargestellt an Kurbayern, phil. Diss. Konstanz 1972; *Dieter Lohmeier* (Hg.), Arte et

Genuß, die modernen Naturwissenschaften und die höhere Mathematik, die an diesen Akademien tatsächlich „mit Nachdruck" betrieben wurden, kennenlernen zu können[159]. Anders als an den noch weitgehend von der Theologie, von verkrusteten scholastischen Methoden und humanistischen Bildungsinhalten beherrschten Universitäten, die in ihren Traditionen zu erstarren schienen, entwickelten sich nämlich die Ritterakademien und die in ihrer Umgebung sich etablierenden privaten Zirkel zu frühen Zentren der modernen mathematisch-naturwissenschaftlichen Forschung, zu Orten des ungezwungenen und ungehinderten Gedankenaustauschs, zu Orten auch, wo beispielsweise Experimente problemlos - d.h. ohne Rücksicht auf die etwaigen Einwände konservativer Gelehrter - unter Hinzuziehung von „mechanischen Künstlern" und Handwerkern durchgeführt werden konnten[160]. Im Rahmen des Mathematikunterrichts beschäftigte man sich hier nicht nur mit geometrischen und arithmetischen Problemen, in zunehmendem Maße wurde hier vielmehr auch die Frage der Nützlichkeit und Anwendbarkeit wissenschaftlicher Erkenntnisse berücksichtigt, beispielsweise wenn - der pädagogischen Maxime folgend, daß „die Errichtung von Gebäuden zu den Tugenden eines Herrschers" zu zählen sei - Grundkenntnisse der zivilen und militärischen Architektur vermittelt wurden[161]. Für einen Studienanfänger mit naturwissenschaftlichen Ambitionen waren das gewiß ideale Anfangsvoraussetzungen, und so dürfte Erich Philipp Ploennies bereits während seines Grundstudiums die Namen jener Gelehrten kennengelernt haben, die er noch Jahre später, als er selbst zum Professor für Mathematik an die Universität Gießen berufen wurde, als seine Vorbilder bezeichnete: die Namen von Erhard Weigel, Ehrenfried Walther von Tschirnhaus, Johann Christoph Sturm, Sébastien le Prestre de Vauban und Menno Baron van Coehoorn[162], allesamt erstklassige Vertreter der modernen Erfahrungswissenschaften, die sich in besonderer Weise an der sich

---

marte. Studien zur Adelskultur des Barockzeitalters in Schweden, Dänemark und Schleswig-Holstein (Kieler Studien zur deutschen Literaturgeschichte, Bd. 13), Neumünster 1978.

159 *Paulsen* (Anm. 134), S. 522.

160 *Sigrun Thiessen*, Die Neuordnung der Wissenschaften, in: *Michael Heidelberger/Sigrun Thiessen*, Natur und Erfahrung. Von der mittelalterlichen zur neuzeitlichen Naturwissenschaft (Deutsches Museum. Kulturgeschichte der Naturwissenschaften und der Technik, Bd. 5), Reinbek 1981, S. 190; zu der hier virulenten Trennung zwischen den „freien" und den „mechanischen" Künsten vgl. *Edgar Zilsel*, Die sozialen Urspünge der neuzeitlichen Wissenschaft, hg. v. *Wolfgang Krohn*, Frankfurt a.M. 1976, S. 119 f; s. hierzu auch *Marie Boas*, Die Renaissance der Naturwissenschaften 1450-1630. Das Zeitalter des Kopernikus, Nördlingen [2]1988, S. 262 ff, 378 f; *Martha Ornstein*, The Role of Scientific Societies in the Seventeenth Century, London (1. Aufl. 1913) 1963, S. 189 ff, 213-218; vgl. auch *Bleeck*, Adelserziehung (Anm. 135); grundlegend jetzt auch der Überblick von *Anton Schindling*, Bildung und Wissenschaft in der Frühen Neuzeit 1650-1800, München 1994.

161 *Ulrich Schütte*, Das Architekturbuch in Deutschland, in: Architekt und Ingenieur (Anm. 144), S. 32-38, Zit.: S. 35; vgl. auch *Walter Wagner*, Der Architekturunterricht außerhalb der Kunstakademien in Mitteleuropa vom Beginn des 16. bis zur Mitte des 19. Jahrhunderts, in: architectura 10 (1980), S. 58-91.

162 UA Gießen, Phil. K. 9: *E. P. Ploennies*, Einladung zur Antrittsvorlesung (Anh., Dok. 1).

mehr und mehr durchsetzenden Forderung nach dem „begründbaren Nutzen (der Wissenschaft) für das Leben in Gemeinschaft“ orientierten[163].

Nachdem der junge Ploennies im Rahmen seines Grundstudiums an der Artistenfakultät mit den sieben obligatorischen „artes liberales“ (bestehend aus den drei als „Trivium“ bezeichneten „freien Künsten“ Grammatik, Rhetorik und Dialektik/Logik sowie aus dem „Quadrivium“ Arithmetik, Geometrie, Astronomie und Musik) bekanntgemacht worden war[164], wechselte er den Studienort, um „die Ausbildung für einen bestimmten gelehrten Stand“ zu beginnen, das heißt, um nun „das Fakultätsstudium im eigentlichen Sinne“ aufzunehmen[165]. Dem Verhalten vieler zeitgenössischer Studenten entsprechend, suchte er wahrscheinlich die von ihm verehrten Wissenschaftler persönlich auf, um durch sie in privaten Gesprächen und Seminaren auf die neuesten Probleme der Forschung aufmerksam gemacht zu werden und um mit Hilfe ihres fachmännischen Rates seine weitere Ausbildung zu planen und schließlich auch sein Berufsziel zu entwickeln. Obwohl hierüber kein weiterer Beleg als seine eigene kurze autobiographische Aussage vorliegt[166], ist anzunehmen, daß Ploennies auf diesem Wege tatsächlich einige der von ihm erwähnten Vorbilder kennenlernte, etwa Johann Christoph Sturm (1635-1703): Seit 1669 als Professor für Mathematik und Physik an der bei Nürnberg gelegenen Universität Altdorf tätig[167], kündigte er 1672 als erster Hochschullehrer Europas eine Vorlesung über Experimentalphysik an, womit er der Fachwelt, die seinem Beispiel bald vielfach folgen sollte, zu verstehen gab, daß er die klassische Naturphilosophie aristotelisch-scholastischer Prägung (Philosophia naturalis) nunmehr in eine „Philosophia naturalis experimentalis“ überführt und „die gesamte Naturwissenschaft auf der Grundlage der Erfahrung dargestellt“ wissen wollte[168]. Der durch seinen Lehrer Erhard Weigel mit der rationalistischen Philosophie René Descartes bestens vertraut gemachte Mathematiker Sturm modernisierte neben der Physik, die er „durch sorgfältige und klug ersonnene Experimente“ und entsprechende wissenschaftlich-didaktische Veröffentlichungen „erheblich“ förderte[169], auch den akademischen Mathematikunterricht, den er vor allem im Bereich der Geometrie durch systematisch aufgebaute Lehr-

---

163 *Notker Hammerstein*, Die deutschen Universitäten im Zeitalter der Aufklärung, in: ZHF 10 (1983), S. 73-89, Zit. S. 76.

164 *Thiessen* (Anm. 160), S. 185.

165 *W. Roessler* (Anm. 110), S. 116.

166 UA Gießen, Phil. K. 9: *E. P. Ploennies*, Einladung zur Antrittsvorlesung (Anh., Dok. 1).

167 Zur Biographie Sturms vgl. Art. „Sturm“, in: *Zedler* 40 (1744), Sp. 1417-1424; *R. Falckenberg*, Art. „Sturm“, in: ADB 37 (1894), S. 39 f; *Herbert Schöffler*, Deutsches Geistesleben zwischen Reformation und Aufklärung. Von Martin Opitz zu Christian Wolff, Frankfurt a.M. [2]1956, S. 169 f.

168 *Andreas Kleinert*, Mathematik und anorganische Naturwissenschaften, in: Wissenschaften im Zeitalter der Aufklärung, hg. v. *Rudolf Vierhaus*, Göttingen 1985, S. 218-248, hier S. 240.

169 *Falckenberg* (Anm. 167), S. 39; *Johann Christoph Sturm*, Collegium experimentale sive curiosum, 2 Teile, 1. Teil: Nürnberg 1675 ([2]1701), 2. Teil: Nürnberg 1685 ([2]1715).

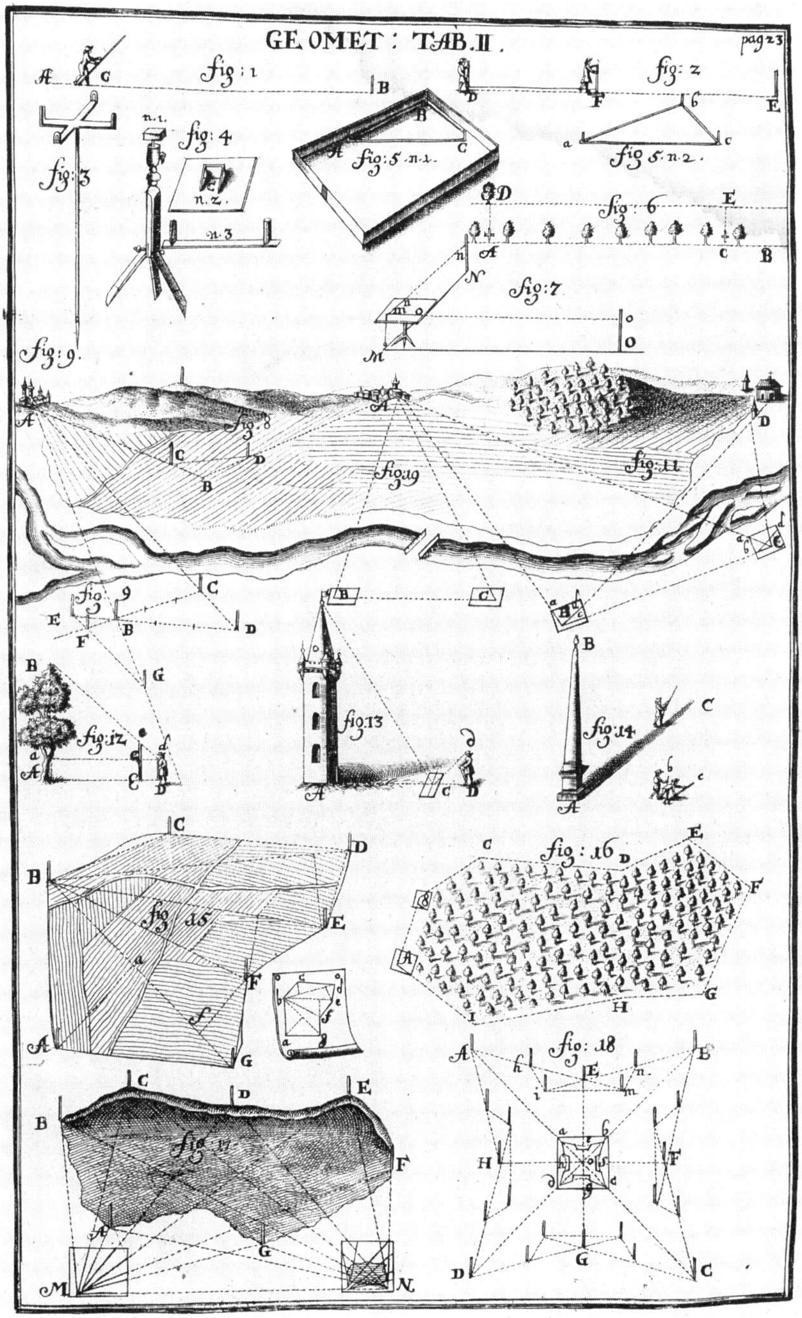

Abb. 8: Die geometrischen und trigonometrischen Grundlagen des Vermessungswesens um 1700 nach einem Lehrbuch von Johann Christoph Sturm

bücher und durch „allerorten eingeführte Hülfsmittel ... belebte“[170]. Ganz im Sinne der cartesianischen Doktrin, nach der „alles, was existiert, durch Mathematik erklärt werden kann“[171], propagierte Sturm das Konzept einer „Mathesis universalis“, auf das sich auch Ploennies 1701 anläßlich der Übernahme des Lehrstuhls für Mathematik in Gießen berief[172] und das - in Übereinstimmung mit der Lehre Descartes'[173] - grundsätzlich die Disziplinen Arithmetik, Geometrie, Astronomie, Mechanik, Optik, Musik (rationale Harmonielehre[174]) und Hydraulik umfaßte. Im Hinblick auf Ploennies' spätere Tätigkeit als Kartograph ist in diesem Zusammenhang bereits bei Sturm festzustellen, daß er das Konzept der „Mathesis universalis“, das dem einer umfassenden mathematisch-physikalischen Wissenschaft entsprach, in einem seiner Hauptwerke noch weiter differenzierte: Während im Kapitel „Unterricht der lehrenden und ausübenden Geometrie“ wie selbstverständlich die allgemeine „Meß-Kunst“ einschließlich der Verfahren zur Höhenmessung und der „geradlinichen Trigonometrie“ abgehandelt wurden, zählte er in der Rubrik der „vermischte(n)“ mathematischen Wissenschaften neben der „Gewicht-Wissenschafft ..., worunter gehöret die Statick ... und die Mechanick“, auch „die Welt-Beschreibung“ auf, „welche die Astronomie und Geographie unter sich begreiffet“[175].

---

170 *Falckenberg*, a.a.O.; *Johann Christoph Sturm*, Mathesis compendiaria tabulis comprehensa, Altdorf 1670 ([5]1714; dt. unter dem Titel: Kurtzgefaßte Mathesis oder erste Anleitung zu mathematischen Wissenschaften ..., Coburg 1717); vgl. hierzu auch die bei Zedler abgedruckte Liste der einschlägigen Publikationen Sturms (*Zedler*, Anm. 167, Sp. 1419-1423).

171 *Michael Heidelberger*, Die Rolle der Erfahrung in der Entstehung der Naturwissenschaften im 16. und 17. Jahrhundert: Experiment und Theorie, in: *ders./Sigrun Thiessen*, Natur und Erfahrung (Anm. 160), S. 25-181, Zit. S. 167; *René Descartes*, Principia philosophiae, Amsterdam 1644 (dt. „Die Prinzipien der Philosophie“, Hamburg 1955), hier Buch I, § 1.

172 UA Gießen, Phil. K. 9: *E. P. Ploennies*, Einladung zur Antrittsvorlesung (Anh., Dok 1).

173 Vgl. *René Descartes*, Oeuvres X, Regulae IV, hg. v. *Ch. Adam* u. *P. Tannery*, Paris [2]1966, S. 377 f; zur weiteren Differenzierung des Konzepts der „Mathesis universalis“ bei Descartes s. auch *L. J. Beck*, The Method of Descartes. A Study of the Regulae, Oxford 1952, S. 36 ff, 196 f; *Jürgen Mittelstrass*, Neuzeit und Aufklärung. Studien zur Entstehung der neuzeitlichen Wissenschaft und Philosophie, Berlin 1970, S. 429 f; *G. Crapulli*, Mathesis universalis: Genesi di una idea nel XVI secolo (Lessico intellettuale europeo, II), Rom 1969.

174 Wie Descartes (vgl. *ders.*, Compendium musicae [Utrecht 1650], wieder abgedruckt in: Oeuvres X, a.a.O., S. 79-150) so hat sich auch Leibniz - nicht zuletzt unter dem Einfluß Johann Christoph Sturms, mit dem er korrespondierte - an der Entwicklung einer auf mathematischen Prinzipien beruhenden Musiktheorie beschäftigt (*Gottfried Wilhelm Leibniz*, Epistulae ad diversos..., Leipzig 1734); vgl. hierzu auch *Eberhard Knobloch*, Musik, in: Maß, Zahl und Gewicht. Mathematik als Schlüssel zu Weltverständnis und Weltbeherrschung, hg. v. *Menso Folkerts* u.a. (Katalog der Herzog August Bibliothek, Wolfenbüttel), Weinheim 1989, S. 243-264, bes. S. 259 f; *Mittelstrass* (Anm. 173), S. 436.

175 *Sturm*, Kurtzgefaßte Mathesis (Anm. 170, HAB Nb 4° 61), Pag. 4, S. 25-28 (Meß-Kunst), S. 29-31 (Trigonometrie).

Kaum weniger anregend als diese universale Interpretation der mathematischen Wissenschaften, die „allenthalben von grossem Nutzen“ seien[176], dürfte auf Erich Philipp Ploennies auch Sturms Lehre im Bereich der Architektur gewirkt haben. Sie wurde im Rahmen seiner „Mathesis universalis“ nämlich nicht nur als Thema des Unterrichts in Sachen Geometrie und Statik betrachtet - wie dies bei der idealtypischen Behandlung der Architectura militaris der Fall war[177] -, sie wurde in der Architectura civilis vielmehr auch unter formal-ästhetischen und gesellschaftlich-funktionalen Aspekten behandelt, unter einer Perspektive also, die Ploennies später als Baudirektor am Hof des Landgrafen von Hessen-Darmstadt und - noch später - am Hof des Fürsten von Nassau-Siegen sinnvoll anwenden konnte. So wies Sturm darauf hin, wie ausgesprochen wichtig die richtige Verbindung von architektonischer Form und Funktion sei und forderte eine besondere Beachtung des „Decorums“, d.h. der Verzierungen, die zum entscheidenden Gestaltungsmittel eines zeitgenössischen Bauwerks und seiner „schicklichen Schönheit“ avanciert seien, weil sie „die mit der Errichtung eines Gebäudes verknüpften Intentionen des Auftraggebers“[178] - so Sturm - „wohl in die Augen fallen“ ließen[179]. Paradigmatisch sei in diesem Zusammenhang etwa das durch die „Pracht“ der „herrschaftlichen Residenz-Häuser“ hervorgerufene „Ansehen“ des Hofes bzw. das Ansehen des Herrscherhauses und des adeligen Standes. Die verwendeten „Gebäudetypen“ seien hier „nicht einfach nur ‚Ausdruck‘ der höfischen Gesellschaft“; vielmehr sei „der innere Zusammenhalt dieser Gesellschaft ... ohne die Ausbildung spezifischer architektonischer Strukturen gar nicht möglich“[180]. Das Wissen und die Lehre von der adäquaten Ausprägung dieser architektonischen Gestaltungsmittel sei daher, so Sturm, geradezu als „ein vornehmer Teil der politischen Klugheit“ anzusehen[181].

---

176 Ebd., Pag. 3.

177 Im Bereich der Architectura militaris behandelte Sturm folgende Gebäudetypen: 1) das „Gouverneurs hauß“, 2) die „Capelle“, 3) die „Casernen“, 4) das „Arsenal und Magazyn“, 5) die „Esplanade“, 6) das „Commendanten hauß“, 7) das „Zeughauß“, 8) das „Rathauß“, 9) die „Börse“, 10) die „Kirchen“, 11) das „Corps de Garde“, 12) die „Proviant häußer“, 13) die „Vieh= und windmühlen“ (*Johann Christoph Sturm*, Mathesis compendiaria sive tyrocinia mathematica, Leipzig/Coburg 1707, Tab. III zu Pag. 41).

178 *Ulrich Schütte*, Die Lehre von den Gebäudetypen, in: Architekt und Ingenieur (Anm. 144), S. 156-262, Zit.: S. 159 f.

179 *Johann Christoph Sturm*, Mathesis juvenilis, d. i. Anleitung der Jugend zur Mathesin, Nürnberg 1702, S. 1023, vgl. auch S. 1039: „Die Geziemenheit oder Wohl=Anständigkeit bestehet vornehmlich darinnen / daß die Wohnungen mit des Wohn= Herrn Zustand übereinkommen: nachdem der Zweck des Hauses ist / alle Zierathen dahin abzielen und solchen gleichsam mit Fingern andeuten; nachdem das ganze Gebäu prächtig oder schlecht angegeben worden / alle dessen Theil und Stuck mit demselben darinnen übereinstimmen ...“ Vgl. hierzu auch *Hartwig Neumann*, Reißbrett und Kanonendonner. Festungsstädte der Neuzeit, in: „Klar und lichtvoll wie eine Regel“. Planstädte der Neuzeit vom 16. bis zum 18. Jahrhundert, hg. v. *Michael Maaß* u. *Klaus W. Berger* (Ausstellungskatalog, Badisches Landesmuseum Karlsruhe), Karlsruhe 1990, S. 51-76, bes. S. 73.

180 *Schütte*, Gebäudetypen (Anm. 178), S. 193.

181 *Sturm*, Mathesis juvenilis (Anm. 179), S. 881.

Solche Lehrmeinungen, die in hervorragender Weise das ungetrübte Selbstbewußtsein und das gleichzeitig auch in der gebildeten Öffentlichkeit enorm steigende Ansehen von Mathematikern und Naturwissenschaftlern widerspiegeln[182], bestärkten Ploennies zweifellos in dem Vorhaben, seinen ursprünglichen wissenschaftlichen Ambitionen weiter nachzugehen. Vielleicht schon vom Ruf des „unbequemen Neueres" Christian Thomasius (E. Bloch) angezogen[183], setzte er sein Studium zunächst wahrscheinlich an der Universität Leipzig fort, womit er allerdings noch einmal der akademischen Familientradition folgte, jener Tradition, die er bereits - abweichend von dem vom Vater vorgezeichneten Weg eines erfolgreichen Juristen - zugunsten der modernen Erfahrungswissenschaften zu modifizieren in Begriff war.

Als Ploennies um 1690 nach Leipzig kam, befand sich die noch im Dreißigjährigen Krieg außerordentlich stark in Mitleidenschaft gezogene Stadt bereits auf dem besten Weg zu einer neuen, bis dahin nicht gekannten wirtschaftlichen und kulturellen Blüte. Vor allem durch seine Messen hatte sich Leipzig in der zweiten Hälfte des 17. Jahrhunderts zum wichtigsten Umschlagplatz für den Handel mit Osteuropa entwickelt[184]; die Intensität des Warenaustauschs ließ zunächst Kontore und Banken entstehen und führte schließlich dazu, daß sich viele wohlhabende Kaufleute in der orthodox lutherischen Stadt (wieder)ansiedelten[185]. Ihnen gelang es - allerdings nur mit massiver Unterstützung des Landesherrn -, das auf Traditionsbewußtsein und Status-quo Erhalt eingeschworene Regiment der Zünfte zugunsten einer liberaleren, in jeder Hinsicht mehr an der Zukunft orientierten Verfassung zu beseitigten[186]. So bildete sich in Leipzig schon vor der Wende zum 18. Jahrhundert, in dem „das kulturelle Profil der bürgerlichen Messestadt" durch das Wirken bedeutender Musiker, Literaten, Baumeister und Bild-

---

182 In der gebildeten Öffentlichkeit stieg das Ansehen der Mathematiker und Naturwissenschaftler in gleichem Maße wie mathematisch-naturwissenschaftliche Probleme zum Objekt gelehrter und gebildeter Kommunikation in Zeitschriften und Salons wurden. „Diese Entwicklung begann, als die ‚Entretiens sur la pluralité des mondes' von Bernard le Bovier de Fontenelle aus dem Jahre 1686 in den Salons der Pariser Gesellschaft zur Konkurrenz der Liebes-, Schäfer- und Abenteuerromane wurden. Der Dialog zwischen einer adligen Dame und einem Philosophen, in dem die kopernikanische Astronomie und die kartesische Physik erläutert werden, hat lange nichts an Beliebtheit eingebüßt..." (*Kleinert*, Anm. 168, S. 245); vgl. hierzu auch *Bernhard Fabian*, Der Naturwissenschaftler als Originalgenie, in: Europäische Aufklärung. Herbert Dieckmann zum 60. Geb., hg. v. *Hugo Friedrich* u. *Fritz Schalk*, München 1967, S. 47-68; *Lewis S. Feuer*, The Scientific Intellectual: The Psychological and Sociological Origins of Modern Science, New York 1963; *Stephen F. Mason*, Geschichte der Naturwissenschaft in der Entwicklung ihrer Denkweisen, Stuttgart 1961, S. 333-344; *John Desmond Bernal*, Die Wissenschaft in der Geschichte, Berlin 1961, S. 314-326, 344-351.

183 *Ernst Bloch*, Christian Thomasius, ein deutscher Gelehrter ohne Misere, Frankfurt a.M. [2]1968, S. 7.

184 *Vierhaus*, Absolutismus (Anm. 76), S. 14, 42, 44 f; *ders.*, Staaten (Anm. 24), S. 25, 61; *Helmut Arndt u.a.*, Leipzig in acht Jahrhunderten (Leipziger stadtgeschichtliche Forschungen, Bd. 7), Leipzig 1965, S. 50-65.

185 *Vierhaus*, Absolutismus (Anm. 76), S. 86; *ders.*, Staaten (Anm. 24), S. 201.

186 *Vierhaus*, Absolutismus, S. 72; *ders.*, Staaten, S. 203.

hauer einen ersten Höhepunkt erleben sollte[187], eine gesellschaftliche Oberschicht heraus, die sich durch ein enges Beziehungsgeflecht „zwischen Kaufleuten, Buchhändlern, Beamten und Professoren“ auszeichnete[188]. Die ersten Signale für eine langsam einsetzende Liberalisierung und Belebung des kulturellen Sektors waren schon Anfang der 1680er Jahre zu verzeichnen gewesen, als Otto von Mencke, maßgeblich unterstützt durch Leibniz und Tschirnhaus, mit der Veröffentlichung der nach dem Vorbild des französischen „Journal des savants“ angelegten „Acta Eruditorum“ begann, die „eine gesamtwissenschaftliche Überschau brachten“, sich trotz ihrer lateinischen Texte „zum Range eines internationalen Gelehrtenorgans erhoben und Leipzig den Ruf eines bedeutenden Sitzes der Wissenschaft sicherten“[189]. Und schließlich gab Christian Thomasius, der 1687 an der Leipziger Universität die erste Vorlesung in deutscher Sprache gehalten hatte, in derselben Stadt 1688 die „Monatsgespräche über allerhand / vornehmlich aber über neue Bücher“ heraus, eine intellektuell anspruchsvolle, an das gebildete Lesepublikum gerichtete Zeitschrift, die schon ganz im Zeichen der Frühaufklärung stand[190].

Gewiß wird Erich Philipp Ploennies von dem ausgezeichneten literarischen Angebot, das ihm in Leipzig offeriert wurde, Gebrauch gemacht haben, denn neben den genannten Periodika, zu denen sich überdies eine schon damals dreimal in der Woche erscheinende Zeitung gesellte, wurden in kaum einer anderen Stadt des Reiches so viele Bücher produziert und verlegt wie hier. Die Stadt, die annähernd 30.000 Einwohner zählte, deren Buchhandel florierte und deren intellektuell-künstlerisches Leben allmählich erwachte, hatte also um 1690 für einen jungen Studenten trotz aller religiöser Verkrustungen, die in diesem Jahrzehnt zu ersten scharfen Kontroversen zwischen orthodoxen Lutheranern und Pietisten führten, kulturell doch einiges zu bieten[191]. Weit weniger anregend war hingegen das geistige Klima, das Ploennies an der Universität Leipzig vorfand. Sie war noch immer ein Hort des orthodoxen Luthertums, eine Hochschule, an der die Theologen das Sagen hatten und darüber bestimmten, welche Lehre und auch welche Methode Rechtens sei, denn bezeichnenderweise gingen hier - wie auch in anderen konfessionell dominierten Universitäten des Reichs[192] - religiöse In-

187 *Mandrou*, Staatsräson (Anm. 21), S. 231 f; *Vierhaus*, Absolutismus, S. 91; *ders.*, Staaten, S. 165, 173 ff.

188 *Vierhaus*, Staaten, S. 204.

189 *Herbert Helbig*, Universität Leipzig, Frankfurt a.M. 1961, S. 50; die „Acta Eruditorum“ wurden später von Johann v. Mencke, dem Sohn Otto v. Menckes, herausgegeben, dann - unter den Redaktionsleitern Rabener und Jöcher - in deutscher Sprache veröffentlicht.

190 Ebd., S. 152; *Vierhaus*, Absolutismus, S. 99; *E. Bloch* (Anm. 183), S. 10-16.

191 *Ernst Kroker*, Leipzig in der Geschichte, in: Leipzig. Ein Blick in das Wesen und Werden einer deutschen Stadt, hg. v. *Paul Weigel*, Leipzig 1914, S. 11 f; *Vierhaus*, Absolutismus (Anm. 76), S. 99, 104; *ders.*, Staaten (Anm. 24), S. 137, 209.

192 *Gustav Adolf Benrath*, Die deutsche evangelische Universität der Reformationszeit, in: Universität und Gelehrtenstand 1400-1800, hg. v. *Hellmuth Rössler* u. *Günther Franz* (Deutsche Führungsschichten in der Neuzeit, Bd. 4), Limburg a.d. Lahn 1970, S. 63-83, bes. S. 74-78.

Abb. 9: Das Rathaus und der Große Markt von Leipzig um 1700

Abb. 10: Die Universität Leipzig gegen Ende des 17. Jahrhunderts

toleranz und wissenschaftlicher Atavismus Hand in Hand[193]. Die Universität suchte „ihre Stellung als Hochburg protestantischer Neuscholastik" zu wahren, und die Mehrzahl der Professoren setzte dem aufklärerischen Gedankengut, „der betonten Diesseitigkeit des Denkens" und „der Forderung nach Herrschaft der Vernunft", etwa „bei der Erklärung naturrechtlicher Lehren", bei der wissenschaftlichen Vorbereitung auf die Anforderungen des Staatsdienstes und bei der Analyse des praktischen Handelns im Alltag entschiedenen Widerstand entgegen[194]. Die „eifervoll gehütete dogmatische Engstirnigkeit" aber, mit der an der Leipziger Hochschule sowohl gegen den „herandrängenden Geist der Aufklärung" als auch gegen den Pietismus vorgegangen wurde, hatte schon 1689 August Hermann Francke dazu veranlaßt, die Universität Leipzig zu verlassen; 1690 folgte nun Christian Thomasius, der „sich bereits in Vorlesungen für die Anerkennung naturrechtlicher Lehren eingesetzt" hatte und vor allem 1687 mit der erstmaligen (und später wiederholten) Durchführung eines Kollegs in deutscher Sprache Aufsehen erregt hatte: In den Augen der Universitätsverwaltung war das ein „erschreckliches und ... noch nie erhörtes crimen" gewesen, gegen das sein Verstoß gegen das von der theologischen Fakultät erwirkte Lehrverbot über Pufendorfs Staatsrecht kaum von Bedeutung war[195].

Die Atmosphäre der orthodoxen Selbstbeschränkung und das damit einhergehende, unzeitgemäße wissenschaftliche Niveau auch und gerade im Bereich der Mathematik, die größtenteils im Rahmen der philosophischen Fakultät unterrichtet wurde[196], stellten mit Sicherheit entscheidende Gründe dafür dar, daß Ploennies nur recht sporadisch das eigentliche Lehrangebot der Universität nutzte und keinen Wert darauf legte, sich - etwa wie sein Vater etliche Jahre zuvor - offiziell zu immatrikulieren[197]. Statt dessen

---

193 *Paulsen* (Anm. 134), S. 552 f; trotz ihrer einseitigen konfessionellen Ausrichtung hatte die Universität Leipzig „das ganze 17. Jahrhundert hindurch eine ansehnliche Frequenz" (*Kirn*, S. 120 f). Bei Einschreibungen von durchschnittlich 300 neuen Studenten pro Semester und einem in der Regel vier- bis fünfsemestrigen Aufenthalt an der Hochschule war die Universität Leipzig mit insgesamt 1200 bis 1500, mitunter auch über 2000 Studenten zu dieser Zeit eine der am meisten besuchten Universitäten des Reichs (*Otto Kirn*, Die Leipziger theologische Fakultät in fünf Jahrhunderten [Festschrift zur Feier des 500jährigen Bestehens der Universität Leipzig, Bd. 1], Leipzig 1909, S. 120 f; *Helbig*, Anm. 189, S. 44; vgl. auch *Emil Friedberg*, Die Leipziger Universität in Vergangenheit und Gegenwart, Leipzig 1898).

194 *Helbig* (Anm. 189), S. 50; vgl. hierzu und zum folgenden auch *B. Schweitzer*, Die Universität Leipzig 1409-1959 (Tübinger Universitätsreden, Bd. 7), Tübingen 1960; *Rudolf Kötzschke*, Die kulturgeschichtliche Stellung der Universität Leipzig, in: Neues Archiv für sächsische Geschichte 31 (1910), S. 29 ff.

195 Ebd., S. 51; über die Inhalte von Christian Thomasius' Lehrveranstaltungen informiert *Paulsen* (Anm. 134), S. 526-530; vgl. hierzu auch *Notker Hammerstein*, Jus und Historie. Ein Beitrag zur Geschichte des historischen Denkens an deutschen Universitäten im späten 17. und im 18. Jahrhundert, Göttingen 1972, S. 48 f; *E. Bloch* (Anm. 183), S. 8-20.

196 Sie wurde in besonderer Weise von der lutherischen Orthodoxie beeinflußt (*Helbig*, Anm. 189, S. 47).

197 Eine Durchsicht des Immatrikulationsregisters ergab, daß sich Ploennies nicht an der Universität Leipzig eingeschrieben hat (*Georg Erler* [Hg.], Die jüngere Matrikel der Universi-

machte er gewiß lieber von den - gerade bei fortgeschrittenen Studenten relativ beliebten - Möglichkeiten Gebrauch, einzelne interessante Lehrveranstaltungen gezielt auszuwählen und vor allem die wesentlich effektiveren Privatseminare der Professoren zu besuchen. In beiden Veranstaltungstypen wurden nämlich direkt Hörergebühren erhoben und entweder durch den Professor selbst oder durch eine studentische Hilfskraft, Famulus genannt, bar eingezogen; der Besuch eines Kollegs an der Universität war sogar, wie überliefert ist, bis zur dritten Stunde frei, erst anschließend mußte sich der Student in eine Hörerliste einschreiben und bezahlen[198]. Auf diese Weise konnte Ploennies also die von der Universitätsverwaltung geforderten Studiengebühren, die bei der zentralen Einschreibung oder Rückmeldung eingezogen wurden, sparen und trotzdem die von ihm gewünschten Seminare besuchen. Neben einzelnen naturwissenschaftlich-medizinischen Lehrveranstaltungen, bei denen „Beobachtungen nach der Natur und praktische Demonstrationen jetzt auch größere Bedeutung" erlangten[199], kamen hier für Ploennies insbesondere die Seminare und Vorlesungen von Adam Rechenberg, einem Schwager von Christian Thomasius, in Frage; er bekleidete nacheinander verschiedene Professuren, behandelte jedoch immer ausführlich „die neuen Wissenschaften, Mathematik und Physik, Historie und Geographie, Politik und Naturrecht" und betonte dabei deren „Notwendigkeit zu einer galanten Bildung und ihre Nützlichkeit"[200].

Da die Universität Leipzig - nicht zuletzt angesichts der empfindlichen Lücke, die Christian Thomasius durch seinen von der Hochschule bewußt herbeigeführten Weggang hinterließ - um 1690 keine weiteren, und vor allem keine anspruchsvolleren Lehrangebote auf naturwissenschaftlichem Gebiet machen konnte, wird Erich Philipp Ploennies (wie mancher andere Leipziger Student vor ihm[201]) jede sich bietende Gelegenheit dazu genutzt haben, um im benachbarten Jena den berühmten Mathematiker Erhard Weigel (1625-1699) aufzusuchen und an seinen beliebten Privatseminaren teilzunehmen. Weigel, der bereits seit 1653 als Professor für Mathematik an der Universität Jena tätig und bis dahin „mit über hundert Schriften zur Mathematik, Astronomie, Physik, Pädagogik, Jurisprudenz, Geschichte, Geographie und Ethik sowie mit ideenreichen technischen Erfindungen" hervorgetreten war[202], übte nicht nur durch die Brei-

---

tät Leipzig..., Bd. II, [Anm. 25], S. 336, wo allerdings für 1669 und 1694 zwei Brüder von Erich Philipp Ploennies als Studenten nachzuweisen sind.

198 *Kurt Herbst*, Der Student in der Geschichte der Universität Leipzig, Leipzig 1961, S. 28.

199 *Helbig* (Anm. 189), S. 46.

200 *Paulsen* (Anm. 134), S. 552; ein vorzüglicher Beleg für Rechenbergs relativ fortschrittlich-aufgeklärte Lehrauffassung stellt seine Schrift „De studiis academicis" (Leipzig 1691) dar.

201 Zedler berichtet, daß Erhard Weigel „so bekannt" war, „daß auch viele Studenten von Leipzig zu ihm kamen, um sich von ihm in der Mathematik unterrichten zu lassen" (Art. „Erhard Weigel", in: *Zedler* 54 [1747], Sp. 288-292, hier Sp. 288).

202 *Hanns Hubert Hofmann*, Art. „Erhard Weigel", in: Biographisches Wörterbuch zur deutschen Geschichte, bearb. v. *Karl Bosl*, *Günther Franz* u. *Hanns Hubert Hofmann*, Bd. 3, München ²1975, Sp. 3056; zu Weigel vgl. auch neben *Zedler* (Anm. 201) *Robert Knott*, Art. „Erhard Weigel", in: ADB 41 (1896), S. 465-469; *Edmund Spieß*, Erhard Weigel. Ein Lebensbild, Leipzig 1881; *Hermann Schüling*, Erhard Weigel (1625-1699). Materiali-

te des von ihm abgedeckten wissenschaftlichen Spektrums, sondern auch durch seine mit Überzeugungskraft und unnachgiebiger Konsequenz vertretenen fortschrittlichen Haltung eine außerordentlich große Anziehungskraft auf ambitionierte Studenten und künftige Forscher aus[203]. Sein Ruf als mathematisch geschulter Cartesianer, als engagierter und zugleich didaktisch einfühlsamer Lehrer, als origineller Anreger und als vehementer Kritiker des überkommenen naturwissenschaftlich-mathematischen Unterrichts hatte schon früh dazu geführt, daß seine akademische Zuhörerschaft „ungewöhnlich zahlreich wurde" und daß aus allen Teilen des Alten Reichs, ja sogar aus dem Ausland, Studenten nach Jena kamen, „um bei ihm zu hören"[204]. Neben Johann Christoph Sturm, dem von Ploennies verehrten Mathematiker und Physiker aus Altdorf, der als einer der ersten Schüler Weigels in Jena promoviert hatte[205], gehörten zunächst Pufendorf, dann Leibniz und später auch Thomasius zu seinem Schülerkreis. Sie alle lernten bei Weigel „die Philosophie des Descartes und die neue Naturrechtslehre kennen": Pufendorf empfing nach eigenem Bekunden in Jena „den entscheidenden Eindruck seiner Studienjahre" und schätzte Weigel als den „ersten Vertreter einer konsequent naturwissenschaftlich-kausalen Methode"[206]; auf Leibniz, der sich von dem universell gebildeten Wissenschaftler „sehr angezogen" fühlte und der seine Studien daher nicht mehr in Leipzig, sondern in Jena fortsetzte, machte nicht nur Weigels Versuch bleibenden Eindruck, „die Arithmetik auf die Ethik zu übertragen", auch „sein enthusiastisches Wettern gegen die Ausartungen der Scholastik sind an Leibniz nicht spurlos vorübergegangen". Solche Auffassungen trafen sich erstens mit Leibniz' „Ideen vom Gedankenalphabet[207], denn dieses sollte allen Wissenschaftlern dienstbar sein, also auch der Wissenschaft von der Moral. In der gleichen Richtung wirkte offensichtlich das Weigelsche Vorhaben, die axiomatischen Prinzipien der euklidischen Geometrie und der elementaren Algebra auf die Logik anzuwenden."[208] Thomasius schließlich legte besonderen Wert auf Weigels Ratschläge in wissenschaftspolitischer Hinsicht,

---

en zur Erforschung seines Wirkens (Berichte und Arbeiten aus der Universitätsbibliothek Gießen, Bd. 18), Gießen 1970 (hier findet sich auch eine kritische Bibliographie aller noch auffindbaren Schriften Weigels und der sehr verstreuten Sekundärliteratur).

203 *Paulsen* (Anm. 134), S. 582 f; *Vierhaus*, Staaten (Anm. 24), S. 159.

204 *Zedler* (Anm. 201), Sp. 288; *Knott* (Anm. 202), S. 466.

205 Vgl. Art. „Sturm", in: *Zedler* (Anm. 167), Sp. 1417.

206 *Ulrich Scheuner*, Samuel Freiherr von Pufendorf (1632-1694), in: Die großen Deutschen, hg. v. *Hermann Heimpel*, *Theodor Heuss* u. *Benno Reifenberg*, Bd. V, Gütersloh [3]1978, S. 126-135, hier S. 128.

207 Gemeint sind Leibniz' Konzepte von der Entwicklung einer nach rein mathematischen Prinzipien aufgebauten Kunstsprache, die als universelle Wissenschaftssprache den Informationsaustausch objektivieren und auf internationaler und intersozialer Ebene fördern sollte (vgl. dazu das Kapitel „Kunstsprache und Logikkalkül" in *Jürgen Mittelstrass*, Neuzeit und Aufklärung [Anm. 173], S. 413-452, bes. 432-452).

208 *Waldemar Seidel*, Gottfried Wilhelm Leibniz, Köln [2]1979, S. 25; vgl. hierzu auch *Wilhelm Totok/Carl Haase* (Hg.), Leibniz. Sein Leben - sein Wirken - seine Welt, Hannover 1966; *Eduard Winter*, Leibniz und die Aufklärung, Berlin 1968; *Eric J. Aiton*, Gottfried Wilhelm Leibniz. Eine Biographie, Frankfurt a.M. 1991.

d.h. auf seine Anregungen, wie die modernen Erfahrungswissenschaften und die Mathematik beim Aufbau der geplanten Universität Halle am besten zu fördern und institutionell zu verankern seien[209].

Auch für Ploennies waren die kurzen Besuche bei Weigel gewiß unvergeßliche und prägende Erlebnisse. Am deutlichsten zeigte sich dies in der Art, wie sowohl Weigel als auch später Ploennies (als er 1701 als Professor für Mathematik an die Universität Gießen berufen wurde) „mit der herbsten Verachtung von dem Bestehenden" sprachen[210], d.h. von der sträflichen Vernachlässigung der Mathematik und Naturwissenschaften an den deutschen Gelehrtenschulen und Universitäten; in dieser Hinsicht, so könnte man meinen, imitierte der Schüler seinen Lehrer, indem er nicht nur dessen Auffassungen wiederholte, sondern auch dessen Sprachduktus kopierte, seine Wortwahl und wahrscheinlich seine Gebärden nachahmte, kurzum: Ploennies lernte bei Weigel, mit dem Selbstbewußtsein eines anerkannten, genialisch veranlagten Mathematikers und Naturwissenschaftlers aufzutreten, der die Zukunft und den wissenschaftlich-technischen Fortschritt fest im Blick hatte[211]. In einer Zeit, in der es in besonderer Weise darauf ankam, sich nach dem streng reglementierten Tugend- und Verhaltenskodex eines Standes - hier nach dem des herausgehobenen „Standes der Gelehrten" - zu benehmen, in einer Zeit, in der auf das äußere Erscheinungsbild, die Repräsentation und die Etikette außerordentlich großer Wert gelegt wurde und in der die (der Situation angemessene) Form des persönlichen Auftretens von oft größerer Bedeutung war als etwa die vorgebrachten wissenschaftlichen Inhalte[212], wurde die Aneignung und Verinnerlichung solcher Eigenschaften bereits als ausgesprochener Lernerfolg angesehen.

Gleichermaßen wichtig waren für Ploennies aber wohl die vielfältigen fachspezifischen Anregungen, die er durch Weigel vermittelt bekam und die seinen weiteren akademischen Werdegang wie auch seine spätere berufliche Tätigkeit als Baumeister und Kartograph nachhaltig beeinflussen sollten. Von grundlegender Bedeutung war zunächst Weigels Methodenlehre, die er schon 1657 in seiner Schrift „Analysis Aristotelica ex Euclide restituta" ausformuliert hatte und die die Ausbreitung der „Mos geometricus" als wissenschaftlicher Methode im 17. und beginnenden 18. Jahrhundert erheb-

---

209 *Alfred Rausch*, Christian Thomasius als Gast in Erhard Weigels Schule zu Jena. Ein Beitrag zur Geschichte der Pädagogik im 17. Jahrhundert, in: Symbola doctorum Jenensis Gymnasii in honorem Gymnasii Isenacensis collecta, hg. v. *G. Richter*, 2. Teil, Jena 1895, S. 60-68; *Hammerstein*, Jus (Anm. 195), S. 49.

210 *Paulsen* (Anm. 134), S. 582.

211 Gemeint sind hier Ploennies' abfällige Bemerkungen über die weit verbreiteten neuscholastisch-humanistischen Bildungsinhalte und seine Aufforderung, die Mathematik im Hinblick auf ihren allgemeinen Stellenwert im öffentlichen und vor allem auch im staatlichen Bereich aufzuwerten (UA Gießen, Phil. K. 9: *E. P. Ploennies*, Einladung zur Antrittsvorlesung [Anh., Dok. 1]).

212 Vgl. hierzu vor allem *Norbert Elias*, Die höfische Gesellschaft. Untersuchungen zur Soziologie des Königtums und der höfischen Aristokratie, Frankfurt a.M. ²1983, insbes. Kap. V: „Etikette und Zeremoniell: Verhalten und Gesinnung von Menschen als Funktionen der Machtstrukturen ihrer Gesellschaft", S. 120-177.

lich beschleunigte[213]. Darüber hinaus war gerade für Ploennies die spezifische Verbindung von mathematischen und geographischen Problemen, die in Weigels Seminaren und Schriften immer wieder behandelt wurden und im Zusammenhang mit seinen Arbeiten zur Verbesserung von Globen einen unverkennbaren Schwerpunkt seiner nach Nützlichkeit strebenden Studien darstellten, besonders lehrreich[214]. Hier - und in gleicher Weise auch in Weigels Übungen zur „Baukunst" - lernte Ploennies mit Hilfe von mathematischen Verfahren, speziellen Instrumenten (Winkelmesser, Proportional- und Reduktionszirkel) und zeichnerischem Geschick, geographische Umrisse in eine verkleinerte zweidimensionale Größenordnungen umzusetzen bzw. zu kopieren; oder umgekehrt, im Bereich der architektonischen und ingenieurmäßigen Konstruktionsübungen, lernte er, die skizzenhafte Entwurfzeichnung, den Grundriß in der Horizontalprojektion (Ichnographie), die Aufrisse (Orthographie) mit Quer- und Längsschnitten sowie Profilzeichnungen und geometrische oder perspektivische Ansichten (Szenographie) handwerklich und mathematisch exakt herzustellen[215].

Weigel, der selbst ausgesprochen „gut zeichnen" konnte und den Unterricht stets mit Fallbeispielen aus der Praxis eines Landmessers, Ingenieurs oder Architekten zu veranschaulichen vermochte[216], war für Ploennies in jeder Hinsicht Vorbild: Er demonstrierte, wie man über den sorgsam gepflegten Kontakt zum Territorialherrn, den Weigel „privatissime" unterrichtete und von dem er zum „Hof-Mathematicus" und „Oberbaudirector" ernannt wurde, weitere Tätigkeitsbereiche für Mathematiker und Naturwissenschaftler erschließen und die Möglichkeiten der Einflußnahme im Bereich von Staat und Gesellschaft verbessern konnte. Ganz im Sinne des von Descartes entwickelten Konzepts der „Mathesis universalis" forschend und argumentierend[217], verstand es Weigel mit seinen mathematischen Kenntnissen und nützlichen Erfindungen (zu denen u.a. astronomische Apparate, aber auch mechanische Anlagen für Wasserspiele zählten) seinem Fürsten zu imponieren, ihm die Bedeutung der aufkommenden Erfahrungswissenschaften klar zu machen. Und ihm gelang es auf diese Weise offensichtlich auch, die staatliche Förderung der Naturwissenschaften und Mathematik einen entscheidenden Schritt voranzubringen, denn schließlich wurden seine Fähigkeiten und Leistungen staatlicherseits anerkannt, ja sogar mit der Übertragung ehrenvoller Ämter honoriert; Weigels Stellung und das Ansehen der von ihm vertretenen Wissenschaften waren mithin so gefestigt, daß alle Beschwerden gegen ihn (er habe etwa „das Mysteri-

---

213 Hier folge ich *Schüling*, Weigel (Anm. 202), S. 1; *Erhard Weigel*, Analysis Aristotelica ex Euclide, Jena 1657.

214 Vgl. *Knott* (Anm. 202).

215 *Hartwig Neumann*, Ingenieurmäßiges Zeichnen und Konstruktionsübungen, in: Architekt und Ingenieur (Anm. 144), S. 112-117; *Ludolf von Mackensen*, Der universale Reduktionszirkel zum Umzeichnen und Umrechnen. Seine Entwicklung und sein Gebrauch bis ins 17. Jahrhundert, in: ebd., S. 118-123; *Ivo Schneider*, Der Proportionalzirkel. Ein universelles Analogrecheninstrument der Vergangenheit (Deutsches Museum, Abhandlungen und Berichte, Bd. 38/2), München 1970; vgl. auch *Martin Jensen*, Civil Engeneering Around 1700. With Special Reference to Equipment and Methods, Kopenhagen 1969.

216 Vgl. hierzu und zum folgenden *Knott* (Anm. 202), S. 466 ff.

217 S. dazu Anm. 173.

um trinitatis aus den Principiis geometricis zu demonstriren sich unterfangen" - ein Vorwurf der theologischen Fakultät - oder: er versuche, „alle Disciplinas philosophicas seinem Gefallen nach zu reformiren und den Statuten zuwider auf ganz neue Art zu lehren", wie die Mitglieder der philosophischen Fakultät meinten[218]) keine unmittelbaren Folgen hatten; Weigel wurde nicht solchen Repressalien ausgesetzt wie noch Jahre später Thomasius und Wolff in Leipzig oder gar, wie diese, von der Universität vertrieben, im Gegenteil: Die Anerkennung des und die Nähe zum Landesherrn verschafften ihm Respekt, sie ließen ihn gewissermaßen sakrosankt erscheinen und ermöglichten es, daß ihm trotz aller Anschuldigungen von seiten der akademischen Traditionalisten „das Rectorat ... dreimal übertragen" wurde[219].

Grundlage dieser Anerkennung - das wußte Weigel sehr genau und gab es daher auch an alle seine Schüler von Johann Christoph Sturm bis zu Erich Philipp Ploennies als wichtige Erkenntnis weiter - war es, die Mathematik und Naturwissenschaften in jedem Fall als „nützliche" und „zweckmäßige" Disziplinen erscheinen zu lassen, als Wissenschaften, die dem in der deutschen Regierungs- und Verwaltungslehre sich mehr und mehr durchsetzenden Handlungsprinzip der Zweckmäßigkeit in vielfältiger Weise entsprachen[220]. Wollte man die Entwicklung der mathematisch-naturwissenschaftlichen Forschung und Lehre vorantreiben, ihr - wie es im zeitgenössischen Sprachgebrauch ausgedrückt wurde - „mehr Eingang" an Universitäten, Schulen sowie bei anderen staatlichen Institutionen „verschaffen" und auch persönlich von dieser Förderung der Wissenschaften profitieren[221], so mußte es das Ziel sein, diese Disziplinen als unentbehrliche, zukunftsweisende Hilfsmittel für die Begründung eines effektiv funktionierenden Staatswesens, für den Auf- und Ausbau der Bürokratien in frühmodernen Staaten, für die souveräne Lenkung des ‚Staatesschiffes' durch den Fürsten, für die Etablierung einer „guten Policey" und die Erhöhung der staatlichen Einnahmen etc. darzustellen[222].

Im Lager der Mathematiker und Naturwissenschaftler des 17. Jahrhunderts war Erhard Weigel - dem als einer zentralen Figur der deutschen Frühaufklärung bisher von seiten der neueren historischen Forschung viel zu wenig Beachtung geschenkt wurde[223] - gewiß einer der ersten, der dies erkannt hatte. Konsequenterweise forderte er daher (und zwar nicht weniger als vier Jahrzehnte, bevor Leibniz denselben Plan im Jahre

218 Ebd., S. 466.

219 Ebd.

220 Vgl. dazu *Helga Wessel*, Zweckmäßigkeit als Handlungsprinzip in der deutschen Regierungs- und Verwaltungslehre der frühen Neuzeit (Schriften zur Verfassungsgeschichte, Bd. 28), Berlin 1979; *Hans Maier*, Die ältere deutsche Staats- und Verwaltungslehre (Polizeiwissenschaft), München ^{3}1986; *Jutta Brückner*, Staatswissenschaften, Kameralismus und Naturrecht. Ein Beitrag zur Geschichte der Politischen Wissenschaft im Deutschland des späten 17. und frühen 18. Jahrhunderts (Münchener Studien zur Politik, Bd. 27), München 1977.

221 *Knott* (Anm. 202), S. 467.

222 *Wessel* (Anm. 220), S. 90 ff.

223 Diese Auffassung teilt und bestätigt *Schüling* (Anm. 202) durch seine bibliographischen Nachforschungen.

Abb. 11: Die Universität Jena 1661 mit den Instrumenten des Mathematik- und Geographieunterrichts sowie der astronomischen Beobachtungsplattform Erhard Weigels „zur Betrachtung des Himmels anführender Comet(en)“

1700 mit der Gründung der „Societät der Wissenschaften“ zu Berlin realisierte[224]) sowohl die Gründung eines aus zwanzig Wissenschaftlern bestehenden „Collegium artis consultorum“[225] als auch die sofortige Durchsetzung des Deutschen in der akademischen Lehre, eine Maßnahme, die speziell die scholastisch-humanistischen Traditionen im Universitätsbereich beseitigen und die Attraktivität der mathematisch-naturwissenschaftlichen Fächer erhöhen sollte; auch auf diesem Gebiet ging Weigel selbst, der sich „in seinen ... Vorlesungen ... der deutschen Sprache bediente“[226], mit bestem Beispiel voran, freilich ohne daß es zu einem so öffentlichkeitswirksamen Eklat wie 1687 bei Thomasius gekommen wäre.

Darüber hinaus konzentrierte sich Weigel darauf, die Zweckmäßigkeit der Mathematik und Naturwissenschaften in wissenschaftlichen, pädagogischen und politischen Traktaten propagandistisch unter Beweis zu stellen. So etwa 1660, ziemlich am Anfang seiner akademischen Laufbahn, als er in einer Schrift mit dem umständlichen, aber treffenden Titel „Kurtzer Entwurff des Mittels zum ersprießlichen Auffnehmen Aller Kunst- und Handwercke, Worauf guten Theils die Wohlfahrt eines Landes beruhet ...“ schrieb: „Nemlich, wenn die zu der Zeit-Besorgung[227] also auch zu denen Kunst- und Handwerks-Vorthe[i]ln schon bestellte[n] Forscher (... Mathematici genannt) dazu bestätigt, privilegirt und instruirt würden, daß sie ein Collegium (deme etliche Adjuncti zugeordnet werden könten) in[s]gesamt bestellten, ... darinnen sie sich in Gesellschaft und deßwegen viel nachdrücklicher als einzeln und zerstreut bemühen müsten, nicht allein den Himmel und die Zeiten zu besorgen ... , sondern auch sich angelegen seyn lassen, den etwa dabey zu hoffenden Uberschuß der Einnahme[228] nach Abzug der

---

224 *Adolf von Harnack*, Geschichte der Königlich Preussischen Akademie der Wissenschaften in Berlin, 3 Bde., Berlin 1900 (ND Hildesheim 1970); auch *ders.*, Das geistige und wissenschaftliche Leben in Brandenburg-Preußen um das Jahr 1700, in: Hohenzollern-Jahrbuch 4 (1900), S. 170-191 (in gekürzter Fassung wieder abgedruckt in: Moderne Preußische Geschichte 1648-1947. Eine Anthologie, hg. v. *Otto Büsch* u. *Wolfgang Neugebauer*, Bd. 3 [Veröffentlichungen der Historischen Kommission zu Berlin, Bd. 52/3], Berlin 1981, S. 1243-1267); zum Gesamtkontext vgl. auch *Kurt Müller*, Zur Entstehung und Wirkung der wissenschaftlichen Akademien und gelehrten Gesellschaften des 17. Jahrhunderts, in: Universität und Gelehrtenstand (Anm. 192), S. 127-144, *Jürgen Voss*, Die Akademien als Organisationsträger der Wissenschaften im 18. Jahrhundert, in: HZ 231 (1980), S. 43-74.

225 *Zedler* (Anm. 201), Sp. 289; *Knott* (Anm. 202), S. 468 f.

226 *Knott* (Anm. 202), S. 467 ff.

227 Gemeint ist die wissenschaftlich exakte Berechnung der Zeit und des Kalenders, die - wie später auch bei der „Societät der Wissenschaften“ zu Berlin - eine der Aufgaben von Weigels projektiertem „Collegium artis consultorum“ bilden sollte (vgl. auch *Zedler* u. *Knott*, a.a.O.).

228 Weigel argumentiert an dieser Stelle offenbar idealtypisch, indem er von zusätzlichen Einnahmen spricht, die durch zeitliche Rationalisierungs- und Effektivierungsmaßnahmen erwirtschaftet werden könnten; sie ihrerseits wären auf der Grundlage exakter Zeitberechnungen (die nicht nur im Handelsverkehr und Warenaustausch etwa mit Ost- und Südosteuropa relevant würden, wo noch der Gregorianische Kalender galt, sondern auch in der Landwirtschaft und in Regionen mit gewerblicher bzw. halbgewerblicher Produktion, wo

Unkosten zu noch fernern Besten und gewiß erfolgenden hohen Ruhm des Landes, auff allerhand Natur- und Kunst-Experimenten treulich anzuwenden, denen Künstlern und den Handwercks-Leuthen davon, was herausgebracht zur Nachricht Part zu geben und dadurch, wie sonst auch durch gemeine Meß- und Rechen-Gründe, darauff alle Künste eingerichtet sind, in ihren Arbeit Sachen sie zu dirigiren. Wie denn die Inspection deßwegen über die gesamten Innungen, in Sachen Kunst und Arbeit anbetreffend, dem Collegio mit aufgetragen werden möchte."[229] Die Mathematiker und Naturwissenschaftler sollten also - so lautete Weigels permanent wiederholte Botschaft - aufgrund ihrer spezifischen Kenntnisse und Fähigkeiten willens und in der Lage sein, zum Wohle des Staates, zur Förderung seiner Gewerbe und Handwerke sowie zur Vermehrung seiner Einnahmen intensive Beratungs- und Kontrollfunktionen zu übernehmen[230].

Wie sehr Erich Philipp Ploennies diese Auffassungen verinnerlichte und sich zu eigen machte, sollte sich schon wenige Jahre später zeigen, als er selbst in die Lage versetzt wurde, am Hofe eines absolutistisch regierenden Territorialherrn als Baumeister, Stadtplaner und schließlich auch als Mathematiker die Zweckmäßigkeit der modernen Erfahrungswissenschaften wirksam hervorzuheben und praktisch unter Beweis zu stellen. Vorerst aber setzte er sein Studium weiter fort und immatrikulierte sich, dem allgemeinen Trend zum „Praktischen, Nützlichen und Staatsdienlichen" (O. Hintze) folgend, am 18. September 1693 an der neu zu gründenden Universität Halle[231]. Dieser Schritt ist in biographischer Perspektive insofern außerordentlich aufschlußreich, weil er einen trefflichen Beleg für Ploennies' früh entwickelte fortschrittsorientierte, allem Neuen aufgeschlossen gegenüberstehende Wissenschaftsauffassung darstellt. In Halle, das mit dem Erzstift Magdeburg erst 1680 an Brandenburg-Preußen gefallen war und seitdem durch den Zuzug von französischen Glaubensflüchtlingen und vertriebenen Pfälzern einen bemerkenswerten demographischen und wirtschaftlichen Aufschwung

---

die Planung von Fruchtwechseln vom Verlauf der Jahreszeiten abhängig war) nach Weigels Auffassung dann effektiver durchführbar.

229 *Erhard Weigel*, Kurtzer Entwurff des Mittels zum ersprießlichen Auffnehmen Aller Kunst- und Handwercke, Worauf guten Theils die Wohlfahrt eines Landes beruhet, Welches ohne neue Auflage im Lande, auch ohne Kosten, nur auff Autoritet der hohen Obrigkeit, so bald man will, ergriffen und ins Werck gestellet werden kan, o.O., o.J. [Jena 1660], S. 3 f (HAB, Fd 134).

230 An solche auf die Hebung der allgemeinen „Wohlfahrt abzielenden Vorschläge", die Weigel dem sächsischen Kurfürsten Johann Georg III. einmal unterbreitet hatte und die von diesem „so gar nicht verworfen worden" waren, erinnerte er in seinem Traktat „Unmaßgebliche Mathematische Vorschläge betreffend Einige Grundstücke des gemeinen Wesens. Dazu keine neue Kosten, sondern nur Autoritet der hohen Obrigkeit erfordert wird", Jena 1681 (HAB, Gm 4162, Sachsen).

231 *Fritz Juntker* (Bearb.), Matrikel der Martin-Luther-Universität Halle-Wittenberg, Bd. I: 1690-1730, Halle 1960, S. 335; die Immatrikulation fand nach den Statuten unter der Aufsicht des Prorektors statt (*Wilhelm Schrader*, Geschichte der Friedrichs-Universität zu Halle, Bd. 1, Berlin 1894, S. 80); *Johann Christoph Hoffbauer*, Geschichte der Universität Halle bis zum Jahre 1805, Halle 1805 (ND Aalen 1981), S. 7-68, bes. S. 30.

vor allem auf dem Gebiet der Textilproduktion genommen hatte[232], in dieser nicht zuletzt auch durch gezielte politische Maßnahmen aufblühenden Stadt sollte nämlich bald die „erste ... moderne Universität" Deutschlands errichtet werden, eine Hochschule, die aufgrund ihrer einheitlich frühaufklärerischen Position maßgeblich zur Durchsetzung eines neuen, freiheitlichen und praxisorientierten Wissenschaftsverständnisses beitrug und daher für einige Jahrzehnte zum „Leit- und Vorbild aller deutschen Universitäten" wurde, um dann in der ersten Hälfte des 18. Jahrhunderts „den Platz als erste Universität des Reiches" an die noch fortschrittlichere, gleichwohl aber an die Halleschen Traditionen anknüpfende Georgia Augusta zu Göttingen abzutreten[233].

Als Ploennies nach Halle kam, war die Neuigkeit von der hier bald einzuweihenden Universität in akademischen Kreisen bereits allgemein bekannt, denn der offiziellen Gründungsfeier der Hochschule eilte schon der wissenschaftliche Ruhm ihrer Vorläuferinstitution, der Halleschen Ritterakademie, und der ihrer intellektuellen Wortführer voraus. An der noch vom Großen Kurfürsten errichteten Hohen Schule lehrte nämlich seit 1690 kein Geringerer als der vom orthodoxen Luthertum kurz zuvor aus Leipzig vertriebene Christian Thomasius, der, inzwischen zum brandenburgischen Geheimen Rat ernannt[234], damit beauftragt worden war, „eine ‚Akademie' zu errichten", um „Phylosophie und Jura" zu lehren[235] und „der studentische(n) Jugend, welche sich allda vielleicht bei ihm anfinden möchte, mit Lectionibus und Collegiis, wie er bishero zu Leipzick gethan, an die Hand zu gehen"[236]. Mit der Berufung von Thomasius, der als Gelehrter mit Entschiedenheit „für ein weltliches Verständnis der Wissenschaften und ihren Nutzen für das Gemeinwesen eintrat"[237], wurden die an der Halleschen Ritterakademie schon zuvor besonders praxisorientiert gestalteten Bildungsinhalte nun noch mehr betont und darüber hinaus - was für Ploennies etwa im Hinblick auf den bis dahin verpönten Umgang von Lutheranern und Reformierten gewiß von Bedeutung war[238] -

232 *Ernst Heinecke*, Die wirtschaftliche Entwicklung der Stadt Halle unter brandenburg-preußischer Wirtschaftspolitik von 1680-1806 (Beiträge zur mitteldeutschen Wirtschaftsgeschichte und Wirtschaftskunde, Bd. 10), Halberstadt 1929, S. 2146.

233 Zitate: *Paulsen* (Anm. 134), S. 534 f; *Hammerstein*, Jus (Anm. 195), S. 149, 167; der Niedergang Halles ist um 1730/40 zu datieren (vgl. *F. Frensdorff*, Halle und Göttingen. Rede zur Feier des Geburtstages Sr. M. d. Kaisers und Königs 1894 ..., Göttingen o.J., S. 20; *Bernhard Weißenborn*, Halle und Wittenberg, in: DAD 1 [1930], S. 190).

234 *Paulsen* (Anm. 134), S. 535.

235 *Notker Hammerstein*, Die Universitätsgründungen im Zeichen der Aufklärung, in: Beiträge zu Problemen deutscher Universitätsgründungen der frühen Neuzeit, hg. v. *Peter Baumgart* u. *Notker Hammerstein* (Wolfenbütteler Forschungen, Bd. 4), Nendeln/Liechtenstein 1978, S. 263-298, hier S. 266.

236 Zit. aus der Ordre an Thomasius vom 14. April 1690 nach *Hammerstein*, Jus (Anm. 195), S. 155.

237 *Hammerstein*, Universitätsgründungen (Anm. 235), S. 266.

238 Thomasius hatte bereits im August 1690 in einer „Disputation die Frage, ob Lutheraner mit Reformierten verkehren und ihre Predigten besuchen dürften, bejaht" und damit gleich zu Beginn seiner Lehrtätigkeit in Halle für Aufregung gesorgt; der Fall war dann aber schnell durch eine „herbe Rüge" des Kurfürsten zugunsten von Thomasius entschieden worden (*Schrader*, Anm. 231, S. 16 f).

durch eine genauso dezidiert tolerante Haltung in religiösen Fragen ergänzt. Durch seine konsequent aufklärerisch ausgerichtete Lehre leitete Thomasius aber nicht nur „die Befreiung des Denkens aus den Fesseln des orthodoxen Doktrinarismus" ein, sondern auch die allmähliche Emanzipation der philosophischen Fakultät (in der seinerzeit übrigens noch die Mathematik und Naturwissenschaften angesiedelt waren) und damit eine Revision des traditionellen Wertesystems der Disziplinen[239].

Das Ergebnis dieser von Thomasius vorangetriebenen wissenschaftlichen Modernisierung, die sich zunächst in der „Neuordnung der Lehrpläne" und in der „Ausdehnung des Lehrstoffes" niederschlug[240], war, daß schon die Ritterakademie - die Ploennies in den ersten rund neun Monaten seines Aufenthalts in Halle besuchte - manche alte Universität an Attraktivität weit übertraf. Neben Thomasius, der beispielsweise über Vernunftlehre, Institutionen, römisches Recht, Sittenlehre, Zivil- und Kriminalprozeßordnungen, juristische Institutionen und über Pufendorfs Staats- und Kirchenrecht las und dabei „liebenswürdig und zwanglos ohne jede Pedanterie" mit seinen recht zahlreichen Studenten verkehrte[241], lehrten im Winter 1693/94 als neuberufene Professoren der künftigen Universität unter anderem bereits der berühmte Jurist Samuel Stryck, die Theologen Joachim Justus Breithaupt und August Hermann Francke (letzterer zunächst noch als Professor der hebräischen und griechischen Sprache in der philosophischen Fakultät) sowie der Historiker Christoph Cellarius und der Romanist Nicolo Castelli[242]; der berühmte Staatswissenschaftler und Kameralist Veit Ludwig von Seckendorff, der 1692 trotz seines hohen Alters das eigens für ihn geschaffene Amt des Kanzlers der Universität übernommen hatte[243], war zwar inzwischen verstorben, hatte aber immerhin noch mit seinem kurzen Wirken und seinem Namen zum „strahlenden Anfang" (N. Hammerstein)[244] der neuen Hochschule beitragen können.

Kaum weniger fortschrittlich und anziehend als die durchweg praxisorientierte, „von scholastischen Schulgrillen und Pedanterey" gänzlich befreite Lehre von Thomasius[245]

---

239 *Johannes Weigelt*, Gedanken zur Universitätsgeschichte, in: 250 Jahre Universität Halle. Streifzüge durch ihre Geschichte in Forschung und Lehre, Halle 1944, S. 7-35, hier S. 22; vgl. hierzu und zum folgenden auch *Albrecht Timm*, Die Universität Halle-Wittenberg. Herrschaft und Wissenschaft im Spiegel ihrer Geschichte, Frankfurt a.M. 1960, S. 41 ff.

240 *Weigelt* (Anm. 239), S. 20.

241 *Schrader* (Anm. 231), S. 17.

242 Ebd., S. 47-62; *Paulsen* (Anm. 134), S. 535.

243 *Schrader* (Anm. 231), S. 39 ff; zu Seckendorff vgl. insbes. *Maier* (Anm. 220), S. 139-151; *Brückner* (Anm. 220), S. 9-32; *Garber*, Statuskongruenz (Anm. 146) sowie *Michael Stolleis*, Veit Ludwig von Seckendorff, in: Staatsdenker im 17. und 18. Jahrhundert. Reichspublizistik - Politik - Naturrecht, hg. v. *Michael Stolleis*, Frankfurt a.M. 1977, S. 148-173 und *Hildegard Banholzer*, Veit Ludwig von Seckendorff als Kameralist, Diss. (rer. pol.) masch., Innsbruck 1964.

244 *Hammerstein*, Universitätsgründungen (Anm. 235), S. 274.

245 Auf Betreiben von Thomasius wurde in Halle früh vom traditionellen, autoritativen, d.h. auf die Studenten penetrant und demotivierend wirkenden Memorieren zugunsten eines freieren, dozierenden Vortragsstils Abstand genommen; die Professoren hatten in ihren Vorlesungen bis dahin meist nur lateinische Lehrsätze diktiert oder aus Werken vorgele-

gestaltete sich 1693 das Studienangebot im Bereich von Medizin, Mathematik und Naturwissenschaften: Nachdem der uns bereits bekannte Mathematiker und Physiker Johann Christoph Sturm einen Ruf nach Halle - entgegen einer ersten Zusage - abgelehnt hatte[246], wurde Friedrich Hoffmann als Professor für Medizin und Physik berufen. Er legte einerseits besonderen Wert darauf, die Medizin als eine vor allem von der Physik und Anatomie bestimmte Erfahrungswissenschaft darzustellen, zu systematisieren und in der ausübenden Heilkunde weiterzubringen[247], weshalb er beispielsweise 1693 und 1694 über eine theoretisch auf dem Naturrecht und der Lehre von Descartes basierende Experimentalphysik las[248]; andererseits bemühte sich Hoffmann, der ein früher Gesinnungsgenosse Franckes war, als Lehrstuhlinhaber und Prorektor darum, die medizinische Fakultät dem Konzept der Universität gemäß auf- und auszubauen sowie das von ihm organisatorisch ins Leben gerufene „Collegium politioris doctrinae sive elegantium meliorumque litterarum“ (ein Kolleg zur Förderung der klassischen und geschichtlichen Bildung) aufrechtzuerhalten[249]. Für die Mathematik wurde zunächst Martin von Ostrowski als außerplanmäßiger Professor angestellt; er genoß keinen besonderen Bekanntheitsgrad und wechselte 1694 nach Königsberg, so daß das Fach vorübergehend - und offensichtlich eher schlecht als recht - von den in der philosophischen Fakultät eingebundenen Professoren Johann Peter Ludewig und Johann Sperlette vertreten werden mußte, die übrigens beide in Anlehnung an Conring geographische Fragestellungen in größerem Umfang berücksichtigten[250]. Im Jahre 1693, als Ploennies sein Studium in Halle aufnahm, war aber neben Ostrowski noch ein weiterer reiner Mathematiker, wenn auch einer der alten Schule namens Johann Chr. von Dreyhaupt, an der Ritterakademie tätig, wo er über „Geometrie, Mechanik, Fortifikation, Zivil-Baukunst, Astronomie, Optik, Glasschleifen, Zeichnen ... und andere nützliche Künste und Wissenschaften“ unterrichtete[251].

Von diesem Lehrangebot, das mit den lebenden Fremdsprachen, dem deutschsprachigen Unterricht, dem „durch die ratiobnalistische Philosophie“ aufgewerteten und reformierten alten Fächerkanon, den in den Vordergrund gerückten praxisorientierten Wissenschaften und den als Ergänzung offerierten Übungen im Fechten und Reiten (auf dem universitätseigenen Parcours) im Rahmen des Alten Reichs einzigartig war[252] und das auch wie kein anderes an den übrigen Hochschulen auf die Bedürfnisse von künftigen Grundherren und Staatsbeamten, auf die Erfordernisse des praktischen Lebens und der Staatsräson einging[253], von diesem Lehrangebot fühlten sich neben Erich

---

sen (*Hammerstein*, Die deutschen Universitäten im Zeitalter der Aufklärung (Anm. 163), S. 76.

246 *Schrader* (Anm. 231), S. 43; *Paulsen* (134), S. 535.

247 *Schrader*, S. 56 ff.

248 *Paulsen* (Anm. 134), S. 536.

249 *Schrader* (Anm. 231), S. 59, 116.

250 Ebd., S. 61, 111.

251 *Weigelt* (Anm. 239), S. 20.

252 *Hans-Werner Prahl*, Sozialgeschichte des Hochschulwesens, München 1978, S. 154.

253 *Weigelt* (Anm. 239), S. 17.

Philipp Ploennies auch viele andere Studenten angesprochen, die bisher noch an herkömmlichen Universitäten, etwa im benachbarten Leipzig, studiert hatten[254]. So stieg die Zahl der Einschreibungen bis zur offiziellen Eröffnung der Universität Halle am 1. Juli 1694 ständig an, bis die Studentenschaft schließlich rund 700 Mitglieder hatte; unter ihnen befanden sich laut Überlieferung „außer acht Grafen und vielen Freyherren" viele Adelige, ja es wurde sogar behauptet, daß die Studentenschaft „meistentheils aus dem Adel bestund"[255], was natürlich als Qualitätsmerkmal und als Zeichen besonderer Anerkennung seitens der im Ständestaat einflußreichsten sozialen Gruppe gewertet wurde. Erich Philipp Ploennies, der Sohn aus patrizisch-adligem Hause, hatte also einen durchaus standesgemäßen Umgang, obgleich er aufgrund der von ihm bevorzugten mathematisch-naturwissenschaftlichen Disziplinen eher zu einer kleinen Gruppe von Außenseitern und besonders Fortschrittsgläubigen gehörte, denn die überwiegende Mehrheit der Studenten hatte sich für die Jurisprudenz entschieden[256], d.h. jenes Fach, das noch am ehesten eine den Sozialstatus erhaltende bzw. erhöhende Stellung im Staatsdienst garantierte. Doch neben der hohen Zahl von Adeligen, von denen manche mit eigenem Dienstpersonal und einem jährlichen Salär von bis zu 8000 Talern in Halle eher ‚residierten' als studierten und dabei den Kaffee- und Teehäusern sowie den sonstigen Etablissements der Stadt zu unverhofftem Aufschwung verhalfen[257], gab es freilich auch arme Studenten, welche auf die Stiftung von Freitischen an-

Abb. 12: Die Reitbahn der Universität Halle um 1700

254 Die Abwerbung von Studenten, d.h. von Gebildeten als potentiellen Arbeitskräften, war ein bei der Gründung der Universität Halle von vornherein bedachtes politisches Ziel, das durch die geographische Lage von Halle, durch seine räumliche Nähe zu den sächsischen Städten Leipzig und Jena bzw. zu den dortigen Hochschulen, begünstigt wurde (*Hammerstein*, Universitätsgründungen, Anm. 235, S. 264).

255 Zit. nach *Karl-Heinz Götze*, Hallisches Studentenleben in 250 Jahren, in: 250 Jahre Universität Halle (Anm. 239), S. 45-64, hier S. 45.

256 *Schrader* (Anm. 231), S. 113 f.

257 Zur Universität Halle als Wirtschaftsfaktor vgl. schon *Johann Chr. Förster*, Übersicht über die Geschichte der Universität zu Halle in ihrem ersten Jahrhundert, Halle 1794, S. 32; *Gustav Hertzberg*, Geschichte der Stadt Halle an der Saale, Bd. II, Halle 1891, S. 658; *Bernhard Weißenborn*, Die Universität Halle-Wittenberg (Stätten der Bildung, Bd. 2), Berlin 1919, S. 49; *Heinecke* (Anm. 232), S. 52; *Schrader* (Anm. 231), S. 101; *Hammerstein*, Universitätsgründungen (Anm. 235), S. 268.

gewiesen waren und die für den „studentischen Unterhalt unentbehrliche Summe von 200 Talern" gerade zusammenbrachten[258].

Ploennies, der diesbezüglich wohl eher zu den durchschnittlich ausgestatteten Studenten zählte, machte gewiß ausgiebig Gebrauch von dem modernen, vergleichsweise anregenden und zugleich vielfältigen Lehrangebot, das die Professoren der Ritterakademie und der im Aufbau begriffenen Universität Halle zusammengestellt hatten: Bei Dreyhaupt und Ostrowski konnte er seine Kenntnisse im Bereich der Geometrie, des technischen Zeichnens, in der Zivil- und Militärarchitektur sowie im Bereich der Anwendung mathematischer Verfahren bei verschiedenen ‚nützlichen Künsten' auffrischen und vertiefen, bei Hoffmann konnte er sein bei Sturm bereits erworbenes Wissen über Experimentalphysik erweitern, bei Ludewig und Sperlette lernte er das Werk des berühmten Hermann Conring kennen, der die interdisziplinär zwischen Staatswissenschaft, Geographie und Historie angelegte Staatenkunde propagierte[259], eine neue Disziplin, die - wie wir noch sehen werden - auf Ploennies' späteres Wirken nicht ohne Einfluß bleiben sollte; und schließlich konnte Ploennies sein theoretisch-philosophisches Denkvermögen bei Thomasius schärfen, denn immerhin bot die Präsenz dieses Gelehrten die einzigartige Möglichkeit zur dezidierten Auseinandersetzung mit dem für Studenten bis dahin fast nur indirekt und rein rezeptiv wahrnehmbaren Gedankengut der Aufklärung.

Wurden Ploennies so die Kernaussagen der neuen, auf den allgemeinen Nutzen hin ausgerichteten Wissenschaftsauffassung deutlich, so erfuhr er in Halle auch, daß die Ausbildung praktisch, vernünftig, tolerant und damit auch friedfertig und galant veranlagter Studenten den Vorstellungen des aufstrebenden Territorialstaats von qualifiziertem, gebildetem und gehorsamem Führungs- und Lehrpersonal offenbar sehr entgegenkam. Denn nicht umsonst wurden in Halle sowohl die Professoren als auch die Studenten durch die Statuten zu guten Manieren und würdevollem Betragen, speziell zur Verträglichkeit, Toleranz und Friedfertigkeit (insbesondere in religiösen Fragen) ermahnt, ein Appell, der - nach entsprechenden Berichten über gelegentliche studentische Ausschreitungen zu urteilen - zwar nicht immer befolgt wurde, der aber durch die flankierende Zusicherung bekräftigt wurde, daß all jene, die zwei Jahre nach den Maßgaben

---

258 *Schrader* (Anm. 231), S. 115.

259 Vgl. hierzu insbes. *Arno Seifert*, Staatenkunde. Eine neue Disziplin und ihr wissenschaftstheoretischer Ort, in: Statistik und Staatsbeschreibung in der Neuzeit, vornehmlich im 16.-18. Jahrhundert, hg. v. *Mohammed Rassem* u. *Justin Stagl* (Quellen und Abhandlungen zur Geschichte der Staatsbeschreibung und Statistik, Bd. 1), Paderborn 1980, S. 217-248; *ders.*, Conring und die Begründung der Staatenkunde, in: Hermann Conring (1606-1681). Beiträge zu Leben und Werk, hg. v. *Michael Stolleis* (Historische Forschungen, Bd. 23), Berlin 1983, S. 201-214; *ders.*, Cognitio Historica. Die Geschichte als Namengeberin der frühneuzeitlichen Empirie, Berlin 1976; s. ferner *Reinold Zehrfeld*, Hermann Conrings (1606-1681) Staatenkunde. Ihre Bedeutung für die Geschichte der Statistik unter besonderer Berücksichtigung der Conringschen Bevölkerungslehre (Sozialwissenschaftliche Forschungen, Abt. I, H. 5), Berlin 1926; als Überblicksdarstellung zu Conrings Leben und Wirken vgl. *Patricia Herberger*, Hermann Conring 1606-1681. Ein Gelehrter der Universität Helmstedt. Katalog (Herzog August Bibliothek, Wolfenbüttel), Wolfenbüttel 1981.

der Universität in Halle studiert hatten, mit einer bevorzugten Einstellung in staatliche Dienste rechnen könnten[260]. Und tatsächlich scheint sich das akademische Leben an der Universität Halle durch eine vergleichsweise ruhige, von überkommenen Sitten und Gebräuchen relativ freie Atmosphäre ausgezeichnet zu haben, denn wiederholt lobte Thomasius „die Höflichkeit der Studenten“ und „die Abschaffung des groben Pennalismus“, d.h. die Beseitigung jener überkommenen Aufnahme- und Männlichkeitsrituale, die vor allem junge Studenten andernorts noch immer zu bestehen hatten[261].

Dem Ideal des galanten, fortschrittsorientierten Mathematikers und Naturwissenschaftlers nacheifernd, der vielleicht im Rahmen der überall im Alten Reich expandierenden Staatsbürokratien schon bald eine einträgliche, repräsentative und einflußreiche Stellung mit einer gewissen Nähe zum betreffenden Hof erlangen könnte, versuchte Ploennies, die für ihn gewiß in vielfacher Hinsicht eindrucksvollen Erfahrungen des Studiums in Halle in sich aufzunehmen. Die Namen der ‚Propheten‘, die den Aufstieg der „Neuen Wissenschaft“ (G. Vico)[262] bewirkt und gefördert hatten, die Namen von Galileo, Bacon, Descartes, Pufendorf und anderen waren ihm nun geläufig geworden, er hatte ihre Lehren (zumindest in groben Zügen) kennengelernt, er teilte den cartesianischen Grundsatz, daß die geometrische Methode „allen Wissenschaften und Künsten gemeinsam“ sei[263] und war zutiefst von dem von Weigel und Sturm propagierten Konzept einer „Mathesis universalis“, einer multifunktionalen mathematisch-physikalischen Wissenschaft, überzeugt[264]. Mit der überwiegenden Mehrheit seiner bisherigen akademischen Lehrer verband ihn auch eine bewußt distanzierte Haltung gegenüber den antiken Autoren, denn nicht nur Aristoteles, sondern auch mancher andere „Alte“ wurde gegen Ende des 17. Jahrhunderts von den Vertretern des „Neuen“ als Inbegriff des überkommenen, geistig erstarrten Humanismus und der mit ihm einhergehenden orthodox-scholastischen Lehrmethoden angesehen[265]. Ploennies, der alle diese Auffassungen

---

260 *Hammerstein*, Universitätsgründungen (Anm. 235), S. 273.

261 *Schrader* (Anm. 231), S. 118.

262 Der italienische Gelehrte Giovanni Battista Vico, der fast zur gleichen Zeit wie Ploennies lebte (1668-1744), veröffentlichte 1725 eine berühmte Studie, für die sich der Kurztitel „Neue Wissenschaft“ einbürgerte (vgl. die dt. Ausgabe: Die neue Wissenschaft, hg. v. *E. Auerbach*, 1948) und die eine moderne, rationale, weitgehend auf Descartes basierende, gleichwohl aber auch zwischen dem Alten und dem Neuen vermittelnde Wissenschaftssystematik propagierte; der Originaltitel dieser Arbeit, die sehr anschaulich eine Vielzahl jener Eindrücke und Gedanken vermittelt, die einen Zeitgenossen von Ploennies, zumal einen engagierten Wissenschaftler, um 1700 bewegten, lautete: „Principi di una scienza nuova d'intorno alla commune natura delle nazioni“ (vgl. *Peter Burke*, Vico. Philosoph, Historiker, Denker einer neuen Wissenschaft, Berlin 1987, S. 35 ff).

263 *Descartes* (Anm. 173), S. 377 f.

264 Vgl. hierzu *Crapulli* (Anm. 173) und *Mittelstrass*, Neuzeit (Anm. 173), S. 429 f.

265 Vgl. hierzu insbes. *G. Harig*, From the Critique of Scholasticism to the Critique of Antiquity, in: Organon 4 (1967), S. 19-26; *August Buck*, Die ‚Querelle des anciens et des modernes‘ im italienischen Selbstverständnis der Renaissance und des Barock (Sitzungsberichte der Wissenschaftlichen Gesellschaft an der Johann-Wolfgang-Goethe-Universität Frankfurt a.M., Bd. 11, Nr. 1), Wiesbaden 1973; *Horst Dreitzel*, Protestantischer Aristo-

1701 anläßlich der Übernahme des Lehrstuhls für Mathematik an der Universität Gießen mit pathetischer Rhetorik und inbrünstiger Überzeugungskraft reproduzierte[266], war sich spätestens durch die Erfahrungen, die er während seines Studiums in Halle gemacht hatte, der ungeheueren Bedeutung der wissenschaftlichen Revolution bewußt geworden, die im frühen 17. Jahrhundert auf breiter Front begonnen hatte und sich nun in der akademischen Lehre auf breiter Basis durchzusetzen begann[267].

Und doch muß Ploennies einerseits vor dem Hintergrund seiner Leipziger Studienzeit, die doch wesentlich stärker von traditionalen Elementen bestimmt gewesen war, und andererseits aufgrund seiner neuesten Erfahrungen an der Universität Halle (an der er natürlich auch mit dem Pietismus August Hermann Franckes Bekanntschaft machte[268]) erkannt haben, daß seine geistige Entwicklung noch keineswegs abgeschlossen war, sondern daß es auf dem weiten Feld der wissenschaftlichen Erneuerung noch etliches mehr zu erleben und zu lernen gab. So beschäftigte sich Ploennies gegen Ende seiner Studienzeit zunächst einmal besonders intensiv mit dem Werk von Ehrenfried Walther von Tschirnhaus (1651-1708), der als Mathematiker und Naturwissenschaftler sowie als das erste deutsche Mitglied der Pariser „Académie des sciences" eine „der berühmtesten" und einflußreichsten Forscherpersönlichkeiten des späten 17. Jahrhunderts war[269]. Wahrscheinlich schon in Leipzig durch Adam Rechenberg, der neben Otto von

---

telismus und absoluter Staat. Die „Politica" des Henning Arnisaeus (ca. 1575-1636), (Veröffentlichungen des Instituts für Europäische Geschichte, Bd. 55), Wiesbaden 1970.

266 UA Gießen, Phil. K. 9: *E. P. Ploennies*, Einladung zur Antrittsvorlesung (Anh. Dok. 1).

267 Vgl. hierzu *A. Wolf*, A History of Science, Technology and Philosophy in the 16th and 17th Centuries, hg. v. *D. McKie*, 2 Bde., New York ^{2}1950; *Paolo Rossi*, I filosofi e le macchine (1400-1700), Mailand 1962; *Robert Mandrou*, Histoire de la pensée européenne, Bd. 3: Des humanistes aux hommes de la science (XVIe et XVIIe siècle), Paris 1973; *R. Hooykaas*, Religion and the Rise of Modern Science, Edinburgh 1972; *H. Kearney*, Science and Change 1500-1700, London 1971; *Mason* (Anm. 182); *Mittelstrass*, Neuzeit (Anm. 173), S. 193-203; *Hans Blumenberg*, Die Legitimität der Neuzeit, Frankfurt a.M. 1966; *ders.*, Der Prozeß der theoretischen Neugierde (erw. u. überarb. Neuausg. v. „Die Legitimität der Neuzeit", 3. Teil), Frankfurt a.M. ^{2}1980; kritisch gegenüber dieser Datierung ist allerdings *Alexandre Koyré*, Les origines de la science moderne, in: Diogène 16 (1956), S. 14-42.

268 Vgl. dazu die noch immer grundlegende Arbeit von *Carl Hinrichs*, Der Hallesche Pietismus als politisch-soziale Reformbewegung des 18. Jahrhunderts, in: JbGMO 2 (1954), S. 117-189, in überarb. u. erw. Fassung wieder abgedruckt in *ders.*, Preußentum und Pietismus. Der Pietismus in Brandenburg-Preußen als religiös-soziale Reformbewegung, Göttingen 1971, S. 1-125.

269 Zur zeitgenössischen Einschätzung von Tschirnhaus vgl. Art. „Tschirnhaussen", in: *Zedler* 45 (1745), Sp. 1381; ferner *A. Kunze*, Lebensbeschreibung des Ehrenfried Walter v. Tschirnhaus auf Kieslingswalde und Würdigung seiner Verdienste, in: Neues Lausitzisches Magazin 43 (1866), S. 1-40; *O. Liebmann*, Art. „Tschirnhaus", in: ADB 38 (1894), S. 722 ff; *J. Verweyen*, Ehrenfried Walter v. Tschirnhaus als Philosoph, Diss. Bonn 1906; *Eduard Winter*, E. W. v. Tschirnhaus (1651-1708). Ein Leben im Dienste des Akademiegedankens (Sitzungsberichte der deutschen Akademie der Wissenschaften zu Berlin, Klasse f. Philosophie, Geschichte, Staats-, Rechts- und Wirtschaftswissenschaften, Jg. 1959, Nr. 1), Berlin 1959.

Mencke und anderen zu Tschirnhaus' engstem Freundeskreis gehörte[270], auf den in „der Physik“ sowie „in den mathematischen und mechanischen Wissenschaften“ berühmten Gelehrten aufmerksam gemacht[271], wurde Ploennies während seines Studiums in Halle nun immer häufiger - sei es durch dessen in Halle oder Leipzig erschienene Veröffentlichungen, sei es durch Erzählungen von Professoren oder Kommilitonen - mit dem Namen des in der Nähe von Görlitz auf seinen Landgütern residierenden Freiherrn konfrontiert. In den akademischen Kreisen Halles war die Tatsache allgemein bekannt, daß sich der kurbrandenburgische Hof und die designierte Universitätsverwaltung mit Thomasius, Stryck, Hoffmann und Francke an der Spitze 1693 mit einer offiziellen Berufung darum bemühten, Tschirnhaus als Nachfolger Seckendorffs für das Amt des Kanzlers zu gewinnen, ein verlockendes Angebot, das Tschirnhaus allerdings mit Rücksicht auf seine laufenden und projektierten Forschungsarbeiten schließlich doch nicht annahm[272]. Da Tschirnhaus also nicht nach Halle kam, ist es nicht ausgeschlossen, daß Ploennies sich wie einige andere mathematisch-naturwissenschaftlich begabte und hinreichend interessierte Studenten aus Leipzig, Halle und Wittenberg nach Görlitz begab, um sich in Tschirnhaus' Privatseminaren fortzubilden[273]; seine großen forschungspädagogischen und -innovativen Ambitionen, mit denen er gerade der akademischen Jugend die modernen Erfahrungswissenschaften näherbringen wollte, hatte er in seinem Hauptwerk „Medicina mentis“ jedenfalls erst vor kurzem (1687) nachhaltig betont[274].

Tschirnhaus, der August Hermann Francke wenig später „bei der Einrichtung des naturwissenschaftlichen und mathematischen Unterrichts“ beraten „und hallesche Studenten zu Mathematiklehrern“ ausbilden sollte[275], hatte in dieser philosophischen, an Descartes und Spinoza anknüpfenden Schrift nämlich eine für jeden Mathematiker und Naturwissenschaftler des ausgehenden 17. Jahrhunderts hochinteressante „Methodik für die wissenschaftliche Forschung“ entworfen[276]. Das erkenntnistheoretische Programm, das Tschirnhaus dabei formulierte, zielte in seinem Kern darauf ab, daß zunächst mit Hilfe der Mathematik Theorien über einen zu erringenden Fortschritt aufzu-

270 *Eduard Winter*, Einleitung, in: E.W. von Tschirnhaus, Gründliche Anleitung zu nützlichen Wissenschaften, absonderlich zu der Mathesi und Physica ..., hg. u. eingel. v. *Eduard Winter*, Stuttgart/Bad Cannstatt 1967, S. V-XIII, hier S. VI.

271 *Zedler* (Anm. 269), Sp. 1382.

272 *Eduard Winter*, Der Bahnbrecher der deutschen Frühaufklärung E.W. v. Tschirnhaus und die Frühaufklärung in Mittel- und Osteuropa, in: E.W. v. Tschirnhaus und die Frühaufklärung in Mittel- und Osteuropa, hg. v. *Eduard Winter* (Quellen und Studien zur Geschichte Osteuropas, Bd. 7), Berlin 1960, S. 1-82, hier S. 38.

273 *Winter*, Einleitung (Anm. 270), S. XI.

274 *Ehrenfried Walther von Tschirnhaus*, Medicina mentis sive tentamen genuinae logicae, in qua disseritur de methodo detegendi incognitas veritates, Amsterdam 1687; alle weiteren Auflagen erschienen unter dem revidierten Titel: Medicina mentis sive artis inveniendi praecepta generalia, Leipzig ²1695 (danach auch die erste dt. Übers. Leipzig 1963); vgl. *Winter* (Anm. 270), S. X ff.

275 *Carl Hinrichs*, Preußentum (Anm. 268), S. 70, 445.

276 *Winter*, Einleitung (Anm. 270), S. X; *ders.*, Der Bahnbrecher (Anm. 272), S. 23 ff.

stellen seien und daß diese Theorien dann mit Hilfe von mehrfach zu wiederholenden (physikalischen) Experimenten zu erproben seien. Sinn und Zweck seiner gründlich durchdachten Methodenlehre war es also, die bis dahin als solche kaum erkannte Grundlagenforschung in ihren theoretischen und experimentellen Komponenten erkennbar zu machen, ihre Intensivierung anzuregen und auf die so wesentlich größeren Chancen für einen möglichst raschen und wirtschaftlichen Erfolg aufmerksam zu machen[277]. Die hinreichende Beherrschung und Förderung der Mathematik, vor allem aber auch der Physik, die er als „die Wissenschaft der Wissenschaften" betrachtete[278], war mithin in der von Tschirnhaus entwickelten Argumentation für einen schnelleren technischen und wirtschaftlichen Fortschritt, den er im Bereich des Manufakturwesens verortete und aufgrund umfassender eigener Erfahrungen ohne weiteres für möglich hielt, von zentraler Bedeutung[279].

Kein Wunder also, daß das 1687 publizierte Werk zur Zeit von Ploennies' Studium in einschlägig orientierten akademischen Kreisen überall diskutiert und analysiert wurde, zumal Tschirnhaus, der selbst lange bei Huygens in Leiden studiert hatte, der mit Leibniz, Sturm, Thomasius und anderen fortschrittlich gesonnenen Wissenschaftlern des In- und Auslandes korrespondierte, nicht darauf verzichtete, seine Methodenlehre mit pädagogischen Hinweisen zu unterfüttern[280] und auch zu seinerzeit so beliebten Ideen wie dem Konzept einer „Mathesis universalis" Stellung zu nehmen. Während die klassische Definition von „Mathesis universalis", die auf Descartes zurückging und in Anlehnung an ihn im deutschen Raum hauptsächlich von Johann Christoph Sturm und Erhard Weigel propagiert wurde[281], von der „Durchdringung aller Wissensgebiete mit

277 *Winter*, Einleitung, S. VIII ff.

278 Zit. nach *Winter*, a.a.O., S. XI; auf Tschirnhausens physikalische Arbeiten kann an dieser Stelle nicht weiter eingegangen werden, wenngleich ein Zusammenhang zwischen den von Tschirnhaus entwickelten Brenngläsern einerseits sowie seinen geometrischen Forschungen auf dem Gebiet der Optik andererseits mit Ploennies' Vorlesungstätigkeit an der Universität Gießen, wo er im Wintersemester 1704/05 u.a. ein „Collegium Opticae" anbot (UA Gießen, Allg. N. 6), naheliegt. Zu Tschirnhaus' physikalischen Studien vgl. im einzelnen *V. P. Zubov*, Die cartesianische Physik und Tschirnhaus, in: *E. Winter* (Hg.), E. W. von Tschirnhaus und die Frühaufklärung (Anm. 272), S. 266-284.

279 Tschirnhaus hatte nicht nur auf seinen mehrmaligen Reisen durch Holland und Frankreich die Bedeutung wissenschaftlich exakt durchgeführter Experimente für die Entwicklung des Manufakturwesens erkannt, sondern auch selbst mit finanzieller Unterstützung Kursachsens drei rentabel arbeitende Glashütten errichtet (*Kunze*, Anm. 269; *Liebmann*, ebd., S. 724).

280 Vgl. dazu auch die wesentlich auf der Grundlage der „Medicina mentis" beruhende pädagogische Schrift von *Ehrenfried Walther von Tschirnhaus*, Gründliche Anleitung zu nützlichen Wissenschaften ... (Anm. 270), die zunächst anonym im Jahre 1700 und in einer kleinen Auflage in Halle veröffentlicht wurde (s. dazu neben der instruktiven Einleitung von *Winter* [Anm. 270] auch *G. Mundorf*, Bemerkungen zu einer pädagogischen Schrift von E. W. v. Tschirnhaus, in: *Winter* (Hg.), E. W. von Tschirnhaus und die Frühaufklärung (Anm. 272), S. 108-120.

281 Vgl. Anm. 173, 227-230, insbes. auch *Mittelstrass*, Neuzeit (Anm. 173), S. 300, 428 ff, 436 f, 449 f.

mathematischer Methode“ sprach[282], faßte Tschirnhaus den Begriff wesentlich enger und reduzierte ihn auf das Problem der Kurvenberechnung, das er im Rahmen der sogenannten analytischen Geometrie (in der die Algebra auf die Kurven angewandt wurde[283]) als zentrales Forschungsproblem ansah und dessen Lösung er als einen elementaren Durchbruch in der mathematisch-physikalischen Forschung betrachtete.

Da Ploennies später selbst auf diesem Gebiet arbeitete und seine einzige mathematische Untersuchung zu einem in diesem Kontext relevanten Thema veröffentlichte[284], ist es in diesem Zusammenhang durchaus aufschlußreich, Tschirnhaus' Definition von „Mathesis universalis“, seine eigentümliche, in mancherlei Hinsicht sehr zeittypische Argumentation detaillierter zu betrachten. In seinem Hauptwerk, der „Medicina mentis“, genauer gesagt in einem Kapitel, das die ‚rationalen Wesenheiten der Mathematik‘ und die essentiellen Probleme der gegenwärtigen und zukünftigen Grundlagenforschung behandelte, formulierte Tschirnhaus, daß es seiner Auffassung nach „zur Entdeckung alles dessen, was in der ganzen Mathematik wenig oder gar nicht bekannt ist, nur erforderlich ist, alle möglichen Kurven, soweit wir sie verstehen können, zu betrachten. Denn auf diese Weise, so hoffe ich zuversichtlich, werden wir die möglichen Beziehungen aller Gegenstände der Mathematik darlegen, so daß, wenn später irgendeine Schwierigkeit in einem Teilgebiet dieser Wissenschaft auftritt, zu ihrer Lösung nichts anderes nötig ist, als die der Aufgabe entsprechende Kurve aufzuzeigen. Und so werden wir, da eine Kurve unendlich viele Punkte enthält, auf einen Schlag immer unendlich viele Probleme lösen. Deshalb werden wir die Wissenschaft, in der alles enthalten ist, was sich nur auf die Kenntnis derartiger Gegenstände oder Kurven bezieht, zweckmäßig Mathesis universalis (Universalmathematik) nennen ...“[285]

So illusorisch diese von Tschirnhaus entworfene Theorie heute auch anmuten mag, so sollte doch nicht übersehen werden, daß solche oder vergleichbare Vorstellungen im Rahmen der zuerst von Descartes entworfenen analytischen Geometrie von vielen anderen namhaften Gelehrten des ausgehenden 17. Jahrhunderts - nicht zuletzt in der Royal Society - ebenfalls erörtert und zum Gegenstand ernsthafter Auseinandersetzungen erhoben wurden[286]. Ähnlich verhielt es sich in den 1680er Jahren mit dem zwar erkannten, aber noch nicht gelösten Problem der Infinitesimalrechnung, das eng mit der algebraischen Kurvenberechnung und der Frage der Flächenberechnung von Kreisen (welche im zeitgenössischen Jargon immer noch gern als das Problem der „Quadratur“ bezeichnet wurde, weil man hoffte, die Kreisfläche gewissermaßen durch die Projektion

---

282 Zit. aus dem mathematikgeschichtlichen Kommentar von *Herbert Oettel* zur deutschsprachigen Ausgabe der „Medicina mentis“ von 1963 (Anm. 274), S. 111 (dort Anm. 30 und 31).

283 *O. Volk*, E. W. v. Tschirnhaus als Mathematiker und Physiker, in: *Winter* (Hg.), E. W. von Tschirnhaus und die Frühaufklärung (Anm. 272), S. 247-265, hier bes. S. 255.

284 *Erich Philipp Ploennies*, In rebus mathematicis bene versatis geometris ..., Berleburg 1724.

285 *Tschirnhaus*, Medicina mentis ..., 1963 (Anm. 274), S. 110 f.

286 Vgl. hierzu *G. Loria-F. Schütte*, Algebraische und transzendente ebene Kurven, Leipzig 1902, S. 416 f.

unendlich vieler Quadrate berechnen zu können) zusammenhing. Wie aus verschiedenen von Tschirnhaus seit 1683 in den Leipziger „Acta Eruditorum“ vorgelegten Veröffentlichungen hervorgeht[287], arbeitete er in den ganzen 1680er und 1690er Jahren intensiv an der Klärung dieser geradezu klassischen Aufgabe, doch der entscheidende Durchbruch blieb ihm letztlich versagt: Zwar erwies sich Tschirnhaus wieder als Neuerer, als derjenige - wie ein Mathematiker des 20. Jahrhunderts es einmal formulierte -, der den „Mut hatte, Fehler zu machen, um dem Fortschritt zu dienen“[288], aber die eigentliche Entdeckung der Infinitesimalrechnung, zu der „das Problem Tschirnhausens (d.h. sein Lösungsansatz) die erste Anregung ... gegeben“ hatte[289], blieb schließlich Leibniz bzw. Newton vorbehalten[290]; trotzdem wird Tschirnhaus vor dem Hintergrund seiner Zeit von der neueren mathematikgeschichtlichen Forschung als „ein kenntnisreicher Mathematiker von Rang“ angesehen[291].

Als solcher wurde Tschirnhaus auch schon zu seinen Lebzeiten vor allem von seinen Schülern und intellektuellen Diskussionspartnern bewundert. Ploennies, der ihn in der Aufzählung seiner wissenschaftlichen Vorbilder gewiß nicht absichtslos als ersten nannte, muß auch von seinen Versuchen zur Lösung des Infinitesimalproblems und seinen sonstigen mathematischen Fähigkeiten außerordentlich beeindruckt gewesen sein, vielleicht genauso wie die Mathematiker der Royal Society, denen Tschirnhaus schon 1675 anläßlich eines Besuchs in London „Mitteilung über seine neuesten Ergebnisse auf dem Gebiet der Algebra“ machte, was diese so sehr beeindruckte, daß Tschirnhaus „in den Ruf eines hervorragenden Fachmannes kam, der mit Isaac Newton (1643-1727) und James Gregory (1638-1675) zu den bedeutendsten Algebraikern“ gezählt wurde[292]. Ploennies aber, der allenfalls fortgeschrittene Student, der die Publikationen von Tschirnhaus rezipierte und seinen akademischen Vorbildern nachzueifern versuchte, erreichte mit dieser Lektüre allmählich ein wissenschaftliches Niveau, das in jedem Fall das an deutschen Universitäten übliche Maß, das „nach Leibnizens Aussage nicht über die Elemente Euklids hinausging“[293], übertraf.

---

287 Tschirnhaus publizierte zwischen 1683 und 1698 mindestens drei zentrale mathematische Forschungsarbeiten zu diesem Problembereich in den „Acta Eruditorum“ (*Volk*, Anm. 283, S. 262).

288 *Ferdinand von Lindemann*, hier zit. nach *Volk*, a.a.O.

289 *C. I. Gerhardt* (Hg.), Der Briefwechsel von Gottfried Wilhelm Leibniz mit Mathematikern, 2 Tle., Berlin 1899, S. 323.

290 Vgl. hierzu *J. E. Hofmann*, Die Entwicklungsgeschichte der Leibnizschen Mathematik, München 1949, S. 126 ff; *ders.*, Leibniz als Mathematiker, in: *Wilhelm Totok/Carl Haase* (Hg.), Leibniz (Anm. 208), S. 421-458; *Seidel* (Anm. 208), S. 74 ff; *Fritz Wagner*, Isaac Newton im Zwielicht zwischen Mythos und Forschung. Studien zur Epoche der Aufklärung, Freiburg i.Br. 1976.

291 *Volk* (Anm. 283), S. 263; vgl. auch *A. Kauffeldt*, Die Naturwissenschaft im 17. Jahrhundert und E. W. von Tschirnhaus, in: *Winter* (Hg.), a.a.O., S. 319-325.

292 *Hofmann*, Entwicklungsgeschichte (Anm. 290), S. 103; *Volk* (Anm. 283), S. 255 f.

293 *Volk*, a.a.O; vgl. *Gottfried Wilhelm Leibniz*, Oeuvres de Leibniz, hg. v. *A. Foucher de Careil*, 3. Folge, Bd. IV, Paris 1859: Briefwechsel zwischen Leibniz, John Wallis, Pierre Varignon, Tschirnhaus u.a., S. 417 ff.

Mit großer Aufmerksamkeit wird Ploennies beim Studium der mathematisch-physikalischen und naturwissenschaftlich-pädagogisch inspirierten Schriften von Tschirnhaus festgestellt haben, daß gerade auch dieser vorbildliche Gelehrte der Geographie ein besonderes Interesse entgegenbrachte. Tschirnhaus, der von Studenten der Mathematik forderte, daß sie in der Lage sein sollten, „in der Geographia die illuminierten mappas geographicas sowohl erkennen als selbige selber machen“[294], stand aus fachlichen Erwägungen offenbar den von Bernhard Varenius (1622-1650), einem der bedeutendsten Geographen des 17. Jahrhunderts entwickelten „mathematischen“ Methoden der „Geographia generalis“ nahe[295]. Dieser hatte nämlich nicht nur der Geographie als wissenschaftlicher Disziplin wichtige neue Impulse verliehen, indem er der übergreifenden, kosmographischen Geographie, die er „Geographia generalis“ oder „universalis“ nannte, eine „Geographia specialis“ bzw. „particularis“ für „die Besonderheiten einzelner Gebiete oder Zonen“ gegenüberstellte[296], sondern er hatte auch erstmals drei „Principia, quia Geographia utitur“, also drei für die Geographie nützliche Prinzipien formuliert, die den Vorstellungen eines Mathematikers wie Tschirnhaus gewiß sehr entgegenkamen. Varenius hatte nämlich die Forderung aufgestellt, erstens künftig die Geometrie, Arithmetik und Trigonometrie als theoretische Grundlagen der modernen Geographie anzusehen, zweitens die Astronomie zur genaueren Ortsbestimmung anzuwenden und drittens die Erfahrungen und Berichte von Reisenden in der Geographie stärker zu berücksichtigen[297]. Es liegt auf der Hand, daß Tschirnhaus diese Prinzipien aus seiner Perspektive nur unterstützen konnte, entsprachen sie doch seinen vielseitigen mathematischen Interessen und auch der cartesischen Doktrin von der grundsätzlichen Mathematisierbarkeit aller wissenschaftlichen Disziplinen. Seinerseits unterstützte er folglich die Verbindung von Mathematik (bzw. Geometrie) und Geographie, indem er die Geographie in den Kanon der „nützlichen Wissenschaften“ aufnahm, die angehenden Mathematiker zur intensiveren geographischen Forschung ermunterte und sie schließlich sogar dazu aufrief, nach dem Studium der Geometrie und Arithmetik „hernach die praxin auf dem Felde nach des Swenteri Geometria practica[298] anweisen, wel-

---

294 *Tschirnhaus*, Gründliche Anleitung ..., hg. v. *E. Winter* (Anm. 270), S. 16 (hier zit. nach *P. Hoffmann*, Die Entwicklung der Geographie im 17. und 18. Jahrhundert und ihre Widerspiegelung in den Schriften und in der Bibliothek von E. W. von Tschirnhaus, in: *Winter* [Hg.], E. W. von Tschirnhaus und die Frühaufklärung... , Anm. 272, S. 326-335, hier S. 328).

295 *Bernhard Varenius*, Geographia generalis, in qua affectionibus generalis telluris explicantur, Amsterdam 1650; nachweislich besaß Tschirnhaus die Erstausgabe dieses Werkes (vgl. *Hoffmann*, Anm. 294, S. 327).

296 Varenius: „Generalis sive universalis Geographia dicitur, quae tellurum in genere considerunt ... non habita particularium regionum ratione“ (hier zit. nach der 3. Auflage der „Geographia generalis“, Amsterdam 1671, S. 2).

297 Ebd., S. 5: „Tertio: Experientia. Etenim maxima geographiae pars, inptimis specialis, sola experientia et observatione hominum nititur, qui regiones singulas descripserunt.“

298 Gemeint ist die von Tschirnhaus neben den Arbeiten von Johann Christoph Sturm mehrfach erwähnte Schrift von *Daniel Schwenters*, Geometria practica nova et aucta, Nürnberg 1667.

cher mit wenigen Stäben und einer Meßlatte ohne alle teure Instrumenten, alles viel besser und richtiger zuwege bringen lehret"[299].

Solche Empfehlungen zur praktischen Anwendung der theoretisch erworbenen Kenntnisse auf dem Gebiet der Mathematik und Naturwissenschaften, die Ploennies sicherlich aufmerksam zur Kenntnis nahm und übrigens alsbald zu realisieren suchte, führen noch einmal sehr deutlich vor Augen, wie ähnlich sich Weigel, Sturm und Tschirnhaus, die akademisch-intellektuellen Vorbilder von Ploennies, in ihren Auffassungen und Lehrmeinungen tatsächlich waren. Im Reich waren sie jenseits ihrer verschiedenen Spezialgebiete bzw. unterschiedlichen fachlichen Kompetenzen zweifellos die prominentesten Propagandisten des von Descartes inspirierten Systems der „neuen" Wissenschaft, in dem die Mathematik sowohl als „universelle (Hilfs-) Wissenschaft" als auch in zunehmendem Maße als „das Ideal aller Wissenschaftlichkeit, ja des logischen Denkens überhaupt" angesehen wurde[300]. Als solche waren sie auf fachwissenschaftlichem, philosophischem und nicht zuletzt auch auf pädagogisch-politischem Gebiet vor Leibniz, Newton und Wolff die wichtigsten Wegbereiter jenes mathematisch-empirischen Paradigmenwechsels, der zunächst das traditionelle System der Wissenschaften ergriff und modernisierte und schließlich den Prozeß der Aufklärung maßgeblich beeinflußte[301]. Durch ihr Engagement, ihre offensive Haltung gegenüber immer wieder auftretenden späthumanistischen und neoscholastischen Tendenzen und durch ihre rege publizistische Tätigkeit (u.a. in Zeitschriften wie den „Acta Eruditorum") wurden ihre Anschauungen nicht nur im Bereich der eigenen Disziplin oder in der „res publica literaria", sondern etwa auch im gebildeten Stadtbürgertum bekannt.

Allmählich veränderte sich so zum einen das Ansehen der modernen Erfahrungswissenschaften in der gebildeten Öffentlichkeit, zum anderen kam es damit an der „Wendemarke zwischen 17. und 18. Jahrhundert" zum „endgültige(n) Durchbruch des kopernikanischen Weltsystems", einer wichtigen „Voraussetzung für die praktische Verwertung der Mathematik und die Exaktheit der astronomischen Berechnungen"[302].

---

299 *Tschirnhaus*, Gründliche Anleitung ... (Anm. 270), S. 16, hier zit. nach *Hoffmann* (Anm. 294), S. 328.

300 *Karl Richter*, Literatur und Naturwissenschaft. Eine Studie zur Lyrik der Aufklärung, München 1972, S. 183; vgl. hierzu auch *Hans Schimank*, Stand und Entwicklung der Naturwissenschaften im Zeitalter der Aufklärung, in: Lessing und die Zeit der Aufklärung. Vorträge gehalten auf der J. Jungius-Gesellschaft Hamburg 1967, Göttingen 1968, S. 30-76.

301 Grundlegend für diesen Gesamtzusammenhang ist *Gunter E. Grimm*, Literatur und Gelehrtentum in Deutschland. Untersuchungen zum Wandel ihres Verhältnisses vom Humanismus bis zur Frühaufklärung (Studien zur deutschen Literatur, Bd. 75), Tübingen 1983, bes. S. 684-688; vgl. auch *ders.*, Vom Schulfuchs zum Menschheitslehrer. Zum Wandel des Gelehrtentums zwischen Barock und Aufklärung, in: Über den Prozeß der Aufklärung in Deutschland im 18. Jahrhundert. Personen, Institutionen und Medien, hg. v. *Hans Erich Bödeker* u. *Ulrich Herrmann* (Veröffentlichungen des Max-Planck-Instituts für Geschichte, Bd. 85), Göttingen 1987, S. 14-38.

302 *Grimm*, S. 687; vgl. *Ernst Zinner*, Entstehung und Ausbreitung der Coppernicanischen Lehre, Erlangen 1943; *Blumenberg*, Prozeß der theor. Neugierde (Anm. 267), S. 160 f;

Obschon im eigenen Lager nicht unumstritten und von radikaleren Neuerern wie Thomasius bereits früh als suspekte Traditionalisten kritisiert[303], lösten aber gerade Weigel und Tschirnhaus - und zwar als wissenschaftliche Kapazitäten, die im Sinne der Zeit den „Fortschritt" repräsentierten - die antiken Autoritäten in ihrer Funktion als Ideale der Gelehrsamkeit ab[304]. Als Theoretiker und Empiriker der „neuen" Wissenschaften, die immer auch im Rahmen von Staat, Wirtschaft und Erziehung den Nutzen und die praktischen Anwendungsmöglichkeiten der von ihnen vertretenen Disziplinen im Blick hatten, bemühten sie sich trotz aller selbstbewußten Argumentation für eine Emanzipation der Mathematik und Naturwissenschaften um die Aufrechterhaltung des „pansophischen" Ideals, d.h. um die Einheit aller Wissenschaften - freilich unter veränderten Vorzeichen[305]. Das machte sie für viele, vor allem für ihre Schüler, natürlich nur um so verehrenswürdiger.

Erich Philipp Ploennies war diesbezüglich mit Sicherheit keine Ausnahme, auch wenn er im Gegensatz zu Tschirnhaus, der in seiner Methodenlehre besonders die erkenntnistheoretischen und ethischen Vorzüge der neuen Wissenschaftshaltung - den

---

vgl. auch *Joachim Otto Fleckenstein*, Scholastik, Barock, exakte Wissenschaften, Einsiedeln 1949, Kap. II.

303 *Christian Thomasius*, Freimütige, lustige und ernsthafte, jedoch vernunftmässige Gedanken oder Monatsgespräche über allerhand, fürnehmlich aber neue Bücher, durch alle 12 Monate des 1688. und 1689. Jahres, 4 Bde., Frankfurt a.M. 1972 (ND der unter wechselnden Titeln in Halle seit 1688 erschienenen „Monatsgespräche"), hier: Monatsgespräche I (März 1688), S. 419-426: Besprechung der „Medicina mentis" und Monatsgespräche I (Juni 1688), S. 746-792: zur sozial-konservativen Auffassung von Tschirnhaus auf dem Gebiet des muttersprachlichen Prinzips; vgl. auch *Winter*, Bahnbrecher (Anm. 272), S. 28 ff; *G. Stiehler*, Tschirnhaus als Philosoph, in: E.W. von Tschirnhaus und die Frühaufklärung in Mittel- und Osteuropa, hg. v. *Eduard Winter* (Quellen und Studien zur Geschichte Osteuropas, Bd. 7), Berlin 1960, S. 83 ff, 89 ff; *Grimm*, Literatur (Anm. 301), S. 384 f; zur Frage der gesellschaftlichen ‚Rückkoppelung' der Naturwissenschaften im 17. und 18. Jahrhundert vgl. auch *Wolf Lepenies*, Das Ende der Naturgeschichte, München 1976, S, 12-15, 41-77 sowie *August Nitschke*, Erfahrungswissenschaften und Gesellschaftsformen, in: Erfahrung und Erfahrungswissenschaft. Die Frage des Zusammenhangs wissenschaftlicher und gesellschaftlicher Entwicklung, hg. v. *Rolf E. Vente*, Stuttgart 1974, S. 72-89; *ders.*, Die Geschichte der Naturwissenschaft und die Gesellschaft, in: Saeculum 29 (1978), S. 205-213; *ders.*, Naturwissenschaftliche Revolutionen und Wandel der Gesellschaftsstruktur, in: SudA 53 (1969), S. 337-361.

304 *Eberhard Reichmann*, Die Herrschaft der Zahl. Quantitatives Denken in der deutschen Aufklärung, Stuttgart 1968, S. 62, 193 ff; *Zubov* (Anm. 278); *Grimm*, Literatur (Anm. 301), S. 551-555, 686 f; vgl. auch *Lothar Suhling*, Meßtechnik und Erfahrungswissenschaften. Ein historischer Überblick, in: Erfahrung und Erfahrungswissenschaft (Anm. 303), S. 96-105.

305 *Kauffeldt* (Anm. 291), S. 319 ff, 323; *Vierhaus*, Absolutismus (Anm. 76), S. 96; *ders.*, Staaten (Anm. 24), S. 142 ff; grundlegend *Joachim Otto Fleckenstein*, Die Einheit von Technik, Forschung und Philosophie im Wissenschaftsideal des Barock, in: TG 32 (1965), S. 19-30 sowie *Michael Stolleis*, Die Einheit der Wissenschaften - Hermann Conring (1606-1681), in: Hermann Conring (Anm. 259), S. 11-31.

Wahrheitsgewinn und die Glückseligkeit - betonte[306], grundsätzlich mehr den politisch-pragmatischen Nutzen hervorhob und in diesem Bereich später auch selbst tätig wurde. Auf jeden Falle hatte er sich - wie er es in einer autobiographischen Notiz völlig zu Recht ausgedrückte - während seines Studiums „besonders in Halle und Leipzig," „bei den berühmtesten Männern ... eine kaum gewöhnliche Kenntnis der mathematischen Künste" verschafft[307]: Bei Weigel und Sturm hatte er die mathematischen und physikalischen Grundkenntnisse erworben, die vielfältigen praktischen Anwendungsmöglichkeiten der Geometrie von der Landvermessung bis hin zur Militär- und Zivilarchitektur kennengelernt und sich nach dem Vorbild der Lehrer das emphatische Selbst- und Sendungsbewußtsein des universal befähigten Mathematikers und Naturwissenschaftlers angeeignet. An der Universität bzw. Ritterakademie Halle hatte er zunächst die Gelegenheit, die wissenschaftlichen Grundlagen bei Dreyhaupt, Hoffmann und Ostrowski noch einmal zu vertiefen; daß er darüber hinaus bei Ludewig mit dem Werk Conrings, insbesondere mit seinem Entwurf der neuen Disziplin „Staatenkunde" Bekanntschaft machen konnte, war zwar wohl eher ein Zufall, dann aber schließlich um so bedeutungsvoller für die konzeptionelle Begründung jener deskriptiven und kartographischen Landesaufnahme, die Ploennies 1708/09 für Kurfürst Johann Wilhelm von der Pfalz von dessen Nebenlanden, den Herzogtümern Jülich und Berg, anzufertigen begann. Gegen Ende seines Aufenthalts an der Universität Halle rundete Ploennies seine bis dahin hauptsächlich praktisch orientierten mathematisch-naturwissenschaftlichen Studien durch die eher erkenntnistheoretisch und methodisch ausgerichtete Analyse der philosophischen und ausgesprochen anspruchsvollen mathematischen Arbeiten von Tschirnhaus - möglicherweise ergänzt durch einen Besuch seines privaten Lehrerkollegs - ab.

Damit hatte er eine Ausbildung beendet, die sich in fachlicher Hinsicht entscheidend von der seiner gesamten Vorfahren (die mehrheitlich Kaufleute und Juristen waren) unterschied, wenngleich der akademische Bildungsweg des Vaters, die Dauer seines Studiums, der häufige Wechsel seiner Studienorte und schließlich auch die Orientierung am Staatsdienst für Erich Philipp Ploennies vorbildhaft bleiben sollten und von ihm nur mit Blick auf die besonderen Bedingungen seines Berufsstandes modifiziert zu werden brauchten. Trotzdem stellte seine Ausbildung ein Wagnis, ein Ausscheren aus der Tradition, dar, denn als erster in der Familie Ploennies hatte er ein Studium absolviert, das zwar von den Disziplinen her offensichtlich seinen persönlichen Neigungen entsprach, das aber die Hoffnung auf eine den sozialen Status erhaltende bzw. verbessernde Anstellung insofern zunächst kaum rechtfertigte, als am Ende des 17. Jahrhunderts insgesamt nur wenige Stellen für Mathematiker und Naturwissenschaftler zur Verfügung standen[308]. Freilich war diese Tatsache schon zu Beginn des Studiums bestens bekannt gewesen, so daß die Entscheidung für die modernen Erfahrungswissenschaften (neben den persönlichen Gründen, die seinerzeit aber kaum von ausschlaggebender Bedeutung waren) wohl ganz wesentlich von der Erwartung getragen war, daß die an Ansehen rasch gewinnenden „neuen" Wissenschaften sich nicht nur von ihren Inhalten her

306 *Grimm*, Literatur (Anm. 301), S. 315.
307 UA Gießen, Phil. K. 9: *E. P. Ploennies*, Einladung zur Antrittsvorlesung (Anh., Dok. 1).
308 *Kauffeldt* (Anm. 291), S. 319 ff, 323.

als fortschrittlich und zukunftsträchtig erweisen würden, sondern daß sich diese fachliche Entwicklung gewiß auch bald in beschäftigungspolitischer Hinsicht auswirken werde. Lediglich die ‚richtige' Wahl der Studienorte, die sich ausschließlich nach dem Prestige der an den betreffenden Hochschulen unterrichtenden Professoren richtete, wurde als ausgesprochen wichtig erachtet. Für Ploennies, der während seines Studiums anscheinend kaum übermäßig auf den Aspekt des Kostenaufwands Rücksicht zu nehmen brauchte, kamen wie schon für seinen Vater jedenfalls nur die „berühmtesten Akademien" und die namhaftesten Lehrer in Betracht, denn sie erhöhten nicht unwesentlich die Chancen, möglichst bald nach dem Studium eine einträgliche und repräsentative, zumindest aber standesgemäße Stellung zu finden.

Tatsächlich war Ploennies bei der Stellensuche nach dem Studium außerordentlich erfolgreich, denn schon im Sommer des Jahres 1695, also genau zwei Jahre nach seiner Einschreibung an der Universität Halle, stand fest, daß er bald in die Dienste des Landgrafen Ernst Ludwig von Hessen-Darmstadt eintreten würde[309]. Dieser hatte bemerkenswerterweise, genauso wie sein territorialpolitischer Erzrivale, der Landgraf von Hessen-Kassel, zunächst den vergeblichen Versuch unternommen, keinen Geringeren als Ehrenfried Walther von Tschirnhaus für die Übernahme „höhere(r) Beamtenstellen" in seinem Staatsapparat zu gewinnen[310]. Doch schon bald nachdem Tschirnhaus dieses Angebot abgelehnt hatte, war es offenbar zur Kontaktaufnahme mit Erich Philipp Ploennies und zum Abschluß einer dienstrechtlichen Übereinkunft gekommen, nach der Ploennies noch vor Antritt seiner Stelle als Baudirektor der Landgrafschaft Hessen-Darmstadt und mit dem Recht, Vorschuß auf seine künftigen Dienstbezüge erhalten zu können, eine von ihm zum Abschluß seines Studiums fest eingeplante Bildungsreise durchführen zu können[311]. So begab sich Ploennies im Sommer 1695, durch die vereinbarte Stelle in seinem Selbstbewußtsein - gerade auch als Mathematiker und Naturwissenschaftler - gewiß nicht unwesentlich gestärkt, auf jene schon seit langem für wohlhabende bürgerliche und adelige Studenten obligatorische Kavalierstour, mit der die akademische Ausbildung beendet wurde und ein letzter weltmännischer Schliff erworben werden sollte[312]. Für Ploennies, den Abkömmling einer protestantischen Fa-

---

309 STA Darmstadt, D4, Nr. 362/3, fol. 4 f: *E. P. Ploennies* an Johann Jacob Reuß, Hofkammerrat in der hessen-darmstädtischen Rentkammer, Amsterdam 23.9./4.10.1695.

310 *Liebmann* (Anm. 269), S. 723.

311 Wie Anm. 309.

312 Vgl. hierzu *Norbert Conrads*, Politische und staatsrechtliche Probleme der Kavalierstour, in: Reiseberichte als Quellen europäischer Kulturgeschichte. Aufgaben und Möglichkeiten der historischen Reiseforschung, hg. v. *Antoni Maczak* u. *Hans Jürgen Teuteberg* (Wolfenbütteler Forschungen, Bd. 21), Wolfenbüttel 1982, S. 45-64; *H. Kühnel*, Die adelige Kavalierstour im 17. Jahrhundert, in: Jahrbuch für Landeskunde von Niederösterreich N.F. 36 (1964), S. 364-384; *Wilhelm Treue*, Zum Thema der Auslandsreisen im 17. Jahrhundert, in: AfK 35 (1953), S. 199-212; *Justin Stagl*, Die Apodemik oder „Reisekunst" als Methodik der Sozialforschung vom Humanismus bis zur Aufklärung, in: Statistik und Staatsbeschreibung (Anm. 259), S. 131-204; *Gert Robel*, Reisen und Kulturbeziehungen im Zeitalter der Aufklärung, in: Reisen und Reisebeschreibungen im 18. und 19. Jahrhundert als Quellen der Kulturbeziehungsforschung, hg. v. *I. B. Krasnobaev*, *Gert Robel* u.

milie patrizisch-adeliger Provenienz, dürfte diese Reise jedoch kaum den Charakter einer galanten Vergnügungsreise, vielmehr den einer der Vervollständigung seines akademischen Wissens gewidmeten Bildungsreise angenommen haben.

Wollen wir seinen eigenen Aussagen Glauben schenken, so begab er sich im einzelnen nach „Belgien, Frankreich und England", um sich - wie schon zuvor in Deutschland - nun auch bei namhaften „Auswärtigen ... eine kaum gewöhnliche Kenntnis der mathematischen Künste" zu verschaffen[313]. Unter Berücksichtigung der Tatsache, daß er sich bald schon als landesherrlicher Architekt würde bewähren müssen, wird Ploennies daher besonderen Wert darauf gelegt haben, sein Wissen auf dem Gebiet des Festungs- und Zivilbauwesens, dessen Grundlagen noch bei Sturm und Dreyhaupt gelegt worden waren, nun zu vertiefen und sein Erfahrungsspektrum durch Besichtigungen gründlich zu erweitern. In „Belgien", wie er sich ausdrückte, d.h. in den Spanischen Niederlanden, wird er - obwohl dies als Faktum nicht überliefert ist - die Grenze zum Königreich Frankreich überschritten haben, um dort einige derjenigen Festungen (wie etwa die von Dunkerque, Lille, Arras, Maubeuge u.s.w.) persönlich in Augenschein nehmen zu können, die der berühmte französische Baumeister Sébastien le Prestre de Vauban (1633-1707) an der durch den Eroberungskrieg von 1667/68 zugunsten Frankreichs nicht unwesentlich verschobenen Grenzlinie nach den neuesten Erkenntnissen der Fortifikationslehre hatte errichten bzw. modernisieren lassen[314]. Vauban, den Ploennies gewiß nicht nur als Theoretiker der Militärarchitektur, sondern auch als Mathematiker, Statistiker, Volkswirtschaftler und nicht zuletzt auch als einen der „bedeutendste(n) Vertreter der Angewandten Geographie des 17. Jahrhunderts" verehrte[315], galt seinerzeit in ganz Europa als einer der vorbildlichsten mathematischen Praktiker, der mit seinen Festungsbauten und deren „großem Verteidigungswert" zur Etablierung des französischen Absolutismus, zur Begründung und Sicherung der Macht und Vorherrschaft Frankreichs auf dem Kontinent, beigetragen hatte und dem es selbst nach

---

Herbert Zeman (Studien zur Geschichte der Kulturbeziehungen in Mittel- und Osteuropa, Bd. VI), Berlin 1980, S. 9-37; *Rainer S. Elkar*, Reisen bildet. Überlegungen zur Sozial- und Bildungsgeschichte des Reisens während des 18. und 19. Jahrhunderts, in: ebd, S. 51-82; *William E. Stewart*, Die Reisebeschreibungen und ihre Theorie im Deutschland des 18. Jahrhunderts, Bonn 1978; neuerdings vgl. auch *Hermann Bausinger/Klaus Beyrer/Gottfried Korff* (Hg.), „Reisekultur". Von der Pilgerfahrt zum modernen Tourismus, München 1991.

313 STA Darmstadt, D4, Nr. 362/3, fol. 4 f.

314 Einen instruktiven Überblick über die Tätigkeit Vaubans als Festungsbaumeister vermittelt *Hartwig Neumann*, Architectura Militaris, in: Architekt und Ingenieur (Anm. 144), S. 281-404, bes. S. 379 ff; zu Vauban im allgemeinen vgl. Art. „Vauban", in: Biographie Universelle, Bd. 8, Lyon/Paris 1851, S. 312 ff; *Michel Parent/Jacques Verroust*, Vauban, Paris 1971; *Karl Balzer/Lothar Fontaine*, Persönlichkeit und Werk Vaubans als „Ingénieur de France". Ausstellungskatalog d. Städt. Museums Saarlouis, Saarlouis 1983; *Reginald Blomfield*, Sébastien le Prestre de Vauban (1633-1707), London [2]1971.

315 *Arthur Kühn*, Vauban und die französische Raumordnung im 17. Jahrhundert, in: Raumordnung in Renaissance und Merkantilismus (Historische Raumforschung, Bd. 4), Hannover 1963, S. 31-48.

Ansicht Ludwigs XIV. gelungen war, dem Königtum schon an den Grenzen einen „Anschein von Großartigkeit" zu verschaffen[316].

Auf der anderen Seite der Grenze, in den Spanisch-Habsburgischen Niederlanden, gab es vergleichbares zunächst in der an der Maas gelegenen Stadt Namur zu besichtigen, die 1692 im Zuge des Pfälzischen Krieges trotz heftigen Widerstands der Alliierten den Truppen Ludwigs XIV. in die Hände gefallen war und die 1695, also genau im Jahr von Ploennies' Reise durch Flandern, von den Armeen der Republik der Vereinigten Niederlande unter dem Befehl von Menno Baron von Coehoorn (1641-1704) zurückerobert werden konnte[317]. Von entscheidender strategischer Bedeutung war dabei immer die Zitadelle von Namur gewesen, die Coehoorn selbst „mit vielen Wercken" hatte versehen und nach modernsten Gesichtspunkten hatte befestigen lassen[318]. Etlichen Zeitgenossen - und so offenbar auch Erich Philipp Ploennies - galt dieser niederländische Festungsbaumeister, der als direkter Gegenspieler Vaubans fungierte, der ein besonderer Experte auf dem Gebiet der Fortifikation in ebenem Gelände war und dessen Meisterwerk die Befestigung Bergen op Zooms war[319], daher schon zu seinen Lebzeiten als „ein berühmter Ingenieur und General-Lieutenant"[320], als ausgezeichneter mathematischer Praktiker und Architekt, denn seine in der Praxis bereits bewährten Kenntnisse, die er schon 1685 in dem Werk „Neuer Festungsbau" zusammengefaßt hatte[321], wurden von den mathematisch-naturwissenschaftlich orientierten Mitgliedern der europäischen Gelehrtenrepublik fast einhellig als vorbildhaft eingeschätzt[322].

Im Juli 1695 begab sich Erich Philipp Ploennies schließlich auf den Weg nach Amsterdam, in die Vereinigten Niederlande. Wahrscheinlich über das nicht weit von seinem Ziel entfernt gelegene Leiden, die Stadt mit der „einzige(n) Universität Europas, an der ein vollständiger Apparat für die praktische Einführung in die Naturwissenschaften geboten wurde"[323] und die deshalb natürlich ein Mekka für alle Anhänger der

---

316 *Mandrou*, Staatsräson (Anm. 21), S. 64.

317 Ebd., S. 65; vgl. auch *Eberhard Weis*, Frankreich von 1661 bis 1789, in: Europa im Zeitalter des Absolutismus und der Aufklärung, hg. v. *Fritz Wagner* (Handbuch der Europäischen Geschichte, Bd. 4), Stuttgart 1968, S. 164-303, bes. 203 f; hierzu und zum folgenden vgl. auch *J. W. van Sijpesteyn*, Het leven van Menno Baron van Coehoorn, Leeuwarden 1860; *C. A. de Bruin*, Menno van Coehoorn, zijn leven en werk, Antwerpen 1973.

318 Vgl. Art. „Cöhorn", in: Zedler 6 (1733), Sp. 570 f; Art. „Coehorn", in: Biographie Universelle, Bd. 3, Lyon/Paris 1851, S. 12.

319 *Neumann*, Architectura Militaris (Anm. 314), S. 377; vgl. *Korneel Slootmans*, Bergen op Zoom, een stad als een hius, Zaltbommel 1977, S. 58-75.

320 *Zedler* (Anm. 318), Sp. 570.

321 *Menno van Coehoorn*, Nieuwe Vestingbouw, Leeuwarden 1685 (dt.: Neuer Vestungs-Bau ..., Wesel 1708, HAB Jb 59).

322 Vgl. Art. „Coehorn", in: Biographie Universelle (Anm. 318).

323 Zit.: *Winter*, Einleitung (Anm. 270), S. V; vgl. auch *H. Schneppen*, Niederländische Universitäten und deutsches Geistesleben von der Gründung der Universität Leiden bis ins späte 18. Jahrhundert (Neue Beiträge zur Geschichtsforschung, Bd. 16), Münster 1960. Leiden zeichnete sich übrigens auch durch die vermutlich größte Tuchproduktion Europas aus; über die Bedeutung des Leidener Tuchgewerbes, die großen sozialen Gegensätze innerhalb der Stadt sowie über die schon im 17. Jahrhundert aufgetretenen Unruhen infor-

Abb. 13: Der Hafen von Amsterdam beim „Haringpakkerstoren"

Mathematik und modernen Erfahrungswissenschaften war, erreichte er spätestens Ende September 1695 Amsterdam, die blühende Hafenstadt an der Zuidersee mit ihren damals schon fast 200.000 Einwohnern[324]. Hier lernte Ploennies nun das pulsierende Leben einer Weltstadt, der seinerzeit mächtigsten Handelsmetropole Europas kennen, hier konnte er das rege Treiben im Hafen beobachten, in dem stets mehrere tausend Schiffe aus aller Herren Länder be- und entladen wurden, hier begegnete er auf Schritt und

miert *Simon Schama*, Überfluß und schöner Schein. Zur Kultur der Niederlande im Goldenen Zeitalter, München 1988, S. 601 f.

324 STA Darmstadt, D4, Nr. 362/3, fol. 4 f: *E. P. Ploennies*, Schreiben an Joh. Jac. Reuß; *Mandrou*, Staatsräson (Anm. 21), S. 399.

Tritt ausländischen Kauf- und Geschäftsleuten, Matrosen und Einwanderern, die nicht nur aus wirtschaftlichen Gründen hier ansässig geworden waren, sondern die meist aus religiösen Gründen oder weil sie vor einer der zahlreichen kriegerischen Auseinandersetzungen geflohen waren und in der als tolerant bekannten Stadt einen hoffnungsvollen Zufluchtsort gefunden hatten. Eine solche Atmosphäre der Internationalität und Gewissensfreiheit zu erleben, war für Ploennies eine völlig neue und gewiß außerordentlich beeindruckende Erfahrung, zumal in religiöser Hinsicht, denn in der von der Grundstruktur her reformierten Stadt lebten um 1700 Mitglieder fast aller größeren Glaubensgemeinschaften ohne nennenswerte Konflikte friedlich nebeneinander. Ein holländischer Zeitgenosse kommentierte dies 1705 mit den Worten: „Hier können alle Völker der Welt Gott nach ihrem Herzen und gemäß ihrem Gewissen dienen, und obwohl hier die reformierte Kirche dominiert, ist es jedem freigestellt, seiner Überzeugung und seinem Bekenntnis gemäß zu leben, gibt es hier doch 25 römisch-katholische Kirchen, wo man seine Andachten ebenso in aller Öffentlichkeit verrichten kann wie in Rom selbst.“[325] Kaum weniger eindrucksvoll wird das ungewöhnlich vielfältige kulturelle Leben dieser großen Stadt auf Ploennies gewirkt haben, denn gerade Literatur und Malerei und in ihrem Gefolge auch das Verlags- und Druckereiwesen, das unter anderem wegen seiner Land- und Seekartenherstellung in ganz Europa bekannt war, erlebte unter dem Einfluß der wirtschaftlichen Expansion des späten 17. Jahrhunderts eine zweite Blüte[326].

Offensichtlich hielt sich Ploennies längere Zeit, etwa zwei bis drei Monate, in Amsterdam auf, unter anderem wohl auch deshalb, weil er im Auftrag seines künftigen Dienstherrn, des Landgrafen Ernst Ludwig von Hessen-Darmstadt, verschiedene Erledigungen zu machen hatte. Gegen einen Wechsel der hessen-darmstädtischen Rentkammer war ihm zu diesem Zweck schon im Juli 1695 von dem in Amsterdam als Bankier und Edelsteinhändler tätigen Hoffaktor Moses Levin Gomberts eine Summe von 100 Talern übergeben worden, die allerdings nicht lange vorgehalten hatte. So bat Ploennies den Landgrafen schon bald um einen in der Höhe zunächst nicht weiter festgelegten Halbjahreskredit für Amsterdam, dann - als seine erste Anfrage unbeantwortet blieb - suchte er um eine weitere Schuldverschreibung in Höhe von 100 Talern als Übergangslösung nach, und schließlich forderte er „wegen allzu vieler Außgaben und meiner aufgetragenen Affairen“ und um „beyzeiten nach Engelland sonder einiges Aufhalten“ reisen zu können, daß ihm „nechstens ein dreyfachen Summ wieder möge übermachet“ werde[327].

---

325 *Fernand Braudel*, Sozialgeschichte des 15.-18. Jahrhunderts, Bd. 3: Aufbruch zur Weltwirtschaft, München 1986, S. 194-200, Zit.: S. 200.

326 Vgl. *Leo Delfos*, Kulturgeschichte von Niederland und Belgien, Bremen 1962, S. 330-359; *Johan Huizinga*, Holländische Kultur des siebzehnten Jahrhunderts. Ihre sozialen Grundlagen und nationale Eigenart (Schriften des Deutsch-Niederländischen Instituts Köln, H. 1), Jena 1932; *Franz Petri*, Die Kultur der Niederlande. Handbuch der Kulturgeschichte, Konstanz 1964.

327 STA Darmstadt, D4, Nr. 362/3, fol. 4 f: *E. P. Ploennies*, Schreiben an Joh. Jac. Reuß.

Abb. 14: Blick in ein Kaffeehaus in London um 1700. Für viele Wohlhabende ein neuer Ort gepflegter, betont bürgerlicher Geselligkeit und nüchterner Kommunikation, für immer mehr Kaufleute, Unternehmer und Versicherungsagenten ein beliebter Ort für geschäftliche Unterredungen und Vereinbarungen.

Im Herbst oder Winter 1695 besuchte Ploennies die britische Insel. In gewisser Weise folgte er damit einem Trend, denn immer mehr junge Leute von Stand, die ihre obligatorische „Grand Tour" durch Europa unternahmen, entdeckten in der zweiten Hälfte des 17. Jahrhunderts, vor allem nach der Vollendung der „Glorreichen Revolution" von 1688 und der Stabilisierung der politisch-sozialen Verhältnisse, neben dem Süden und Westen Europas nun auch England als lohnendes Reiseziel[328]. Das Interesse an der Wirtschaft, das im 18. Jahrhundert die Motivation nahezu jedes Englandreisenden bestimmen sollte, spielte zu dieser Zeit offenbar noch überhaupt keine Rolle, war man sich doch weitgehend darüber einig, daß die Briten zwar „zu Manufakturisten sonder-

328 *Hans Jürgen Teuteberg*, Der Beitrag der Reiseliteratur zur Entstehung des deutschen Englandbildes zwischen Reformation und Aufklärung, in: Reiseberichte als Quellen europäischer Kulturgeschichte (Anm. 312), S. 73-113, bes. S. 90; vgl. hierzu auch *William Douglas Robson-Scott*, German Travellers in England 1400-1800, Oxford 1953; *Robert Elsasser*, Über die politischen Bildungsreisen der Deutschen nach England (vom 16. Jahrhundert bis 1815), Heidelberg 1915; *C. Rudolf Hennings*, Deutsche in England, Stuttgart 1923.

lich zu Woll' und Seide geschickt" seien, daß aber ansonsten die „Cameralia" der emsigen Franzosen als vorbildhaft anzusehen seien, schließlich würden diese die gemächlicheren Engländer in der „Industrie" doch weit überholen[329]. Im späten 17. Jahrhundert dominierte bei ausländischen Reisenden vielmehr eindeutig noch das Interesse an den toleranten religiösen Zuständen in England und in zunehmendem Maße auch an der wissenschaftlichen Entwicklung, die aufmerksam verfolgt wurde. Ganz besonders gilt dies für deutsche Besucher, die seit den 1690er Jahren „eine wirklich intensive Auseinandersetzung mit dem englischen Geistesleben" suchten[330]. Sehr gut belegt dies der nur vordergründig für deutsche Kirchenmänner geschriebene Reiseführer „Engelländischer Kirch- und Schulen-Staat" von Heinrich Ludolf Benthem[331], der kurz vor Ploennies Reiseantritt veröffentlicht und rasch „zum wichtigsten Nachschlagewerk unter den deutschen Anglicana" wurde: „Von Weltchroniken, legendären Hof-, Ritter- und Pilgerreisen sowie Apodemiken alten Stils sich völlig lösend, gab der Autor hier erstmals eine vollständige Übersicht über alle Einzelheiten des englischen Kultur- und Bildungslebens", wobei England dem Leser „als das Mekka der Wissenschaft schlechthin" erschien[332].

Die Folge war, daß sich seit dem Ende des 17. Jahrhunderts gleichsam ein Strom von deutschen Besuchern, die an allen „Zweigen der Wissenschaft interessiert" waren und unter denen sich „teilweise höchst sonderbare gelehrte Käuze" befanden, über England zu ergießen begann[333]. Sie alle waren in erster Linie darauf aus, „die englische Literatur und Wissenschaft ohne Vermittlung aufgrund eigener Lektüre und eigener Erfahrung zu rezipieren", die „von Kriegen unversehrten Bücher- und Manuskriptschätze zu durchstöbern", die berühmten Universitäten von Oxford und Cambridge aufzusuchen, um mit den dort tätigen Professoren Kontakt aufzunehmen und die „Bibliotheken, Kunstsammlungen, Zeughäuser und Naturalienkabinette" zu besichtigen[334]. Viele dieser Bildungsbeflissenen „weilten viele Monate in England", sie „nahmen an den Sitzungen der Royal Society teil und verkehrten mit englischen Gelehrten"[335]. Ploennies, der sich offenbar eher unauffällig in diesen Strom eingereiht hatte, machte diesbezüglich gewiß keine Ausnahme, zumal er über recht wohlwollende Empfehlungsschreiben, etwa von Landgraf Ernst Ludwig von Hessen-Darmstadt, verfügt haben dürfte.

Daß sich viele der deutschen Englandreisenden vor dem Hintergrund der kontinuierlichen Berichterstattung, die die Leipziger „Acta Eruditorum" über das sich in der britischen Gesellschaft rasch verbreitende naturwissenschaftliche Denken pflegten, „fast

---

329 *Eberhard Werner Happel*, Fortuna Britannica oder Britannischer Glückswechsel: Fürstelend. Eine kurtzbündige Beschreibung aller Königen von Engelland und des schier stets unglückseeligen Hauses Stuart, o.O. [Hamburg] 1649.

330 *Teuteberg* (Anm. 328), S. 90 f.

331 *Henrich Ludolf Benthem*, Engelländischer Kirch- und Schulen-Staat, Lüneburg 1694.

332 *Teuteberg* (Anm. 328), S. 90.

333 Ebd, S. 91.

334 Ebd.

335 Ebd.

magisch von der englischen Wissenschaft angezogen fühlten", kam nicht von ungefähr[336]. In England gehörte die Mathematik, wie Ploennies während seines Aufenthalts erfuhr, mittlerweile tatsächlich „zum beliebtesten aller Studiengebiete"[337]. John Aubrey (1626-1697), ein Gründungsmitglied der Royal Society, ein Freund Thomas Hobbes' und dank seiner historisch-literarischen Neigungen einer der wichtigsten Zeitzeugen der ‚naturwissenschaftlichen Revolution'[338], schrieb 1690 über dieses Phänomen der britischen Gesellschaft: „Es war Edmund Gunter[339], der mit seinem Buch über Quadranten, Proportionalzirkel und Kreuzstab den Menschen die Augen für diese Wissenschaft öffnete, so daß sich die jungen Männer darin verliebten. Ehedem lagen die mathematischen Wissenschaften in der griechischen und lateinischen Sprache verschlossen und ruhten sicher aber unberührt in den Bibliotheken. Nachdem jedoch Mr. Gunter sein Buch veröffentlicht hatte, sproß diese Wissenschaft mit aller Kraft hervor und wuchs nach und nach zu der Höhe heran, die sie heute (1690) besitzt."[340] Die Begeisterung, die in England in weiten Kreisen des gebildeten Bürgertums, bei Soldaten, Seeleuten und Kirchenmännern, aber ebenso bei Höflingen und jungen studierenden Aristokraten für geometrische und arithmetische Probleme herrschte, muß wirklich - selbst für einen vielleicht nur flüchtig beobachtenden Reisenden wie Erich Philipp Ploennies - unübersehbar gewesen sein, denn allenthalben gipfelten unterschiedliche Lösungsversuche in öffentlichen Kontroversen und „bisweilen in hitzigen Gefühlsausbrüchen, z.B. wenn Hobbes wähnte, er habe die Quadratur des Kreises gefunden", und ein anderer Wissenschaftler dies vor aller Augen und „zu Recht bestritt"[341].

Für Ploennies, den vierundzwanzigjährigen Absolventen der Universitäten Leipzig und Halle und designierten Baudirektor von Hessen-Darmstadt, muß der Aufenthalt in England also auf jeden Fall sehr spannend, erlebnis- und auch lehrreich gewesen sein. Vielleicht entwarf er erst hier, vor dem Hintergrund einer fehlenden absolutistischen

---

336 Ebd, S. 92.

337 *Oliver Lawson Dick*, Das Leben: ein Versuch. John Aubrey und sein Jahrhundert, Berlin 1988, S. 34.

338 Vgl. dazu neben der grundlegenden Studie von Dick auch *Henning Ritter*, Einführung: John Aubrey 1626-97, in: *John Aubrey*, Thomas Hobbes, Berlin [2]1984, S. 1 ff; ferner *M. Purver*, The Royal Society: Concept and Creation, London 1967.

339 Gemeint ist Edmund Gunter (1581-1626), der seit 1619 Professor für Astronomie am Gresham-College in Oxford war und 1620 die Studie „Table of Artificial Sines an Tangents, to the Radius of 100.000 parts to each minute of the Quadrat" veröffentlichte. Gunter ergänzte „die Erfindung der Logarithmen", er erfand selbst „die sogenannte ‚Gunter's Chain', die bei der Landvermessung verwendet" wurde, und er „sprach als erster von Cosinus und Cotangens" (*Dick*, Anm. 337, S. 183).

340 Aubrey, zit. nach *Dick*, a.a.O., S. 34.

341 *Dick* (Anm. 337), S. 34 f; vgl. hierzu auch *Peter Mathias*, Wer entfesselte Prometheus? Naturwissenschaft und technischer Wandel 1600-1800, in: Wissenschaft, Technik und Wirtschaftswachstum im 18. Jahrhundert, hg. v. *A. E. Musson*, Frankfurt a.M. 1977, S. 83-112, bes. 89-94.

Staatsgewalt und einer Gesellschaft[342], die den neuen Wissenschaften geradezu euphorisch begegnete, seine Vorstellung von einer im Grunde vom menschlichen Verstand her ‚machbaren' Welt, einer Welt, die durch die Berufung von Mathematikern bzw. Naturwissenschaftlern in irgendwelche regierungsnahe Institutionen im Sinne der zeitgemäßen „guten Policey" und „Glückseligkeit" rationaler gestaltet werden könne[343]. Interessierte Gesprächspartner wird er mit dieser Auffassung, die übrigens in frappierender Weise den allerdings etwas philosophischer akzentuierten Gedanken von Leibniz glich, jedenfalls genug gefunden haben. Kein Wunder also, daß sich Ploennies von England, dem Aktionszentrum der (natur-)wissenschaftlichen „Revolution", intellektuell und kulturell sehr angesprochen fühlte, was er schließlich durch seine spät bekundete Affinität zum Quäkertum nachhaltig unter Beweis stellte[344]. Obwohl im einzelnen nicht belegt ist, mit welchen Persönlichkeiten Ploennies während seines Aufenthaltes in England Kontakt aufnehmen konnte, so muß doch eine erste Begegnung mit dieser rasch wachsenden Glaubensgemeinschaft, die um 1690 rund 50.000 Mitglieder zählte[345] und die in ihren Bildungsbestrebungen übrigens gerade „modernen Untersuchungen", „vor allem der Mathematik", einen hervorragenden Platz einräumte[346], genauso als gesichert gelten wie die Tatsache, daß er sich sehr präzis über den Stand der Vermessungskunde und Kartographie in England sowie über die neuesten topographischen Publikationen informierte. Dabei lernte er nicht nur die modernste - wie er sich später ausdrückte - „Topographie des Königreichs Engelland" kennen[347], womit wahrscheinlich die seinerzeit sehr bekannte, von John Ogilby (1600-1676) aufgrund eigener

---

342 Vgl. *Kurt Kluxen*, Großbritannien von 1660 bis 1783, in: Europa im Zeitalter des Absolutismus (Anm. 317), S. 304-377, bes. S. 342 f; auch *ders.*, Geschichte Englands. Von den Anfängen bis zur Gegenwart, Stuttgart [2]1976, S. 409 f.

343 UA Gießen, Phil. K. 9: *E. P. Ploennies*, Einladung zur Antrittsvorlesung (Anh., Dok. 1): „... so sollen vielmehr jene für die mächtigsten Männer höchst geschätzten und unabdingbaren und für die Hoffenden sehr begehrten und wünschenswerten Männer (d.h. die Mathematiker, B.D.) in die Städte hinein gerufen und kooptiert werden." Zu Leibniz' philosophischer Variation dieses Themas vgl. *Gottfried Wilhelm Leibniz*, Grundriß eines Bedenckens von Aufrichtung einer Societät in Teutschland zur Aufnahme der Künste und Wissenschaften, in: *ders.*, Sämtliche Schriften und Briefe, hg. v. der Kgl. Preußischen Akademie der Wissenschaften, Reihe 4, Bd. 1, Darmstadt 1931, S. 530-543; s. dazu auch *Harnack*, Geschichte, Bd. 2 (Anm. 224), S. 14 ff.

344 Friends Reference Library London, Thirnbeck Manuscripts, Nr. XXIX; The Journal of the Friends' Historical Society, hg. v. *Norman Penny*, Bd. IX, London 1912, S. 186 ff: *E. P. Ploennies*, Schreiben an die Jahresversammlung der Society of the Friends in London, [Siegen] 21. Mai 1720.

345 Vgl. dazu *Paul Held*, Art. „Quäker", in: RGG 5 (1961), Sp. 728-733; *Konrad Algermissen*, Art. „Quäker", in: LThK 8 (1963), Sp. 912 ff; *Leonard Hugh Doncaster*, Art „Friends, Society of", in: Encyclopaedia Britannica, Bd. 9, London 1962, S. 846-849; *William C. Braithwaite*, The Second Period of Quakerism, hg. v. *Henry J. Cadbury*, Cambridge 1961, S. 275-278.

346 *Mathias* (Anm. 341), S. 93.

347 *E. P. Ploennies*, Topographia Ducatus Montani (1715), hg. u. bearb. v. *Burkhard Dietz*, Bd. 1 (Bergische Forschungen, Bd. XX), Neustadt a.d. Aisch 1988, S. 26.

Vermessungsarbeiten 1675 veröffentlichte kartographische Aufnahme der Straßen von England und Wales gemeint war[348], sondern er dürfte auch von den in ihrem Zusammenhang erstellten systematischen Beschreibungen ganzer Grafschaften, ihrer Städte, Schlösser, Landschaften und sonstigen Eigentümlichkeiten, gehört haben, an denen unter anderem der oben bereits erwähnte John Aubrey, das ordentliche Mitglied der Royal Society, 1673 maßgeblich beteiligt gewesen war[349].

Neuerdings aber hatte Aubrey vor dem Hintergrund seiner Erfahrungen bei der deskriptiven Aufnahme der Grafschaft Surrey den Plan für ein Projekt entwickelt, mit dem er „seiner Zeit um Längen voraus“ eilte: In einem umfassenden programmatischen Entwurf schlug er nämlich in den 1680er Jahren „ein allgemeines Register der Menschen, Ansiedlungen und des Handels von England“ vor, d.h. die Einrichtung eines zentralen statistischen Amtes oder Büros, für das er auch direkt einen detaillierten Katalog der zu erstellenden Indizes vorlegte; dieser reichte von demographischen, über ökonomische und agrarische bis hin zu allen Formen von steuerlichen Daten, die erhoben werden sollten und deren Zweck Aubrey mit den Worten zusammenfaßte: „Der Sinn der Sache ist, einen Abriß von allen genannten Einzelheiten zu erhalten, um sie miteinander zu vergleichen, so daß sie dem König jederzeit einen Überblick über den wahren Zustand der Nation geben.“[350] In der Tat eilte er mit diesem Projekt seiner Zeit weit voraus, und so wird der Plan, der bis zu Aubreys Tod 1697 nicht realisiert wurde, in den naturwissenschaftlich orientierten Kreisen, in denen sich auch Ploennies zu Beginn des Jahres 1696 in England bewegte, intensiv diskutiert worden sein. Ploennies, der hier erstmals mit dem Gedanken einer umfassenden ‚Inventarisierung‘ eines Staates, seiner materiellen und personellen ‚Reichtümer‘, d.h. letzten Endes seiner ökonomischen Potenz, konfrontiert wurde, sollte die Grundidee dieses Plans, dem Herrscher eines Staates einen Überblick über den wahren Zustand seines Territoriums zu verschaffen, von nun an nicht mehr loslassen. Durch eine Fülle von Beobachtungen und Ideen zu neuen Projekten und Arbeitsmethoden angeregt, durch den allgemeinen Aufschwung der Naturwissenschaften in England aber auch in seinem eigenen Selbstbewußtsein als Mathematiker gestärkt und darüber hinaus offenbar tief beeindruckt von der relativ großen religiösen Toleranz, mit der man im Reich der Stuarts selbst solch rasch wachsenden und zudem als oppositionell eingeschätzten Glaubensgemeinschaften wie den Quäkern begegnete[351], kehrte Erich Philipp Ploennies nach Beendigung seiner

---

348 Dieses Werk, das in Europa bald sehr bekannt wurde und seit 1700 zahlreiche Auflagen erfuhr, zeichnete sich durch eine recht eigenwillige Darstellungsform aus, es war nämlich streifenförmig angelegt und zeigte peinlich genau den Verlauf der Straßen, weshalb Ploennies ihre topographischen Ungenauigkeiten später zu Recht kritisieren konnte (vgl. *E. P. Ploennies*, Topographia [Anm. 347], S. 9, 125; *Paul D. A. Harvey*, The History of Topographical Maps. Symbols, Pictures and Surveys, London 1980, S. 180-183; *Ronald Vere Tooley*, Maps and Map-Makers, London ⁶1978, S. 53).

349 *Dick* (Anm. 328), S. 107 ff.

350 Ebd., S. 127 f.

351 Vgl. Anm. 345.

Abb. 15: Titelbild von John Ogilbys „Britannia" (1675) mit Geographen und Landmessern im Vorder- und Mittelgrund sowie einer zeitgenössischen Interpretation des nationalen Reichtums, der sich im wesentlichen auf den Außenhandel zu Wasser (Schiffe im Hintergrund), den Binnenhandel (Verkehr zu Lande mit Pferd und Wagen sowie einem Hausierer im Vordergrund) und die Nutzung der natürlichen Ressourcen (Landwirtschaft, Viehzucht und Windkraft) stützt.

Bildungsreise durch Holland, Frankreich, Belgien und England an den Hof des Landgrafen Ernst Ludwig von Hessen-Darmstadt zurück, um dort - wie zuvor festgelegt - seine Stellung als Baudirektor des Territoriums anzutreten.

3. Als Wissenschaftler und mathematischer Praktiker in fürstlichen Diensten: Erich Philipp Ploennies 1698-1751

3.1 Ploennies am Hofe Ernst Ludwigs von Hessen-Darmstadt

Als Erich Philipp Ploennies 1698 für das nach Herkunft und Bildung durchaus akzeptabel bemessene Jahresgehalt von 400 Gulden seine Tätigkeit als Baudirektor von Hessen-Darmstadt aufnahm und am Hof des noch jungen, ehrgeizigen, ganz in absolutistischer Manier regierenden Landgrafen Ernst Ludwig (1678-1739) eintraf[1], wurde ihm schon bei der Ankunft in der Residenz das ganze Ausmaß seiner künftigen Dienstpflichten, die dringende Notwendigkeit eines forcierten, gleichwohl planerisch exakt vorbereiteten und koordiniert durchgeführten Wiederauf- und Ausbaus von Darmstadt vor Augen geführt. Erst wenige Jahre zuvor, 1693, war nämlich durch französische Truppen, die sich nach der Verwüstung der Pfalz 1688/89, der Sprengung der ziemlich nahe gelegenen Festung Rüsselsheim und dem gescheiterten Versuch eines weiteren Vordringens nach Norden in der Zitadelle von Mainz festgesetzt hatten, eine Reihe von Häusern zerstört und der westliche Teil der Darmstädter Stadtmauer völlig niedergerissen worden[2]. Damit hatten die seit mehreren Jahrzehnten konsequent vorangetriebenen Bemühungen um eine moderne und zukunftsweisende städtebauliche Ausgestaltung Darmstadts wie schon im Dreißigjährigen Krieg eine jähe Unterbrechung erfahren[3], eine Zäsur, an deren Überwindung der neu berufene Baumeister Erich Philipp Ploennies nun mit ganzer Kraft arbeiten sollte. Als der in allen territorialen und landesherrlichen Baumaßnahmen in administrativer, ordnungspolitischer und architektonischer Hinsicht verantwortliche Beamte hatte Ploennies nicht nur einfach den Status-quo ante wiederherzustellen, sondern der Residenzstadt wie auch der Landgrafschaft durch richtungsweisende Entwürfe und beispielgebende Bauten neuen Glanz zu verleihen, kurzum: Er hatte die Attraktivität und das Ansehen des Fürstentums durch repräsentative, zukunftsträchtige Bauwerke zu steigern. Wie seine Kollegen in den übrigen deutschen Fürstentümern, die sich einen eigenen Baumeister leisten konnten, mußte er dabei ne-

---

1 *Albrecht Eckhardt*, Beamte und Diener der Zentral- und Hofverwaltung Hessen-Darmstadt 1704-1728, in: Hessische Familienkunde 9 (1968/69), Sp. 29-44, 232, hier: Sp. 35. Unterstellt waren Ploennies der Bauschreiber Friderici, der Werkmeister Schäfer, der Hofbüchsenmacher Albrecht, der Bildhauer Eckhard, der Brunnenmeister Gang, der Hofschreiner Seelbach und der Hofuhrmacher Briehl (Angaben für 1704). Gehaltsangabe nach *Carl Horst Hoferichter*, Der Hofstaat Ernst Ludwigs, in: Darmstadt in der Zeit des Barock und Rokoko. Ausstellungskatalog, Bd. 1, Darmstadt 1980, S. 69-78, bes. S. 74.

2 *Jürgen Rainer Wolf*, Zwei Jahrhunderte Krieg und Frieden, in: *Friedrich Battenberg/Jürgen Rainer Wolf/Eckhart G. Franz/Fritz Deppert*: Darmstadts Geschichte. Fürstenresidenz und Bürgerstadt im Wandel der Jahrhunderte, Darmstadt 1984, S. 129-288, hier S. 212-216.

3 Vgl. hierzu *Adolf Müller u.a.*, Art. „Darmstadt", in: Hessisches Städtebuch, hg. v. *Erich Keyser* (Deutsches Städtebuch, Bd. IV/1), Stuttgart 1957, S. 83-91, hier S. 83.

ben der Kriegs- und Zivilbaukunst sämtliche anderen Bauaufgaben beherrschen und zudem auch noch darauf gefaßt sein, die Sparten Vermessungswesen, Flußregulierung und Straßenbau betreuen zu müssen[4].

Insgesamt rückten diese Aufgaben Ploennies von vornherein in eine von den übrigen Mitgliedern der Hofgesellschaft mit gewissem Argwohn beobachteten Nähe zum Fürsten, denn auch für ihn gehörte ein gewisses Maß an Kenntnissen auf den Gebieten der „Architectura civilis" und „Architectura militaris" zum Bildungs- und Wissenskanon; die auf den antiken Bautheoretiker Vitruv zurückgehende Konzeption einer mathematisch begründeten und damit grundsätzlich von allen „Gebildeten" erlernbaren Architektur schuf dafür die Voraussetzungen[5]. Wollte er ein moderner politischer Herrscher sein, hatte er die Regententugend der theoretisch fundierten Architekturkenntnisse nachzuweisen und „das Zeichnen von Festungsanlagen wie die Interpretation einzelner Theoreme anhand von Modellen oder auch am Beispiel einer ‚Lustschanze' innerhalb der Gartenanlage" in seiner Jugend eingeübt[6]. Landgraf Ernst Ludwig, der als Nachgeborener erst seit seinem zehnten Lebensjahr mit Nachdruck auf die Aufgaben und Pflichten eines regierenden Fürsten vorbereitet werden konnte[7], erkannte die „Architectura militaris" und die „Architectura civilis" offensichtlich rückhaltlos als wichtige Elemente der Herrschaftssicherung, Machtsteigerung und nicht zuletzt auch der Repräsentation an; denn wie sich bald nach seinem Regierungsantritt von 1688 zeigen sollte, hatte er den bekannten, auf die Bedeutung der Architektur zielenden Lehrsatz Leonhard Fronspergers, nach welchem „hohen Potentaten vor andern viel guts zu wisen gebürt" und sie „sonderlich in künsten / jren vnderthanen zu nutz vn gut" sein sollten[8], voll und ganz internalisiert. Besprechungen über bestimmte Bauvorhaben und Diskussionen über größere Projekte, ja selbst gemeinsame Arbeitssitzungen und Geländebesichtigungen mit Ploennies waren daher durchaus an der Tagesordnung, hatte doch der Landgraf, dessen naturwissenschaftlich-technische Interessen allgemein bekannt waren[9], et-

4 *Ulrich Schütte*, Architekt und Ingenieur, in: Architekt und Ingenieur. Baumeister in Krieg und Frieden, bearb. v. *Ulrich Schütte u.a.* (Ausstellungskatalog der Herzog August Bibliothek, Wolfenbüttel), Wolfenbüttel/Braunschweig 1984, S. 18-27, hier S. 22.

5 Vgl. hierzu bes. die Ausführungen über „das Bau-Wesen in einem Fürstenthum" bei *Leonhard Christoph Sturm*, Prodomus Architecturae Goldmanniae ..., Augsburg 1714 (HAB Uf gr. 2°25), fol. B 1 b-D 1 a; sowie: *Vitruv*, Zehn Bücher über Architektur, hg. v. *Curt Fensterbusch*, Darmstadt 1964.

6 *Schütte*, Architekt (Anm. 4), S. 24.

7 Vgl. *Manfred Knodt*, Die Regenten von Hessen-Darmstadt, Darmstadt [2]1977, S. 33-37; *Eduard Vehse*, Geschichte der deutschen Höfe seit der Reformation, Bd. 27, 4. Abt.: Geschichte der Höfe der Häuser Baiern, Württemberg, Baden und Hessen, 5. Theil, Hamburg 1853, S. 351-358; *Jürgen Rainer Wolf*, Hessen-Darmstadt und seine Landgrafen in der Zeit des Barock, Absolutismus und der Aufklärung (1650-1803), in: Die Geschichte Hessens, hg. v. *Uwe Schultz*, Stuttgart 1983, S. 121-132, hier S. 125.

8 *Leonhardt Fronsperger*, Bauw Ordnung. Von Burger vnd Nachbarlichen Gebeuwen in Stetten ..., Frankfurt a.M. 1564 (HAB N 131.2° Helmst.), Vorrede fol. 2.

9 Vgl. hierzu vor allem *Otto Weber*, Physik und Technologie am Darmstädter Hof: Von der Drechslerwerkstatt zum physikalischen Kabinett, in: Darmstadt in der Zeit des Barock und Rokoko (Anm. 1), S. 105-114; *Vehse* (Anm. 7), S. 354.

liche Bauvorhaben zur Verbesserung der Grundlagen seiner Herrschaft und zur Steigerung seines Ansehens ins Auge gefaßt.

Abb. 16: Landgraf Ernst Ludwig von Hessen-Darmstadt (1667-1739)

Vor dem Hintergrund der desolaten Finanzlage seines Staates und einer ständig steigenden Schuldenlast, die bei dem ausgabefreundlichen Landesherrn letztlich den Eindruck erweckte, „als hette sich das gantze Heer des Verderbens von innen und von außen zum unvermeidlichen Ruin dieser Lande zusammenverschworen“[10], setzte Ernst Ludwig ganz im Sinne der in Frankreich vorbildhaft praktizierten merkantilistischen Staatslehre zunächst auf möglichst rasch greifende Maßnahmen zur Förderung der Wirtschaft und der Steuereinnahmen. Um - wie er sich später selbst ausdrückte - die Gefahr des Ruins abzuwenden und „den vor Menschenaugen in letzten Zügen liegenden Etat gleichsam wieder gantz lebendig“ zu machen[11], regte er beispielsweise die Anlage und den Ausbau von Bergwerken an und erließ seit 1695 eine Fülle von Verordnungen zur Hebung der sogenannten „Landeswohlfahrt“. Insbesondere veranlaßte er Maßnahmen zur Effektivierung und allgemeinen Verbesserung der „guten policey“, zur Reform des Finanzwesens, der Miliz, der agrarischen und schließlich - durch die frühe Duldung des Pietismus - auch der religiösen Verhältnisse[12]. Darüber hinaus bemühte er sich vom Beginn seiner Alleinherrschaft an um die Realisierung peuplierungspolitischer Vorstellungen, in deren Zusammenhang auch Ploennies' erste Tätigkeit als Baudirektor von Hessen-

10 Proposition des Landgrafen Ernst Ludwig für den am 1. Dezember 1700 in Darmstadt eröffneten Landtag, hier zit. nach *Wolf* (Anm. 7), S. 127.

11 Ebd.

12 Ebd.; vgl. auch *Eckhart G. Franz*, Zunftwesen in Darmstadt, in: Darmstadt in der Zeit des Barock und Rokoko, Bd. 1 (Anm. 1), S. 327-332; *Brigitte Köhler*, Landwirtschaft, in: ebd., S. 348-354; *Gerd J. Grein*, Handwerk und Gewerbe in Hessen-Darmstadt am Beispiel von Textil- und Ziegelherstellung, in: ebd., S. 360-371; *Wilhelm Diehl*, Bilder aus der hessischen Vergangenheit, 2. Reihe: Aus der Zeit des Landgrafen Ernst Ludwig (Hessische Volksbücher, Bd. 6), Darmstadt 1910; *Hellmuth Rössler*, Geistesgeschichtliche Grundzüge in der Entwicklung Hessen-Darmstadts, in: BlldLg 97 (1961), S. 74-98; *Rüdiger Mack*, Pietismus und Aufklärung an der Universität Gießen und in Hessen-Darmstadt, Gießen 1984.

Darmstadt stehen sollte: Von Ernst Ludwig war nämlich der Plan entwickelt worden, französische und piemontesische Religionsflüchtlinge, die für ihre kaufmännischen und handwerklich-gewerblichen Fähigkeiten bekannt waren, zur Ansiedlung in seinem Fürstentum zu bewegen[13]. Dieses Vorhaben, das zunächst durch den Pfälzischen Erbfolgekrieg, dessen Auswirkungen auf Hessen-Darmstadt und die Flucht der Regierung sowie des Hofes in die Festung Gießen nicht verwirklicht werden konnte, wurde insbesondere nach 1698, d.h. nach dem Abschluß des Friedens von Rijswijk und der Rückkehr des Landgrafen in die Residenz, tatkräftig vorangetrieben.

Im Mittelpunkt des Peuplierungsversuchs von 1698, an dem Erich Philipp Ploennies an maßgebender Stelle mitwirken sollte, stand nicht nur die Hoffnung, mit der Ansiedlung von „manufacturiers et artisans“ alle wirtschaftlichen und fiskalischen Probleme des maroden südhessischen Kleinstaates gewissermaßen mit einem Schlag lösen zu können, sondern auch der Plan, Darmstadt durch die Anlage einer „Neuen Vorstadt“ zu erweitern, Handel und Gewerbe kräftige Impulse zu verleihen und die Stadt möglichst zu einer modernen, aufblühenden und zugleich repräsentativen Residenz umzugestalten. Nachdem Landgraf Ernst Ludwig bereits am 4. Mai 1695, d.h. noch vor Beendigung des Pfälzischen Erbfolgekrieges, den Grundstein zum Bau dieser Vorstadt gelegt und zugleich ein Dekret erlassen hatte, „das allen Ansiedlungswilligen zehnjährige Steuerfreiheit und Sachbeihilfen versprach“[14], nahm er im Januar 1698 konkrete Verhandlungen über die Einwanderung von etwa „dreyhundert ... der reformierten Religion zugethaner Familien“ aus der südwestfranzösischen Provinz Languedoc auf. Da die Gespräche mit Kapitän David de Calmetz, dem Anführer der Exulantengruppe, in Frankfurt am Main positiv verliefen und die Aussicht auf eine Einigung relativ groß erschien, forcierte der Landgraf im Januar die Vorbereitungen zum Bau des neuen Stadtteils: Er selbst arbeitete zusammen „mit seinem Vertrauten und Architekten“ Erich Philipp Ploennies den Grundriß der bald zu errichtenden Vorstadt, den - wie ihn die Zeitgenossen nannten[15] - „Hugenottenplan“, aus[16]; beide führten Vermessungen in dem dafür bestimmten Gelände an der westlichen Peripherie Darmstadts durch; gemeinsam legten sie fest, wie der Bereich der zerstörten Stadtmauer in das ehrgeizige Bauvorhaben integriert werden könne, und gemeinsam konzeptionierten sie die für die

---

13 Hierzu und zum folgenden vgl. vor allem *Jürgen Rainer Wolf*, Darmstadt - Fürstenresidenz und Bürgerstadt, in: Darmstadt in der Zeit des Barock (Anm. 1), S. 278-282, hier S. 280; *ders.*, Zwei Jahrhunderte (Anm. 2), S. 216 ff.

14 *Jürgen Rainer Wolf*, Zum Scheitern der Waldenser-Ansiedlung in Arheilgen bei Darmstadt, in: AHG N.F. 44 (1986), S. 419-432, Zit. S. 420 f.

15 Die zeitgenössische Bezeichnung „Hugenottenplan“ könnte eventuell suggerieren, daß es sich um einen von „Hugenotten“ erstellten Stadterweiterungsplan handelt. Tatsächlich jedoch wurde der Grundriß zum Bau der „Neuen Vorstadt“ von Darmstadt - wie aus seiner Entstehungsgeschichte bereits zu entnehmen war - eigens für die Exulantengruppe der reformierten Franzosen aus der Languedoc, d.h. auf Veranlassung des Landgrafen Ernst Ludwig von Hessen-Darmstadt, erstellt.

16 Vgl. Abb 17: Kopie des von Erich Philipp Ploennies und Landgraf Ernst Ludwig konzipierten „Hugenottenplans“ zum Bau der Neuen Vorstadt von Darmstadt (1801; das Original von 1698 ist verschollen); Zitate: *Wolf* (Anm. 14), S. 421.

künftige Stadtentwicklung maßgebende Struktur des Straßennetzes, die Anordnung der Häuserzeilen, die Lage von Plätzen, Durch- und Zugängen sowie die Anbindung der „Neuen Vorstadt“ an das regionale und überregionale System der Verkehrs- und Handelswege.

Eingehende Untersuchungen des sogenannten „Hugenottenplans“, die sachkundige Stadt- und Kunsthistoriker seit den 1950er Jahren vornahmen, ergaben, daß die Bearbeitung dieses neuen Stadtgrundrisses „jedenfalls von dem Baudirektor Ploennies“ stammt[17], der es in besonderer Weise verstand, die spezifischen Wünsche seines Landesherrn mit den Bedürfnissen der sehr heterogenen Flüchtlingsgruppe der französischen Kauf-, Handels-, Handwerks- und Ackerleute zu verknüpfen[18]. Der Plan zeigt eine streng nach geometrischen Prinzipien berechnete, schachbrettartige, in ihren äußeren Maßen quadratisch konzipierte, nach Westen an das alte Schloß angelehnte Stadtanlage für ein neues Gewerbe- und Handelszentrum, bestehend aus 270 Reihenhäusern, die offensichtlich als selbständige Siedlung der reformierten Réfugiés von der östlich gelegenen „Alten Vorstadt“ sowie vom Schloßbezirk zunächst noch sichtbar getrennt bleiben sollte, die in ihrem Rastersystem später aber beliebig hätte erweitert werden können[19]. Im Anschluß an die erste, bereits im Bau befindliche Straßenzeile, die mit fünf größeren und gewiß auch repräsentativer gestalteten Häusern sowie mit zwei großen rechteckigen Plätzen vom Schloßbezirk aus einen eindrucksvollen Zugang zur „Neuen Vorstadt“ bilden sollte, war eine weiträumige, wiederum quadratisch konzipierte Platzanlage vorgesehen, die den Blick auf die Fronten der neuerrichteten Häuser und vor allem auch auf den am Westrand des Platzes beginnenden Kanal mit seinen dort ankernden Schiffen freigab. Dieser Kanal, der in 12 km Entfernung den Rhein erreichen und Darmstadt zu einer Stadt mit Binnenhafen machen sollte, bildete gewissermaßen das Prunkstück der neuen Stadtanlage, denn er sollte als Umschlagplatz für Produkte und Handelsgüter aller Art zum Inbegriff des neuen pulsierenden gewerblichen Lebens der Stadt werden. Schon vom Schloß aus sollte das rege Treiben auf dem großen Platz, der sowohl als Markt- als auch als Stapelplatz für die zu löschenden Waren zu nutzen war, und am Anfang des Kanals zu beobachten sein, und so konzipierte Ploennies die Zugangsstraße und den Kanal als eine axialsymmetrische Grundlinie, die sich über den zentralen Platz hinweg fortsetzte und damit architektonisch zur beherrschenden Mittelachse des neuen Stadtteils erhoben wurde. Sie dominierte den Grundriß und unterstrich damit nachdrücklich die „Philosophie“ der geplanten Stadterweiterung, indem sie den strukturellen Wandel der bis dahin reinen Residenzstadt, die nun zur Residenz- und Gewerbestadt bzw. zur Residenz- und Handelsstadt werden sollte, gestalte-

17 *Georg Haupt*, Die Bau- und Kunstdenkmäler der Stadt Darmstadt, Bd. I: Textband, Darmstadt 1952, S. 72, 75; vgl. hierzu auch *Holger Stüve*, Katalog Darmstädter Stadtpläne vom 17. bis zum beginnenden 20. Jahrhundert, in: AHG N.F. 33 (1975), S. 313-390, bes. S. 369.

18 *Wolf*, Zum Scheitern (Anm. 14), S. 421; zur historischen Relevanz der nachfolgenden Stadtplan-Analyse vgl. insbes. *Erich Keyser*, Der Stadtgrundriß als Geschichtsquelle, in: Studium Generale 16 (1963), S. 345-351.

19 Vgl. hierzu Abb. 17.

risch sichtbar werden ließ. Zugleich betonte diese Mittelachse aber auch die enge Beziehung, die zwischen ihren Endpunkten - zwischen dem Schloß und dem Kanal - bestand, d.h. sie hob die geistige Affinität zwischen dem kraft göttlicher Eingebung regierenden Fürsten und dem wiederum durch seinen Willen in Gang gesetzten Prozeß des Wirtschaftens und Handelns hervor und deutete unmißverständlich die fortwährende Aufsicht des Landesherrn an, der sich mit einem Blick aus seinem Schloß jederzeit einen persönlichen Eindruck vom Umfang und Fortgang des wirtschaftlichen Lebens verschaffen konnte.

Zu beiden Seiten der axialsymmetrischen Grundlinie gliederten sich die rasterförmigen Zeilen der Reihenhäuser - durch ein rechtwinkliges System von drei breiten Durchgangsstraßen in nordsüdlicher und zwei in ostwestlicher Richtung voneinander getrennt - in sechs größere Wohnbereiche, die ihrerseits wiederum durch zwölf kleinere Straßen in längliche Quartiere strukturiert werden sollten. Während das dichte Straßennetz eine vergleichsweise gute Versorgung mit Tageslicht gewährleisten sollte, hatten zwei größere Grünflächen, die am nördlichen und südlichen Rand der „Neuen Vorstadt" die Anordnung der Quartiere unterbrachen, im Zusammenwirken mit den geraden und breiten Hauptstraßen sowie dem Kanal für eine ordentliche Durchlüftung des gesamten Stadtteils zu sorgen; die Regelhaftigkeit des geometrischen Rasters bot hier, in den altbekannten Problembereichen des herkömmlichen Städtebaus, neue, sehr attraktive Lösungsmöglichkeiten an. Dem strengen Ordnungssystem hatten sich - nach Ploennies' Willen - auch die Häuser zu fügen, die als Giebelhäuser das bebaute Karree in einer nahezu geschlossenen - lediglich durch Straßen unterbrochenen - Linie umrahmten und nur nach Westen hin den Weg für eine spätere Erweiterung offen ließen. Innerhalb des neuen Stadtteils hingegen sollten die sicherlich nur ein- bis zweistöckigen Häuser, die in der Regel den Blick auf das höhere Schloß nicht beeinträchtigen durften und die übrigens in zwei Modellen, in einem kleineren und einem größeren, vorgesehen waren, so angeordnet sein, daß ihre Dächer mit der Verlaufsrichtung ihres Quartiers übereinstimmten; optisch wäre damit zwar der Reihenhaus-Charakter sehr stark betont worden, gleichzeitig hätte man aber bei den Dachkonstruktionen eine Menge Baumaterial einsparen können. Die darüber hinaus vorgesehene Anbindung der neugestalteten Residenz- und Gewerbestadt an die Straßen nach Mainz, Heidelberg und Frankfurt am Main belegt, daß das Projekt sowohl „verkehrstechnisch von weitgehender Bedeutung" als auch „richtungsweisend für die künftige städtebauliche Entwicklung Darmstadts" sein sollte[20]. Zwar scheiterte das betreffende Peuplierungsvorhaben letztendlich, weil es die französischen Réfugiés wahrscheinlich aufgrund der orthodox-lutherischen Ressentiments des Darmstädter Kirchenkonsistoriums gegen die Religionsausübung von strenggläubigen Reformierten vorzogen, sich an anderer Stelle niederzulassen, doch war immerhin mit dem von Ploennies bearbeiteten „Hugenottenplan" das Konzept, die

---

20 Ebd., S. 73; vgl. hierzu auch *Jürgen Rainer Wolf*, Joseph Süß Oppenheimer („Jud Süß") und die Darmstädter Goldmünze. Ein Beitrag zur hessen-darmstädtischen Finanzpolitik unter Landgraf Ernst Ludwig, in: Neunhundert Jahre Geschichte der Juden in Hessen. Beiträge zum politischen, wirtschaftlichen und kulturellen Leben, Wiesbaden 1983, S. 215-261.

Fürstenresidenz zu einer Bürger- und Gewerbestadt auszubauen (so, wie es in den nächsten Jahrzehnten allmählich realisiert wurde), ins Leben gerufen worden[21].
Für die stadtplanerische Charakterisierung des Projekts recht interessant und aufschlußreich ist die Tatsache, daß der Entwurf nicht nur „ein zuverlässiges Bild von dem“ wiedergibt, „was der Fürst plante“, sondern auch eine bestimmte „Vertrautheit mit den Gedanken des französischen Städtebaus“ und eine „besondere Verwandtschaft mit dem Plan der Hugenotten-Neustadt Erlangen“ sowie eine unverkennbare „Beziehung zu dem Plan für das von Hessen-Kassel für die Hugenotten gegründete Karlshafen mit dem Weser-Diemel-Kanal“ offenbart[22]. In der Tat hatte sich Erich Philipp Ploennies - der auf seiner Bildungsreise durch die Niederlande, Flandern, Frankreich und England gewiß auch mit Fragen des modernen Städtebaus konfrontiert worden war - bei der Ausarbeitung des Grundrisses für die „Neue Vorstadt“ von Darmstadt sehr darum bemüht, die funktionalen, aber auch die recht spezifischen gestalterischen Wünsche seines Landesherrn in vollem Umfang zu berücksichtigen. Sich konzeptionell durchaus bewußt an prominenten und baulich verwirklichten Vorbildern orientierend, berechnete und zeichnete Ploennies mit mathematischem und architektonischem Sachverstand den Grundriß einer „Planstadt“, die in vorzüglicher Weise dazu geeignet schien, jene Menschen aufzunehmen, die „mit neuen wirtschaftlichen Fähigkeiten und Innovationen“ das nur mäßig entwickelte gewerbliche Leben des Territorialstaats Hessen-Darmstadt fördern, die im Grunde seit dem Dreißigjährigen Krieg anhaltende ökonomische Depression überwinden „und dem Staat zu neuer Macht verhelfen“ sollten[23]. Mit anderen Worten: Die zu errichtende Planstadt hatte in erster Linie - darüber war sich ihr Baumeister schon bei der Bearbeitung ihrer Grundrißskizze im klaren - die bevölkerungs-

---

21 *Wolf*, Darmstadt - Fürstenresidenz und Bürgerstadt (Anm. 13), S. 279 ff; vgl. auch *Karl Ackermann*, Von der Wasserburg zur Großstadt. Darmstadts Entwicklung in 900 Jahren, Darmstadt 1964; *Gisela Bergsträsser*, Darmstadt, eine bürgerliche Residenz, Amorbach 1971; vgl. hierzu auch *Rudolf Endres*, Die „Moderne“ bei den hugenottischen Städtegründungen, in: Der Exodus der Hugenotten, hg. v. *Heinz Duchhardt*, Köln 1985, S. 155-175; *Klaus Gerteis*, Die deutschen Städte in der frühen Neuzeit. Zur Vorgeschichte der „bürgerlichen Welt“, Darmstadt 1986.

22 *Haupt*, Bd. I (Anm. 16), S. 75; zum Gesamtzusammenhang vgl. auch *Winfried Nerdinger* (Hg.), Die Architekturzeichnung. Vom barocken Idealplan zur Axonometrie, München 1986.

23 *Rudolf Endres*, Fürstliche Stadtgründungen aus der Sicht des Wirtschafts- und Sozialhistorikers, in: Deutsche Stadtgründungen der Neuzeit, hg. v. *Wilhelm Wortmann* (Wolfenbütteler Forschungen, Bd. 44), Wiesbaden 1989, S. 31-43, Zit. S. 33; zum folgenden vgl. auch *Hans Stubenvoll*, Deutsche Hugenottenstädte. Ein Beitrag zur Geschichte des deutschen Städtebaus im 16. und 17. Jahrhundert, phil. Diss. (masch.) Frankfurt a.M. 1952; *Hans Reuther*, Hugenottensiedlung und Städtebau in Deutschland, in: 300 Jahre Hugenotten in Hessen. Ausstellungskatalog des Museums Fridericianum Kassel, Kassel 1985, S. 175-199; *Volkmar Greiselmayer*, Zur Form der Hugenottenstädte in Deutschland, in: 300 Jahre Hugenottenstadt Erlangen. Vom Nutzen der Toleranz, hg. v. *Christoph Friederich* (Katalog einer Ausstellung im Stadtmuseum Erlangen), Nürnberg 1986, S. 43-52.

und wirtschaftspolitischen Vorstellungen des Landesherrn, deren Schlagwörter „Commercium“ und „Peuplierung“ waren, zu realisieren[24].

War die projektierte Planstadt also im wesentlichen ein Element zur Verwirklichung merkantilistischer oder kameralistischer Wirtschaftspolitik, so sollte sie auf der anderen Seite auch das christliche und humanitäre Verantwortungsbewußtsein des Fürsten symbolisch hervorheben. Auf diese Weise würde das Ansehen des Fürsten, der sich mit der großzügigen Aufnahme der Exulanten als religiöser Schutzpatron der bedrängten protestantischen Glaubensgenossen darstellen konnte, nicht unerheblich verbessert. Darüber hinaus sollte seine fürstliche „Gloire“ aber vor allem durch die Gestalt der „Neuen Vorstadt“ selbst unterstrichen werden: Die Stadterweiterung, die wie andere solcher Anlagen „bautechnisch ein Großunternehmen“ geworden wäre und mit Sicherheit die finanziellen und materiellen Kräfte der Landgrafschaft bald schon überstiegen hätte[25], eignete sich hinsichtlich ihrer architektonischen Gestaltung natürlich hervorragend zur Befriedigung des relativ ausgeprägten Repräsentationsbedürfnisses, das der noch junge, doch um so ehrgeizigere und prunksüchtigere Ernst Ludwig an den Tag legte. Dabei stellte er keineswegs eine Ausnahme dar, vielmehr war die Auffassung, daß man als Fürst Ruhm noch am ehesten durch eine rege Bautätigkeit erlangen könne, spätestens durch die Verbreitung eines Wortes von Colbert zum Allgemeinplatz geworden, der Ludwig XIV. geraten haben soll: „Eure Majestät wissen, daß in Ermangelung glänzender Kriegstaten nichts so sehr die Größe und den Geist der Fürsten kennzeichnet wie Bauten, und die ganze Nachwelt mißt sie mit der Elle dieser erhabenen Gebäude, die sie zu Lebzeiten errichtet haben.“[26] Kaum weniger als Ludwig XIV. sah gewiß auch Landgraf Ernst Ludwig von Hessen-Darmstadt die Erweiterung seiner Residenz durch eine Handels- und Gewerbestadt als sein künftiges „Schaufenster der Macht“ an[27], zeugten Planstädte dieser Art doch „vom Reichtum und den Mitteln des Staates und seines Herrschers“, dessen Namen sie in die Geschichte eingehen ließen[28].

So mußte Ploennies, der die Schwierigkeiten seiner Aufgabe sicherlich tagtäglich zu spüren bekam, bei der Ausarbeitung des Grundrisses beide Komponenten, den Willen seines Dienstherrn zur Selbstdarstellung und die eher bescheidenen Mittel der Staats-

---

24 *Endres*, S. 33.

25 *Andreas Jakob*, Die Legende von den „Hugenottenstädten“. Deutsche Planstädte des 16. und 17. Jahrhunderts, in: „Klar und lichtvoll wie eine Regel“. Planstädte der Neuzeit vom 16. bis zum 18. Jahrhundert. Ausstellungskatalog des Badischen Landesmuseums Karlsruhe, Red.: *Michael Maaß* u. *Klaus W. Berger*, Karlsruhe 1990, S. 181-198, hier S. 186 f.

26 Zit. nach *Andreas Jakob*, Die Neustadt Erlangen. Planung und Entstehung (Erlanger Bausteine zur fränkischen Heimatforschung, Bd. 33), Erlangen 1986, S. 39.

27 *Stefi Jersch-Wenzel*, Ein importiertes Ersatzbürgertum? Die Bedeutung der Hugenotten für die Wirtschaft Brandenburg-Preußens, in: Die Hugenotten, hg. v. *Rudolf v. Thadden* u. *Michelle Magdelaine*, München 1985, S. 276.

28 Vgl. hierzu und zum folgenden *Bernhard Heuken*, Zur Soziologie barocker Städteplanung in Süddeutschland, in: ZfÄAKW 13 (1968), S. 146-177; *Jann Holl*, Die historischen Bedingungen der philosophischen Planstadtentwürfe der frühen Neuzeit, in: „Klar und lichtvoll wie eine Regel“ (Anm. 25), S. 9-30; *Albert Erich Brinckmann*, Deutsche Stadtbaukunst, Frankfurt a.M. [2]1921; *Gerald Burke*, Towns in the Making, London 1971.

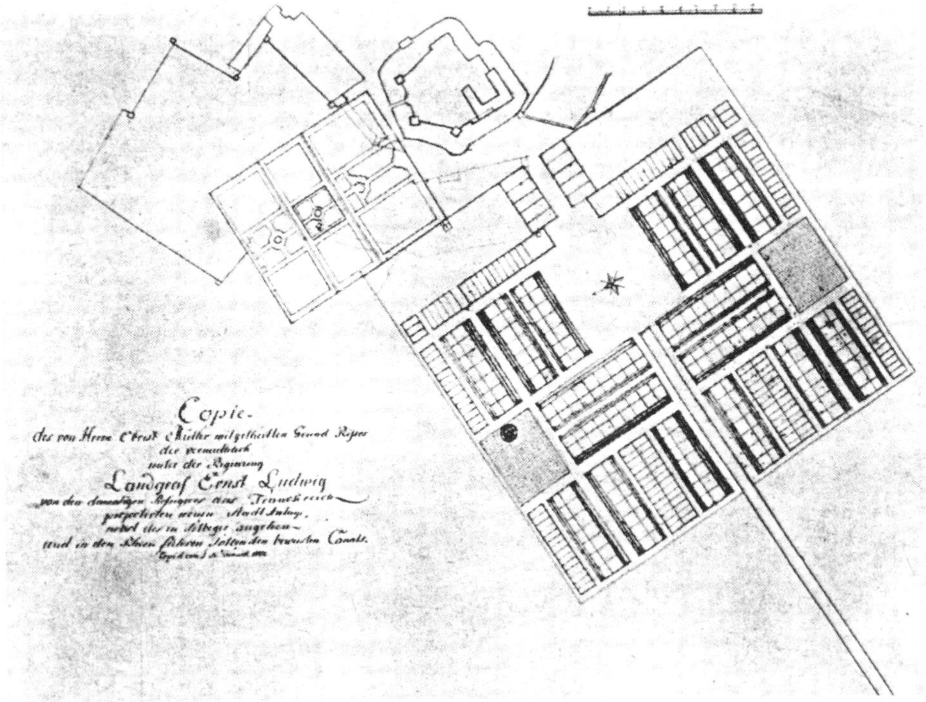

Abb. 17: Der „Hugenottenplan“ von Landgraf Ernst Ludwig von Hessen-Darmstadt und Erich Philipp Ploennies zum Bau der Neuen Vorstadt in Darmstadt (1698)

Abb. 18: Die Neue Vorstadt von Darmstadt vom Schloßgraben her gesehen, links vor dem Alten Fürstenhof eine Schauspielertruppe, rechts vor dem französischen Jagdhaus die Reitbahn (Gemälde von J. Tob. Sonntag, 1746)

kasse, berücksichtigen und in einem vernünftigen, d.h. realisierbaren und kompromißfähigen Konzept vereinigen. Insgesamt nur geringen Einfluß dürften dabei die potentiellen Siedler, die Glaubensflüchtlinge aus der Languedoc, genommen haben, die - wie in vergleichbaren anderen Fällen - an der architektonischen Gestaltung ihres Stadtviertels sicherlich weit weniger interessiert waren, als an der möglichst optimalen Lösung technischer Fragen; für sie war die „Anbindung an Verkehrswege oder der Zugang der Gewerbe zum Wasser“ eben wichtiger[29] als etwa Probleme wie die Lage der Vorstadt zum Schloß, die mit der Entfernung zum Schloß abnehmende Geschoßhöhe der Häuser oder die Frage der sternförmig auf das Schloß zulaufenden oder konstant rechtwinklig angeordneten Straßenführung. Ploennies entschied sich - und mit ihm schließlich auch der Landesherr, der bei diesem Projekt gewiß immer das letzte Wort hatte - erstens gegen die zu seiner Zeit noch häufig anzutreffende Befestigung der Stadt und zweitens für eine größtmögliche Funktionalität. Sie äußerte sich am sinnfälligsten in der strengen Regelmäßigkeit des Grundrisses, der belegt, daß Ploennies dem utopischen Ideal der ganz nach mathematischen Regeln berechneten Planstadt nacheiferte. Sie, die Idealstadt, an der sich seit Dürer immer wieder konstruktions- und zeichenfreudige Mathematiker, Architekten und Baumeister übten[30], spiegelte zugleich auf höchst eindrucksvolle Weise das gewissermaßen komplementäre Ideal der größtmöglichen Ordnung wider, aus der - so die zeitgenössische Vorstellung - automatisch auch der größtmögliche Nutzen erwachse. Das Ordnungsprinzip wiederum entsprach sinngemäß dem politischen System des auf die Gewalt des Fürsten ausgerichteten Absolutismus[31]. Kein Wunder also, daß das Ordungsprinzip des fürstlichen Gestaltungswillens fast genau zur selben Zeit auch Eingang in die Architekturtheorie fand: Nikolaus Goldmann, Mathematikprofessor in Leiden und Verfasser vielgelesener Lehrbücher der Architektur, stellte dazu 1696 fest, daß „die Erfindung der Bau-Kunst ... ohne Mittel ... von der Hand Gottes“ herrühre[32], d.h. daß sie im Grunde derselben Quelle entspringe wie der fürstliche Wille, das Reich Gottes auf Erden zu gestalten. Folglich sei es auf dem Gebiet der Architektur „ein Übelstand und geziemet sich nicht, daß ein Bürger alleine sich gleichsam über den gemeinen Nutzen erhebe, und also das Theil mehr wil seyn als ein gantzes.“[33] Ploennies trug dieser Forderung mit seinem Grundriß der „Neuen Vorstadt“ von Darmstadt und mit der dort festgelegten streng vereinheitlichten Bebauung

29 *Jakob* (Anm. 25), S. 190; vgl. dazu neben dem Beispiel von Darmstadt auch Hanau und Erlangen (*Heinrich Bott*, Gründung und Anfänge der Neustadt Hanau 1596-1620, Bd. 1 [Hanauer Geschichtsblätter, Bd. 22], Hanau 1970, S. 114, 119; *Jakob* [Anm. 26], S. 192).

30 Vgl. hierzu Dürers Planskizze einer sog. „Vierungsstadt“, abgebildet in: „Klar und lichtvoll wie eine Regel“ (Anm. 25), S. 170; vgl. ferner *Hanno-Walter Kruft*, Utopie und Idealstadt, in: „Klar und lichtvoll wie eine Regel“ (Anm. 25), S. 31-38; *ders.*, Städte in Utopia. Die Idealstadt vom 15. bis zum 18. Jahrhundert, München 1989; *Georg Münter*, Idealstädte. Ihre Geschichte vom 15.-17. Jahrhundert (Studien zur Architektur- und Kunstwissenschaft, Bd. 1), Berlin 1957.

31 *Heuken* (Anm. 28).

32 *Nikolaus Goldmann*, Vollständige Anweisung zu der Zivil-Baukunst, Wolfenbüttel 1699, S. 2 f.

33 *Goldmann*, hier zit. nach *Jakob* (Anm. 25), S. 188.

in einer Weise Rechnung, daß man annehmen könnte, daß er die Stadt selbst zum sinnfälligen Symbol der allgegenwärtigen, auf den Fundamenten der Geometrie beruhenden Wissenschaften stilisieren wolle[34]. Wie hoch der Wert einer solchen Regelhaftigkeit und Ordnung aber im 17. Jahrhundert eingeschätzt wurde, zeigte Johann Heinrich Alsted in seiner stark architekturtheoretisch orientierten „Encyclopaedia", in der er schrieb: „Nichts ist schöner, nichts ist fruchtbarer als die Ordnung. Die Ordnung verschafft auf dem riesigen Theater dieser Welt allen Dingen Wert und Rang ... Die Ordnung ist das stärkste Band im Staats- und Familienleben ..."[35]

Im Gegensatz zu den meisten anderen Planstädten, die „fast durchwegs sehr kurzfristig" konzipiert wurden, hatte der von Ploennies bearbeitete Grundriß der „Neuen Vorstadt" von Darmstadt insofern eine längere Phase der theoretischen Vorplanung erlebt, als Landgraf Ernst Ludwig sich schon seit der Grundsteinlegung von 1695 in seinem Gießener ‚Exil' selbst gedanklich mit dem Bau auseinandergesetzt hatte. Um so mehr Möglichkeiten der Orientierung konnte Ploennies, der ja bereits seit 1695 mit der Regierung von Hessen-Darmstadt in Kontakt stand, wahrnehmen, um die Vorgaben seines Dienstherrn in einen optimalen Planstadt-Entwurf einfließen zu lassen. Unter Berücksichtigung der architektonischen Gestaltung des älteren Hanaus, einer mustergültigen Planstadt, die zwischen 1596 und 1620 errichtet worden und nicht weit entfernt am Main zu besichtigen war[36], und des wahrscheinlich selbst auf das berühmte Vorbild der französischen Stadt Richelieu (1630) zurückgehenden Erlangens (1686)[37], konzipierte Ploennies zu Beginn des Jahres 1698 in abgewandelter und an die Situation angepaßter Form einen Stadtgrundriß von außerordentlich stringenter stilistischer und funktionaler Qualität, einen Planstadt-Entwurf, der sich - wie auch einige andere überlieferte Pläne - „nur als das Ergebnis einer langen Beschäftigung mit der Materie, also mit Architekturtheorie und Städtebau, vorstellen läßt"[38].

Hatte Erich Philipp Ploennies gleich zu Beginn seiner Tätigkeit als Baumeister von Hessen-Darmstadt durch seine Bearbeitung des „Hugenottenplans" also dazu beitragen können, daß sich die kleine, am Rande des Odenwaldes gelegene Residenzstadt Darmstadt allmählich zur Bürgerstadt zu entwickeln begann (sein Plan wurde nämlich später

34 *Holl* (Anm. 28), S. 23.

35 *Johann Heinrich Alsted*, Encyclopaedia ..., Herborn 1630 (HAB 39.1-2 Quodl. 2°), Vorrede.

36 *Bott* (Anm. 26); *ders.*, Gründung und Anfänge der Neustadt Hanau 1596-1620, Bd. 2 (Hanauer Geschichtsblätter, Bd. 23), Hanau 1971; *ders.*, Stadt und Festung Hanau, in: Hanauer Geschichtsblätter 20 (1965), S. 61-125.

37 *Jakob* (Anm. 26); *ders.*, Planstadt Erlangen. Die Baugeschichte der Erlanger Neustadt, in: 300 Jahre Hugenottenstadt Erlangen (Anm. 23), S. 193-219; *ders.*, Eine Stadt als Denkmal. Berlin und Erlangen als Beispiele für den fürstlichen Städtebau im Absolutismus, in: Das neue Erlangen 70/71 (1986), S. 50-62. - Eine zusätzliche Orientierung an Karlshafen, wie Georg Haupt sie noch für Ploennies' Bearbeitung des Darmstädter „Hugenottenplans" annahm (Anm. 22), war schlechterdings unmöglich, weil Karlshafen erst seit 1699 errichtet wurde (vgl. *Karin Stober*, 140 Planstadtanlagen in Europa, in: „Klar und lichtvoll wie eine Regel" [Anm. 25], S. 339-363, bes. S. 349).

38 *Jakob*, Die Legende (Anm. 25), S. 191.

nur noch „durch Entwürfe“ des berühmten Architekten von Louis Remy de la Fosse „ergänzt“[39]), so war es - nachdem die Ansiedlung der Réfugiés aus der Languedoc gescheitert war und sich auch eine größere Gruppe von Waldensern 1699 weit außerhalb der Residenz in zwei bereitgestellten Kolonien niedergelassen hatten[40] - eine von Ploennies' Aufgaben, die notgedrungen nur schleppend vorangetriebenen Bauarbeiten im Bereich der „Neuen Vorstadt“ zu beaufsichtigen. Diese „beschränkten sich zunächst auf zwei 1699 errichtete Häuser an der Südseite des nachmaligen Luisenplatzes, dem Standort des späteren Alten Palais. 1701 begann dann der Bau des Neuen Fürstenhofs als östlicher Abschluß der oberen Rheinstraße, der ab 1708 als Französischer Jagd- und Parforcehof genutzt wurde. Erst 1702 wurde auch die spätere Luisenstraße zur Bebauung freigegeben, kurz ehe der inzwischen ausgebrochene Spanische Erbfolgekrieg die baulichen Aktivitäten für fast ein Jahrzehnt beendete.“[41] In der Tat handelte es sich bei dem hier erwähnten Französischen Jagd- und Parforcehof, der zuerst „Neuer Fürstenhof“ genannt wurde, um eines der repräsentativsten und architektonisch anspruchsvollsten Gebäude, das im Rahmen der Neuen Vorstadt „von Erich Philipp Ploennies erbaut“ wurde[42]: Zwischen 1701 und 1702 errichtet, diente der Neue Fürstenhof, der am Paradeplatz in Darmstadt, d.h. am Eingang zur Neuen Vorstadt in unmittelbarer Nähe der Landstraße Heidelberg-Frankfurt und direkt gegenüber dem Residenzschloß lag, in den ersten Jahren als Wohnhaus der Fürstenfamilie[43]. Dem repräsentativen Zweck entsprach, wenn auch in betont dezentem Maße, die architektonische Gestaltung, die heute allerdings nur noch nach zeitgenössischen Abbildungen und Berichten zu rekonstruieren ist, wurde doch das Gebäude, in dem zu Beginn des 19. Jahrhunderts das großherzoglich-hessische Außenministerium und schließlich bis zuletzt Forstverwaltung und Hochbauamt residierten, 1944 „völlig zerstört und abgetragen“[44]. Nach einer solchen Rekonstruktion hatte der von Ploennies konzipierte und unter seiner Leitung erbaute Fürstenhof etwa folgendes Aussehen: Er „war wie die übrigen nach einheitlichem Bauplan errichteten Häuser der oberen Rheinstraße zweigeschossig, hatte ein Mansardendach und eine am Paradeplatz gelegene Längsfront von ursprünglich 13 Achsen ... Die Toreinfahrt lag am Paradeplatz“, auf dem sich im übrigen „die eingezäunte fürstliche

---

39 Heute erstreckt sich hier die Obere Rheinstraße, die Luisenstraße und der Mathildenplatz; siehe *Magnus Backes*, Hessen (Handbuch der deutschen Kunstdenkmäler, hg. v. Georg Dehio), Berlin 1966, S. 133; zu Louis Remy de la Fosse vgl. bes. *Jürgen Rainer Wolf*, Louis Remy de la Fosse. Leben und Werk, in: Darmstadt in der Zeit des Barock und Rokoko, Bd. 2: Louis Remy de la Fosse, Darmstadt 1980, S. 9-35 sowie *Joseph Schlippe*, Louis Remy de la Fosse und seine Bauten, in: Quartalblätter des Hist. Vereins für das Großherzogtum Hessen 5 (1915), S. 291-316.

40 Vgl. *Wolf*, Zum Scheitern (Anm. 14).

41 *Wolf*, Zwei Jahrhunderte (Anm. 2), S. 218.

42 *Müller* u.a., Darmstadt (Anm. 3), S. 84.

43 Vgl. hierzu und zum folgenden *Gisela Siebert*, Jagd und Jagdhäuser in Hessen-Darmstadt, Stuttgart 1972, S. 51 f; *dies.*, Die Jagdhäuser der Landgrafen Ernst Ludwig und Ludwig VIII., in: Darmstadt in der Zeit des Barock (Anm. 1), S. 141-150; *Diehl* (Anm. 12), S. 38-55.

44 *Müller* u.a. (Anm. 3), S. 84.

Reitbahn“ befand[45]. Schon 1708 überließ Landgraf Ernst Ludwig den langgestreckten, insgesamt aber doch wohl etwas „behäbig wirkende(n) Barockbau“ der Parforcejägerei[46], die er zu dieser Zeit offiziell als neue Jagdart einführte[47]; für das Gebäude bedeutete dies, daß es zumindest teilweise für die Aufnahme von Jagdgerät, im Hof für die Unterbringung von Hunden umgebaut sowie für die Zurschaustellung von Trophäen und den Aufenthalt mitunter größerer Gesellschaften vor und nach der Jagd stilistisch verändert und neu eingerichtet wurde. Rund zwei Jahrzehnte später, 1725, als Ploennies schon längst in Nassau-Siegen tätig war, wurde das Gebäude schließlich noch einmal umfunktioniert, als es der Landgraf für seine Mätresse, eine gewisse Gräfin Spiegel, herrichten und neu ausstatten ließ[48]; Ernst Ludwig, zu dessen privater Verwendung der Neue Fürstenhof ja ursprünglich errichtet worden war, hatte damit wieder einmal unter Beweis gestellt, daß ihm persönlich das von Ploennies konstruierte Haus wohl besonders am Herzen lag.

Neben dem Bau des Neuen Fürstenhofes fiel in Ploennies' Dienstzeit auch die Errichtung des kleinen zweigeschossigen Prinz-Georg-Schlößchens, das vermutlich schon um 1700 erbaut wurde[49], ferner 1701 die Verlegung und Neuerstellung des Zehntscheuerhauses am Ostrand des Herrngartens, eines Gebäudes, das mit der Meierei zu einem Gutsbetrieb verbunden war und unmittelbar zur Versorgung des Hofes beitrug[50], sowie 1701/02 die Errichtung eines Musikpavillons im Schloßbezirk, „über der mittleren Bastion des Schloßwalles“, eines Musikpavillons, bei dem die Musikanten im Untergeschoß saßen und der Klang durch einen Schalltrichter nach oben geleitet wurde[51]. Darüber hinaus erledigte Erich Philipp Ploennies eine Fülle kleinerer und größerer Bauaufgaben, von denen an dieser Stelle nur noch der 1704 erfolgte Umbau des „Weißen Turms“ zum Glockenturm, seine spätere Aufstockung[52] sowie die umfassende

---

45 *Siebert*, Jagd (Anm. 43), S. 51.

46 Ebd.

47 *Wolfgang Weitz*, Barocke Jagdarten in Hessen-Darmstadt, in: Darmstadt in der Zeit des Barock (Anm. 1), S. 137-141; *Siebert*, Jagd (Anm. 43), S. 52 -56.

48 *Siebert*, Jagd (Anm. 43), S. 51.

49 *Müller* u.a. (Anm. 3), S. 84; dagegen glaubt Jürgen Rainer Wolf, das Prinz-Georg-Schlößchen sei „vielleicht“ von Louis Remy de la Fosse, gleichsam „nebenbei“, entworfen worden, als dieser 1709/10 das neue Darmstädter Opernhauses errichtete (*Wolf*, Zwei Jahrzehnte [Anm. 2], S. 223).

50 *Wolf*, Zwei Jahrzehnte (Anm. 2), S. 222.

51 *Georg Zimmermann*, Das Darmstädter Schloß und seine Baugeschichte, Darmstadt 1978, S. 31.

52 *Backes* (Anm. 39), S. 134; nicht nachgewiesen, doch durchaus möglich ist es, daß Ploennies außerdem 1) die Sanierung des oberhessischen Schlosses Romrod leitete, das Landgraf Ernst Ludwig als Jagdunterkunft zu nutzen pflegte, daß er 2) auch das von Schloß Romrod nicht weit entfernte „Gehringer Haus“ errichtete, ein weiteres Jagdhaus im Amt Romrod, das an landschaftlich reizvoller Stelle am Nordufer eines aufgestauten Sees lag und das nach Quellen „schon 1707 vorhanden gewesen sein“ soll, und daß er schließlich 3) mit der Anlage der Waldschneisen und Parforcesterne beauftragt war, die nachweislich schon vor der offiziellen Einführung der Parforcejagd 1708 in den hessen-darmstädtischen Wäldern nach geometrisch genau berechneten Mustern eingerichtet wurden; nur mit Hilfe dieser Schneisen

architektonische Neugestaltung der Schloßkapelle erwähnt werden sollen. Aus dem Gesamtzusammenhang dieser Umbaumaßnahme, die zweifellos einer umfassenden Vorbereitung bedurfte, wurden drei Handzeichnungen von Erich Philipp Ploennies überliefert, die den alten Zustand der Hofkirche, einen Grundriß des Erdgeschosses, der Emporen und einen Aufriß der Innenansicht aus der Zeit vor 1700 wiedergeben[53]. Die Hofkirche, die Ploennies vor dem von ihm durchgeführten Umbau zuerst einmal statisch und gestalterisch gründlich untersuchte, nahm im alten Darmstädter Schloß die beiden unteren Geschosse in der Nordhälfte des Kirchenflügels ein. Neuere architekturgeschichtliche Forschungen ergaben, daß der hier von Ploennies dokumentierte Zustand in die erste Generation protestantischer Schloßkirchen verweist[54]: „Ihr Vorbild war die von Luther selbst noch 1544 eingeweihte erste protestantische Kirche überhaupt, die Schloßkirche zu Torgau. Wie sie war sie ein einfaches Rechteck, die Kanzel etwa in der Mitte der Ostseite, der Altar am südlichen Ende, Emporen auf allen vier Seiten. Die Orgel - ein schon seit 1583 im Vorgängerbau benutztes bescheidenes Positiv - stand auf der Südempore, die um eine Fensterachse hinter der Altarwand der Kirche über die Räume der (benachbarten, B.D.) Bäckerei hinausgriff" (vgl. Abb. 19, 21). Innerhalb des Schlosses gab es zwei Zugänge, einen von Süden und einen von Norden (Abb. 20); von hier aus „betrat man die Nordempore mit dem mit einem Ofen ausgestatteten Fürstenstuhl und den ebenfalls für die Hofgesellschaft reservierten Teil der Westempore, während der restliche Teil der Westempore und die Orgelempore - sie war ebenfalls für den Hof bestimmt - von Süden her zugänglich waren." Diejenigen Besucher, die nicht der Hofgesellschaft angehörten, mußten den Kirchenraum vom inneren Schloßhof aus durch ein Portal an der westlichen Langseite des Kirchenhauses betreten. Im Innern trugen „kräftige Säulen ... die reichen Sterngewölbe des Kirchenraums und der Emporen ... Die Altarwand im Süden war als Bildwand gestaltet, wahrscheinlich mit dem Bild des Gekreuzigten in der Mitte, links und rechts davon in Wandnischen die hölzernen Figuren von Moses, Johannes dem Täufer, Petrus und Paulus; darunter waren Kartuschen mit Sprüchen aus der Bibel aufgemalt."[55]

Gingen die ersten Überlegungen und architektonischen Untersuchungen zu einer grundlegenden Neugestaltung der Schloßkapelle bereits auf die Zeit vor der Wende zum 18. Jahrhundert zurück, so dürften die eigentlichen Umbauarbeiten erst etwa 1703/04 in Angriff genommen worden sein. Eine neuere Studie zur Baugeschichte des Darmstädter Schlosses stellte fest, daß Ploennies sich dabei an der „berühmten Schloßkirche zu Schmalkalden" orientierte und im einzelnen folgende Veränderungen vor-

---

war es möglich, das in Frankreich entwickelte Ritual der Parforcejagd, die zu Pferde, in größeren Jagdgesellschaften, mit Zeugwagen und verschiedenen notwendigen „Requisiten" durchgeführt wurde, einzuhalten (*Siebert*, Jagd [Anm. 43], S. 58, 68, 71; zur Anlage der Waldschneisen und Parforcesterne vgl. auch die zeitgenössische Druckschrift „Specification dererjenigen Schnaissen und Schirmen, auch Wildäckern, welche sich umb Darmbstadt in nachfolgenden Waldungen dermahlen befinden, auff das Jahr 1705, o.O. 1705").

53 Vgl. Abb. 19, 20, 21.

54 *G. Zimmermann* (Anm. 51), S. 23.

55 Ebd., S. 23 f.

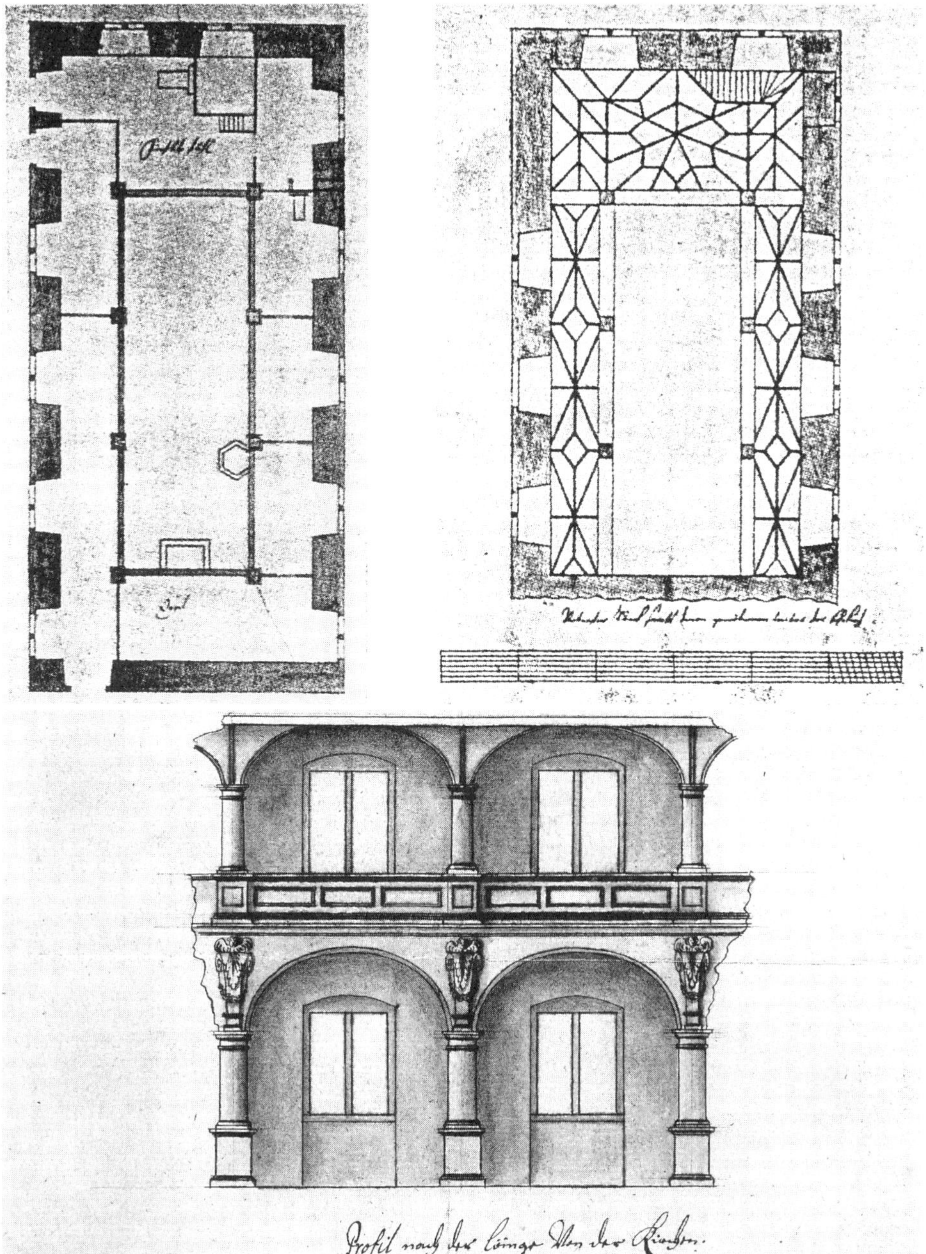

Abb. 19, 20, 21: Schloßkapelle Darmstadt, Grundriß des Erdgeschosses und der Gewölbestruktur unter den Emporen (19), Grundriß der Emporen (20) sowie Profil der Säulen, Gewölbe, Emporen und Fenster; Zeichnungen von Erich Philipp Ploennies (um 1700)

nahm[56]: „Die Kanzel wurde an die südliche Schmalseite versetzt und über dem Altar angeordnet, so daß ... seitdem“ der typisch protestantische „Aufbau Altar - Kanzel - Orgel“ zu sehen war. „Der Zugang zur Kanzel wurde durch eine Treppe hergestellt, die jetzt in einem Teil der alten Brotkammer hinter dem Altar eingerichtet wurde. Das holzgeschnitzte Bildwerk über dem Altar war im Wege und wurde beseitigt. Da die Kanzel frei über dem alten Altar hing, mußte davor ein zweiter, freistehender Altar aufgestellt werden. Unter den vorhandenen, hochsitzenden Emporen wurde auf drei Seiten ein weiteres, hölzernes Emporengeschoß eingezogen.“[57] Der Umbau, der sich über mehrere Monate hinzog und der es erforderlich machte, daß die Hofkapelle längere Zeit geschlossen blieb, konnte schließlich 1705 beendet werden; Weihnachten 1705 wurde die neugestaltete Schloßkirche feierlich eingeweiht[58].

Ploennies, der seit 1701 neben seiner Tätigkeit als Baumeister von Hessen-Darmstadt auch seinen Lehrverpflichtungen als Professor für Mathematik an der Universität Gießen nachkommen mußte, hatte also, wie die hier aufgeführten Baumaßnahmen zeigen, ein ausgesprochen vielfältiges und mitunter gewiß auch schwieriges Aufgabengebiet zu bewältigen. Gleichwohl zeigte er sich den Herausforderungen und Erwartungen, die Landgraf Ernst Ludwig, die Familie des Fürsten und die Hofgesellschaft immer wieder gegenüber ‚ihrem‘ Baumeister zum Ausdruck brachten, offensichtlich gewachsen. Für die Anerkennung und Würdigung seiner Arbeit dürfte vor allem sein Auftreten und seine Überzeugungskraft, das Gewicht seiner Argumente und die Eloquenz, mit der er seine architektonischen Lösungen erläuterte, entscheidend gewesen sein. Zweifellos stellte Ploennies die vergleichsweise große Funktionalität und Nüchternheit seiner Entwürfe und Bauten als ein Resultat seiner auf ein größtmögliches Maß an Nützlichkeit zielenden mathematischen Berechnungen dar. Mit anderen Worten: Er stellte seine Arbeit als „Bau-Kunst“ vor, die wie alle „Künste“ ihr wahres theoretisches Fundament in der Mathematik hatte. In diesem Sinne konnte Ploennies mit Vitruv sowie den zeitgenössischen Architektur-Theoretikern Johann Jakob Schübler und Leonhard Christoph Sturm seine „Bau-Kunst“ durchaus als eine „Wissenschaft“ bezeichnen[59], die nicht nur die altbewährten „mechanischen Künste“ umfaßte und auch deren handwerkliche Fertigkeiten und Maschinen zur Errichtung von Bauwerken einzusetzen vermochte, sondern die durch die Anwendung der Geometrie und der „natürliche(n) Philosophi (oder Physice)“ theoriefähig geworden war und sich durch die

56 Ebd., S. 30.

57 Ebd.

58 *Haupt*, Bd. I (Anm. 16), S. 195. - Die feierliche Einweihung der umgebauten Schloßkapelle fand freilich ohne Erich Philipp Ploennies statt; er hatte Hessen-Darmstadt bereits im März 1705 verlassen (UA Gießen, Phil. K. 9, fol. 7).

59 Genau diese Auffassung vertrat übrigens auch der von der durchgängigen Anwendbarkeit der mathematischen Methode überzeugte Christian Wolff, der in seinen erstmals 1710 publizierten „Anfangsgründen aller mathematischen Wissenschaften“ schrieb, man habe „bisher die Bau-Kunst meistens als ein Handwerck“ angesehen, doch verdiene sie „unter die mathematischen Wissenschaften mit“ aufgenommen zu werden (*Christian Wolff*, Anfangsgründe aller mathematischer Wissenschaften, Bd. 1, Frankfurt a.M./Leipzig [5]1737 [HAB Li 9920.1], Vorrede).

„Empirie“ seiner im Studium und im Ausland gewonnenen „Erfahrung“ zur wahren Architectura civilis, zur gestalterischen „Erfindungs-Kunst“ gehoben hatte[60]. Als Baumeister, der immerhin zugleich Professor für Mathematik war, konnte Ploennies mit seinen architektonischen Konzeptionen, seinen Plänen, stilistischen Entwürfen und auch mit seinen technologisch-konstruktiven Verfahrensweisen beeindrucken, denn am Darmstädter Hof war sonst wohl kaum jemand in der Lage, der von ihm vorgeschlagenen „Geometrisierung“ der unterschiedlichen architektonischen Bereiche ernsthafte Alternativen entgegenzuhalten[61].

Auch der Rang, den Ploennies im Rahmen der höfischen Gesellschaft einnahm, wurde - neben der reichsritterschaftlichen Abstammung und der Zugehörigkeit zur „Respublica litteraria“ - maßgeblich durch das Prestige bestimmt, das ihm die genialisch anmutende Autorität des Mathematikers verlieh. Durch sie avancierte er zum langjährigen Intimus Ernst Ludwigs, zum alchemistischen Hoffnungsträger und medizinischen Berater des Fürsten, ja gewissermaßen zum ‚Wissenschaftler für alle Fälle‘. In mancherlei Hinsicht ähnelte die soziale Position und die Rolle, die Ploennies im Kontext des hessen-darmstädtischen Hofes spielte, der Rolle eines „Hof-Künstlers“[62], der in diesem Falle lediglich in Form eines „Hof-Mathematikers“ oder eines „mathematisch gebildeten Hof-Wissenschaftlers“ in Erscheinung trat. Wie viele seiner „Künstler-Kollegen“ an den zahlreichen großen und kleinen Höfen Mitteleuropas verstand es in der Tat auch Ploennies, die kulturelle Institution des Fürstenhofs, dessen Personal tagtäglich darum bemüht war, die landesherrliche Machtvollkommenheit möglichst makellos erscheinen zu lassen und demonstrativ zur Schau zu stellen, für die Verbesserung seiner wissenschaftlichen Reputation und seines sozialen Status zu nutzen. Geschickt unterstrich er auf der einen Seite durch die permanente Wiederholung von mehr oder weniger galanten Untertänigkeitsgesten und -floskeln[63] die große soziale Distanz zwischen sich und der fürstlichen Familie, auf der anderen Seite gelang es ihm offensichtlich, seinem naturwissenschaftlich-technisch ambitionierten Dienstherrn mit dem Spektrum seines mathematischen Wissens, seinen wissenschaftlich begründeten Ideen und Entwürfen so

---

60 *Vitruv* (Anm. 5), Vorrede; *Johann Jakob Schübler*, Nützliche Anweisung Zur Unentbehrlichen Zimmermanns-Kunst, Nürnberg 1731 (HAB Uf 4° 106), Widmung: „Weil die Mathematique sichere Kennzeichen von der Vollkommenheit eines Dinges gewähret, und die Vernunfft das Vermögen hat, nach der Ordnung der menschlichen Gedancken alles geschickt zu verknüpfen, was in denen Begriffen, Urtheilen und Schlüssen möglich ist: So haben wir billig dasjenige, was in der Bau-Kunst gründlich und vernunfftig schön heissen kan, einer solchen wahrhafften Theorie, bey Entdeckung neuer Eigenschafften zu danken“; *Leonhard Christoph Sturm*, Prodomus ... (Anm. 5), Vorrede.

61 Zur barocken „Geometrisierung“ der Architektur vgl. neben *Fronsperger* (Anm. 8) bes. auch *Johann Wilhelm*, Architectura civilis ..., Frankfurt 1649 (HAB 26.7 Geom. 2°).

62 Vgl. hierzu und zum folgenden bes. *Martin Warnke*, Hofkünstler. Zur Vorgeschichte des modernen Künstlers, Köln 1985; *Karl-Georg Faber*, Zum Verhältnis von Absolutismus und Wissenschaft (Akademie der Wissenschaften und der Literatur. Abhandlungen der geistes- und sozialwissenschaftlichen Klasse, Jg. 1983, Nr. 5), Mainz 1983.

63 Vgl. dazu bes. die Briefe von Erich Philipp Ploennies an Landgraf Ernst Ludwig von Hessen-Darmstadt (STA Darmstadt, D4, Nr. 362/3).

zu beeindrucken, daß sich schließlich die am Hofe sowieso schon geringe räumliche und körperliche Distanz zu ihm noch weiter verringerte. Unvermittelt machte Ploennies - der schon aufgrund seiner Erziehung für die sozialen Feinstrukturen zwischen Adel, reichsstädtischem Patriziat und Bürgertum eine besondere Sensibilität entwickelt hatte - so die Erfahrung, daß die „Unfreiheit“ des Hofbediensteten tatsächlich nur höchst relativ war, ja daß sie sogar ihre positiven Seiten hatte und unvergleichliche soziale Chancen bot. Bei Wahrung der Regeln der Etikette, die ihrerseits ja wiederum nur Ausdrucksformen für die formelle Akzeptanz der hierarchisch gegliederten Sozialordnung darstellten[64], konnte mit der Anstellung an einem Hof auch die Eroberung neuer persönlicher Freiräume verbunden sein. Aufgrund der gemeinsamen Interessenlage, der zahlreichen Gespräche über die vorteilhafteste Konzeption der „Neuen Vorstadt“ und anderer Bauvorhaben sowie aufgrund der gemeinsam durchgeführten Vermessungs- und Planungsarbeiten gestaltete sich das Verhältnis zwischen Ploennies und seinem Fürsten bald sehr vertrauensvoll, wie selbst den noch Jahre später an Ernst Ludwig gerichteten Briefen von Ploennies zu entnehmen ist[65]. Der „Hof-Wissenschaftler“ Erich Philipp Ploennies wurde sich durch die Förderung seines Dienstherrn schon früh seiner Besonderheit bewußt und merkte - bestärkt durch die Anerkennung, die seiner Arbeit entgegengebracht wurde -, daß der Fürstenhof eine Promotionsinstanz besonderer Art sein und daß die Hofluft durchaus frei machen konnte[66]. Jenseits der vielbeklagten Willkür und Gängelei mancher absolutistischen Herrscher, von der Ploennies jedoch nichts zu spüren bekam, gab es nämlich durchaus eine gewisse wissenschaftlich-herrschaftliche Interessenkongruenz, die in der Vorstellung vom Fürsten als einem „mathematischen Künstler“ mündete, der seinem „Staats-Werk“ eine exakt berechenbare Ordnung und Form verleihen bzw. seine „Staats-Maschine“ nach wissenschaftlichen Kriterien lenken wollte[67].

---

64 *Norbert Elias*, Die höfische Gesellschaft. Untersuchungen zur Soziologie des Königtums und der höfischen Aristokratie, Frankfurt a.M. [2]1983, S. 120-177; *Emmanuel Le Roy Ladurie*, Auprès du roi, la cour, in: Annales E.S.C. 38 (1983), S. 21-41; *Jürgen v. Kruedener*, Die Rolle des Hofes im Absolutismus (Forschungen zur Sozial- und Wirtschaftsgeschichte, Bd. 19), Stuttgart 1973; *August Buck u.a.* (Hg.), Europäische Hofkultur im 16. und 17. Jahrhundert, 3 Bde., Hamburg 1981; *Hubert Ch. Ehalt*, Ausrucksformen absolutistischer Herrschaft. Der Wiener Hof im 17. und 18. Jahrhundert (Wirtschafts- und sozialgeschichtliche Studien, Bd. 14), München 1980.

65 S. Anm. 63.

66 *Bernd Growe*, Hofluft macht frei! Martin Warnkes Studie „Hofkünstler“, in: Merkur 41 (1987), S. 338-341.

67 Vgl. hierzu *Barbara Stollberg-Rilinger*, Der Staat als Maschine. Zur politischen Metapher des absoluten Fürstenstaats (Historische Forschungen, Bd. 30), Berlin 1986; *Stefan Smid*, Recht und Staat als „Maschine“. Zur Bedeutung einer Metapher, in: Der Staat. Zeitschrift für Staatslehre, Öffentliches Recht und Verfassungsgeschichte 27 (1988), S. 325-350; *Carl Schmitt*, Der Staat als Mechanismus bei Hobbes und Descartes, in: Archiv für Rechts- und Sozialphilosophie 30 (1936/37), S. 622-632; *Arno Baruzzi*, Mensch und Maschine. Das Denken sub specie machinae, München 1973; *Ahlrich Meyer*, Mechanische und organische Metaphorik politischer Philosophie, in: AfB 13 (1969), S. 128-199; *Anneliese Maier*, Die

Daß Ploennies sich bei Landgraf Ernst Ludwig tatsächlich einer besonderen - weit über sein eigentliches Dienstverhältnis hinaus wirksamen - Gunst erfreuen konnte, belegt im übrigen auch die Tatsache, daß der landesherrliche Baumeister, der 1701 außerdem Professor für Mathematik an der Universität Gießen wurde, nebenberuflich der geheime medizinische Berater und pharmazeutische Therapeut seines Fürsten war[68]. Damit kam Ploennies, der offensichtlich in dienstlichem Auftrag ein kostspieliges chemisches Laboratorium unterhielt, dem Verlangen Ernst Ludwigs nach einer modernen bzw. alternativen, jedenfalls nicht der überkommenen Schulmedizin verhafteten medikamentösen Behandlung entgegen[69]. Wie aus mehreren überlieferten Schriftstücken zu entnehmen ist, entwickelte Ploennies, der - wie er sich ausdrückte - „auf dieser welt die gesundheit Vor das höchste achte[te]"[70], bis 1704 eine auf die besonderen medizinischen Bedürfnisse des lebenslustigen Landgrafen zugeschnittene Arznei[71], die er wahrscheinlich wegen ihrer inneren und äußeren Anwendungsmöglichkeit sowie wegen ihres breiteren Wirkungsspektrums einfach „Medicina universalis" nannte[72]. Dabei handelte es sich - ganz im Sinne einer herkömmlichen alchemistischen ‚Patentmedizin' - allem Anschein nach um eine fiebersenkende, mit geringen Mengen Brandwein, langsam und möglichst über einen Zeitraum von drei bis fünf Wochen täglich einzunehmende flüssige Essenz, die „nichts unreines an sich hat"[73].

So rational dies auch immer klingen mag, es darf nicht verkannt werden, daß sich Ploennies bei der Produktion seines Medikaments, später auch bei dessen Bezeichnung und Umschreibung als „philosophische Materie", „hermetische Medicin" oder als „das

---

Mechanisierung des Weltbildes, Leipzig 1938; *Eduard J. Dijksterhuis*, Die Mechanisierung des Weltbildes, Berlin 1956.

68 STA Darmstadt, D4, Nr. 362/3, fol. 2, 6-11, 1/18, 14-17.

69 Ebd., fol. 2, 6 f.

70 E. P. Ploennies an Landgraf Ernst Ludwig von Hessen-Darmstadt [Wesel, 1708/09?], ebd., fol. 1'.

71 Die Vermutung, daß es sich bei der medikamentösen Behandlung durch Ploennies eventuell um die Therapie von Geschlechtskrankheiten gehandelt haben könnte, ist angesichts der Tatsache nicht ganz von der Hand zu weisen, daß Landgraf Ernst Ludwig zumindest nach dem Tod seiner Frau im Jahre 1705 keinen Hehl mehr daraus machte, daß er mehrere „weibliche und männliche Favoriten" hatte. Eine zeitgenössische Besucherin, die Markgräfin Wilhelmine von Brandenburg-Bayreuth (eine Schwester Friedrichs II. von Preußen), berichtete über ihren Besuch bei Ernst Ludwig im Jahre 1737: „Wie ich den Landgrafen sah", hatte er „den Krebs am Munde, wodurch er sehr entstellt und ekelhaft wurde. Man sagt, in seiner Jugend habe er viel Verstand gehabt, doch war er mit den Jahren verschwunden. Er soll auch sehr artig gegen die Frauen gewesen sein, aber diese Artigkeit war in greuliche Ausschweifungen ausgeartet" (*Karl Esselborn*, Landgrafengeschichten aus der Zeit Ernst Ludwigs, Ludwigs VIII. und Ludwigs IX., aufgezeichnet von Friedrich Hild, Marburg 1919, S. 8 f).

72 Vertrag zwischen E. P. Ploennies und Landgraf Ernst Ludwig von Hessen-Darmstadt [Darmstadt, Mitte/Ende März 1705], STA Darmstadt, D4, Nr. 362/3, fol. 2.

73 E. P. Ploennies an Landgraf Ernst Ludwig von Hessen-Darmstadt, 12. Nov. 1705, STA Darmstadt, D4, Nr. 362/3, fol. 9.

wahre philosophische Aurum potabile“[74], offensichtlich als experimenteller Mediziner verstand, der sich bewußt solcher (post-)alchemistischer Praktiken bediente, wie sie einerseits im Rahmen der auf Paracelsus und Oswald Croll zurückgehenden medizinischen Methoden seinerzeit noch häufig ausgeübt wurden[75]; andererseits wandte er damit ähnliche Verfahren an, wie sie am Hofe Ernst Ludwigs auch bei Versuchen zur Herstellung von Gold üblich waren, mit welchem die langandauernde, immer dramatischer sich entwickelnde Finanzkrise des Staates endgültig beseitigt werden sollte[76]. Ploennies, der seine Bemühungen um die Ermittlung von Arzneien selbst als „chymische arbeit“ definierte[77], war sich sehr wohl darüber im klaren, daß seine Tätigkeit im eklatanten Gegensatz zu der am hessen-darmstädtischen Hof praktizierten Medizin der aristotelisch-galenischen Tradition stand und daß die Durchführung chemisch-alchemischer Experimente zudem „von der Kirche mit der Aura der Häresie oder der schwarzen Magie umgeben“ wurde[78]; angesichts des überaus großen gesellschaftlichen und

---

74 E. P. Ploennies an Landgraf Ernst Ludwig von Hessen-Darmstadt, 17. April 1730, STA Darmstadt, D4, Nr. 362/3, fol. 12'; ders. an Landgraf Ernst Ludwig von Hessen-Darmstadt, 1. Jan. 1731, STA Darmstadt, D4, Nr. 362/3, fol. 14.

75 *Guido Jüttner*, Alchemie und Sympathielehre in der Therapie der frühen Neuzeit, in: Der Übergang zur Neuzeit und die Wirkung von Traditionen. Vorträge gehalten auf der Tagung der Joachim Jungius-Gesellschaft der Wissenschaften (Hamburg, am 13. u. 14. Okt. 1977), Göttingen 1978, S. 130-140; vgl. auch *Walter Pagel*, Paracelsus. An Introduction to Philosophical Medicine in the Era of Renaissance, Basel/New York 1958; *Lynn Thorndike*, A History of Magic and Experimental Science, 8 Bde., New York 1923-1958 (ND 1966); *G. Bechtel*, Paracelse ou la naissance de la médicine alchimique, Paris 1970; *G. Schröder*, Oswald Croll, in: Pharmaz. Industrie 21 (1959), S. 405-408.

76 Trotz des Versuchs, die alchemistischen Experimente zur Herstellung von Gold geheim zu halten, wußten Zeitgenossen über Ernst Ludwigs Passion zu berichten: „Seine unselige Sucht, den Stein der Weisen zu suchen, hatte sein Land ganz zu Grunde gerichtet“ (zit. nach *Vehse* [Anm. 7], S. 353); vgl. dazu auch *Julius Reinhard Dietrich*, Landgraf Ernst Ludwig und die Goldmacher, in: Hessische Heimat 1, H. 1 (1919), S. 15-33; zur Finanzlage Hessen-Darmstadts s. *Jürgen Rainer Wolf*, Joseph Süß Oppenheimer (Anm. 20); *Eckhart G. Franz*, Der Finanzplatz Frankfurt und die Hof- und Staatsfinanzen der hessischen Fürstenstaaten, in: BlldLg 125 (1989), S. 43-62, bes. 50-55; *Friedrich Knöpp*, Eine Regierungskrise im Hessen-Darmstadt des 18. Jahrhunderts, in: AHG N.F. 31 (1973), S. 167-181.

77 E. P. Ploennies an Landgraf Ernst Ludwig von Hessen-Darmstadt, Siegen, 17. April 1730, STA Darmstadt, D4, Nr. 362/3, fol. 12.

78 *Jüttner* (Anm. 75), S. 133; zu den am Darmstädter Hof tätigen Medizinern, die fast alle gleichzeitig Professoren an der Landesuniversität Gießen waren, vgl. insbes. *Jost Benedum*, Medizinische Fakultät, in: 375 Jahre Universität Gießen 1607-1982. Geschichte und Gegenwart, hg. v. *Norbert Werner* (Ausstellungskatalog), Frankfurt a.M. 1982, S. 90-109 sowie *Julius Geppert*, Zur Geschichte der medizinischen Fakultät, in: Die Universität Gießen von 1607 bis 1907. Beiträge zu ihrer Geschichte. Festschrift zur dritten Jahrhundertfeier, hg. v. der Universität Gießen, Bd. II, Gießen 1907, S. 355-364; *Lothar Hock*, Beitrag zur Geschichte der Chemie in Gießen, in: Ludwigs-Universität, Justus Liebig-Hochschule 1607-1957. Festschrift zur 350-Jahrfeier, Gießen 1957, S. 288-307 stellt fest, daß an der hessen-darmstädtischen Landesuniversität nach dem ersten Professor der „Chymiatrie“ namens Johannes Hartmann (1568-1631) „chemisches Wissen und Können“ nur „im Rahmen der Me-

politischen Einflusses, den die Vertreter der in jeder Hinsicht anti-aufklärerisch eingestellten lutherischen Kirche und die traditionsbewußten, stark theoretisch orientierten Schulmediziner um 1700 am landgräflichen Hof zu Darmstadt hatten[79], war es folglich außerordentlich wichtig, die Versuche geheim zu halten, wollte er nicht gegenüber seinem Dienstherrn unloyal erscheinen oder gar seine Stellung gefährden[80]. Die fachliche Gegnerschaft zur Schulmedizin war Ploennies daher auch immer wieder Grund genug, um die etablierten „Hofmedici", ihre Unfähigkeit, ihr realitäts- und praxisfernes Bücherwissen sowie nicht zuletzt ihren Standesdünkel mit Spott und derben Verunglimpfungen zu entlarven und anzuklagen, waren sie in seinen Augen doch nichts anderes als „gewöhnliche ärzte" und „Narren", die selbst sogar öffentlich zugeben würden, „daß die gebrauchliche art morbos (d.h. Krankheiten) zu Curiren keinen grundt (also keine vernünftige Basis) habe, sondern alles auf dem ungewissen beruhe"[81]. Besonders in den Blick genommen hatte Ploennies dabei die Leibärzte Ernst Ludwigs, den Hofapotheker und Rat Dr. Herth sowie den (Geheimen) Regierungsrat Bergdörfer, die beide - wie er selbst - um die Gunst des Fürsten buhlten und die er beschuldigte, sie wüßten „öffters nicht", wie die von ihnen verordneten Medikamente „aussehen", noch hätten sie die Arzneien „selbst elaboriret", vielmehr würden sie bestimmte Medikamente nur verschreiben, „quia in libro sic extat", weil es in einem Buch so verzeichnet sei[82]. Er selbst sei dagegen - nicht zuletzt dank Gottes Unterstützung bei der Durchführung der Experimente[83] - der „wahre arzt", der erfolgreiche und verantwortungsbewußte Empi-

---

dizin und Pharmazie vermittelt" wurde, u.z. bis 1764, als mit Johann Wilhelm Baumer endlich wieder ein Chemiker auf einen Lehrstuhl kam (S. 289).

79 Zur „Re-Lutherisierung" der vorübergehend pietistisch beeinflußten Universität und Hofgesellschaft Hessen-Darmstadts vgl. neben *Mack* (Anm. 12) auch *Ruth Stumann-Bowert*, Theologische Fakultät, in: 375 Jahre Universität Gießen (Anm. 78), S. 55-66, bes. S. 57 sowie *Walther Köhler*, Die Anfänge des Pietismus in Gießen 1689 bis 1695, in: Die Universität Gießen von 1607 bis 1907, Bd. II (Anm. 78), S. 133-244. In diesem Zusammenhang ist darüber hinaus die traditionell oppositionelle Haltung von „Paracelsisten" und orthodoxen Lutheranern von Bedeutung: „Das melanchthonisch-humanistische Bildungsstreben war erschüttert, der Glaube drängte nach neuen Formen, und die in der Gestalt des Paracelsus zuletzt und am einprägsamsten verwirklichten Lehren übernahmen die neue Aufgabe, als ‚Pansophie' Gegenströmungen des orthodoxen Luthertums zu werden" (*Will-Erich Peuckert*, Pansophie, 3 Bde., Berlin [2]1956-1973; *Paul Joachimsen*, Johann Valentin Andreae und die evangelische Utopie, in: Zeitwende, 2. Jg., H. 1, 1926; *K. Thomas*, Religion and the Decline of Magic, London 1971).

80 Vgl. in diesem Zusammenhang den Geheimvertrag, den Erich Philipp Ploennies im März 1705 auf der Grundlage einer mündlichen Unterredung mit Landgraf Ernst Ludwig über die künftige Lieferung von Medikamenten abschloß (STA Darmstadt, D4, Nr. 362/3, fol. 2).

81 E. P. Ploennies an Landgraf Ernst Ludwig von Hessen-Darmstadt, 12. Nov. 1705 (STA Darmstadt, D4, Nr. 362/3, fol. 9).

82 Ebd.

83 Bezeichnend für Ploennies' Selbstbewußtsein ist seine in diesem Zusammenhang gewählte Formulierung, die von ihm entwickelte Arznei sei von einem solchen „mann gemacht, der nicht Von hohen schuhlen zeügnüsse eines guten arztes begehret, sondern der Von Gott

riker, d.h. der erfahrungswissenschaftlich vorgehende Produzent einer „wahren philosophischen Tinctur“, die im Laufe der Zeit aufgrund „groser müh und arbeit“ zu einer immer „grösern perfection gelanget ist“ und die sehr wohl in der Lage sei „den gebrechlichen leib eines Menschen ... in Gesundtheit zu erhalten“[84].

Unmißverständlich gibt sich Ploennies damit als Anhänger einer vormodernen, in den ersten Jahrzehnten des 18. Jahrhunderts jedoch noch durchaus häufig anzutreffenden „Alchemia practica“ zu erkennen[85], die sich in Anlehnung an die medizinischen Lehren von Paracelsus und Croll neben der Systematisierung des pharmazeutisch-therapeutischen Wissens vor allem „der Entdeckung von Heilmitteln“ bzw. der Entwicklung von „aus mehreren Arzneipflanzen und Wirkstoffen zusammengesetzten Arzneien“ widmete[86]. Wie den überlieferten Quellen aufgrund des verwendeten Vokabulars relativ eindeutig zu entnehmen ist, nutzte Ploennies dabei - ganz in der Tradition der Iatrochemiker, der Arzt-Chemiker, stehend - die bekannten chemisch-alchemischen Technologien der Scheidekunst, d.h. der Extraktion und Destillation von als Arzneimittel erkannten Pflanzen und Substanzen, um dann mit den sehr sorgfältig zusammengefügten Wirkstoffen (Arkana) Medikamente herstellen zu können, deren Dosierung und Applikation[87] wiederum nur auf der Grundlage einer differenzierten Beurteilung des jeweili-

---

selbsten privilegiret, und zu einem wahren arzt gemacht worden ist“ (E. P. Ploennies an Landgraf Ernst Ludwig von Hessen-Darmstadt, 12. Nov. 1705, ebd.).

84 E. P. Ploennies an Landgraf Ernst Ludwig von Hessen-Darmstadt, 17. April 1730 (STA Darmstadt, D4, Nr. 362/3, fol. 12') sowie ders., 7. Jan. 1737 (ebd., fol. 16').

85 Vgl. *Christoph Meinel* (Hg.), Die Alchemie in der europäischen Kultur- und Wissenschaftsgeschichte (Wolfenbütteler Forschungen, Bd. 32), Wiesbaden 1986, darin neben der Einführung des Herausgebers (S. 7-11) bes. auch *Harry J. Sheppard*, European Alchemy in the Context of a Universal Definition, ebd., S. 13-17; *ders.*, Gnosticism and Alchemy, in: Ambix 6 (1957), S. 86-101; *ders.*, Alchemy, in: Dictionary of the History of Science, hg. v. *W. F. Bynum*, *E. J. Browne* u. *Roy Porter*, London 1981, S. 9 f; *Julius Ruska*, L'alchimie à l'époque du Dante, in: Annales Guébhard-Séverine, 10. Jg., Neuchâtel 1934, S. 410-417; *Carl Gustav Jung*, Studien über alchemistische Vorstellungen (Gesammelte Werke, Bd. 13), Olten/Freiburg 1978; *Karl Frick*, Einführung in die alchemistische Literatur, in: SudA 45 (1961), S. 147-163.

86 *Jüttner* (Anm. 75), S.131.

87 In diesem Zusammenhang ist zu erwähnen, daß Ploennies (vgl. hierzu bes. STA Darmstadt, D4, Nr. 362/3, fol. 8 f) eine Applikationsmethode propagierte, bei der entweder geringe Mengen Alkohol oder Kaffee das Eindringen des Medikaments in den „Fluß der Körpersäfte“ beschleunigen bzw. begünstigen sollten. Mit dieser Auffassung gibt Ploennies zweierlei zu erkennen: 1) daß er wie viele Naturheilkundler und Mediziner des 17. und frühen 18. Jahrhunderts die vielfältigen pharmakologischen Wirkungen des Kaffees und des in ihm enthaltenen Koffeins besonders schätzte und daß er 2) offensichtlich ein Anhänger der universalistisch angelegten Humoralmedizin war, einer medizinischen Richtung, die griechisch-arabischer Tradition entsprang und in deren Zentrum die Lehre von den vier Körpersäften (Blut, gelbe und schwarze Galle sowie Schleim) stand (vgl. hierzu *Erich Schöner*, Das Viererschema in der antiken Humoralpathologie [SudA, Beih. 4], Berlin 1964; für den Gesamtzusammenhang sehr aufschlußreich ist *Wolfgang Schivelbusch*, Das Paradies, der Geschmack und die Vernunft. Eine Geschichte der Genußmittel, München 1980, S. 25-59).

Abb. 22: Der Alchemist, Gemälde von David Teniers d. J. (1610-1690)

gen Krankheitsbildes und der erwünschten Reaktionen in dem zu therapierenden Körper von einem intimen Kenner der Materie zu bestimmen waren[88]. Den menschlichen Körper sahen frühneuzeitliche „Chymysten" wie Ploennies folglich als „eine Art chemisches Laboratorium" an, in dem Prozesse ablaufen, die man mit richtig dosierten Stoffen ... beeinflussen kann. Ein solcher Einfluß ist z.B. die Aufnahme krankmachender Stoffe durch Luft, Nahrung oder Flüssigkeit[89]. Der Arzt kann schlechte Einflüsse korrigieren, indem er dem Patienten Gegenmittel verabreicht. Diese Gegenmittel müssen auch sehr sorgfältig hergestellt und genau dosiert sein, um ihre ‚Arcana', d.h. ihre geheimen Wirkkräfte entfalten zu können.[90]

---

88 Vgl. *Eberhard Schmauderer*, Chemiatriker, Scheidekünstler und Chymisten, in: Der Chemiker im Wandel der Zeiten, hg. v. *Eberhard Schmauderer*, Weinheim 1973, bes. S. 125 f; *Dietlinde Goltz*, Versuch einer Grenzziehung zwischen „Chemie" und „Alchemie", in: SudA 52 (1968), S. 30-47; *Wolfgang Schneider*, Geschichte der Pharmazeutischen Chemie, Weinheim 1972.

89 Über die Vorstellung der krankheitserregenden Gerüche informiert *Alain Corbin*, Pesthauch und Blütenduft. Eine Geschichte des Geruchs, Berlin 1984.

90 *Michael Heidelberger*, Die Rolle der Erfahrung in der Entstehung der Naturwissenschaften im 16. und 17. Jahrhundert: Experiment und Theorie, in: *ders./Sigrun Thiessen*, Natur und Erfahrung. Von der mittelalterlichen zur neuzeitlichen Naturwissenschaft (Deutsches Muse-

Indem Ploennies insgesamt über einen Zeitraum von mehr als zwanzig Jahren[91] offenbar gezielt nach Medikamenten zur Heilung von Krankheiten suchte, beschäftigte er sich auf experimenteller Basis mit der Natur, die er als Ablauf von chemischen Prozessen begriff. Das so gewonnene Erfahrungswissen setzte er dabei schließlich in die ständige Reproduzierbarkeit der Experimente um, womit er deutlich zu erkennen gab, wie sehr er einerseits schon den Weg der modernen Naturwissenschaften eingeschlagen hatte, obwohl er andererseits doch noch immer durch die alchemistische Begrifflichkeit und die hermetische Philosophie geprägt war, die ihn völlig unzweideutig mit der Vorstellungswelt der Vormoderne verbanden[92]. Damit aber, mit dieser nur aus heutiger Sicht zwiespältig erscheinenden Einstellung[93], befand sich Ploennies zu Beginn des 18. Jahrhunderts noch durchaus in bester Gesellschaft, berücksichtigt man etwa, daß auch die berühmten Zeitgenossen Gottfried Wilhelm Leibniz und Isaac Newton, die Begründer der modernen mathematischen Wissenschaften, Zeit ihres Lebens alchemistische Interessen verfolgten[94], oder daß die wichtigsten deutschen Lexika des 18. Jahrhunderts,

---

um. Kulturgeschichte der Naturwissenschaften und der Technik, Bd. 5), Reinbek 1981, S. 88.

91 Vgl. E. P. Ploennies an Landgraf Ernst Ludwig von Hessen-Darmstadt, 17. April 1730 (STA Darmstadt, D4, Nr, 362/3, fol. 12 f)

92 S. hierzu *Rolf E. Vente* (Hg.), Erfahrungen und Erfahrungswissenschaft. Die Frage des Zusammenhangs wissenschaftlicher und gesellschaftlicher Entwicklung, Stuttgart 1974; *Dietrich v. Engelhardt*, Die Bedingungen des Wissenschaftsprozesses im Bewußtsein der Naturforscher des 18. Jahrhunderts, in: Medizinhistorisches Journal 10 (1975), S. 1-27, bes. S. 15 f; *Alfred S. Kessler/Alfred Schöpf/Christoph Wild*, Erfahrung, in: Handbuch philosophischer Grundbegriffe, hg. v. *Hermann Krings*, *Hans Michael Baumgartner* u. *Christoph Wild*, Bd. 1, München 1973, S. 373-386; *Wolfgang Pross*, „Natur“, Naturrecht und Geschichte. Zur Entwicklung der Naturwissenschaften und der sozialen Selbstinterpretation im Zeitalter des Naturrechts (1600-1800), in: IASL 3 (1978), S. 38-67; *Herbert M. Nobis*, Frühneuzeitliche Verständnisweisen der Natur und ihr Wandel bis zum 18. Jahrhundert, in: AfB 11 (1967), S. 37-58; *Robert Spaemann*, Genetisches zum Naturbegriff des 18. Jahrhunderts, in: AfB 11 (1967), S. 59-74.

93 Wie relativ die heute weitverbreitete Auffassung von der ‚Modernität‘ und ‚Rationalität‘ der Naturwissenschaften ist, empfanden offensichtlich auch die bekannten Chemiker William Butler Yeats und Justus Liebig; Yeats meinte hierzu: „Ich hatte bei meinen Studien schon frühzeitig erkannt, daß die Lehre der Alchemisten keine bloße chemische Phantastik war, sondern ein philosophisches System ...“ Und Liebig schrieb, zwar etwas pathetisch doch verständnisvoll über die alchemische Vergangenheit seines Fachgebiets: „Um zu den chemischen Kenntnissen zu gelangen, über die wir heute verfügen, war es nötig, daß Tausende von Männern, mit allem Wissen der Zeit ausgerüstet, von einer unbezwinglichen, in ihrer Heftigkeit an Raserei grenzenden Leidenschaft erfüllt, ihr Leben und Vermögen und alle ihre Kräfte daran setzten, um die Erde nach allen Richtungen zu durchwühlen, daß sie, ohne müde zu werden und zu erlahmen, alle bekannten Körper und Materien, organische und unorganische, auf die verschiedenste und mannigfachste Weise miteinander in Berührung brachten ...“ (zit. nach *G. F. Hartlaub*, Der Stein der Weisen. Wesen und Bildwelt der Alchemie, München 1959, S. 10 f).

94 Vgl. *Karin Figala*, Zwei Londoner Alchemisten um 1700: Sir Isaac Newton und Cleidophorus Mystagogus, in: Physis 18 (1976), S. 245-273; *dies.*, Newtons rationales System der

Hübners „Handlungslexikon" (1712 ff) und Zedlers „Universallexikon" (1732 ff), eine völlig unkritische Haltung gegenüber alchemistischen Praktiken einnahmen, ja daß sie teilweise sogar bis zur Jahrhundertmitte einen geradezu „ungebrochenen Glauben an die Alchemie" verbreiteten[95].

Alchemie, in: Chemie in unserer Zeit 12 (1978), S. 101-110; die wichtigste Quelle, die über Leibniz' alchemistische Neigungen Auskunft gibt, ist der berühmte Briefwechsel zwischen Leibniz und S. Clarke (1675-1729): A Collection of Papers which passed between the late learned Mr. Leibniz and Dr. Clarke in the years 1715 and 1716 relating to the Principles of Natural Philosophy and Religion, London 1717.

95 *Herwig Buntz*, Alchemie und Aufklärung: Die Diskussion in der Zeitschrift Parnassus Boicus (1722-1740), in: Die Alchemie in der europäischen Kultur- und Wissenschaftsgeschichte, hg. v. *Christoph Meinel* (Anm. 85), S. 327-344; *Johann Hübner*, Curieuse Natur-, Kunst-Gewerck und Handlungslexicon, Leipzig 1712 (²1717, ⁸1755; vgl. dort jeweils die Art. „Alchymia" u. „Lapis philosophorum"); *Johann Heinrich Zedler*, Grosses vollständiges Universal-Lexicon aller Wissenschaften und Künste ..., Halle/Leipzig 1732 ff (vgl. dort in Bd. V, Sp. 2289 den Art. „Chrysopoeia" u. in Bd. 39 den Art. "Stein der Weisen"). Eine vergleichsweise aufklärerische und fortschrittliche Haltung verbreitete dagegen das in Bayern redigierte Lexikon „Parnassus Boicus, oder Neu-eröffneter Musen-Berg ...", 6 Bde., München 1722-1740, in dem schon in Bd. 1 von 1722 „Chymia" definiert wurde als: „Solang nun dise Kunst in ihren Terminus, vnd Schrancken verbleibet/ die Corpora mixta in ihre drey Principia Chymica, welche seynd Saltz/ Schwefel/ und Queck-Silber resolviret/ vnd auflöset/ vnd dann gleichwohlen per Coagulationem ... der solvirten Theilen fortschreitet/ so bringet sie/ zermahlen in der Medicin/ vngemeinen Nutzen/ gleich solches erhellet auß si vihlen Chymischen Extracten/ als da seynd die Elixiers/ die Quintessentzen/ die verschidene Balsäme/ die Magistra Perlarum, das Aurum potabile, die verschidene Panicaeae etc. etc." (S. 157) - Von der „Chymia" wird zugleich aber die „Alchymy" schon bewußt abgegrenzt und mit folgenden Worten verurteilt: „Sofern aber dise edle Kunst auß ihrem Bett- vnd Rinnsaal ... in das hohe Meer der Alchymy ... oder der Goldmacherey außtrittet/ Zeit /Arbeit/ vnd Kosten zu dem Camin hinaußjaget/ bevor sie nur ein Sand-Körnlein groß von dem Lapide Philosophico erblicket/ so mag wohl denen Liebhabern von ihrer gantzen Alchymia nichts übrig bleiben/ als der erste/ vnd letzte Buchstaben/ das ist A. Arbeit/ vnd A. Armuth".

3.2 Der Mathematiker als „Originalgenie“: Ploennies als Professor für Mathematik in Gießen

Eine entscheidende Verbesserung seiner gesellschaftlichen Stellung - auch seines Einkommens[96], aber mehr noch seines Ansehens als Amts- und Titelinhaber - konnte Erich Philipp Ploennies im Januar 1701 mit seiner zusätzlichen Ernennung zum ordentlichen Professor für Mathematik an der hessen-darmstädtischen Landesuniversität zu Gießen erzielen[97]. Zweifellos hatte er dies wiederum seiner guten Beziehung zu Landgraf Ernst Ludwig zu verdanken, der über die Besetzung von Lehrstühlen nach eigenem Ermessen verfügen und ihn nach der geltenden Universitätsverfassung per Dekret, d.h. an allen Berufungsvorschlägen der betreffenden Fakultät vorbei, in sein neues Amt einsetzen konnte. Wie manche andere Landesuniversität war auch die Gießener Hochschule zu dieser Zeit dem persönlichen Regiment ihres Territorialherrn unterworfen, und die Professoren waren de facto Beamte, die der Verbreitung und Verteidigung des im Lande herrschenden Glaubens dienten, die - falls dies gefordert wurde - bestimmte Aufgaben bei Hof zu erfüllen und selbstverständlich auch für einen ausreichenden ‚Nachschub‘ an neuen, vor allem aber rechtgläubigen, gehorsamen und kompetenten Geistlichen und Staatsdienern zu sorgen hatten. Im gesamten Zeitalter des Absolutismus, d.h. bis weit ins 18. Jahrhundert hinein, kamen Professoren also nicht in erster Linie durch die Erfüllung wissenschaftlicher Leistungsstandards, sondern nicht selten durch Protektion und höfische Günstlingswirtschaft sowie durch Interessenkorrelationen mit dem regierenden Fürsten zu ihrem Lehrstuhl (und oft eben auch zu dem damit verbundenen Hofamt)[98].

---

96 Ploennies dürfte nach den vorliegenden Unterlagen neben dem weiterlaufenden Gehalt eines Baumeisters der Landgrafschaft Hessen-Darmstadt in Höhe von monatlich 400 Gulden seit Februar 1701 zusätzlich 120 bis 200 Gulden als Mathematikprofessor an der Universität Gießen bezogen haben (vgl. hierzu die Angaben in UA Gießen, Phil. K. 9, fol. 1 sowie bei *Wilhelm Bringsohn*, Zur Wirtschaftsgeschichte der Universität Gießen von der Gründung bis zum Beginn des 18. Jahrhunderts, in: Academia Gissensis. Beiträge zur älteren Gießener Universitätsgeschichte, hg. v. *Peter Moraw* u. *Volker Press* [Veröffentlichungen der Historischen Kommission für Hessen in Verb. mit der Justus-Liebig-Universität Gießen, Bd. 45), Marburg 1982, S. 137-160, bes. S. 155; *Hoferichter* [Anm. 1], S. 74; *Eckhardt* [Anm. 1], Sp. 35, 37).

97 Vgl. UA Gießen, Phil. K. 9, fol. 1: Ploennies' Ernennung zum Professor für Mathematik an der Universität Gießen durch Landgraf Ernst Ludwig von Hessen-Darmstadt, 14. Jan. 1701.

98 *Anton Schindling*, Die Universität Gießen als Typus einer Hochschulgründung, in Academia Gissensis (Anm. 96), S. 83-114, hier S. 95 f; *Wilhelm Martin Becker*, Das erste halbe Jahrhundert der hessen-darmstädtischen Landesuniversität, in: Die Universität Gießen von 1607 bis 1907, Bd. I (Anm. 78), S. 1-364, bes. S. 103-109, 126 f, 255 f; vgl. hierzu und zum folgenden auch *Peter Moraw*, Kleine Geschichte der Universität Gießen 1607-1982, Gießen 1982, S. 65-94; *Georg Lehnert/Hermann Haupt*, Chronik der Universität Gießen von 1607 bis 1907, in: Die Universität Gießen von 1607 bis 1907, Bd. I (Anm. 78), S. 365-474, bes. S. 377 f; *S. Rösch*, Die Professorengalerie der Gießener Universität. Ikonographische und genealogische Betrachtungen, in: Ludwigs-Universität, Justus-Liebig-Hochschule, 1607-

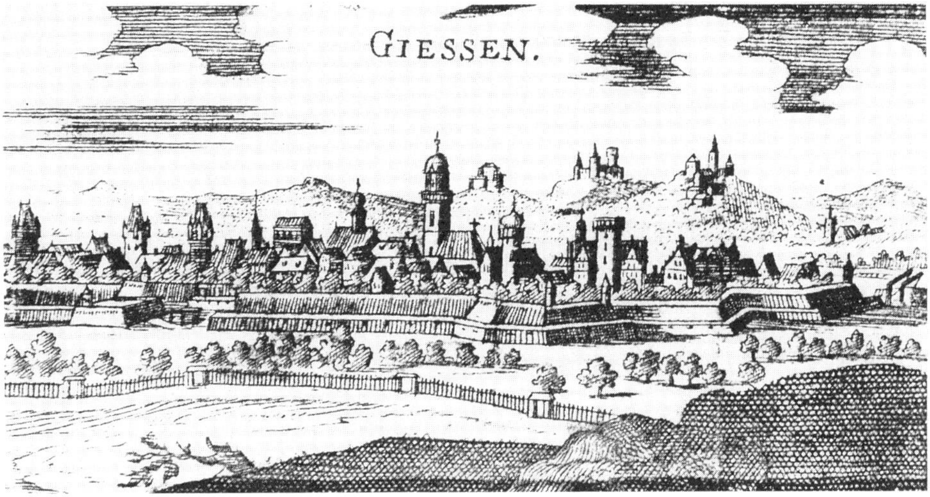

Abb. 23: Die befestigte Universitätsstadt Gießen 1686

Dafür ist, wie die Vorgeschichte der Lehrstuhlbesetzung zeigt, Ploennies' Ernennung zum ordentlichen Professor für Mathematik ein vorzügliches Beispiel: Die von der Fakultät vorgeschlagenen Bewerber, drei damals bekanntere Naturwissenschaftler, wurden alle vom Landesherrn nicht akzeptiert, denn es sei, wie er schrieb, seine „Intentio jederzeit gewesen ..., daß zu einer erledigten Professur nicht solche Leuthe, die nur den Namen eines Professors tragen können, sondern die wohlgelehret und recht tüchtig sind, berufen werden, wir aber die Subjekte nicht genug geeignet erachten"[99]. Die sich daran anschließende Debatte um einen geeigneten Kandidaten, in der bald dieser und bald jener Name gehandelt wurde, beendete der Landgraf schließlich aufgrund seiner unumschränkten Verfügungsgewalt in Fragen von Lehrstuhlbesetzungen, indem er der Universität kurzerhand seinen Baumeister aufoktroyierte[100]. Dieser trat nun die Nachfolge für Augustin Vagetius (1670-1700) an, der im Gegensatz zu Ploennies promoviert war und als exzellenter Mathematiker galt[101]; schließlich stand er wegen seiner „vorzügliche(n) Kenntnis der Indivisibilienmethode und der noch jungen, damals nur

1957. Festschrift zur 350-Jahrfeier, Gießen 1957, S. 433-442; *Ruth Stumann-Bowert*, Philosophische Fakultät, in: 375 Jahre Universität Gießen (Anm. 78), S. 116-132.

99 Zit. nach *Wilhelm Lorey*, Aus der mathematischen Vergangenheit Gießens, in: Nachrichten der Gießener Hochschulgesellschaft, Bd. 10, H. 2 (1934/ 35), S. 47-75, hier S. 59.

100 Ebd., S. 60.

101 Vgl. *Friedrich Wilhelm Strieder*, Grundlage zu einer hessischen Gelehrten- und Schriftstellergeschichte, Bd. 16, Kassel 1817, S. 260; *Johann Christian Poggendorff*, Biographisch-literarisches Handwörterbuch zur Geschichte der exacten Wissenschaften, Bd. 2, Leipzig 1863, S. 1165.

ganz wenigen vertrauten Differenzialrechnung“ mit Leibniz in enger Verbindung[102]. Ploennies, als Architekt und Vertreter des Nützlichkeitsprinzips eher ein praktischer als ein theoretischer Kopf[103], sollte zwar kaum in der Lage sein, dieses wissenschaftliche Niveau zu halten (wie seine einzige mathematische Veröffentlichung von 1724 - auf die noch zurückzukommen sein wird - zeigt), gleichwohl genoß er das uneingeschränkte Vertrauen des Landes- und obersten Dienstherrn aller etablierten und beratungsberechtigten Professoren. So kam es am 14. Januar 1701 dazu, daß Landgraf Ernst Ludwig von Hessen-Darmstadt dem Dekan der philosophischen Fakultät der Universität Gießen, zu der seinerzeit die mathematisch-naturwissenschaftlichen Disziplinen gehörten, mehr oder weniger lapidar, gleichwohl aber in der offiziellen und rechtsverbindlichen Form eines eigenhändig unterzeichneten Dekrets, mitteilte: „Nachdem Wir nun Unsern Baumeister Erich Philipp Ploennies zu sothaner Stelle in Gnaden ernennet, so haben es Euch hirmit zu Nachricht gnädigst anfügen wollen mit dem gnädigsten Befehl, daß Ihr die Anstalt verfüget, damit Ihm die gewöhnliche Bestallung vom 1ten des instehenden Monaths Februarii an gebührend gereichet (werde)“[104].

Zugleich hatte Landgraf Ernst Ludwig aber auch verfügt, daß Ploennies durch die Fakultät „zu dieser Charge gehörig eingeleitet werden möge“, d.h. daß man die übliche Prozedur der feierlichen Amtseinführung - wozu speziell die Anberaumung einer Antrittsvorlesung und die in den Universitätsstatuten genau festgelegte Vereidigung auf das lutherische Glaubensbekenntnis gehörten[105] - baldmöglichst in Gang setzen sollte[106]. Wie aus dem Fortgang der Ereignisse zu entnehmen ist, wagte es weder die philosophische Fakultät noch die Universitätsverwaltung, sich dieser mehr als deutlichen Anweisung des Landesherrn zu widersetzen, und so konnte Erich Philipp Ploennies, der die Übernahme der Professur selbst anscheinend auch nicht weiter hinauszögern

---

102 *Egon Ullrich*, Die naturwissenschaftliche Fakultät in Gießen, in: Ludwigs-Universität (Anm. 98), S. 267-287, Zit.: S. 274; *Wilhelm Lorey*, Der Briefwechsel von Leibniz mit Gießener Mathematikern, in: Nachrichten der Gießener Hochschulgesellschaft, Bd. 10, H. 3 (1934/35), S. 52-80. Zur Geschichte der Mathematik an der Universität Gießen vgl. auch *Dieter Gaier*, Mathematik, in: Gießener Universitätsblätter 15, H. 2 (1982), S. 13: „Die Mathematik an der Universität Gießen blickt auf eine lange Tradition zurück. Schon 1609 gab es eine mathematische Professur (Joachim Jungius), und auch in der Folgezeit war die Mathematik stets an der Universität vertreten, wenngleich ihre Professoren oft auch andere Fächer gleichzeitig zu unterrichten hatten.“

103 Als Vertreter des Nützlichkeitsprinzips erwies sich Erich Philipp Ploennies vor allem durch seine Erläuterungen über den „grosen nuzzen“ im Vorwort seiner Topographia Ducatus Montani; vgl. hierzu *Burkhard Dietz*, Die „Topographia Ducatus Montani“ von Erich Philipp Ploennies aus dem Jahre 1715, in: *Erich Philipp Ploennies*, Topographia Ducatus Montani, Bd. 1, hg. u. bearb. v. *Burkhard Dietz* (Bergische Forschungen, Bd. XX), Neustadt a.d. Aisch 1988, S. IX-XLIX, bes. S. X ff.

104 Zit. aus Ploennies' Ernennungsurkunde, UA Gießen, Phil. K. 9, fol. 1.

105 Vgl. hierzu UA Gießen, Phil. K. 9, fol. 4 f (Religionsrevers vom 4. März 1701) sowie *Wilhelm Wasserschleben*, Die ältesten Privilegien und Statuten der Ludoviciana. Rektoratsprogramm 1881, [Gießen 1881], bes. S. 16; *Becker* (Anm. 98), S. 126; *Schindling* (Anm. 98), S. 87 f.

106 Wie Anm. 104

Civibus Academicis Omnium Ordinum
& Genere & Virtute Ornatissimis,
Sal. Pre. Plur.

DN: ERICUS PHILIPPUS PLOENNIES, Spirensis

Abb. 24: Erich Philipp Ploennies, eigenhändiges Einladungsschreiben zu seiner Antrittsvorlesung als ordentlicher Professor der Mathematik an die „akademischen Bürger aller Stände“ der Universität Gießen vom 27. Februar 1701 wollte, schon am 27. Februar 1701 die „akademischen Bürger aller Stände“ zu seiner Antrittsvorlesung einladen[107].

Dies geschah durch einen öffentlichen Anschlag und mit einem Schreiben, das Ploennies in barockem Latein selbst verfaßt hatte und das heute unter den überlieferten Quellenstücken zum Leben und Wirken von Erich Philipp Ploennies gewiß einen besonderen Stellenwert einnimmt, gibt es doch wie kein zweites Dokument über seinen Bildungsweg, sein Selbstverständnis und seine Überzeugungen als Mathematiker Auskunft: In einer weit ausholenden Polemik zog Ploennies darin zunächst einmal gegen die (angebliche) Diskreditierung der mathematischen Wissenschaften bei den antiken Autoren Tacitus, Sueton und Gellius zu Felde[108], womit er nicht nur den Grad seiner humanistischen Bildung zu erkennen geben, sondern zugleich völlig unzweideutig darauf hinweisen wollte, welchen Charakter seine Antrittsvorlesung am 1. März 1701 haben sollte, in der er „geschliffen und wohlgefeilt über den Ursprung, über die Stellung und über die Entwicklungsstränge besonders der mathematischen Wissenschaften“ zu reden beabsichtigte[109]. Dies sollte ein Plädoyer für eine allgemeine, besonders vom Staat zu fördernde Aufwertung der Naturwissenschaften - speziell natürlich der Mathematik - werden, eine mit Hohn und Spott durchsetzte Abrechnung, auf die er hier schon einmal einen Vorgeschmack gab, eine Abrechnung mit den intellektuellen Vorbildern der Vergangenheit und mit der von ihnen verschuldeten Indolenz, kurz: eine Rede, wie sie so mancher Theologe, Jurist, Mediziner und Philologe aus Anlaß einer Lehrstuhlbesetzung wohl noch nicht gehört hatte. So präsentierte sich Ploennies, der sich der Unterstützung seines Landesherrn absolut sicher war, als überaus selbstbewußter und genialischer, wenn nicht gar als überheblicher Vertreter einer Wissenschaft, die fortschrittlich sein und als „Mathesis universalis“ zur Grundlage aller anderen Disziplinen[110] sowie zum unverzichtbaren Hilfsmittel und Beratungsinstrument der Politik werden sollte[111]. Sein Begriff der „mathematischen Wissenschaften“ war weniger theoretisch, als vielmehr an den Kriterien des Nützlichen, Praktischen und Staatsdienlichen orientiert, etwa an der Funktion der Geometrie für Architektur, Gartenbau, Vermessungstechnik und Festungsbau. In Verbindung mit entsprechenden Einführungen in das technische bzw. konstruktive Zeichnen waren dies auch Fächer und Themengebiete, die seine Lehrveranstaltungen am meisten bestimmt haben dürften, wenngleich er im

---

107 UA Gießen, Phil. K. 9, ohne Fol.-Ang.: Ploennies' Einladung zur Teilnahme an seiner Antrittsvorlesung als ordentlicher Professor der Mathematik an die „akademischen Bürger aller Stände“ der Universität Gießen, Gießen, 27. Feb. 1701 (s. Anh., Dok. 1).

108 Ebd.; s. hierzu auch Anm. 111.

109 Zit. aus Anh., Dok. 5.

110 *G. Crapulli*, Mathesis universalis: Genesi di una idea nel XVI secolo (Lessico intellettuale europeo II), Rom 1969; *Jürgen Mittelstrass*, Neuzeit und Aufklärung. Studien zur Entstehung der neuzeitlichen Wissenschaft und Philosophie, Berlin 1970, S. 429 f.

111 „... so sollen vielmehr jene für die mächtigsten Männer höchst geschätzten und unabdingbaren und für die Hoffenden sehr begehrten Männer (d.h. die Mathematiker, B.D.) in die Städte hinein gerufen und kooptiert werden“ (zit. aus E. P. Ploennies, s. Anm. 107, Einladung ..., Anh., Dok. 1).

Wintersemester 1704/05 eine Vorlesung und ein privates Seminar über Astronomie und Optik anbot[112].

Gleich zu Beginn seiner Tätigkeit an der Universität, die 1701 gerade kurz vor ihrer ersten Jahrhundertfeier stand und mit ihren etwa sechs- bis siebenhundert Studenten sowie mit den Universitätsangehörigen das Leben in der kleinen Festungs-, Garnisons- und Ackerbürgerstadt ganz wesentlich prägte[113], hatte sich Ploennies damit als typischer Vertreter der auf mathematischer Basis erstarkten Naturwissenschaften und als Anhänger der Idee einer allumfassenden Mathematik zu erkennen gegeben. Mit außerordentlichem Selbstbewußtsein skizzierte er den rapiden Innovationsprozeß, den sein Fachgebiet gerade in den letzten Jahrzehnten erlebt und selbst in Gang gebracht hatte, und führte damit demonstrativ die im Wissenschaftsbereich mancherorts gewiß noch als ungewöhnlich empfundene Emanzipation einer Disziplin vor Augen, die inzwischen ganz aus dem Schatten der in der Renaissance verehrten antiken Autoren herausgetreten war und sich mittlerweile zur Grundwissenschaft eines neuen Zeitalters, des anbrechenden Zeitalters der Experimentalwissenschaften, entwickelt hatte. Ploennies' entschiedene Ablehnung der erwähnten antiken Autoren ist daher - ohne hier auf seine einzelnen Kritikpunkte weiter eingehen zu wollen[114] - gleichbedeutend mit einer bewußten Ab-

---

112 UA Gießen, Allg. N. 6.

113 Vgl. hierzu *Georg Lehnert/Karl Glöckner*, Gießen, in: Hessisches Städtebuch, hg. v. *Erich Keyser* (Deutsches Städtebuch, Bd. IV/1), Stuttgart 1957, S. 191-199, hier S. 194 f; *Karl Glöckner*, Gießen, in: Hessen, hg. v. *Wilhelm Sante* (Handbuch der Historischen Stätten Deutschlands, Bd. 4), Stuttgart 1960, S. 162 ff; Gießen 1248-1948. Denkschrift zur 700-Jahrfeier der Stadt Gießen, bearb. v. *Karl Glöckner*, Gießen 1948; zur Zahl der Studenten an der Universität Gießen um 1700 vgl. *Rainer Chr. Schwinges*, Immatrikulationsfrequenz und Einzugsbereich der Universität Gießen 1650-1800. Zur Grundlegung einer Sozialgeschichte Gießener Studenten, in: Academia Gissensis (Anm. 96), S. 247-296.

114 Ploennies' Kritik an den antiken Autoren, vor allem seine Polemik gegen Tacitus, ist - wie eine genauere Untersuchung der von ihm angesprochenen Urtext-Stellen ergab (vgl. meinen Kommentar zu UA Gießen, Phil. K. 9, Dok. 1 im Anh.) - mit den vorgebrachten Argumenten in keiner Weise begründet, im Gegenteil: die ihm unterstellte Geringschätzung der Mathematik widerspricht der bisherigen Interpretation seiner Werke, die sich nicht zuletzt deshalb besonderer Beliebtheit an den Höfen Europas erfreuten, weil Tacitus als Anhänger der zyklischen Geschichtsauffassung für die Berechenbarkeit der Zukunft und für die Übertragbarkeit naturwissenschaftlicher Methoden auf geisteswissenschaftliche Gebiete stand. Ploennies' Vorwürfe müssen daher vor dem Hintergrund jenes allgemeinen Wandels in der Tacitus-Rezeption gesehen werden, der sich schon unter dem Einfluß frühaufklärerischen Gedankenguts zu Beginn des 18. Jahrhundert vollzog: Während Tacitus noch im 17. Jahrhundert als Anhänger des monarchisch-absolutistischen Fürstentums galt, wurde er nun als „Verteidiger der altrömischen Freiheit", als Republikaner und derjenige angesehen, „der das Treiben der Fürsten durchschaut und den Völkern eine Waffe gegen ihre Unterdrücker in die Hand gegeben habe". Bei diesem Interpretationswandel waren in jedem Fall „die Heimat und die politischen Ansichten der ... Leser" entscheidend (*Etter*, S. 1-23). Der Tacitismus, der im 16. und 17. Jahrhundert im habsburgisch-spanischen Reich wie auch in der französischen Monarchie fast zum Pseudonym bzw. zum Deckmantel für den durch die Religionskriege in Verruf geratenen Machiavellismus geworden war und der daher zur Ersatz-Handlungsmaxime der sogenannten ‚Realpolitik' avancierte (un-

wendung von den „Lehrmeistern" von gestern; sie hatten durch die Wiederaneignung des antiken Wissens zwar die sogenannte Revolution der Naturwissenschaften ausgelöst, waren dann aber in den überkommenen humanistisch-scholastischen Lehr- und Forschungsmethoden erstarrt[115]. Das Leitbild der anbrechenden neuen Epoche und der sich aus der Bevormundung der Theologie allmählich emanzipierenden Naturwissen-

---

ter die sich Religion und Ethik unterzuordnen hatten), wurde infolge der Repressalien, die die ‚Realpolitiker' in den spanischen Niederlanden und in Frankreich gegenüber Andersgläubigen angewandt hatten, hauptsächlich vom protestantischen Bürgertum abgelehnt. Evangelische Bürgerliche und Gelehrte beschäftigten sich zwar weiterhin mit Tacitus, ja im akademischen Bereich gehörte es gewissermaßen zum guten Ton, sich intensiv mit Tacitus auseinanderzusetzen und nach Möglichkeit sogar eine Abhandlung über sein Werk zu verfassen, doch sie waren bemüht, die republikanische Hintergründigkeit seiner Berichte über die Monarchie aufzudecken: „Die wichtigste Beschuldigung der Gegner des Tacitus lautete dahin, seine Werke handelten nur von List, Betrug und Verschlagenheit und seien daher für angehende Staatsmänner eine gefährliche Lektüre" (*Etter*, S. 174). Darüber hinaus nahmen die Klagen gegen Tacitus' angebliche Christen- und Judenfeindschaft kein Ende und schließlich beeinträchtigte auch die aufkommende Auffassung vom Stellenwert der selbstgemachten Erfahrung den traditionellen Tacitismus. Wie die Lehre des Aristoteles wurde er dagegen immer wieder von seiten der katholischen Kirche als Autorität gestärkt, während sich die Anschauung von der auf Erfahrung aufbauenden Politik sich mehr und mehr durchsetzte. Danach zählte die Politik „zu den handwerksmäßigen Disziplinen; sie war eine Technik, die dazu diente, den Staat mit seinen vielfältigen Einrichtungen im reibungslosen Zusammenwirken aller Kräfte zu einem Kunstwerk zu gestalten" (*Etter*, S. 184). Diese Auffassung, die wahrscheinlich auch Ploennies' Ansicht von der unbedingt zu fördernden Politikberatung durch Mathematiker zugrunde lag, machte die Lehren des Tacitus weitgehend überflüssig, wenngleich das Studium der Geschichte im allgemeinen - etwa für die Ausbildung junger Fürsten - weiterhin als wichtige Ergänzung angesehen wurde.

Vgl. hierzu neben *Else-Lilly Etter*, Tacitus in der Geistesgeschichte des 16. und 17. Jahrhunderts (Baseler Beiträge zur Geschichtswissenschaft, Bd. 103), Basel 1966; *Werner Kaegi*, Wandlungen des Geistes in der Renaissance, in: Eranos 14 (1946), S. 228 ff; *P. Jochimsen*, Tacitus im deutschen Humanismus, in: Neue Jahrbücher für das Klassische Altertum 27 (1911), S. 697 ff; *Arnaldo Momigliano*, Tacitismo, in: Enciclopedia italiana, Bd. 33, Rom 1937, S. 172 f; *P. Petersen*, Geschichte der aristotelischen Philosophie im protestantischen Deutschland, Leipzig 1921; *August Buck* (Hg.), Die Rezeption der Antike. Zum Problem der Kontinuität zwischen Mittelalter und Renaissance (Wolfenbütteler Abhandlungen zur Renaissanceforschung, Bd. 1), Hamburg 1981, darin bes.: *Notker Hammerstein*, Humanismus und Universitäten (ebd., S. 23-39) sowie *Gerhard Müller*, Die Aristoteles-Rezeption im deutschen Protestantismus (ebd., S. 55-70).

115 *G. Harig*, From the Critique of Scholasticism to the Critique of Antiquity, in: Organon 4 (1967), S. 19-26; *Fritz Krafft*, Renaissance der Naturwissenschaften - Naturwissenschaften der Renaissance, in: Humanismusforschung seit 1945. Ein Bericht aus interdisziplinärer Sicht (DFG, Kommission für Humanismusforschung, M II), Bonn 1975, S. 11-183, bes. S. 117 ff, 135-142, 157 f. Nicht ausgeschlossen scheint, daß auch Ploennies' dezidierte Ablehnung der antiken Autoren und der von ihnen verkörperten rationalen Philosophie zumindest teilweise auf jenen „irrationalen Gegenpol" zurückzuführen ist, den seit der Spätrenaissance die „hermetische Tradition" im Denken mancher Wissenschaftler einnahm und für die Ploennies bekanntlich (s.o.) empfänglich war.

schaften aber war für Ploennies - das ist seinem emphatischen Plädoyer für eine angemessene Beachtung seines Faches ganz unzweideutig zu entnehmen - der Mathematiker. Er war für ihn das Vorbild des Naturwissenschaftlers schlechthin, das Originalgenie der frühen Aufklärung, vielleicht sogar - das war jedoch selbst für den aufmerksamsten Zeitgenossen wohl kaum entsprechend zu beurteilen - „das erste Originalgenie der Moderne", das seit „der zweiten Hälfte des siebzehnten Jahrhunderts Profil und Gestalt" angenommen hatte[116].

Freilich spielte bei dieser Selbststilisierung nicht nur Ploennies' eigene soziale Herkunft, das bei ihm gewiß besonders stark ausgeprägte Bedürfnis nach gesellschaftlicher Anerkennung und vor allem sein Verlangen nach einer rangmäßigen Gleichstellung mit adeligen Hof- und Staatsbediensteten eine Rolle - ein Verlangen, das nun übrigens mit der Ernennung zum Professor endlich befriedigt worden war[117]. Bei seinem prestigesüchtigen Auftreten als genialischer Mathematiker dachte Ploennies sicherlich auch an das geradezu beneidenswert hohe Ansehen, das - wie er anläßlich seiner Bildungsreise 1695 selbst erfahren hatte - die „mathematischen Wissenschaftler" in England genossen. Naturwissenschaftler wie er, d.h. Gelehrte, die sich mit Hilfe der Mathematik als Grunddisziplin auf den verschiedensten Gebieten mit der Erforschung der Naturgeheimnisse auseinandersetzten, galten dort in Analogie zu den geographischen „Discoverers" und „Conquerers" als Entdecker wissenschaftlich bisher unbekannter Territorien, als ‚Heroen' des Geistes und Wohltäter der Menschheit, denen aufgrund ihrer ‚originalen', nie zuvor gedachten Erkenntnisse wahrhaft göttliche Ehren zuteil wurden[118]. Ganz anders als im Alten Reich, wo sich Naturwissenschaftler außerhalb der Hochschulen nur an wenigen Fürstenhöfen einer größeren Beliebtheit erfreuen konnten[119], hatten sie im England der Restauration und der letzten Stuarts den Ruf, die eigentlichen

116 *Bernhard Fabian*, Der Naturwissenschaftler als Originalgenie, in: Europäische Aufklärung. Herbert Dieckmann zum 60. Geb., hg. v. *Hugo Friedrich* u. *Fritz Schalk*, München 1967, S. 48; hierzu und zum folgenden vgl. auch *Richard Forster Jones*, Ancients and Moderns: A Study of the Rise of the Scientific Movement in Seventeenth-Century England, St. Loius ²1961; sowie *G. N. Clark*, Science and Social Welfare in the Age of Newton, Oxford 1949; bes. *Lewis S. Feuer*, The Scientific Intellectual: The Psychological and Sociological Origins of Modern Science, New York/London 1963; *Edgar Zilsel*, Die Entstehung des Geniebegriffs, Tübingen 1926, passim.

117 *Klaus Garber*, Zur Statuskonkurrenz von Adel und Gelehrtentum im theoretischen Schrifttum des 17. Jahrhunderts. Veit Ludwig von Seckendorffs „Teutscher Fürstenstaat" und die deutsche „Barockliteratur", in: Daphnis 11 (1982), S. 115-143; *Rudolf Vierhaus*, Umrisse einer Sozialgeschichte der Gebildeten in Deutschland, in: QFIAB 60 (1980), S. 395-419.

118 Newton wurde von einigen Dichtern beispielsweise als „Columbus des Himmels" besungen; Francis Bacon wurde in einem Gedicht mit den Worten verehrt: „Bacon, like Moses, led us forth at last/ The barren Wilderness he past/ Did on the very Border stand/ of the blest promis'd Land/ And from the Mountains Top of his Exalted Wit/ Saw it himself, and show'd us it" (vgl. *Fabian* [Anm. 116], S. 50 f, 53).

119 *A. Kauffeldt*, Die Naturwissenschaft im 17. Jahrhundert und E. W. von Tschirnhaus, in: E. W. von Tschirnhaus und die Frühaufklärung in Mittel- und Osteuropa, hg. v. *Eduard Winter* (Quellen und Studien zur Geschichte Osteuropas, Bd. 7), Berlin 1960, S. 319-325.

Genies zu sein, Genies, die eine „neue Natur" erschlossen und auf den unterschiedlichsten Wissenschaftsgebieten, gleichsam wie Segler auf dem „globus orbis intellectualis" (Francis Bacon)[120], „erhabene Geheimnisse" entdeckten[121] und daher in der öffentlichen Meinung der gebildeten Schichten sehr schnell zu Leitfiguren eines naiven Fortschrittsoptimismus erhoben wurden[122]. Zeitgenössische Beobachter dieses Aufbruchs ins Zeitalter der experimentellen Methode wie etwa Thomas Sprat, „der 1667 die erste große Rechenschaft und Rechtfertigung der" erst fünf Jahre zuvor gegründeten Royal Society vorlegte[123], trugen mit ihrer subjektiv gefärbten Berichterstattung einerseits nicht unwesentlich zu dieser Glorifizierung der Naturwissenschaftler und andererseits zur weiteren Verbreitung der entsprechend ausgerichteten Genielehre bei. Sie besagte übrigens - was recht aufschlußreich für die von Ploennies bei seinem Amtsantritt an der Universität Gießen an den Tag gelegte Haltung und für den provokativen Duktus seiner Formulierungen ist -, daß einer der markantesten Charakterzüge des naturwissenschaftlichen Originalgenies die freie, antiautoritäre und mutig-heroische Haltung sei, aus der heraus sich der Gelehrte zunächst einmal grundsätzlich jeder unreflektierten und unkontrollierten Übernahme tradierter Lehrmeinungen widersetze; aus der „Querelle" zwischen der Freiheit zum Experiment und der mit ihr kollidierenden Autorität der Tradition gehe der Naturwissenschaftler aber schließlich nicht nur als ‚Entdecker', sondern vor allem auch als Bahnbrecher neuer Erkenntnisse hervor, „der leicht zu einem Streiter wider die Versklavung des Geistes, wenn nicht sogar zu einem Vorkämpfer für die Würde des Menschen werden konnte"[124].

---

120 *Francis Bacon*, De Augmentis, IX, in: *ders.* Works, Bd. I, Stuttgart 1963, S. 836.

121 *John Dryden*, Of Dramatic Poesy and Other Critical Essays, Bd. I, hg. v. George Watson, London 1962, S. 26, 32.

122 *Lynn Thorndike*, Newness and Craving for Novelty in Seventeenth-Century Science and Medicine, in: JHI 12 (1951), S. 584-598.

123 *Fabian* (Anm. 116), S. 48; *Thomas Sprat*, History of the Royal Society (1667), hg. v. *Jackson I. Cope* u. *Harold Whitmore Jones*, St. Louis 1958.

124 *Fabian* (Anm. 116), S. 64. Diese Interpretation findet sich in bezug auf Ploennies besonders in einem seiner späten Briefe an Landgraf Ernst Ludwig von Hessen-Darmstadt bestätigt, in dem er davon berichtet, daß er seinem ältesten Sohn Georg Friedrich nur durch Ämterkauf, u.z. für die stattliche Summe von 5000 Gulden, eine standesgemäße Stellung im oberhessischen Amt Königsberg hätte verschaffen können; Ploennies beschwert sich über diesen „sündlichen appendice" [Vorgang, B.D.] und führt zur Begründung seines Standpunkts aus: „Ich halte es Vor einen greüel, und ist auch Vor Gott ein greüel, bedienungen zu Verkaufen, oder durch andere bedingungen an diejenige zu geben, die darein willigen dann der Arme wird auf solche art gänzlich zurückgesezt, und also aller beneficien [Verdienstmöglichkeiten, B.D.] beraubet; es können auch auf diese weise solche menschen zu den wichtigsten bedienungen gelangen, die am aller ungeschicktesten dazu sindt, und durch welche Vieles unglück und Verderben entstehet ... Was kann ungerechter und grausamer seyn, als einen betrübten (welches die arme sindt) noch mehr zu betrüben, und dieselbe gleichsam zu straffen, weil sie arm sindt... Ich habe auch daVor meinen sohn gewarnet und daVon abgerahten, im fall er nicht anderst als auf obgedachte art dazu würde gelangen können; dann mann müste sich nicht selber in eine grose Sclaverey einkaufen, darneben, einem armen (der es wohl besser meritirte [bedürfte, B.D.]) kein

Abb. 25: Albrecht Kauw, „Allegorie der Wissenschaft" und die von Gott gelenkte Hand des Wissenschaftlers (1670)

Ploennies' ganzes Auftreten, besonders aber sein nachhaltiger Protest gegen eine Bevormundung durch die Tradition der antiken Autoren, war der unverhohlene Ausdruck seiner genialischen Grundhaltung, d.h. eines Selbstverständnisses, dessen Idealtypus bereits im späten 17. Jahrhundert mit der Inthronisierung von Isaac Newton zum „Messias" des neuen naturwissenschaftlichen Zeitalters entworfen war[125]. Ploennies' Selbstbewußtsein als genialischer Mathematiker, das durch die Tatsache gestärkt wurde, daß er „überall bei den berühmtesten Männern" und auf „den berühmtesten Akademien Deutschlands, besonders" an der fortschrittsorientierten Universität von Halle sowie „auch bei Auswärtigen in Belgien, Frankreich und England" studiert hatte[126], dieses Selbstbewußtsein und die aus ihm resultierende Sicherheit und Gewandtheit im Auftreten und in den barocken Umgangsformen waren gewiß die ausschlaggebenden Kriterien für sein relativ erfolgreiches Fortkommen im Hof- und Staatsdienst der Land-

prajudiz Veruhrsachen" (E. P. Ploennies an Landgraf Ernst Ludwig von Hessen-Darmstadt, 7. Jan. 1737, STA Darmstadt, D4, Nr. 362/3, fol. 16 u. 16').

125 *Fabian* (Anm. 116), S. 66; vgl. auch *Fritz Wagner*, Isaac Newton im Zwielicht zwischen Mythos und Forschung. Studien zur Epoche der Aufklärung, Freiburg i. Br. 1976, bes. Kap. IV: „Zur Apotheose Newtons. Künstlerische Utopie und naturwissenschaftliches Weltbild im 18. Jahrhundert" (S. 106-159).

126 UA Gießen, Phil. K. 9: E. P. Ploennies, Einladung zur Antrittsvorlesung ... (s. Anh., Dok. 1).

grafschaft Hessen-Darmstadt gewesen. Beeindruckt von den Kenntnissen, den heroisch-genialisch anmutenden Umgangsformen, die mit ihren pathetischen Gebärden in mancherlei Hinsicht die Konventionen der barocken Verhaltensnormen überzeichnen und auch der höfischen Etikette mitunter widersprechen konnten[127], schenkte der naturwissenschaftlich ambitionierte Fürst dem ,mathematischen Hof-Künstler' Erich Philipp Ploennies seine besondere Gunst; er förderte den Aufstieg dieses Mannes, der gleichsam als Homo novus in seine Dienste getreten war und in der Hofgesellschaft ursprünglich wohl nur wenige Stützen hatte, weil er in dem einige Jahre Älteren zunächst einen gleichgesinnten Diskussionspartner in Dingen der Wissenschaft und Alchemie und schließlich sogar einen Vertrauten fand, dessen Freimütigkeit und Offenheit (wie sie noch Jahrzehnte später in Ploennies' Briefen an Landgraf Ernst Ludwig zum Ausdruck kommen sollte[128]) er besonders schätzte.

Trotz des außerordentlichen Elans, den Ploennies 1701 bei seiner Amtseinführung als Professor für Mathematik an den Tag legte, blieb seine Tätigkeit an der lutherischen Universität Gießen schließlich doch nur eine Episode. Das zu Beginn gezeigte Engagement verebbte gewiß bald in der Routine des alltäglichen Lehrbetriebs, der Forschung nahezu unmöglich machte[129], sowie in den zusätzlichen Belastungen, die auf ihn in seiner Funktion als Baumeister von Hessen-Darmstadt zukamen. Trotzdem versuchte er, forschungsmäßig auf dem Laufenden zu bleiben und setzte sich wahrscheinlich schon in seiner Gießener Zeit mit der „führende(n) mathematischen Disziplin des 18. Jahrhunderts", mit der von Leibniz fortentwickelten Infinitesimalmathematik auseinander[130], die seit 1684 bekannt war und nun - wie Moritz Cantor, einer der bedeutendsten Mathematikhistoriker, es formulierte - in eine Periode eintrat, die „wenn auch ... nicht so glänzend, doch ebenso wichtig und fruchtbar ist als die frühere, denn" in

---

127 Zu einem vergleichbaren Fall vgl. *Elias*, Höfische Gesellschaft (Anm. 64), S. 300 f; *Henning Eichberg*, Geometrie als barocke Verhaltensnorm. Fortifikation und Exerzitien, in: ZHF 4 (1977), S. 17-50; *Kruedener*, Zur Rolle des Hofes (Anm. 64); *Warnke*, Hofkünstler (Anm. 62), passim; *Faber*, Zum Verhältnis von Absolutismus und Wissenschaft (Anm. 62).

128 Vgl. hierzu Ploennies' Briefe, STA Darmstadt, D4, Nr. 362/3, fol. 2, 6-10, 1/18, 12-14, 16 f.

129 *Peter Moraw*, Aspekte und Dimensionen älterer deutscher Universitätsgeschichte, in: Academia Gissensis (Anm. 96), S. 1-43, bes. S. 14 ff.

130 *Eberhard Knobloch*, Infinitesimalmathematik, in: Maß, Zahl und Gewicht. Mathematik als Schlüssel zu Weltverständnis und Weltbeherrschung. Ausstellungskatalog der Herzog August Bibliothek Wolfenbüttel, bearb. v. *Menso Folkerts, Eberhard Knobloch* u. *Karin Reich*, Weinheim/Wolfenbüttel 1989, S. 297-328, Zit. S. 304; vgl. hierzu auch *Oskar Becker/Joseph E. Hofmann*, Geschichte der Mathematik, Bonn 1951, S. 202-220; *Margaret E. Baron*, The Origins of the Infinitesimal Calculs, Oxford 1969 (ND New York 1987); *Carl B. Boyer*, The History of the Calculs and its Conceptual Development, New York 1959; *C. H. Edwards jr.*, The Historical Development of the Calculs, New York 1979; *Hermann Weissenborn*, Die Principien der höheren Analysis in ihrer Entwicklung von Leibniz bis auf Lagrange als historisch-kritischer Beitrag zur Geschichte der Mathematik, Halle 1856 (ND Leipzig 1972); *Klaus Volkert*, Geschichte der Analysis, Mannheim 1988.

ihr sollte nun „das Werk der Schöpfer geordnet und vervollkommnet“ werden; tatsächlich wurde es aber auch auf seine Stichhaltigkeit hin überprüft und versuchsweise „durch andere, vermeintlich strengere“ Methoden ersetzt[131]. Ploennies interessierte sich dabei, wie seine einzige mathematische Veröffentlichung mit dem Titel „In rebus mathematicis ...“ aus dem Jahre 1724 zeigt, speziell für das Problem der Kreisberechnung[132]. Eine genauere Analyse dieser Studie bietet insofern die einzigartige Möglichkeit, das tatsächliche Niveau seines mathematischen Könnens deutlich werden zu lassen[133]: Indem sich Ploennies dem Problem der Kreisberechnung mit Hilfe von Zirkel und Lineal zuwandte, griff er eine schon seit der Antike immer wieder - etwa durch die berühmte, im Mittelalter von Gerland von Besançon angefertigte Untersuchung „De quadratura circuli“ - behandelte, aber nie zufriedenstellend gelöste Aufgabe der Mathematik auf. Ein praktisches geometrisches Problem stellte die Frage der Kreisberechnung zu Beginn des 18. Jahrhunderts allerdings schon nicht mehr dar, da mit den Übersetzungen des 13. und 14. Jahrhunderts aus dem Arabischen die Zahl π bereits geläufig und die Berechnung von Kreisen im Grunde keine solche Schwierigkeit mehr darstellte wie beispielsweise im Mittelalter, als die Zahl π noch mit 2 : 3 angenommen wurde. In seiner Studie ging Ploennies das Problem so an, daß er von der Entdeckung der Leibnizschen Grenzwertbetrachtungen aus versuchte, geometrisch einen Grenzwert für den Umfang eines Kreises zu ermitteln, d.h. er folgte nicht Archimedes und teilte den Kreis nicht in eine Reihe von regelmäßigen Dreiecken ein. Bei der Berechnungsmethode, die er beweisen wollte, ging er vielmehr von einem Einheitskreis mit dem Radius $r_1 = 1$ aus und führte dabei zunächst den Nachweis, daß der Umfang des Einheitskreises der Länge des Kreisbogens eines Quadranten des Kreises mit dem Radius $r_2 = 4$ entsprach:

U_1 = Umfang des Einheitskreises

U_2 = Umfang des Kreises mit dem Radius $r_2 = 4$

$$U = 2 \cdot r \cdot \pi$$

$$U_1 = 2 \cdot \pi$$

$$U_2 = 8 \cdot \pi$$

---

131 *Moritz Cantor*, Vorlesungen über Geschichte der Mathematik, Bd. IV, Leipzig 1908, S. 641 (vgl. auch ders., Bd. III, Berlin 1898, S. 714-718).

132 *Erich Philipp Ploennies*, In rebus mathematicis bene versatis geometris ..., Berleburg 1724 (Landesbibl. Wiesbaden Ug 5494; Library of Congress [Nachweis: National Union Catalogue, Bd. 462, London/Chicago 1976, S. 18]). Der im Impressum von Ploennies' Schrift überlieferte Zusatz „Berleburgi typis Haugianis“ weist auf den bekannten Berleburger Drucker David Haug als Hersteller hin (vgl. hierzu *Wilhelm Hartnack*, Berleburg als Druckort. Druck der Berleburger Bibel, in: Wittgenstein. Blätter des Wittgensteiner Heimatvereins 44 [1956], S. 73-79).

133 Für Anregungen und kritische Hinweise zur Beurteilung der mathematischen Studie von Erich Philipp Ploennies bin ich Herrn Professor Dr. Werner Bergmann, Bochum, und Herrn Dr. Winfried Bettecken, Hamburg, zu Dank verpflichtet.

Die Länge des Kreisbogens betrug nach Ploennies demnach:

$$U_{K_b} = \frac{8 \cdot \pi}{4} = U_K = 2 \cdot \pi$$

woraus folgt: $U_1 = U_K$

In einer Reihe von expliziten Beispielen wies Ploennies nun daraufhin nach, daß bei identischer Länge der Kreisbögen von Kreissektoren drei Winkel sich im Verhältnis zu den Radien verhalten; als Beispiele hierfür führte Ploennies auf:

$$r_2 = 4$$
$$r_3 = 6$$
$$r_2 : r_3 = 2 : 3$$
$$\text{Kreissektor zu } r_2 = 135°$$
$$\text{Kreissektor zu } r_3 = 90°$$
$$U_{K_2} = \frac{135 \cdot 8 \cdot \pi}{360}$$
$$U_{K_3} = \frac{90 \cdot 12 \cdot \pi}{360}$$
$$U_{K_2} = \frac{1080 \cdot \pi}{360}$$
$$U_{K_3} = \frac{1080 \cdot \pi}{360}$$

woraus folgte: $U_{K_2} = U_{K_3}$

Aus dieser Gleichsetzung ergibt sich folgende Abhängigkeit zwischen Radien und Winkeln für gleichbleibende Länge von Kreisbögen durch die Winkel (α_2 und α_3) bestimmter Kreissektoren: $r_2 : r_3 = \alpha_3 : \alpha_2$

Beispiele nach Ploennies $2 : 3 = 90 : 135$

$6 : 5 = 75 : 60$

Aus dieser Gesetzmäßigkeit folgerte Ploennies einen Näherungswert für den Umfang des Einheitskreises. Mit Hilfe einer steigenden Reihe von Radien, ins Verhältnis gesetzt zu fallenden Winkelgrößen, gelang so eine geometrische Näherung an den gesuchten Kreisumfang, da bei beliebig großem Kreisradius der Kreisbogen des Kreissektors sich beliebig nahe einer geraden Strecke nähert; als Beispiele hierfür führte Ploennies auf:

$$1 : 4 = 90 : 360$$

r_1 = Einheitskreis

$r_2 = 4$

$$1 : 8 = 45 : 360$$
$$1 : 16 = 22{,}5 : 360$$
$$1 : 32 = 12{,}25 : 360$$
$$1 : 64 = 6{,}125 : 360$$
$$1 : 128 = 3{,}0625 : 360$$

Ploennies zeigte damit, daß nur etwa fünf bis sechs Verdopplungen in der praktischen Konstruktion nötig sind, um den gesuchten Wert zu erreichen, da sich die Punkte der Kreissektoren geometrisch nicht mehr unterscheiden (vgl. beigefügte Zeichnung). Um die geometrische Konstruktion nicht übermäßig groß werden zu lassen, verwies Ploennies auf eine Vereinfachungsmöglichkeit; dabei beträgt die Größe des Referenzkreises zum Einheitskreis bei

$$r_1 = 2° = 1$$
$$r_6 = 27 = 128$$
$$\text{da } r_2 = 22 = 4$$

Ploennies geht daher von dem geometrischen Grundsatz aus, daß der Winkel über einer Sehne, der im Mittelpunkt gebildet wird, genau doppelt so groß ist, wie der entsprechende Winkel, welcher am Kreisbogen gebildet wird.

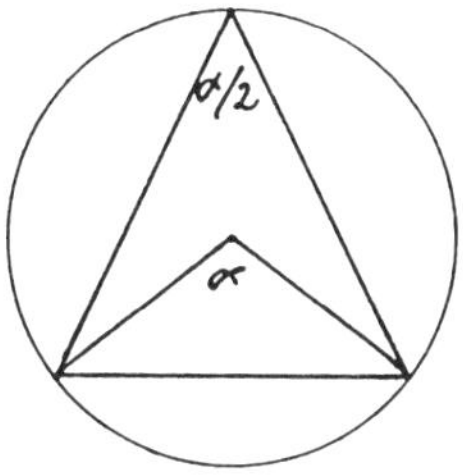

Damit kann die Näherung mit einem um die Hälfte geringeren Radius durchgeführt werden; gemäß seiner Relation ergibt sich daher:

$$r_1 : d_2 = \alpha_d : \alpha_1,$$
$$\text{wobei } \alpha_d = \frac{\alpha_2}{2}$$
$$\text{daraus folgt: } r_1 : d_2 = \frac{\alpha_2}{2} : \alpha_1$$

Läßt man nun d beliebig groß und den Winkel $\frac{\alpha_2}{2}$ beliebig klein werden, so nähert sich die Länge der mit dem Durchmesser den Winkel $\frac{\alpha}{2}$ bildenden Sehne der Länge des Durchmessers. Auch diese Näherung ist nach Ploennies geometrisch mit weniger als zehn Schritten zu erreichen.

Geometrisch ist der Ansatz von Ploennies als wenig anspruchsvoll zu beurteilen. Durch die Gleichsetzung von analogen Kreisumfängen und Längen von Kreisbogen erreichte Ploennies eine geometrische Näherung an den Wert π - der Umfang des Einheitskreises errechnet sich nämlich mit:

$$U_1 = 2 \cdot r_1 \cdot \pi$$
$$U_1 = 2\pi \Rightarrow \frac{U_1}{2} = \pi$$

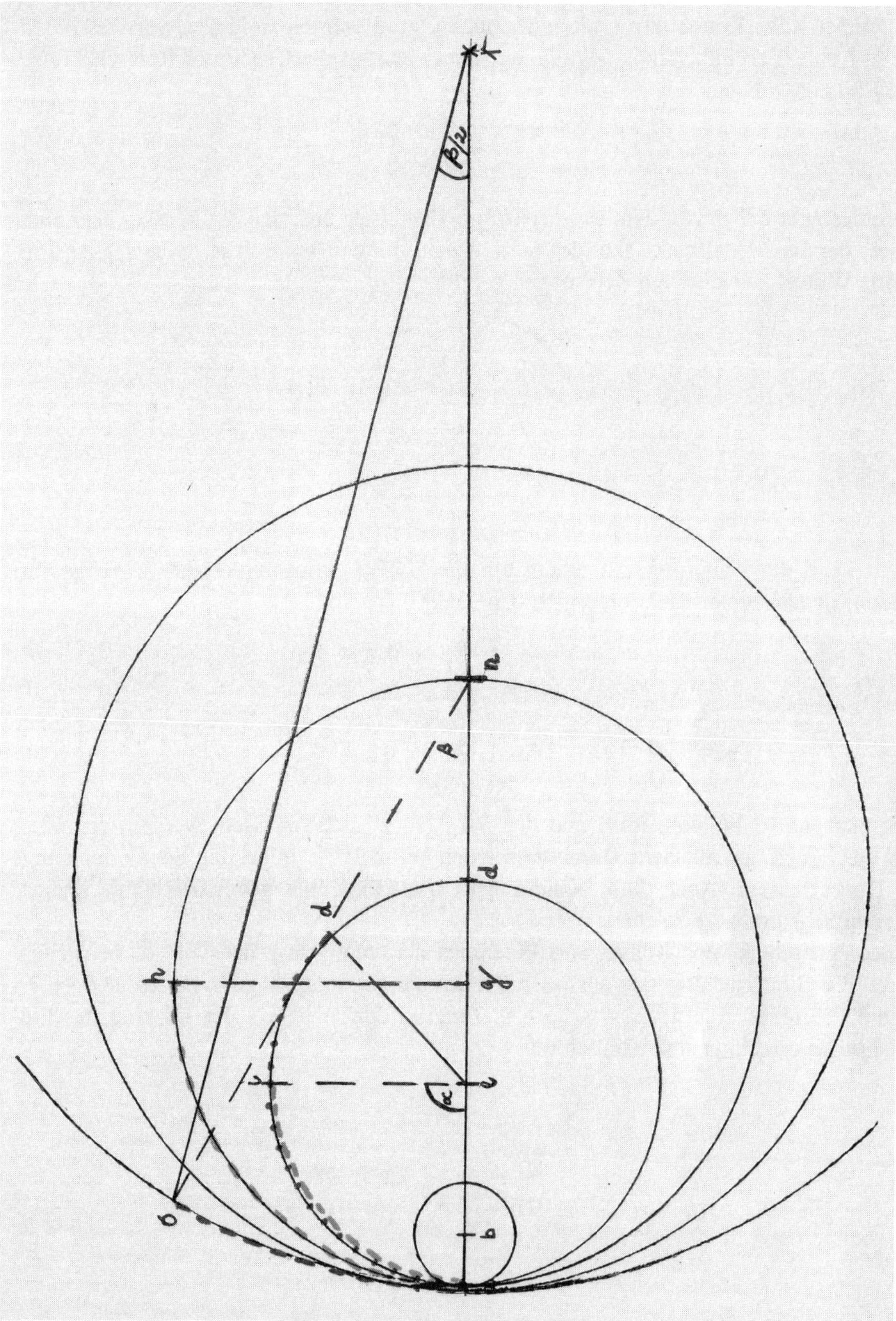

Ploennies' geometrisches Konzept zur Kreisberechnung nach seiner mathematischen Veröffentlichung von 1724

Bei der Näherungsrelation bleibt π jedoch unberücksichtigt, da es bei der Gleichsetzung herausfällt:

$$U_1 = 2 \cdot r_1 \cdot \pi$$

$$U_2 = 2 \cdot r_2 \cdot \pi \;;$$

$$\text{für } r_2 = 4 \text{ gilt:} \quad U_{T_2} = \frac{2 \cdot r_2 \cdot \pi \cdot 90}{360}$$

$$U_{T_2} = \frac{2 \cdot 4 \cdot \pi \cdot 90}{360}$$

woraus bei Gleichsetzung folgt:

$$U_1 = U_{T_2}$$

$$2 \cdot r_1 \cdot \pi = \frac{2 \cdot 4 \cdot \pi \cdot 90}{360}$$

wobei r_1 der Radius des Einheitskreises = 1; daraus folgt: 2 = 2 oder $\pi = \pi$ als banales Ergebnis.

Ploennies' Betrachtung berücksichtigte damit nur annäherungsweise die Ergebnisse der von Leibniz seit 1694 vorgelegten Ergebnisse zur Grenzwertberechnung. Von daher wird man seinen Versuch, den Nachweis der Quadratur des Kreises zu führen, in die lange Kette der vielfältigen und ebenfalls vergeblichen Bemühungen um dasselbe Ziel einreihen müssen. Andererseits erscheint seine mathematische Arbeit als durchaus gelungener Versuch, einen Kreis durch eine meßbare Strecke annähernd zu bestimmen, und als geeignete Methode für eine praktische Nutzbarmachung bei Vermessungsarbeiten im Gelände. Aus der gesamten Argumentation, die Ploennies seiner mathematischen Studie zugrunde legte, spricht die von vornherein festgelegte Orientierung an den Erfordernissen der Praxis im Vermessungswesen. Dies bestätigt im übrigen gleich der erste Satz, den Ploennies seiner Untersuchung voranstellte, in dem es heißt: „Den in der Mathematik gut bewanderten Landvermessern, Liebhabern der Geometrie, Handwerkern und anderen eröffnet Erich Philipp Ploennies die lang ersehnte Lösung des Problems, nämlich die genaue Begradigung sowohl ganzer Kreislinien als auch eines beliebigen vorgegebenen Bogens durch Annäherung, folglich die allgemeine geometrische Verwandlung sowohl eines ganzen Kreises als auch die eines beliebigen Kreisausschnitts oder Kreisabschnitts in ein Viereck."[134] Sollte Ploennies' Studie vor dem Hintergrund dieser Absichtserklärung und der voranstehenden Betrachtung abschließend beurteilt werden, so müßte festgestellt werden, daß die von Ploennies angebotene Problemlösung durch ihre Einfachheit, Klarheit und ihre geradezu verblüffende Einsichtigkeit besticht, und daß sie - aus der Perspektive des frühen 18. Jahrhunderts - in jedem Fall den von Archimedes angebotenen Lösungsversuch bei weitem übertraf.

Welche Auswirkungen auch immer Ploennies' wissenschaftliches Engagement auf die Entwicklung der Disziplin Mathematik an der Universität Gießen im einzelnen gehabt haben mag, seine Tätigkeit an dieser Hochschule, deren Lehrkörper sich schon

134 Übersetztes Zit. aus *E. P. Ploennies*, In rebus mathematicis ... (Anm. 132), S. I.

seit geraumer Zeit in orthodoxe Lutheraner und Pietisten spaltete[135], blieb im Grunde nur eine Episode, denn schon nach vier Jahren, im März 1705, sah sich Ploennies wegen eines dubiosen, bis heute nicht näher geklärten Vorfalls am Hofe Ernst Ludwigs gezwungen, das Territorium fluchtartig zu verlassen. Die Universitätsverwaltung meldete dem Landesherrn pflichtgemäß, daß „der Professor Matheseos Ericus Philippus Plönnies ohnlängst Von dieser Universität ab- und, wie referiret wird, nach Holland gereiset sey" und daß er nach seinen eigenen Äußerungen zu urteilen, wohl „keine intension" mehr haben werde, „anhero zu revertiren", d.h. noch einmal nach Hessen-Darmstadt zurückzukehren; es seien aber „Viele Studiosi Vorhanden, welche information in Mathesi Verlangen"[136].

Ploennies seinerseits beklagte sich wenig später auch persönlich bei seinem fürstlichen Vertrauten über die Umstände, unter denen er das Land gezwungenermaßen hatte verlassen müssen. Voller Pathos und Selbstmitleid schrieb er im Sommer 1705, er sei „Von einem ort zum andern ... öffters gejagt oder getrieben worden: Überdaß so ich mir ja einen einsamen abgesonderten ort in demselbe(n Territorium Hessen-Darmstadt, B.D.) auswehlen wolte, müste ich doch stets in furchten leben wegen des odiosen (d.h. widerwärtigen, B.D.) nahmens, den Ewer Hochfürstliche Durchlaucht, Vielleicht ohnbedächtlich, mir Veruhrsachet haben"[137]. Seine schriftlichen Unterlagen seien, so führte er seine Klage weiter aus, dem ganzen Hof zu lesen gegeben worden, „die mich ... ein Omacher (d.h. im umgangssprachlichen Jargon der Zeit: einen Halbesel, B.D.) so geheim ausgerufen, daß es Vor mir nicht geheim hat Verbleiben können"[138]. Um sich dieser Verspottung zu entziehen, aber auch um sich „der sorge Vor dieben im Hauß, und Vor raubern auf der landstrasen ... zu entledigen", habe er das Land verlassen müssen. Der Bitte des Landgrafen Ernst Ludwig, doch wieder zum Hof zurückzukehren, könne er nicht entsprechen; der Fürst werde „die ohnmöglichkeit meiner rückkunfft", schrieb Ploennies weiter, „besser können abnehmen, in betrachtung, daß Von denen Medicis und derselben geschwohrenen, ohngemein heimlichen Verfolg werde ertragen müssen, und zwar auf eine solche tückische art, da ich die boßheit werde müssen sehen, und doch dazu nichts dörfen sagen, wie dann dergleichen Kunststück am Darmstättischen Hof gar sehr im gang und brauch, und dabey Vor grose klugheit gehalten werden"[139]. Die emotionalen Vorbehalte waren tatsächlich so gravierend, daß Ploennies selbst dann nicht bereit war, wieder einen Fuß auf hessen-darmstädtischen Boden zu setzen, als ihn Ernst Ludwig bei der Berufsehre zu fassen suchte und ihn wiederholt darum bat, er möge doch das seit 1703 im Bau befindliche Jagd-

---

135 *Köhler*, Die Anfänge des Pietismus in Gießen (Anm. 79); *Lehnert/Haupt*, Chronik (Anm. 98), S. 377; *Mack*, Pietismus und Aufklärung (Anm. 12).

136 UA Gießen, Phil. K. 9, fol. 7: Bericht der Universitätsverwaltung Gießen an Landgraf Ernst Ludwig von Hessen-Darmstadt über die plötzliche Abreise des Mathematikprofessores Erich Philipp Ploennies, Gießen, 30. März 1705.

137 STA Darmstadt, D4, Nr. 362/3, fol. 6 f: E. P. Ploennies an Landgraf Ernst Ludwig von Hessen-Darmstadt, o.O., 24. Sept. 1705.

138 Ebd.

139 Ebd.

schloß Neu-Jägersdorf, ein großzügig und repräsentativ geplantes Anwesen bei Battenberg im Oberhessischen[140], fachmännisch begutachten[141]. Der selbstbewußte Mathematiker und Baumeister blieb vorerst bei seinem einmal gefaßten Entschluß, und so kam es erst Jahrzehnte später - als Ploennies schon lange in Nassau-Siegen arbeitete - zu einem letzten Zusammentreffen zwischen Ploennies und seinem fürstlichen Gönner[142], der trotz aller Zwischenfälle immer wieder ein lebhaftes Interesse am Schicksal seines ehemaligen Bediensteten zeigte, ein Interesse überdies, das sich für Ploennies noch relativ lange bezahlt machen sollte.

3.3 Herrschaft und „gute Policey“: Die „Inventarisierung“ des Herzogtums Berg

Die ‚besseren Tage‘, die Erich Philipp Ploennies als festbesoldeter Baumeister der Landgrafschaft Hessen-Darmstadt und von 1701 an zusätzlich noch als Professor für Mathematik an der Universität Gießen erlebt hatte, waren damit fürs erste vorbei. Es folgte nun eine Zeit der unsteten Suche nach einer neuen Aufgabe und vor allem auch nach einem neuen Zuhause, eine Suche allerdings, die sich zumindest aus finanzieller Sicht nicht überaus dringlich gestaltete. Erich Philipp Ploennies hatte nämlich noch kurz vor seiner überstürzten Abreise aus Gießen die Gelegenheit wahrgenommen, mit Landgraf Ernst Ludwig einen privaten Exklusivvertrag abzuschließen, in dem ihm als Gegenleistung für medizinische Präparate - die ausschließlich für den Fürsten bestimmt sein sollten - garantiert wurde, daß er seine „bißhero genoßene Baumeister besoldung auch in der frembde (ohnangesehen wes orths“ er sich „hinkünfftig aufhalten würde) so wohl als Ihro Hochfürstlichen landen bißhero geschehen lebenslang genießen möge, dabey“ er „doch auch noch Zu dienen Verspreche so Viel nemblich in abwesenheit geschehen kann oder möglich ist“[143].

Durch die aus diesem Privatabkommen mit Landgraf Ernst Ludwig weitergezahlte Besoldung eines hessen-darmstädtischen Baudirektors zumindest hinreichend versorgt, konnte sich Ploennies einige Monate in Holland aufhalten, wohin er von Gießen aus geflohen war. Um 1706/07 ließ er sich dann in der niederrheinischen Festungsstadt Wesel nieder, d.h. in einer Stadt, die mit ihren rund 8000 Einwohnern, ihren Soldaten, Kaufleuten, Handwerkern und Gewerbetreibenden sowie mit ihren großen Exulantengruppen aus Wallonien, den Niederlanden, Frankreich und England eine in jeder Hin-

140 *Siebert*, Jagd und Jagdhäuser (Anm. 43), S. 81; *dies.*, Die Jagdhäuser (Anm. 43), S. 145 ff; *Wolf*, Zwei Jahrhunderte (Anm. 2), S. 227.

141 STA Darmstadt, D4, Nr. 362/3: E. P. Ploennies an Landgraf Ernst Ludwig von Hessen-Darmstadt, 24. Sept. 1705 (fol. 7').

142 Um 1730: E. P. Ploennies an Landgraf Ernst Ludwig von Hessen-Darmstadt, Siegen, 1. Jan. 1731 (STA Darmstadt, D4, Nr. 362/3, fol. 14 f).

143 STA Darmstadt, D4, Nr. 362/3, fol. 2: Vertrag zwischen Erich Philipp Ploennies und Landgraf Ernst Ludwig von Hessen-Darmstadt, [Darmstadt, Mitte/Ende März 1705].

sicht attraktive, wenngleich - im Vergleich zur darmstädtischen Residenz - höchst bürgerliche Heimstatt für Erich Philipp Ploennies bot[144]. Bei der Wahl seines neuen Wohnsitzes war gewiß die Tatsache von ausschlaggebender Bedeutung gewesen, daß die mehrheitlich reformierten Einwanderer in das soziale Leben der vormaligen Hansestadt nicht nur positiv integriert worden waren, sondern daß sie im 18. Jahrhundert in der insgesamt mischkonfessionellen Stadt mit rund 25% Katholiken und 75% Protestanten eine relativ große und einflußreiche Gruppe darstellten, eine Gruppe, deren Religionsausübung in eigenen Gemeinden und Kirchen gesichert war[145]. Für Ploennies waren dies sicherlich eindeutige Hinweise darauf, daß er sich hier, im Gegensatz zur lutherischen bzw. pietistisch bestimmten Atmosphäre am hessen-darmstädtischen Hof und an der Universität Gießen, nun endlich auch in religiöser Hinsicht würde heimisch fühlen können. Darüber hinaus übte wohl die nach Vaubans und Coehoorns Lehren seit 1680 durch „ein verwirrendes, wohlausgeklügeltes System von Mauern, Gräben, vorgezogenen Forts und Bastionen, Glacis und Rayons" verstärkte Festung Wesel, die mittlerweile tatsächlich gigantische Ausmaße angenommen hatte und „nach dem Urteil eines Zeitgenossen neben Luxemburg (zur) wehrhafteste(n) Bastion des Rheinlandes ausgebaut" worden war[146], auf Ploennies eine nachhaltige Faszination aus, entsprach sie doch voll und ganz den seinerzeit gängigen Vorstellungen von einem vermeintlich sicheren und zugleich nach geometrischen Richtlinien wohlgeordneten Dasein - für einen Baumeister und Mathematiker wie Ploennies, der schon während seines Studiums die hier in die Realität umgesetzten Regeln der Architectura militaris erlernt hatte, war es sicherlich ein ausgesprochen verlockendes und erhebendes Gefühl, nun endlich selbst in einer Stadt wohnen zu können, die den gestalterischen Idealen einer barocken Festungs- und Planstadt so nahe kam wie kaum eine andere deutsche Stadt rechts des Rheins[147].

---

144 *Jutta Prieur*, Wesels große Zeit. Das Jahrhundert in den Vereinigten Herzogtümern, in: Geschichte der Stadt Wesel, hg. v. *Jutta Prieur*, Bd. 1, Düsseldorf 1991, S. 166-212, bes. S. 173-180; *J. F. Gerhard Goeters*, Die konfessionelle Entwicklung innerhalb des Protestantismus im Herzogtum Kleve, in: Der Niederrhein zwischen Mittelalter und Neuzeit, hg. v. *J. F. Gerhard Goeters* u. *Jutta Prieur* (Studien und Quellen zur Geschichte von Wesel, Bd. 8), Wesel 1986, S. 142-168.

145 *Karl Westermann/Adolf Langhans*, Wesel, in: Rheinisches Städtebuch, hg. v. *Erich Keyser* (Deutsches Städtebuch, Bd. III), Stuttgart 1956, S. 402-410, hier S. 404, 409, dort auch weitere Literaturangaben; *Peter Theodor Anton Gantesweiler*, Chronik der Stadt Wesel, Wesel 1881 (ND ebd. ²1974), S. 321: „Nunmehr war die Anzahl der Reformirten hierselbst schon so sehr angewachsen, dass sie die völlige Oberhand hatten ..."

146 *Karl Emsbach*, Politische Geschichte der Stadt Wesel 1666-1815, in: Geschichte der Stadt Wesel, Bd. 1 (Anm. 144), S. 251-307, hier S. 256 ff; vgl. hierzu auch *Volker Schmidtchen*, Wesel - fester Platz in sieben Jahrhunderten. Befestigte Stadt des Mittelalters und neuzeitliche Festung, in: ebd., Bd. 2, S. 203-229, bes. S. 216 ff.

147 *Holl*, Die historischen Bedingungen der philosophischen Planstadtentwürfe (Anm. 28); *Kruft*, Utopie und Idealstadt (Anm. 30); *ders.*, Städte in Utopia (Anm. 30); *Münter*, Idealstädte. Ihre Geschichte vom 15.-17. Jahrhundert (Anm. 30).

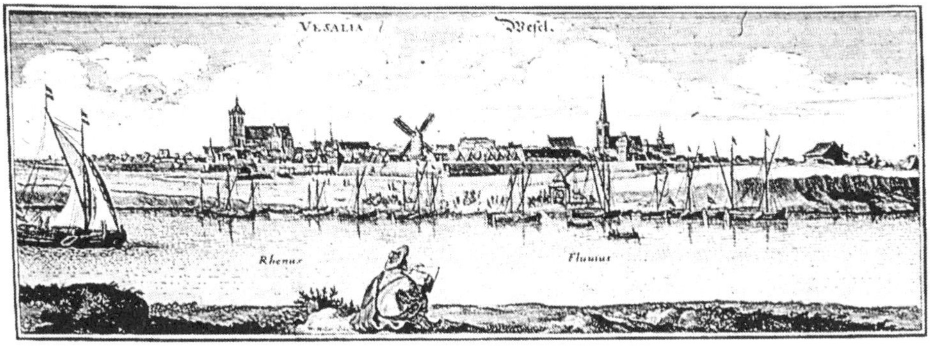

Abb. 26: Ansicht von Wesel, Kupferstich nach Wenzelslaus Hollar, 1641

Lediglich in wirtschaftlicher Hinsicht bot die Stadt Wesel, die seit dem Mittelalter nach Köln die wichtigste Handelsstadt des Rheinlands gewesen war, inzwischen nicht mehr das gewohnte Bild, wurden ihre Handelsaktivitäten und Lagermöglichkeiten im Bereich des Rheinhafens doch gerade durch die immer größere Ausmaße annehmende Befestigung so stark beeinträchtigt, daß der Handel infolge der Baumaßnahmen - die zu Ploennies Zeiten immerhin schon dreißig Jahre im Gange waren - allmählich fast ganz zum Erliegen kam[148]: Die Stadt und ihre Wirtschaft wurden von den neuen Wehranlagen, deren gesamte Baukosten die absolutistischen Herrscher Brandenburg-Preußens auf die Bürger Wesels abwälzten, „förmlich stranguliert“[149]. Hatten bis dahin pro Woche etwa drei oder vier Schiffe im Alten Hafen, in dessen Nähe zahlreiche Windmühlen betrieben wurden, festgemacht[150], so verlagerten sich nun die Handelswege zugunsten der oberen Rheinstädte[151], was zunächst zwar nur die Verdienstmöglichkeiten der ortsansässigen Kaufleute und die Einnahmen der Kommune aus dem Warenumschlag schmälerte, dann aber auch bald das städtische Handwerk und Gewerbe nachhaltig in Mitleidenschaft zog und zu entwicklungshemmenden Reaktionen veranlaßte[152]. Trotz

148 *Clemens von Looz-Corswarem*, Wirtschafts- und Sozialgeschichte Wesels in brandenburgisch-preußischer und französischer Zeit (1609-1814), in: Geschichte der Stadt Wesel, Bd. 2 (Anm. 144), S. 230-278.

149 *Emsbach* (Anm. 146), S. 258.

150 *Westermann/Langhans* (Anm. 145), S. 405.

151 Langsam, doch deutlich wahrnehmbar, sank „Wesels Vormachtstellung im niederländisch-niederrheinischen Handels- und Schiffahrtsverkehr“ bereits seit Beginn der 1670er Jahre, als die Stadt durch französische Truppen belagert wurde; infolgedessen erhoben „sich vor allem Duisburg und Düsseldorf zu immer größerer Bedeutung“. Schließlich wurde „im 18. Jahrhundert ... die Konkurrenz der höher gelegenen Rheinorte stärker und stärker“ (*Herbert Münker*, Die Weseler Schiffahrt vornehmlich zur Zeit des spanisch-niederländischen Krieges [Studien und Quellen zur Geschichte von Wesel, Bd. 1], Wesel 1908, S. 203 f).

152 *Looz-Corswarem* (Anm. 148), S. 247.

dieser unverkennbaren Anzeichen eines seit dem ausgehenden 17. Jahrhundert rasch voranschreitenden wirtschaftlichen Niedergangs ließ es sich um 1706/1707, als sich Erich Philipp Ploennies in der vormals „wohlhabendste(n) und bevölkerungsreichste(n) Stadt“ des Herzogtums Kleve niederließ[153], gewiß noch immer recht gut in Wesel leben, schließlich hatte sich in der Stadt, in der nach wie vor bestimmte wohlhabende Kaufmannsfamilien politisch einflußreich waren, eine Ratsverfassung etabliert, die mit ihren indirekt wirkenden, proto-demokratischen Elementen die Selbstverwaltungsrechte der Bürgerschaft in vorzüglicher Weise bis zur Einführung des straffen preußischen Herrschaftssystems von 1713/18 wahrte und die zumindest bis dahin auch den Ruf der Stadt als einer Stadt des freien Bürgertums aufrechterhielt[154].

In diesem sozialen und kulturellen Klima fühlte sich Erich Philipp Ploennies offensichtlich recht wohl, denn schließlich sollte er nicht nur rund zehn Jahre in Wesel ansässig bleiben, sondern hier auch eine Familie gründen: Am 20. April 1707 heiratete er, der gerade 35 Jahre alt geworden war, in dem als reformierte Kirche genutzten Willibrordi-Dom die 1685 in Wesel geborene Anna Magdalena Ernst, die ihm bis zu ihrer gemeinsamen Übersiedlung nach Siegen im Jahre 1717 mindestens sechs Kinder schenkte, das erste bereits (das damals alle Verwandten und Bekannten gewiß zufriedenstellende Zeichen für eine vollzogene und tatsächlich auch funktionierende Ehe) nach genau neun Monaten im Januar 1708, das letzte im Mai 1716[155]. Je mehr die familiäre Etablierung jedoch voranschritt und je größer die Familie wurde, um so schwieriger gestaltete sich bisweilen deren Versorgungslage: Seit dem Frühjahr 1705 de facto stellungslos, profitierte Erich Philipp Ploennies nun schon seit Monaten von der recht vertrauensvollen Beziehung zu Landgraf Ernst Ludwig von Hessen-Darmstadt, als dessen geheimer medizinischer Ratgeber und Alchemist[156] er offenbar noch immer jene Besoldung bezog, die er einst als Baudirektor des hessischen Territoriums berechtigterweise erhalten hatte, die ihm jetzt aber, genau genommen, eigentlich nur noch in verminderter Höhe zustand. Im offiziellen „Verzeichnis aller der Zeit in Bestallung stehender fürstlicher Bedienten“ sogar bis Ende November 1709 als erster Baumeister von Hessen-Darmstadt ausgewiesen[157], scheint Ploennies tatsächlich auch weiterhin einen formalen Anspruch auf ein Jahresgehalt von 400 Gulden gehabt zu haben; die Wirklichkeit dürfte jedoch - wie aus Ploennies’ Briefen von 1708/09 zu entnehmen ist - etwas anders ausgesehen haben. Die drückende Finanznot des hessendarmstädtischen Staates, die aufgrund der großzügigen Ausgaben- und Schuldenpolitik

153 *Emsbach* (Anm. 146), S. 252.

154 Ebd., S. 273-285; vgl. hierzu auch *Ilse Barleben*, Die Entwicklung der städtischen Selbstverwaltung im Herzogtum Kleve während der Reform Friedrich Wilhelms I. (Rheinisches Archiv, Bd. 18), Bonn 1931.

155 Mit Bezug auf die Trau- und Taufregister der Willibrordi-Gemeinde: *Wilhelm Güthling*, Erich Philipp Ploennies (1672-1751), in: DJb 50 (1960), S. 109.

156 Darauf weisen fast alle im Staatsarchiv Darmstadt überlieferten Briefe hin, die Ploennies an Landgraf Ernst Ludwig schrieb (vgl. STA Darmstadt, D4, Nr. 362/3, fol. 2, 1/18, 12 f, 14 f u. 16 f).

157 *Eckhardt*, Beamte und Diener der Zentral- und Hofverwaltung Hessen-Darmstadt 1704-1728 (Anm. 1), Sp. 37; *Hoferichter*, Der Hofstaat Ernst Ludwigs (Anm. 1), S. 74.

des Landesherrn zur selben Zeit bis dahin ungekannte Ausmaße annahm[158], führte dazu, daß die Geldanweisungen schließlich nur noch unregelmäßig, nicht mehr in der entsprechenden Höhe oder vielleicht auch gar nicht mehr in Wesel eintrafen, so daß Ploennies - wie er selbst zugab - bald „gezwungen" war, sich ohne Rücksicht auf den Tätigkeitsbereich einen neuen Dienstherrn zu suchen.

So kam es 1708/09 - auf welche Weise, das konnte auch durch neueste Nachforschungen nicht geklärt werden[159] - zu einer Dienstverpflichtung bei Kurfürst Johann Wilhelm von der Pfalz, Herzog von Jülich und Berg (1658-1716), der Ploennies damit beauftragte, von seinen rheinischen Herzogtümern erstmals eine topographische Landesaufnahme anzufertigen. Kurz darauf schrieb Ploennies aus Wesel an Landgraf Ernst Ludwig von Hessen-Darmstadt und beklagte sich (während er ihm gleichzeitig zur Erinnerung an ihr privates Abkommen von 1705 eine Kopie der vertraglichen Regelungen zukommen ließ[160]) darüber, daß er von ihm, dem Fürsten, inzwischen doch wohl „gänzlich abandoniret", d.h. aufgegeben worden sei, „weshalben auch gezwungen, pfälzische dienste annehmen müssen, umb welche doch anderfals keinen fuß hätte Versezzen wollen"[161]. Das war - wie so oft in den Korrespondenzen zwischen Ploennies und Ernst Ludwig - eine deutliche Sprache und zugleich ein unmißverständlicher Hinweis darauf, wer von ihnen beiden denn tatsächlich vertragsbrüchig geworden war und ihn, Ploennies, in eine so schwierige finanzielle Lage gebracht hatte, daß er nun einer ungeliebten Tätigkeit nachgehen mußte.

In der Tat war der Gegensatz zwischen seiner früheren und seiner nun angenommenen Beschäftigung schon auf den ersten Blick eklatant: Als leitender Baumeister eines souveränen Staates und Professor an einer relativ angesehenen Landesuniversität hatte er den Rang eines gehobenen landesherrlichen Bediensteten und damit ein ziemlich hohes, seiner Herkunft und Ausbildung nach auf jeden Fall respektables Sozialprestige genossen; zudem hatte er, für jedes Mitglied der Hofgesellschaft gut sichtbar, das besondere Vertrauen des regierenden Fürsten besessen und er hatte am Hof ein- und ausgehen können. All dies waren außerordentlich wichtige Gunstbezeugungen und Privilegien, die Ploennies ausgezeichnet und sein Ansehen jenseits der sozialen Position erhöht hatten, die ihm im Rahmen der starren gesellschaftlichen Rangordnung am Hofe

158 *Wolf*, Joseph Süß Oppenheimer (Anm. 20), S. 221 ff; *E. G. Franz*, Finanzplatz Frankfurt (Anm. 76), S. 50 ff.

159 Nachforschungen zu einer Bestallungsurkunde von Erich Philipp Ploennies im Bayerischen Hauptstaatsarchiv München, im Rheinland-Pfälzischen Landeshauptarchiv Koblenz und im Generallandesarchiv Karlsruhe blieben bisher ergebnislos.

160 Vgl. STA Darmstadt, D4, Nr. 362/3, fol. 2.

161 STA Darmstadt, D4, Nr. 362/3, fol. 1': E. P. Ploennies an Landgraf Ernst Ludwig von Hessen-Darmstadt, [Wesel, 1708/09].

normalerweise zukam. Jetzt dagegen sollte er, wenn auch in fürstlichem Auftrag, als Landvermesser arbeiten, der sich fern vom illustren Hofleben unter gemeinem Volk, meist unter Bauern, aufzuhalten hatte, jetzt würde er den Unbilden der Witterung ausgesetzt sein, sich in unwegsamem Gelände bewegen müssen und vor allem würde er nun - trotz der ihm zweifellos zugebilligten Gehilfen - selbst wesentlich mehr Hand anlegen müssen als zuvor. Kurzum, aus Ploennies' subjektiver Perspektive kam die neue Tätigkeit als Landmesser tatsächlich einer sozialen Degradierung nahe, auf jeden Fall aber unterbrach sie die Kontinuität der von ihm bisher mit relativ großem Erfolg wahrgenommenen Chancen einer Sicherung bzw. Verbesserung seines durch die Herkunft vorgegebenen sozialen Status.

Gleichwohl war eine - im einzelnen vielleicht wirklich nicht besonders ansprechende - Tätigkeit für einen der höchsten Reichsfürsten, der übrigens mit Landgraf Ernst Ludwig von Hessen-Darmstadt verwandt war und diesen 1709 zum Mitglied seines reichspolitisch bedeutsamen Hubertusordens hatte gewinnen können[162], durchaus nicht unattraktiv, schließlich genoß Johann Wilhelm ein hohes Ansehen, und auch die Düsseldorfer Hofhaltung zeichnete sich durch eine Prachtentfaltung aus, die inzwischen weit über die Grenzen des Niederrheins hinaus bekannt geworden war. Gesandte und Diplomaten fremder Staaten zeigten sich überaus beeindruckt von den Ausmaßen des höfischen Prunks in Düsseldorf, von der stattlichen Anzahl der Bediensteten, die allein zwischen 1690 und 1703/04 von 180 auf rund 370 gestiegen war, von den nicht seltenen Bällen und Feuerwerken, den Karnevalsfesten und Opernaufführungen, von der rastlos vervollständigten Kunst- und Gemäldesammlung, der forcierten Erweiterung und Verschönerung der Residenzstadt mit ihren rund 8500 Einwohnern und von den repräsentativen Neubauprojekten eines Schlosses in Bensberg und des „Neuen Jäger-

---

162 Das Verwandtschaftsverhältnis zwischen Kurfürst Johann Wilhelm von Pfalz-Neuburg und Landgraf Ernst Ludwig von Hessen-Darmstadt beruhte auf der Heirat der Schwester des Landgrafen Ludwig VI., Elisabeth Amalie, mit Pfalzgraf Philipp Wilhelm (zu Johann Wilhelm und zum Hause Pfalz-Neuburg vgl. bes. *Ernst v. Schaumburg*, Johann Wilhelm. Erbprinz und Pfalzgraf zu Neuburg, Regent der Herzogthümer Jülich und Berg, 1679-1690, in: ZBGV 8 [1872], S. 1-179; *Hermine Kühn-Steinhausen*, Johann Wilhelm, Kurfürst von der Pfalz, Herzog von Jülich-Berg [1658-1716], Düsseldorf 1958; *Max Braubach*, Johann Wilhelm, Kurfürst von der Pfalz, Herzog von Jülich und Berg [1658-1716], in: Rheinische Lebensbilder, Bd. 1, hg. v. *Edmund Strutz*, Düsseldorf 1961, S. 83-101; *Adolf Hilsenbeck*, Johann Wilhelm, Kurfürst von der Pfalz vom Ryswicker Frieden bis zum spanischen Erbfolgekrieg 1698-1701, phil. Diss. München 1905 sowie *Erich Düsterwald*, Kleine Geschichte der Grafen und Herzöge von Berg, Sankt Augustin 1980, S. 78 ff). - Den Hubertusorden, der schon 1444 von Herzog Gerhard von Jülich gestiftet worden war, hatte Johann Wilhelm erst am 29. Sept. 1708 wiederbelebt; im Wappen des Ordens, dem Reichsapfel-Wappen des Reichserztruchsesses, und in der Devise „In memoriam recuperatae dignitatis avitae“ spiegelte sich der hohe Stellenwert des Ordens, mit dem der pfälzische Wittelsbacher seine reichspolitischen Ansprüche unterstrich (*Helmut Lahrkamp*, Beiträge zur Geschichte des Hubertusordens der Herzöge von Jülich-Berg und verwandter Gründungen, DJb 49 [1959], S. 3-49; *Jürgen Rainer Wolf*, Die ehemalige Düsseldorfer „Pyramide“ Grupellos, in: DJb 62 [1990], S. 69-98, hier S. 88).

hofs“ in Pempelfort[163]. Der Franzose Blainville meinte 1705 über einen Besuch Düsseldorfs, es sei sehr schwierig gewesen, eine Unterkunft zu bekommen, „weil der Churfürst von der Pfalz ... seinen Hof hier hält, und die Opera, die Comoedie und andere Lustbarkeiten, woran man hier einen Ueberfluß hat, eine große Menge Standespersonen aus allen Gegenden von Deutschland hieher locken“. Seine Eindrücke von der Hofhaltung faßte er in die Worte: „Der Hof ist zahlreich und glänzend, und man thut nichts ohne Pracht und Herrlichkeit“; überhaupt gehöre das Haus des Kurfürsten seiner Meinung nach zu „den vornehmsten in Europa“[164].

Ähnlich dachte man offenbar auch in Versailles, von wo aus die Schwägerin Ludwigs XIV., die bekannte Liselotte von der Pfalz, allerdings mit einem unzweideutigen Hinweis auf die finanziellen Hintergründe des glänzenden Hoflebens in Düsseldorf, berichtete: „Churpfaltz muß woll schulden machen; denn sein hoff solle über die maßen magnifiq sein, des königs envoyes hatt mitt verwunderung davon geschrieben.“[165] Damit hatte sie in der Tat den wunden Punkt jenes überaus ehrgeizigen Repräsentationsbedürfnisses getroffen, von dem Johann Wilhelm - wie viele andere souveräne Territorialherren des Ancien Régime - infiziert war, denn wie sie betrachtete auch er den in seiner Prachtentfaltung unvergleichlichen Ludwig XIV. als „das vollendete Vorbild für alle Fürsten“, dem man mit allen zur Verfügung stehenden Mitteln nachzueifern habe[166]. So mußte Johann Wilhelm allerdings schon relativ früh die Grenzen seiner Souveränität, d.h. die eingeschränkten finanziellen Möglichkeiten seiner Länder, kennenlernen: Einerseits „verschlang die glanzvolle Hofhaltung einen bedeutenden Teil“ der

---

163 *Klaus Müller*, Unter pfalz-neuburgischer und pfalz-bayerischer Herrschaft (1614-1806), in: Düsseldorf. Geschichte von den Ursprüngen bis ins 20. Jahrhundert, Bd. 2: Von der Residenzstadt zur Beamtenstadt (1614-1900), hg. v. *Hugo Weidenhaupt*, Düsseldorf 1988, S. 7-312, bes. S. 19-27; vgl. hierzu auch *Else Rümmler*, Düsseldorf zur Zeit Johann Wilhelms und Anna Maria Luisas, in: Anna Maria Luisa Medici, Kurfürstin von der Pfalz. Ausstellungskatalog des Stadtmuseums Düsseldorf, Düsseldorf 1988, S. 27-33; *Theodor Levin*, Beiträge zur Geschichte der Kunstbestrebungen in dem Hause Pfalz-Neuburg, in: Beiträge zur Geschichte des Niederrheins 19 (1905), S. 97-213, 20 (1905), S. 123-249, 23 (1910), S. 1-185; *Friedrich Lau*, Beiträge zur Geschichte der Kunstbestrebungen des Kurfürsten Johann Wilhelm, in: DJb 26 (1913/14), S. 239-252; *ders.*, Die Regierungskollegien zu Düsseldorf und der Hofstaat zur Zeit Johann Wilhelms (1679-1716), in: DJb 39 (1937), S. 228-242, 40 (1938), S. 257-288; zum Ausbau Düsseldorfs vgl. auch den Art. „Düsseldorf“, in: Rheinisches Städtebuch, hg. v. *Erich Keyser* (Deutsches Städtebuch, Bd. III), Stuttgart 1956, S. 103-129 sowie *Hugo Weidenhaupt*, Kleine Geschichte der Stadt Düsseldorf, Düsseldorf [4]1968, S. 58-67.

164 *Blainville*, Reisebeschreibung (1705), in: Düsseldorf. Beschreibung einer Stadt (1600-1850), bearb. v. *Beatrix Müller* u. *Marianne Tilch* (Düsseldorfer Jahrbuch, Bd. 59), Düsseldorf 1984, S. 16-27, Zit.: S. 16 f, 18.

165 *Hermine Kühn-Steinhausen*, Die Feste am Düsseldorfer Hofe nach Briefen der Kurfürstin Anna Maria Luise, in: Das Tor 7 (1938), S. 68-73, Zit.: S. 69.

166 *Schaumburg*, Johann Wilhelm (Anm. 162), S. 107; vgl. hierzu auch *ders.*, Die Jugendjahre Johann Wilhelms, Pfalzgrafen zu Neuburg und Herzogs zu Jülich und Berg, in: ZBGV 5 (1868/70), S. 327-358, bes. S. 336.

Steuereinnahmen[167], was sogar die aus dem Hause der Medici stammende Gemahlin Johann Wilhelms kritisieren mußte[168]; andererseits waren es aber auch Ausgaben für Kontributionszahlungen und militärische Zwecke, die den Staatsetat während des Pfälzischen Krieges von 1688-1697, des Spanischen Erbfolgekrieges von 1701-1713/14 und durch den Aufbau eines eigenen stehenden Heeres stark belasteten[169]. Die Ausgaben summierten sich schließlich derart, daß die Schulden über Jahre hinaus die Millionengrenze überschritten und Johann Wilhelm, zwecks Aufrechterhaltung seiner glanzvollen Herrschaft bzw. seiner wahrhaft „königlichen Verschwendung" - wie der hofeigene Chronist Rapparini die Ausgabenpolitik Johann Wilhelms unter Anspielung auf die hochtrabenden Pläne seines Dienstherrn zu bezeichnen pflegte[170] - an den Landständen vorbei immer wieder drastische Steuerverordnungen durchzusetzen versuchte[171].

Ploennies, der solche oder zumindest ähnliche Verhältnisse von Hessen-Darmstadt her noch bestens kannte, wußte aus der Erfahrung im Umgang mit Landgraf Ernst

---

167 *Müller* (Anm. 163), S. 20.

168 *Hermine Kühn-Steinhausen*, Der Briefwechsel der Kurfürstin Anna Maria Luise von der Pfalz, in: DJb 40 (1938), S. 16-256, hier bes. S. 178. Ähnlich urteilte auch die Kurfürstin Sophie von Hannover, die als Replik auf die Behauptung eines pfälzischen Diplomaten, Kurfürst Johann Wilhelm leide unter permanenter Geldnot, lapidar bemerkte, daß man freilich in Düsseldorf für „operen undt divertissimenten ... alzeit geld (zu) finden" wisse (vgl. *Eduard Bodemann* [Hg.], Briefe der Kurfürstin Sophie von Hannover an die Raugräfinnen und Raugrafen zu Pfalz [Publicationen aus den Kgl. Preußischen Staatsarchiven, Bd. 37], Leipzig 1888, S. 318).

169 Vgl. hierzu die verschiedenen Untersuchungen von *Hans Fahrmbacher*, Vorgeschichte und Anfänge der kurpfälzischen Armee in Jülich-Berg 1609-1685, in: ZBGV 42 (1908), S. 35-94; *ders.*, Die pfälzischen Truppen im Orléanschen Kriege 1688-1697, in: Mannheimer Geschichtsblätter 13 (1912), Sp. 75-84, 105-116; *ders.*, Kurfürst Johann Wilhelms Kriegsstaat im spanischen Erbfolgekriege 1700-1714, in: ZBGV 47 (1914), S. 11-83, 48 (1915), S. 105-191; ferner für die mit dem Aufbau eines stehenden Heeres und den dafür erforderlichen Steuerbewilligungen zusammenhängenden Auseinandersetzungen mit den Landständen *Leo Mülfarth*, Johann Wilhelm von Pfalz-Neuburg und die jülich-bergischen Landstände 1679-1716, phil. Diss. Köln 1963, passim.

170 Zit. aus der Rapparini-Handschrift der Landes- und Stadt-Bibliothek Düsseldorf (Le portrait dv vrai merite dans la Personne serenissime de Monseigneur L'Electevr Palatin. Ebauché par George Marie Rapparini et exposé le Jour du Nom de son Altesse Elect, l'An 1709), i.A. der Stadt Düsseldorf hg. u. kom. v. *Hermine Kühn-Steinhausen* (Veröffentlichungen der Landes- und Stadt-Bibliothek Düsseldorf, Bd. 4), Düsseldorf 1958, S. 127 (Rapparini war zugleich der Sprachsekretär Johann Wilhelms).

171 Vgl. hierzu im einzelnen *Helmuth Croon*, Stände und Steuern in Jülich-Berg im 17. und vornehmlich im 18. Jahrhundert (Rheinisches Archiv, Bd. 10), Bonn 1929 sowie *Stefan Wagner*, Staatssteuern in Jülich-Berg von der Schaffung der Staatsverfassung im 15. Jahrhundert bis zur Auflösung der Herzogtümer in den Jahren 1801 und 1806 (Kölner Vorträge und Abhandlungen zur Sozial- und Wirtschaftsgeschichte, Bd. 27), Köln 1977; zur Mißachtung der Stände durch Kurfürst Johann Wilhelm s. auch *Ernst v. Schaumburg*, Zur Charakteristik Johann Wilhelms, Herzogs zu Jülich-Berg etc., Kurfürsten von der Pfalz und seiner Regierung, Düsseldorf 1869, S. 14-24.

Ludwig sicherlich schon recht genau, auf welche Triebfeder ein solches kompromißloses Herrschergebaren im Kern zurückzuführen war: Es war das Ideal des ruhm- und glorreichen Herrschers[172], der Anteil an der göttlichen Majestät hatte, es war das Bild des Fürsten, der als lebendiges Ebenbild Gottes, als sein Stellvertreter auf Erden, regierte, das Bild des Landesherrn, der in christlicher Güte, Demut und Bescheidenheit und nach dem in den Fürstenspiegeln dargestellten Tugendkanon für die „Aufrechterhaltung der von Gott gesetzten Rechtsordnung zu sorgen" hatte[173], es war aber auch die Vorstellung vom fürstlichen Heros, der ähnlich wie die großen Helden der Antike in ihrer „Liebe zum Ruhm" rastlos für seine persönliche Ehre, für die „Gloire" seines Hauses und für das Ansehen seines Staates aktiv war[174]. Diesen Idealen, die ihm schon von Jugend an vermittelt worden waren[175], eiferte Johann Wilhelm nach; sie versuchte er mit allen ihm zur Verfügung stehenden Mitteln zu realisieren. Nicht umsonst sollte ihm schließlich der Vater Philipp Wilhelm kurz nach seinem Regierungsantritt 1679 geraten haben, er werde bei seinen Untertanen und Bediensteten „gloire, unnd reputation, auch Liebe unndt forcht ... erhalten", wenn er stets darauf achte, die Zügel der Macht immer selbst fest in den Händen zu halten[176]. Johann Wilhelm kam es daher stets in besonderer Weise darauf an, alle Möglichkeiten zur Steigerung von Ehre, Macht und Ansehen auszuschöpfen, auch und gerade mit den Mitteln der modernen Wissenschaften, mit denen Experten wie Erich Philipp Ploennies in der Lage waren, ganze Staaten realitätsgetreu abzubilden und zugleich die außerordentliche Vielfalt der wirtschaftlich-kulturräumlichen Potentiale dieser Gebiete wie in einem geographischen Inventar darzustellen. Kein Wunder also, daß Kurfürst Johann Wilhelm den Auftrag zu einer Vermessung und Beschreibung seiner Länder am Niederrhein erteilte, war sie in

---

172 S. hierzu und zum folgenden *Stephan Skalweit*, Das Herrscherbild des 17. Jahrhunderts, in: HZ 184 (1957), S. 65-80; *Eberhard Straub*, Zum Herrscherideal im 17. Jahrhundert, vornehmlich nach dem „Mundus Christiano Bavaro Politicus", in: ZBLG 22 (1969), S. 193-221; ferner *Otto Brunner*, Vom Gottesgnadentum zum monarchischen Prinzip, in: Die Entstehung des modernen souveränen Staates, hg. v. *Hanns Hubert Hofmann*, Köln 1967, S. 115-136; *Herbert v. Borch*, Das Gottesgnadentum. Historisch-soziologischer Versuch über die religiöse Herrschaftslegitimation, Heidelberg 1934.

173 *Klaus Müller*, Kurfürst Johann Wilhelm und die europäische Politik seiner Zeit, in: DJb 60 (1986), S. 1-23, Zit.: S. 4; *Rainer A. Müller*, Die deutschen Fürstenspiegel des 17. Jahrhunderts. Regierungslehren und politische Pädagogik, in: HZ 240 (1985), S. 571-597.

174 Der Topos „Liebe zum Ruhm" bildete die zentrale Kategorie des von Ludwig XIV. geprägten Herrscherideals („amour de la gloire"); vgl. dazu vor allem *Carl Hinrichs*, Zur Selbstauffassung Ludwigs XIV. in seinen Mémoires, in: *ders.*, Preußen als historisches Problem. Gesammelte Abhandlungen, hg. v. *Gerhard Oestreich* (Veröffentlichungen der Historischen Kommission zu Berlin, Bd. 10), Berlin 1964, S. 299-315 sowie *Robert Mandrou*, Staatsräson und Vernunft 1649-1775, Frankfurt a.M. 1975, S. 57-64; zu dem hier virulenten, sehr vielfältigen Bedeutungsgehalt der Begriffe „Ehre" und „Reputation" vgl. insbes. *Friedrich Zunkel*, Art. „Ehre, Reputation", in: Geschichtliche Grundbegriffe. Historisches Lexikon zur politisch-sozialen Sprache in Deutschland, hg. v. *Otto Brunner*, *Werner Conze* u. *Reinhart Koselleck*, Bd. 2, Stuttgart 1975, S. 1-63.

175 *Schaumburg*, Jugendjahre (Anm. 166), bes. S. 336.

176 *Hans Schmidt*, Philipp Wilhelm von Pfalz-Neuburg (1615-1658), Düsseldorf 1973, S. 309.

der Perspektive eines solchen glorreichen Herrschers doch gleichbedeutend mit einer „Inventarisierung“ seines gesamten materiellen Besitzes und gleichbedeutend mit der sinnbildlichen Darstellung seiner tatsächlichen ökonomischen Macht.

Die Vermessung und landeskundliche Beschreibung eines Territorialstaates, die kartographische und deskriptive Erfassung seiner kultur- und wirtschaftsräumlichen Gegebenheiten in Form einer Topographie[177] war in der krisen- und konfliktreichen Zeit um 1710 also kein Vorgang von bloß marginaler Bedeutung[178]. Eine solche mit als „modern“ angesehenen mathematisch-naturwissenschaftlichen Methoden und Instrumenten angefertigte Landesaufnahme stellte in einer Zeit, da sich die Statistik als Disziplin erst in den Anfängen ihrer Entwicklung befand[179], vielmehr eine der vorzüglichsten Mög-

---

177 Hierzu und zum folgenden vgl. *Dietz*, Die „Topographia Ducatus Montani“ (Anm. 103); zur Definition und Geschichte des Begriffs Topographie vgl. *Gerhard Meyer*, Die Schriftgattung der Topographien seit dem 18. Jahrhundert, betrachtet vornehmlich an Hand von Beispielen aus Nordwestdeutschland, in: Berichte zur deutschen Landeskunde 40 (1968), S. 92-120; unter Einbeziehung der Wissenschaftsgeschichte vgl. auch *Josef Schmithüsen*, Geschichte der geographischen Wissenschaft von den ersten Anfängen bis zum Ende des 18. Jahrhunderts, Mannheim 1970 sowie *Hanno Beck*, Geographie. Europäische Entwicklung in Texten und Erläuterungen, Freiburg i.Br. 1973, S. 113-139 mit Auszügen aus topographischen Texten, die für bestimmte Zeitabschnitte beispielhaften Charakter haben.

178 Ein Vergleich zwischen der Ploenniesschen Topographie und ähnlichen Landesaufnahmen findet sich unten in Kap. 4.

179 Vgl. hierzu und zum folgenden neben den teilweise sehr aufschlußreichen älteren Arbeiten von *Victor John*, Geschichte der Statistik, Bd. 1: Vom Ursprung der Statistik bis auf Quetelet (1835), Stuttgart 1884 (ND Wiesbaden 1968) sowie auch neben dem Art. „Statistik“, in: Staats- und Gesellschafts-Lexikon, hg. v. *Hermann Wagner*, Bd. 19, Berlin 1865 die neueren Untersuchungen von: *Robert A. Horváth*, Statistische Deskription und nominalistische Philosophie, in: Statistik und Staatsbeschreibung in der Neuzeit, vornehmlich im 16.-18. Jahrhundert, hg. v. *Mohammed Rassem* u. *Justin Stagl* (Quellen und Abhandlungen zur Geschichte der Staatsbeschreibung und Statistik, Bd. 1), Paderborn 1980, S. 37-52; *Gerhard Lutz*, Geographie und Statistik im 18. Jahrhundert. Zu Neugliederung und Inhalten von „Fächern“ im Bereich der historischen Wissenschaften, in: ebd., S. 249-268; *Hanno Beck*, Geographie und Statistik. Die Lösung einer Polarität, in: ebd., S. 269-281; *Gabriella Valera*, Statistik, Staatengeschichte, Geschichte im 18. Jahrhundert, in: Aufklärung und Geschichte. Studien zur deutschen Geschichtswissenschaft im 18. Jahrhundert, hg. v. *Hans Erich Bödeker*, *Georg G. Iggers*, *Jonathan B. Knudsen* u. *Peter H. Reill* (Veröffentlichungen des Max-Planck-Instituts für Geschichte, Bd. 81), Göttingen 1986, S. 119-143; *Pasquale Pasquino*, Politisches und historisches Interesse. ‚Statistik' und historische Staatslehre bei Gottfried Achenwall (1719-1772), in: ebd., S. 144-168; *Hans Erich Bödeker*, Reisebeschreibungen im historischen Diskurs der Aufklärung, in: ebd., S. 276-298; *Rudolf Vierhaus*, Historisches Interesse im 18. Jahrhundert, in: ebd., S. 264-275; *ders.*, Geschichtsschreibung als Literatur im 18. Jahrhundert, in: Historische Forschung im 18. Jahrhundert. Organisation - Zielsetzung - Ergebnisse, hg. v. *Karl Hammer* u. *Jürgen Voss* (Pariser Historische Studien, Bd. 13), Bonn 1976, S. 416-431; *Otto Dann*, Das historische Interesse in der deutschen Gesellschaft des 18. Jahrhunderts. Geschichte und historische Forschung in den zeitgenössischen Zeitschriften, in: ebd., S. 386-415; *Karl Heinrich Kaufhold/Wieland Sachse*, Die Göttinger „Universitätsstatistik“ und ihre Bedeutung für die Wirtschafts- und Sozialgeschichte, in: Anfänge Göttinger So-

lichkeiten dar, all jene „Kräfte eines Staates“ zu inventarisieren, die einerseits die Macht und „Gloire“ eines absolutistischen Herrschers in repräsentativer Form aufzuzeigen vermochten und deren informationelle Verfügbarkeit andererseits auch für den zentralisierten Verwaltungsapparat des Fürsten von praktischem Nutzen sein konnte[180]. Diese Auffassung wurde schließlich auch von Erich Philipp Ploennies geteilt, der angesichts der erzielten Arbeitsergebnisse seine anfänglichen Vorbehalte gegenüber seiner Tätigkeit in „pfälzischen Diensten“ offenbar schon bald überwunden hatte, denn gleich zu Beginn seiner 1715 fertiggestellten „Topographia Ducatus Montani“ bemerkte er zur Frage ihrer Nützlichkeit: „Nebst vielen andern nützlichen sachen ... kann auch diese Topographie ... genugsam zeügen ..., daß nemlich alles dasjenige (wann es auch nur den schein des nuzzens haben solte) denen untherthanen zum besten möge Verfertiget werden.“[181] Denn ebenso wie die Allgemeine Geographie (Kosmographie)[182], die inzwischen mit Recht den Stellenwert einer gewinnbringenden Wissenschaft eingenommen habe, werde auch eine „Special beschreibung und Verzeichnung eines landes sol-

---

zialwissenschaft. Methoden, Inhalte und soziale Prozesse im 18. und 19. Jahrhundert, hg. v. *Hans-Georg Herrlitz* u. *Horst Kern*, Göttingen 1987, S. 72-95; *Michael Behnen*, Statistik, Politik und Staatengeschichte von Spittler bis Heeren, in: Geschichtswissenschaft in Göttingen. Eine Vorlesungsreihe, hg. v. *Hartmut Boockmann* u. *Hermann Wellenreuther* (Göttinger Universitätsschriften, Serie A: Schriften, Bd. 2), Göttingen 1988, S. 76-101; *Hans Jürgen Teuteberg*, Reise- und Hausväterliteratur der frühen Neuzeit, in: Die Bedeutung der Kommunikation für Wirtschaft und Gesellschaft, hg. v. *Hans Pohl* (VSWG, Beih. 87), Wiesbaden 1989, S. 216-254; *Wieland Sachse*, Wirtschaftsliteratur und Kommunikation bis 1800. Beispiele und Tendenzen aus Mittelalter und früher Neuzeit: Kaufmannsbücher, Enzyklopädien, kameralistische Schriften und Statistiken, in: ebd., S. 199-215.

180 Vgl. hierzu *Helga Wessel*, Zweckmäßigkeit als Handlungsprinzip in der deutschen Regierungs- und Verwaltungslehre der frühen Neuzeit (Schriften zur Verfassungsgeschichte, Bd. 28), Berlin 1978. Wichtige Anregungen verdanke ich darüber hinaus der Lektüre von *Harm Klueting*, Die Lehre von der Macht der Staaten. Das außenpolitische Machtproblem in der „politischen Wissenschaft“ und in der praktischen Politik im 18. Jahrhundert (Historische Forschungen, Bd. 29), Berlin 1986, insbes. Einleitung, S. 13-31; *Karl-Georg Faber*, Zum Verhältnis von Absolutismus und Wissenschaft (Anm. 62) sowie *Hubert Ch. Ehalt*, Ausdrucksformen absolutistischer Herrschaft (Anm. 64).

181 *E. P. Ploennies*, Topographia Ducatus Montani, HSTA Düsseldorf, Karte 3500, Pag. 4 b bis 5, Z. 2 sowie ebd., Z. 4 ff (im folgenden immer zit. nach der von mir besorgten Edition, Bd. 1, s. Anm. 103).

182 Hier ganz im Sinne von Ploennies' eigener Argumentation als Gegensatz zur „Speziellen Geographie“ verwendet (vgl. hierzu bes. den Art. „Cosmographia“, in: *Zedler* 6, 1733, Sp. 1416 f u. den Art. „Geographie“, in: *Zedler* 10, 1735, Sp. 919-931). Zur Allgemeinen Geographie oder „Geographia Generalis“ vgl. auch *Leo Bargrow*, Geschichte der Kartographie, Berlin 1951; *Gerald Strauss*, Sixteenth-Century Germany. Its Topography and Topographers, Madison 1959; *Manfred Büttner*, Die Geographia Generalis vor Varenius. Geographisches Weltbild und Providentiallehre, Wiesbaden 1973; *ders.* (Hg.), Zur Entwicklung der Geographie vom Mittelalter bis Carl Ritter, Paderborn 1982; *Beck*, Geographie (Anm. 177), S. 89-109. Zur Speziellen Geographie oder „Geographia Specialis“ vgl. *Schmithüsen* (Anm. 177), S. 122.

chen nuzzen auf eine nicht geringe weiße Vermehren"[183]. Diese zunächst noch recht allgemein gehaltene Argumentation wird wenig später, im sogenannten „Vorbericht an den Leßer", erneut aufgegriffen und in aufschlußreicher Weise näher erläutert; dort heißt es: „Was die Geographie Vor grosen nuzzen schaffe, und wie hoch solche Von Verständigen geachtet seye, wäre ja unnöthig hieVon weitläuffig zu reden, wann aber jemandt dennoch einen beweiß wolte angeführet sehen, so sage ich, daß solche sich nur in diejenige länder Verfügen müsse, welche Vor andren ihren reichthumb durch handel und ferne reißen gefunden haben ..."; dort werde den Uneinsichtigen dann schon gezeigt, „wie nüzlich sie sich der Charten Von den Königreichen der welt bedienet, und ohne dieselben ihre reißen weder zu wasser noch zu landt, nicht anzustellen pflegen ..."[184] Er, Ploennies, zweifle daher letztendlich nicht daran, daß „diese Topographie, ... nicht nur ... nüzlich, sondern einem jeden beambten, und Vielen unterthanen ein angenehmes werck seyn" werde[185].

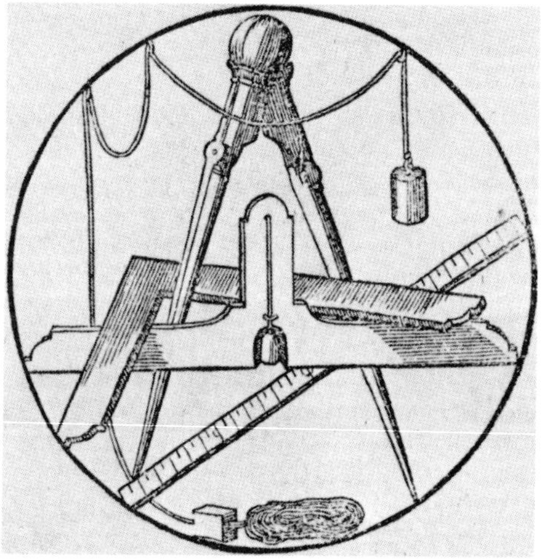

Selbstbewußt skizzierte Erich Philipp Ploennies mit diesen Worten die wichtigsten Merkmale und Funktionen, die die „Topographia Ducatus Montani" seiner Auffassung nach auszeichnen und erfüllen sollte: Dem in der frühen Neuzeit gängigen Handlungsprinzip der Zweckmäßigkeit entsprechend[186], sollte sie vor allem nützlich sein, sie sollte ein informatives und zugleich praktikables Hilfsmittel sowohl für den an anderer Stelle besonders hervorgehobenen Landesherrn als auch für Bedienstete des Staates sein, für solche, die etwa im politisch-administrativen und fiskalischen Bereich tätig waren und dort ein zuverlässiges landeskundliches Nachschlagewerk - bestehend aus Karten von Verwaltungsbezirken, einer systematisierten Landesbeschreibung und repräsentativen Stadt- und Gebäudeansichten - gebrauchen konnten. Mit anderen Worten: Das Werk, das nach dem Wunsch seines Verfassers übrigens „zum truck" hätte „befördert" werden sollen[187], hatte sich für ihn von den Inhalten angefangen, über den inneren Aufbau bis hin zum Format (einem gerade für Kartenwerke äußerst wichtigen Kriterium von Benutzbarkeit) an zweckrationalen Gesichtspunkten zu orientieren, zum Beispiel an den praxisbezogenen Erfordernissen der

183 *E. P. Ploennies*, Topographia ... (Anm. 103), Pag. 5, Z. 4 ff.

184 Ebd., Z. 2-11.

185 Ebd., Pag. 5, Z. 7 ff.

186 Vgl. *Wessel* (Anm. 180).

187 *Ploennies*, Topographia ... (Anm. 103), Pag. (2), Z. 3; vgl. hierzu auch die Formulierung Pag. 5, Z. 15 f.

landesherrlichen (Policey-)Verwaltung. Will man Ploennies' eigenen Worten Glauben schenken, dann war es das Ziel des gesamten Unternehmens, das - wie bereits erwähnt - vermutlich im Jahre 1708/09 von Kurfürst Johann Wilhelm veranlaßt wurde[188], ein möglichst objektives, wissenschaftlich fundiertes und zudem repräsentatives Werk zu erhalten, das nicht nur als Einzelexemplar dem Fürsten selbst und allenfalls noch einigen seiner führenden Beamten, sondern nach der zunächst eingeplanten Drucklegung auch anderen Bediensteten der Territorialverwaltung als praktisches Hilfsmittel zur Verfügung stehen sollte. So sind auch in diesem Zusammenhang das Stichwort „Reichtum" und der hoffnungsvolle Wunsch, daß dieses Werk „denen untherthanen zum besten möge Verfertiget" worden sein, in erster Linie als ethisch-moralische Appelle anzusehen, die gängigen wohlfahrtsstaatlichen Postulate der „guten Policey" und des „guten Regiments" - d.h. die Sorge von Bürokratie und Herrscher für das Gemeine Beste, das Glück, die Wohlfahrt und das „gute Leben" der Untertanen - bei allen Gelegenheiten der Benutzung dieser Landesaufnahme nicht aus dem Auge zu verlieren[189]. Für unsere Fragen an das Ploenniessche Werk sind diese Appelle aber vor allem deshalb interessant, weil sie „das gegenseitige Sich-Bedingen der Wohlfahrt des Herrschers und der Wohlfahrt der Untertanen" betonen und bekanntermaßen schon im 17. Jahrhundert im Zusammenhang mit Diskussionen um die Aufbringung höherer Steuersummen von besonderer Bedeutung waren[190].

---

188 Vgl. Anm. 161; wegen des Ploenniesschen Belegs („weshalben auch gezwungen pfälzische dienste annehmen müssen ...") erscheint die These doch ziemlich unwahrscheinlich, daß Ploennies die Landesaufnahme des Herzogtums Berg zunächst auf eigene Rechnung bearbeitet habe, weil er auf eine einträgliche Belohnung nach der Fertigstellung gehofft habe. Als völlig abwegig hingegen ist die Vermutung Wilhelm Güthlings zu beurteilen, Ploennies habe vielleicht deshalb auf eigene Rechnung gearbeitet, weil er sich ein hohes Honorar für die Drucklegung bzw. entsprechend hohe Einnahmen durch einen Verkauf der gedruckten Topographie erhofft habe, denn das Honorar, das zu dieser Zeit immer nur als einmalige Abfindung gezahlt wurde, wäre mit Sicherheit so bescheiden ausgefallen, daß Ploennies sich und seine Familie davon höchstens einige Monate hätte ernähren können (*Wilhelm Güthling*, Erich Philipp Ploennies [1672-1751], in: DJb 50 [1960], S. 105; zur Frage von Honoraren im 18. Jahrhundert vgl. *Karl Corino*, Genie und Geld. Vom Auskommen deutscher Schriftsteller, Reinbek ²1991). Trotz der spärlichen Hinweise, möchte ich folglich ein wie auch immer geartetes „Dienstverhältnis" bei Johann Wilhelm unterstellen, vor allem deshalb, weil die Zeitspanne von mindestens sechs Jahren ohne Besoldung, die bei der Arbeit anfallenden Reise-, Übernachtungs- und Verpflegungskosten sowie die gleichzeitig weiterlaufenden Ausgaben für den zuletzt sogar siebenköpfigen Weseler Haushalt ein doch erhebliches Privatvermögen vorausgesetzt hätte - hierüber liegen jedoch, was die Jahre 1708 bis 1715 anbelangt, keinerlei Hinweise vor.

189 Vgl. *Ulrich Engelhardt*, Zum Begriff der Glückseligkeit in der kameralistischen Staatslehre des 18. Jahrhunderts (J.H.G.v. Justi), in: ZHF 8 (1981), S. 37-79, bes. S. 40 ff sowie *Walther Merk*, Der Gedanke des gemeinen Besten in der deutschen Staats- und Rechtsentwicklung, Darmstadt ²1968.

190 *Winfried Schulze*, Vom Gemeinnutz zum Eigennutz. Über den Normenwandel in der ständischen Gesellschaft der frühen Neuzeit, in: HZ 243 (1986), S. 591-626, bes. S. 617 mit weiteren Literaturangaben zur Diskussion um Steuern.

Diese im folgenden näher zu betrachtenden Hinweise sind bis auf einige weiterführende Erläuterungen von Ploennies' eigener Hand die einzigen überlieferten Informationen, die über die Entstehung der „Topographia Ducatus Montani", die Hintergründe und Motive, die für ihre Anfertigung möglicherweise entscheidend waren, Auskunft geben können. Um so größere, freilich auch kritischere Beachtung verdienen Ploennies' weitere Ausführungen, deren Aussagefähigkeit nun auf der Grundlage anderer Forschungsergebnisse zu überprüfen ist; da die Bedeutung des Werks für das Repräsentationsbedürfnis des absoluten Fürsten kaum in Frage zu stellen ist, weil sich doch im „Theatrum Geographicum" und im „Theatrum Architecturae" seine weltliche Macht in vorzüglicher Weise widerspiegelte, so gilt dies vor allem für Ploennies' Andeutungen über die Verwendbarkeit der Landesaufnahme im Bereich der Verwaltung. Diesem Aspekt möchte ich mich zunächst zuwenden.

In der Tat weist die wiederholte Betonung der Nützlichkeit der Landesaufnahme für Beamte und Bedienstete darauf hin, daß sie im Bereich des zentralisierten Verwaltungsapparats als wissenschaftlich-technische Arbeits- und Orientierungshilfe eingeführt werden sollte. Ploennies bemerkte hierzu, „ob es nicht weißlich gethann, daß ein groser Herr sich nach solchen bedienten umbsehe, welche Vor andern, aller gelegenheit ihrer güter (sic!) eine genaue nachricht haben? und pfleget nicht öffters einem herren daraus schade zu geschehen, wann er einen bedienten oder beambten hat, welcher keiner dinge kundig ist?"[191] Und zur Erläuterung und Bekräftigung variierte er noch einen zentralen Topos der sogenannten „Hausväterliteratur"[192], die sich mit ihrer „Lehre von Zusammenhalt und Pflege der weltlichen Obliegenheiten durch Fleiß, Ordnung und Umsicht im häuslichen Umkreis" seit dem Ende des 17. Jahrhunderts in zunehmendem Maße auch den Problemen der staatlichen Verwaltung und „Bewirtschaftung" von Territorien zugewandt hatte[193]; Ploennies schrieb: „Es ist eben damit bewandt, gleichwie in einer gemeinen haußhaltung da der haußVatter gerne solche Knechte und mägde umb sich siehet, die alles in seinem hauß zu finden kundig sindt, und wo ein jedes hingehöre, schon wissen, als wordurch dem Herrn des haußes grose mühe genommen, und seine sorge aufs nöthigste zu richten, nicht Verhindert wird."[194]

---

191 *Ploennies*, Topographia ... (Anm. 103), Pag. 6 b, Z. 23Pag. 7, Z. 4.

192 *Otto Brunner*, Adeliges Landleben und europäischer Geist. Leben und Werk Wolf Helmhards von Hoberg 1612-1688, Salzburg 1949; *ders.*, Das „ganze Haus" und die alteuropäische „Ökonomik", in: *ders.*, Neue Wege der Sozialgeschichte, Göttingen 1956, S. 33-62; *Julius Hoffmann*, Die „Hausväter-Literatur" und die „Predigten über den christlichen Hausstand", Weinheim 1959; *Teuteberg*, Reise- und Hausväterliteratur (Anm. 179); eine prononcierte Zusammenfassung der gegen Brunners Interpretation erhobenen Kritik liefert *Hans-Ulrich Wehler*, Deutsche Gesellschaftsgeschichte, Bd. 1: Vom Feudalismus des Alten Reiches bis zur Defensiven Modernisierung der Reformära, 1700-1815, München 1987, S. 81 ff.

193 *Focko Eulen*, Vom Gewerbefleiß zur Industrie. Ein Beitrag zur Wirtschaftsgeschichte des 18. Jahrhunderts (Studien zur Wirtschafts- und Sozialgeschichte, Bd. 11), Berlin 1967, S. 71 f.

194 *Ploennies*, Topographia ... (Anm. 103), Pag. 7, Z. 5-10.

Freilich sollte damit nicht in erster Linie das niedrige Bildungsniveau der Beamten und Bediensteten kritisiert werden - das wohl auch, aber nicht allein[195]. Dies war vielmehr eine klare Anspielung auf konkrete Mißstände im Verwaltungsapparat, insbesondere im Bereich des Steuerwesens („Güter“), über dessen teilweise desolaten Zustand wir aus anderen Quellen relativ gut informiert sind. Schon Herzog Philipp Wilhelm (1615-1690) hatte während seiner in Jülich-Berg bis 1679 dauernden Regierungszeit Versuche zur Beseitigung von Fehlern bei der Steuererhebung unternommen und 1670 Arbeiten an einer „ersten systematischen Deskription“ zur „Berichtigung der Landes- und Amtsmatrikel“ in Gang gebracht, womit Unterschlagungen von Steuerland zukünftig unterbunden werden sollten[196]. Da jedoch die zweite wichtige Voraussetzung für eine wirklich grundlegende Reform des Steuerwesens, eine Vermessung des ganzen Landes und die Erstellung von Katastern, nicht realisiert worden war, konnten die ergriffenen Maßnahmen tatsächlich kaum die gewünschten Verbesserungen bewirken[197]. An der mangelhaften Effizienz des jülich-bergischen Steuerwesens und -apparates änderte sich auch nicht viel, nachdem Johann Wilhelm die Regierungsgeschäfte in den niederrheinischen Territorien der Pfalz-Neuburger übernommen hatte, obwohl er sich zuallererst darum bemühte, eine „bessere Ordnung von Verwaltung, Finanzwesen und Rechtspflege“ auf den Weg zu bringen[198]. Zur Finanzierung seines am Herrscherideal Ludwigs XIV. ausgerichteten absolutistischen Regiments setzte er zwar gegen den massiven Widerstand der Stände - die er lediglich als Bewilligungsinstanzen ansah - neue und nachhaltig erhöhte Steuerforderungen durch[199], doch eine dementsprechende Effektivierung des gesamten Steuersystems wurde unterlassen[200]. Während - wie oben bereits angesprochen - die Ausgaben für militärische Zwecke, für die aufwendige Hofhaltung und diverse repräsentative Baumaßnahmen etc. bald die Einnahmen des Staates um ein Vielfaches überstiegen, wurde „die Steuerschraube ... derart angezogen, daß viele Untertanen das Land verließen“[201]. Andere wiederum - meist Adelige bzw. Freilandbesitzer, aber auch Familienangehörige und sogenannte „gute Bekannte“ der bis 1696 selbst befreiten Steuerbeamten - nutzten auf manchmal recht geschickte Art und Weise die immer noch bestehenden Unzulänglichkeiten im jülich-bergischen Steuerwesen für eine hinreichende, freilich nicht immer legale Absicherung ihrer Existenz. Sie pflegten ihre persönlichen Beziehungen zu den Organen der Steuerverwaltung, die in

195 Vgl. hierzu die Textpassagen der Ploenniesschen Topographie Pag. 7, Z. 13 und Pag. 7 b, Z. 1, in denen vor allem auf die mangelhafte Erfahrung neuer Beamter und auf ihre geringen geographischen Kenntnisse abgehoben wird.

196 *Stefan Wagner*, Staatssteuern (Anm. 171), S. 46 ff; vgl. auch *Klaus Müller*, Unter pfalzneuburgischer ... Herrschaft (Anm. 163), S. 20, 102, 107.

197 *Wagner* (Anm. 171), ebd.

198 *Braubach*, Johann Wilhelm (Anm. 162), S. 83-101; *Wagner* (Anm. 171), S. 46 ff, 108 ff.

199 *Croon*, Stände (Anm. 171), S. 8 ff; *Wagner* (Anm. 171), S. 68; vgl. auch *Leo Mülfarth*, Johann Wilhelm von Pfalz-Neuburg und die jülich-bergischen Landstände (Anm. 169), bes. S. 26 ff; zum Herrscherideal *Müller*, Kurfürst Johann Wilhelm (Anm. 173), S. 3 f; *Skalweit*, Herrscherbild (Anm. 172) und *Straub*, Herrscherideal (Anm. 172), passim.

200 *Wagner* (Anm. 171), S. 46 ff.

201 Ebd., 70; ebenso *Croon*, Stände (Anm. 171), S. 15 f.

den Ämtern von fürstlichen Bediensteten und auf lokaler Ebene von ausgesuchten Untertanen wie dem Bürgermeister, den Schöffen und Ratsmitgliedern einer Stadt ausgeübt wurde[202], und sorgten so dafür, daß sie steuerliche Vergünstigungen erhielten und ihre Unterschlagungen von Steuerland, seine bewußte Falschdeklarierung als Freiland oder die unter Strafe gestellte, absichtlich herbeigeführte Landverödung vorerst nicht entdeckt wurden[203]. Das wäre aber durch eine Vermessung des ganzen Landes und eine anschließende Katastererstellung, die von den Ständen wie auch von einzelnen Beamten der Steuerbehörde aus naheliegenden Gründen immer wieder abgelehnt wurden, unvermeidlich gewesen[204].

Die von mir aus diesem Sachverhalt abgeleitete These lautet: Es ist denkbar, daß die „Topographia Ducatus Montani“ mit ihren Ämterkarten eine bewußt nach geographischen Gesichtspunkten begonnene Vorarbeit für eine von den Ämter- und Stadtbediensteten auf ihrer Grundlage später anzufertigende Katastrierung sein sollte. Die Anlage des Katasters aber wurde unterlassen, weil Ploennies nach dem Abschluß der bergischen Ämtervermessung im Jahre 1715 der ursprünglichen Konzeption folgte und mit der jülichschen Landesaufnahme begann[205]. Ploennies, der schon wenige Jahre später mit der Generallandmessung des Fürstentums Nassau-Siegen (reformierter Teil) zeigen sollte, welch exzellenter Geometer er war[206], kannte 1715 aber bereits die Argumente, die gegen seine Arbeit am Niederrhein erhoben wurden, und trat nun gewissermaßen die Flucht nach vorn an: Vielleicht zusätzlich durch die Hoffnung auf eine Belohnung motiviert, lieferte er die „Topographia Ducatus Montani“, versehen mit entsprechenden Huldigungsfloskeln, am 1. Mai 1715 bei Kurfürst Johann Wilhelm ab, doch erlaubte er sich gleichzeitig mit dem Selbstbewußtsein eines gesellschaftlich recht angesehenen Mathematikers[207] im Vorwort seines Werks die Ziele und Zwecke seiner Arbeit nochmals unmißverständlich in Erinnerung zu rufen und die vielfältige Nützlichkeit von Landesvermessungen dieser Art besonders hervorzuheben - schließlich mußte er ja persönlich sehr daran interessiert sein, auch die Vermessung des Herzogtums Jülich abschließen zu können. Dann aber starb am 8. Juni 1716 Kurfürst Johann Wilhelm, der wohl entscheidende Befürworter des Unternehmens, und die Arbeit wurde bald einge-

---

202 *Croon* (Anm. 171), S. 192. Vielleicht läßt sich auch in dieser Hinsicht die nachdrückliche Einbeziehung der „Untertanen“ in den Adressatenkreis der „Leser“ der Topographia Ducatus Montani durch Ploennies erklären (*Ploennies*, Topographia ... [Anm. 103], Pag. 5, Z. 1 u. 15).

203 *Wagner* (Anm. 171), S. 46 ff.

204 *Croon* (Anm. 171), S. 163-167; *Wagner* (Anm. 171), a.a.O.

205 Ämterkarten des Herzogtums Jülich: Kaster, Bergheim, Jülich und Aldenhoven, Eschweiler und Wilhelmstein, Düren und Nörvenich (*Ploennies*, Topographia ... [Anm. 103], Bd. 2, Karten Nr. 19-23).

206 Vgl. dazu meine Ausführungen in Kap. 3.5.

207 Vgl. Kap. 3.2 sowie *Fabian*, Der Naturwissenschaftler (Anm. 116); *Lewis S. Feuer*, The Scientific Intellectual (Anm. 116); *Stephen F. Mason*, Geschichte der Naturwissenschaft in der Entwicklung ihrer Denkweisen, Stuttgart 1961, S. 333-344; *John Desmond Bernal*, Wissenschaft - Science in History, Bd. 2: Die wissenschaftliche und die industrielle Revolution, Reinbek 1970 (4. dt. Aufl.), S. 420 ff, 458 ff.

stellt; nicht nur der Regierungswechsel und die Verlegung der Residenz von Düsseldorf nach Heidelberg dürften dafür ausschlaggebend gewesen sein, sondern auch die schon früher von seiten der Ministerialbürokratie geübte Kritik daran, daß die Karten von ihrer Konzeption her nicht sofort und unmittelbar für eine Effektivierung des Steuerwesens nutzbar zu machen waren, kam nun zur Geltung. Vermutlich hatte man bereits zu diesem Zeitpunkt eingesehen, daß die deduktive Vorgehensweise der Vermessungsarbeit verfehlt und das gesamte Projekt für die verfolgten Ziele eigentlich überdimensioniert war[208] und bis zum eigentlichen Abschluß noch viel zuviel Kosten in Anspruch nehmen würde. Die Ursachen für den vorzeitigen Abbruch der Vermessungsarbeiten dürften also zum einen im Bereich der politischen Veränderungen des Jahres 1716, zum anderen im Bereich der Kosten-Nutzen-Analyse zu suchen sein, denn wäre das Unternehmen von den Beamten der territorialen Steuerbehörde nach wie vor als sinnvoll im Sinne einer durchgreifenden Reform des Steuersystems deklariert worden, hätte es sicherlich auch Johann Wilhelms Nachfolger, sein Bruder Karl Philipp (1661-1742), fortsetzen lassen. So aber führten die schon seit 1715 vorgebrachten Gegenargumente ein Jahr später zur endgültigen Einstellung der Vermessungsarbeiten. Die bereits fertiggestellten jülichschen Ämterkarten wurden nun der „Topographia Ducatus Montani" beigegeben[209], und das ganze Werk, d.h. der Torso der ursprünglich geplanten Topographie der Herzogtümer Jülich und Berg, wurde in repräsentativer Form in Maroquinleder gebunden, mit dem kurfürstlichen Wappen und dem Monogramm Karl Philipps versehen[210] und nach einiger Zeit des mehr oder weniger sporadischen Gebrauchs schließlich archiviert[211].

Diese These hat vor allem den Vorzug, die im fragmentarischen Charakter des Werks dokumentierte frühzeitige Beendigung der Vermessungsarbeit sinnvoll zu erklären; d.h. der Abbruch des Unternehmens wird nicht mehr wie bisher monokausal und ohne Berücksichtigung funktionaler Aspekte nur vom Tod Johann Wilhelms abgelei-

---

208 Vorzügliche Parallelen zur Überdimensionierung von repräsentativen Projekten in der Regierungszeit Kurfürst Johann Wilhelms sind der ursprünglich wesentlich größer vorgesehene Bau von Schloß Bensberg und der 1709 vom landesherrlichen Oberbaudirektor Graf Matthaeus von Alberti, einem venezianischen Architekten, erstellte Aufrißplan für ein gigantisches Residenzschloß, das am Rheinufer im Bereich der Düsseldorfer Neustadt errichtet werden sollte (vgl. hierzu *Paul Clemen*, Der Düsseldorfer Schloßplan des Grafen Matthaeus Alberti, in: Beiträge zur Geschichte des Niederrheins 17 [1912], S. 181-187 mit einer Reproduktion des eindrucksvollen Plans im Anhang des Bandes).

209 Vgl. hierzu und zum folgenden auch ausführlich meinen Beitrag: „Überlieferung und Ploennies-Rezeption im 18. bis 20. Jahrhundert", in: ZBGV 97 (1995/96).

210 Der Einband mit dem Monogramm des Kurfürsten Karl Philipp ist heute noch, allerdings in stark beschädigtem Zustand, im Hauptstaatsarchiv Düsseldorf erhalten (vgl. ebd.).

211 Selbstverständlich wäre es auch möglich, daß das gesamte Vermessungsprojekt aus denselben Gründen schon 1715 abgebrochen wurde und daß die jülichschen Karten bereits zu diesem Zeitpunkt fertiggestellt waren - nur wäre dann der Widerspruch zwischen der Widmung des Werks an Kurfürst Johann Wilhelm und dem auf dem Einband eingeprägten Monogramm Karl Philipps nicht ohne weiteres zu erklären.

tet[212], sondern als zweckrationaler Entscheidungsprozeß gedeutet: Die Vermessung des Herzogtums Jülich wurde u.a. eben auch deshalb eingestellt, weil sich bereits an der fertiggestellten „Topographia Ducatus Montani" zeigte, daß das Projekt die gesteckten Ziele zumindest vorerst nicht ohne einen erheblichen Mehraufwand an Zeit und Kosten erreichen würde, ja daß es gemessen an den politisch-administrativen Maßgaben (nicht an denen der Wissenschaft!) de facto gescheitert war. Gestützt wird diese These jedoch nicht nur durch den fragmentarischen Charakter der Landesaufnahme - er ist gewissermaßen nur das augenfälligste äußere Anzeichen dieses Scheiterns -, sondern auch durch die genannten Textpassagen und die wiederholte Hervorhebung der Nützlichkeit des Werks für Beamte und Bedienstete, mit denen möglicherweise die Steuerbediensteten gemeint waren, die „aller gelegenheit ihrer güter eine genaue nachricht haben" sollten[213]. Dagegen dürfte die allgemeine Bildungsfunktion des Werks für die landesherrlichen Bediensteten tatsächlich nur von untergeordneter Bedeutung gewesen sein. Im übrigen erscheint in diesem Zusammenhang auch die Tatsache erwähnenswert, daß ähnliche Versuche einer Landesvermessung seit der Jahrhundertwende ebenfalls aus der Kurpfalz überliefert sind, wo die Verwüstungen der französischen Truppen von 1688/93 noch nicht beseitigt waren und man nun die Finanzierung des weiteren Wiederaufbaus sicherstellen wollte[214]. Obwohl historische Parallelen dieser Art selbstverständlich keine unmittelbare Beweiskraft besitzen, erhöhen sie doch die Wahrscheinlichkeit von quellenmäßig nur schwer zu stützenden Interpretationen. Festzustellen bleibt deshalb auch, daß die hier vertretene These aus den relativ kleinmaßstäbigen, durchweg genordeten Karten der bergischen Topographie selbst (Maßstab der Übersichtskarte ca. 1:220.000, der Ämterkarten uneinheitlich zwischen 1:40.000 und 1:80.000) in keiner Weise zu belegen ist, da sie - wie bereits erwähnt - rein geographische Karten bzw. sogenannte Siedlungskarten sind, in denen jegliche Angaben über Eigentum an Grund und Boden oder entsprechende Grenzziehungen fehlen. Im Hinblick auf die fiskalische Zielsetzung waren ihnen allenfalls Informationen über die „rechtliche und steuerliche Qualität" der Siedlungen zu entnehmen[215]. Mehr war aber von der ursprünglichen Konzeption her auch gar nicht beabsichtigt.

---

212 *Wilhelm Crecelius/Woldemar Harleß* (Bearb.), Zwei geographische Beschreibungen des Herzogtums Berg aus dem ersten Drittel des 18. Jahrhunderts, A: Topographia Ducatus Montani, in: ZBGV 19 (1883), S. 81-113, hier bes. S. 109.

213 *Ploennies*, Topographia ... (Anm. 103), Pag. 7, Z. 2.

214 Vgl. hierzu neben den aufschlußreichen Studien von *Ruthardt Öhme*, Pläne und Versuche einer kurpfälzischen Landesaufnahme im 18. Jahrhundert, in: Berichte zur deutschen Landeskunde 31 (1963), S. 416-446 u. *ders.*, Die Geschichte der Kartographie des deutschen Südwestens, Konstanz 1961 vor allem auch *Carl Horst Hoferichter*, Das Oberamt Alzey im letzten Jahrhundert seines Bestehens in der kurpfälzischen Landesstatistik, in: Alzeyer Geschichtsblätter, H. 11/12 (1977), S. 89-154, bes. S. 102; ferner *Kurt v. Raumer*, Die Zerstörung der Pfalz. Im Zusammenhang der französischen Rheinpolitik, München 1930; grundlegend jetzt *Meinrad Schaab*, Geschichte der Kurpfalz, Bd. 2: Neuzeit, Stuttgart 1992, S. 145-180.

215 *Güthling*, Erich Philipp Ploennies (Anm. 155), S. 106.

Abb. 29: Kurfürst Johann Wilhelm von der Pfalz als Reichsverweser und seine zweite Gemahlin Anna Maria Luisa von Medici um 1708

In seinem Vorwort, das hauptsächlich an Kurfürst Johann Wilhelm, den zweifellos wichtigsten „Leser“, adressiert war, konzentrierte sich Erich Philipp Ploennies vor allem darauf, die Fortschrittlichkeit und Objektivität der von ihm verwendeten Wissenschaften und den Nutzen seines Werks für die Erfassung und Verewigung der fürstlichen Macht und „Gloire“ unter Beweis zu stellen, denn dies war eine nicht weniger wichtige Funktion, die die „Topographia Ducatus Montani“ erfüllen sollte. Mit Blick auf die Einzigartigkeit seiner Arbeit, einer Sache, die „noch niemals Verrichtet worden, auch schwerlich ins künfftige wieder soll gethan werden", könne er nur feststellen, daß durch sie „Ewer Churfürstlichen Durchlaucht glorwürdigster nahme bey allen unterthanen dieses Herzogthumbs, und bey der Topographie gebrauch, nicht allein in einem langen gedächtnüß Verbleiben, sondern gleichsam Verewiget werde"[216]. Und so entfaltete Ploennies ein tatsächlich eindrucksvolles, wenngleich auf den Zeitgenossen wohl etwas nüchtern wirkendes Panorama, ein „Theatrum Geographicum", vor den Augen des Landesherrn, das alle geographisch bedingten „Kräfte" seines Territoriums wie auf einer Bühne dem in der Empore thronenden Fürsten vorführte. Die Vogelperspektive galt noch immer als „sehr wunderbahrlich", und so genoß auch die Wissenschaft bzw. die Wissenschaftlerpersönlichkeit, die in der Lage war, „die gestalt eines so grosen landes" als getreues Abbild der Natur „aufm papier wahrhafftig" und „so deütlich und Special Vor augen" zu führen, großes Ansehen[217].

Für einen Mathematiker und Geographen aber, der die Aufgabe übernommen hatte, die Macht und „Gloire" eines Stellvertreters Gottes auf Erden in Form einer Landesaufnahme darzustellen, war der erhabene Standort des fürstlichen Betrachters mehr als nur eine willkommene Begleiterscheinung, betonte die über die irdischen Dinge hinausgehobene Position doch in besonderer Weise die räumliche Nähe des absoluten Herrschers zur göttlichen Majestät[218]. Und wie Gott sich in seinem Weltgebäude strahlend zu erkennen gab[219], so erlaubte ihm die hier eingenommene Haltung als „wahre Copie" des göttlichen Originals aufzutreten: Wie von einem hohen Berg sah er auf die durch ihn kraft göttlichen Auftrags aufrecht erhaltene Ordnung des staatlichen Gebildes hinab, die sich vor ihm in harmonischen Proportionen entfaltete. Wohl angeordnet und verwaltet erschienen die Wälder, Flüsse und Bäche, gut verteilt erschienen auch die Städte, Dörfer und Siedlungen, an deren Entwicklungszustand kaum etwas zu bemängeln war; weitgehend zufriedenstellend war auch das handwerklich-gewerbliche Potential, vor allem im Raum von Solingen und Elberfeld; als insgesamt gerecht erschien die hoheitliche Behandlung der Religionsfrage, die in der Beschreibung des Landes immer wieder berücksichtigt wurde, als befriedigend die Anzahl der Gotteshäuser. Repräsentativ, wenngleich für die „pathetische Mentalität" (R. Mandrou) des Barockzeitalters vergleichsweise nüchtern und objektiv, war neben den Karten auch das „Theatrum Architecturae" der Stadt- und Gebäudeansichten ausgefallen[220], unter denen das noch

---

216 *Ploennies*, Topographia ... (Anm. 103), Pag. 5, Z. 14-17; zum Repräsentationsbedürfnis Johann Wilhelms vgl. auch *Braubach*, Johann Wilhelm (Anm. 162), S. 98.

217 *Ploennies*, Topographia ... (Anm. 103), Pag. 6, Z. 15; Pag. 6, Z. 12; Pag. 6, Z. 1; Pag. 5, Z. 11; zur Vogelperspektive und zu den Fragen der barocken Sehweisen bzw. künstlerischen Darstellungsformen vgl. bes. *Otto Friedrich Bollnow*, Mensch und Raum, Stuttgart 1963, S. 74 ff; *Thomas Kleinspehn*, Der flüchtige Blick. Sehen und Identität in der Kultur der Neuzeit, Reinbek 1989, S. 72 ff; *Ernst H. Gombrich*, Die Geschichte der Kunst, Stuttgart [3]1986.

218 Vgl. hierzu *Müller*, Kurfürst Johann Wilhelm (Anm. 173), S. 4.

219 *Straub* (Anm. 172), passim.

220 Eine kunsthistorische Analyse der Stadt- und Gebäudeansichten von Erich Philipp Ploennies kann und soll an dieser Stelle nicht vorgenommen werden; s. hierzu bes. *Michael Schmitt/Jochen Luckhardt*, Realität und Abbild in Stadtdarstellungen des 16. bis 19. Jahr-

im Bau befindliche Schloß Bensberg insofern hervorgehoben wurde, als „die Gröse Gedachten schlosses ... auch solcher gestalt inachtgenommen“ sei, „daß es einem König nicht zu klein würde fallen darin zu wohnen“[221] - eine schmeichelhafte Anspielung auf entsprechende Pläne des ehrgeizigen Kurfürsten, seine Person und sein Haus durch eine Königskrone zu erhöhen[222]. So wies die Landesaufnahme das ganze Spektrum der natürlichen und „künstlichen“ Kräfte jenes Staatskörpers auf, den der Fürst wie die Glieder seines Körpers durch sein Haupt für das Wohl des Ganzen arbeiten ließ; sinnbildlich stellte das in der Topographie abgebildete Territorium die Staatsmaschine dar, deren Mechanik - so die gängige zeitgenössische Vorstellung - vom souverän entscheidenden und befehlenden Landesherrn mit den Mitteln der „Staats-Klugheit“ gelenkt wurde[223]. Gemessen an diesen Kategorien und gemessen am idealen Herrscherbild des 17. und frühen 18. Jahrhunderts war die „Topographia Ducatus Montani“ somit in geradezu vorzüglicher Weise dazu geeignet, die „Gloire“ und die Macht des Fürsten

---

hunderts. Untersuchungen am Beispiel Lippstadt (Beiträge zur Volkskultur in Nordwestdeutschland, H. 31), Münster 1982 sowie *Michael Schmitt*, Vorbild, Abbild und Kopie. Zur Entwicklung von Sehweisen und Darstellungsarten in druckgraphischen Stadtabbildungen des 15. bis 18. Jahrhunderts am Beispiel Aachen, in: Civitatum Communitas. Studien zum europäischen Städtewesen (Festschrift f. Heinz Stoob zum 65. Geb.), hg. v. *Helmut Jäger*, *Franz Petri* u. *Heinz Quirin*, Köln 1984, S. 322-354; aufschlußreich sind in diesem Zusammenhang auch *Hans Koepf*, Das Stadtbild als Ausdruck der geschichtlichen Entwicklung, in: Stadt und Kultur, hg. v. *Hans Eugen Specker* (Stadt in der Geschichte, Bd. 11), Sigmaringen 1983, S. 9-28 sowie *Ernst Walter Zeeden*, Das Erscheinungsbild der frühneuzeitlichen Stadt, vornehmlich nach Reiseberichten und Autobiographien des 16. und 17. Jahrhunderts, in: ebd., S. 70-84.

221 *Ploennies*, Topographia ... (Anm. 103), Pag. 20 b, Z. 8 ff.

222 Zu entsprechenden Plänen Kurfürst Johann Wilhelms, die polnische und die armenische Königswürde zu erlangen und die Statthalterschaft über die Niederlande übertragen zu bekommen, vgl. *Müller*, Kurfürst Johann Wilhelm (Anm. 173), S. 13 ff sowie *Karl Theodor Heigel*, Über den Plan des Kurfürsten Johann Wilhelm von der Pfalz, die armenische Königskrone zu gewinnen (1698-1705), in: Sitzungsberichte der philosophisch-philologischen und der historischen Classe der Königlich Bayerischen Akademie der Wissenschaften zu München, München 1894, S. 273-319.

223 Zur zeitgenössischen Einschätzung der „Staats-Klugheit“ vgl. den gleichnamigen Art. in *Zedler* 39 (1743), Sp. 650 ff (übrigens findet sich bei dem Stichwort „Statistik“ schon ein Querverweis auf „Staats-Klugheit“); vgl. ferner *Stollberg-Rilinger*, Der Staat als Maschine (Anm. 67), S. 28-39, 42, 48 ff, 56; *Baruzzi*, Mensch und Maschine (Anm. 67), S. 11 ff; *Gerhard Dohrn-van Rossum*, Art. „Organ, Organismus, Organisation, politischer Körper“, in: Geschichtliche Grundbegriffe. Historisches Lexikon zur politisch-sozialen Sprache in Deutschland, hg. v. *Otto Brunner*, *Werner Conze* u. *Reinhart Koselleck*, Bd. IV, Stuttgart 1978, S. 519-560; bes. wichtig sind hier auch *David George Hale*, The Body Politic. A Political Metaphor in Renaissance English Literature, The Hague 1971 sowie *Paul Archambault*, The Analogy of the „Body“ in Renaissance Political Literature, in: Bibliothèque d'Humanisme et Renaissance 29 (1967), S. 21-53, bes. S. 49 ff; zur mittelalterlichen Tradition dieser Vorstellungen vgl. die richtungweisende Studie von *Ernst H. Kantorowicz*, The King's Two Bodies. A Study in Mediaeval Political Theology, Princeton N.J. 1957.

zu repräsentieren und zu verewigen, denn wie der Staat durch den Herrscher repräsentiert wurde, war die Landesaufnahme ein naturgetreues Abbild des physischen Staatskörpers, der durch den politischen Staatskörper beherrscht wurde. Indem sie die wohlgeordneten Kräfte des Staates inventarisierte, erfaßte sie in Form einer Momentaufnahme die gegenwärtige Macht des Herrschers und hielt so für die Zukunft fest, daß dieser Fürst grundlegende Herrschaftstugenden erfüllt hatte. Sein Name ging damit nicht nur in die Geschichte ein, er wurde auch zum Vorbild für alle seine Nachfolger[224].

Gleichwohl dürfte die dem Herrscherideal symbolisch weitgehend entsprechende Ausdrucksform nicht der einzige Grund dafür gewesen sein, weshalb die „Topographia Ducatus Montani" - vielleicht mehr noch als manches andere für den Düsseldorfer Hof angefertigte Kunstwerk[225] - als geeignetes „Instrument der Beeindruckung und Beeinflussung" angesehen werden konnte[226]. In besonderem Maße trug dazu freilich auch die Neugierde der „im Grunde beschäftigungslosen Hofgesellschaft" bei, denn von ihr wurde fast alles begrüßt, was geeignet erschien, „die Langeweile des höfischen Lebens" in irgendeiner Weise zu unterbrechen[227] - zum Beispiel mit einem Werk, das wahrscheinlich schon wegen der mathematischen Methoden (den Triangulationen und Winkelberechnungen[228]) und wegen der seltsam anmutenden Vermessungsinstrumente

---

224 „Weilen die späte nachkommen darauß (d.h. aus dieser Landesaufnahme, B.D.) werden können abnehmen, wie das landt damahls gestaltet gewesen, und wie mit dem Verlauf der zeit sich alles Verändert habe" (*Ploennies*, Topographia ... [Anm. 103], Pag. 5, Z. 19-22); vgl. auch *Straub* (Anm. 172), S. 195 f, 215.

225 *Rümmler*, Düsseldorf (Anm. 163); *Lau*, Beiträge zur Geschichte der Kunstbestrebungen (Anm. 163).

226 *Rudolf Vierhaus*, Höfe und höfische Gesellschaft in Deutschland im 17. und 18. Jahrhundert, in: Kultur und Gesellschaft in Deutschland von der Reformation bis zur Gegenwart, hg. v. *Klaus Bohnen*, *Sven-Aage Jφrgensen* u. *Friedrich Schmöe* (Kopenhagener Kolloquien zur deutschen Literatur, Bd. 4), Kopenhagen/München 1981, S. 36-56, Zit.: S. 47; vgl. auch *Kruedener*, Die Rolle des Hofes (Anm. 64), S. 18 ff.

227 *Vierhaus*, a.a.O, S. 51; zum Düsseldorfer Hof vgl. bes. *Jörg Engelbrecht*, Anna Maria Luisa von Medici und ihr Hof in Düsseldorf. Zur Bedeutung des Luxus im Zeitalter des Absolutismus, in: Anna Maria Luisa Medici (Anm. 163), S. 125-132 sowie *Müller*, Unter pfalz-neuburgischer ... Herrschaft (Anm. 163), 19 ff; *Lau*, Regierungskollegien (Anm. 163), passim.

228 Ploennies gibt zwar von Pag. 8 bis Pag. 10 seiner Topographie einige Informationen über die von ihm verwendeten Meßmethoden und -instrumente, doch verzichtet er wohl bewußt darauf, Details seiner Vermessungskünste zu offenbaren. Die Abgrenzung zu der Pag. 8, Z. 1 genannten, nach Ploennies' Auffassung ungenauen englischen Karte - bei der es sich wahrscheinlich um den Atlas „Britannia, Vol. I ... a Geographical and Historical Description of the Principal Roads thereof" von John Ogilby aus dem Jahre 1675) handelte - diente zunächst der Hervorhebung eigener Leistung und der Betonung eigener Fortschrittlichkeit. Der vor allem technikgeschichtlich relevante Informationsmangel von Ploennies' Einleitung zur „Topographia Ducatus Montani" kann hinsichtlich der um 1700 gebräuchlichen Vermessungsmethoden und -instrumente jedoch relativ genau anhand der neueren kartographiegeschichtlichen Forschungsliteratur rekonstruiert und damit ausgeglichen werden: Trotz der von Ploennies aufgestellten, zu Mißverständnissen Anlaß gebenden Be-

Abb. 30, 31: Landmesser bei der Arbeit im Gelände um 1725 - oben mit Visiergerät und Fernglas, unten mit Meßwagen und Meßkarren

Abb. 32, 33: Landmesser beim sorgfältigen Umrechnen und Übertragen der Meßergebnisse auf Papier sowie beim Zeichnen der Karten (um 1725)

(den Visiergeräten mit Diopten, den Winkelmaßen, verschiedenen Zirkeln und Meßtischen, den Meßketten, -rädern und -stäben etc.[229]), mit deren Hilfe es erstellt worden war, als „kurios" und „merkwürdig" galt.

Aus dem alsbald befriedigten Verlangen nach Kurzweil aber entstand schnell eine Neugierde intellektueller Qualität[230], die zunächst in Richtung Naturerkenntnis strebte und dabei schließlich die materiellen Ressourcen der Macht und die geheimen Kräfte eines Staates als neuen Gegenstand ihres Fragens und Nachdenkens entdeckte[231]. Zu beiden Bereichen hatte eine topographische Landesaufnahme wie die des Herzogtums Berg einiges an Informationen und Material zu bieten, Fakten, die im Vergleich zur

---

hauptung, er habe „die meisten weiten, aus einem einigen (d.h. einzigen, B.D.) standt ... können erfahren", kann es sich hierbei nur um ein einfaches Triangulationsverfahren gehandelt haben, dessen geometrische Grundlagen bereits im 16. Jahrhundert entwickelt wurden und dessen geodätische Anwendung und Instrumentierung seit Beginn des 17. Jahrhunderts vor allem von Zürich (Leonhard Zuber) und den Niederlanden (Willebrord Snellius) aus Verbreitung fanden. Die Ploenniessche Beschreibung gibt allerdings keine klare Auskunft darüber, ob er die Dreiecksseiten mit Hilfe von trigonometrischen Funktionen berechnete, oder ob er das von Zuber 1603/07 beschriebene Verfahren einer graphischen Triangulation auf einem Meßtisch anwandte. Hieraus jedoch ein bemerkenswertes, rund hundertjähriges Zurückbleiben hinter den mathematisch-technischen Errungenschaften abzuleiten, wäre völlig verfehlt, denn vor allem „Übersichtskarten größerer Gebiete ... waren stets Ergebnisse von Aufnahmeverfahren, die um viele Jahrzehnte hinter den jeweiligen methodischen Entwicklungen zurücklagen" (*Eduard Imhof*, Beiträge zur Geschichte der Kartographie, in: IJbK 4 [1964], S. 129-153, Zit.: S. 142; *Ivo Schneider*, Die mathematischen Praktiker im See-, Vermessungs- und Wehrwesen vom 15. bis zum 19. Jahrhundert, in: TG 37 [1970], S. 210-242; *ders.*, Maß und Messen bei den Praktikern der Mathematik vom 16. bis 19. Jahrhundert, in: Die historische Metrologie in den Wissenschaften, hg. v. *Harald Witthöft u.a.* (Sachüberlieferung und Geschichte. Siegener Abhandlungen zur Entwicklung der materiellen Kultur, Bd. 3), St. Katharinen 1986, S. 118-133; zur Karte des John Ogilby vgl. *Paul D. A. Harvey*, The History of Topographical Maps. Symbols, Pictures and Surveys, London 1980, S. 180-183 sowie *Ronald Vere Tooley*, Maps and Map-Makers, London [6]1978, S. 53; Ploennies' Zit.: Topographia ... [Anm. 103], Pag. 8, Z. 19 f).

229 Ploennies selbst erwähnt nur, daß er gelegentlich Meßräder und -ketten habe einsetzen müssen (Topographia ... [Anm. 103], Pag. 8, Z. 21 f); zu einzelnen Vermessungsinstrumenten vgl. darüber hinaus *Eberhard Knobloch*, Praktisches, in: Maß, Zahl und Gewicht (Anm. 130), S, 123-186, bes. S. 155 ff.

230 *Hans Blumenberg*, Der Prozeß der theoretischen Neugierde, Erw. u. überarb. Neuausg. v. „Legitimität der Neuzeit", 3. Teil, Frankfurt a.M. 1973, S. 184 ff. Von exemplarischer Bedeutung sind in diesem Zusammenhang die fürstlichen Raritätenkabinette bzw. Wunderkammern, die neben der kunstbezogenen vor allem auch die naturwissenschaftlich-technische und ethnographische Neugierde der Hofgesellschaften zu befriedigen hatten (Wunderkammer des Abendlandes. Museum und Sammlung im Spiegel der Zeit, hg. v. d. *Kunst- und Ausstellungshalle der Bundesrepublik Deutschland*, Bonn 1994; *Horst Bredekamp*, Antikensehnsucht und Maschinenglauben. Die Geschichte der Kunstkammer und die Zukunft der Kunstgeschichte, Berlin 1993).

231 Klueting betont dagegen die zeitliche Parallelität dieser Vorgänge (*Klueting*, Die Lehre von der Macht der Staaten [Anm. 180], S. 39).

aufkommenden neuen Wissenschaftsdisziplin „Statistik“ oder „Staatenkunde“ besser, d.h. in methodisch exakterer Weise erhoben worden waren und nun auch in besonders benutzerfreundlicher Form übermittelt wurden[232]. Die mathematisierte Geographie und die Vermessungstechnik versetzten den Betrachter der mit ihren Mitteln erstellten Karten in die Lage, die tatsächliche Gestalt und bestimmte charakteristische Merkmale eines großen Landes, wie Ploennies sich ausdrückte, gewissermaßen schon mit einem Blick zu erfassen und sich dann beim genaueren Hinsehen über spezifische Eigenschaften dieses Gebietes, über die Anzahl und Lage der Hammerwerke oder Papiermühlen beispielsweise, zu informieren. So „entzauberten“ diese „Künste“ auf ihre Weise die dem höfischen Leben entrückte Welt der vermeintlich unkultivierten, rohen und plumpen Sphäre der Natur[233], sie vervollständigten und systematisierten die bisherigen Kenntnisse vom geographischen Raum[234], Kenntnisse, die sich im Bezugsfeld des eigenen Territoriums bis dahin vor allem auf den Hof, die Residenzstadt, das Jagdschloß sowie die wichtigsten Städte und Fern(handels)straßen beschränkten, so daß das sogenannte Hinterland eigentlich nur wenigen so bekannt war, wie es die Karten des Erich Philipp Ploennies nun zeigten. - Die Angehörigen des Düsseldorfer Hofes orientierten sich eben auch in räumlicher Hinsicht an ihren Wertmaßstäben und Idealen von „Kultur“ und „Kultiviertheit“, d.h. an ihrer eigenen, relativ beengten Lebenswelt; und wenn ihre Blicke über diesen Horizont hinausgingen, dann schauten sie voller Neugierde und Bewunderung nach Versailles und Wien oder allenfalls noch voller Neid und Mißgunst nach Dresden, wo Kurfürst Friedrich August I., genannt August der Starke,

---

232 Vgl. hierzu bes. *Arno Seifert*, Staatenkunde. Eine neue Disziplin und ihr wissenschaftstheoretischer Ort, in: Statistik und Staatsbeschreibung (Anm. 179), S. 217-248; *August Meitzen*, Geschichte, Theorie und Technik der Statistik, Stuttgart ²1903.

233 Zur formelhaften Wendung von der „Entzauberung der Welt“ vgl. *Max Weber*, Wirtschaft und Gesellschaft. Grundriß der verstehenden Soziologie. Studienausgabe, hg. v. *Johannes Winckelmann*, Tübingen ⁵1972, passim „Rationalisierung“; zur Weltsicht der höfischen Gesellschaft vgl. *Straub* (Anm. 172), S. 202 f.

234 Abgesehen von den Karten, in denen handwerklich-gewerbliche Einrichtungen wie Hammerwerke gesondert ausgewiesen wurden, ging Ploennies im Rahmen der Landesbeschreibung systematisch-deduktiv vor, wobei er im einzelnen folgende Kriterien berücksichtigte: Auf die allgemeine Beschreibung des Landes, in der holzschnittartig verschiedene Charakteristika erwähnt wurden, folgte die Aufzählung der Ämter, Herrlichkeiten, Städte und Freiheiten (d.h. die Deskription der administrativen Binnenstruktur) und eine Kurzdarstellung ihres hierarchischen Aufbaus. Anschließend folgten die Beschreibungen der einzelnen Städte, dann die der Schlösser, der Klöster und schließlich die der Ämter; bei dieser Feinanalyse benutzte er das folgende Kriterien-Raster: historische Besonderheiten (in Schlagworten), Stadterhebung, Stellung in der hierarchischen Bedeutungsskala, Handel und Gewerbe, Art und Zustand der Befestigung, Bedeutung und Bezeichnung der durch das betreffende Gebiet fließenden Gewässer, Klöster, Kirchen, Konfessionen, Rückblick auf die Stadtgeschichte inkl. Verfassungs- und Wirtschaftsgeschichte, und ganz zum Schluß widmete er sich - wiederum demselben Beschreibungsraster folgend - den Stadtteilen und ihrem Charakter.

mit einer Prachtentfaltung sondergleichen das demonstrierte, was Johann Wilhelm wiederholt versagt geblieben war, nämlich die Standeserhöhung zum König[235].

Doch nicht nur die auf Naturerkenntnis hin ausgerichtete „geographische Neugierde“ konnte durch topographische Landesaufnahmen dieser Art befriedigt werden, sondern auch jene „statistische Neugierde“, die in amtlichem Auftrag auf die „Verzeichnung der Machtmittel des eigenen Herrschaftsbereichs angelegt“ war[236], auf eine Art „inventariis“, wie Ploennies selbst sagte[237], und die „neben dem Zweck der Erfassung und Festschreibung des Besitzstandes an Land und Leuten immer auch den seiner optimalen fiskalischen Nutzung“ verfolgte[238], wie das schon bei der ersten deutschen Verwaltungsstatistik, dem „Ökonomischen Staat“ des Landgrafen Wilhelm IV. von Hessen aus dem 16. Jahrhundert, der Fall gewesen war. Über die materielle Kräftekonstellation, die durch quantifizierende Informationen zu ermitteln war, sollte man auf die momentane Macht des Staates schließen können. Daß dabei die natürlichen und „künstlichen“ Ressourcen, die Bodenschätze, Wälder und Gewässer sowie die handwerklich-gewerblichen Potentiale entscheidende Voraussetzungen für die wirtschaftliche Macht und die militärische Stärke darstellten, lag auf der Hand und war seit einiger Zeit ein Allgemeinplatz merkantilistischer Theorie[239]; relativ neu war dagegen für deutsche Verhältnisse, daß man seit ca. 1660 in zunehmendem Maße Versuche unternahm, spezielle empirisch-deskriptive Methoden für die „Inventarisierung“ staatlicher Kräftehaushalte zu entwickeln[240]. Das war die Geburtsstunde der deutschen Statistik oder

---

235 *Braubach*, Johann Wilhelm (Anm. 162), S. 88 f; *Müller*, Kurfürst Johann Wilhelm (Anm. 173), S. 14.

236 Zur „statistischen Neugierde“ vgl. *Klueting*, Die Lehre von der Macht der Staaten (Anm. 180), S. 42.

237 *Ploennies*, Topographie ... (Anm. 103), Pag. 7 b, Z. 6.

238 *Kersten Krüger* (Hg.), Der Ökonomische Staat Landgraf Wilhelms IV., Bd. 3: Landbuch und Ämterbuch (Veröffentlichungen der Historischen Kommission für Hessen, Bd. 17), Marburg 1977, S. 18.

239 *Jochen Hoock*, Statistik und Politische Ökonomie. Zum Wandel der politischen und ökonomischen Wissensformen in Frankreich in der zweiten Hälfte des 17. Jahrhunderts, in: Statistik und Staatsbeschreibung (Anm. 179), S. 307-323; *Fritz Blaich*, Die Epoche des Merkantilismus, Wiesbaden 1973, S. 80. Von besonderer Bedeutung ist in diesem Zusammenhang die statistische Tätigkeit von Sébastien le Prestre de Vauban (1633-1707), den Ploennies verehrte (vgl. UA Gießen, Phil. K. 9: Ploennies' Einladungsschreiben zur Teilnahme an seiner Antrittsvorlesung, Anh., Dok. 1); zu Vauban vgl. bes. die vorzügliche Untersuchung von *Arthur Kühn*, Vauban und die französische Raumordnung im 17. Jahrhundert, in: Raumordnung in Renaissance und Merkantilismus (Historische Raumordnung, Bd. 4), Hannover 1963, S. 31-48.

240 *Jutta Brückner*, Staatswissenschaften, Kameralismus und Naturrecht. Ein Beitrag zur Geschichte der Politischen Wissenschaft im Deutschland des späten 17. und frühen 18. Jahrhunderts (Münchener Studien zur Politik, Bd. 27), München 1977, S. 33-42; *Hans Maier*, Die ältere deutsche Staats- und Verwaltungslehre (Polizeiwissenschaft), München [2]1980, S. 20; *Arno Seifert*, Conring und die Begründung der Staatenkunde, in: Hermann Conring (1606-1681). Leben und Werk, hg. v. *Michael Stolleis* (Historische Studien, Bd. 23), Berlin 1983, S. 201-214.

Staatenkunde[241], doch das war auch die Stunde, in der beispielsweise die Spezielle Geographie, die sich im Gegensatz zur Allgemeinen Geographie bzw. Kosmographie kleinen geographischen Einheiten zugewandt hatte[242], mit den Mitteln der Mathematik und der Vermessungstechnik Stoffe und Anwendungsgebiete zu behaupten suchte, die bisher „legitime Schätze der Geographie" gewesen waren, die ihr aber nun von der Statistik oder Staatenkunde weggenommen zu werden drohten[243]. Mit inhaltlichen Vorstößen in Richtung Verwaltung, Verfassung, Geschichte, Handel, Handwerk, Gewerbe, Landwirtschaft, Geologie und „Staatsmerkwürdigkeiten" jeglicher Art verbesserten mathematisch versierte Geographen wie Erich Philipp Ploennies nach 1700 das landeskundliche Profil der Topographien derart, daß sie als eigenständige Alternativen den Vergleich mit staatenkundlichen Arbeiten bald schon nicht mehr zu scheuen brauchten[244]. In geographischer Weise bemühten auch sie sich nun darum, quantifizierende Aussagen über die Kräfte eines Staates zu liefern, galt es doch der weitverbreiteten theoretischen Vorstellung von der absolutistischen Staatsmaschine entgegenzukommen, wonach dieser Apparat mit empirischen Elementen zu füllen sei, damit der lenkende Fürst und seine Beamten ermitteln könnten, wie die Räder der Staatsmaschine zu dimensionieren und in Gang zu setzen seien[245]. Freilich hielten der Fürst und die Ver-

---

241 Vgl. Anm. 232 sowie *Victor John*, Geschichte der Statistik (Anm. 179) S. 52-98; *Adolph Wagner*, Art. „Statistik", in: Deutsches Staats-Wörterbuch, hg. v. *J. C. Bluntschli* u. *K. Brater*, Bd. 10, Leipzig 1867, S. 400-481, bes. S. 403-428, wo auch die geographischen Elemente der alten Statistik besonders herausgearbeitet werden.

242 *Schmithüsen*, Geschichte der geographischen Wissenschaft (Anm. 177), S. 122. Die „Geographia Specialis", eine schon im frühen 17. Jahrhundert aufgetretene Klassifizierung, galt pauschal als „historischer" als ihr Gegenstück und Überbau, die „Geographia Generalis" (Johann Heinrich Alsted, 1630). Seit Bernhard Varenius (1650) war dann zwar ihr mathematischer Charakter in Chorographie und Topographie festgeschrieben, die „descripio politica singularum regionum" wurde jedoch nur erlaubt, um den „trockenen Stoff" der geographischen Beschreibung „für den Leser unterhaltsamer zu machen" (*Seifert*, Staatenkunde [Anm. 232], S. 232; als zeitgenössische Einführung in die Geographie vgl. hierzu bes. *Eberhard David Hauber*, Nützlicher Discours von dem gegenwärtigen Zustand der Geographie, besonders in Teutschland ..., Ulm 1727, bes. S. 22 f, 59-63, 115-118, 130-148; s. ferner: *Gottfried Lange*, Varenius über die Grundfragen der Geographie. Ein Beitrag zur Problemgeschichte der geographischen Wissenschaft, in: Petermanns geographische Mitteilungen 105 [1961], S. 274-283; *Rainer Kastrop*, Die Bedeutung des Varenius innerhalb der Entwicklung des geographischen Denkens in Deutschland, in: Zur Entwicklung der Geographie [Anm. 182], S. 79-95; *Arthur Kühn*, Die Neugestaltung der deutschen Geographie im 18. Jahrhundert. Ein Beitrag zur Geschichte der Geographie an der Georgia Augusta zu Göttingen, Leipzig 1939; S. 113 f, 121-124, 134 f).

243 *Konrad Mannert*, Statistik der Europäischen Staaten, Bamberg/Würzburg 1805, S. 5; *Seifert*, Staatenkunde (Anm. 232), S. 233; *ders.*, Conring (Anm. 240), S. 213 f.

244 *Kühn*, Neugestaltung (Anm. 242), S. 5-8; *Beck*, Geographie (Anm. 177), S. 128-136; *ders.*, Geographie und Statistik (Anm. 172), S. 272; *Meyer*, Schriftgattung der Topographien (Anm. 177), S. 95 ff.

245 *Faber*, Zum Verhältnis von Absolutismus und Wissenschaft (Anm. 62), S. 8 f; vgl. auch *Wolfhard Weber*, Technik zwischen Wissenschaft und Handwerk. Die Technologie des 18. Jahrhunderts als Lenkungswissenschaft des spätabsolutistischen Staates, in: Wirt-

waltung solches Herrschaftswissen nach Möglichkeit geheim, „denn die ‚Staatskräfte' einem konkurrierenden anderen Staat offenzulegen, wurde als Nachteil, ja als Gefahr angesehen"[246]; das war ein entscheidender Grund dafür, die „Topographia Ducatus Montani" nicht drucken zu lassen.

Vor allem aber verfeinerten die Vertreter der Speziellen Geographie ihre Vermessungsmethoden, so daß sich ihre Karten schließlich für ein besonders wichtiges Teilgebiet der Staatskunst und Staatsklugheit als unentbehrliches Hilfsmittel erwiesen: für das Militärwesen, insbesondere für militärische Planspiele, die sich - wie etwa auch Spiele mit Elementen des Festungsbaus bei Fürsten und Fürstensöhnen größter Beliebtheit erfreuten[247]. Für Kurfürst Johann Wilhelm, der sich mit seinen relativ exponiert gelegenen Territorien am Niederrhein und in der Pfalz seit Jahrzehnten den militärischen Aggressionen Ludwigs XIV. ausgesetzt sah[248], hatten solche Aspekte jedoch einen durchaus ernstzunehmenden Hintergrund: Im Rahmen der Reichspolitik war der Pfälzer zwischen 1694 und 1711 einer der entschiedensten Befürworter einer Barriere gegen Frankreich, die seiner Auffassung nach nicht nur am Oberrhein, sondern auch und gerade in den südlichen Niederlanden zum besseren Schutz von Jülich und Berg errichtet werden sollte[249]. Auch wenn sich dieses Vorhaben aus politischen Gründen letztendlich nicht verwirklichen ließ, so offenbart Johann Wilhelms Haltung doch immerhin ein geschärftes Bewußtsein für Probleme der äußeren Sicherheit am Niederrhein, für deren weitere Beurteilung präzis erstellte Karten wie die der Ploenniesschen Landesaufnahme von besonderer Bedeutung sein konnten, denn mit ihrer Hilfe war eine genaue Verortung von strategisch wichtigen Anhöhen, Furten, Deckungen und eventuell von Aufmarschrouten etc. sehr gut möglich. Freilich war dies zugleich ein Grund mehr, das Werk - entgegen der Hoffnung seines Verfassers, es „zum truck" zu befördern - bis auf weiteres geheimzuhalten.

---

schaft, Technik und Geschichte. Festschrift f. Albrecht Timm zum 65. Geb., hg. v. *Volker Schmidtchen* u. *Eckhard Jäger*, Berlin 1980, S. 137-154, bes. S. 140.

246 *Kaufhold/Sachse*, Die Göttinger „Universitätstatistik" (Anm. 179), S. 76.

247 *Henning Eichberg*, Die Rationalität der Technik ist veränderbar. Festungsbau im Barock, in: Technik-Geschichte. Historische Beiträge und neuere Ansätze, hg. v. *Ulrich Troitzsch* u. *Gabriele Wohlauf*, Frankfurt a.M. 1980, S. 212-240, bes. S. 223.

248 *Max Braubach*, Vom Westfälischen Frieden bis zum Wiener Kongreß (1648-1815), in: Rheinische Geschichte, hg. v. *Franz Petri* u. *Georg Droege*, Bd. 2: Neuzeit, Düsseldorf 1976, S. 219-365, hier S. 246.

249 *Müller*, Kurfürst Johann Wilhelm (Anm. 173), S. 17; *Max Braubach*, Holland und die geistlichen Staaten im Nordwesten des Reiches während des Spanischen Erbfolgekrieges, in: *ders.*, Diplomatie und geistiges Leben im 17. und 18. Jahrhundert (Bonner Historische Forschungen, Bd. 33), Bonn 1969, S. 185-196, bes. S. 190 f; *Werner Hahlweg*, Barriere - Gleichgewicht - Sicherheit. Eine Studie über die Gleichgewichtspolitik und die Strukturwandlung des Staatensystems in Europa 1646-1715, in: HZ 187 (1959), S. 54-89.

3.4 Exkurs: Der wirtschaftliche Zustand des Herzogtums Berg um 1715

In der Tat hatte Erich Philipp Ploennies mit seiner „Topographia Ducatus Montani“ erstmals ein Inventar der gesamten wirtschaftlichen und materiellen „Kräfte“ des Herzogtums Berg angelegt und vor den Augen des Kurfürsten ein wahrhaft großartiges Panorama ausgebreitet: Zehntausende von einzelnen Höfen waren zum ersten Mal namentlich erfaßt worden, Hunderte von Städten, Dörfern und Siedlungen waren in ihren realen Größen- und Lageverhältnissen sowie in ihren Beziehungen zueinander verzeichnet worden, denn Ploennies hatte besonderen Wert darauf gelegt, das äußerst feinmaschige und vielgliederige System der überörtlichen Wege und Straßen in seinen Grundzügen zu berücksichtigen. Außerdem waren kartographisch nahezu alle Brücken, Wälder, Klöster, Freiheiten, adeligen Häuser und auch die wichtigsten Grenzen dargestellt worden; doch was das Ploenniessche Werk vor allen früheren und auch vor den meisten später angefertigten Karten des Herzogtums Berg bzw. seiner Ämter auszeichnet, ist die umfassende Darstellung des ökonomischen Entwicklungszustandes: Vor den Augen des Zeitgenossen breitete sich hier eine Gewerbelandschaft aus, deren Verdichtungsgrad und Vielfältigkeit nach den Maßstäben des frühen 18. Jahrhunderts mit Sicherheit Staunen und Faszination aufkommen ließ, denn Hunderte von wassergetriebenen Schleifkotten, von - allerdings nur von einer bestimmten Größenordnung an näher bezeichneten - Hämmern und Mühlen, von Windmühlen im Tal des Rheins und im flachen Niederrheingebiet[250], von metallverarbeitenden Hammerwerken und „Slipkotten“ im Raum Solingen-Remscheid[251], von Papiermühlen im Tal der Strunde und

250 *Ploennies*, Topographia ..., Bd. 2 (Anm. 103), Karten: 2 (eine östlich von Rheindorf), 3 (zwei, u.z. eine nördlich, die andere südlich von Lülsdorf am Rhein), 5 (eine nördlich von Monheim am Rhein), 6 (zwei südlich von Düsseldorf am Rhein), 7 und 18 (eine südlich von Velbert), 11 (eine bei Lennep) sowie im Herzogtum Jülich: Karten 21 u. 22 (eine bei Altenhoven und eine nordöstlich von Jülich); in Ermangelung einer aktuelleren Darstellung der frühneuzeitlichen Wirtschaftsgeschichte des Herzogtums Berg vgl. hierzu und zum folgenden noch immer *Edmund Strutz*, Bergische Wirtschaftsgeschichte, in: *Justus Hashagen/Karl J. Narr/Wilhelm Rees/Edmund Strutz*, Bergische Geschichte, Remscheid-Lennep 1958, S. 297-446; sowie zum Linksrheinischen die vorbildliche Studie von *Susanne Sommer,* Mühlen am Niederrhein. Die Wind- und Wassermühlen des linken Niederrheins im Zeitalter der Industrialisierung (1814-1914), Köln 1991.

251 Ebd., Karten: 8 (vgl. dort den Raum zwischen Hilden, Haan und Solingen-Wald), 9 (in der Ämterkarte Solingen findet sich eine sehr eindrucksvolle Ansammlung von verzeichneten Hammerwerken und Mühlen), 10 (im südwestlichen Bereich des Amtes Elberfeld-Barmen), 11 (vgl. hier den Raum um Remscheid bis zum östlichen Wupperbogen); vgl. hierzu bes. *Ludwig Lunkenheimer*, Schleifkotten, Mühlen und Hämmer an den Solinger Bächen (Landeskonservator Rheinland, Arbeitsh. 33), Köln 1990 (hier sind viele der von Ploennies schon um 1715 verzeichneten wassergetriebenen Produktionsstätten identifiziert); *E. Erwin Stursberg*, Geschichte des Hütten- und Hammerwesens im ehemaligen Herzogtum Berg, Remscheid 1964; *ders.*, Remscheid und seine Gemeinden. Geschichte,

bei Düren[252], von Pulvermühlen im Oberbergischen[253], von Kupferhütten bei Langenberg und Kupfergruben bei Wipperfürth[254], von Kohlengruben in der Herrschaft Broich bei Mülheim an der Ruhr[255] sowie von Öl- und Getreidemühlen im Einzugsbereich der Dörfer und Städte konnten auf den Karten identifiziert werden. Dem zeitgenössischen Betrachter vermittelten sie - wie wir heute wissen durchaus zu Recht - den Eindruck von einer Region, in der sich ein ausgesprochen reges wirtschaftliches Leben entfaltet hatte[256], eine handwerklich-gewerbliche Rührigkeit, die seinerzeit überaus „merkwürdig" und „künstlich" erschien und aufgrund der „Kunstfertigkeit" der vielen „mechanischen Künstler" und selbstverständlich auch aufgrund der geographischen Ballung mancherlei Merkmale von bemerkenswerten ökonomischen Entwicklungsmöglichkeiten in sich barg.

Interessanterweise konzentrierte sich Erich Philipp Ploennies bei der kartographischen Erfassung von herstellenden bzw. weiterverarbeitenden Betrieben (bei völliger Vernachlässigung etwa der zahlreichen Plätze zum Bleichen von Garnen an der Wupper) ausschließlich auf die Verzeichnung von traditionellen Mahl- und Walkmühlen, von Erz- und Kohlegruben sowie von Produktionsstätten des Metall-, Papier- und Pulvergewerbes. Dafür gab es freilich verschiedene Ursachen, die jedoch nur aus der Perspektive des Zeitgenossen zu erklären sind: Zum einen waren diese Gewerbezweige für

---

Wirtschaft, Kultur, Remscheid 1969; *Franz Hendrichs*, Die Schleifkotten an der Wupper, Solingen 1922; *ders.*, Solingen und seine Industrie, Darmstadt [2]1968.

252 Ebd., Karten: 3 (Strunde) auch 4 (zwei nördlich von Burscheid), 9 und 10 (eine östlich von Solingen, in Tal der Wupper), 14 (eine bei Kürten) 18 (eine bei Langenberg), 23 (zwei südlich von Düren); zur Entwicklung des Papiergewerbes im Herzogtum Berg vgl. *Burkhard Dietz*, Vom spätmittelalterlichen Handwerk zur industriellen Produktionsweise: der Aufstieg des bergischen Papiergewerbes (16. bis 19. Jahrhundert), in: ZBGV 93 (1987/88), S. 81-132. Eine quellenkritische Analyse der Ploenniesschen Karte des hier relevanten Amtes Porz ergab, daß zwar nicht alle Mühlen des Verwaltungsbezirks verzeichnet wurden, daß Ploennies aber diejenigen am „Strunderbach und Scheuerbach" erfaßte, die „wirtschaftlich bedeutsam waren" (*Heribert Becker*, Erich Philipp Ploennies: Topographia Ducatus Mantani/Montium. Das rechtsrheinische Köln zu Beginn des 18. Jahrhunderts, in: Rechtsrheinisches Köln 5 [1979], S. 43-78, hier S. 69)

253 Ebd., Karten 4 (östlich von Burscheid), 9 (südlich von Solingen), 13 (bei Dabringhausen).

254 Ebd., Karte 14.

255 Ebd., Karten 17 u. 18.

256 Vgl. hierzu *Rainer Walz*, Wirtschaft und Verkehr, in: Land im Mittelpunkt der Mächte. Die Herzogtümer Jülich, Kleve, Berg (Ausstellungskatalog), Kleve [3]1985, S. 109-118; *Herbert Kisch*, Die hausindustriellen Textilgewerbe am Niederrhein vor der industriellen Revolution (Veröffentlichungen des Max-Planck-Instituts für Geschichte, Bd. 65), Göttingen 1981; *Alphons Thun*, Die Industrie am Niederrhein und ihre Arbeiter, Bd. 2: Die Industrie des Bergischen Landes (Solingen, Remscheid und Elberfeld-Barmen), Leipzig 1879; *Bruno Kuske*, Die Grundzüge der Wirtschaftsentwicklung am Niederrhein vom Mittelalter bis zur Gegenwart, in: AHVN 115 (1929), S. 38-60 und *ders.*, Die Volkswirtschaft des Rheinlandes in ihrer Eigenart und Bedeutung, Essen 1925; *ders.*, Das Bergische Land als Wirtschaftsraum, in: Das Bergische Land, hg. v. *Kurt Hackenberg*, Wuppertal [2]1953, S. 46-76; *Clemens Bremer*, Kölns rechtsrheinische Großindustrie von ihren Anfängen bis zur Gegenwart, Würzburg 1934, bes. S. 12-23.

den Menschen des frühen 18. Jahrhunderts schon aufgrund der technischen Produktionsverfahren, d.h. wegen der „mechanischen Künste“ und der hier fast durchweg wassergetriebenen Mühlentechnik, geradezu Inbegriffe eines wie auch immer gearteten technisch-ökonomischen Fortschritts - und das, obwohl sich die Grundelemente der Mühlentechnik bereits seit Jahrhunderten kaum verändert hatten[257]. Zum zweiten verband sich mit ihnen aus der Sicht eines souveränen Herrschers oder seiner Beamten noch am ehesten der Begriff der „Manufaktur“, d.h. der Begriff einer größeren Werkstatt, in der mit Hilfe von einfachen Werkzeugen und mechanisch angetriebenen Maschinen arbeitsteilig produziert wurde[258]; neben diesem etwas vordergründigen, sehr realen und gegenständlichen Bedeutungsinhalt von „Manufaktur“, den man im Zeitalter des Absolutismus besonders gern auf die merkantilen Luxusgewerbe der Seiden-, Teppich-, Glas- und Porzellanherstellung anwandte[259], klangen in diesem Begriff aber auch die programmatischen Töne der immer populärer werdenden kameralistischen Staatslehren an, die u.a. die Errichtung und den Schutz von Manufakturen als eines der wichtigsten Ziele der allmählich einsetzenden staatlichen Wirtschaftsförderung propagierten[260]. Darüber hinaus waren gerade die metallproduzierenden und metallverarbeitenden Gewerbe wie auch die Pulverherstellung aus der Sicht eines fürstlichen Beobachters des frühen 18. Jahrhunderts natürlich insofern besonders beachtenswerte Wirtschaftszweige, weil sie einen direkten Bezug zum Militärwesen, zum Problem der Versorgung des landeseigenen stehenden Heeres mit Waffen und anderen Ausrüstungsgegenständen hatten[261]. Von daher ist es nicht weiter verwunderlich, daß viele Zeitgenossen von Erich Philipp Ploennies „das Eisen gern als nützlichstes Metall“ priesen[262] und gerade der Herzog von Jülich-Berg über den Entwicklungszustand der Eisengewerbe im Bergischen Land, „in welchen die Waaren durch Hülfe des Feuers und Hammers hervorgebracht wurden“[263] und deren vorzüglicher Ruf seit dem

257 *Marc Bloch*, Antritt und Siegeszug der Wassermühle, in: *ders. u.a.*, Schrift und Materie der Geschichte. Vorschläge zur systematischen Aneignung historischer Prozesse, hg. v. *Claudia Honegger*, Frankfurt a.M. 1977, S. 171-197.

258 *Rudolf Forberger*, Zu den Begriffen „Manufaktur“ und „Fabrik“ in technischer und technologischer Sicht, in: Technologischer Wandel im 18. Jahrhundert, hg. v. *Ulrich Troitzsch* (Wolfenbütteler Forschungen, Bd. 14), Wolfenbüttel 1981, S. 175-187.

259 *Fritz Wagner*, Europa im Zeitalter des Absolutismus und der Aufklärung. Die Einheit der Epoche, in: Europa im Zeitalter des Absolutismus und der Aufklärung, hg. v. *Fritz Wagner* (Handbuch der Europäischen Geschichte, Bd. 4), Stuttgart 1968, S. 102-112; *Hugo Rachel*, Der Merkantilismus in Brandenburg-Preußen, in: Moderne Preußische Geschichte 1648-1947. Eine Anthologie, hg. v. *Otto Büsch* u. *Wolfgang Neugebauer*, Bd. 2, Berlin 1981, S. 951-993, bes. S. 962 ff (gekürzter Auszug aus einem Originalbeitrag von 1927).

260 Vgl. *Fritz Blaich*, Die Epoche des Merkantilismus, Wiesbaden 1973, S. 60-76.

261 *Friedrich Lütge*, Deutsche Sozial- und Wirtschaftsgeschichte. Ein Überblick, Berlin ^{3}1966, S. 356 ff.

262 *Fernand Braudel*, Sozialgeschichte des 15.-18. Jahrhunderts, Bd. 1: Der Alltag, München 1985, S. 404.

263 *Rolf Engelsing*, Sozial- und Wirtschaftsgeschichte Deutschlands, Göttingen ^{2}1976, S. 88.

Mittelalter ungebrochen war[264], durch die Landesaufnahme einmal genauer unterrichtet werden wollte.

Die mitunter etwas einseitigen kartographischen Erfassungskriterien, die Konzentration auf mechanische Werkstätten und Metallgewerbe, versuchte Ploennies allerdings im anderen Teil seiner Landesaufnahme, in der rein literarischen Beschreibung des Herzogtums Berg, auszugleichen, indem er qualitative Aussagen über die Geschichte und den Entwicklungszustand auch der übrigen Gewerbezweige machte. Zuvor charakterisierte er jedoch die Einwohner des Territoriums als „mehrentheils fleißige leüte", von denen „gar Viel ... zur handlung geneigt" seien und bei denen man deutlich das Bedürfnis wahrnehmen könne, „auswertig Vielfaltig mit frembden landen zu Correspondiren, umb, wann sich eine gelegenheit zeigen mögte, etwas zu gewinnen"; deshalb legten sie auch besonderen Wert darauf, „fleißig die zeitungen zu lesen ... und neües zu hören", wodurch sie wiederum „öffters dinge" erfahren würden, „die sie [zwar] nicht gelernet" hätten, die sie nun aber mit Hilfe der Lektüre „andern nachmachen" könnten[265].

Im Anschluß an diese Skizze der bergischen Wirtschaftsmentalität wandte er sich der Kurzdarstellung der natürlichen Ressourcen und Energiequellen zu, d.h. er erläuterte das weitverzweigte System der meist kleineren Flüsse und Bäche, die die energiemäßigen Grundlagen der vor- und protoindustriellen Wirtschaft darstellten, und beschrieb die gegenwärtige Lage der Agrarwirtschaft. Sie sei grundsätzlich - und damit spielte er gewiß auf die Autarkie- und Exportvorstellungen so mancher kameralistischen Staatslehre an[266] - in einer zufriedenstellenden Situation, weil „das landt mit allem was zu des menschen notthurfft oder subsistenz nöthig, Versehen, und obgleich kein solcher überfluß Vorhanden, daß sie damit andere länder Völlig Versorgen können, so mögen sie doch etwas daVon denen auser lands wohnenden lassen zukommen"[267]. Und wie beiläufig fügte er mit Blick auf die von den Physiokraten übernommenen idealtypischen Ordnungskonzeptionen der territorialen Wirtschaft hinzu, daß die Agrarwirtschaft ähnlich wie das Metallgewerbe in bestimmten, von der Natur eigens dafür reservierten Gebieten ansässig sei[268], und daß sie im Notfall auch die agrarisch weniger begünstigten Zonen durch eine Umlenkung ihrer Überschüsse mitversorgen könnte, „dann die am Rhein liegende Ämbter sind mit korn und andern früchten genug gesegnet, und die andern haben soViel als sie ins hauß jährlich bedürfe[n]"[269]. Hier, in der fruchtbaren Landschaft des Niederrheins, floriere darüber hinaus die Obstwirt-

264 *Heinz Rosenthal*, Solingen. Geschichte einer Stadt, Bd. 1: Von den Anfängen bis zum Ausgang des 17. Jahrhunderts, Duisburg 1969, S. 273 ff.

265 *Ploennies*, Topographia ..., Bd. 1 (Anm. 103), Pag. 11 b, Z. 7-14.

266 Vgl. *Blaich* (Anm. 260), S. 60 ff.

267 *Ploennies*, Topographia ..., Bd. 1 (Anm. 103), Pag. 11 b, Z. 14-17; vgl. hierzu auch *Volker Henn*, Zur Lage der rheinischen Landwirtschaft im 16. bis 18. Jahrhundert, in: ZAA 21 (1973), S. 173-188.

268 Vgl. dazu auch *Walz* (Anm. 256), S. 112 ff.

269 *Ploennies*, Topographia ..., Bd. 1 (Anm. 103), Pag. 11 b, Z. 17-19.

schaft, Viehzucht und auch das Fischereiwesen[270]. Abgesehen vom Bedarf an Bau- und Brennholz - der offenbar schon um 1715 nicht mehr überall im Herzogtum Berg in hinreichendem Maße aus den Ressourcen der angeblich noch „Vielen büsche ... und waldungen, die in dem landte sindt", zu decken war[271] - sei „also fast nichts zu nennen, was dem landte fehlen mögte, dann was dem einen Ambt abgehet, hat doch das andere"[272]. Trotzdem seien aber aus der Masse der Ämter drei aufgrund besonderer wirtschaftlichen Merkmale hervorzuheben, und zwar zunächst das Amt Elberfeld, in dem „mann Vor einigen jahren ... angefangen steinkohlen zu suchen", ferner das Amt Steinbach, wo man „Eysenhütten, eisen Gruben ... [und] Kupfergruben" finden könne und schließlich das Amt Windeck, wo „mann Eisenberg, Kupferberg und Silberberg" ausbeute[273].

Damit wandte sich Ploennies den wichtigsten lokalen Einheiten des Herzogtums, d.h. den landtagsfähigen Hauptstädten und den mit einfachen Stadtrechten versehenen sogenannten „Unterstädten", sowie den regionalen Teilgebieten, den Ämtern, Freiheiten und Herrlichkeiten, zu. Bei ihrer kartographischen Erfassung habe er zwar „denen hütten, hämmern ... und allen werkstädten" immer die gewünschte Aufmerksamkeit zukommen lassen und sie „deütlich in jedem" dafür vorgesehenen Kartenblatt „angezeigt", lediglich die soeben genannten Produktions- und Schürfstätten verdienten eine besondere Beachtung[274]. Im Hinblick auf die wirtschaftliche Potenz der bergischen Haupt- und Residenzstadt Düsseldorf war dies offenbar weniger der Fall, denn hier notierte Ploennies nur lapidar, „ihre nahrung" bestehe „meistens im handel", ansonsten trage aber vor allem die landesherrliche Hofhaltung mit ihren rund 370 Bediensteten und die immer zahlreicher werdende Beamtenschaft, die - wie wir aus anderen Quellen wissen - um 1710 etwa 100 bis 120 fest Angestellte zählte[275], zur Belebung des lokalen Umsatzes bei, denn „die jezige hofstadt", so berichtete Ploennies, lasse mit ihrer finanziellen Kapazität „denen bürgern keinen geringen beytrag" zukommen[276]. Das beste Beispiel dafür sei die Situation der Bauwirtschaft, schließlich sei die Stadt „Von der zeit an, daß die hofstadt da gewesen, mit schönen ansehnlichen haüsern gezieret und Vermehret [worden], da zuVor nur solche Vorhanden, welche denen bürgern zwar genugsam, aber die bediente, zumahl die hohe, zu logieren, allzu schlecht waren"[277]. Darüber hinaus sei Düsseldorf insbesondere deshalb eine attraktive Residenz, „weilen jezige hohe Obrigkeit Von einem solchen hohen erleüchten Verstandt, daß fast keine

270 Ebd., Z. 20-23.

271 Ebd., Pag. 12, Z. 24 bis 12 b, Z. 1 und Z. 5 f.; vgl. hierzu auch *Burkhard Dietz*, An den Grenzen des Wachstums. „Hölzernes Zeitalter" und Holzmangel um 1800, in: Hölzerne Zeiten. Die unendliche Karriere eines Naturstoffes, hg. v. Uwe Beckmann (Forschungsbeiträge zu Handwerk und Technik, Bd. 6), Hagen 1994, S. 57-72.

272 *Ploennies*, Topographia ..., Bd. 1 (Anm. 103), Pag. 12 b, Z. 2 f.

273 Ebd., Z. 9-12.

274 Ebd., Z. 12-14, 15 ff.

275 Alle Daten nach *Klaus Müller*, Unter pfalz-neuburgischer ... Herrschaft (Anm. 163), S. 24 f.

276 *Ploennies*, Topographia ..., Bd. 1 (Anm. 103), Pag. 14, Z. 7-9.

277 Ebd., Z. 14-17.

Abb. 34, 35: Das alte Schloß Benrath mit seinem Spiegelweiher in zwei sehr ähnlichen Darstellungen aus dem Jahre 1714/15 - oben die Ansicht von Erich Philipp Ploennies, unten ein Gemälde von Jan van Nikkelen.

Kunst und wissenschafft zu nennen, deren Sie nicht eine genugsame erkandtnuß und wissen ... hätte, so ist diese stadt mit allerhandt Künstlern, so immer zu erdencken, angefüllt, welches dann nicht nur die stadt Volckreich machet, sondern auch“ einiges dazu beitrage, „daß solche Von den frembden mehr besucht wird“[278].

Hinsichtlich ihrer wirtschaftlichen Lage und ihrer Repräsentativität standen nicht nur die übrigen drei bergischen „Hauptstädte“ Lennep, Wipperfürth und Ratingen, sondern auch alle anderen einfachen Städte zu ihrer Residenz in einem geradezu eklatanten Gegensatz: In allen diesen Städten wurde das Gemeinwesen und die Existenz der Bürger von bestimmten, auf den lokalen, regionalen und sogar internationalen Märkten bewährten Gewerben und vom Handel mit den vor Ort erstellten bzw. weiterverarbeiteten Produkten gesichert. Über Lennep wußte Ploennies beispielsweise zu berichten, daß die dortigen „einwohner ... nebst dem ackerbau den tuchhandel“ betrieben, denn in der Stadt wohnten „Viele tuchmacher, welche sommerszeit wenig zuhauß, sondern meistens außerhalb landes, und suchen ihre nahrung durch handel und wandel auf den herumliegenden jahrmärckten, etliche Verkaufen das lacken mit der Elle auf gedachten märckten, etliche führen einen Karn lacken auf einen stapelort, und Versenden solches Von dar stückweiß auf das landt“[279]. Mit diesen Worten nahm Ploennies Bezug auf das im frühen 18. Jahrhundert auf Veränderungen der Marktlage außerordentlich flexibel reagierende Lenneper Tuchgewerbe. Dessen traditionsreiche Wollweberzunft, die sich auf die Produktion von groben und mittleren Tuchen spezialisiert hatte, war bereits in den 1690er Jahren durch den sogenannten „neuen Handel“ mit feinen Tuchen aus spanischer Merinowolle, der zuerst - wie auch Ploennies berichtet - von „freien“ Lenneper Gewerbetreibenden und auswärtigen Kaufleuten getragen wurde, unter Druck geraten war. Mit recht massiver Unterstützung der landesherrlichen Regierung, die den innovativen „Lenneper Tuchhändlern und -fabrikanten auf den Märkten“ Jülich-Bergs seit 1705 wiederholt per Erlaß „die besten Plätze“ einräumen ließ, setzten sich die „freien“ Tuchmacher innerhalb kürzester Zeit gegenüber der zuvor dominanten Zunftorganisation durch. Dieser dynamische Erneuerungsprozeß der Lenneper Wirtschaft, der übrigens zahlreichen Tuchmachern nicht nur zu einem guten Auskommen verhalf, sondern ihnen auch die Chance bot, ihr einmal erwirtschaftetes Kapital als Verleger-Kaufleute produktiv anzulegen, war um 1715 in vollem Gange. Angesichts der Tatsache, daß die Alleinherrschaft der überkommenen Wollweberzunft bereits gebrochen war, waren auch die endgültige Durchsetzung liberaler Wirtschaftsformen und die flächendeckende Etablierung der verlagsmäßig organisierten Hausindustrie jetzt de facto nur noch eine Frage der Zeit, schließlich war das Lenneper Tuchgewerbe beim Absatz der feinen Laken inzwischen doch so erfolgreich geworden, daß es schon um 1725 „alle anderen“ bergischen Wollprodukte überflügelt hatte und „die Weber von Wipperfürth, Hückeswagen, Radevormwald und Neviges ... fast ausschließlich für ... Lennep“

278 Ebd., Z. 18-24.

279 Ebd., Pag. 14 b, Z. 21 bis Pag. 15, Z. 4.

arbeiteten, „deren Kaufleute fast alle zu Verlegern geworden waren. Und alle verfertigten nur feine wollene Laken und gute Tücher“[280].

Ganz anders sah es dagegen zur selben Zeit in dem anderen Zentrum des bergischen Wollgewerbes, in Wipperfürth, aus. Als Erich Philipp Ploennies die älteste Stadt des Bergischen Landes um 1715 besuchte, konzedierte er ihr zwar „kein der schlechtesten örter einer“ zu sein, doch im gleichen Atemzug mußte er feststellen: „der handel so daselbst Von den einwohnern geschiehet, ist gering, sie nehren sich aber meistens Von feldtfrüchten, sintemahl die länderey, so zur bürgerschafft gehöret, weitlaüfig und nicht wenig, sonsten könnte auch die stadt, weilen sie keine andere nahrung hat, schwerlich bestehen“[281]. Wie aus einschlägigen neueren Untersuchungen hervorgeht, hatte er damit völlig exakt den wirtschaftlichen Zustand der einst blühenden Wollweberstadt am Oberlauf der Wupper gekennzeichnet. Denn hier hatte - ganz im Gegensatz zur fortschrittsorientierten Entwicklung in Lennep - die Zunft der Wollweber, die seit 1462 die Geschicke der städtischen Textilwirtschaft lenkte, ihre Dominanz wahren und alle Ansätze zur Veränderung der überkommenen Produktpalette und auch der traditionellen Produktionsformen verhindern können. Nicht zuletzt aufgrund der Lenneper Konkurrenz und der magnetischen Anziehungskraft, die von den lebhaft expandierenden Textilgewerben des Wuppertals ausging, hatte daher um 1685 ein rapide voranschreitender Niedergang des zünftischen Wipperfürther Tuchgewerbes eingesetzt, der über verschiedene Stadien der Verarmung und Verschuldung ihrer Mitglieder schließlich bis zum Ende der 1720er Jahre dazu führte, daß sich die meisten ortsansässigen Tuchmacher bei Lenneper Verleger-Kaufleuten als Lohnarbeiter verdingen mußten[282]. Erich Philipp Ploennies war also auch in diesem Fall Augenzeuge eines für die wirtschaftlichen Verhältnisse einer Stadt dramatischen Strukturwandels geworden, nur war es diesmal - anders als bei Lennep - nicht die flexible Überformung, sondern der gewerbliche Verfall einer zünftischen Wirtschaftsordnung, den er in seinen Ergebnissen zu dokumentieren hatte.

Kaum günstiger als in Wipperfürth sah es um 1715 offenbar auch in Ratingen, der vierten und letzten „Hauptstadt“ des Herzogtums Berg, sowie in den einfachen Städten Radevormwald, Gerresheim, Blankenberg und Siegburg aus, die Ploennies durchweg als Ortschaften mit sehr geringen wirtschaftlichen Potentialen kennzeichnete: Die Einwohner von Ratingen, so notierte er in seiner Landesbeschreibung, fänden ihre „nahrung ... meistens ... im feldtbau, dieweilen die Situation zu handel und wandel ganz unbequehm“, zumal „auch kein wasser oder fluß sich dabey findet“, um beispielsweise Mühlen oder Hammerwerke zu betreiben[283]. Radevormwald sei im Grunde seit 1646, als es noch kurz vor dem Ende des Dreißigjährigen Krieges „ruiniret worden“ sei, „in einem schlechten standt“. Zwar bemühten sich gegenwärtig einige zuversichtige Tuch-

---

280 Vgl. *Stursberg*, Remscheid (Anm. 251), S. 128; *Richard Isenburg*, Untersuchungen über die Entwicklung der bergischen Wollenindustrie, phil. Diss. Heidelberg 1906, S. 5-18.

281 *Ploennies*, Topographia ..., Bd. 1 (Anm. 103), Pag. 15, Z. 15, 17-21.

282 *Burkhard Dietz*, Im Zeichen des Mittelalters: Aufstieg und Niedergang des Tuchgewerbes in Wipperfürth 1462-1803, in: ZBGV 90 (1982/83), S. 46-83, bes. S. 62 f.

283 *Ploennies*, Topographia ..., Bd. 1 (Anm. 103), Pag. 15 b, Z. 5-9.

macher mit teilweise beachtenswertem Erfolg darum, „lacken zu machen“, von denen sie tatsächlich „auch ... etwas taugliches und gutes auswerts versendet“, d.h. abgesetzt hätten, aber durch die noch immer nachwirkenden „grosen Kriegs- und andern lasten“ könne die Stadt auch jetzt noch „nicht zum aufnehmen“ ihrer früheren handwerklich-gewerblichen Traditionen „gelangen“; besonders nachteilig wirke sich im übrigen auch die Tatsache aus, daß „Von den fuhrleüten“ infolge der Zerstörungen „ein anderer weg gesuchet worden“ sei, so daß nun „die landtstraße nicht mehr durch die stadt“ gehe[284].

Vom wirtschaftlichen Zustand Gerresheims, das „Vormahls sehr groß gewesen“ sei, gebe es eigentlich „nichts weiter ... zu melden“, als daß dort mittlerweile „an stadt der haüßer mehrentheils gärten innerhalb“ der noch bestehenden „ringmauer“ lägen[285]. Genauso miserabel sei die gegenwärtige ökonomische Lage der Stadt Blankenberg, die wirklich „in einem sehr schlechten standt seye“ und deren Wirtschaft seit einiger Zeit „nur in abnehmen kommen“[286]. Vergleichsweise besser sehe es dagegen mit den wirtschaftlichen Verhältnissen in der Stadt Siegburg aus; immerhin bestehe „die nahrung dieses orts ... aus feldgütern, und obschon das nah dabey laufende wasser, die Sieg genandt, einiger masen kann gebraucht werden, sintemahl aus dem landt Viel brennholz darauf nach dem Rhein gebracht wird, so ist doch kein besonderer handel deshalben da anzutreffen, außer daß dieser und dergleichen nicht weit Vom Rhein entlegene örter, besser gelegenheit haben, die früchte des landes in denen nah dabey gelegenen städten Bonn und Cöln an mann zu“ bringen[287].

Dieses Schicksal teilten die zuletzt genannten Städte des Herzogtums offensichtlich auch im wesentlichen mit ihrem Umland und mit der Freiheit Mülheim am Rhein; sie trachte „zwar“, schrieb Ploennies, „einige[n] handel zu treiben, weg[en] der nah dabey gelegenen stadt Cöln aber kann solcher ort damit nicht wohl fortkommen“[288]. In derselben Weise waren (mit Ausnahme des oberbergischen, teilweise am Rande des märkischen Sauerlandes liegenden Amtes Windeck[289]) im Grunde alle monokulturell agrarisch strukturierten Ämter des Herzogtums Berg (d.h. die Ämter Steinbach, Blankenberg, Porz, Löwenberg, Miselo, Mettmann, Ratingen und Monheim) vom Handel mit Kölner und Bonner Kaufleuten abhängig: An sie verkauften die Bauern zur Versorgung der Großstadt Köln und vielleicht auch zum Weiterverkauf im Handel auf dem Rhein ihr überschüssiges Getreide, zu dem vor allem Hafer zählte, bei ihnen setzten sie das über den Eigenbedarf hinaus erwirtschaftete Obst und Brennholz ab, ihnen boten die Bauern aus dem Bereich der Ämter Mettmann und Ratingen die Kutschpferde an, die sie im Verlauf der letzten Monate gezüchtet hatten, und schließlich veräußerten auch

284 Ebd., Pag. 15 b, Z. 17 bis Pag. 16, Z. 8.
285 Ebd., Pag. 16 b, Z. 18 bis Pag. 17, Z. 3.
286 Ebd., Pag. 17, Z. 4-20.
287 Ebd., Pag. 17 b, Z. 9-16.
288 Ebd., Pag. 19 b, Z. 16 ff.
289 Dieses Amt, notierte Ploennies, sei ein in ökonomischer Hinsicht durchaus ‚gutes‘ Amt, „weilen die leüt darin fleißig ... und mit Viehzucht und handel den mangel zu ersezzen suchen“, der ihnen durch die von der Bodenbeschaffenheit der Äcker her vorgeschriebene Bewirtschaftung mit Hafer entstehe (ebd., Pag. 21 b, Z. 16 bis Pag. 22, Z. 2).

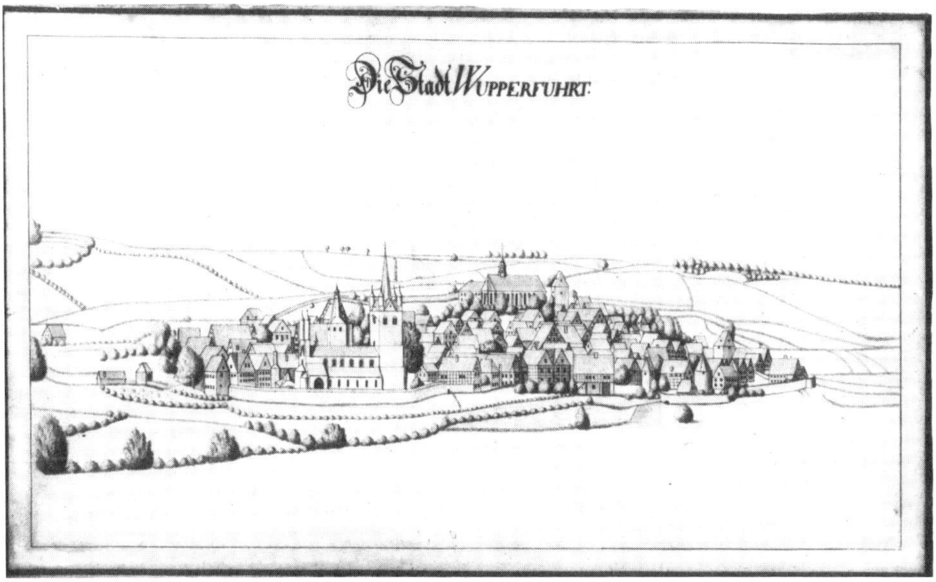

Abb. 36: Wipperfürth, die älteste Stadt des Herzogtums Berg, in der Ansicht von Erich Philipp Ploennies (1715)

die Handwerker aus dem Bereich des Amtes Steinbach die von ihnen angefertigten „reif zu den fässern“. Letztere trugen damit vielleicht auf ihre Weise dazu bei, daß die in den Teichen des Amtes Mettmann gezüchteten Fische wohlbehalten nach Köln transportiert, dort verkauft und gelagert werden konnten, wie auch der von den Winzern des Amtes Blankenberg gekelterte Wein möglicherweise in bergischen Holzfässern auf den Markt gelangte[290].

Mit diesen agrarischen Teilgebieten kaum vergleichbar war dagegen die schon um 1715 relativ hoch verdichtete Gewerbelandschaft im Bereich der Städte und Ämter Solingen-Remscheid und Elberfeld-Barmen, denen Erich Philipp Ploennies eine besondere Aufmerksamkeit schenkte. Neben dem bereits erwähnten Lenneper Tuchgewerbe, für dessen aufstrebende Verlage inzwischen auch viele Wipperfürther und Hückeswagener Wollweber tätig waren[291], aber auch neben der in Burg an der Wupper im frühen 18. Jahrhundert noch durchaus erfolgreich betriebenen Wolldeckenfabrikation[292], erschienen die Textilgewerbe des Wuppertals und die Metallgewerbe des Raumes um Solingen und Remscheid um 1715 schon als unangefochtene Spitzenreiter eines wirtschaftlich-technischen Entwicklungsprozesses, der Wohlstand und Fortschritt verhieß

290 Vgl. hierzu die jeweiligen Ämterbeschreibungen in Ploennies' Topographie (ebd., Pag. 21 b bis Pag. 26).

291 Zum Hückeswagener Tuchgewerbe vgl. Ploennies' kurze Ausführungen ebd., Pag. 19 b, Z. 13 ff.

292 Ebd., Z. 3-6.

und manchen aufmerksamen Zeitgenossen vielleicht bereits den Anbruch einer neuen Zeit erahnen ließ. Bewundernd schrieb Ploennies über den allgemeinen Zustand, den der Bezirk um Solingen und Remscheid vermittelte, daß hier „die meisten inwohner ... handwercksleüte und Kaufleüt" seien, „daher siehet mann in demselben soViel werckstädte[n,] soViel schleifkotten, hämmer ... und schmieden; sintemahl in diesem Ambt die meisten eisenwaare[n] Von degen, messern ... und andern dingen gemacht werden ... und in frembde lande Versandt"[293]. Über die Stadt Solingen selbst bemerkte er erstaunt, sie sei zwar nicht groß, „dennoch treibet dieselbe mit eisenwaaren, als degen, messern, sägen, äxte, beyl, hacken, sensen, schleifschuh ... einen nicht geringen handel", aber es gebe darüber hinaus „auch Viele handwercksleüt ... und Verschiedene Künstler" seien in der gewerbereichen Stadt „wohnhafft, als welche messerheffte ... und andere dinge wissen zu machen". Daher sei „dieser Ort auswerts sehr bekandt, absonderlich, weilen Von solchem fast an allen orten der welt degen Versandt werden, sie handeln in Schweden, Dennemarck, Franckreich, Engellandt, hollandt, barbandt, ja bis in die Türckey". Trotz dieser unverkennbaren Exporterfolge der Solinger Schneidwarengewerbe müsse jedoch festgestellt werden, „daß ihr handel Vor diesem [Zeitpunkt um 1715, B.D.] weit gröser gewesen, nichts destoweniger ist derselbe doch noch in etwas Considerabel", d.h. noch durchaus bedeutend. „Die uhrsach aber gedachten grosen abgangs, ist das bißherige langgewehrte ... und aller orten brennende Kriegsfeüer, welches den handel nicht nur mercklich gehemmet, sondern auch denen einwohnern Viele und grose lasten zu tragen ... Veruhrsachet hat."[294]

Mit dieser zum Abschluß doch ziemlich ernüchternden Einschätzung hatte Ploennies - wie inzwischen auch aus anderen Quellen zu erfahren war - die Solinger Wirtschaftslage von 1710/15 tatsächlich sehr genau erfaßt. Während die Solinger Gewerbetreibenden noch in den 1670er Jahren beim Absatz ihrer qualitativ hochwertigen Erzeugnisse Rekordumsätze verzeichnen konnten, wobei der Handel mit Frankreich offensichtlich von besonderer Bedeutung war, verursachte die Friedensperiode der Jahre bis zum Beginn des Pfälzischen Krieges (1688-1697), die von „eine(r) weitverbreitete(n) Erschöpfung der Kaufkraft" begleitet war, einen „erheblichen Rückgang des Solinger Handels"[295]. Von dieser Absatzkrise erholten sich die Metallgewerbe Solingens und seiner Umgebung vorerst nicht, im Gegenteil: 1698 wurde sie durch eine schwere Mißernte zusätzlich verstärkt, und wenige Jahre später, 1701, kam es sogar (nicht zuletzt aufgrund der massiven Konkurrenz märkischer und steirischer Eisen- und Stahlwaren) zur völligen Stagnation des Handels bzw. zu einem konjunkturellen Tiefststand, der Erinnerungen an „die trübsten Zeiten des Dreißigjährigen Krieges aufkommen ließ"[296]. Auf diesem Höhepunkt der Krise kam den traditionsreichen heimischen Gewerben je-

293 Ebd., Pag. 24, Z. 14-21.

294 Ebd., Pag. 16, Z. 21 bis Pag. 16 b, Z. 11.

295 *Rosenthal* (Anm. 264), S. 301.

296 Ebd., S. 302; vgl. hierzu auch *Burkhard Dietz*, Der Handel mit siegerländischen und bergisch-märkischen Eisen- und Stahlwaren vor der Industrialisierung, in: Vom heißen Eisen. Zur Kulturgeschichte des Schmiedens, hg. v. *Michael Dauskardt* (Forschungsbeiträge zu Handwerk und Technik, Bd. 4), Hagen 1993, S. 177-189, 271 ff.

doch die landesherrliche Zentralregierung in Düsseldorf mit protektionistischen Maßnahmen zu Hilfe; sie verbot die Einfuhr auswärtig erzeugter Eisen- und Stahlwaren in die Herzogtümer Jülich und Berg und begünstigte so zumindest den Absatz auf den lokalen und regionalen Märkten. Doch erst „das volle Anlaufen der Kriegsrüstung“ für den Spanischen Erbfolgekrieg führte ab 1702 zu einer deutlichen Wiederbelebung auch der „Solinger Produktion und hob die Umsätze auf den Normalstand“ der Jahre vor 1698[297]. „Allerdings“, und damit findet Ploennies' kurze Beschreibung des Entwicklungszustands der Solinger Eisen- und Stahlwarenproduktion von 1710/15 ihre volle Bestätigung, „erreichte sie nicht mehr das Niveau der Periode von 1671-1680. Die Aufstiegsperiode Solingens war vorüber. Es mußte sich die Märkte mit anderen teilen, behielt aber den Vorrang in der Waffenherstellung.“[298]

Kaum weniger präzis als Ploennies' Momentaufnahme vom ökonomischen Status quo der vorindustriellen Metallgewerbe im Bergischen Land - eine Momentaufnahme, die freilich durch die genaue kartographische Verzeichnung aller um 1715 produzierenden Hammerwerke, Schleifkotten und Mühlen eine außerordentlich wichtige Ergänzung erfuhr - fiel auch sein Bericht über die Lage der Textilgewerbe im Raum Elberfeld-Barmen aus. Im ganzen Verwaltungsbezirk, der die Ortschaften bzw. Kirchspiele Elberfeld, Barmen und Cronenberg umfasse, befänden sich, so schrieb Ploennies nach seinem Besuch im Tal der Wupper, „Viele bleichen, worauf das garn gebleichet wird ... und womit die kaufleüt, deren Viel in der stadt Elverfeldt wohnen, nachgehends grosen handel treiben; Nebst gemeltem nehren sich Viele bey dem ackerbau mit leinenbandt zu weben, dann aus dem gebleichten garn solches in menge gemacht wird“[299]. Von der außergewöhnlichen wirtschaftlichen Vitalität des Gebiets um Elberfeld-Barmen war Ploennies offenbar sehr überrascht (und vielleicht erklärt genau diese Überraschung auch seine zunächst ziemlich einseitige Konzentration auf die Eisen- und Stahlgewerbe), denn, so begann er seine Detailbeschreibung von Elberfeld, „mann könnte ... dencken, es wäre Von einem solchen orth, welcher ohnlängst zu einer stadt erst geworden[300], nicht Viel, oder gar nichts zu melden, so sage daß dennoch ein und anders zu berichten Vorkompt, welches bey andern Vorgedachten nicht hat können berühret werden, sintemahl in demselben (nechst Düsseldorf) die Vornehmste Kaufleüt im landt sich aufhalten, und keinen kleinen, sondern in der that einen ansehnlichen handel trei-

---

297 Ebd.

298 Ebd.

299 *Ploennies*, Topographia ..., Bd. 1 (Anm. 103), Pag. 25, Z. 10-15.

300 Elberfeld hatte erst 1708 durch ein Privileg Kurfürst Johann Wilhelms Stadtrechte erhalten, die im darauffolgenden Jahr in Kraft traten; Ploennies berichtete darüber zutreffend, daß „weilen diese stadt ... das privilegium erhalten, ihre eigene streitigkeiten unter sich zu schlichten, oder Vielmehr aus ihnen selbsten einen Richter zu erwehlen, so ist sie nunmehro dem Ambtsrichter daselbst nicht mehr unterworfen ... und genieset also eine Völlige freyheit einer stadt, und zwar solche, deren andere städt im landt sich gleichfals bißher bedienet“ (*Ploennies*, Topographia ... [Anm. 103], Pag. 19, Z. 15-22; das Privileg ist in einer von Woldemar Harleß edierten Fassung neben anderen älteren Privilegien abgedruckt in ZBGV 19, 1883, S. 168 f).

ben"[301]. Dies sei aber nicht etwa erst seit kurzem der Fall, ganz im Gegenteil, „es hat diese stadt ... allezeit und zwar Von undencklichen jahren her, zu handeln getrachtet ... und ist darin jederzeit glücklich gewesen"[302]. Den Ursachen dieser erfolgreichen Entwicklung weiter auf den Grund gehend, wußte Ploennies über die auf das Jahr 1527 zurückgehende „Garnnahrungsordnung"[303], die im 17. Jahrhundert noch einmal durch Herzog Wolfgang Wilhelm (1614-1653) bestätigt worden war, zu berichten: „Nebst obgemeltem ... sind ihr (der Stadt Elberfeld, B.D.) auch handlungs-privilegia, betreffendt Garn und leinenbandt, mit zuziehung der GarnMeister und handlungsgenossen ... Von obgemeltem herzog eingewilligt und Confirmiret", d.h. bestätigt, „worden. Solche aber bestehen ... darin, daß die 4 GarnMeister ... die freyheit haben, die wieder die handlungs ordnung peccirende", mit anderen Worten die gegen die Garnnahrungsordnung verstoßenden Gewerbetreibenden, „nach willkühr zu strafen, ohne daß einer deshalben zu appelliren Vermag; es müssen auch die handelsgenossen deshalben einen eydt schwöhren, und [es] ist ihnen eine gwisse zahl des gewichts gesezt, wieViel garn sie jährlich bleichen dörfen, auch wann sie zu bleichen den anfang machen, und wieder aufhore[n] müsse[n]"[304].

In der vom Landesherrn gewährten „freyheit" und Selbstkontrolle der sogenannten „Handlungsgenossen" Elberfeld-Barmens sah Ploennies also die ausschlaggebenden Gründe für die bisher so erfolgreich verlaufene Entwicklung, welche die Wuppertaler Garnbleicherei, die Bandwirkerei und Leineweberei genommen hatte und lediglich in den Jahren 1678 und 1687 eine dramatische Unterbrechnung erfahren hatte, als nämlich zuerst Elberfeld halb und schließlich „Völlig in die Asche geleget worden" war, so daß mit Ausnahme von zwei Stadtteilen „nichts daVon übrig geblieben" war[305]. Doch wie schon 1701, als die kurfürstliche Zentralregierung durch ein Importverbot für die auswärtige Konkurrenz zur Überwindung der Absatzkrise der Solinger Eisen- und Stahlgewerbe beitrug, so sei auch diesmal die unverzügliche und großzügige Hilfe des Landesherrn für den raschen Wiederaufbau der Stadt Elberfeld und ihrer Produktionsstätten entscheidend gewesen: „Wegen gemelten unglücks, da nemlich diese stadt ... ganz abgebrandt, ist ihnen Von dem ... izo regierenden Churfürsten ... Johann Wilhelm eine 20 jährige freyheit de dato des schadens, in welcher zeit sie aller schazzung und steüer frey seyn sollen, Gnädigst mitgetheilt worden, daher sich diese stadt baldt wieder erhohlet und Vorizo wieder in einem guten standt ist."[306] Das wiederaufgebaute Elberfeld, von dessen Zustand Ploennies um 1715 als einer der ersten auswärtigen Besucher Bericht erstattete, sei zwar „nicht groß" geraten, „so hindert doch solches an

---

301 *Ploennies*, Topographia ..., Bd. 1 (Anm. 103), Pag. 17 b, Z. 18-23.

302 Ebd., Pag. 18, Z. 17-19.

303 Vgl. dazu bes. *Walter Dietz*, Die Wuppertaler Garnnahrung. Geschichte der Industrie und des Handels von Elberfeld und Barmen 1400 bis 1800 (Bergische Forschungen, Bd. IV), Neustadt a.d. Aisch 1957, S. 23 ff.

304 *Ploennies*, Topographia ..., Bd. 1 (Anm. 103), Pag. 18 b, Z. 1-12.

305 Ebd., Pag. 18, Z. 14-16.

306 Ebd., Pag. 18 b, Z. 19 bis Pag. 19, Z. 1.

obgedachtem handel im geringsten nichts"[307]. Dieser Handel bzw. diese gewerbliche Tätigkeit, fuhr Ploennies nüchtern fort, beruhe auf der Weiterverarbeitung und Herstellung von „garn und leinenbandt, welches erstere" die Bleicher und Weber „Von außwerts aus dem Lüneburgischen und Hessischen hohlen, dasselbe bleichen ... und wiederumb, entweder ohnVerarbeitet ... oder leinenbandt daVon gemacht, also Vertreiben; Daher sindt in dieser stadt und Ambt so Viel bleichen, Weber ... und streichmühlen, auf welchen lezten das leinenbandt gestrichen und glat gemacht wird"[308]. Darüber hinaus, und damit beschloß Ploennies seine Darstellung über die wirtschaftliche Lage Elberfelds zu Beginn des 18. Jahrhunderts, „bestehet dieser stadt nahrung" neben dem Handel mit veredelten Garnen oder selbst produzierten Textilien auch im Handel „mit wein, korn ... und allerhandt stoffen", d.h. im Grunde mit allem, „was mann insgeheim an einem orth benöthiget ist". Dieser Handel mit Nahrungsmitteln und Gebrauchsgütern des täglichen und persönlichen Bedarfs sei im Vergleich mit den Umsätzen in den Gewerben allerdings „Von keiner solchen achtung", und noch unbedeutender sei die agrarische Produktion, denn „daßjenige, was das landt umb die stadt Von früchten und Viehzucht trägt oder hat, ist nicht mehr, als was sie selbsten benöthiget"[309].

Treffender und einfacher hätte ein Zeitgenosse die ökonomische Situation des Raumes Elberfeld-Barmen gewiß kaum in Worte fassen können, denn tatsächlich hatte „das 18. Jahrhundert" im Wuppertal „unter ausgesprochen günstigen Vorzeichen" begonnen: „Die Bandgewerbe florierten, und ihr Gedeihen brachte wiederum eine Atmosphäre des Experimentierens und der Innovation hervor."[310] Neben der Garnbleicherei, die gewissermaßen die Keimzelle aller Textilgewerbe des Wuppertals war und zunächst die Leineweberei und die Herstellung von Bändern aus Leinengarn begünstigt hatte[311], wurden jetzt auch mit zunehmendem Erfolg - insbesondere im Absatz nach Frankreich - Bänder aus Abfallseide, aus Seiden-Baumwollgemischen und aus Wolle produziert so-

307 Ebd., Pag. 18, Z. 1 f.

308 Ebd., Pag. 18 b, Z. 13-18.

309 Ebd., Pag. 19, Z. 2-7.

310 *Herbert Kisch*, Vom Monopol zum Laissez-Faire: Das frühe Wachstum der Textilgewerbe im Wuppertal, in: *ders.*, Die hausindustriellen Textilgewerbe (Anm. 256), S. 195; vgl. hierzu auch *Max Barkhausen*, Der Aufstieg der rheinischen Industrie im 18. Jahrhundert und die Entstehung eines industriellen Großbürgertums, in: RhVjbll. 19 (1954), S. 135-177 sowie *ders.*, Staatliche Wirtschaftslenkung und freies Unternehmertum im westdeutschen und im nord- und südniederländischen Raum bei der Entstehung der neuzeitlichen Industrie, in: VSWG 45 (1958), S. 168-241; *Jürgen Reulecke*, Nachzügler und Pionier zugleich: Das Bergische Land und der Beginn der Industrialisierung in Deutschland, in: Region und Industrialisierung. Studien zur Rolle der Region in der Wirtschaftsgeschichte der letzten zwei Jahrhunderte, hg. v. *Sidney Pollard* (Kritische Studien zur Geschichtswissenschaft, Bd. 42), Göttingen 1980, S. 52-68.

311 Vgl. hierzu auch die vorzügliche Kurzdarstellung von *Walter Dietz*, Die Wuppertaler Garnnahrung, in: Werden und Wachsen der Wuppertaler Wirtschaft. Von der Garnnahrung 1527 zur modernen Industrie, hg. v. *Horst Jordan* u. *Heinz Wolff*, Wuppertal 1977, S. 23-48.

wie Borten, Kordeln und Tressen aller Art fabriziert[312]. Außerdem gelang es der Weberei, am Anfang des Jahrhunderts die Qualität ihrer Erzeugnisse, u.a. durch die Kombination von Leinen- und Baumwollgarnen, so zu verbessern, daß auch sie im Wettbewerb auf den internationalen Märkten bestehen konnten[313]. Während das Hauptgewerbe, die Garnbleicherei, weiterhin eine ausgezeichnete Auftragslage zu verzeichnen hatte, expandierte also gleichzeitig der Absatz von Leinenstoffen aller Art, von „Bettzeug, Tischtüchern, Servietten, Taschentüchern" und von Stoffen „für die Bekleidung von Sklaven", die gemeinsam mit den Garnen vor allem nach England exportiert wurden[314]. Den Elberfelder und Barmer Kaufleuten gelang es ausgezeichnet, sich an der weltweiten Expansion des Handels, der mit seinen prosperierenden Märkten in Übersee zum Signum einer dynamischen und wahrhaft „atlantischen Wirtschaft" geworden war, zu beteiligen[315]. Sie erwirtschafteten teilweise recht beachtliche Gewinne, die sie einerseits sofort wieder für die Erweiterung ihres Geschäfts oder zur Förderung neuer Projekte nutzten, durch die sie andererseits aber auch in der Lage waren, ihren qualifizierten Heimgewerbetreibenden und Arbeitern, die sie in der näheren und weiteren Umgebung des Wuppertals anwarben oder beschäftigten, akzeptable Löhne zu bezahlen[316]. Einer der erfolgreichsten Händler dieser Zeit war - neben vielen anderen, aus deren Masse wiederum die Namen Wichelhaus, Wuppermann und Bredt herausragten[317] - Gerhard Teschemacher, der mit Garn, Zwirn und Bändern handelte[318]. Er kaufte seine Rohstoffe zunächst - wie allgemein üblich - im niedersächsischen Raum, dann aber wegen der weitaus besseren Qualität in Schlesien und setzte seine Waren „in ganz Westeuropa, in Frankreich, in den südlichen Niederlanden, vor allem aber in London und den Häfen entlang der holländischen Küste" ab, „von denen aus diese Waren auf die expandierenden überseeischen Märkte weiterexportiert wurden"[319]. Auf diese Weise tätigte

312 *H. Kisch* (Anm. 310), S. 195; *W. Dietz* (Anm. 303), S. 108 -113; ferner für die hier angesprochene Bandwirkerei auch *Karl Wülfrath*, Bänder aus Ronsdorf. 150 Jahre J. H. Baur Sohn, o.O. 1955, S. 10 f.

313 *Wilhelm Langewiesche* (Hg.), Elberfeld und Barmen. Beschreibung und Geschichte dieser Doppelstadt des Wupperthals nebst besonderer Darstellung ihrer Industrie, einem Überblick der Bergischen Landesgeschichte, Barmen 1863 (ND, mit einem Vorwort v. *Uwe Eckardt*, Wuppertal 1980), S. 108-113.

314 *Kisch* (Anm. 310), S. 195.

315 *W. Huthsteiner/C. Rocholl*, Barmen in historischer, topographischer und statistischer Beziehung von seiner Entstehung bis zum Jahre 1841, Barmen 1841, S. 73; *Wolfgang Köllmann*, Wirtschaft, Weltanschauung und Gesellschaft in der Geschichte des Wuppertals, Wuppertal 1955, S. 7-13; zur „atlantischen Wirtschaft" des frühen 18. Jahrhunderts vgl. bes. *Fernand Braudel*, Sozialgeschichte des 15.-18. Jahrhunderts, Bd. 2: Der Handel, München 1986, S. 143 ff, Bd. 3: Aufbruch zur Weltwirtschaft, München 1986, S. 17 ff.

316 *Johann Viktor Bredt*, Die Lohnindustrie dargestellt an der Garn- und Textilindustrie von Barmen, Berlin 1905, S. 14-20.

317 Vgl. hierzu im einzelnen *Robert Wichelhaus*, Geschichte der Familie Wichelhaus, Düsseldorf 1922; *Hermann Friedrich Macco*, Geschichte der Familie Wuppermann, Berlin 1911; *Johann Viktor Bredt*, Geschichte der Familie Bredt, Elberfeld 1902.

318 *W. Dietz* (Anm. 303), S. 100 ff.

319 *Kisch* (Anm. 310), S. 202.

er allein zwischen 1705 und 1715 Umsätze, die von 8700 Gulden auf 18.700 Gulden stiegen und 1740 sogar die Rekordhöhe von 54.800 Gulden erreichen sollten[320].

Die Ausbreitung des Heimgewerbes und der langsame Anstieg der Bevölkerung infolge der kontinuierlichen Gewinne aus der Nahwanderung[321] ermöglichten und verstärkten den allgemeinen Boom der Textilgewerbe, der um 1715, als Erich Philipp Ploennies die florierende Doppelstadt mit ihren rund fünf- bis sechstausend Einwohnern besuchte[322], bereits voll im Gange war. Wie durchgreifend diese Entwicklung tatsächlich war, läßt sich recht eindrucksvoll an der Veränderung in Barmens Erwerbsstruktur (die zugleich Ploennies' Bericht über den Anteil der agrarischen Wirtschaft im Tal der Wupper mit beleuchtet) aufzeigen: Im Jahre 1709, also fast genau zu der Zeit, als Ploennies seine Landesaufnahme des Herzogtums Berg anfertigte, gab es in Barmen noch 55 Bauern, aber auf der anderen Seite neben 20 Handwerkern aller Art bereits 41 Lohnbleicher, 21 Bleicherknechte, 48 Bandwirker, 4 Leineweber, 2 Zwirner, 3 Fingerhutmacher und 40 „Pauperes", d.h. Arme. Im Jahre 1721 hingegen wohnten und arbeiteten in Barmen schon 100 Bandwirker, 56 Lohnbleicher, 30 Bleicherknechte, 15 Zwirner und 25 Kaufleute, wobei für die Versorgung ihrer vielköpfigen Familien im selben Zeitraum die Zahl der Krämer von 6 auf nunmehr 30 und die Zahl der Schuhmacher von 3 auf 20 gestiegen war; der immer zahlreicher werdenden Bevölkerung standen 1721 schließlich nicht weniger als 20 Schneider zur Anfertigung von Kleidungsstücken zur Verfügung[323]. In der Stadt Elberfeld, für die solches Datenmaterial nur aus einem Jahr vorliegt, lebten 1702 bereits 35 Kaufleute mit zum Teil exportorientierten Handelsaktivitäten, 57 Bandwirker, 29 Wirker von Borten und Tressen, 36 Leineweber, insgesamt 26 Spinner, Haspler, Zwirner etc., die für vorbereitende Arbeitsgänge zuständig waren, 9 Färber, 8 Spitzenmacherinnen und 6 Bleicher; außerdem hatte zu dieser Zeit neben etlichen anderen Handwerkern die beachtliche Zahl von 36 Schneidermeistern, 49 Schuhmachern und 28 Bäckern genug Arbeit mit der Erledigung der wichtigsten Dienstleistungen für die Einwohnerschaft Elberfelds[324]. Damit wird

---

320 *W. Dietz* (Anm. 303), S. 106 f.

321 *Klaus Goebel*, Zuwanderung zwischen Reformation und Franzosenzeit. Ein Beitrag zur vorindustriellen Bevölkerungs- und Wirtschaftsgeschichte Wuppertals 1527-1808, Wuppertal 1966; *Langewiesche* (Anm. 313), S. 230; für die Frage der Kompensierung der Bevölkerungsverluste nach dem Dreißigjährigen Krieg ist wichtig *Helmut Dahm*, Verluste der jülich-bergischen Landmiliz im Dreißigjährigen Kriege, in: DJb 45 (1951), S. 280-288, bes. S. 286; *Heinrich Haacke*, Barmens Bevölkerung im XVII. und XVIII. Jahrhundert unter besonderer Berücksichtigung der Volkszählung im Dezember 1698 nach zeitgenössischen Urkunden dargestellt, Barmen 1911 u. *ders.*, Die Entwicklung der Besiedlung Barmens bis zum Beginn des 19. Jahrhunderts, in: ZBGV 52 (1920/21), S. 94-133.

322 *Haacke*, Barmens Bevölkerung (Anm. 321), S. 27 ff.

323 *Langewiesche* (Anm. 313), S. 228-331; *Vincent Paul Sonderland*, Die Geschichte von Barmen im Wupperthale, nach der Zeitfolge der merkwürdigsten Ereignisse, welche sich in Barmen von den frühern Zeiten bis zum Jahr 1821 zugetragen haben, Elberfeld 1821 (ND Wuppertal 1863), S. 75.

324 *Ernst Muthmann*, Das Elberfelder Einwohnerbuch von 1702/03, in: ZBGV 64 (1936/37), S. 98-112, hier S. 102-105.

deutlich, daß Ploennies' Erstaunen über die wirtschaftliche Dynamik im Raum Elberfeld-Barmen durchaus berechtigt und sein Bericht über die prosperierende Stadt in jeder Hinsicht zutreffend war, war sie doch um 1715 tatsächlich diejenige Stadt des Herzogtums Berg, in der „die Vornehmste Kaufleüt im landt sich aufhalten" und zugleich „einen ansehnlichen handel betreiben"[325]. Obgleich er sich weitaus euphorischer ausdrückte als Ploennies, bestätigte diese Beobachtung vierzehn Jahre später auch der Hofkammerrat Johann Wülfing, der meinte, die Stadt Elberfeld könne „ihrer zum theil durch die Welt führender Commercien halber mit Fuge und Recht wol klein Amsterdamm genennet werden", denn es gebe „allhier auff die Commercien und Handlungen Weltkluge, denen Holländern gleich gehende wohl bemittelte Kauffleuthe ... An diese berühmte Stadt Elberfeld sch[l]eust der gleichfals plaisirlicher Orth das Ambt Ober- und Unter-Barmen, bestehet in mehrentheils lauter Lint-Garn-Bleichereyen, auch Kauf- und Handels-Leuthen. Bey Sommers-Zeit erfreuet einem das Hertze, wann man diese Bleichereyen, so dann die darin liegende kupfferne und eysene Finger-Huths-Mühlen in Augenschein nimmt."[326]

Durch Ploennies' Momentaufnahme vom wirtschaftlichen Zustand des Herzogtums Berg wird aber auch deutlich, daß dem Interesse des Landesherrn an Fragen der Ökonomie, vor allem an der Frage, wie die heimischen Gewerbe zu schützen und in Krisenzeiten zu fördern seien, zu Beginn des 18. Jahrhunderts durchaus schon ein eigenständiger Stellenwert im fürstlichen Tugendkanon der Politik zukam. Zwar waren wirtschafts- und handelspolitische Maßnahmen gewiß noch immer stark von den monetären Bedürfnissen des absolutistischen Staates und seines Hofes bestimmt, doch auf der anderen Seite (darauf verweist die Intensität, mit der im vorliegenden Fall die ökonomische Situation eines Territoriums erfaßt und dargestellt wird) scheint sich das Bewußtsein für die eminente Bedeutung florierender Gewerbe und einträglicher Absatzraten sehr geschärft zu haben. Offensichtlich diente die von Ploennies angefertigte Beschreibung des wirtschaftlichen Status quo auch dazu, neben den ökonomischen und kulturräumlichen Kräften des Landes die unbekannten Mechanismen des Handels und des gesamten wirtschaftlichen Lebens zu ergründen, d.h. etwa die Gründe und Ursachen dafür kennenzulernen, warum die Gewerbe der einen Stadt prosperierten und die der anderen im Niedergang begriffen waren, warum das eine Gebiet die Krise des späten 17. Jahrhunderts glänzend überstanden hatte und das andere einer allgemeinen Lethargie anheim fiel. Sollte mit der „Topographia Ducatus Montani" also auch ein informationelles Hilfsmittel für künftige handels- und wirtschaftspolitische Entscheidungen bereitgestellt werden, dann ist dies ein unmißverständlicher Hinweis darauf, daß sich auf territorialstaatlicher Ebene schon zu Beginn des 18. Jahrhunderts ein ökonomisches Denken auszubilden begann, das nicht mehr nur ausschließlich steuerlichen Interessen gehorchte, wurde doch nun tendenziell mehr auf die Förderung von Handel

---

325 *Ploennies*, Topographia ..., Bd. 1, (Anm. 103), Pag. 17 b, Z. 22 f.

326 *Wilhelm Crecelius/Woldemar Harleß* (Bearb.), Zwei geographische Beschreibungen des Herzogtums Berg aus dem ersten Drittel des 18. Jahrhunderts. B: Beschreibung der Vornehmen Handels-Städte und Flecken des Bergischen Landes (von dem Jülich-Bergischen Hofkammerrat Johann Wülfing 1729), in: ZBGV 19 (1883), S. 114-149, hier S. 122 f.

und Gewerbe als auf die unmittelbare und rücksichtslose Befriedigung fiskalischer Bedürfnisse geachtet. Die Handels- und Wirtschaftspolitik trat damit erstmals aus dem Schatten der Steuerpolitik[327].

3.5 Neue Grundlagen für eine alte Wirtschaftsform: Ploennies' Vermessung des Fürstentums Nassau-Siegen (1717-1726) und die Reform der Haubergswirtschaft

Der Abbruch der Vermessungsarbeiten im Herzogtum Jülich um 1716, wo Erich Philipp Ploennies seit einigen Monaten an einer adäquaten Ergänzung zu der im Jahr zuvor fertiggestellten „Topographia Ducatus Montani" arbeitete, leitete bei der noch immer in Wesel wohnenden Familie mit Sicherheit eine nachhaltige Existenzkrise ein, schließlich galt es inzwischen nicht weniger als sechs Kinder zu ernähren[328]. Glücklicherweise dauerte die Stellungslosigkeit jedoch nicht allzu lange, denn schon 1717 konnte Ploennies - von seiner bisherigen Tätigkeit in Jülich-Berg in besonderer Weise profitierend - wieder ein gut dotiertes Amt antreten: Rückwirkend zum 16. März bestellte Graf Friedrich Wilhelm Adolph (1691-1722) am 24. Mai 1717 den „Edlen und wohlerfahrnen Erich Philipp Ploennies zu" seinem „Geographo und BauDirektoren" mit der vordringlichen Aufgabe, eine Generallandmessung des Kleinstaates durchzuführen[329]. Die relativ umfangreiche und in ihren Bestimmungen ausgesprochen differenzierte Bestallungsurkunde, die Ploennies nach entsprechenden Verhandlungen erhielt, zeigt deutlich, daß der noch junge Landesherr des reformierten Territoriums Nassau-Siegen offenbar sehr genau wußte, was er wollte. Allgemein formuliert, erachtete es der Fürst als „gut und nöthig", „sowohl eine richtig und accurate abmessung" seines „ganzen ... landes, als auch Von demselben hinwiederumb, eines jedern Ambts besonders, und abermahlen in diesen eine noch Specialere Messung jeder Gemeindte" von Ploennies „alsofort und ohne zeitVerlust" ... „fordersambst thun und beschreiben zu lassen"[330]. Es sollten mit anderen Worten so schnell wie möglich drei verschiedene kartographische Aufnahmen angefertigt werden: erstens eine des Territoriums, zwei-

---

327 Für Jülich-Berg vgl. hierzu *Walz* (Anm. 256), S. 116 sowie die insgesamt recht unbefriedigende Arbeit von *G. Kuhn*, Jülich-bergische Wirtschaftspolitik im 17. und 18. Jahrhundert, phil. Diss. (masch.) Köln 1948; ferner *Axel Nielsen*, Die Entstehung der deutschen Kameralwissenschaft im 17. Jahrhundert, Jena 1911; zur Frage der Umsetzung der älteren kameralistischen Theorien, etwa der eines Johann Joachim Becher (1668), in die Praxis der Wirtschaftspolitik und in die „Erziehung zum Gewerbefleiß" vgl. auch *Christof Dipper*, Deutsche Geschichte 1648-1789, Frankfurt a.M. 1991, S. 190 f.

328 Vgl. dazu meine Ausführungen im vorliegenden Kap. bei Anm. 155.

329 HSTA Wiesbaden, Abt. 172, Nr. 4125, fol. 2-3': Erich Philipp Ploennies' Bestallung zum Geographen und Baudirektor des Grafen Friedrich Wilhelm Adolph von Nassau-Siegen, [Siegen], den 24. Mai 1717 (Anh., Dok. 2).

330 Ebd., fol. 2.

tens eine der Ämter und drittens sollte erstmalig zur Begründung eines „richtigen und Vollständigen schazzung fußes“, d.h. für die Erhebung von Steuern auf Grund und Boden, ein Kataster sämtlicher Grundstücke erstellt werden[331]. Dafür wurden Ploennies besondere hoheitliche Rechte übertragen, denn er sollte die Befugnis haben, die Richtigkeit seiner Parzellenvermessungen juristisch bindend „in gegenwart einiger geschwornen auß jeder gemeindte, oder dererjenigen benachbarten, welche Von solcher Gemeindte und deren Situation, die beste wissenschaft haben, sodann in gegenwart eines jeden stücks eigenthümern“ feststellen zu lassen[332]. Darüber hinaus sollte Ploennies bei dieser Gelegenheit Wüstungen bzw. Gelände, die keinen Eigentümer hatten und brach lagen, in Qualitätskategorien einteilen und damit der landesherrlichen Regierung eventuelle Nutzungen vorschlagen[333].

Ähnlich differenzierte Vorgaben wurden Ploennies auch im Hinblick auf die übergreifende kartographische Erfassung des Territoriums und der Ämter gemacht. „Bey der generalen landtmessung“, so hieß es in Ploennies' Dienstvertrag, sollte er „Vornehmlich ... die landes-Gränzen“, ferner die „landtstrasen, bäche und andere Merckmahle, welche die gränzen sowohl der benachbarten, als der Ämbter unter sich scheiden, wohl observiren und ... ordentlich beschreiben“. Ferner sollte er die „accurate und richtige landt Charte ... mit exacter inserirung ... unserer Residenz Stadt Siegen, aller flecken, dorfschaften, höfen und gemeindten, Vornehmsten flüssen, wassern, hochgewäldt, unterscheidung derer Adelichen districten ... und alles andern“ versehen, „so in dergleichen General Charte gehörig“[334]. Besonders interessiert zeigte sich der ehrgeizige und fortschrittsorientierte Landesherr, der in mancherlei Hinsicht - etwa bei seinen Bemühungen um eine Effektivierung der Verwaltung - größere absolutistische Staaten nachahmte[335], aber auch an den ökonomischen Potentialen seines Landes, die Ploennies wie in der „Topographia Ducatus Montani“ in den Ämterkarten darstellen sollte; vor allem ging es dem Fürst dabei um eine präzise Verzeichnung der „hochgewäldt, hauberg, Feldter, wiesen, gärten, Wasser, bäche ... hämmer, hütten, bergwerck, Mühlen ... fischweyer, Teiche und dergleichen“[336]. Daraus ergibt sich, daß mit der „Ploenniessche(n) Generallandmessung des Fürstentums (Nassau-)Siegen, reformierten Anteils“ (so wurde sie später offiziell bezeichnet) neben handfesten fiskalischen wohl auch wirtschaftliche Ziele verfolgt wurden. Sie trugen offensichtlich mit dazu bei, daß der Landesherr den Vermessungsarbeiten insgesamt eine hohe Bedeutung und Dringlichkeit beimaß, denn er rang Ploennies nicht nur die vertragliche Verpflichtung ab, daß er mindestens „biß zu außgemacht und Vollführter obgedachter ... landt-Charten und landtmaß in keine andere dienste sich engagieren ... wolle“, sondern er

---

331 Ebd.

332 Ebd., fol. 2'.

333 Ebd.

334 Ebd., fol. 2.

335 Vgl. hierzu *Jakob Heinzerling*, Aus der Geschichte des Kreises Siegen, in: Siegerländer Heimatbuch, Siegen 1914, S. 87.

336 HSTA Wiesbaden, Abt. 172, Nr. 4125, fol. 2: Erich Philipp Ploennies' Bestallung ... (s. Anh., Dok. 2).

gab Ploennies auch eine Übernahmegarantie für die Zeit nach Vollendung der Landesaufnahme, er akzeptierte die Einstellung von Ploennies' persönlichem Sekretär, er gewährte Ploennies die absolute Oberaufsicht über die Tätigkeit des bereits amtierenden Baumeisters, er sicherte ihm während der Vermessung ein Jahreseinkommen von 400 statt von 300 Reichstalern zu, er stellte ihm neben dem erwähnten Baumeister zwei weitere fachlich qualifizierte Mitarbeiter zur Verfügung und garantierte ihm, daß er bei seiner geodätischen Tätigkeit sechs Monate lang nicht unterbrochen bzw. nicht durch zusätzliche Aufgaben als Baudirektor belastet werden solle[337].

Nach den unerfreulichen Erfahrungen, die Erich Philipp Ploennies in Düsseldorf gemacht hatte, wo man seine Dienste urplötzlich nicht mehr benötigt hatte, war ein solcher Vertrag für ihn mehr als schmeichelhaft, bescheinigte er doch wieder einmal, wie hoch seine mathematisch-naturwissenschaftlichen Qualifikationen von regierenden Fürsten eingeschätzt und für wie wertvoll seine Arbeit im Bereich von Politik und Verwaltung tatsächlich erachtet wurde. Der Vertrag stärkte Ploennies' vorübergehend beeinträchtigtes Selbstbewußtsein, er sicherte die Existenz der mehrköpfigen Familie, und nicht zuletzt stabilisierte er auch den herausgehobenen sozialen Status einer Gelehrtenfamilie, deren Mitglieder nicht müde wurden, ihre reichsritterschaftliche Herkunft zu betonen[338]. Trotzdem deutet einiges darauf hin, daß die Erfahrungen der ungewissen Monate zwischen dem Abbruch der Vermessungsarbeiten in Jülich-Berg und der Vertragsunterzeichnung in Nassau-Siegen nicht spurlos an Erich Philipp Ploennies vor-

337 Ebd., fol. 3'; zur halbjährlichen Besoldung vgl. das Besoldungsregister der nassau-siegenschen Bediensteten und Beamten, aus dem auch der Name von Ploennies' persönlichem Sekretär, Wiesendonk, hervorgeht (HSTA Wiesbaden, 171/B 878, S. 384 f).

338 Nicht nur Joachim Georg von Ploennies, dem älteren Bruder von Erich Philipp, wurde 1719 das Reichsritterschaftsdiplom bestätigt, auch dem erstgeborenen Sohn von Erich Philipp Ploennies, Georg Friedrich von Ploennies (der bei Christian Wolff in Marburg studieren und nach der Promotion wie sein Großvater Prokurator am Reichskammergericht werden sollte) wurde der Stand eines Ritters des Heiligen Römischen Reiches Deutscher Nation 1741 bescheinigt (vgl. *Heinrich Kneschke* [Hg.], Neues allgemeines deutsches Adels-Lexicon, Bd. VII, Leipzig [2]1930, S. 184; *Zedler* 28 [1741], Sp. 855 f; *Jöcher* 3 [1751], Sp. 1633 f; *ders.*, Suppl.-Bd. 6 [1819], Sp. 416; *Meusel* 10 [1810], S. 470 f; *Hirsching* 8 [1806], S. 78 f).

übergegangen waren, sondern daß sie die Ursache für einen wesentlich nüchterneren und bescheideneren Neuanfang in Siegen waren[339].

Während sich Erich Philipp Ploennies - seinem Dienstvertrag entsprechend - bereits im März 1717 unverzüglich an die Vermessung des Territoriums gemacht hatte, siedelte die Familie des inzwischen Fünfundvierzigjährigen vermutlich im Frühling oder Sommer des Jahres 1717 vom Niederrhein nach Siegen über, d.h. in die „nicht sonderlich groß(e)“ Residenzstadt der reformierten sowie zugleich auch der katholischen Grafen von Nassau, in eine Stadt, die sich nach einem Großbrand im Jahre 1695 mit ihren rund 340 Häusern und ihren ca. 2500 bis 3000 Einwohnern anschickte, wieder „das Auge und die Zierde“ des Nassauischen Landes zu werden, wie dies bis dahin der Fall gewesen war[340]. Tatsächlich war Siegen, als Erich Philipp Ploennies sich mit seinen Angehörigen hier 1717 niederließ, keine besonders ansehnliche Stadt, wenngleich sie ihre Bedeutung als Handels- und Gewerbezentrum des Siegerlandes trotz der Krisen des 17. Jahrhundert hatte behaupten können. Siegen war nach wie vor „Hauptumschlagsplatz und gewerblicher Mittelpunkt des Landes“, wo „die Erzeugnisse des städtischen Handwerks an die Bürger verkauft oder vornehmlich gegen landwirtschaftliche Produkte des Landes gehandelt wurden“[341]. Noch immer herrschten hier, wie im ganzen Siegerland, die Zünfte, nach deren Reglements der Abbau von Eisenerzen, die Verhüttung und die Herstellung von (Halbzeug-)Waren betrieben wurde[342], während zur gleichen Zeit mehr und mehr Händler aus dem benachbarten kurkölnischen Westfalen, aus dem Herzogtum Berg, der Grafschaft Mark oder auch aus Köln und Frankfurt im Tausch gegen Textilien, Lebensmittel und Konsumgüter aller Art Siegener Stahl und Eisen zur Weiterverarbeitung aufkauften oder direkt „auf die großen deutschen Märkte und Messen ... trugen“[343]. Doch nicht nur in der überkommenen Zunftverfassung der Gewerbe,

339 Vgl. hierzu bes. Ploennies' von religiöser Verinnerlichung und Separierung zeugendes Schreiben an die Jahresversammlung der Society of Friends in London, [Siegen], 21. Mai 1720 (s. Anh., Dok. 3).

340 Zit. aus „Merians Topographie und das Stadtbild von Siegen 1649“ nach *Trutzhart Irle*, Die Wirtschaft der Stadt Siegen in der Vergangenheit, Siegen 1972, S. 9 sowie aus dem Beileidsschreiben, das die Hohe Schule zu Herborn nach dem Brand von 1695 an die Stadt schickte, hier zit. nach *Wilhelm Güthling*, Geschichte der Stadt Siegen im Abriß, Siegen 1955, S. 50; zur Territorialgeschichte vgl. *Ludwig Bald*, Das Fürstentum Nassau-Siegen. Territorialgeschichte des Siegerlandes (Schriften des Instituts für geschichtliche Landeskunde von Hessen und Nassau, Bd. 15), Marburg 1939 sowie *Franz Petri*, Das Siegerland - geschichtliches Grenzland, in: *ders./Otto Lucas/Peter Schöller*, Das Siegerland. Geschichte, Struktur und Funktionen (Veröffentlichungen des Provinzialinstituts für Westfälische Landes- und Volksforschung, Reihe 1: Wirtschafts- und verkehrswissenschaftliche Arbeiten, H. 8), Münster 1955, S. 5-54, bes. S. 36: „Im 17. und 18. Jh. sank dann auch das Siegerland wieder mehr in den Zustand des deutschen Kleinstaats zurück.“

341 *Irle* (Anm. 340), S. 9.

342 *Hermann Kellenbenz*, Wirtschaft des Sieg-Lahn-Dillgebietes durch die Jahrhunderte, in: *ders. u. Jürgen H. Schawacht*, Schicksal eines Eisenlandes, Siegen 1974, S. 66, 70 f.

343 Ebd.; *Irle* (Anm. 340), S. 9; vgl. hierzu bes. *Helmut Dösseler*, Eisenhandel im südlichen Westfalen und in seiner Nachbarschaft in der vorindustriellen Zeit, in: WF 21 (1968), S. 192-249; sowie *B. Dietz*, Der Handel ... (Anm. 296).

die kaum irgendwelche Neuerungen bzw. marktorientierte Veränderungen zuließ[344], sondern vor allem auch im Brennstoffmangel wurden zu Beginn des 18. Jahrhunderts bereits die Grenzen der traditionellen Siegerländer Eisenwirtschaft offenkundig[345]. Obwohl die Erzförderung - die hauptsächlich in den Gruben nahe von Siegen betrieben wurde - „bei sehr gestiegenen Preisen einen“ vergleichsweise „guten Aufschwung nahm“[346], behinderten die eingeschränkten Brennstoffressourcen der Region, die aufs engste mit den Kapazitäten der Haubergswirtschaft und mit der Menge der von ihr bereitgestellten Holzkohle verknüpft waren[347], das weitere Wachstum der Erzaufbereitung und der Schmiedeeisen- bzw. Stahlproduktion im Siegerland[348]; die Vision eines anhaltenden wirtschaftlichen Wachstums oder zumindest die Hoffnung, noch einmal an die eindrucksvollen Absatzraten des 16. bis frühen 17. Jahrhunderts anknüpfen zu können, waren hier berechtigterweise „von einer heftigen Angst vor Holzverknappung begleitet“[349].

Aus der Sicht des Landesherrn war es daher um so wichtiger, rechtzeitig geeignete Gegenmaßnahmen zur Sicherung des Holzbestandes und zur Aufrechterhaltung der Holzkohleversorgung zu ergreifen. In diesem Zusammenhang sollte als erstes eine de-

---

344 Vgl. hierzu *Richard Utsch*, Die Entwicklung und volkswirtschaftliche Bedeutung des Erzbergbaus und der Eisenindustrie im Siegerland, Görlitz 1913 (ND Kreuztal 1984), S. 35.

345 *Kellenbenz* (Anm. 342), S. 70; *B. Dietz*, An den Grenzen des Wachstums (Anm. 271).

346 *Utsch* (Anm. 344), S. 26.

347 Die für das Siegerland in dieser Zeit typische Haubergswirtschaft war eine eigentümliche Mischwirtschaft, in der „sowohl die Bedürfnisse der Industrie als auch die der Forst- und Landwirtschaft in ... vollendeter Weise aufeinander abgestimmt“ waren: Genossenschaften von 20 bis 50 Mitglieder nutzten die mit Eichen und Birken bewachsenen Mittelgebirgshänge des Siegerlandes, indem sie spätestens nach 18 bis 20 Jahren die Bäume kleinerer Areale fällten, das Holz zu Holzkohle verarbeiteten, die Eichenlohe den allmählich zahlreicher werdenden Gerbereien zur Verfügung stellten und den Boden nun im Wechsel oder in Mischformen für Ackerbau und Viehzucht nutzten. Ein erster Versuch zur Eindämmung des Raubbaus der Wälder und zur Sicherung des Holzkohlebedarfs der heimischen Eisengewerbe wurde durch die Holz- und Waldordnung von 1562 unternommen (*Paul Fickeler*, Das Siegerland als Beispiel wirtschaftsgeschichtlicher und wirtschaftsgeographischer Harmonie, in: Erdkunde. Archiv für wissenschaftliche Geographie 8 [1954], S. 15-51, bes. S. 22-25; vgl. auch *Hans Kruse*, Forstwirtschaft und Industrie im ehemaligen Fürstentum Nassau-Siegen [Holzköhlerei und Löherei], in: Beiträge zur Wirtschaftsgeschichte des Siegerlandes, hg. v. *Friedrich Philippi*, Münster 1909, S. 65-176).

348 *Jürgen H. Schawacht*, Standortprobleme des Siegerländer Wirtschaftsraumes dargestellt am Beispiel der Eisenwirtschaft, in: Natur- und Landschaftskunde in Westfalen 12 (1976), S. 65-71, bes. S. 66.

349 *Joachim Radkau*, Technik in Deutschland. Vom 18. Jahrhundert bis zur Gegenwart, Frankfurt a.M. 1989, S. 62; vgl. hierzu auch *ders.*, Zur angeblichen Energiekrise des 18. Jahrhunderts. Revisionistische Betrachtungen über die „Holznot“, in: VSWG 73 (1986), S. 1-37; *Rolf-Jürgen Gleitsmann*, Rohstoffmangel und Lösungsstrategien: Das Problem vorindustrieller Holzknappheit, in: Technologie und Politik 16, hg. v. *Freimut Duve*, Reinbek 1980, S. 113 ff; in regionalgeschichtlicher Perspektive für das Herzogtum Berg, die Grafschaft Mark und das Siegerland vgl. *Burkhard Dietz*, An den Grenzen des Wachstums (Anm. 271).

taillierte Landesaufnahme die eigentumsrechtlich begründete Verfügungsgewalt über die weitverstreuten Haubergsareale feststellen und dabei zugleich den augenblicklichen ökonomischen Zustand des Landes in allen Einzelheiten, selbst auf den kleinsten Grundstücksparzellen, darstellen; daß aus dieser kartographischen und katastermäßigen Erfassung, mit der Erich Philipp Ploennies im Frühjahr 1717 beauftragt wurde, schon in Kürze - so die ziemlich unrealistische Wunschvorstellung des fürstlichen Initiators[350] - nicht nur wirtschafts- und ordnungspolitische Richtlinien für eine Neugestaltung des Haubergswesens, sondern auch wichtige Folgerungen für die Grundsätze eines neuen und für den Staat effektiveren Besteuerungssystems abzuleiten sein sollten, wurde gewiß als erfreuliche Begleiterscheinung angesehen. Zweitens sollte mit der nur ein Jahr später (1718) erlassenen „Güldenen Jahn-Ordnung" die „Zusammenlegung aller privaten Hauberge einer Gemeinde zu genossenschaftlichem Gesamteigentum" erzwungen „und dessen Neueinteilung in 16 bis 18 Jahresschläge" vorgeschrieben werden[351]; diese Verordnung, deren Ausführung wiederum mit Hilfe der „Ploenniesschen Generallandmessung" sehr gut zu kontrollieren sein würde, hatte das Ziel, den forstwirtschaftlichen Raubbau möglichst direkt zu unterbinden, während der kartographischen Landesaufnahme dagegen eher der Charakter einer indirekt wirkenden grundlagenwissenschaftlichen Arbeit zukam.

Vor diesem Hintergrund dürfte Ploennies seine Generallandmessung des Fürstentums Nassau-Siegen zunächst mit relativ großem Elan vorangetrieben haben. Eigenen Angaben zufolge fing er im März 1717 im Norden des Territoriums „zu Müssen" mit den sogenannten Generalkarten der Ämter an[352], so daß eine entsprechend systematisierte Vorgehensweise von Nord nach Süd nicht ausgeschlossen erscheint. Auf diese Weise zeichnete er für jedes der vier Ämter des Fürstentums Nassau-Siegen, d.h. für das „Amt der vier Dorfschaften", das Amt Freudenberg, das Amt Ferndorf-Krombach und das Amt Hilchenbach, je eine Karte im Maßstab 1 : 38.400 und in der Blattgröße von 36 x 36 cm, wobei er wie bei der „Topographia Ducatus Montani" alle Karten nordete und mit einem feinen Raster von Hilfslinien, die noch deutlich zu erkennen

350 So sind auch die mehrfachen Hinweise des Grafen Friedrich Wilhelm Adolph von Nassau-Siegen auf eine möglichst rasche Fertigstellung der Landesaufnahme in Ploennies' Dienstvertrag zu erklären (HSTA Wiesbaden, Abt. 172, Nr. 4125, fol. 2 ff; vgl. Anh., Dok. 14).

351 *Fickeler* (Anm. 347), S. 25.

352 „Diese 4 General-Charten derer 4 Ämbter des Fürstlichen Nassau-Siegischen-landts, reformirten theils, sind aus befehl des Durchl[auchtigsten] Fürstens und Herrn [,] Herrn Friedrich Wilhelm Adolphs pp. im Martio des 1717 jahrs zu Müssen angefangen ... und im Septembr des 1725 jahrs auf der mittel Hees zu endt gebracht. Worbey aber anzumercken, daß nebst dieser arbeit die neüen Marckbücher (der geschehenen Generalen landtes masung nach) zur neüen römung, ingleichen die hier hinten oder zu endt Specificirte Charten Vieler Dorfschafften sind Verfertiget worden. Siegen den 15. Marty 1726, Erich Philipp Ploennies" (STA Münster, Fürstentum Siegen, Landesarchiv 13, Nr. 17, S. 214; ebd., Reg. Arnsberg, 27/Nr. 789, Karten 1-4). Hierzu und zum folgenden vgl. auch die Untersuchungen von *Wilhelm Güthling*, Die Vermessungen im Siegerland, in: W 27 (1950), S. 47-58; *ders.*, Die Vermessung des Siegerlandes durch Erich Philipp Ploennies 1717-1726 (Siegerländer Beiträge zur Geschichte und Landeskunde, Bd. 1), Siegen 1950.

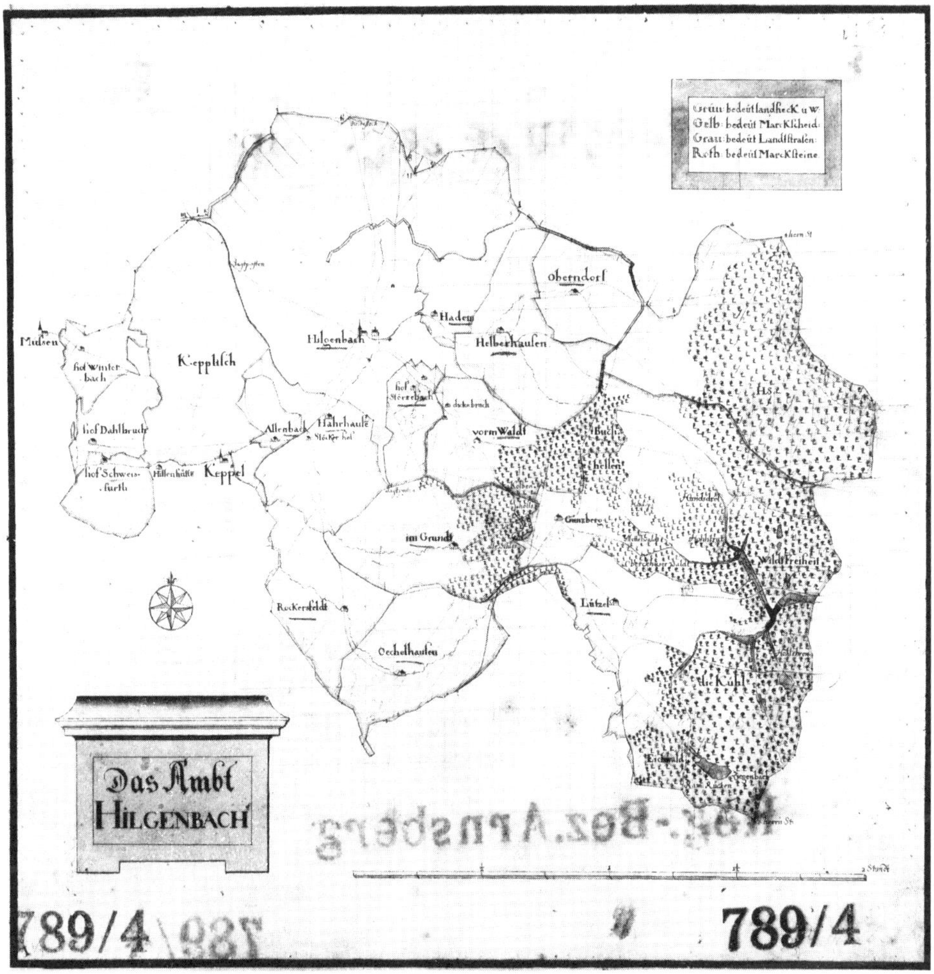

Abb. 38: Das Amt Hilchenbach in einer Karte von Erich Philipp Ploennies (etwa 1720)

sind, überzog. Trotz dieser geringfügigen Gemeinsamkeiten unterscheiden sich die Ämterkarten des Siegerlandes erheblich von denen des Herzogtums Berg, sind sie doch zum einen mit Bezügen zu bestimmten, einheitlich genau festgelegten Darstellungsinhalten farbig gehalten und zum anderen auch wesentlich sauberer und präziser ausgearbeitet, so daß - nicht zuletzt aufgrund des geringeren Verkleinerungsgrades - nahezu jede Eintragung zu verifizieren ist. In der Farbe grün wurden nun (Hoch-)Wälder und Landhecken, in rot Marksteine und Häuser, in grau Straßen und Wege und schließlich in gelb die Gemarkungsgrenzen verzeichnet, die sich optisch damit klar von den Amtsgrenzen abhoben. Kartographisch erfaßt wurden darüber hinaus - und hierin gleichen sich wiederum die beiden Ploenniesschen Kartenaufnahmen - die Dörfer, Ortschaften und Siedlungen mit ihren Kirchen, die Wasserläufe, Mühlen und Hammerwerke (Signatur: H) sowie die Fischteiche und herrschaftlichen Besitzungen (Hs)[353].

Hatte Erich Philipp Ploennies seine Vermessungsarbeit 1717 bei Müsen im Amt Ferndorf-Krombach begonnen, so muß er 1719/20 - jedenfalls dem Ablieferungsvermerk der zugehörigen Karte nach zu urteilen[354] - im Raum Freudenberg tätig geworden sein, um anschließend das Amt Hilchenbach kartographisch aufzunehmen. Dort wohnte Ploennies nämlich um 1721 für einige Wochen im Hause von Eberhard Jung, einem Köhler, der im Dorf Grund bei Hilchenbach zugleich „ein mittelmäßiges Bauergut" hatte und der Großvater von Johann Heinrich Jung-Stilling war[355]. Nach den offensichtlich sehr plastischen und eindringlichen Erzählungen seiner Verwandten, die selbst wohl von der ungewöhnlichen Tätigkeit des Kartographen in ihrer unmittelbaren Umgebung sehr beeindruckt gewesen waren, konnte Jung-Stilling daher später über die Vermessungsarbeiten folgendes berichten: „Der damals regierende Fürst von Nassau-Siegen ließ in der dortigen Gegend (d.h. im Raum Hilchenbach, B.D.) die Waldungen vermessen und in Grundrisse bringen. Er bediente sich dazu des Geheimen Raths von Plönies, der in Siegen privatisirte, ein sehr geschickter Mathematiker ... und ein - wirklich frommer Mann war. Dieser nahm seine Wohnung in unserm Geburtsdörfchen und in meines Großvaters Hause. Er that es darum, weil auch meine Großeltern als christliche Leute bekannt waren. Plönies bediente sich ... bei seinem Geschäfte ... des Kompasses ... oder der Boussole und der Kette. Diese Arbeit", so beschloß Jung-Stilling seinen Bericht aus mündlicher Überlieferung, „zog die ganze Aufmerksamkeit" der Einwohnerschaft „an sich". Kinder und gewiß auch Erwachsene, die hier sowohl in der Wald- und Feldarbeit als auch mit „Kohlenbrennen" ihre Existenz zu sichern suchten, begleiteten Ploennies und schauten ihm neugierig bei der Arbeit zu, die allerdings schon „in einigen Wochen beendigt" war[356].

Parallel zu den Ämterkarten fertigte Ploennies außerdem eine größere Anzahl von Gemarkungskarten, d.h. von Dorfschaften und ihrem Gemeindeland bzw. von herrschaftlichen Besitzungen, im standardisierten Maßstab 1 : 7.200 an, wobei die Blattformate allerdings zwischen 27 x 37 cm und 73 x 74 cm variierten[357]. Nach einem von

---

353 STA Münster, Reg. Arnsberg, 27/Nr. 789, Karten 1-4; Maßstabsangaben nach dem Findbuch des STA Münster; Kopien der vier Ploenniesschen Ämterkarten, die 1814 von Wilhelm Schlungs, einem Bediensteten der Karten- und Vermessungskammer der Regierung Düsseldorf, angefertigt wurden, finden sich ebd., 44/Nr. 755.

354 Die Karte Freudenberg trägt als einzige der Ämterkarten einen Eingangsvermerk, hier: „praesentatum 9. April 1720" (STA Münster, Reg. Arnsberg, 27/Nr. 789, Karte 3).

355 Der nachfolgende Bericht über Ploennies' Vermessungsarbeiten im Raum Hilchenbach ist in der biographischen Skizze überliefert, die Johann Heinrich Jung-Stilling (1740-1817) über seinen gleichnamigen Onkel, der von Beruf Oberbergmeister war, verfaßte (*Johann Heinrich Jung-Stilling*, Johann Stilling. Eine Biographie, in: Taschenbuch für bildende, dichtende und historische Kunst, hg. v. *Aschenberg*, *Borheck*, *Gramberg u.a.*, Bd. 7, Dortmund 1806, S. 152-170, hier S. 153 ff).

356 Ebd.

357 STA Münster, Reg. Arnsberg, 27/Nr. 789, Karten 5-20; Maßstabsangabe nach dem Findbuch des STA Münster.

Ploennies selbst angelegten und überlieferten Verzeichnis wurden bis September 1725 insgesamt 19 solcher Gemarkungskarten auf der Grundlage akribischer Vermessungen hergestellt; von ihnen sind jedoch nur 16 Kartenblätter erhalten geblieben[358]. Durchweg genordet, mit Maßangaben in Siegenschem und/oder Rheinischem Fuß[359], mit Windrosen, ornamental unterschiedlich verzierten Kartuschen und Legenden versehen, in denen die jeweils verwendeten Farben und Abkürzungen erklärt werden, machen die von Ploennies (in Analogie zur Tradition der kleinräumig orientierten „Speziellen Geographie") häufig auch als „Special-Charten" bezeichneten Blätter der Gemarkungsaufnahme einen überaus präzisen Eindruck. Wie aus der systematischen Unterteilung der

---

358 Im einzelnen wurden von den von Ploennies verzeichneten Karten folgende überliefert: aus dem Bereich des Amtes Fernholz-Krumbach die „Specialcharte des Dorfes Crumbach mit seiner Marckung", die Karten „Ferndorf", „Ernsdorf", „Fellinghausen", „Osthellen", „Dornsiefen und Wieden", „Eichen und Stetenbach", „Credenbach", „Buschhütten, Bottenbach und Tillenhütten" und „eine Specialcharte des herrschaftlichen Hofes zum Lohe"; aus dem Bereich des „Ambtes der 4 Dorfschafften" wurden überliefert „eine Specialcharte des Dorfes Clafeldt sambt der Geisweidt" sowie das Kartenblatt von „Buschgotthardshütten sambt dem fürstlichen Thiergarten"; und schließlich sind aus den im Amt Hilchenbach angefertigten Gemarkungskarten noch erhalten „eine Specialcharte des Dorfs Müsen", eine „des Dorfs Lützel sambt denen dazugehörigen herrschaftlichen Waldungen", eine „des Dorfs Günsberg sambt denen herrschaftlichen Waldungen", eine „des Dorfes Vorm Waldt sambt denen herrschaftlichen Waldungen" sowie - last not least - eine Karte von den „beiden K[eppelschen] Höfe[n] Schreibberg und Störzebach" (ebd.).

359 Bei den Ämterkarten gibt Ploennies als Längenmaß durchgehend nur den Siegenschen Fuß (13.400 Siegensche Fuß = 1 Stunde) an. Bei den Gemarkungskarten gibt er jedoch häufig (z.B. bei der Karte des Dorfes „Crumbach" bzw. Krombach, bei der des Dorfes „Clafeldt und der Geisweid", der Karte des Hofes Loh und der des Dorfes Osthellen) neben dem Siegenschen Fuß auch den Rheinischen Fuß als Längenmaß an; dabei entspricht: 1 Stunde = 13.400 Siegensche Fuß = 12.000 Rheinische Fuß. Eine Kontrollmessung in der „Topographia Ducatus Montani" (wo Ploennies den Rheinischen Fuß allerdings im Verhältnis 1 Stunde = 11.000 Rh. Fuß rechnete) zeigte, daß er den zeit- und ortsüblichen Wert eines Rheinischen Fußes mit ca. 318 mm annahm (vgl. *Pfeiffer*, S. 333). Daraus wiederum ergibt sich für die Relation der Längenmaße seiner Generallandmessung des Fürstentums Nassau-Siegen folgendes: 1 Std. = 13.400 Sieg. Fuß = 12.000 Rh. Fuß, wobei 12.000 Rh. Fuß x 318 mm = 3816 m. Die Tatsache, daß Ploennies in den vorliegenden Gemarkungskarten seiner Siegerland-Aufnahme zum Vergleich überhaupt zwei verschiedene Längenmaße angibt, ist aus der Perspektive der historischen Metrologie beachtenswert, läßt sich daraus doch Ploennies' Bemühen um eine größere Präzision und tendenziell auch um den Versuch einer Normung seiner Karten ableiten.
Vgl. hierzu bes. *Harald Witthöft*, Meßrealien und die Tradition nordeuropäischer Maßnormen in Mittelalter und Neuzeit, in: Die historische Metrologie in den Wissenschaften, hg. v. *Harald Witthöft u.a.* (Sachüberlieferung und Geschichte. Siegener Abhandlungen zur Entwicklung der materiellen Kultur, Bd. 3), St. Katharinen 1986, S. 213-225; *ders.*, Längenmaß und Genauigkeit 1660 bis 1870 als Problem der deutschen historischen Metrologie, in: TG 57 (1990), S. 189-210; *Elisabeth Pfeiffer*, Die alten Längen- und Flächenmaße. Ihr Ursprung, geometrische Darstellungen und arithmetische Werte, Teil 1 (Sachüberlieferung und Geschichte. Siegener Abhandlungen zur Entwicklung der materiellen Kultur, Bd. 2/1), St. Katharinen 1986.

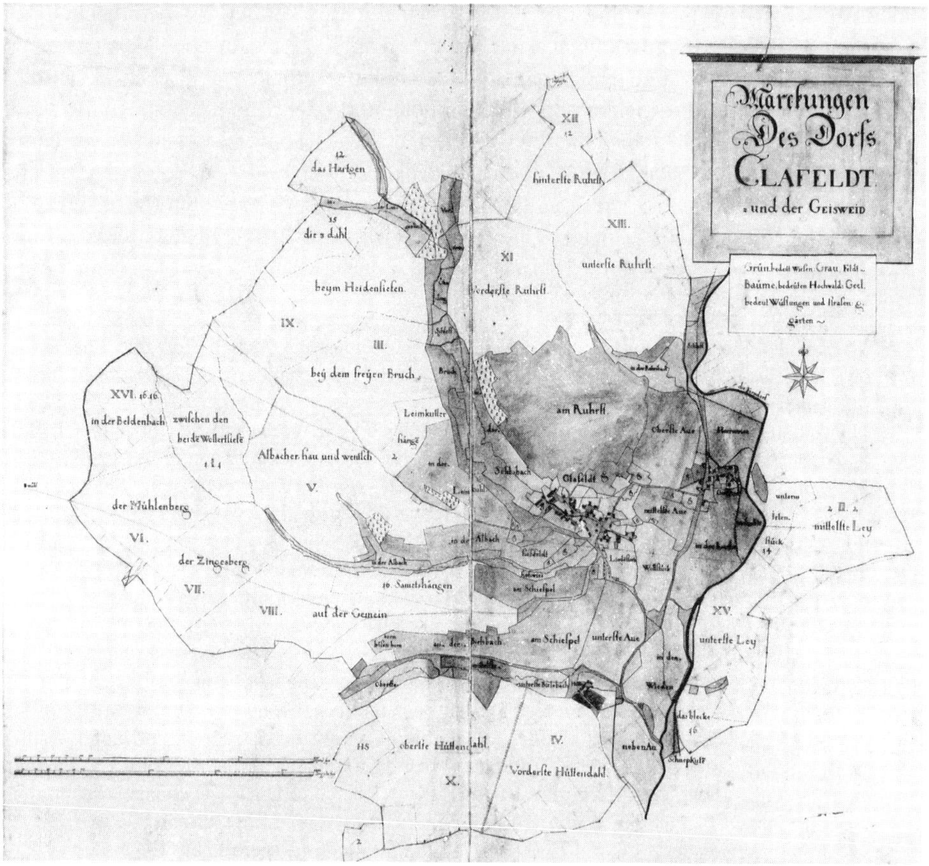

Abb. 39: Die „Marckungen Des Dorfs Clafeldt und der Geisweid" in einer Karte von Erich Philipp Ploennies (um 1720)

Markungen in (durchweg mit Zahlen und Namen versehene) Flurstücke zu erkennen ist, waren alle diese Karten von vornherein so angelegt, daß inhaltliche Querverbindungen zu den vom Fürsten mit in Auftrag gegebenen Markbüchern bzw. Katasterverzeichnissen[360] jederzeit problemlos herzustellen waren. Zwar lassen die katastermäßigen Flureinteilungen die fiskalische Intention dieser Gemarkungskarten deutlich erkennen, doch darf nicht darüber hinweggesehen werden, daß sie zugleich auch außerordentlich wichtige Ergänzungen zu den Ämterkarten, insbesondere Detaildarstellungen zur Lage und Reorganisation der Haubergswirtschaft, aber auch - wie im Falle der Karte des Dorfes Müsen - zu Stollen und Bergwerkseinrichtungen enthalten. Völlig zu Recht hatte Jung-Stilling in seinem Bericht über Ploennies' Arbeit daher hervorgeho-

360 STA Münster, Fürstentum Siegen, Landesarchiv 13, Nr. 1-5, 14/1-13, 17, 18.

ben, daß der Fürst „die Waldungen vermessen und in Grundrisse bringen“ lasse, denn in jeder der 16 überlieferten Gemarkungskarten wurde der wirklichkeitsgetreuen Verzeichnung der „Jähne“, d.h. der kartographischen Erfassung der neuen Bewirtschaftungsparzellen der Hauberge, deren Einrichtung 1718 zur Unterbindung des Raubbaus in den Wäldern zwangsweise verordnet worden war[361], größte Aufmerksamkeit geschenkt. Sorgfältigst durchnumeriert und wie bei den Flur- und sonstigen Geländestücken mit den vor Ort üblichen Bezeichnungen versehen, dominieren die weiß belassenen Flächen der Hauberge die topographische Szenerie und fallen dem Betrachter neben den mit Baumsignaturen gekennzeichneten Hochwäldern, den grauen Äckern und Feldern, den grünen Wiesen und der in derselben Farbe gehaltenen Landhecke, den gelben Wüstungsflächen und Straßen sowie auch neben den mit Buchstaben markierten Gärten, herrschaftlichen oder gemeindlichen Besitzungen sofort ins Auge. Die farbliche Gestaltung hat dabei aber nicht nur den großen Vorteil, daß die dargestellten Flächen und Objekte insgesamt schneller zu identifizieren und voneinander zu unterscheiden sind, sondern sie lassen nach dem von Ploennies vorgegebenen Farbenraster auch den optischen Eindruck der dreidimensionalen topographischen Geländeformation aufscheinen. Zwar sind noch keine Höhenlinien eingezeichnet, doch trägt schon die einheitlich bei allen Karten durchgehaltene farbliche Differenzierung in erheblichem Maße dazu bei, daß tief, höher und hoch gelegene Geländeteile - also zum Beispiel Täler bzw. Niederungen, Hügel und Berge - realitätsgetreuer abgebildet und wahrgenommen werden können. Mit dieser Darstellungsmethode stellte Ploennies einmal mehr unter Beweis, daß er auf dem Gebiet der Landesaufnahmen tatsächlich einer der führenden Kartographen seiner Zeit war[362].

Integraler Bestandteil der „Ploenniesschen Generallandmessung des Fürstentums Nassau-Siegen“ waren darüber hinaus aber auch verschiedene Akten, nämlich erstens Haubergsverzeichnisse, zweitens Markbeschreibungen und drittens Markbücher[363]. Sie ergänzten die kartographische Landesaufnahme, indem die Haubergsverzeichnisse, die um 1718 von allen Gemeinden des Territoriums angefertigt wurden, die „Einteilung aller Berge im ganzen Land des reformirten Fürsten, wie sie ahnjezo wieder in güldene Jähne und Haugstücken seynd gebracht worden“[364], mit Name, Lage und Bewirtschaftungsjahr erfaßten und die Realisierung der „Güldenen Jahn-Odnung“, d.h. die fast gleichzeitig verordnete Zusammenlegung der Hauberge zu größeren genossenschaftlichen Arealen, dokumentierten. Die Markbeschreibungen ergänzen die Ämterkarten, indem sie mit Worten und mit Hilfe der Aufzählung markanter topographischer Orientierungspunkte den genauen Verlauf der Gemarkungsgrenzen sämtlicher Dörfer und Höfe zu skizzieren suchen; Ploennies selbst formulierte, die Markbeschreibungen seien „von mal zu mal ganz genau und accurat eingerichtet“ worden und stellten die Grenzen exakt so dar, wie sie „in gegenwardt des Receptors ... sambt etlichen Schöffen und Vorstehern jener gemeindten, der gemarck umbzug und besichtigung“ als richtig fest-

361 Vgl. *Fickeler* (Anm. 347), S. 25.
362 S. hierzu auch meine Ausführungen in Kap. 4.
363 STA Münster, Fürstentum Siegen, Landesarchiv 13, Nr. 1, 1a, 2, 3, 5, 14, 17, 18.
364 Ebd., Nr. 1a.

gestellt worden seien[365]. Eine dritte und letzte aktenmäßige Ergänzung erfuhren die von Ploennies angefertigten Karten schließlich durch die Markbücher bzw. durch jene Verzeichnisse, die die Vermessungen in verschiedenen Gemeinden weiter spezifizierten und die - unter weitgehendem Ausschluß der Hauberge - die Eigentümer von Grund und Boden, von Hausparzellen, Gärten, Feldern, Wiesen, Weiden und (Hoch-)Waldstücken einzeln auflisteten und die Größe des jeweiligen Besitzes in Ruten und Viertelruten festhielten[366]. Diese Markbücher dokumentieren aber auch die Art und Höhe der Steuerabgaben (die Ploennies und seine Mitarbeiter entweder durch Befragungen bei der Einwohnerschaft ermittelten oder die sie auf der Grundlage von selbst durchgeführten „Lage"-Beurteilungen neu in „Anschlag" brachten) sowie den Bebauungszustand einzelner Dörfer, wobei vor allem die Anzahl von Gebäuden, Kirchen, Pfarr-, Schul- und Junkerhäusern in gesonderten Beschreibungen statistisch erfaßt und die Frage der Besteuerbarkeit festgestellt bzw. in jedem Einzelfall analysiert wurde[367].

Die doppelte Aufgabe, die die Ploenniessche Generallandmessung des Fürstentums Nassau-Siegen zu erfüllen hatte, nämlich zum einen die Reform des Haubergswesens bzw. die Umsetzung der „Güldenen Jahn-Ordnung" zu kontrollieren und zum anderen die Grundlagen des Besteuerungssystems durch die Anlage eines Katasters zu aktualisieren und zu effektivieren[368], diese doppelte Aufgabe war von insgesamt nur vier Landmessern selbst mit großem Engagement und erhöhten Anstrengungen offensichtlich nicht in der ursprünglich gewünschten Schnelligkeit zu erledigen, dies, obwohl alle überlieferten Daten auf ein außerordentlich rasches Fortschreiten der oftmals parallel nebeneinander herlaufenden Arbeiten an den verschiedenen Karten und Verzeichnissen hinweisen. Immerhin hatte die kleine, aber relativ effizient arbeitende Gruppe um Erich Philipp Ploennies 1722, als mit Graf Friedrich Wilhelm Adolph von Nassau-Siegen der Initiator und wichtigste Mentor des ehrgeizigen und kostspieligen Unternehmens starb, rund ein Drittel der in Auftrag gegebenen Karten und Verzeichnisse angefertigt. Gleichwohl dürfte der Nachfolger, der noch nicht 16jährige Friedrich Wilhelm (1706-1734), für den zunächst eine vormundschaftliche Regierung bestellt werden mußte[369], schließlich nicht mehr bereit gewesen sein, die Vermessung seines Territori-

365 Ebd., Nr. 5.

366 Markbücher wurden nicht von allen Gemeinden Nassau-Siegens angefertigt, sondern nur von: Krombach, Ferndorf, Klafeld, Geisweid, Gosenbach, Achenbach, Niederschelden, Hilchenbach, Haarhausen und Stöcken, Helberhausen und Öchelhausen, Büschergrund mit dem Halmenhof, Niederndorf, Dirlenbach und Bühl-Oberholzklau (STA Münster, Fürstentum Siegen, Landesarchiv 13, Nr. 14/1-13, Nr. 17 u. 18). Die Markbücher von Allenbach und Grund befinden sich in Privatbesitz (vgl. *Wilhelm Güthling*, Das Markbuch des Dorfes Grund von etwa 1720, in: Siegerland 38 [1961], S. 91-100); weitere Unterlagen seiner Vermessungsarbeiten befanden sich noch 1787 im Nachlaß von Erich Philipp Ploennies (vgl. Nachlaßverzeichnis, HSTA Wiesbaden, Abt. 173, Nr. 1691, fol. 3-7'). Sowohl Gemarkungskarten als auch Markbücher wurden also nur von Ferndorf, Krombach, Klafeld und Geisweid angefertigt.

367 STA Münster, Fürstentum Siegen, Landesarchiv 13, Nr. 17.

368 *Güthling*, Die Vermessungen im Siegerland (Anm. 352), S. 57.

369 *Karl E. Demandt*, Geschichte des Landes Hessen, Kassel [2]1972, S. 424.

ums - möglicherweise wegen der Personalkosten und der erhöhten Bezüge von Ploennies[370] - fortsetzen zu lassen. Am 26. März 1726 mußte Ploennies, der zu dieser Zeit noch ganz mit den Vermessungen in den Gemeinden und mit der Vervollständigung der Katasterlisten beschäftigt war, daher auch sein zweites großes geodätisches Projekt endgültig abbrechen[371]. Durch ihre fein aufeinander abgestimmten und sich gegenseitig hervorragend ergänzenden Einzelteile, vor allem durch die exakte Darstellung der Grenzen, durch die mikrotopographischen Aufnahmen der Gemarkungen und die Anfertigung der ersten Katasterverzeichnisse war die Generallandmessung des reformierten Fürstentums Nassau-Siegen zwar von vornherein wesentlich differenzierter und präziser angelegt als die 1715 abgeschlossene „Topographia Ducatus Montani" (die dagegen vergleichsweise oberflächlich, dafür aber einheitlicher oder gar wie ein ‚Kunstwerk' wirkte), grundsätzlich verfolgte sie jedoch fast die gleichen ökonomisch-fiskalischen Ziele. Wie seine letzte kartographische Arbeit deutlich zeigt, hatte Ploennies bei der Vermessung des Herzogtums Berg überaus wichtige technische und konzeptionelle Erfahrungen sammeln können, Erfahrungen, die ihn dann schon wenig später in die Lage versetzen sollten, dieselben Fragen, nämlich die Fragen des souveränen Fürsten nach dem gegenwärtigen ökonomisch-fiskalischen Kräftehaushalt seines Territoriums, wesentlich genauer und differenzierter zu beantworten. So hinterließ Ploennies im Siegerland wie schon zuvor im Bergischen eine Landesaufnahme, die aufgrund ihrer Präzision noch lange Zeit später, nämlich bis in die 1770er und 1780er Jahre hinein, unangefochten Gültigkeit besitzen sollte[372], eine Landesaufnahme aber auch, die für die Wirtschafts- und Sozialgeschichte der Region bis heute eine äußerst wertvolle Quelle darstellt.

---

370 HSTA Wiesbaden, Abt. 172, Nr. 4125, fol. 2-3'. Laut Bestallungsurkunde vom 24. Mai 1717 (s. Anh, Dok. 2) sollte Ploennies während der Vermessungsarbeit 400, sonst nur 300 Reichstaler als Jahresgehalt beziehen; folglich wurde sein Gehalt nach dem Abbruch der Generallandmessung entsprechend heruntergesetzt (HSTA Wiesbaden, Abt. 172, Nr. 4125, fol. 4-5'). Am 12. Juni 1730 wurde Ploennies' Besoldung allerdings wieder um 100 Frankfurter Gulden = 100 Reichstaler erhöht (HSTA Wiesbaden, ebd., fol. 1); *Nelckenbrechers* Taschenbuch der Münz-, Maaß- und Gewichtkunde für Kaufleute, Berlin 1796, S. 29, 284).

371 Vgl. Ploennies' eigene Datierung im Abschlußbericht (Anm. 352).

372 Nach Ploennies führte in Nassau-Siegen zuerst ein gewisser J. H. v. Pfau vereinzelte Messungen von herrschaftlichen Höfen durch (1763), dann folgte Johann Heinrich Schenck, der 1774 „eine Karte der Hauberge im Gebiet zwischen Oberfischbach und Oberschelden" anfertigte und der darüber hinaus eine Karte des gesamten Fürstentums Nassau-Siegen entwarf; sie wurde allerdings erst 1788 von J. Georg Weber ins Reine gezeichnet (vgl. *Güthling*, Die Vermessungen im Siegerland [Anm. 352], S. 58).

3.6 Alter, Krankheit und religiöse Verinnerlichung

Nach dem Abbruch der Generallandmessung im reformierten Fürstentum Nassau-Siegen im Jahre 1726 konnte sich Erich Philipp Ploennies nunmehr ausschließlich auf seine Aufgaben und Pflichten als Baudirektor konzentrieren, d.h. auf eine Funktion, die ihn schon zuvor in nicht geringem Maße in Anspruch genommen hatte. So leitete er beispielsweise bis zu seiner endgültigen Fertigstellung den Bau des Unteren Schlosses in Siegen, der Residenz der reformierten Fürsten von Nassau. Sie war 1695, bei dem letzten großen Brand der Stadt, völlig zerstört worden, und der 1698 begonnene Wiederaufbau war bis 1717 offenbar nur recht schleppend vorangekommen, so daß Ploennies nach seinem Amtsantritt versuchen mußte, auch diese Arbeiten, deren Ausführung er vornehmlich dem ihm unterstellten Baumeister überließ, zu forcieren. Auf diese Weise wurde innerhalb von etwa fünf Jahren eine in erster Linie „dem Charakter des Fürsten Friedrich Wilhelm Adolph", aber wohl weniger den bescheidenen finanziellen „Verhältnisse(n) des kleinen Landes" entsprechende „großartige Schloßanlage" fertiggestellt, die in ihren Bauformen zwar nüchtern wirkte, jedoch aufgrund „der Verteilung der Baumassen und der großzügigen Anlage des Schloßplatzes" als „eine durchaus beachtenswerte baukünstlerische Leistung" anzusehen war[373]. Wie aus einer älteren Untersuchung zur Baugeschichte des Unteren Schlosses in Siegen hervorgeht, war „sein nördlicher Flügel auf die Stadtmauer gesetzt" worden, so daß das Gebäude einerseits die „aus dem Fels heraus wachsende Mauer gewaltig" in der Höhe überragte und andererseits „dem Stadtbild einen wirksamen Abschluß nach dem Tale" hin gab, denn es schob sich nun - so die Worte des Architekturhistorikers - „wie ein Riegel vor das Gewirr der Altstadthäuser"[374].

Hatte Ploennies mit dem Unteren Schloß zu Siegen „das letzte kraftvolle Lebenszeugnis des nassauischen Geschlechts im Siegerland" vollendet[375], so war er darüber hinaus offenbar auch mit dessen technischer Ausstattung betraut. Darauf deutet jedenfalls die von seiner Hand stammende Zeichnung eines Zirkulationsofens hin, der Ploennies' Auffassung nach „einen guten effect" hatte, weil durch ihn „mit wenigem holz das gemach kan gewärmt werden"[376]. Außerdem entwarf Ploennies einen neuen Anbau zum Wirtschaftsteil des Oberen Schlosses[377]; im Amt Hilchenbach, genauer gesagt in der Nähe der ehemaligen Burg Ginsberg bei dem Dorf Grund, errichtete er nach eigenen Plänen einen gräflichen Gutshof[378], und er dokumentierte den architekto-

373 *Hans Kruse*, Das Untere Schloß zu Siegen. Ein Beitrag zu seiner Baugeschichte (II), in: Siegerland 8 (1926), S. 104-111, hier S. 110.

374 Ebd.

375 Ebd.

376 Vgl. Ploennies' Zeichnung eines Zirkulationsofens (HSTA Wiesbaden, Abt. 3011, Nr. 2392).

377 S. hierzu Ploennies' Vorstudie zu einem Anbau an den Wirtschaftsteil des Oberen Schlosses zu Siegen (HSTA Wiesbaden, Abt. 3011, Nr. 2481).

378 Vgl. Grundriß eines von Ploennies errichteten Neubaus beim gräflichen Wirtschaftshof Ginsberg im Siegerland (STA Münster, Fürstentum Oranien-Nassau, II D, Nr. 511, fol. 49 sowie die dazugehörigen Korrespondenzen ebd., fol. 30-32).

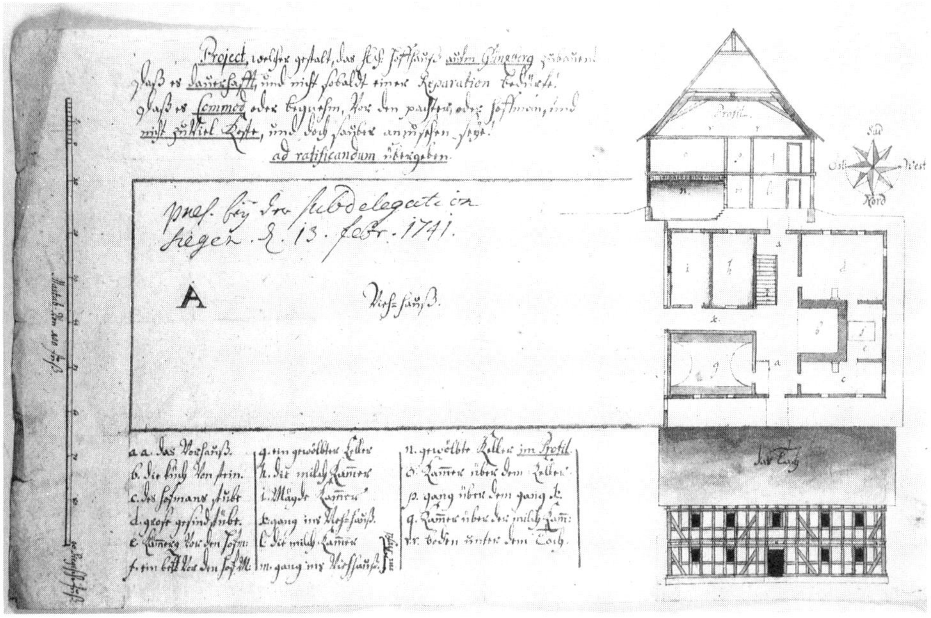

Abb. 40: Grundriß, Querschnitt und Außenansicht des von Erich Philipp Ploennies errichteten gräflichen Wirtschaftshofes Ginsberg im Fürstentum Nassau-Siegen; eigenhändige Skizze von Ploennies, datiert auf den 13. Februar 1741.

nischen und technischen Zustand der Mühle zu Müsen, von der er Grund- und Aufrisse anfertigte und deren Getriebewelle er zeichnete[379].

All diese Aktivitäten, vor allem die umfangreichen Baumaßnahmen am Unteren Schloß, die unter seiner Regie durchgeführt wurden, verdeutlichen, daß Ploennies als leitender Baumeister von Nassau-Siegen voll und ganz ausgelastet war und daß die erneute Anhebung seiner Jahresbesoldung im Juni 1730 (sie war nach dem Abbruch der Vermessungsarbeiten in den späten 1720er Jahren vorübergehend und unter Verstoß gegen Ploennies' Einstellungsvertrag von 1717 nicht um 100, sondern um 200 Reichstaler, d.h. um nicht weniger als die Hälfte gekürzt worden[380]) auf 300 Reichstaler selbst in den Augen des Landesherrn gerechtfertigt erschien[381]. Gleichwohl pflegte

379 Plan, Profil und Getriebewelle der Mühle zu Müsen im Siegerland nach Zeichnungen von Erich Philipp Ploennies (HSTA Wiesbaden, Abt. 3011, Nr. 2801, fol. 3 u. 1).

380 Vgl. hierzu die entsprechende Vereinbarung in Ploennies' Bestallungsurkunde vom 24. Mai 1717 (HSTA Wiesbaden, Abt. 172, Nr. 4125, fol. 2-3'); s. auch Ploennies' Bericht an die nassau-oranischen Räte des Siegener Unterdirektoriums über sein Dienstverhältnis in der Grafschaft Nassau-Siegen und die Art seiner Besoldung bis 1742, Siegen, 5. April 1742 (ebd., fol. 4 u. 5').

381 Verfügung des Grafen Friedrich Wilhelm von Nassau-Siegen über die Erhöhung von Ploennies' Besoldung, Charlottental, 12. Juni 1730 (HSTA Wiesbaden, Abt. 172, Nr. 4125, fol. 1).

Ploennies - wie verschiedene Schreiben aus den 1730er Jahren belegen[382] - nach wie vor den Kontakt zu Ernst Ludwig von Hessen-Darmstadt; ihm war er in Erinnerung an die gemeinsamen mathematisch-naturwissenschaftlichen Interessen noch über Jahrzehnte nach seinem überstürzten Weggang aus Gießen verbunden geblieben, ihm versicherte er immer wieder seine tiefe Dankbarkeit und Ergebenheit, ihm offerierte er ständig neue, angeblich verbesserte medizinische Präparate, und ihm erteilte er therapeutische Ratschläge, die er bewußt als Alternativen zu jener ‚Schulmedizin' verstanden wissen wollte, wie sie von den Leibärzten des hessen-darmstädtischen Fürsten, von den seiner Meinung nach verachtenswürdigen „Sophisten“ und „Canalien“ mit ihrem „unerträgliche(n) Hochmuth“, ihrem „abscheüliche(n) Neidt“ und ihrer „falschheit“, praktiziert wurde[383]. Seinem ehemaligen Dienstherrn vertraute Ploennies in seinen Briefen aber auch recht persönliche Dinge und Einschätzungen an, etwa die Information, daß er dem 1734 verstorbenen Grafen Friedrich Wilhelm von Nassau-Siegen 1000 Reichstaler „geliehen ... und daVor eine herrschaftliche wieß zur hypotheq bekommen“ habe, daß er aber „biß dato“ weder die vereinbarte Rückzahlungsrate noch die ganze Summe erhalten habe[384]. Im übrigen stunde man ihm - und damit beschrieb er die Finanzlage des seit 1735 von Nassau-Dillenburg und Nassau-Diez verwalteten Territoriums wohl ziemlich genau[385] - seit einiger Zeit seine Besoldung, aber dem „jezigen Fürsten zu Dillenburg Christian“ (1688-1739), der sich „die Administration hiesigen landes ... anzumasen“ anfange und von dem er „ungerecht und GottsVergessen“ behandelt werde, habe er auf der Siegener Kanzlei auf die Frage, ob er denn auch „ferner dem hauße Nassau dienen wolle“ und ob er „eine höhere Charge und grösere gage Verlangete“[386], lapidar geantwortet, er sei selbst noch im Alter von mittlerweile 64 Jahren „gesonnen, ... dem hauße Nassau ferner zu dienen“ und wolle sich „mit dem wenigen begnügen ..., was bißhero genossen“. Er habe „also keine höhere bedienung“ verlangt, sondern nur noch mahnend hinzugefügt, daß er „Gott und dem nechsten genugsam bey dieser jezigen dienen könte“[387].

Daß diese letzte Bemerkung nicht von ungefähr kam, sondern tatsächlich Ausdruck von Ploennies' besonders genügsamer Lebensführung und tiefer Religiosität war, belegen zwei weitere Quellen, nämlich erstens jenes amtlich besiegelte Schreiben vom 1. Dezember 1744, mit dem die Stadt Siegen bestätigte, daß ihr das Ehepaar Ploennies

---

382 Vgl. hierzu die verschiedenen überlieferten Schreiben von Ploennies an Landgraf Ernst Ludwig von Hessen-Darmstadt (STA Darmstadt, D 4, Nr. 362/3, fol. 12-13, 14-15, 16-17).

383 E. P. Ploennies an Landgraf Ernst Ludwig von Hessen-Darmstadt, 17. April 1730 (STA Darmstadt, D 4, Nr. 362/3, fol. 12).

384 E. P. Ploennies an Landgraf Ernst Ludwig von Hessen-Darmstadt, Siegen, 7. Jan. 1737 (STA Darmstadt, D 4, Nr. 362/3, fol. 16').

385 *Demandt* (Anm. 369), S. 424; *Götze*, Art. „Christian, Fürst zu Nassau-Dillenburg“, in: ADB 4 (1876), S. 171.

386 Vgl. Anm. 384.

387 Ebd.

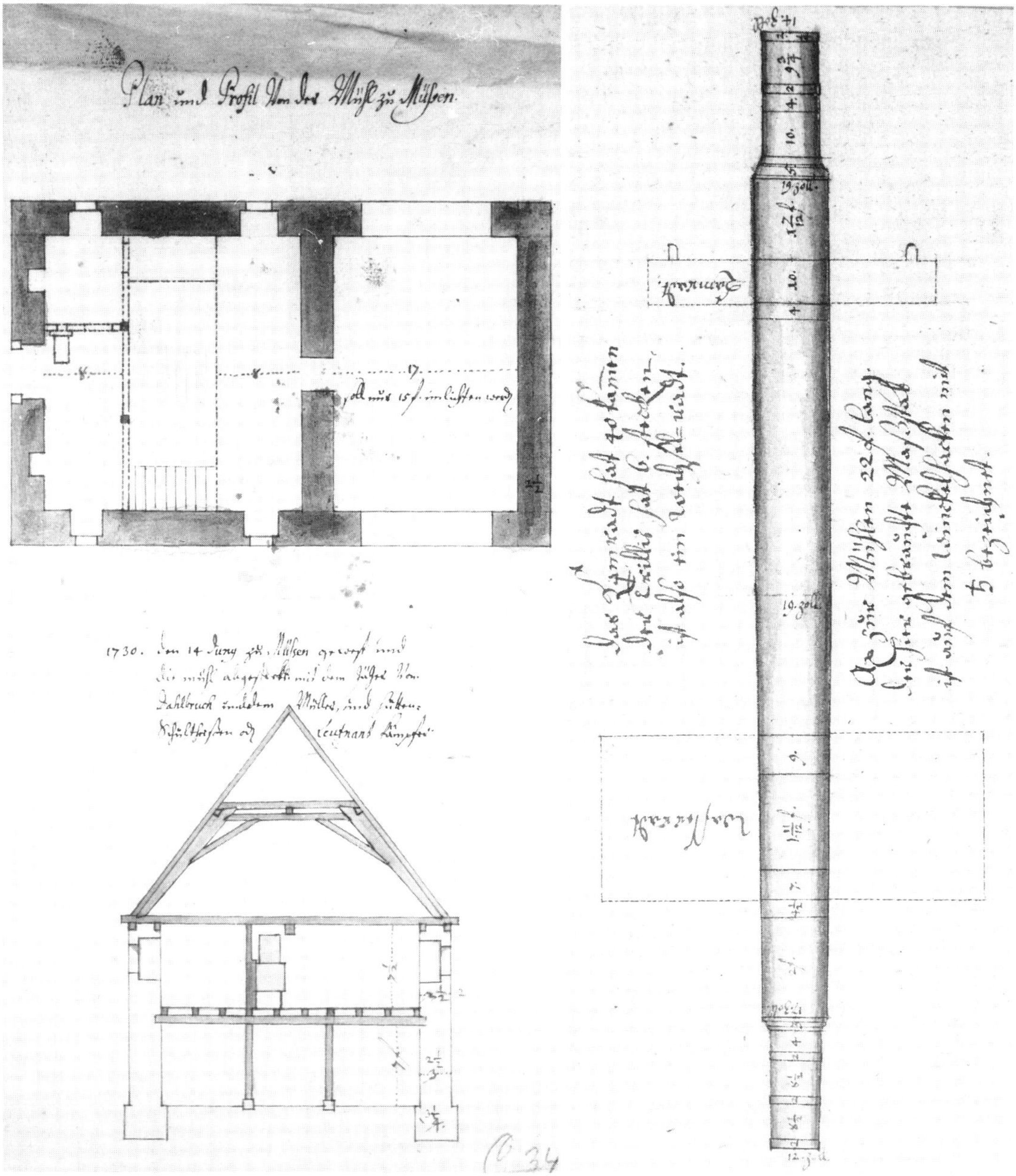

Abb. 41: Grundriß, Querschnitt und Getriebewelle der Mühle zu Müsen im Fürstentum Nassau-Siegen; Zeichnungen von Erich Philipp Ploennies aus dem Jahre 1730

mit einer jährlichen Verzinsung von 3 Prozent „neunhundert Rthlr. ahn guten gangbahren goldSorten in einer ... Summe baar Vorgeschoßen und geliehen" hatte[388]; angesichts eines zunächst Ende der 1720er Jahre, dann wiederum seit Mitte der 1730er Jahre verminderten Einkommens war die Ausgabe einer solchen zweiten Anleihe (neben der in Höhe von 1000 Reichstaler an das Haus der Fürsten von Nassau-Siegen) gewiß nur aufgrund einer überaus bescheidenen und zurückgezogenen Lebensführung möglich. Zweitens kann die strenge Religiosität und Genügsamkeit, in der der „wirklich fromme Mann" (J.H. Jung-Stilling)[389] Erich Philipp Ploennies schon seit geraumer Zeit in Siegen lebte, sehr gut durch einen eigenhändigen, in lateinischer Sprache verfaßten Brief belegt werden, den Ploennies im Mai 1720 der Zentrale des europäischen Quäkertums in London, genauer gesagt dem für Mitteleuropa zentralen Beratungs- und Entscheidungsgremium der Quäker, der Jahresversammlung der sog. „Society of Friends", zukommen ließ[390]. In diesem Schreiben bekannte Ploennies, Anhäger des Quäkertums zu sein und insbesondere durch die Lektüre von Robert Barclays (1648-1690) „Apologie", der seinerzeit wichtigsten systematisch-theologischen Schrift dieser Glaubensrichtung aus dem Jahre 1676, sowie durch die kathechistischen Traktate des literarischen Popularisten William Shewen (1631-1695) mit der Lehre des in jedem Menschen schlummernden „Inneren Lichts" eines wahren und strengen puritanischen Christentums in Verbindung gekommen zu sein[391]. Ploennies hatte 1720 geschrieben, die durch Barclay und Shewen verbreitete „wahrhaft christliche ... Lehrmeinung" sei schließlich nicht nur bis zu ihm „gelangt, sondern es hat mich auch deren Aufrichtigkeit zu völliger Zustimmung antreiben können; das Licht Eurer Gelehrsamkeit", und damit sprach er das Gremium der in London vereinigten und von dort aus auch missionierenden Quäkergemeinden Europas ganz allgemein an, „das auch in der Dunkelheit unseres Zeitalters leuchtet, habe ich mit großer Freude umarmt. Jenes Innere Licht, das alle Menschen, die auf diese Welt kommen, beleuchtet, gab mir nämlich ein sicheres Zeugnis, daß wir den Retter in uns haben und daß das Wort in die Herzen aller eingeschrieben ist. Daher habe ich mich bis jetzt gewundert, daß die Menschen Christus ängstlich aber außerhalb [von sich selbst] suchen, obwohl er doch ihnen selber näher ist."[392]

Mit diesen Ausführungen wies sich Ploennies tatsächlich als intimer Kenner der Quäkertheologie aus, jener protestantischen Glaubenslehre, die sich schon seit dem En-

---

388 Schuldverschreibung der Stadt Siegen über eine Anleihe in Höhe von 900 Reichstalern in Gold bei den Eheleuten Ploennies, Siegen, 1. Dez. 1744 (StA Siegen, Nr. 2720, Ausfertigung mit Siegel).

389 *Johann Heinrich Jung-Stilling* (Anm. 355), S. 154.

390 E. P. Ploennies an die Jahresversammlung der Society of Friends in London - Bekenntnis zum Quäkertum, [Siegen], 21. Mai 1720 (Anh., Dok. 3).

391 *Leslie Stephen*, Art. „Robert Barclay", in: DNB 1 (1921/22), S. 1087-1090; *Martin Schmidt*, Art. „Robert Barclay", in: RGG 1 (1957), Sp. 870; *Leif Eeg-Olofsson*, The Conception of the Inner Light in R. Barclay's Theology, Lund 1954; *M. Ch. Cadbury*, Robert Barclay. His Life and Work, London 1912; zu William Shewen vgl. *Charlotte Fell-Smith*, Art. „William Shewen", in: DNB 18 (1921/22), S. 104.

392 Ploennies (Anm. 390), s. Anh. Dok. 3.

de des 17. Jahrhunderts durch eine konsequent antikirchliche, humanistische und pazifistische Grundhaltung auszeichnete und durch die Verweigerung des Kriegsdienstes, des Eides gegenüber hoheitlichen Institutionen und Amtsträgern sowie durch die Ablehnung von Steuerabgaben an den Staat immer wieder zu obrigkeitlichen Strafmaßnahmen und Repressalien Anlaß gab[393]. Offensichtlich teilte Ploennies nicht nur die rein theologischen Überzeugungen des Quäkertums, sondern auch die daraus abgeleiteten radikalen moralischen Positionen, die Mäßigungs- und Enthaltsamkeitspostulate, die besondere Betonung der tätigen Nächstenliebe bzw. des Engagements für die sozial Degradierten der absolutistischen Gesellschaft, die Armen und Kranken, die ausgesprochene Bildungsbeflissenheit der Quäker und die strikte Zurückweisung jeglicher staatlicher oder kirchlicher Gängelungsversuche. Von daher war es nicht ungewöhnlich, wenn Ploennies gegen Ende seines Briefes die Adressaten mahnte, „in der Liebe zu Gott und zum Nächsten mehr und mehr zu erglühen", und wenn er sie aufmunternd daran erinnerte, daß „diese Liebe ... der Inbegriff der ganzen christlichen Religion und das alleinige Merkmal eines wahren Christen" sei, denn nur diese Liebe zu Gott - so Ploennies weiter - ermögliche es den Quäkern, „eine demütige Lebensweise zu wählen", „die Schwächen für unsere Nächsten geduldig zu ertragen", „einem netten Nächsten mit freundlichen Worten zu antworten", „einem bedürftigen Bruder zu helfen" und insgesamt nie hartherzig zu sein[394].

Mit dieser besonderen religiösen Grundeinstellung sind aber auch manche von Ploennies' geradezu kühn und unerschrocken wirkenden Äußerungen gegenüber dem regierenden Fürsten Ernst Ludwig von Hessen-Darmstadt zu erklären, dem Ploennies u.a. 1737 Vorhaltungen darüber machte, daß in seinem Territorium ein schwunghafter Handel mit Ämtern betrieben werde: Seinem ältesten Sohn sei kürzlich für die enorm hohe Summe von 5000 Gulden, die sogar offiziell „unter dem nahmen einer Verehrung für die fürstliche Chatoull" verbucht werden sollten, eine Kanzleistelle in einem oberhessischen Amt angeboten worden; es könnte zwar sein, so räumte Ploennies immerhin diplomatisch ein, „daß Ewer Hochfürstliche Durchlaucht Von solchen sündlichen appendice", d.h. Vorgängen, „vielleicht gar nichts wissen", aber grundsätzlich halte er „es Vor ein greüel" - und es sei nicht zuletzt „auch Vor Gott ein greüel", fügte er mit Nachdruck hinzu - „bedienungen zu verkaufen ... oder durch andere bedingungen an diejenige zu geben, die darein willigen [,] dann der Arme wird auf solche art gänzlich zurückgesezt ... und also aller beneficien", d.h. Verdienstmöglichkeiten, „beraubet".

---

393 Vgl. hierzu bes. *Harold Loukes*, Die Quäker, Stuttgart 1965, Kap. V, IX (S. 76 ff, 128 ff); *Heinrich Otto*, Werden und Wesen des Quäkertums und seine Entwicklung in Deutschland, Wien 1972, S. 42 ff; *Konrad Algermissen*, Art. „Quäker", in: LThK 8 (1963), Sp. 912 ff; *Paul Held*, Art. „Quäker", in: RGG 5 (1961), Sp. 728-733; *John W. Graham*, Der Glaube eines Quäkers, Leipzig 1926, S. 129-149; *Leonhard Hugh Doncaster*, Art. „Friends, Society of", in: Encyclopaedia Britannica 9 (1962), S. 846-49; *William C. Braithwaite*, The Second Period of Quakerism, hg. v. *Henry J. Cadbury*, Cambridge 1961, S. 275-278.

394 Ploennies (Anm. 390), s. Anh. Dok. 3.

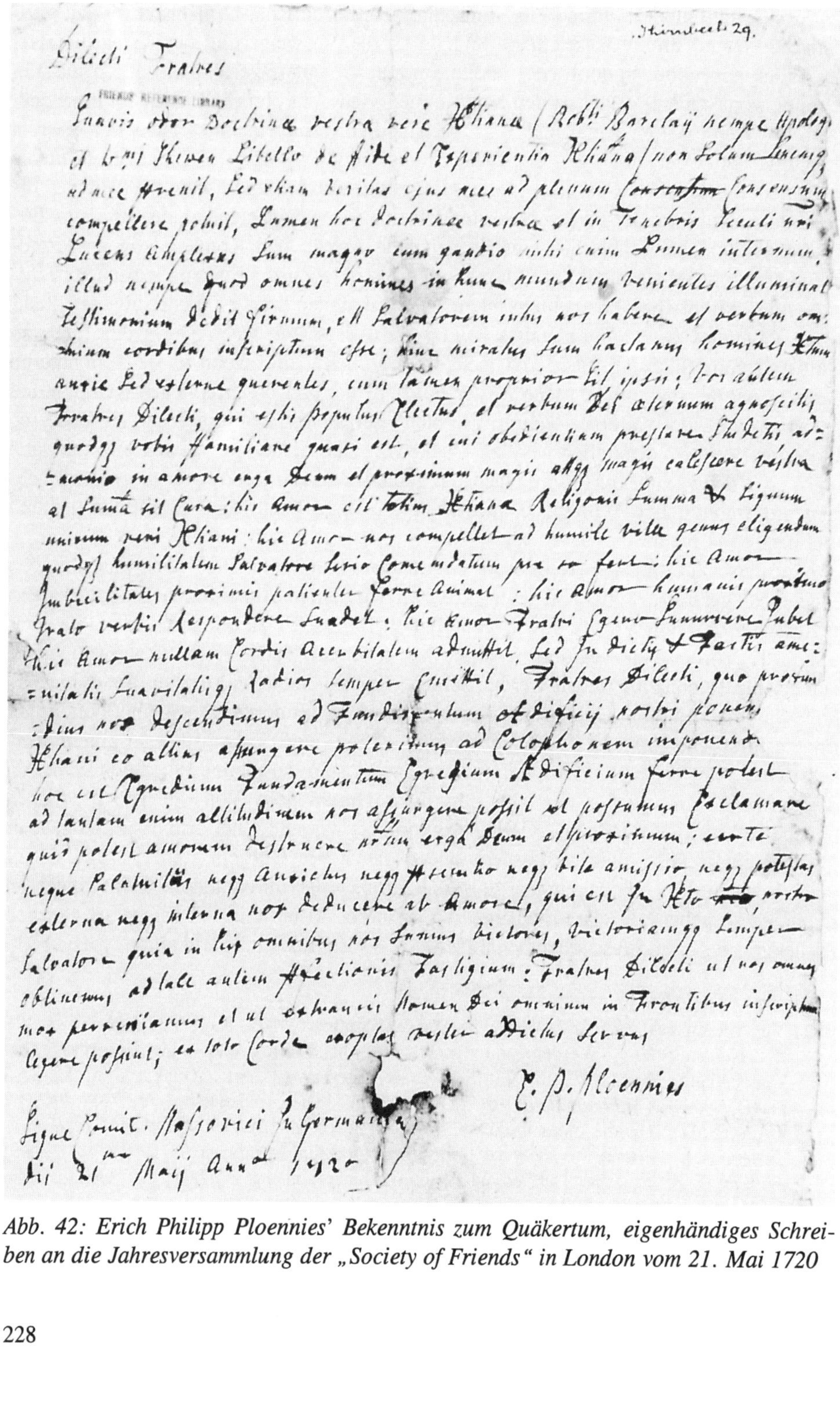

Dilecti Fratres

Suavis odor Doctrinae vestrae vere Xtianae (Robti Barclaij nempe Apolog. et Wm Shewen Libello de Fide et Experientia Xtiana) non solum Sensus ad me pervenit, sed etiam veritas ejus me ad plenum ~~Consensum~~ Consensum compellere potuit, Lumen hoc Doctrinae vestrae et in Tenebris seculi nri Lucens amplexus sum magno cum gaudio, mihi enim Lumen internum, illud nempe quod omnes homines in hunc mundum venientes illuminat testimonium dedit firmum, ett Salvatorem intus nos habere et verbum om: nium cordibus inscriptum esse; hinc miratus sum hactenus homines Xtum [illegible] sed externe quaerentes, cum tamen propior sit ipsis; Vos autem Fratres Dilecti, qui estis populus Electus, et verbum Dei aeternum agnoscitis quodque vobis familiare quasi est, et cui obedientiam praestare studetis, ad=moneo in amore erga Deum et proximum magis atque magis calescere vestra ut summa sit Cura; hic Amor est totius Xtianae Religionis summa & signum unicum veri Xtiani; hic Amor nos compellet ad humile vitae genus eligendum quodque humilitatem Salvatore serio Commendatum prae se fert; hic Amor Imbecillitates proximi patienter ferre Animat; hic Amor humanis proximo grato verbis respondere suadet; hic Amor Fratri egeno succurrere jubet hic Amor nullam Cordis acerbitatem admittit, sed in dictis & factis ami=citatis suavitatisque radios semper emittit, Fratres Dilecti, quo profun=dius nos descendimus ad Fundamentum aedificij nostri ponens Xtiani eo altius assurgere poterimus ad Colophonem imponend. hoc est Egregium Fundamentum Egregium Aedificium ferre potest ad tantam enim altitudinem nos assurgere possit ut possimus Exclamare quid potest amorem destruere nrum erga Deum et proximum; certe neque Calamitas neque Angustiae neque Persecutio neque vitae amissio, neque potestas externa neque interna nos deducere ab Amore, qui est in Xto ~~nro~~, nostro Salvatore quia in his omnibus nos sumus victores, victoriamque semper obtinemus ad tale autem Perfectionis fastigium; Fratres Dilecti ut nos omnes nos perveniamus et ut externis Nomen Dei omnium in Frontibus inscriptum legere possint; ex toto Corde exoptat vester addictus Servus

E. P. Ploennies

Signe Comit. Nassovici in Germania

Die 21ma Maij Anno 1720

Abb. 42: Erich Philipp Ploennies' Bekenntnis zum Quäkertum, eigenhändiges Schreiben an die Jahresversammlung der „Society of Friends" in London vom 21. Mai 1720

Im übrigen könnten „auch auf diese weise solche menschen zu den wichtigsten bedienungen gelangen, die am aller ungeschicktesten dazu sindt ... und durch welche Vieles unglück und Verderben entstehet". Daher könne er nur fragen: „Was kann ungerechter und grausamer seyn, als einen betrübten (welches die arme sindt) noch mehr zu betrüben ... und dieselbe gleichsam zu straffen [,] weil sie arm sindt"? Seinen Sohn habe er über diese Zusammenhänge aufgeklärt und ihm selbst für den Fall, daß er „nicht anderst als auf obgedachte art" zu einer Stelle „würde gelangen können", „daVon abgerahten" ein solches Angebot anzunehmen, denn man sollte „sich nicht selber in eine grose Sclaverey einkaufen"[395]. Das war ein unmißverständlicher Hinweis auf Ploennies' strenge moralische Beurteilungsmaßstäbe, auf eine bei ihm offenbar besonders ausgeprägte humanitäre Sensibilität und freilich auch darauf, daß er mit dem Gründervater des Quäkertums George Fox (1624-1691) und etlichen deutschen Anhängern dieser Glaubensrichtung[396] die Sklaverei grundsätzlich ablehnte bzw. mit einem wahren Christentum für unvereinbar erachtete[397].

Auf diese Weise nahm Erich Philipp Ploennies, der seit Beginn der 1740er Jahre allmählich sein Augenlicht verlor[398], auch noch im Alter die Schattenseiten seines Zeitalters, die sozialen Begleiterscheinungen der ständischen Gesellschaftsformation und des frühkapitalistischen Welthandels sehr bewußt wahr, allerdings begnügte er sich bezeichnenderweise nicht wie so mancher andere Zeitgenosse damit, die daraus resultierende Kritik mit Rücksicht auf eventuelle persönliche oder familiäre Benachteiligungen ausschließlich in privaten Zirkeln oder gar anonym zu äußern; Ploennies zeigte Charakter und teilte seine Kritik in bester aufklärerischer Absicht einem führenden Repräsentanten der absolutistischen Herrschaftsordnung, einem souveränen Fürsten, direkt mit. Ob er damit freilich mehr erreichte als etwa mit einer Veröffentlichung, bleibt jedoch mehr als fraglich. Sich nach den strengen religiösen, moralischen und sittlichen Grundsätzen des Quäkertums richtend, führte er in Siegen ein recht bescheidenes und zurückgezogenes, gleichwohl aber finanziell abgesichertes Leben, bis er im hohen Al-

395 E. P. Ploennies an Landgraf Ernst Ludwig von Hessen-Darmstadt, Siegen, 7. Jan. 1737 (STA Darmstadt, D 4, Nr. 362/3, fol. 16-17); allgemein zum Problem des Ämterhandels in der frühen Neuzeit vgl. insbes. *Klaus Malettke* (Hg.), Ämterkäuflichkeit: Aspekte sozialer Mobilität im europäischen Vergleich (17. und 18. Jahrhundert), Berlin 1980.

396 Sie waren zunächst überall dort zu finden, wo William Penn (1644-1718), George Fox und Robert Barclay missioniert hatten, d.h. unter anderem am Niederrhein im Raum Wesel, in Sachsen im Raum Leipzig und in der Pfalz, darüber hinaus inzwischen aber auch in Pennsylvania, wohin einige mit Penn ausgewandert waren und Germantown gegründet hatten (*Bruno Bauer*, Einfluß des englischen Quäkertums auf die deutsche Cultur und auf das englisch-russische Project einer Weltkirche, Berlin 1878, S. 15-46).

397 *Loukes* (Anm. 393), S. 94 f.

398 Ploennies schrieb dem Verwalter des Siegerländer Amtes Hilchenbach, J. Hertz, am 9. Juni 1741: „Weilen meine Augen so dunckel geworden kan ich nicht mehr selber schreiben." (STA Münster, Fürstentum Oranien-Nassau, II D, Nr. 511, Bl. 30).

ter von fast achtzig Jahren am 28. Dezember 1751 starb[399]. Damit war ein erfülltes, ganz im Dienste der immer attraktiver werdenden mathematisch-naturwissenschaftlichen Disziplinen, aber auch im Dienste der „Speziellen Geographie“ sowie der Staatsbeschreibung und Statistik stehendes Leben, das Leben eines später fast in Vergessenheit geratenen Wissenschaftlers und mathematischen Praktikers zu Ende gegangen, der neben seinen beiden Hauptwerken, den Landesaufnahmen des Herzogtums Berg und des reformierten Fürstentums Nassau-Siegen, nur wenige, meist weit verstreute Zeugnisse seines langjährigen Wirkens in verschiedenen Territorialstaaten hinterließ[400]. Mit seinen recht spezifischen Mitteln hatte er den Versuch unternommen, die wirtschaftliche und zum Teil auch die gesellschaftliche Lage dieser Staaten zu erfassen, d.h. alles einschlägig verfügbare Wissen über die „Kräfte“ eines Landes in adäquater Form zusammenzustellen. Damit aber unterschied er sich im Grunde nur partiell von den einige Jahre später auftretenden Enzyklopädisten, die ihrerseits Licht in das „dunkle Zeitalter“ (E. P. Ploennies) des Absolutismus zu bringen suchten.

---

399 *Otto Renkhoff*, Art. „Erich Philipp Ploennies“, in: *ders.*, Nassauische Biographie. Kurzbiographien aus 13 Jahrhunderten (Veröffentlichungen der Historischen Kommission für Nassau, Bd. XXXIX), Wiesbaden 1985, S. 309.

400 Über Ploennies' Nachlaß wurde 1787 ein Verzeichnis angelegt (HSTA Wiesbaden, Abt. 173, Nr. 1691, fol. 3-7').

4. Wissenschaften zum praktischen Nutzen des frühmodernen Staates: Staatsbeschreibung und Staatsvermessung

Bei der wissenschaftsgeschichtlichen und wissenschaftstheoretischen Verortung der von Erich Philipp Ploennies hinterlassenen kartographisch-deskriptiven Werke ist zunächst die Tatsache zu berücksichtigen, daß seine Landesaufnahmen Auftragsarbeiten waren, die den jeweiligen Fürsten, Regierungen und Bürokratien in unterschiedlicher Weise „nützlich" sein sollten, genauer gesagt: sie hatten nicht in erster Linie juristischen oder militärischen, sondern hauptsächlich ökonomisch-fiskalischen, administrativen und kulturell-repräsentativen Belangen zu genügen. Wenn Erich Philipp Ploennies daher zu Beginn seiner „Topographia Ducatus Montani" von 1715 den besonderen „nuzzen" seines Werks unterstrich, dann meinte er damit vor allem die spezifischen wirtschaftlichen, steuerlichen und verwaltungstechnischen Aufgabenbereiche des aufstrebenden frühmodernen Staates, die mit Hilfe seiner Karten und Beschreibungen besser und effektiver zu verwirklichen seien. Wie nützlich die von ihm praktizierte Wissenschaft sei und was sein Werk tatsächlich für einen „grosen nuzzen schaffe", so wollte Ploennies einmal festgestellt wissen, „... wäre ja unnöthig hieVon weitläuffig zu reden, wann aber jemandt dennoch einen beweiß wolte angeführet sehen, so sage ich, daß solche sich nur in diejenige länder Verfügen müsse, welche Vor andren ihren reichthumb durch handel und ferne reißen gefunden haben ..."; dort werde den Uneinsichtigen dann schon gezeigt, „wie nüzlich sie sich der Charten Von den Königreichen der welt bedienet, und ohne dieselben ihre reißen weder zu wasser noch zu landt, nicht anzustellen pflegen ..."[1]. Mit dieser Bemerkung dokumentierte Ploennies, daß er seine fachspezifischen Kenntnisse und Fähigkeiten sowie die übergreifenden Erkenntnisinteressen der von ihm angewandten Wissenschaftsdisziplinen durchaus bewußt in den Dienst jenes politisch motivierten zweckrationalen Denkens stellte, das die zeitgenössischen Regimentstraktate und die weitverbreitete Theorie der „guten Policey" schon seit geraumer Zeit propagierten[2]. Die Auffassung Seckendorffs, nach der „in allen Dingen zuförderst auff den Zweck und Nutzen zu sehen" sei[3], war Ploennies sicherlich genauso geläufig wie die von einigen frühen Kameralisten vertretene Überzeugung, daß gerade wirtschaftspolitische Erwägungen und Maßnahmen grundsätzlich Zweckmäßigkeitsprüfungen zu unterziehen seien, schließlich - so wurde argumentiert - müsse „alles,

1 *Erich Philipp Ploennies*, Topographia Ducatus Montani (1715), hg. u. bearb. v. *Burkhard Dietz*, Bd. 1: Landesbeschreibung und Ansichten (Bergische Forschungen, Bd. 20), Neustadt a.d. Aisch 1988, Pag. 6, Z. 2-11 (Original HSTA Düsseldorf, Karte 3500).

2 Vgl. hierzu bes. *Helga Wessel*, Zweckmäßigkeit als Handlungsprinzip in der deutschen Regierungs- und Verwaltungslehre der frühen Neuzeit (Schriften zur Verfassungsgeschichte, Bd. 28), Berlin 1978, S. 90 ff.

3 *Veit Ludwig v. Seckendorff*, Teutsche Reden, an der Zahl Vier und Viertzig Welche er A[nno] 1660 biß 1685 ... abgelegt, Leipzig 1686, hier: Rede XXI, S. 190.

was ein Fürst anfähet oder vornimpt, zu beförderung des gemeinen Nutzes und zu erhaltung seiner Hoheit ... gerichtet und gewendet werden"[4].

Wie seine Werke belegen, zog Ploennies aus diesen Anforderungen neue konzeptionelle Einsichten für die von ihm zu bewältigenden Aufgaben: Er kombinierte eine außerordentlich präzise kartographische Erfassung, die auf die jeweiligen territorialen und verwaltungstechnischen Einheiten abgestimmt werden konnte und die - wie noch aufzuzeigen sein wird - wissenschaftsgeschichtlich dem Idealtypus der von Varenius entworfenen kleinräumigen, mathematisierten „Geographia Specialis" entsprach[5], mit repräsentativen Ansichten von Städten und Bauwerken und mit statistisch-deskriptiven Texten, die nach systematischen Gesichtspunkten die ökonomisch-fiskalischen, gesellschaftlichen, historischen, religiösen, verfassungsmäßigen, geologischen und kulturräumlichen Zustände des betreffenden Territoriums zu dokumentieren suchten. Viele dieser inhaltlichen Kriterien waren zuvor, d.h. bis zur Neuordnung der geographischen Wissenschaften durch den bereits erwähnten Bernhard Varenius in der Mitte des 17. Jahrhunderts, von der Schriftgattung der Topographie bzw. Chorographie behandelt, dann aber bewußt als nicht-geographische Elemente ausgegrenzt worden[6]; inzwischen aber hatte sich die neue Disziplin der Staatenkunde ihrer angenommen und sie in den großen Kanon derjenigen Fächer eingeordnet, die im Zeichen des frühmodernen Staatsausbaus der „Staats-Klugheit", „Staats-Kunst" und „guten Policey" als Hilfsmittel zur Verfügung stehen sollten und die daher sowohl von den Fürsten als auch von den immer zahlreicher werdenden Beamten als durchaus geeignete Ausbildungsfächer sowie als wissenschaftliche Instrumentarien zur Effektivierung und Rationalisierung politisch-administrativer Maßnahmen angesehen wurden[7].

---

4 *Georg Engelhardt Löhneyß*, Aulico-politica, Remlingen 1622, 2. Buch, Kap. 21, S. 114.

5 *Gottfried Lange*, Varenius über die Grundfragen der Geographie. Ein Beitrag zur Problemgeschichte der geographischen Wissenschaft, in: Petermanns geographische Mitteilungen 105 (1961), S. 274-283; *Rainer Kastrop*, Die Bedeutung des Varenius innerhalb der Entwicklung des geographischen Denkens in Deutschland, in: Zur Entwicklung der Geographie vom Mittelalter bis Carl Ritter, hg. v. *Manfred Büttner*, Paderborn 1982, S. 79-95.

6 „Ab aliis contra nimis late extenditur (sc. geographia) qui descriptionem politicam singularum regionum adjungunt" (*Bernhard Varenius*, Geographia generalis, Amsterdam 1650, S. 2; vgl. hierzu auch *Josef Schmithüsen*, Geschichte der geographischen Wissenschaft von den ersten Anfängen bis zum Ende des 18. Jahrhunderts, Mannheim 1970, S. 117 ff; *Manfred Büttner*, Die Geographia Generalis vor Varenius. Geographisches Weltbild und Providentiallehre, Wiesbaden 1973; *Gerhard Meyer*, Die Schriftgattung der Topographien seit dem 18. Jahrhundert, betrachtet vornehmlich an Hand von Beispielen aus Nordwestdeutschland, in: Berichte zur deutschen Landeskunde 40 [1968], S. 92-120).

7 *Arno Seifert*, Staatenkunde. Eine neue Disziplin und ihr wissenschaftstheoretischer Ort, in: Statistik und Staatsbeschreibung in der Neuzeit, vornehmlich im 16.-18. Jahrhundert, hg. v. *Mohammed Rassem* u. *Justin Stagl* (Quellen und Abhandlungen zur Geschichte der Staatsbeschreibung und Statistik, Bd. 1), Paderborn 1980, S. 217-248; *ders.*, Conring und die Begründung der Staatenkunde, in: Hermann Conring (1606-1681). Leben und Werk, hg. v. *Michael Stolleis* (Historische Forschungen, Bd. 23), Berlin 1983, S. 201-214; *Reinold Zehrfeld*, Hermann Conrings (1606-1681) Staatenkunde. Ihre Bedeutung für die Geschichte der Statistik unter besonderer Berücksichtigung der Conringschen Bevölkerungslehre (Sozialwis-

Indem sich Ploennies von der Seite der mathematisierten Geographie aus der neuen Disziplin der Staatenkunde bzw. der deskriptiven Statistik näherte, zeigte er, daß er wissenschaftstheoretisch auf der Höhe seiner Zeit war, ja daß er als Praktiker durchaus in der Lage war, eine Entwicklung vorwegzunehmen, für die eigentlich erst Friedrich Anton Büsching dreißig Jahre später bekannt werden sollte, als er der Geographie seit 1758 „mit großer Breitenwirkung" erneut staatenkundliche Stoffe zuführte und damit die statistisch orientierte „politische Geographie" gründete[8]. Im Gegensatz zu ihm war Ploennies allerdings wohl weniger durch disziplinimmanente Entwicklungstrends als durch die konkreten Erfordernisse seiner Aufträge zur Annäherung an die Staatenkunde motiviert worden; Ploennies mußte schon 1708/09, als er mit der Vermessung des Herzogtums Berg und mit der Bearbeitung der „Topographia Ducatus Montani" begann, eine Fülle von rein praktischen Schwierigkeiten bewältigen, die bei der kartographischen und statistisch-deskriptiven Erfassung des Territoriums auf ihn zukamen und die ihn recht unmittelbar dazu veranlaßten, Erkundigungen über verwendbare wissenschaftliche Modelle und Methoden einzuholen. Bereits während seiner Zeit als Mathematikprofessor an der hessen-darmstädtischen Landesuniversität Gießen hatte er mit dem von Hermann Conring entworfenen Konzept einer wissenschaftlich betriebenen Staatenkunde, aus der mit einem großen Spektrum von Fächern später die Staatswissenschaften hervorgingen[9], Bekanntschaft gemacht, denn dort war der Jurist Johannes

---

senschaftliche Forschungen, Abt. I, H. 5), Berlin 1926; *Robert A. Horváth*, Statistische Deskription und nominalistische Philosophie, in: *Rassem/Stagl*, a.a.O., S. 37-52; *Gabriella Valera*, Statistik, Staatengeschichte und Geschichte im 18. Jahrhundert, in: Aufklärung und Geschichte. Studien zur deutschen Geschichtswissenschaft im 18. Jahrhundert, hg. v. *Hans Erich Bödeker*, *Georg G. Iggers*, *Jonathan B. Knudsen* u. *Peter H. Reill* (Veröffentlichungen des Max-Planck-Instituts für Geschichte, Bd. 81), Göttingen 1986, S. 119-143; über das Problem „Statistik als Stütze merkantilistischer Staatsverwaltung" handelt auch *Horst Kern*, Empirische Sozialforschung. Ursprünge, Ansätze, Entwicklungslinien, München 1982, S. 19-27. Zum Vergleich mit anderen deskriptiven Statistiken der frühen Neuzeit s. jetzt auch die kommentierte Edition von *Mohammed Rassem/Justin Stagl* (Hg.), Geschichte der Staatsbeschreibung. Ausgewählte Quellentexte (1456-1813), Berlin 1994.

8 *Seifert*, Staatenkunde (Anm. 7), S. 233; vgl. auch *Schmithüsen* (Anm. 6), S. 145 ff sowie *Gerhard Lutz*, Geographie und Statistik im 18. Jahrhundert. Zu Neugliederung und Inhalten von „Fächern" im Bereich der historischen Wissenschaften, in: *Rassem/Stagl* (Anm. 7), S. 249-268; *Hanno Beck*, Geographie und Statistik. Die Lösung einer Polarität, in: ebd., S. 269-281; *Anton Friedrich Büsching*, Vorbereitung zur gründlichen und nützlichen Kenntniß der geographischen Beschaffenheit und Staatsverfassung der europäischen Reiche und Republiken, Frankfurt a.M./ Leipzig 1758.

9 *Hans Maier*, Die ältere deutsche Staats- und Verwaltungslehre (Polizeiwissenschaft), München [2]1980, passim; *Jutta Brückner*, Staatswissenschaften, Kameralismus und Naturrecht. Ein Beitrag zur Geschichte der Politischen Wissenschaft im Deutschland des späten 17. und frühen 18. Jahrhunderts (Münchener Studien zur Politik, Bd. 27), München 1977, S. 33-42; vgl. hierzu auch schon die treffenden historischen Übersichten bei *Johann Christoph Gatterer*, Ideal einer allgemeinen Weltstatistik, Göttingen 1773, S. 71 ff; *August Niemann*, Abris der Statistik und der Staatenkunde, Altona 1807; *Adolph Wagner*, Art. „Statistik", in: Deutsches Staats-Wörterbuch, hg. v. *J. C. Bluntschli* u. *K. Brater*, Bd. 10, Leipzig 1867, S. 400-

Nicolaus Hertius mit einer aufsehenerregenden Conring-Rezeption hervorgetreten[10], einem Kommentar, der wissenschaftsgeschichtlich die entscheidende Vermittlungsinstanz zwischen der Staatenkunde des späten 17. Jahrhunderts und ihrer Fortentwicklung durch die Göttinger Statistiker bzw. Staatswissenschaftler Gottfried Achenwall und August Ludwig v. Schlözer werden sollte[11]. Conring weitgehend folgend, lieferte Hertius „die wichtigste theoretische Arbeit zur Staatenkunde" sowie eine kompensierte Definition und Systematik der „Notitia Rerumpublicarum"[12], die sowohl die Vermittlung des in- und ausländischen juristischen Wissens, den Bereich der Politikwissenschaft („Scientia civilis")[13] und der Staatshistorie als auch die empirisch ausgerichtete „Prudentia Civilis", die „Staats-Kunst", umfaßte, um die es Conring in letzter Instanz ging[14].

481, bes. S. 403-428; *Victor John*, Geschichte der Statistik, Bd. 1: Vom Ursprung der Statistik bis auf Quetelet (1835), Stuttgart 1884 (ND Wiesbaden 1968), insbes. S. 52 ff.

10 Hertius - der offenbar Schüler von Conring war und eine Mitschrift von dessen staatenkundlichem Kolleg besaß - hat sich seit 1692, als er sich erstmals mit Conrings Werk wissenschaftlich auseinandersetzte, auch weiterhin mit der „alten Statistik" beschäftigt: vgl. *Johannes Nicolaus Hertius*, De notitia singularis rei publicae commentatio (1692), in: *ders.*, Commentationes atque opuscula de selectis et rarioribus ex jurisprudentia, hg. v. *J. J. Hombergk*, Bd. 1, Frankfurt a.M. 1737, T. 2, S. 3 ff; *ders.*, De notitia veteris Germaniae populorum, in: ebd., Bd. 2, S. 1 ff; *ders.*, Notitia regni Francorum veteris, in: ebd., S. 128 ff.

11 *Seifert*, Staatenkunde (Anm. 7), S. 219; *Gottfried Achenwall*, Notitiam rerum publicarum academiis vindicatam, Göttingen 1748; *ders.*, Abriß der Staatswissenschaft der europäischen Reiche, Göttingen 1749; *August Ludwig v. Schlözer*, Theorie der Statistik, Göttingen 1804; vgl. hierzu bes. *Karl-Heinrich Kaufhold/Wieland Sachse*, Die Göttinger „Universitätsstatistik" und ihre Bedeutung für die Wirtschafts- und Sozialgeschichte, in: Anfänge Göttinger Sozialwissenschaft. Methoden, Inhalte und soziale Prozesse im 18. und 19. Jahrhundert, hg. v. *Hans-Georg Herrlitz* u. *Horst Kern*, Göttingen 1987, S. 72-95 sowie *Michael Behnen*, Statistik, Politik und Staatengeschichte von Spitteler bis Heeren, in: Geschichtswissenschaft in Göttingen. Eine Vorlesungsreihe, hg. v. *Hartmut Boockmann* u. *Hermann Wellenreuther* (Göttinger Universitätsschriften, Serie A: Schriften, Bd. 2), Göttingen 1988, S. 76-101 und *Pasquale Pasquino*, Politisches und historisches Interesse. ‚Statistik' und historische Staatslehre bei Gottfried Achenwall (1719-1772), in: Aufklärung und Geschichte (Anm. 7), S. 144-168.

12 Hierzu und zum folgenden vgl. insbes. *Seifert*, Staatenkunde (Anm. 7), S. 217-221; *Hermann Conring*, Admonito, in: *ders.*, Opera, hg. v. *J. W. Goebel*, Bd. 4, Braunschweig 1730, S. 1 ff sowie *ders.*, Examen rerum publicarum potiorum totius orbis, in: *ders.*, Opera, Bd. 4, S. 48 ff.

13 Die Politikwissenschaft sollte nach Conring und Hertius mehr eine Vermittlerrolle zwischen der Staatenkunde und der praktisch ausgeübten Staats-Kunst einnehmen, deren Ereignisse, Mechanismen, Akteure und Institutionen wiederum empirische Forschungsgegenstände der Staatenkunde darstellten (*Hertius*, De notitia [Anm. 10], S. 3 f, 15 f).

14 *Seifert*, Staatenkunde (Anm. 7), S. 221; sehr aufschlußreich ist in diesem Zusammenhang auch ein Vergleich mit den Artikeln „Staats-Klugheit", in: *Zedler* 39 (1743), Sp. 650 f, „Staats-Geschichte", in: ebd., Sp. 648 f, „Staats-Lehre", in: ebd., Sp. 673 f und darüber hinaus mit den Artikeln „Staatenkunde", „Staatskenntnis", „staatsklug", „Staatsklugheit", „Staatskraft", „Staatskunst", „Staatslehre", „Statisterei", „Statistik" und „statistisch", in: *Jacob Grimm/Wilhelm Grimm*, Deutsches Wörterbuch, Bd. 17, München ^{2}1984, Sp. 285,

Für Erich Philipp Ploennies war es in diesem Zusammenhang freilich um so wichtiger, immer wieder auf dic eminente Bedeutung der mathematisch-naturwissenschaftlichen Disziplinen bzw. - wie er es ausdrückte - auf die „mathematischen Künste" hinzuweisen, denen in letzter Zeit „aufgrund ihres sehr praktischen Geistes" und wegen der erheblichen „Verfeinerung der Errungenschaften der mathematischen Kunst" doch schon eine größere Aufmerksamkeit entgegengebracht werde. Zwar sei der Mathematik der Rang „einer wissenschaftlichen Einrichtung und Lehre", also einer vollwertigen wissenschaftlichen Disziplin, schlechterdings nicht mehr zu verweigern, zwar rangierten die mathematischen Künste inzwischen „unter den blühendsten Musen", so daß selbst die „erhabensten Hofleute" ihren Stellenwert akzeptieren müßten, aber noch seien die Mathematiker - wie etwa in den Städten - nicht überall als Berater und Mitarbeiter willkommen. Hier ihre ‚Kooptierung' zu erreichen, stelle ein vordringliches, zugleich aber auch ein durchaus realistisches Ziel für die Vertreter des Faches dar, und zwar weil sich mittlerweile selbst Fürsten und Könige als Anhänger der Disziplin hätten gewinnen lassen. Mathematische Fähigkeiten würden gerade von ihnen für „ganz vorzüglich ... befunden", um „gewisse erhabene Sachen so zu planen" oder „auch durchzuführen", wie sie es sich zuvor vorgestellt hätten; ihnen sei dadurch klar geworden, daß die Erde nichts habe, „was zu beschreiben, zu benennen und zu bemessen die Mathematik sich nicht anstrengte"[15].

Genau dies wollte Ploennies später bei der kartographischen Erfassung des Herzogtums Berg und des reformierten Fürstentums Nassau-Siegen selbst unter Beweis stellen. Bei der Inventarisierung des ökonomisch-fiskalischen, demographischen und kulturräumlichen Kräftepotentials dieser Territorien orientierte er sich jedoch nicht nur ausschließlich an den systematisch-theoretischen Maßgaben der neuen Disziplin Staatenkunde, sondern auch an älteren Landesbeschreibungen, die meist noch in der Tradition der vor Varenius üblichen Topographie und Chorographie entstanden waren. Das idealtypische Vorbild dieser landeskundlichen Textgattungen stammte von Barthel Stein, dem ersten ordentlichen Hochschulgeographen Deutschlands, der heute als „Schöpfer humanistischer Topographie" (H. Beck) gilt und schon in seiner im frühen 16. Jahrhundert verfaßten, aber erst 1722 veröffentlichten „Descriptio tocius Silesie" im wesentlichen all jene inhaltlichen und formalen Strukturelemente entwickelt hatte, wie sie selbst noch im 18. Jahrhundert als mustergültig angesehen wurden[16]. Charakteristisch

---

306-310, 947-952 sowie mit den Artikeln „Landkunde" und „landkundig", in: ebd., Bd. 12, Sp. 122.

15 Alle Zitate nach der deutschen Übersetzung von „Ploennies' Einladung zur Teilnahme an seiner Antrittsvorlesung als ordentlicher Professor der Mathematik an die ‚akademischen Bürger aller Stände' der Universität Gießen, Gießen, 27. Febr. 1701 (UA Gießen, Phil. K. 9, s. Anh., Dok. 1).

16 Zu Barthel Stein (1476/77-1521/22) vgl. neben der neueren Edition seiner „Descriptio tocius Silesie" (*Barthel Stein*, Descriptio tocius Silesie et civitatis regie Vratislaviensis. Barthel Steins Beschreibung von Schlesien und seiner Hauptstadt Breslau, hg. v. *Hermann Markgraf* [Scriptores rerum Silesiacarum, Bd. 1], Breslau 1902) insbes. *Gustav Bauch*, Beiträge zur Literaturgeschichte des schlesischen Humanismus I/2: Bartholomäus Stenus, in: Zeitschrift des Vereins für Geschichte und Alterthum Schlesiens 26 (1892), S. 225-238; *ders.*,

für sein nicht zuletzt durch die akademische Lehre (u.a. in Wittenberg) nachwirkendes Werk waren zum einen die literarische Form der Deskription und zum anderen die qualitativen Aussagen zu bestimmten, landeskundlich als relevant erscheinenden Eigenschaften eines Territoriums. Sie folgten einem Gliederungsschema, das in sich bereits recht ausdifferenziert war und durch spätere Geographen des 16. und frühen 17. Jahrhunderts nur noch unwesentlich verfeinert werden konnte[17]. Im einzelnen hatte Stein seiner Landesbeschreibung folgendes Themenraster zu Grunde gelegt[18]:

Art. „Bartholomäus Stein", in: ADB 35 (1893), S. 601 f; *Adolf Schaube*, Die Fortschritte unserer Kenntnis von Bartholomäus Stein und seinen Werken seit Markgraf, in: Zeitschrift des Vereins für Geschichte Schlesiens 60 (1926), S. 60-80; *Paul Hebel*, Der Schlesier Barthel Stein, der erste Professor der Erdkunde in Deutschland, in: Geographische Zeitschrift 38 (1932), S. 420 ff; *Hanno Beck*, Barthel Steins Bedeutung für die deutsche Landeskunde, in: Berichte zur deutschen Landeskunde 30 (1963), S. 59-84, in überarbeiteter Fassung auch in *ders.*, Große Geographen. Pioniere - Außenseiter - Gelehrte, München 1982, S. 22-44, Zit. S. 34.

17 Geringfügige Verbesserungen von Steins Beschreibungssystematik erarbeiteten später u.a.: Sebastian Münster (1488-1552) durch die Hinzufügung von Karten und (allerdings oft der Phantasie entsprungenen) Stadtansichten und -plänen; Bartholomäus Keckermann (1572-1609), der in seinem Hauptwerk (Systema Geographicum, Hanau 1616) die „Geographia Specialis" als eigenständige Teildisziplin neben die „Geographia Generalis" stellte; Johann Heinrich Alsted (1588-1638), der die historischen Komponenten bei der Deskription eines Territoriums besonders betonte und Abraham Gölnitz (ca. 1600 - nach 1642), der in seiner „Geographia interior" die „physio- wie anthropo-geographischen Gegebenheiten der Erdteile und Länder zu erfassen" suchte und dabei besonderen Wert auf die Provinzen und Städte eines Territoriums legte, die er in ihren „ethnischen und religiösen, wirtschaftlichen und sozialen, politischen und militärischen Verhältnisse(n)" zu beschreiben versuchte (*Kastrop*, Die Bedeutung des Varenius, Anm. 5, S. 81 f).
Zu Sebastian Münster vgl. *Karl Heinz Burmeister*, Sebastian Münster. Versuch eines biographischen Gesamtbildes (Baseler Beiträge zur Geschichtswissenschaft, Bd. 91), Basel ²1969; *Manfred Büttner/Karl Heinz Burmeister*, Sebastian Münster (1488-1552), in: Wandlungen im geographischen Denken von Aristoteles bis Kant. Dargestellt an ausgewählten Beispielen, hg. v. *Manfred Büttner* (Abhandlungen und Quellen zur Geschichte der Geographie und Kosmologie, Bd. 1), Paderborn 1979, S. 111-128; *Sebastian Münster*, Germaniae descriptio, Basel 1530; *ders.*, Mappa Europae, Frankfurt a.M. 1536; *ders.*, Cosmographia, Basel 1544. Zu Keckermann vgl. *Manfred Büttner*, Bartholomäus Keckermann (1572-1609), in: Wandlungen, a.a.O., S. 153-172; zu Alsted und Gölnitz s. bes. *Rainer Kastrop*, Das geographische Werk des Johann Heinrich Alsted und des Abraham Gölnitz. Darstellung und Vergleich, in: Wandlungen, a.a.O., S. 173-188 sowie die zeitgenössischen Werke von *Johann Heinrich Alsted*, Encyclopaedia septem tomis distincta, Herborn 1630; *Abraham Gölnitz*, Compendium geographicum, Amsterdam 1643; als Überblick über die Gesamtentwicklung vgl. auch *Rainer Kastrop*, Die Bedeutung des Varenius innerhalb der Entwicklung des geographischen Denkens in Deutschland, in: Zur Entwicklung der Geographie vom Mittelalter bis zu Carl Ritter, hg. v. *Manfred Büttner* (Abhandlungen und Quellen zur Geschichte der Geographie und Kosmologie, Bd. 3), Paderborn 1982, S. 79-95 und *ders.*, Ideen über die Geographie und Ansatzpunkte für eine moderne Geographie bei Varenius, Saarbrücken 1972; interessante literarisch-anthropologische Untersuchungen über frühe slawische Landesbeschreibungen finden sich in einem Tagungsband des sog. „Slawenkomitees" mit etwas

a) Einführung: Erläuterung der Landesbezeichnung, Aufzählung der Nachbarstaaten, Angabe der geographischen Lage, allgemeine Beschrcibung des Landes (Relief), der markantesten Gebirge und Gewässer;

b) Hauptteil: Beschreibung der Gewässer, des gegenwärtigen Zustands von Landwirtschaft und Bevölkerung, Exkurs zur Geschichte der Landesherrschaft, Beschreibung der Städte, Dörfer und Siedlungen;

c) Schluß: Erörterungen über die Ethno-Psychologie bzw. Bestimmung des sog. „Volkscharakters".

Entscheidend verbessert wurde dieses Konzept landeskundlicher Beschreibung erst gegen Mitte des 17. Jahrhunderts durch Abraham Gölnitz' „Compendium geographicum" (1643) und vor allem durch Bernhard Varenius' „Geographia generalis" (1650), der die groß- und kleinräumige Geographie erstmals in ein gemeinsames, stark mathematisch-naturwissenschaftlich ausgerichtetes System integrierte und dabei allerdings auch „den Menschen fest mit der Geographie" verband[19]. So betonte er gerade für den Bereich der mit Regionen beschäftigten „Speziellen Geographie", daß tatsächlich „der größte Teil der Geographie, vor allem der Länderkunde, auf persönlicher Erfahrung und Autopsie durch die Menschen" beruhe; allerdings müßten, so schränkte er seine erste Bemerkung sofort wieder ein, „Erfahrung und Beobachtung" in der Länderkunde nur dasjenige „auf Gewißheit prüfen, was nicht anders geklärt werden" könne, im allgemeinen sollten alle geographischen Erfassungen jedoch (im Gegensatz zu den jetzt antiquiert erscheinenden Topographien und Chorographien) mit Hilfe der von Mathematik und Naturwissenschaften entwickelten empirischen Methoden vorgenommen werden[20]. So etwa auch moderne länderkundliche Beschreibungen, für die Varenius ein neues inhaltliches Gliederungsschema entwarf: Seiner Auffassung nach sollten sie sich in einem einleitenden Teil zunächst den Besonderheiten, dann - in räumlicher und materieller Hinsicht - dem äußeren Erscheinungsbild des betreffenden Gebiets zuwenden. Im Hauptteil seien schließlich Fragen der physischen Geographie vorrangig zu behandeln, d.h. im einzelnen sollten Umfang, Gestalt und Größe, Gebirge, Bodenschätze, Gewässer, Wälder und Vegetation eines Landes beschrieben werden; zweitens habe sich der Verfasser denjenigen charakteristischen Merkmalen des Landes zu widmen, die auf die spezifische geographische Lage zurückzuführen seien, also etwa Fragen der Tageslänge, der Zoneneinteilung und des Klimas; abschließend seien dann die kulturellen Gegebenheiten der betreffenden Region, besser gesagt: die vom menschlichen

---

irreführendem Titel: *Hans-Bernd Harder* (Hg.), Landesbeschreibungen Mitteleuropas vom 15. bis 17. Jahrhundert. Vorträge der 2. internationalen Tagung des „Slawenkomitees" im Herder-Institut Marburg a.d. Lahn, 10.-13. Nov. 1980 (Schriften des Komitees der Bundesrepublik Deutschland zur Förderung der Slawischen Studien, Bd. 5), Köln 1983.

18 Vgl. hierzu auch *Beck*, Große Geographen (Anm. 16), S. 35.

19 Ebd., S. 52.

20 *Bernhard Varenius*, Geographia generalis ..., Amsterdam 1650, hier zit. nach der Übersetzung von Gottfried Lange, abgedruckt in *Hanno Beck*, Geographie. Europäische Entwicklung in Texten und Erläuterungen, Freiburg i.Br. 1973, S. 120 f.

Intellekt geprägten sozialen, wirtschaftlichen, politischen, militärischen, religiösen und nicht zuletzt auch die historisch bedingten Zustände eines Landes darzustellen[21].

Erich Philipp Ploennies - das zeigen nicht nur seine einleitenden Bemerkungen zur „Topographia Ducatus Montani“, sondern das zeigt auch die gesamte inhaltliche Struktur seiner Beschreibung des Herzogtums Berg - nutzte das Varenische Konzept der „Geographia Specialis“, das er offenbar auf seine praktischen Anwendungsmöglichkeiten hin genau untersucht hatte, und ordnete es den staatsdienlichen Funktionen der Staatenkunde sowie den betont ökonomisch-fiskalischen, administrativen und schließlich auch den kulturell-repräsentativen Bedürfnissen seiner fürstlichen Auftraggeber unter. In ähnlicher Weise versuchte er aber auch, von den Erfahrungen jener Kartographen zu profitieren, die sich bisher mit den spezifischen Problemen von Staatsvermessungen auseinandergesetzt hatten. Dabei mußte er allerdings feststellen, daß alle Unterlagen von Landesaufnahmen oder ähnlich großen Vermessungsprojekten - selbst die älteren Datums - aus militärischen Gründen der strengsten Geheimhaltung unterlagen[22], so daß ein Wissenstransfer hier nur auf dem Umweg über die inzwischen relativ umfangreiche Fachliteratur zur Vermessungskunde bzw. zur angewandten Mathematik stattfinden konnte. Für deren adäquate Auswertung war der Mathematiker und beruflich mittlerweile doch recht erfahrene Baumeister Ploennies natürlich geradezu prädestiniert, jedenfalls deutet die außergewöhnlich große Genauigkeit seiner Kartenprojektionen darauf hin, daß er sich zumindest bei der Vermessung des Siegerlandes nach den seinerzeit modernsten Erkenntnissen der Aufnahmetechnik, d.h. nach den publizierten geodätischen Forschungsergebnissen der ‚Zürcher Vermessungsschule‘ richtete. Dafür spricht im übrigen auch die relativ große räumliche Nähe und die dynastische Verbindung zwischen Ploennies' einstigem Tätigkeitsbereich in Hessen-Darmstadt und dem Wirkungsort der damals schon sehr bekannten Schweizer Mathematiker und Astronomen Jost Bürgi und Benjamin Bramer, die beide in der ersten Hälfte des 17. Jahrhunderts am Hof der Landgrafen von Hessen-Kassel sowie in Marburg tätig gewesen waren und dort nicht nur sehr präzise Vermessungsgeräte, ein Triangularinstrument und einen neuartigen Reduktionszirkel[23], sondern auch die Logarithmen erfunden, Apparate zur Sternbeobachtung entwickelt und wichtige Veröffentlichungen zum Vermessungs-

---

21 *Kastrop*, Die Bedeutung des Varenius (Anm. 17), S. 86.

22 Vgl. hierzu *Hans Dörries*, Nordwestdeutschland im Kartenbild der ersten Landesaufnahmen, in: Geographischer Anzeiger 40 (1939), S. 221-230; *Wilhelm Wolkenhauer*, Aus der Geschichte der Kartographie: Die Periode der Triangulation und topographischen Aufnahmen 1750-1840, in: Deutsche Geographische Blätter 38 (1916), S. 101 ff, bes. 118 u. 120.

23 Das 1592 entwickelte und 1602 durch kaiserliches Privileg patentierte Triangularinstrument Bürgis hatte große Auswirkungen auf die Entwicklung der exakten Kartographie und wurde „sicher auch schon früh in Hessen verwendet“. Der Reduktionszirkel Bürgis stellte eine Fortentwicklung des alten Proportionalzirkels dar; er „gehörte zum Handwerkszeug des Kartographen und fand Verwendung bei der Umrechnung von Längenmaßen, beim Umzeichnen und Kartieren“ (*Fritz Wolff*, Karten im Archiv [Veröffentlichungen der Archivschule Marburg, Institut für Archivwissenschaft, Nr. 13], Marburg 1987, S. 40; vgl. hierzu auch speziell *Franz Adrian Dreier*, Winkelmeßinstrumente, Berlin 1979).

wesen herausgebracht hatten[24]. Wie es die Schweizer Kartographen (unter denen zuletzt Hans Conrad Gyger 1667 mit einer vorbildlichen Kartenaufnahme hervorgetreten war) mit großem Erfolg praktizierten[25], wird auch Erich Philipp Ploennies für seine Kartierung des Fürstentums Nassau-Siegen etliche graphische Kleintriangulierungen durchgeführt haben, bei denen er nicht nur von Stadt zu Stadt, von Dorf zu Dorf und von Kirchturm zu Kirchturm seine Dreiecke aneinander hängte, sondern auch die ganzen Amtsgebiete mit einigen großen Dreiecken überzog; nur so - nämlich durch die Integration der lokalen Triangulationen in den nächstgrößeren geographischen Bezugsrahmen - war er in der Lage, Karten herzustellen, die wegen ihrer Genauigkeit noch heute von der kartographiegeschichtlichen Forschung an den Anfang der exakten Kartographie Nordwestdeutschlands gestellt werden[26].

Bei der „Topographia Ducatus Montani“, bei deren Bearbeitung er dagegen nur gelegentliche einfache Triangulationen „aus einem standt“[27] (wahrscheinlich nach den um 1700 gebräuchlichen Vermessungsmethoden von Leonhard Zuber und Willebrord Snellius[28]) durchgeführt hatte, war wohl nicht nur die Größe des Territoriums, sondern auch der Faktor Zeit von ausschlaggebender Bedeutung für die Wahl eines konventionelleren geodätischen Verfahrens gewesen; Ploennies' erstes großes Vermessungsunternehmen von 1708/09-1715 entsprach damit aber noch durchaus dem zeitgenössischen Niveau, denn „Übersichtskarten größerer Gebiete“ waren um diese Zeit „stets Ergebnisse von Aufnahmeverfahren, die um viele Jahrzehnte hinter den jeweiligen methodischen Entwicklungen zurücklagen“[29]. Trotzdem war Erich Philipp Ploennies auch

---

24 *C. Alhard von Drach*, Jost Bürgi, Kammeruhrmacher Kaiser Rudolfs II., in: Jahrbuch der kunsthistorischen Sammlungen des ah. Kaiserhauses XV (1893), S. 15-44; *Benjamin Bramer*, Underricht und Beschreibung eines neuwen und sehr bequemen Geometrischen Instruments, zu allerhand Abmessung und Solvirung der Planischen Triangel, derogleichen bißher nicht gesehen worden, Marburg 1617 (^{2}1626).

25 *Eduard Imhof*, Beiträge zur Geschichte der topographischen Kartographie, in: IJbK 4 (1964), S. 139 f; *ders.*, Hans Conrad Gygers Zürcher Kantonskarte von 1667, in: Atlantis, Zürich 1944.

26 Vgl. hierzu *Hans Kleinn*, Nordwestdeutschland in der exakten Kartographie der letzten 250 Jahre. Ein Beitrag zur Landeskunde, in: WF 17 (1964), S. 28-82, bes. S. 58 (dort der Bezug auf die Ploenniessche Generallandmessung des ref. Fürstentums Nassau-Siegen) und S. 68 (mit Ausführungen zur „Topographia Ducatus Montani“, bei der u.a. „die Siedlungen ... lagegetreu verzeichnet“ seien; Kleinns Behauptung, die bergische Karte sei „ohne trigonometrische Grundaufmessung“ entstanden, basiert auf Güthlings älterer, unüberprüfter Annahme [*Güthling*, Jülich-bergische Landesaufnahmen, in: DJb 1938, S. 209 ff]).

27 *E. P. Ploennies*, Topographia ... (Anm. 1), Pag. 8 b, Z. 1 f.

28 Zu den von Zuber und Snellius entwickelten Vermessungsmethoden und ihrem verbesserten Triangulationsverfahren vgl. insbes. *Ivo Schneider*, Die mathematischen Praktiker im See-, Vermessungs- und Wehrwesen vom 15. bis zum 19. Jahrhundert, in: TG 37 (1970), S. 210-242 u. *ders.*, Maß und Messen bei den Praktikern der Mathematik vom 16. bis 19. Jahrhundert, in: Die historische Metrologie in den Wissenschaften, hg. v. *Harald Witthöft u.a.* (Sachüberlieferung und Geschichte. Siegener Abhandlungen zur Entwicklung der materiellen Kultur, Bd. 3), St. Katharinen 1986, S. 118-133.

29 *Imhof*, Beiträge (Anm. 25), S. 142.

schon mit der Aufnahme des Herzogtums Berg ein kartographisch-deskriptives Werk ganz besonderer Art gelungen, ein Werk, das nicht nur die geographisch-naturräumlichen Gegebenheiten, den gewerblichen Reichtum und den allgemeinen wirtschaftlichen Entwicklungszustand des rechtsrheinischen Territoriums sehr präzis dokumentierte, sondern das auch den ausgeprägt repräsentativen[30] und administrativ-fiskalischen Interessen seines souveränen Fürsten sehr entgegenkam[31]. Damit unterschied sich die „Topographia Ducatus Montani“ insgesamt doch erheblich von der in den Jahren 1705 bis 1710 von Johann Georg Schleenstein angefertigten Landesaufnahme der Landgrafschaft Hessen-Kassel, die zwar in manchen kartographischen Darstellungsformen Ähnlichkeiten aufweist[32], der aber nicht nur der gesamte staatenkundlich-statistische Teil, die bildliche Dokumentation der repräsentativsten (Haupt-)Städte, Schlösser und Burgen, sondern auch die Verzeichnung der gewerblichen Potentiale sowie der rechtlich-fiskalischen Differenzierungen im Bereich der Siedlungen fehlten[33].

Selbst mit der zeitgenössischen Kartographie von Brandenburg-Preußen brauchten Ploennies' Kartenwerke einen Vergleich nicht zu scheuen[34]: Zwar war hier bereits 1704 ein Reglement mit dem Ziel erlassen worden, „nach und nach eine Karte des gesamten Königreichs zu schaffen“, tatsächlich waren aber erst zwischen 1718 und 1740 bei Meliorationsarbeiten im Havelländischen Bruch und im Oderbruch einzelne zweck-

---

30 „Die Adeligen bestellten sog. Landtafeln, um ihren Besuchern ihr gutarrondiertes, schönes Territorium vorweisen zu können“ (*Wilhelm D. Pabst*, Im Schatten der Großen. Zeit und Werk des Ulmer Kartographen Joh. Ulrich Müller [1653-1715], in: IJbK 15 [1985], S. 159-182, Zit. S. 165). In diesem Zusammenhang ist im übrigen zu berücksichtigen, daß das Vermessungswesen etwa seit der Wende zum 18. Jahrhundert auch von der sog. Hausväterliteratur als Thema entdeckt und seitdem massiv als eine für jeden „Haus-Vatter“ nützliche und zweckmäßige Betätigung propagiert wurde (vgl. hierzu bes. *Kurt Kröger*, Das Vermessungswesen im Spiegel der Hausväterliteratur [Europäische Hochschulschriften, Reihe III: Geschichte und ihre Hilfswissenschaften, Bd. 280], Frankfurt a.M. 1986, S. 63-101).

31 Zu den nachfolgenden Vergleichen s. bes. *Werner Witt*, Art. „Geschichte der Kartographie“, in: *ders.*, Lexikon der Kartographie (Die Kartographie und ihre Randgebiete, Bd. B), Wien 1979, S. 184-201 sowie *H. Schmidt-Falkenberg*, Art. „Kartographie“, in: Westermann Lexikon der Geographie, hg. v. *Wolf Tietze*, Bd. II, Braunschweig 1969, S. 737-743.

32 Die hier angedeuteten Ähnlichkeiten zwischen der Ploenniesschen „Topographia Ducatus Montani“ und der von Schleenstein erstellten „Landesaufnahme der Landgrafschaft von Hessen-Kassel“ beziehen sich konkret auf die in beiden Fällen vorliegenden Ämterkarten im Maßstab von ca. 1:50.000 und auf die teilweise vorliegenden Übereinstimmungen in den kartographischen Darstellungsformen (Reliefzeichnungen in Maulwurfshügelmanier, schematisierte Darstellung des Wegenetzes sowie der Wälder mit einfachen Buschsymbolen, dagegen eine besonders genaue Berücksichtigung der Gewässerformationen). Vgl. *Edmund E. Stengel*, Johann Georg Schleensteins Landesaufnahme der Landgrafschaft Hessen-Kassel, in: Hessenland 44 (1933), S. 48-52 sowie die Beurteilung von *Kleinn*, 1964 (Anm. 26), S. 68.

33 S. dazu auch *Kleinn*, a.a.O.

34 Vgl. hierzu und zum folgenden *Max Hanke*, Geschichte der amtlichen Kartographie Brandenburg-Preußens bis zum Ausgang der friderizianischen Zeit, bearb. v. *Hermann Degner* (Geographische Abhandlungen, Reihe 3, H. 7), Stuttgart 1935, S. 50-100.

gebundene Karten entstanden[35]. Und auch der eigens zur Aufsicht über die königliche Plankammer in Potsdam eingestellte Kartograph Peter v. Montargues, der 1720 den Auftrag erhielt, mit einer Gruppe von Ingenieur-Offizieren „alle brandenburgischen Gebiete ... (zu) kartieren", brachte schließlich nur eine „flüchtig" bearbeitete Kartensammlung zustande, die ihrerseits wiederum von dem 1729 aus Landmesser-Offizieren gegründeten „Ingenieur-Korps" kaum verbessert werden konnten, mußten doch Montargues unzureichende Aufnahmen sogar „noch fünfzig Jahre später aus Mangel an zuverlässigeren Unterlagen als Kopierbasis dienen"[36]. Für die Lage der brandenburg-preußischen Kartographie zu Beginn des 18. Jahrhunderts nicht weniger bezeichnend waren aber auch die von vornherein zur Veröffentlichung vorgesehenen Kartenaufnahmen des Freiherrn Jacob Paul v. Gundling, der „mit ausdrücklicher Billigung Friedrich Wilhelms I. ... als Mitglied einer Kommission für Städtebau ... durch die Kurmark" reiste und dabei zwei neue Überblickskarten zeichnete; sie wurden „1724 mit Unterstützung der Kgl. Societät der Wissenschaften in Form eines Atlas" publiziert und später durch „eine geographische Beschreibung von Pommern und Brandenburg" ergänzt, doch in der Qualität standen diese „Karten auf einer nicht viel höheren Stufe als die" ein Jahrhundert zuvor, in den Wirren des Dreißigjährigen Krieges von Olof Hansson Svart angefertigten militärischen Orientierungskarten[37].

Zu einem strukturellen Vergleich mit der „Topographia Ducatus Montani" scheint zunächst vor allem Adam Friedrich Zürners „Atlas Augustaeus Saxonicus" geeignet, der 1716 - also ein Jahr nach Fertigstellung der Ploenniesschen Karte des Herzogtums Berg - von August dem Starken (1670-1733) in Auftrag gegeben wurde. Wie wahrscheinlich auch im Falle der bergischen Landesaufnahme war es hier der Wunsch des Kurfürsten, der zugleich König von Polen war, neben einer Generalkarte des gesamten Landes „particullar carten und von ihdem kres aspart mit einzutragen, auch die anderen stehtes von welchen schon fielle plans vorhanden"[38]. Darüber hinaus forderte er - der sich darin gefiel, immer wieder neue und aktuelle Listen seiner „Lust- und Hauptschlösser" aufzustellen -, „sämtliche Schlösser und Lusthäuser im Umkreis von drei Meilen um Dresden aufzunehmen" und „einen Folianten" anzufertigen „von denen ge-

35 *Wolfgang Scharfe*, Abriß der Kartographie Brandenburgs 1771-1821 (Veröffentlichungen der Historischen Kommission zu Berlin, Bd. 35), Berlin 1972, S. 39.

36 Ebd., S. 39 f; vgl. hierzu auch *Wilhelm Stavenhagen*, Die geschichtliche Entwicklung des preußischen Militär-Kartenwesens, in: Geographische Zeitschrift 6 (1900), S. 435-449, 504-512, 549-565, hier vor allem S. 440.

37 *Scharfe* (Anm. 35), S. 37, 40; *Paul Dinse*, Ein schwedischer Kartograph der Mark Brandenburg aus der Zeit des dreißigjährigen Krieges, in: Zeitschrift der Gesellschaft für Erdkunde zu Berlin 31 (1896), S. 98-105.

38 Zit. nach *Karl Czok*, August der Starke und Kursachsen, München 1988, S. 58. Vom „Atlas Augustaeus Saxonicus" Adam Friedrich Zürners wurden bisher nur einzelne Blätter publiziert (u.a. in *Czok*, a.a.O., S. 25-31), das Original ruht im Staatsarchiv Dresden; zu Zürner vgl. auch *J. Schulz-Blochwitz*, Magister Adam Friedrich Zürner, in: Mitteilungen des Rolands, H. 2, S. 19 ff sowie *Hans Beschorner*, Geschichte der sächsischen Kartographie im Grundriß, Leipzig 1907 u. *ders.*, Landesvermessung und Kartenwesen Kursachsens bis 1780, in: Beiträge zur deutschen Kartographie, hg. v. *H. Praesent*, Leipzig 1921, S. 32-46.

schigten, campagnen, marchen ritterspillen, lustbarkeiten etzeteras“[39]. Mit diesen recht dezidierten Anordnungen ergänzte Kurfürst Friedrich August I. nicht unwesentlich den bereits 1712 an seinen Kartographen erteilten Auftrag, alle kursächsischen Ämter samt „denen darinnen befindlichen Herrschaften, Rittergütern, Städten, Dörfern und dergleichen mehr in mappas geographicas“ zu bringen[40]. Da Adam Friedrich Zürner mit einer seit 1721 durchgeführten Vermessung sämtlicher Post- und Landstraßen auch weiterhin eine rege kartographische Tätigkeit in Kursachsen entfaltete, sind wir über die von ihm angewandten geodätischen Verfahren und über das durchschnittliche zeitgenössische Niveau der Aufnahmetechnik wesentlich genauer unterrichtet als über Ploennies' Arbeitsweise bei der Anfertigung der bergischen Topographie: Zürner benutzte, wie aus seinen eigenen Schaubildern und aus Schilderungen von zeitgenössischen Beobachtern hervorgeht[41], neben den in der praktischen Geometrie üblichen Instrumenten u.a. einen Theodoliten, eine sog. „Meilenkarre“ zur möglichst exakten Bestimmung der kursächsischen Meile (9,062 km)[42] sowie einen sog. „geometrischen Meßwagen“, eine Kutsche, an deren linkem Hinterrad ein Sporn für das im Innenraum befindliche Meilenmeßgerät angebracht war[43].

Wurde mit der 1726 abgeschlossenen Ploenniesschen „Generallandmessung des reformierten Fürstentums Nassau-Siegen“, die vor allem ökonomisch-fiskalischen Zwecken dienen sollte, die exakte Kartographie Nordwestdeutschlands eingeleitet, so stellte die 1715 fertiggestellte „Topographia Ducatus Montani“ durch ihre besonderen wirtschaftlichen und staatenkundlich-repräsentativen Merkmale ähnlich wie Zürners Karte von Kursachsen oder auch Majers Aufnahme von Württemberg (1710)[44] ein eigentümliches Bindeglied zwischen der vormodernen Topographie - von der sie sich bereits gelöst hatte - und der wissenschaftlich fundierten Kartographie bzw. jenen groß-angelegten exakten Landesaufnahmen dar, wie sie schließlich in vorbildhafter Weise seit den späten 1740er Jahren zuerst im Herzogtum Braunschweig[45], im Hochstift

---

39 *Czok*, a.a.O., S. 58.

40 Ebd.

41 Vgl. hierzu bes. die detaillierten Berichte von *Carl Christian Schramm*, Saxonia Monumentis viarum illustrata, Wittenberg 1726.

42 *Herbert Wunderlich*, Kursächsische Feldmeßkunst, artilleristische Richtverfahren und Ballistik im 16. und 17. Jahrhundert (Veröffentlichungen des Staatlichen Mathematisch-Physikalischen Salons, Forschungsstelle Dresden, Zwinger, Bd. 7), Berlin 1977, S. 35.

43 *Czok* (Anm. 38), S. 58; zu Zürners Vermessungsverfahren vgl. insbes. auch *Hans-Joachim v. Alberti*, Maß und Gewicht. Geschichtliche und tabellarische Darstellungen von den Anfängen bis zur Gegenwart, Berlin 1957, S. 71-75 sowie *Wunderlich* (Anm. 42), S. 34 f, 54 f.

44 Zur württembergischen Landesaufnahme des Geistlichen und Kartographen Johann Majer (1641-1712) vgl. *Wilhelm Wolkenhauer*, Aus der Geschichte der Kartographie, in: Deutsche geographische Blätter 27 (1904), S. 95 ff, 33 (1910), S. 239 ff, 34 (1911), S. 120 ff, 35 (1912), S. 29 ff, 36 (1913), S. 136 ff, 38 (1916), S. 101 ff, 39 (1917), S. 157 ff sowie *Ruthardt Oehme*, Geschichte der Kartographie des deutschen Südwestens, Konstanz 1961.

45 Gemeint ist neben der „Allgemeine(n) Landesaufnahme des Herzogthums Braunschweig von Herzog Karl I. aus Rücksichten der Landesverwaltung 1745 angeordnet und 1784 abgeschlossen“, Maßstab 1:2000 bis 1:4000, Original im Niedersächsischen STA Wolfenbüttel (vgl. hierzu *Dörries* [Anm. 22], S. 225 f; *Kleinn*, 1964 [Anm. 26], S. 58 u. bes. *Ernst Pitz*,

Osnabrück[46], im Kurfürstentum Hannover[47], in Preußen[48] und anderen deutschen Territorien[49] sowie nicht zuletzt auch in Frankreich[50] und Österreich[51] durchgeführt wurden. Die Ploenniesschen Werke blieben in ihren Regionen noch Jahrzehnte nach ihrer Fertigstellung die präzisesten Grundlagen kartographischer und deskriptiv-statistischer Art für administrative Planungen und Entscheidungen: die „Topographia Ducatus

---

Landeskulturtechnik, Markscheide- und Vermessungswesen im Herzogtum Braunschweig bis zum Ende des 18. Jahrhunderts [Veröffentlichungen der Niedersächsischen Archivverwaltung, Bd. 23], Göttingen 1967) die „Topographische Karte vom Herzogthum Braunschweig, nebst einer geographischen Beschreibung des Herzogthums" von Heinrich Daniel Gerlach, angefertigt 1763-1769 im Maßstab 1:42.000 (vgl. dazu *Kleinn*, 1964 [Anm. 26], S. 66 sowie bes. *Hermann Voges*, Die Gerlachsche Karte des Herzogtums Braunschweig, in: Braunschweigisches Magazin 1922, S. 42-47; *ders.*, Die Allgemeine Landesvermessung und die erste Verkoppelung im Lande Braunschweig im 18. Jahrhundert, in: Jahrbuch des Braunschweigischen Geschichtsvereins IX [1937], S. 5-56).

46 Katasterkarte des Hochstifts Osnabrück von Johann Wilhelm Du Plat, Maßstab 1 : 3840 von 1784-1790; außerdem: Topographische Karte vom Hochstift Osnabrück von Georg Wilhelm von dem Bussche und Franz Christian Benoit, angefertigt 1766/67, Maßstab 1 : 24.000 (vgl. hierzu *Dörries* [Anm. 22], S. 225; *Kleinn*, 1964 [Anm. 26], S. 58; *Johann Prinz*, Die ältesten Landkarten, Kataster- und Landesaufnahmen des Fürstentums Osnabrück, in: Mitteilungen des Vereins für Geschichte und Landeskunde von Osnabrück 63 [1948], S. 251-302 u. 64 [1950], S. 110-145).

47 Topographische Landesaufnahme des Kurfürstentums Hannover von Georg Josuah Du Plat und Johann Ludwig Hogreve, Maßstab 1:21.333, angefertigt 1764-1786 (vgl. hierzu *Dörries* [Anm. 22], S. 226; *Kleinn* [Anm. 26], S. 62; *Georg Schnath*, Die Kurhannoversche Landesaufnahme des 18. Jahrhunderts und ihre Kartenwerke, in: Mitteilungen des Reichsamtes für Landesaufnahme 9 [1933/34], S. 19-32; *Franz Engel*, Die Kurhannoversche Landesaufnahme des 18. Jahrhunderts. Erläuterungen zur Neuherausgabe als amtliches historisches Kartenwerk im Maßstab 1:25.000 [Veröffentlichungen der Historischen Kommission für Niedersachsen, Bd. 26, H. 1], Hannover 1959).

48 Zu den seit 1767 aufgenommenen Schmettau-Schulenburgschen Kartenwerken vgl. zuletzt die umfassende Analyse von *Scharfe* (Anm. 35), S. 48 ff und die dort angegebene Literatur.

49 Vgl. hierzu neben der oben bereits angeführten Literatur *Rüdiger Finsterwalder*, Zur Entwicklung der bayerischen Kartographie von ihren Anfängen bis zum Beginn der amtlichen Landesaufnahme (Deutsche Geodätische Kommission bei der Bayerischen Akademie der Wissenschaften, Reihe C: Dissertationen, H. 108), München 1967; *Walter Ohlemutz*, Beiträge und kritische Betrachtungen zur amtlichen Topographie und Kartographie im ehemaligen Großherzogtum Hessen, Ing.-Diss. Darmstadt 1951; *Hans-Jürgen Kahlfuß*, Landesaufnahme und Flurvermessung in den Herzogtümern Schleswig, Holstein und Lauenburg vor 1864, Neumünster 1969; *Fritz Bönisch*, Die Niederlausitz in der älteren Kartographie, in: Petermanns Geographische Mitteilungen 106 (1962), S. 141-150.

50 Als Markstein auf dem Weg hin zur modernen Kartographie wird die seit 1744 von Cassini angefertigte „Carte géométrique de la France" im Maßstab 1:86.400 betrachtet (vgl. *Witt* [Anm. 31], S. 192 ff, *Scharfe* [Anm. 35], S. 179 f).

51 Zur sog. „Josephinischen Landesaufnahme" von 1763-1787 vgl. *Ernst Bernleithner*, Die Entwicklung der Kartographie in Österreich, in: Berichte zur deutschen Landeskunde 22 (1959), S. 191-224 sowie *Josef Mühlberger*, Die Entwicklung der österreichischen Staats-Kartographie, in: Mitteilungen des Reichsamtes für Landesaufnahme 5 (1929/30), S. 193-213.

Montani" wurde noch 1788 bis 1792 zur Neukartierung des Herzogtums Berg von Carl Friedrich Wiebeking als äußerst wichtige Vorarbeit herangezogen[52], und die Ploennies-schen Karten des Siegerlandes wurden in Ermangelung besserer und aktuellerer Aufnahmen sogar noch bis 1816 in der Karten- und Vermessungskammer der preußischen Provinzialregierung zu Düsseldorf kopiert[53].

52 Carl Friedrich Wiebeking, „Carte von dem Herzogthum Berg", hergestellt ab 1788, veröffentlicht zwischen 1790 und 1792, Maßstab 1:50.000; vgl. dazu auch *Erich Wisplinghoff*, Ältere Karten im Nordrhein-Westfälischen Hauptstaatsarchiv zu Düsseldorf. Ein Beitrag zur Geschichte des Vermessungswesens und der Landmesser am Niederrhein vom 16. bis zum Beginn des 19. Jahrhunderts, in: 250 Jahre Klevisches Kataster. Studien zur Geschichte der Kartographie und des Vermessungs- und Katasterwesens am Niederrhein, hg. v. *Gregor Hövelmann* u. *Heinrich Steinbring* (Schriftenreihe des Kreises Kleve, Bd. 4), Kleve 1984, S. 168-178, *Kleinn* (Anm. 26), S. 69. - Die hohe Qualität der Ploenniesschen „Topographia Ducatus Montani" wird u.a. auch durch den 1723 fertiggestellten „Codex Welser", eine Aufnahme des Herzogtums Jülich, unterstrichen, dessen Ämterkarten „nicht auch nur annähernd" mit denen von Ploennies „konkurrieren" konnten (*Peter H. Meurer*, Der „Codex Welser". Eine frühe Topographie des Herzogtums Jülich von 1723, in: Beiträge zur Jülicher Geschichte 44 [1977], S. 1-42).

53 STA Münster, Reg. Arnsberg, Karten 44/Nr. 755, 45/Nr. 275, 46/Nr. 1192, 47/Nr. 1191, 48/Nr. 189, 49/Nr. 155, 51/Nr. 279, 52/Nr. 1152.

5. Anhang:

Ausgewählte Dokumente

Dok. 1: Ploennies' Einladung zur Teilnahme an seiner Antrittsvorlesung als ordentlicher Professor der Mathematik an die „akademischen Bürger aller Stände" der Universität Gießen[1]

Gießen, 27. Februar 1701[2]

UA Gießen, Phil. K. 9, ohne Fol.-Ang. (nach fol. 1 und vor fol. 4) - Eigenh.

Civibus Academicis Omnium Ordinum
& Genere & Virtute Ornatissimis,
Sal[uto] Prec[or] Plur[ime][3]

Quantacumque etiam, nescio qua hominum temporumque iniuria, mathematicarum artium, inter vetusta Graecorum pariter atq[ue] Romanorum nomina, exilis fuerit atq[ue] perversa existimatio, & publica saepenumero inter honoratiores etiam, abiectio, non Gellii solum Noctes, sed Suetonii quoq[ue] atq[ue]Taciti Annales, longis multisq[ue] locis affatim confirmant: Unius Taciti si unum instar omnium testimonium accersere huc velimus, sane deterioris notae atq[ue] atri plane calculi verba sunt, quibu[s] pro suae aetatis more ac ingenio, lib[er] I. Histor[iarum] ca[put] XXII depingit mathematicos, quod sint genus hominum potentibus infidum, sperantibus fallax, quod (utor eius verbis) in civitate & vetabitur semper & retinebitur. Tanta tamen eorum supremâ hac nostra tempestate, ubi omnia ad summum parturientium quasi nisu tendunt, facta est dignitas ac neccesitas, ut an maior olim eorundem extenuatio, quam hodierna exaltatio fieri potuerit, anceps merito haeream. Enimvero, tempora si mutant omnia, aliiq[ue] mores alios si faciunt homines, correxerunt & pristinae aetatis severitatem, mitiora ac meliora quae iam vivimus tempora, ut etiam hoc in passu, excussâ[4] scilicet per puriorem disciplinam Christianam variarum paganismi praestigiarum, auguriorumq[ue] superstitione, innocuae & a sordibus ethnicis depurgatae matheseos artes, nitori suo proprio, a primo summoq[ue] naturae opifice ipsis indito, restitutae dudum efflorescunt:

Illi enim qui aurum scoriis, aut aura lupinis secernere adhibita solertioris animi trutina, multum hactenus didicere, multum quoq[ue], quam feliciter & hîc dies diem, tam in repurgandis & exornandis, quam in inveniendis & excolendis artis mathematicae effectis edocuerit, universo fere literatorum orbi comprobarunt, ut certum quasi omen

---

1 Mit dem vorliegenden Einladungsschreiben, das in weiten Teilen eher den Charakter einer polemischen Denkschrift zur Problematik von zeitgenössischer und historischer Einschätzung der „Mathematiker" und der „Mathematik" trägt, stellte sich Ploennies dem akademischen Lehrkörper der Universität Gießen erstmals offiziell vor.

2 Eigenhändige Datierung am Ende des Schreibens; vgl. die der lateinischen Transkription folgende Übersetzung.

3 Auflösung „plurime" nach *Paul Arnold Grun*: Schlüssel zu alten und neuen Abkürzungen, Limburg a.d. Lahn 1966. Möglich sind auch die Varianten: precibus pluribus, precor pluria, precor plures.

4 Im Original „excussa" verbessert aus „percussa".

dicas, has disciplinas, μαθήσεας, id est, institutionis, doctrinaeque nomen indeptas esse, si et hic divinare quid, & mathematice conicere[5] liceat, eo fato fineq[ue], quod perpetim illae homines, aut vicissim homines illas instituere, aliosq[ue] ducere omnium vel maxime debeant, non amplius quaerendo easdem, inter superstitiosos haruspices aut fatidicos hariolos, & cuiuscumq[ue] id fecis homines, sed in media Musarum florentissimarum, aut celsissimarum aularum duce, ubi non[6] priscam obiectam illam, sed novam splendidamq[ue] sedem sibi ac solium occupavere, usq[ue] adeo, ut iure meritoque tacere nunc Tacitum iubeat Apollo, Platoque quiescese, nec amplius mathematicos dignitatis & honestatis, quam obtinent summam, privare encomiis[7], quin potius veriori mentis collustratione[8] agnoscere, ut omnia quae vel Martis Vulcanique stupenda experientia, vel admiranda Italorum, Gallorum Belgarumq[ue] solertia, vel nitidissima & ad miracula ferme abeuntium basilicarum palatiorumq[ue] augustissima structura, vel munimentorum denique inaccessa & impenetrabilis vestitura imo & politissimarum Musarum cultura locupletissime habent, mathesos sint & mathematicis debeantur. Nil enim spaciosum hîc caelum habet, quod enumerare non contendat mathesis: Nil mare habet, quod non investigare studet mathesis: Nil tellus habet, quod non & describere, & denominare & commensurare[9] laboret mathesis; Quae si olim & eo nomine laudis tenebat aliquid, quod μάθησις h[aec] e[st] institutio talis erat, quam tironibus in primo doctrinae limine proponere scirent, quid non hodie prae aliis laudis ipsi concedetur, quod non pueros, sed principes, non tirones sed reges, alliciat, ornet, delectet, ut & horum μάθησις ac institutio apprime fieri, eorumq[ue] ingenia ad sublimia quaevis tam cogitanda quam perficienda subinde requiratur, prout non adeo multis hinc annis excellentissimus Germaniae nostrae mathematicus b[eatus] Weigelius philosophiam omnium omnino primam ac primariam salutare, reginam & aquilam disciplinarum, ex qua omnia sciri, omnia demonstrari, omnia deniq[ue] derivari & operi dari possint, nequaquam fuerit veritus. Taceat igitur, iterumq[ue] dico, taceat Tacitus, mathematicos genus hominum esse potentibus infidum, sperantibus fallax, quod in civitate vetabitur & retinebitur. Universa ipsi obloquatur Germania, Gallia, Anglia, Batavia, quae suos Weigelios, Tschirnhusios, Sturmios, Vaubanios, Cohornios, pluresq[ue] alios, viva pene[10] exempla Tacito obvertere posset: Isti, anna potentissimis regibus, principibusq[ue] suis infidi? Qui semper togâ sagoq[ue] fidissimi extiterunt! Isti, anne sperantibus fallaces? Qui numquam non ab ipsis sperata & his maiora sperantibus molimina praestitere! Isti, anne civitatib[us] vetiti, qui ad plures civitates muniendas, conservandas, instruendas missi vocatiq[ue] fuere. Tantum abest, ut mathematicorum[11] si quae fuerit labes olim, hodie quoq[ue] adsperganda veniat, ut potibus

5 Im Original fälschlicherweise „coniicere".
6 „Non" nachträglich eingefügt.
7 „Encomiis" im klassischen Latein nicht belegt; aus dem Griechischen übernommen.
8 „Collustratio" vom Verb „collustrare" durch Ploennies abgeleitetes Substantiv.
9 „Commensurare" im klassischen Latein nicht nachgewiesen.
10 Im klassischen Latein „paene"; selten die Nebenform „pene".
11 Nach „mathematicorum" ist „olim" durchgestrichen.

potentissimis summe illi chari[12] ac necessarii, sperantibus impense amabiles ac desiderabiles, inq[ue] civitates vocandi ac cooptandi sunt.

Induxit hoc patriae nostrae patrem, serenissimum principem ac dominum, d[omi]n[um] Ernestum Ludovicum Hassiae landgravium[13] sc[ilicet] et c[etera] principem ac nutricium nostrum clementissimum, ut pro singulari ac rara in Musas nostras clementissima cura atq[ue] gratia, civitatem etiam nostram Academiam, ex horno b[eati] obitu excell[entissimi] :nostri hei quondam! mathematici, d[omi]ni Augustini Vagetii, orbam viduatamq[ue], non ita pridem clementissime novo donare voluerit[14] mathematum professore, eique spartam[15] in illustri hac Academia mathematicam nobilissimam demandare, qui est, eritq[ue], per dei gratiam felisissime, vir nobilissimus amplissimus ac excellentissimus

D[omi]n[us]: Ericus Philippus Ploennies, Spirensis
Serenissimi Nostri Principis Architectus Primarius.

Is postquam antehac in celeberrimis Germaniae Academiis, Halensi imprimis ac Lipsiensi, deinceps etiam apud exteres per Belgium, Galliam, Angliam, apud excellentissimos undiquaq[ue][16] viros, mathematicarum rerum notitiam haud vulgarem sibi comparaverat, atq[ue] ante aliquot dies, vocationi & serenissimo ipsi factae, statutisq[ue] Academicis parituraq[ue], adventaverit felici sidere[17], proximo, qui dicit Martis die, ipsis Calendis Martii, horâ matutina VIII. oratione suâ inaugurali, terse ac polite, de origine, dignitate & augmentis scientiarum maxime mathematicarum, fausta suae professionis captusq[ue] est auspice.

Cui panegyri[18] ut & vos, cives Academici o[mnium] o[rdinum] honoratissimi, frequentes adesse, vestrâq[ue] humanitate ac benivolentia[19] novum huncce nostrum mathematicum comiter ac obnixe excipere velitis, est cur humaniter ac amice hic omnes & singulos invito: P[ublice] P[osuit] D[omi]nn[i]ca Oculi[20], signo Academiae Giess[ensis] maiori anno MDCCI.

---

12 Im klassischen Latein „cari".

13 Neulatein; Latinisierung von deutsch „Landgraf".

14 „Voluerit" nachträglich eingefügt.

15 Im klassischen Latein nicht belegt.

16 Aus den klassischen Wörtern „undique" und „quaque" von Ploennies zusammengesetzt.

17 Von Ploennies durch Ordnungszahlen nachträglich in die Reihenfolge „felici sidere adventaverit" gebracht.

18 Im klassischen Latein so nicht belegt; abgeleitet von „panegyricus".

19 Die üblichere Form wäre hier „benevolentia"

20 Aufgelöst nach Adriano Cappelli: Lexicon abbreviaturarum. Dizionario di abbreviature latine ed italiane, Milano 1961 (Nachdr. der Ausgabe v. 1899).

Den akademischen Bürgern aller Stände,
die sowohl von Herkunft als auch vom Verdienst her sehr geachtet sind,
ich grüße [Euch und] erbitte sehr viel

Wie groß auch immer die Ungerechtigkeit der Menschen und Zeiten gegen die mathematischen Künste ist, weiß ich nicht - bei den alten Werken[21] der Griechen genauso wie bei denen der Römer, ist [deren] Einschätzung dürftig und töricht[22], und oftmals auch unter angesehenen Männern ist [deren] Ablehnung allgemein gewesen, [wie es] nicht allein die [Attischen] Nächte des Gellius[23], sondern auch [das Werk] des Sueton[24] und des Tacitus' Annalen[25] reichlich, an langen und vielen [Text-]Stellen belegen: wenn wir an dieser Stelle stellvertretend für alle einen Beleg bloß des Tacitus

---

21 Hier im Original „nomina", wortl.: Titel [der Werke]. Vgl. hierzu und zu allen Übersetzungsvarianten, die in den nachfolgenden Anmerkungen gegeben werden, *Karl Ernst Georges*: Ausführliches lateinisch-deutsches Handwörterbuch, 2 Bde., Basel 11. Aufl. 1962 (Nachdr. d. 8. verbesserten Aufl. von 1913).

22 Für „töricht" auch „falsch" oder „nutzlos" möglich.

23 Ploennies meint hier wahrscheinlich *Gellius*: Noctes Atticae I. 9,2: „Der gewöhnliche Haufe freilich bezeichnet mit dem Begriff Mathematiker [fälschlich] diejenigen, welche [sich mit Wahrsagerei und Sterndeuterei beschäftigen und die] man nach ihrem Landes- und Volksnamen eigentlich Chaldäer nennen sollte." *Fritz Weiss*: Aulus Gellius. Die Attischen Nächte, Bd. 1: I.-VIII. Buch, Darmstadt 1965 (Nachdr. d. Ausg. v. 1875), S. 42.

24 Gemeint ist das Werk „De Vita Caesarum" des römischen Biographen Sueton (2. Jh. n. Chr.), in dem mehrfach entweder über den Glauben der Herrscher an die Fähigkeiten der als Astrologen bezeichneten Chaldäer oder aber über deren Vertreibung und Verbannung wegen unzuverlässiger Prophezeiungen berichtet wird. - Eine Auflistung aller hier relevanten Textstellen findet sich unter den Stichworten „mathematica" und „mathematicus" bei *Albert Andreas Howard/Carl Newell Jackson*: Index verborum C. Suetoni Tranquilli, Hildesheim 1963, S. 142; vgl. insbes. Vit. 14,2, wo beschrieben wird, wie die Astrologen auf ihre durch ein Edikt von Vitellius bekanntgegebene Vertreibung aus Rom und Italien 69 n. Chr. empört reagieren; vgl. außerdem: Aug. 94.12, Tib. 14.4, Tib. 36, Tib. 69, Cal. 19.3, Cal. 57.2, Nero 40.2, Otho 4.1 (*Maximilian Ihm*: C. Suetoni Tranquilli. De Vita Caesarum [= Sueton Werke, Bd. I], Stuttgart 1958; *Rudolf Till*: Sueton. Caesarenleben, Leipzig 1936).

25 Gemeint sind zwei Textstellen aus den Annalen des Tacitus (ca. 61/62 - ca. 120 n. Chr.), in denen er zwar ‚die Bedeutung der Astrologie nicht gänzlich leugnet, aber das schamlose Treiben der Astrologen (ähnlich wie auch in seinen Historien I. 22,1; vgl. dazu Anm. 27) verurteilt' (*Rudolf Till*: Art. „Tacitus", in: Lexikon der Alten Welt, Zürich/Stuttgart 1965, Sp. 2973). - Tac. Ann. VI. 22,3: „Jedenfalls aber lasse sich der größte Teil der Menschen den Glauben an die Vorherbestimmung der Lebensschicksale jedes Menschen bei seiner Geburt nicht nehmen; die Vorhersage dieser Schicksale treffe freilich nicht immer ein, das liege aber an den Betrügereien der unwissenschaftlichen Propheten. Sie erschütterten den Glauben an eine Wissenschaft, die ihre Kraft in alter wie in neuer Zeit aufs herrlichste bewiesen habe" (*August Horneffer*: Tacitus. Annalen, Stuttgart 1964, S. 286 f). - Tac. Ann. XII. 52,3: „Über die Ausweisung der Astrologen aus Italien wurde ein energischer, aber erfolgloser Beschluß gefaßt" (*Horneffer*, a.a.O., S. 382; vgl. dazu auch den Kommentar von *Erich Koestermann*: Cornelius Tacitus. Annalen, Bd. III: Buch 11-13, Heidelberg 1967, S. 196 ff).

anführen wollen, immerhin gibt es Bemerkungen und Worte [dieser] schlechteren und völlig boshaften Einschätzung[26], mit denen er nach Gepflogenheit und Einstellung seines Zeitalters - Buch I der Historien, Kap. XXII - die Mathematiker charakterisiert, daß sie seien ‚ein Menschenschlag, der den Mächtigen [gegenüber] untreu, den Hoffenden [gegenüber] betrügerisch ist, der (ich benutze dessen Worte) im Staat sowohl [auf] immer verboten werden und auch zurückgeholt werden wird‘[27]. Trotzdem aber ist deren Ansehen und Notwendigkeit in diesem unserem erhabensten Zeitalter, wo sich alles gleichsam unter Anstrengung auf das höchste Glück derer ausrichtet, die etwas zustande bringen [wollen], verwirklicht worden, so daß ich aus gutem Grunde darüber im Zweifel bin, ob die einstige Herabsetzung derselbigen größer gewesen sei als [deren] gegenwärtige Aufwertung. In der Tat, wenn die Zeiten alles ändern und wenn die einen Menschen diese, die andern Menschen jene Sitten praktizieren, dann haben sie [= die Zeiten] auch das strenge Urteil [über die Mathematik/er] des vorherigen Zeitalters gemildert, insofern wir ja in milderen und besseren Zeiten leben, so daß auch in diesem [Fort-]Schritt - nachdem der Aberglaube des Heidentums an verschiedene Gaukeleien und Wahrsagereien abgeschüttelt ist, freilich durch die reinere christliche Erziehung - die mathematischen[28] Künste unversehrt und vom heidnischen Schmutz gereinigt [und somit] für die ihnen eigene Schönheit, die ihnen selbst vom ersten und höchsten Schöpfer der Natur eingegeben ist, wiederhergestellt eben jetzt aufblühen: Jene nämlich, die Gold aus Metallschlacken oder Goldkörner von Lupinen[wurzeln] trennen [können], dabgfdurch daß sie aufgrund ihres sehr praktischen Geistes abwägen [können], die haben bis jetzt viel gelernt; viel haben sie auch fast dem gesamten Kreis der Gelehrten bestätigt, wie ja auch die eine Zeit glücklich in diesem Falle die andere Zeit einerseits bei der Reinigung und Ausschmückung und besonders bei der Erfindung und Verfeinerung der Errungenschaften der mathematischen Kunst genau unterwiesen hat, so daß man fast als sicheres Zeichen auffassen kann, daß diese Wissenschaft, gemeint sind die der Mathematik, den Namen einer [wissenschaftlichen] Einrichtung und Lehre angenommen haben; wenn es erlaubt sei, sowohl an dieser Stelle etwas zu prophezeien als auch auf mathematische Weise einen Schluß zu ziehen, mit dem Geschick und Resultat, daß [entweder] jene [= die mathematischen Künste] beständig die Menschen oder andererseits die Menschen jene in ihrem Wesen bestimmen müssen und sie andere [Menschen] jeglicher Art besonders stark anreizen müssen, nicht dadurch daß sie gerade diese [= die mathematischen Künste] zwischen abergläubischen Zeichendeutern

26 „Calculus“, wörtl. u.a.: der Stein auf einem Rechenbrett; Rechnung, Berechnung; Maxime.

27 Interessant ist hier die offenbar bewußte Auslassung von „nostra“ nach „in civitate“ („in unserem Staat“) im Gegensatz zur Überlieferung, wodurch Ploennies einen sonst möglichen Bezug zum hessen-darmstädtischen Territorium vermeiden wollte. Zur von Ploennies zitierten Textstelle aus Tac. Hist. I. 22,1 s. auch den Kommentar von *Heinz Heubner*: P. Cornelius Tacitus. Die Historien, Bd. I: 1. Buch, Heidelberg 1963, S. 61; zur Auslassung von „nostra“ vgl. die Textausgabe von *C. D. Fisher*: Cornelii Taciti Historiarum Libri, Oxford 1967 (Nachdr. d. Ausg. v. 1911).

28 Hier und im folgenden „mathesis“ bzw. in griechischer Schreibweise „ μάθησις “ (und deren Kasusformen) auch im Sinne von „Kenntnis, Wissenschaft, daher insbesondere Mathematik und Astrologie“.

oder weissagenden Wahrsagern - und dies sind Menschen der wie auch immer beschaffenen unteren Klasse - suchen, sondern [daß sie sie] mitten unter den blühendsten Musen [suchen] oder unter der Führung der erhabensten Hofleute, wo sie für sich nicht jenen früheren, [jetzt] aufgegebenen, sondern einen neuen und glänzenden Wohnsitz und Thron in Anspruch genommen haben; bis zu dem Ausmaß, daß mit Recht und aus gutem Grunde Apollo befiehlt, daß Tacitus jetzt schweigen soll und Plato [befiehlt, daß Tacitus] sich ruhig verhalten soll, und daß er nicht weiter die Mathematiker der Lobsprüche auf ihre Würde und Ehre, die sie als vorzüglichste besitzen, berauben solle; sondern vielmehr solle er durch eine höchst aufrichtige Erleuchtung seines Geistes erkennen, daß alles, was sie als bestaunenswerte Proben des Mars[29] und des Vulkan[30], oder als bewundernswerte Kunstfertigkeit der Italer, der Gallier oder der Belger, oder als sehr prächtige und sehr ehrwürdige Bauten von fast an Wunder grenzenden Gerichtshallen und [fürstlichen] Palästen, oder letztlich als unzugängliche und undurchdringliche Ummantelungen von Schutzbauten und ja sogar als Veredelung der feinsten Studien aufs reichhaltigste besitzen, Aufgaben der Mathematik sind und den Mathematikern verdankt werden.

Denn hierbei hat der Himmel nichts schönes, was aufzuzählen die Mathematik sich nicht bemühte: Nichts hat das Meer, was zu erforschen die Mathematik sich nicht bemühte: Nichts hat die Erde, was zu beschreiben, zu benennen und zu bemessen die Mathematik sich nicht anstrengte. Wenn diese [= die Mathematik] dereinst auch unter dieser Bezeichnung etwas an Ruhm besaß, weil die Mathematik, [das ist] der Unterricht [darin], derartig war, daß man sie den Anfängern auf der ersten Schwelle der Gelehrsamkeit vorsetzen konnte, was ihr selbst an Ruhm heute vor anderen nicht [mehr] zugestanden wird[31], weil sie nicht Knaben, sondern Fürsten, nicht Anfänger, sondern Könige anlocken, zieren und erfreuen soll, so daß auch deren Mathematik und Unterricht ganz vorzüglich zu werden befunden werde und deren Fähigkeiten letztlich [für gut] befunden werden, gewisse erhabene Sachen so zu planen wie auch auszuführen - so hat sich ja auch in den bis jetzt noch nicht vielen Jahren von da an der herausragendste Mathematiker unseres Deutschlands, der gesegnete Weigelius[32], überhaupt nicht ge-

---

29 Militär-, Kriegstechnik.

30 Metallverarbeitungs-, Schmiedetechnik.

31 In der lat. Textvorlage hier Futur.

32 Erhard Weigel (1625-1699), der erste Vertreter einer konsequent naturwissenschaftlich-kausalen Methode in Deutschland (*Scheuner*), bei dem Leibniz und Pufendorf Mathematik studierten und die Philosophie des Descartes und die Naturrechtslehre kennenlernten. - Nach dem Besuch des Gymnasiums in Halle, wo Weigel in astronomischen Geschäften und im Kalendermachen mit B. Schimpfer zusammenarbeitete, dem Studium in Leipzig und der Promotion zum Magister (1650), erhielt der erst 28jährige 1652/53 den Ruf auf den Lehrstuhl für Mathematik in Jena. In der Lehre war Weigel außerordentlich beliebt, was wohl u.a. darauf zurückzuführen ist, daß er sich neben Thomasius als einer der ersten Professoren in Deutschland sogar in seinen Vorlesungen der deutschen Sprache bediente (*Knott*). Neben der akademischen Lehre und Forschung stand seine Tätigkeit als Hofmathematicus und Oberbaudirektor der Herzöge von Sachsen-Weimar. Weigel trat mit über 100 Publikationen aus den Bereichen der Mathematik, Astronomie, Physik, Pädagogik, Jurisprudenz,

fürchtet, die Philosophie jeglicher Art ganz und gar als vornehm und vorzüglich zu loben, [sie,] die Königin und das Wappentier[33] der Bildung, aus welcher heraus alles gewußt, alles nachgewiesen und schließlich alles abgeleitet und der Wissenschaft gegeben werden kann.

Also soll, und ich sage es nochmals, Tacitus schweigen, daß die Mathematiker ,ein Menschenschlag seien, der den Mächtigen [gegenüber] untreu, den Hoffenden [gegenüber] betrügerisch ist, der im Staat verboten und zurückgeholt werden wird'.Ihm gerade sollen vereint Deutschland, Frankreich, England und die Schweiz widersprechen, die ihre Weigels, Tschirnhuser[34], Sturmer[35], Vaubaner[36], Cohorner[37] und viele andere

---

Architektur, Geschichte, Geographie und Philosophie sowie mit zahlreichen originellen technischen Erfindungen hervor. Als Mathematiker und Technologe zählte Weigel zu den Wegbereitern der rationalen Aufklärung (*Hofmann*); er regte Realschulen mit wissenschaftlich-praktischem Unterricht, die Einführung des verbesserten gregorianischen Kalenders in den evangelischen Territorien Deutschlands (Reichstag zu Regensburg 1699) an und forderte die Begründung aller Wissenschaften auf die Mathematik (Mathesis universalis). - *Robert Knott*: Art. „Erhard Weigel", in: ADB 41 (1896), S. 465-469; *Hanns H. Hofmann*: Art. „Erhard Weigel", in: Biographisches Wörterbuch zur deutschen Geschichte, hg. v. *Hellmuth Rössler/Günther Franz*, Bd. 3, München 2. Aufl. 1975, Sp. 3056; *Ulrich Scheuner*: Samuel Freiherr von Pufendorf (1632-1694), in: Die großen Deutschen, hg. v. *Hermann Heimpel, Theodor Heuss, Benno Reifenberg*, Bd. V, Gütersloh 3. Aufl. 1978, S. 128; *Hermann Schüling*: Erhard Weigel (1625-1699). Materialien zur Erforschung seines Wirkens, Gießen 1970; grundlegend für die wissenschafts- und geistesgeschichtliche Wirkung und Beurteilung Weigels ist auch heute noch *Herbert Schöffler*: Deutsches Geistesleben zwischen Reformation und Aufklärung. Von Martin Opitz zu Christian Wolff, Frankfurt a.M. 1956, S. 162-176.

33 Wörtl.: Adler.

34 Ehrenfried Walther v. Tschirnhaus (1651-1708), einer der bedeutendsten Mathematiker und Philosophen des 17. Jahrhunderts, studierte 1668-1675 mit Unterbrechungen in Leiden und lernte auf einer ausgedehnten Bildungsreise durch Europa (1675-1682) die hervorragendsten Gelehrten seiner Zeit kennen, von denen neben Huygens, Newton und Spinoza vor allem Leibniz zu nennen ist, mit dem er nicht zuletzt aufgrund gleichgearteter wissenschaftlicher Interessen seitdem eng befreundet war; auf Empfehlung Colberts wurde Tschirnhaus 1682 Mitglied der französischen Akademie der Wissenschaften. Ursprünglich von Descartes herkommend, waren seine seit 1687 publizierten naturwissenschaftlich-theoretischen Arbeiten zur Methodenlehre und Erkenntnistheorie sowie zum Problem der Mathematik und Physik als „praktischen Wissenschaften" deutlich von Spinoza beeinflußt, andererseits wurden hier aber auch eigene Erfahrungen berücksichtigt, die Tschirnhaus beim Aufbau von drei Glashütten in Sachsen (Herstellung von optischen Geräten besonderer Größe) gesammelt hatte. - *O. Liebmann*: Art. „Ehrenfried Walther v. Tschirnhaus", in: ADB 38 (1894), S. 722 ff.

35 Johann Christoph Sturm (1635-1703), studierte von 1656 bis 1660 bei Erhard Weigel (s. Anm. 32) in Jena, anschließend in Leiden, war kurze Zeit auch Hauslehrer sowie Pastor und erhielt 1669 den Ruf auf den Lehrstuhl für Mathematik und Physik nach Altdorf, wo er mehrmals Rektor der Universität und Dekan der Philosophischen Fakultät war. Sturm war okkasionalistischer Cartesianer (*Schöffler*), der „aus der Betrachtung der Natur Beweise für das Dasein und die Eigenschaften Gottes" ableitete und der insofern für eine modernere, von der neuscholastischen Lehre abweichende Naturauffassung eintrat, als er sich für die „Verwerfung der Natur als eines Mittelwesens zwischen Gott und Welt und für die Annah-

- fast als lebende Beispiele - dem Tacitus entgegenhalten könnten. Sind diese etwa den mächtigsten Königen und ihren Fürsten [gegenüber] untreu gewesen?, die sich immer in Krieg und Frieden als sehr treu erwiesen haben! Sind diese etwa den Hoffenden [gegenüber] betrügerisch gewesen?, die immer[38] das geleistet haben, was von ihnen selbst gehofft und was für diese, die hofften, zu große Anstrengungen waren! Sind diese etwa in Städten verboten worden, sie, nach denen geschickt und gerufen worden ist, um mehrere Städte zu befestigen, zu erhalten und zu rüsten? Weit davon entfernt, daß, wenn es einst irgendeinen Niedergang der Mathematiker gegeben hat, dieser auch heute noch [ihnen] zugefügt werden soll, so sollen vielmehr jene für die mächtigsten Männer höchst geschätzten und unabdingbaren und für die Hoffenden sehr begehrten und wünschenswerten Männer [= Mathematiker] in die Städte hinein gerufen und kooptiert[39] werden.

---

me einer den Dingen innewohnenden göttlichen Kraft" aussprach (*Falckenberg*). Sturm wirkte durchaus im Sinne der von Weigel propagierten Mathesis universalis, freilich mehr auf dem Gebiet der Physik, wo er einerseits durch hypothetisch-theoretische Arbeiten, andererseits als Erfahrungswissenschaftler durch Experimente hervortrat. Seine Veröffentlichungen fanden internationale Anerkennung. - *Herbert Schöffler*, a.a.O. (s. Anm. 32), S. 169 f; *R. Falckenberg*: Art. „Johann Christopherus Sturm", in: ADB 37 (1894), S. 39 f, *Georg Baku*: Der Streit über den Naturbegriff am Ende des 17. Jahrhunderts, in: Zeitschrift für Philosophie und philosophische Kritik 98 (1891), S. 162-190.

36 Sébastien le Prestre de Vauban (1633-1707), französischer Marschall und Festungsbaumeister. Nach der Ausbildung zum Ingenieuroffizier in der spanischen Armee trat Vauban 1653 in französische Dienste und leitete zunächst 1658 Belagerungen von Grenzbefestigungen in den spanischen Niederlanden. 1662 befestigte er Dünkirchen und wurde 1678 Generalinspekteur des Festungswesens in Frankreich. In den Kriegen Ludwigs XIV. leitete er zahlreiche weitere Belagerungen und legte systematisch im gesamten Norden und Osten Frankreichs Befestigungsanlagen an (u.a. Metz, Straßburg), wodurch er zur Begründung von Frankreichs Militärmacht beitrug. Vauban verfaßte neben militärwissenschaftlichen und fortifikationstechnischen Schriften auch merkantilwissenschaftliche Werke; sein 1707 publiziertes Buch über die Vorzüge eines stärker am Einkommen orientierten Steuersystems wurde allerdings verboten. Wegen seiner Untersuchungen zu demographischen Problembereichen wird Vauban heute zu den Mitbegründern der wissenschaftlichen Statistik in Frankreich gezählt. Vgl. Art. „Vauban", in: Biographie Universelle, Bd. 8, Lyon/Paris 1851, S. 312 ff; *A. Rebelliau*: Vauban, Paris 1962.

37 Menno Baron van Coehoorn (1641-1704), niederländischer Festungsbaumeister und General. Seit 1695 war Coehoorn Generalinspekteur der niederländischen Festungen. Von seinen zahlreichen Publikationen war das in mehreren Auflagen erschienene Buch über den „Neuen Festungsbau" (dt. Übersetzung, Wesel 1708) am einflußreichsten. Coehoorn beteiligte sich sowohl an der Eroberung (z.B. Bonns durch Friedrich III. von Brandenburg 1689) wie auch am Ausbau einiger wichtiger Festungen (Namur). *G. T. van Coehoorn*: Het leven van M. Baron van Coehoorn, hg. v. *J. W. van Sypesteyn*, Leeuwarden 1860.

38 Wörtl.: niemals nicht.

39 Hier im Sinne von „an politischen Entscheidungsprozessen beteiligen"; im klassischen Latein sogar im Sinne von „beiwählen, ein neues Mitglied zur Ergänzung einer [politischen, B.D.] Korporation usw. wählen", meist von den Mitgliedern einer Korporation selbst.

Dieses hat den Vater unseres Vaterlandes, den durchlauchtigsten Fürsten und Herrn, unseren Herrn Ernst Ludwig, Landgraf von Hessen - ergänze das Weitere -, den Fürsten und gnädigsten Ernährer veranlaßt, daß er gemäß [seiner] einzigartigen und vortrefflichen und gnädigsten Fürsorge und Gunst unseren Wissenschaften gegenüber, die Stadt [und] auch unsere Akademie, die seit dem kürzlichen Hinscheiden des gesegneten, hervorragendsten - ach, einst unsrigen! - Mathematikers, des Herrn Augustin Vagetius[40], verwaist und verwitwet ist, vor gar nicht langer Zeit sehr gnädig mit einem neuen Professor der Mathematik hat beschenken und diesem den sehr vorzüglichen mathematischen Teil in dieser angesehenen Akademie hat übertragen wollen; dieser ist und wird es sein - auf sehr glückliche Weise, durch Gottes Gnade -, der sehr angesehene, sehr hochgestellte und sehr vortreffliche Mann

Herr Erich Philipp Ploennies aus Speyer,
der Baudirektor[41] unseres durchlauchtigsten Fürsten.

Nachdem dieser früher in den berühmtesten Akademien Deutschlands, besonders in Halle und Leipzig, darauf folgend auch bei Auswärtigen in Belgien, Frankreich und England, [also] überall bei den berühmtesten Männern sich eine [wohl] kaum gewöhnliche Kenntnis der mathematischen Künste verschafft hatte, und er vor einigen Tagen unter günstigen Vorzeichen [hierher] gekommen ist - er wird gemäß den akademischen Statuten gerade auf die von seiner Durchlaucht hin erfolgte Berufung angenommen -, spricht er nun am folgenden Tage des Mars, genau am 1. März zur morgendlichen Stunde um 8 Uhr in seiner Inaugurationsrede, geschliffen und wohlgefeilt über den Ursprung, über die Stellung und über Entwicklungsstränge besonders der mathematischen Wissenschaften, und er ist eingenommen durch das günstige Vorzeichen für seinen Lehrstuhl.

Damit auch Ihr, ehrwürdigste akademische Bürger aller Stände, zahlreich dieser Lobrede beiwohnt und durch Eure feine Bildung und durch Euer Wohlwollen diesen neuen und unseren Mathematiker hier freundlich und fest entschlossen aufnehmen wollt - dies ist es, warum ich alle und einzelne hierzu höflich und freundlich einlade: Öffentlich kundgetan am Sonntag, 27. Februar[42], im Zeichen der hohen Akademie zu Gießen im Jahre 1701.

---

40 Augustin Vagetius (1670-1700), vor Ploennies Inhaber des Lehrstuhls für Mathematik an der Universität Gießen, studierte in Wittenberg, wo er 1692 Magister und Adjunkt (Hilfsangestellter) an der Philosophischen Fakultät wurde; seit 1696 war er als Professor der Mathematik und des Griechischen am Gymnasium in Göttingen tätig; 1696 erfolgte seine Berufung zum ordentlichen Professor der Mathematik an die Universität Gießen, an der er bis zu seinem frühen Tod am 2.6.1700 lehrte. - *Friedrich Wilhelm Strieder*: Grundlage zu einer hessischen Gelehrten- und Schriftstellergeschichte, Bd. 16, Kassel 1817, S. 260 (mit Angabe seiner Schriften); *Christian Poggendorff*: Biographisch-literarisches Handwörterbuch zur Geschichte der exacten Wissenschaften, Bd. 2, Leipzig 1863, S. 1165.

41 Auch im Sinne von „Ober-, Hof- oder leitender Baumeister".

42 *Hermann Grotefend*: Zeitrechnung des deutschen Mittelalters und der Neuzeit, Bd. 1: Glossar und Tafeln, Aalen 1970 (Nachdr. d. Ausg. Hannover 1891), Taf. zum 27. März.

Dok. 2: Erich Philipp Ploennies' Bestallung zum Geographen und Baudirektor des Grafen Friedrich Wilhelm Adolph von Nassau-Siegen

[Siegen,] 24. Mai 1717[1]

HSTA Wiesbaden, Abt. 172, Nr. 4125, fol. 2-3' - Eigenh. Abschrift von Ploennies - Erstdr. in *Wilhelm Güthling*: Erich Philipp Ploennies (1672-1751) als Baudirektor und Kartograph im Siegerland, in: Siegerland 45 (1968), S. 15 ff.

<2> Von Gottes Gnaden, Wir Friederich Willhelm Adolph, Fürst zu Nassau, Graf zu Cazzen Elnbogen, Vianden, Diez, Limburg und Bronckhorst, Herr zu Beylstein, Styrumb, Wisch und Borkeloh, Erbbannerherr des Herzogthumbs Geldern, und der Grafschaft Zütphen pp thuen kund und fügen hiemit zu wissen, daß Wir den Edlen und wohlerfahrnen Erich Philipp Ploennies zu unserm Geographo und BauDirektoren auf nachfolgende maße bestalt und angenommen haben; bestellen ihn auch hiermit und in Kraft dießes dergestalt und also: Daß uns derselbe erstlich und zuforderst Getreü, Holdt, und gewärtig seye, unser bestes bey allen Vorfallenheiten prüfen und fördern, Schaden und nachtheil aber nach seinem eüsersten Vermögen und kräften hindern, und abwenden helfen solle.

Zweytens, nachdem wir gnädigst gut und nöthig gefunden, sowohl eine richtig und accurate abmessung unseres ganzen Fürstl[ichen] landes, als auch Von demselben hinwiederumb, eines jedern Ambts besonders, und abermahlen in diesen eine noch Specialere Messung jeder Gemeindte fordersambst thun und beschreiben zu lassen; Als soll derselbe zu diesen so general als Specialen abmessungen alsofort und ohne zeitVerlust den würcklichen anfang machen. Bey der generalen landtmessung, nebst andern, Vornehmlich, die landes-Gränzen, landthecken, und landtwehren, Gränzsteine, landtstrasen, bäche und andere Merckmahle, welche die gränzen sowohl der benachbarten, als der Ämbter unter sich selbsten scheiden, wohl observiren und bemercken, das maß und ruhten Von einem zu dem andern gränzscheidungsmahl ordentlich beschreiben, darüber eine accurate und richtige landt Charte, mit exacter inserirung, unserer Residenz Stadt Siegen, aller flecken, dorfschaften, höfen und gemeindten, Vornehmsten flüssen, wassern, hochgewäldt, unterscheidung derer Adelichen districten, und alles andern, so in dergleichen General Charte gehörig, zeichnen und formiren und uns dieselbe praesentiren, in ansehung der besondern abmessung[2] eines jeden Ambts aber sein absicht dahin sorgfältigst richten, daß nicht nur obbemelte[3] stücke ebenmäßig also notirt und beschrieben, sondern auch nebst denenselben in Specie was hochgewäldt, hauberg, Feldter, wiesen, gärten, Wasser, bäche, oder unbrauchbare sümpfe, Abwenden oder Füh-

---

1 Datierung am Ende der Bestallungsurkunde (fol.3').

2 Im Original „abmessung" wiederholt.

3 Im Sinne von „obengenannte".

ren, auch was H[err]schaftlich, Keppelisch[4], Adelich, Kirchen, pfarschuhl und andere gemeine güther; It[em] hämmer, hütten, bergwerck, Mühlen, landhecken, und landtwehren, Jagdtsäulen[5], gränzsteine, fischweyer, Teiche und dergleichen in seiner besonderlichen proportion darinnen specialiter annotiret und inseriret werden, und weile[n] wir auch: Trittens zu errichtung eines richtigen und Vollständigen schazzung fußes gnädigst entschlossen, eine generale und accurate landtmaß unseres ganzen landes Vornehmen zu lassen, als solle derselbige sich weiters angelegen seyn lassen, daß solche landtmaß Von nun an, und zwar von Ambt zu Ambt, und in Specie Von gemeindt zu gemeindt <2'> Vorgenommen, und damit fordersambst der anfang, und zwar solcher gestalt gemacht werde, daß 1. eines jeden Stück ohne einiges ansehen der person, auch ohne einige sonstige nebenabsicht Von Laag zu Laag, und Von Flur zu Flur der ordnung nach richtig, und accurate abzumessen, und in solcher ordnung mit benennung der gröse eines jeden stücks, und der sämbtlichen anstößer[6], in ein ordentlich Register und buch einzutragen. 2. daß zu solche endte auch, unter keinem praetext[7], wie es seyn mögte, sonderlich aber unter dem Vorwandt, daß ein oder ander stück, wegen der hecken oder abwenden[8] nicht Völlig gebraucht werden könte, nicht das geringste außzulassen, sondern deme ohnangesehen solche maaß richtig und accurat Vorzunehmen.

Und so ja bey ein oder dem andern Stück sich einiger sumpf oder wüstung, so ganz und zumahlen unbrauchbar und Von einiger importanz seyn solte, solches bey obgedachtem formierenden Register, mit benennung der eigentlichen qualitet und gröse solches unbrauchbaren stücks per Notamen[9] beyzufügen, damit bey dem auf solche landtmaß künftig zu formiren stehenden Schazzungsfuß in jederem Ambt und Gemeindte darauf alsdann ebenwohl pro re nata[10] reflexion gemacht, und solches stück, befindenden umbständten nach, zu der guten, mitlern, oder schlechten laag gerechnet, und darnach in Capital angeschlagen werden könne, zu welchem endte dann, und damit auch dieses desto richtiger und ohne die geringste Partheiligkeit geschehe, solche Messung 3. in gegenwart einiger geschwornen auß jeder gemeindte, oder dererjenigen benachbarten, welche Von solcher Gemeindte und deren Situation, die beste wissenschaft[11] haben, sodann in gegenwart eines jeden stücks eigenthümern und allerseits anstößern Vorzunehmen, und dieses leztere, unter andern auch aus uhrsachen, damit ein jeder Eigenthümer sein stück ordentlich anweiße, die anstößer aber dabey nothdürftig errinnern können, ob solche anweißung richtig oder nicht, und dieselbe sich etwann dargegen nicht beschwehren haben mögten, und da auch Viertens Wir gerne sehen mögten,

---

4 Im Zusammenhang dieser Aufzählung nicht eindeutig zu verifizieren; möglich ist die Bedeutung: „landschaftliche Unebenheiten; Vertiefungen, Einkerbungen".

5 Säulen, die die Grenzen eines Jagdgebietes markieren.

6 Anrainer.

7 Vorwand.

8 Hier: Stelle, wo ein Stück Land (Acker oder Garten) an seinen äußeren Enden aufhört (auf einem Feld, wo der Pflug „gewendet" wird; *Grimm*: Deutsches Wörterbuch, Bd. 28, Sp. 1744 f).

9 Mit (einer besonderen) Kennzeichnung (versehen).

10 Durch Geburt.

11 Kenntnis.

daß obgedachte General und SpecialCharten zu unserm Contento[12] so baldt möglich zum standt gebracht werden mögen; übcr dieses auch uns sonderlich daran gelegen, daß obgedachte neüe Landtmaaß ebenfals sobaldt möglich zum standt gebracht, mithin beydes ohne interruption Vorgenommen - Continuiret, und also umb so ehender Vollführet werden könne, so solle derselbe wenigstens Sechs Monathen des jahrs ohne einige die geringste interruption sich in formirung obgedachter respective LandtCharten und landtmaaß beständig occupiren; zu welchem endte dann, und damit hierinnen unsere Habende Gnädigste intention umb so ehender errichtet werden könne, Wir Gnädigst entschlossen über den bey sich habenden Assisstenten Ihme noch zwey landtMesser auf unsere Kosten zuzugeben, und zu solchem endte zu Salariren, welche dann allerseits unter seiner unseres Geographi und BauDirectoris Direction stehen, so folgendts in ihrer Vorhabenden Verrichtung Von ihme alle Anweißungen bekommen, und abwarten, zugleich aber auch wegen richtiger unpartheiliger Vollziehung solcher landtmase hierüber in particuliere pflichten genommen, und sofort an ihn angewiesen werden sollen; Wie dann Er unser Geograph[ius] und BauDirector <3> auf diese seine instruction uns seine pflichten ebenfals abzulegen haben wird; und nachdeme Wir 5. obgedachtem unsern Geographo über dießes auch, wie obgedacht, die Direction unseres Fürstlichen Bauwesens Gnädigst anVertrauet haben, so solle derselbe Vor allen dingen darauf sorgfältig bedacht seyn, damit 1. sowohl bey Vorhabenden neüen gebäuen, als Verbesserung der alten, alles Vorher wohl überleget werde, damit bey Vollführung der Neüen keine fehler erscheinen, und hernach mit doppelten Kosten wiederumb Verändert, und Verbessert werden müssen; bey Veränderung der alten aber solche Veränderung dergestalt Vorgenommen werde, damit solche alten Gebaüe, so Viel möglich, in ihrem weesen gelassen, gleichwohl aber der heütigen BauKunst nach, mit geringen und wenigen Kosten Verändert, und auf solche art bey jedesmahliger Vornehmung einiger neüen gebaü, und reparirung der alten unser Gnädigste intention ebenwohl Vollständig, erreichet werde. 2. damit unser zeitlicher BauMeister zu beobachtung seiner ihme Gnädigst ertheilten instruction (welche ihme zu dem endte zu seiner nachricht in Copia wird ertheilet werden) jederzeit desto nachtrücklicher angewiesen werden möge, so soll zu dem Endte auch die Von zeit zu zeit geschehene arbeit selbsten Von ihme unserm Geographo und BauDirectoren in augenschein genommen, und die notthurft dabey in zeiten errinnert werden, Wie denn auch Er unser Geographus und BauDirector 3. alle Von erwehntem unserm BauMeister machende accordten[13] revidiren, die notthurft dabey in particulari errinnern, und solche errinnerung oder gutachten bey selbst genommenen augenschein zu unserer Fürstl[ichen] Cammer-Canzley in behöriger zeit besonders einliefern, Ihn dem BauMeister aber zu gleichmäsiger und fordersamster übergebung accordten behörlich anweisen, darbenebens aber auch sorgfältigst darauf zu sehen haben solle, damit alle nöthige BauMaterialien in zeiten herbey geschaft, daran kein mangel erscheinen, und dieser uhrsachen halben Von ihme in zeiten die nöthige errinnerung geschehen, und solchem nach selbige, zufolge obgedachter des BauMeisters in-

12 Zufriedenheit; Freude; Befriedigung.
13 Einigungen; Interessenausgleiche.

struction, richtig employiret[14] und Verrichtet werden; welcher uhrsachen halben, Er dann auch Von zeit zu zeit genaue Kundtschaft einzuziehen, wo solche BauMaterialia in der besten qualitet und in dem geringsten preiß zu erhalten, umb solches auf erfordern, an handt geben zu können.

Endtlich so wollen Wir auch gedachtem Unserem Geographo und BauDirectoren auf obgedachte unseres zeitlichen BauMeisters instruction und deren Inhalt de coetero[15] Verwiesen haben, umb nicht allein seines orts in dergleichen derselben gebührendt nachzuleben, und zu Errichtung darin führenden Gnädigsten intention allen möglichsten fleiß und eifer anzuwenden, sondern auch darbenebens sorge zu tragen, daß solches ebenfals Von andern unter seiner Direction stehenden persohnen, sonderlich aber Von obgedachtem unserem zeitlichen BauMeister ebenfals geschehe, und beobachtet werde; zu welchem Endte Er dann auch, so er hierin einigen mangel oder abgang erfinden solte, solches entweder bey uns immediate, oder doch wenigstens bey unserer nachgesezten Cammer-Canzley in zeiten zu <3'> [...][16] errinnern, und darüber unsere Gnädigste Verordnung zu gewärtigen haben wird; Gestalten Wir dann auch alles übrige, so etwann in dieser instruction nicht enthalten, dessen prudence[17], überlegung und Vorsichtigkeit (Wie Wir zu ihm das gnädigste Vertrauen haben daß er zu unserm interesse und besten thun werde) anheim gestelt haben wollen:

Vor diese nun Verhoffentlich uns treüleistende dienste haben Wir obgedachtem unser[m] Geographo und BauDirectoren, und zwar so lang, als obgedachte landtmaaß wehret, Vor Sich eine ordentliche bestallung Von 400 Rthlr., sodann Vor seinen bei sich habenden Amanuensem[18] 60 Rthlr. jährlichs, nach Vollendung gedachter landtmaß aber Vor Ihn unserm Geographum und BauDirectoren (welchen Wir dem ohnangesehen; alsdan ebenwohl in unser'n diensten ferners zu Continuiren gedencken) eine jährliche bestallung Von 300 Rthlr. Gnädigst zugelegt, welche Er unser Geographus und BauDirector, auch erwehnter dessen Assistent obgedachter Maasen respective Von halben zu halben jahren aus unserer Cammer Cassa zu empfangen haben wird; welche bestallung dann mit dem 16 Martii dieses laufenden jahrs ihren anfang nimbt, und Von jahr zu jahr obgedachter maßen biß auf ein oder andern theils aufkündigung, Continuirt werden solle, Wobey[19] jedoch obgedachter unser Geographus und BauDirector sich dahin in Specie Verbunden, und Vermög seines uns über den inhalt gegenwärtiger instruction außzustellen-habenden Reverses[20], Kräftigst Verbunden haben will, daß biß zu außgemacht und Vollführter obgedachter respective landtCharten und landtmaß in keine andere dienste sich engagieren, fals ihme auch einige anderwertlich angetragen werden wolten, solche keines weges annehmen, sondern in denen unserigen, wenigstens so lang beständig Continuiren und Verharren wolle, biß obgedachte respective

14 An-, verwenden, gebrauchen, benutzen.
15 Des weiteren.
16 Bei Seitenwechsel zweifaches „zu“ hier einmal ausgelassen.
17 Kenntnis, Wissen; Klugheit; Erfahrung.
18 Sekretär; Assistent.
19 Anfang einer längeren Unterstreichung (vgl. Anm. 21).
20 Schriftliche Verpflichtung, Erklärung (nicht überliefert).

landtCharten und Generale landtmaß unseres ganzen landtes Völlig zur richtigkeit gebracht worden[21]: In Uhrkundt haben Wir diese unsere instruction eigen händig unterschrieben, und unser Fürstl[iches] Insiegel beytrucken lassen; So Geschehen den 24 May im jahr 1717.

L[ocus] S[igilli] Friedrich Willhelm Adolpf Fürst zu Nassau

21 Ende der bei Anm. 19 einsetzenden Unterstreichung.

Dok 3: Erich Philipp Ploennies an die Jahresversammlung[1] der Society of Friends[2] in London

[Siegen,] 12. Mai 1720

Friends Reference Library, London, Thirnbeck Manuscripts, No. XXIX - Eigenh. - Erstdr. in: The Journal fo the Friends' Historical Society, ed. by Norman Penney, Vol. IX, London 1912, S. 186 ff.

---

1 Daß Ploennies das vorliegende Schreiben, dessen genaue Adresse nicht erhalten ist, an die Jahresversammlung der „Society of Friends" (s. Anm. 2) richtete, ergibt sich aus einer zeitgenössischen Kommentierung, die ein gewisser John Abraham anläßlich der Archivierung des Schriftstücks für die Reference Library (London) auf der Rückseite des Originals notierte: „A person who was convinced of Truth in Germany, his Letter to friends at their Yearly Meeting at London An^{o} 1720" (zit. n. The Journal ..., a.a.O., S. 188). Die Jahresversammlungen der Quäker, hervorgegangen aus eher unregelmäßigen Zusammenkünften der reisenden Evangelisten, fanden seit 1668 und kontinuierlich seit 1678 in der Pfingstzeit in London statt. Die Jahresversammlung war das den Monats- und Vierteljahresversammlungen der lokalen und regionalen Gemeindevertretungen übergeordnete nationale Entscheidungs- und Beratungsgremium der Quäker von England, Schottland und einigen ausländischen Gemeindegruppen - durch letztere wurde der spätere internationale Charakter der Jahresversammlungen vorgeprägt. *William C. Braithwaite*: The Second Period of Quakerism, hg. v. *Henry J. Cadbury*, Cambridge 1961, S. 275-278, 676; *Paul Held*: Art. „Quäker", in: RGG 5 (1961), Sp. 728-733; nicht nur zur Organisationsstruktur die wohl ausführlichste deutschsprachige Gesamtdarstellung ist *Heinrich Otto*: Werden und Wesen des Quäkertums und seine Entwicklung in Deutschland, Wien 1972, S. 42 f.

2 Die Bezeichnung „(Religious) Society of Friends" ([Religiöse] Gesellschaft der Freunde) für die wegen ihrer ekstatischen Zustände volkstümlich zunächst „Quakers" (Zitterer) genannte Glaubensgruppe setzte sich erst seit 1665 mit ihrer zunehmenden Organisierung (George Fox) durch. Ihren Ursprung hatten die Quäker „in der durch die englische Revolution (1642-1649) entbundenen mystischen und enthusiastisch-spiritualistischen (von Ideen der Täufer und ähnlicher Gruppen der Reformationszeit beeinflußten) Bewegung, die sich gegen die erstarrte anglikanische Staatskirche richtete" (*Algermissen*, Sp. 912). Bis zur Indulgenz-Erklärung Jakobs II. (1687, Aufhebung der Strafgesetze gegen die Quäker) und zum Toleranzedikt (1689, Religionsfreiheit für alle Nonkonformisten) wurden die Quäker wegen ihrer ablehnenden Haltung gegenüber Staatskirche, Eid und vor allem auch Kriegsdienst verfolgt (Auswanderung nach Nordamerika, William Penn) und als „Sammelbecken aller Sektierer und Verschwörer gegen die Staatsführung durch Oliver Cromwell und nach der Restauration durch die Stuarts" betrachtet. (*Held*, Sp. 729). Der Aufbau einer straffen Organisationsstruktur bewirkte bis zur Jahrhundertwende eine Zunahme der Anhängerschaft, die jedoch in der ersten Hälfte des 18. Jahrhunderts durch interne Krisenerscheinungen (Separationen) wieder erheblich zurückging: Gegen Ende des 17. Jahrhunderts zählten die Quäker in Großbritannien ca. 50.000, um 1700 etwa 60.000 und um 1750 nur noch rund 17.000 Mitglieder. *Konrad Algermissen*: Art. „Quäker", in LThK 8 (1963), Sp. 912 ff; *Paul Held*, a.a.O. (s. Anm. 1); *Leonard Hugh Doncaster*: Art. „Friends, Society of", in: Encyclopaedia Britannica, Bd. 9, London 1962, S. 846-849.

Dilecti Fratres

Suavis odor Doctrinae vestrae vere Christianae[3] (Rob.ti Barclay nempe Apologi[a] et W.mi Shewen Libello de Fide et Experientia Christiana[4]) non Solum fine[5] usq[ue] ad mee pervenit, Sed etiam veritas eius mee ad plenum Consensum[6] compellere potuit, Lumen hoc doctrinae vestrae et in Tenebris Seculi n[ost]ri Lucens amplexus Sum magno cum gaudio mihi enim Lumen internum illud nempe quod omnes homines in hunc mundum venientes illuminat Testimonium dedit firmum, ett Salvatorem intus nos habere et verbum omnium cordibus inscriptum esse; hinc miratus sum hactenus homines Christum[7] anxie Sed externe querentes, cum tamen proprior sit ipsis; Vos autem Fratres Dilecti, qui estis populus Electus et verbum Dei aeternum agnoscitis quodq[ue] vobis familiare quasi est, et cui obedientiam praestare studetis, admoneo in amore erga Deum et proximum magis atq[ue] magis calescere vestra et Summa sit Cura: hic amor est totius Christianae[8] Religionis Summa & Signum unicum veri Christiani[9]; hic amor nos compellet ad humile vitae genus eligendum quodq[ue] humilitatem Salvatore Serio Comendatum pre se fert: hic amor Imbecilitates proximis patienter ferre animat: hic amor humanis proximo grato verbis respondere Suadet: hic amor Fratri Egeno Summovere Jubet hic amor nullam Cordis acerbitatem admittit, Sed in dictis & Factis amenitatis suavitatisq[ue] Radios semper Emittit, Fratres Dilecti, quo profundius nos descendimus ad Fundimentum Aedificii nostri ponen[dum] Christiani[10] eo altius assurgere potentiam ad Colophonem imponen[dum] hoc est Egregium Fundamentum Egregium Aedificium ferre potest ad tantam enim altitudinem nos assurgere possit ut pussumus Exclamare quid potest amorem destruere no[str]um ergâ Deum et proximum; certe neque Calamitas neq[ue] anxietas neq[ue] persecutio neq[ue] vite amissio neq[ue] potestas externa neq[ue] interna nos deducere ab amore, qui est in Christo[11] nostro[12] Salvatore quia in his omnibus nos Sumus victores, victoriamq[ue] semper obtinemus, ad tale autem perfectionis Fastigium: Fratres Dilecti ut nos omnes mox perveniamus et ut extraneis Nomen Dei omnium in Frontibus inscriptum legere possint; ex toto Corde exopta[re] vester addictus Servus

E. P. Ploennies

Sign[um] Comit[tit] Nassovici In Germania
dii 21mo Maii Anno 1720

---

3 Aufgelöst nach vergleichbaren Beispielen lateinischer Abkürzungen bei *Paul Arnold Grun*: Schlüssel zu alten und neuen Abkürzungen, Limburg/Lahn 1966, S. 230.

4 Vgl. Anm. 3.

5 Lesart nicht gesichert, weil „fine" im klassischen Latein als Adverb nicht belegt. Es handelt sich wahrscheinlich um eine vom klassischen Wort „finis" (Ende, Grenze) abgeleitete Adverbform im Sinne von „letztlich, letztendlich".

6 „Consensum" zunächst verschrieben und gestrichen.

7 Vgl. Anm. 3.

8 Vgl. Anm. 3.

9 Vgl. Anm. 3.

10 Vgl. Anm. 3.

11 Vgl. Anm. 3.

12 „Nostro" zunächst verschrieben und gestrichen.

Geliebte Brüder

Der süße Geruch Eurer wahrhaft christlichen Lehrmeinung (nämlich in der Apologie des Rob[ert] Barclay[13] und im Büchlein des W[illiam] Shewen[14] über die christliche Treue und Erfahrung) ist nicht nur zuletzt bis zu mir gelangt, sondern es hat mich auch deren Aufrichtigkeit zu völliger Zustimmung antreiben können; das Licht Eurer Ge-

---

13 Gemeint ist die bis ins 20. Jahrhundert hinein als „Standardwerk einer systematischen Quäkertheologie" (*Otto*, S. 48) angesehene Schrift des *Robert Barclay*: Theologiae verae Christianae Apologia, Amsterdam 1676 (engl. Übersetzung 1678; dt. 1684 unter dem Titel „Eine Apologie oder Vertheidigungs-Schrifft, der recht-christlichen Gotts-Gelehrtheit, wie solche unter denen Leuten, die ... Quaker benahmet seynd, gehalten und gelehret wird"; vgl. Deutscher Gesamtkatalog, Bd. 11, Berlin 1937, S. 291). Robert Barclay (1648-1690) - der aus dem schottischen Adel stammte und 1667 zur Quäkerbewegung stieß - unternahm in dieser programmatischen Schrift den Versuch, auf der Grundlage der puritanischen Philosophie und mit wissenschaftlichen Methoden aus der Bibel heraus eine eigenständige Quäkertheologie zu begründen und sie gegen andere reformatorische Glaubensrichtungen abzugrenzen, insbesondere gegen den gemäßigten anglikanischen Staatspuritanismus, den Calvinismus sowie gegen verschiedene englische Sekten. Von zentraler Bedeutung war dabei die im Begriff des „Inneren Lichts" kulminierende Überzeugung, „daß jede wahre Erkenntnis aus der göttlichen Ur-Offenbarung in jedes Menschen Herz stammt" (*Schmidt*). Zur Verbreitung seiner Lehre sowie zum Zweck der organisatorischen Festigung und Koordinierung unternahm Barclay 1677 zusammen mit George Fox, William Penn u.a. eine längere Missionsreise durch Holland und Deutschland, wo durch die Tätigkeit anderer Missionare seit den 1650er Jahren und durch die fördernde Mitwirkung von Mennonitengruppen bereits mehrere Quäkergemeinden existierten (Kriegsheim bei Worms, Friedrichstadt in Holstein, Hamburg, Emden, Danzig, Krefeld); 1677 führte die Reise über Norddeutschland auch durch Westfalen (hier in die Grafschaft Ravensberg nach Herford zur Fürstäbtissin Elisabeth von der Pfalz, die dem dortigen weltlichen Frauenstift vorstand) und nach Frankfurt a.M., wo die Quäkermissionare Verbindung mit dem Pietistenkreis um Philipp Jacob Spener aufnahmen, der zu dieser Zeit bereits „Erbauungsversammlungen" (Collegia pietatis) durchführte und zwei Jahre zuvor (1675) seine für den Pietismus programmatische Schrift „Pia desideria, oder herzliches verlangen nach gottgefälliger Besserung der wahren evangelischen Kirche" veröffentlicht hatte. *Leslie Stephen*: Art. „Robert Barclay", in: The Dictionary of National Biography , Bd. 1, Oxford 1921/22, S. 1087-90; *Martin Schmidt*: Art. „Robert Barclay", in: RGG 1 (1957), Sp. 870; *Heinrich Otto*, a.a.O. (s. Anm. 1); zur Apologie vgl. insbes. *John W. Graham*: Der Glaube eines Quäkers, Leipzig 1926, S. 129-149 sowie *Leif Eeg-Olofsson*: The Conception of the Inner Light in R. Barclay's Theology, Lund 1954; zur Biographie *M. Ch. Cadbury*: Robert Barclay. His Life and Work, London 1912.

14 William Shewen (1631 ? - 1695), ein Handwerker aus London, trug zunächst, indem er seine Wohnung für Zusammenkünfte zur Verfügung stellte, wesentlich dazu bei, daß die sich zuvor ausschließlich auf den Norden und Nordwesten Englands konzentrierende Quäkerbewegung seit 1654 ihr Hauptquartier in London nahm (*Held*, Sp. 729). Außerdem veröffentlichte er zwischen 1674 und 1688 trotz religiöser Verfolgung und Einkerkerung (1683 ff) insgesamt sieben Schriften, von denen „The True Christian's Faith and Experience briefly declared" (1675) und „A Few Words concerning Conscience" (1675) in den Jahren 1676 bis 1678 in einem Band in deutscher Übersetzung erschienen. *Charlotte Fell-Smith*: Art. „William Shewen", in: The Dictionary of National Biography, Bd. 18, Oxford 1921/22, S. 104; *Paul Held*, a.a.O. (s. Anm. 1).

lehrsamkeit, das auch in der Dunkelheit unseres Zeitalters leuchtet, habe ich mit großer Freude umarmt. Jenes Innere Licht, das alle Menschen, die auf diese Welt kommen, beleuchtet, gab mir nämlich ein sicheres Zeugnis, daß wir den Retter in uns haben und daß das Wort in die Herzen aller eingeschrieben ist. Daher habe ich mich bis jetzt gewundert, daß die Menschen Christus ängstlich aber außerhalb [von sich selbst] suchen, obwohl er doch ihnen selber näher ist. Euch aber, geliebte Brüder, die Ihr ein ausgewähltes Volk seid und das Ewige Wort Gottes anerkennt, und welches Euch gleichsam vertraut ist und welchem Ihr bemüht seid Gehorsam zu leisten, mahne ich in der Liebe zu Gott und zum Nächsten mehr und mehr zu erglühen, und dies sei Eure höchste Sorge: Diese Liebe ist der Inbegriff der ganzen christlichen Religion und das alleinige Merkmal eines wahren Christen; diese Liebe treibt uns dazu, eine demütige Lebensweise zu wählen, welche die [uns] von unserem ernsthaften Retter aufgetragene Demut an den Tag legt; diese Liebe beseelt [uns], die Schwächen für unsere Nächsten geduldig zu ertragen; diese Liebe rät [uns], einem netten Nächsten mit freundlichen Worten zu antworten; diese Liebe befiehlt, einem bedürftigen Bruder zu helfen, diese Liebe läßt keine Härte des Herzens zu, sondern sie schickt in ihren Worten und Taten immer Strahlen von Lieblichkeit und Süße aus. Geliebte Brüder, je tiefer wir hinabsteigen, um das Fundament unseres christlichen Gebäudes zu legen, um so höher steigen wir zur Möglichkeit auf, den Abschlußstein [dem Gebäude] aufzusetzen; dies bedeutet: Ein hervorragendes Fundament kann ein hervorragendes Gebäude tragen. Es kann uns nämlich zu einer solchen Höhe emportragen, daß wir ausrufen können: „Was kann [denn] unsere Liebe zu Gott und zum Nächsten zerstören?“ Mit Sicherheit bringen uns weder Unheil noch Ängstlichkeit, weder Verfolgung noch Verlust des Lebens, weder eine äußere Macht noch eine innere von der Liebe ab, die in Christus unserem Retter ist, weil wir in all diesen [Angelegenheiten] Sieger sind und immer den Sieg behaupten.

Daß wir alle, geliebte Brüder, bald aber zu einer solchen Höhe an Vollkommenheit gelangen, und daß man den Namen Gottes auf den Gesichtern aller Außenstehenden eingeschrieben lesen kann, das wünscht aus ganzem Herzen Euer ergebener Diener

E. P. Ploennies

Das Zeichen hat er gesetzt zu Nassau in Deutschland am Tage des 21. Mai im Jahre 1720

6. English Summary

The use of social biography and science history to 'unlock' the individual character of Erich Philipp Ploennies and his works reveals in an exemplary manner the typical 'average' mathematical practitioner of the early Enlightenment. Pursuing his own original interests, Ploennies studied mathematics and the natural sciences. Ploennies shared the conviction of some of his teachers (for instance Sturm, Weigel and Tschirnhaus) that mathematical science had wide ranging uses (Mathesis universalis), and first embarked on an academic career (1701-1705 Professor of Mathematics at Gießen; at the same time the 'master builder' of Hessen-Darmstadt), thus compensating for the stigma of his non-aristocratic social status. From 1708 onwards, Ploennnies put forward practical proposals to some of the ruling princes of up-and-coming absolutist territories (here: the Elector of the Pfalz and the Duke of Jülich-Berg and the Count of Nassau-Siegen) as to how his specific scientific abilities and knowledge could assist in the promotion of „Staats-Klugheit" ('statesmanship'), „Staats-Kunst" ('statecraft') and „guter Policey" ('good administration'). This led to Ploennies's topographical surveys (1708/09-15 the „Topographia Ducatus Montani" and 1717-26 the "General Survey of the Reformed Part of the Principality of Nassau-Siegen"). These surveys mark the beginning of exact cartography in North West Germany.

Ploennies's descriptive cartographical surveys were commissions, intended in various ways to be 'useful' to the respective princes, governments and bureaucracies: not primarily to satisfy legal or military interests but rather those concerned with the areas of the economy, the administration of taxation, culture and prestige. By creating an inventory of the economic, social, historical, religious, administrative, constitutional, geological and cultural conditions, Ploennies attempted to document 'information for government' and make it available to the apparatus of the growing early Modern state as a storehouse of knowledge and a functional tool for rationalising political administration and making it more effective.

Taking the practical demands of his commissions as his starting point, Ploennies combined a relatively precise (i.e. based in part on triangulation) cartographical record that emulated the historical ideal of Varenius's mathematically based, small scale „Geographia Specialis", with representational views of the (principal) towns and buildings and descriptive texts containing statistical information about economic, social etc. matters. Approaching as it were from the direction of 'mathematical geography', Ploennies's use of this combination came close to the discipline of civics and (early) statistics developed by Conring. Before Achenwall and Schlözer derived the idea of political science therefrom, the leading expert to impart this field of knowledge in the 18th century was the lawyer Hertius, who taught at Gießen (!).

From the point of view of science history, the conceptual approach of Ploennies's surveys anticipated a development for which Büsching was the first to become well known some thirty years later, when from 1758 onwards his renewed integration of civic material into geography had a widespread impact and formed the basis of the statistically-orientated science of "political geography". The generic typological characteristics of Ploennies's work make the continued comparative study of the history of early statistics in the European context appear a fruitful task for future research into the history of science in the early Modern era.

7. Quellen- und Literaturverzeichnis

7.1 Quellen

Nordrhein-Westfälisches Hauptstaatsarchiv Düsseldorf, Karte 3500; Hs N I 2, II; Rep. 165.04 (Nachlaß Crecelius); Rep. 165.14 (Nachlaß Harleß); Jülich-Berg IV, 599
Hessisches Hauptstaatsarchiv Wiesbaden, Abt. 171, Nr. B 868, B 878; Abt. 172, Nr. 4125; Abt. 173, Nr. 1691; Abt. 3011 (Karten), Nr. 2392, 2481, 2801, 2802
Nordrhein-Westfälisches Staatsarchiv Münster, Fürstentum Oranien-Nassau, II D, Nr. 511, ST.A. 3404/37; Reg. Arnsberg, Nr. 44/Nr. 755, Karten 1-4; 45/Nr. 275; 46/ Nr. 1192; 47/Nr. 1191; 48/Nr. 189; 49/Nr. 155; 50/Nr. 1166; 51/Nr. 279; 52/Nr. 1152; 53/Nr. 150; Karten 27/Nr. 789, Karten 1-20; 63, 847, 1142, 1146; Fürstentum Siegen, Landesarchiv 13, Nr. 1-5, 14, 17, 18.
Hessisches Staatsarchiv Darmstadt, D 4, Nr. 362/3
Staatliche Kunsthalle Karlsruhe, Plansammlung, Nr. 114
Stadtarchiv Düsseldorf, Dep. Ploennies
Stadtarchiv Mülheim a.d. Ruhr, Herrschaft Broich, Nr. 1, lit. G
Stadtarchiv Siegen, Nr. 2720
Stadtarchiv Speyer, Reg. Schriftwechsel „Ploennies"; 141/1; 141/2; 233, III, IV; 1 A 201, 205, 669/a, 669/d, 807;
Stadtarchiv Wuppertal, Dep. Ploennies des BGV; Dep. BGV (Protokolle 1982-1988)
Universitätsarchiv Gießen, Allg. N. 6; Phil. K. 9; HS, Cod. 134, 135

7.2 Gedruckte Quellen

Achenwall, Gottfried, Notitiam rerum publicarum academiis vindicatam, Göttingen 1748
Alsted, Johann Heinrich, Encyclopaedia septem tomis distincta, Herborn 1630
Bacon, Francis, De Augmentis, in: ders., Works, Bd. I, Stuttgart 1963
Barclay, Robert, Theologiae verae Christianae Apologia, Amsterdam 1676
Becher, Johann Joachim, Politischer Diskurs von den eigentlichen Ursachen des Auf- und Abnehmens der Städte, Länder und Republiken, Frankfurt 1759
Becker, Albert, Karl Desiderius Royers Epigramme auf Speyer, in: MHVPF 36 (1916), S. 177-184
Benthem, Henrich Ludolf, Engelländischer Kirch- und Schulen-Staat, Lüneburg 1694
Bossert, Gustav/Kennel, Albert, Theodor Reysmann und sein Lobgedicht auf Speier, in: MHVPF 29/30 (1907), S. 156-248
Bramer, Benjamin, Underricht und Beschreibung eines neuwen und sehr bequemen Geometrischen Instruments, zu allerhand Abmessung und Solvirung der Planischen Triangel, derogleichen bißher nicht gesehen worden, Marburg 1617 (^{2}1626)

Büsching, Anton Friedrich, Vorbereitung zur gründlichen und nützlichen Kenntniß der geographischen Beschaffenheit und Staatsverfassung der europäischen Reiche und Republiken, Frankfurt a.M./Leipzig 1758

Campe, Johann Friedrich Christian, Geschichte und Unterricht in der Geschichte, Leipzig 1859

Castiglione, Baldassare, Das Buch vom Hofmann (1529), Bremen o.J. (ND München 1986)

Coehoorn, Menno van, Nieuwe Vestingbouw, Leeuwarden 1685 (dt.: Neuer Vestungs-Bau ..., Wesel 1708)

A Collection of Papers which passed between the late learned Mr. Leibniz and Dr. Clarke in the years 1715 and 1716, London 1717

Conring, Hermann, Opera, Bd. 4, hg. v. J. W. Goebel, Braunschweig 1730

Crecelius, Wilhelm/Harleß, Woldemar (Bearb.), Zwei geographische Beschreibungen des Herzogtums Berg aus dem ersten Drittel des 18. Jahrhunderts. A: Topographia Ducatus Montani, das ist Abzeichnung und Beschreibung des Herzogthumbs Berg (von E. Ph. Ploennies); B: Beschreibung der Vornehmen Handels-Städte und Flecken des Bergischen Landes (von dem Jülich-Bergischen Hofkammerrat Johann Wülfing 1729), in: ZBGV 19 (1883), S. 81-149 u. Suppl.-Bd. zu Bd. 19 der ZBGV, Bonn 1885

Descartes, René, Principia philosophiae, Amsterdam 1644 (dt.: Die Prinzipien der Philosophie, Hamburg 1955)

Descartes, René, Compendium musicae, Utrecht 1650

Descartes, René, Oeuvres, Bd. X, hg. v. Ch. Adam u. P. Tannery, Paris ^{2}1966

Dilich, Wilhelm, Landtafeln hessischer Ämter zwischen Rhein und Weser, hg. v. Edmund Stengel (Marburger Studien zur älteren und neueren deutschen Geschichte, I.5), Marburg 1927

Dryden, John, Of Dramatic Poesy and Other Critical Essays, Bd. I, hg. v. George Watson, London 1962

Förster, Johann Chr., Übersicht über die Geschichte der Universität zu Halle in ihrem ersten Jahrhundert, Halle 1794

Fronsperger, Leonhardt, Bauw Ordnung. Von Burger vnd Nachbarlichen Gebeuwen in Stetten, Frankfurt a.M. 1564

Funcke, Johann Georg, Den Frieden mit Gott ..., [Leichenpredigt auf] Joachim Georg von Ploennies, Ihro Röm. Kayserl. Majestät gewesenen Raths und Dero und des Reichs Höchstpreißlichen Cammer-Gerichts wohlmeritirten Assessoris, o.O. [Wetzlar] 1733

Gatterer, Johann Christoph, Ideal einer allgemeinen Weltstatistik, Göttingen 1773

Gölnitz, Abraham, Compendium geographicum, Amsterdam 1643

Goldmann, Nikolaus, Vollständige Anweisung zu der Zivil-Baukunst, Wolfenbüttel 1699

Grunewald, Paul, Germania milite destitua, et literatis sua ceu mole laborans, Cosmopoli, Leiden 1677

Happel, Eberhard Werner, Fortuna Britannica oder Britannischer Glückswechsel : Fürstelend. Eine kurtzbündige Beschreibung allcr Königen von Engelland und des schier stets unglückseeligen Hauses Stuart, o. O. [Hamburg] 1649

Hauber, Eberhard David, Nützlicher Discours von dem gegenwärtigen Zustand der Geographie, besonders in Teutschland ..., Ulm 1727

Haymann, Christoph, Kurzgefasste Geschichte der vornehmsten Gesellschaften der Gelehrten von den ältesten Zeiten an bis auf die gegenwärtige, Leipzig 1743

Hertius, Johannes Nicolaus, Commentationes atque opuscula de selectis et rarioribus ex jurisprudentia, hg. v. J. J. Hombergk, 2 Bde., Frankfurt a.M. 1737

Huthsteiner, W./Rocholl, C., Barmen in historischer, topographischer und statistischer Beziehung von seiner Entstehung bis zum Jahre 1841, Barmen 1841

The Journal of the Friends' Historical Society, ed. by Norman Penney, Vol. IX, London 1912

Jung-Stilling, Johann Heinrich, Johann Stilling. Eine Biographie, in: Taschenbuch für bildende, dichtende und historische Kunst, hg. v. Aschenberg, Borheck, Gramberg u.a., Bd. 7, Dortmund 1806, S. 152-170

Kästner, A. G., Geschichte der Mathematik, Bd. I, Göttingen 1796

Langewiesche, Wilhelm (Hg.), Elberfeld und Barmen. Beschreibung und Geschichte dieser Doppelstadt des Wupperthals nebst besonderer Darstellung ihrer Industrie, einem Überblick der Bergischen Landesgeschichte, Barmen 1863 (ND mit einem Vorwort v. Uwe Eckardt Wuppertal 1980)

Lairesse, Gérard de, Gründliche Anleitung zur Zeichenkunst (Amsterdam 1701), Nürnberg 1780

Leibniz, Gottfried Wilhelm, Nova methodus discendi docendique juris (1666), in: ders., Opera omnia, Bd. IV, hg. v. L. Dutens, Genf 1768, S. 169-230

Leibniz, Gottfried Wilhelm, Epistulae ad diversos..., Leipzig 1734

Leibniz, Gottfried Wilhelm, Oeuvres de Leibniz, hg. v. A. Foucher de Careil, Bd. IV, Paris 1859

Leibniz, Gottfried Wilhelm, Der Briefwechsel von Gottfried Wilhelm Leibniz mit Mathematikern, hg. v. C. I. Gerhardt, 2 Tle., Berlin 1899

Leibniz, Gottfried Wilhelm, Grundriß eines Bedenckens von Aufrichtung einer Societät in Teutschland zur Aufnahme der Künste und Wissenschaften, in: ders., Sämtliche Schriften und Briefe, hg. v. der Kgl. Preußischen Akademie der Wissenschaften, Reihe 4, Bd. 1, Darmstadt 1931, S. 530-543

Löhneyß, Georg Engelhardt, Aulico-politica, Remlingen 1622

Mannert, Konrad, Statistik der Europäischen Staaten, Bamberg/Würzburg 1805

Merian, Matthäus, Topographia Palatinatus Rheni et Vicinarum Regionum. Das ist Beschreibung und Eigentliche Abbildung der Vornemsten Stätte & Plätz der Intern Pfalz am Rhein Und Benachbarten Landschafften, als der Bistümer Wormbs Und Speyer ... (1645), hg. v. Wolfgang Medding, Kassel 1963 (ND der 2. Aufl. v. ca. 1672)

Mone, Franz Joseph, Geschichte und Beschreibung von Speyer, Speyer 1817

Münster, Sebastian, Germaniae descripitio, Basel 1530

Münster, Sebastian, Mappa Europae, Frankfurt a.M. 1536
Münster, Sebastian, Cosmographia, Basel 1544
Parnassus Boicus, oder Neu-eröffneter Musen-Berg, Worauff Verschiedene Denck- vnd Leßwürdigkeiten auß der gelehrten Welt, zumahlen aber auß denen Landen zu Bayrn abgehandlet werden, 6 Bde., München 1712-1740
Ploennies, Erich Philipp, Topographia Ducatus Montani (1715), hg. u. bearb. v. Burkhard Dietz, Teil 1: Landesbeschreibung und Ansichten, Teil 2: Karten (Bergische Forschungen, Bd. XX), Neustadt a.d. Aisch 1988
Ploennies, Erich Philipp, In rebus mathematicis bene versatis geometris, geometrae amatoribus, mechanicis etc. solutionem problematis diu desideratam, nempe: peripheriae circuli tam integrii, quam cuiuslibet dati arcus, accuratam rectificationem per approximationem, et per consequens, geometricam circuli quadraturam, tam integri, quam cuiuslibet rectoris et segmenti universalem communicat, Berleburg 1724
Ploennies, Joachim Georg v., Tractatio juris publici de ministerialibus - Von dem Zustand des niederen Adels in Teutschland, Marburg 1719 (Jena ³1740; ⁴1757)
Ploennies, Joachim Georg v., Annotationes ad Georgi Melchior de Ludolf, Commentationem systematicam juris cameralis, Wetzlar 1764
Praun, J., Enkomion Spirae. Lobsprüche auf Speier aus dem 16. Jahrhundert, in: MHVPF 23 (1899), S. 85-100
Rapparini, George Marie, Le portrait dv vrai merite dans la Personne serenissime de Monseigneur L'Electevr Palatin. Ebauché par George Marie Rapparini et exposé le Jour du Nom de son Altesse Elect, l'An 1709. Die Rapparini-Handschrift der Landes- und Stadt-Bibliothek Düsseldorf, i.A. der Stadt Düsseldorf hg. u. kom. v. Hermine Kühn-Steinhausen (Veröffentlichungen der Landes- und Stadt-Bibliothek Düsseldorf, Bd. 4), Düsseldorf 1958
Rechenberg, Adam, De studiis academicis. Liber singularis, Leipzig 1691
Schlözer, August Ludwig v., Weltgeschichte nach ihren Haupt-Theilen im Auszug und Zusammenhange, Bd. 1, Göttingen 1785
Schlözer, August Ludwig v., Theorie der Statistik, Göttingen 1804
Schramm, Carl Christian, Saxonia Monumentis viarum illustrata, Wittenberg 1726
Schübler, Johann Jakob, Nützliche Anweisung Zur Unentbehrlichen Zimmermanns-Kunst, Nürnberg 1731
Schwenters, Daniel, Geometria practica nova et aucta, Nürnberg 1667
Seckendorff, Veit Ludwig v., Teutsche Reden, an der Zahl Vier und Viertzig Welche er A[nno] 1660 biß 1685 ... abgelegt, Leipzig 1686
Sondermann, Vincent Paul, Die Geschichte von Barmen im Wupperthale, nach der Zeitfolge der merkwürdigsten Ereignisse, welche sich in Barmen von den frühern Zeiten bis zum Jahr 1821 zugetragen haben, Elberfeld 1821
Specification dererjenigen Schnaissen und Schirmen, auch Wildäckern, welche sich umb Darmbstadt in nachfolgenden Waldungen dermahlen befinden, auff das Jahr 1705, o.O. 1705
Sprat, Thomas, History of the Royal Society (1667), hg. v. Jackson I. Cope u. Harold Whitmore Jones, St. Louis 1958

Stein, Barthel, Descriptio tocius Silesie et civitatis regie Vratislaviensis. Barthel Steins Beschreibung von Schlesien und seiner Hauptstadt Breslau, hg. v. Hermann Markgraf (Scriptores rerum Silesiacarum, Bd. 1), Breslau 1902

Sturm, Johann Christoph, Collegium experimentale sive curiosum, 2 Teile, 1. Teil: Nürnberg 1675 (^{2}1701), 2. Teil: Nürnberg 1685 (^{2}1715)

Sturm, Johann Christoph, Mathesis compendiaria tabulis comprehensa, Altdorf 1670 (^{5}1714; dt. unter dem Titel: Kurtzgefaßte Mathesis oder erste Anleitung zu mathematischen Wissenschaften ..., Coburg 1717)

Sturm, Johann Christoph, Mathesis juvenilis, d.i. Anleitung der Jugend zur Mathesin, Nürnberg 1702

Sturm, Johann Christoph, Mathesis compendiaria sive tyrocinia mathematica, Leipzig/ Coburg 1707

Sturm, Leonhard Christoph, Prodomus Architecturae goldmanniae, Augsburg 1714

Thomasius, Christian, Freimütige, lustige und ernsthafte, jedoch vernunftmässige Gedanken oder Monatsgespräche über allerhand, fürnehmlich aber neue Bücher, durch alle 12 Monate des 1688. und 1689. Jahres, Halle 1688 ff (ND, 4 Bde., Frankfurt a.M. 1972)

Tschirnhaus, Ehrenfried Walther von, Gründliche Anleitung zu nützlichen Wissenschaften, absonderlich zu der Mathesi und Physica, wie sie anitzo von den Gelehrtesten abgehandelt werden, hg. u. eingel. v. Eduard Winter, Stuttgart/Bad Cannstatt 1967 (1. Aufl.: anonym, Halle 1700)

Tschirnhaus, Ehrenfried Walther von, Medicina mentis sive artis inveniendi praecepta generalia (Leipzig ^{2}1695), erstm. vollst. ins Deutsche übers. u. kom. v. Johannes Haussleiter, mit mathematikgeschichtl. Zusätzen v. Herbert Oettel, eingl. v. Rudolph Zaunick, Leipzig 1963

Uden, Konrad Friedrich, Über die Erziehung der Töchter des Mittelstandes, Stendal 1783

Varenius, Bernhard, Geographia generalis, in qua affectionibus generalis telluris explicantur, Amsterdam 1650

Vehse, Eduard, Geschichte der deutschen Höfe seit der Reformation, Bd. 27, 4. Abt.: Geschichte der Höfe der Häuser Baiern, Württemberg, Baden und Hessen, 5. Theil, Hamburg 1853

Vico, Giovanni Batista, Principi di una scienza nuova d'intorno alla commune natura delle nazioni, Neapel 1725 (dt.: Die Neue Wissenschaft, hg. v. E. Auerbach, 1948)

Vitruv, Zehn Bücher über Architektur, hg. v. Curt Fensterbusch, Darmstadt 1964

Weigel, Christoff, Abbildung der gemein-nützlichen Haupt-Stände ..., Regensburg 1698

Weigel, Erhard, Analysis Aristotelica ex Euclide, Jena 1657

Weigel, Erhard, Kurtzer Entwurff des Mittels zum ersprießlichen Aufnehmen Aller Kunst- und Handwercke, Worauf guten Theils die Wohlfahrt eines Landes beruhet ..., o.O. o.J. (Jena 1660)

Weigel, Erhard, Unmaßgebliche Mathematische Vorschläge betreffend Einige Grundstücke des gemeinen Wesens ..., Jena 1681

Weigel, Erhard, Kurtzer Entwurf der freudigen Kunst- und Tugend Lehr vor Trivial- und Kinderschulen, Jena 1682
Wilhelm, Johann, Architectura civilis ..., Frankfurt 1649
Wolff, Christian, Anfangsgründe aller mathematischer Wissenschaften, Bd. 1, Frankfurt a.M./Leipzig [5]1737

7.3 Nachschlagewerke und Hilfsmittel

Allgemeine Deutsche Biographie, hg. durch die Historische Commission bei der Königlichen Akademie der Wissenschaften, Bd. 1-56, Leipzig 1875-1912
Biographie Universelle, 8 Bde., Lyon/Paris 1851
Biographisches Wörterbuch zur deutschen Geschichte, begründet v. Hellmuth Rössler u. Günther Franz, fortgeführt u. bearb. v. Karl Bosl, Günther Franz u. Hanns Hubert Hofmann, 3 Bde., München [2]1973-1975
Cappelli, Adriano, Lexicon abbreviaturarum. Dizionario di abbreviature latine ed italiane, Milano [2]1961
Deutsches Städtebuch, hg. v. Erich Keyser, Bd. III: Rheinisches Städtebuch, Stuttgart 1956, Bd. IV/1: Hessisches Städtebuch, Stuttgart 1957
The Dictionary of National Biography, 22 Bde., London [2]1959/60 (1. Aufl. Oxford 1885-1912)
Erler, Georg (Hg.), Die jüngere Matrikel der Universität Leipzig 1559-1809, Bd. II, Leipzig 1909
Erler, Georg (Hg.), Die Matrikel der Albertus-Universität zu Königsberg i. Pr., 2 Bde., Leipzig 1910-12
Ermann, Wilhelm/Horn, Ewald, Bibliographie der deutschen Universitäten, Bd. 1, Leipzig 1904
Encyclopaedia Britannica, 24 Bde., London 1962
Frank, Karl Friedrich v., Standeserhebungen und Gnadenakte für das Deutsche Reich und die Österreichischen Erblande bis 1806, Bd. 4, Senftenegg 1973
Franz, Günther/Jäger, Helmut (Hg. u. Bearb.), Historische Kartographie. Forschung und Bibliographie, Hannover 1980
Frick, Karl, Einführung in die alchemistische Literatur, in: SudA 45 (1961), S. 147-163
Georges, Karl Ernst, Ausführliches lateinisch-deutsches Handwörterbuch, 2 Bde., Basel [11]1962
Gesamtverzeichnis des deutschsprachigen Schrifttums 1700-1910, bearb. v. Hilmar Schmuck u. Willi Gorzny, Bd. 109, München 1984
Grimm, Jacob/Grimm, Wilhelm, Deutsches Wörterbuch, 33 Bde., München 1984 (ND der Originalausgabe Leipzig 1854-1971)
Groh, Günther, Das Personal des Reichskammergerichts in Speyer, 1. Teil: Familienverhältnisse, in: Pfälzische Familien- und Wappenkunde, Bd. II, H. 7 u. 8/1956, S. 101-111; H. 9/1957, S. 129-141; H. 10/1957, S. 150-162; H. 11 u. 12/1957, S. 163-194

Groh, Günther, Das Personal des Reichskammergerichts in Speyer (Besitzverhältnisse), Ludwigshafen 1971
Grotefend, Hermann, Zeitrechnung des deutschen Mittelalters und der Neuzeit, Bd. 1: Glossar und Tafeln, Hannover 1891 (Nachdruck Aalen 1970)
Grun, Paul Arnold, Schlüssel zu alten und neuen Abkürzungen, Limburg a.d. Lahn 1966
Hensius, Wilhelm, Allgemeines Bücherlexikon 1700-1810, Bd. 3, Leipzig 1812 (Nachdruck Graz 1962)
Heubner, Heinz, P. Cornelius Tacitus. Die Historien, Bd. I: 1. Buch [Kommentar], Heidelberg 1963
Hirsching, Friedrich Carl Gottlob, Historisch-literarisches Handbuch berühmter und denkwürdiger Personen, Bd. 8, Leipzig 1806 (Nachdruck Graz 1973)
Howard, Albert Andreas/Jackson, Carl Newell, Index verborum C. Suetoni Tranquilli, Hildesheim 1963
Hübner, Johann, Curieuse Natur-, Kunst-Gewerck und Handlungslexicon, Leipzig 1712 (^{2}1717, ^{8}1755)
Hübner, Johann, Neu-vermehrtes und verbessertes Reales Staats-, Zeitungs- und Conversationslexicon ..., Regensburg 1757
Jöcher, Christian Gottlieb, Allgemeines Gelehrten-Lexikon, Bd. III, Leipzig 1751; Suppl.-Bd. 6, bearb. v. Johann Christian Adelung u. Heinrich Wilhelm Rotermund, Bremen 1819 (ND Hildesheim 1961)
Juntker, Fritz (Bearb.), Matrikel der Martin-Luther-Universität Halle-Wittenberg, Bd. I: 1690-1730, Halle 1960
Kneschke, Heinrich (Hg.), Neues allgemeines deutsches Adels-Lexicon, Bd. VII, Leipzig ^{2}1930 (ND d. Ausg. Leipzig 1859-1870)
Koestermann, Erich, Cornelius Tacitus. Annalen, Bd. III: Buch 11-13 [Kommentar], Heidelberg 1967
Lexikon der Alten Welt, hg. v. Carl Andresen u.a., Zürich/Stuttgart 1965
Lexikon für Theologie und Kirche, hg. v. Josef Höfer u. Karl Rahner, 10 Bde., Freiburg i. Br. ^{2}1957-1966
Meusel, Johann Georg, Lexikon der vom Jahr 1750 bis 1800 verstorbenen teutschen Schriftsteller, Bd. X, Leipzig 1810 (ND Hildesheim 1968)
Nelckenbrechers Taschenbuch der Münz-, Maaß- und Gewichtkunde für Kaufleute, Berlin 1796
Neue Deutsche Biographie, hg. v. der Historischen Kommission bei der Bayerischen Akademie der Wissenschaften, Bd. 1 ff, Berlin 1953 ff.
Poggendorff, Johann Christian, Biographisch-literarisches Handwörterbuch zur Geschichte der exacten Wissenschaften, 2 Bde., Leipzig 1863
Die Religion in Geschichte und Gegenwart. Handwörterbuch für Theologie und Religionswissenschaft, hg. v. Kurt Galling, 6 Bde., Tübingen 1957-1962
Renkhoff, Otto, Nassauische Biographie. Kurzbiographien aus 13 Jahrhunderten (Veröffentlichungen der Historischen Kommission für Nassau, Bd. XXXIX), Wiesbaden 1985

Schüling, Hermann, Die Dissertationen und Habilitationsschriften der Universität Gießen im 18. Jahrhundert (Berichte und Arbeiten aus der Universitätsbibliothek Gießen, Bd. 26), Gießen 1976

Schüling, Hermann, Die Dissertationen und Habilitationsschriften der Universität Gießen 1650-1700, München 1982

Schüling, Hermann (Bearb.), Verzeichnis der Briefsammlungen Cod. Giess. 132-135 in der Universitätsbibliothek Gießen (Handschriftenkataloge der Universitätsbibliothek Gießen, Nr. 5), Gießen 1983

Stober, Karin u.a., 140 Planstadtanlagen in Europa, in: „Klar und lichtvoll wie eine Regel". Planstädte der Neuzeit vom 16. bis zum 18. Jahrhundert. Ausstellungskatalog des Badischen Landesmuseums Karlsruhe, Red.: Michael Maaß u. Klaus W. Berger, Karlsruhe 1990, S. 339-363

Strieder, Friedrich Wilhelm, Grundlage zu einer hessischen Gelehrten- und Schiftstellergeschichte, 18 Bde., Kassel 1781-1819

Stüve, Holger, Katalog Darmstädter Stadtpläne vom 17. bis zum beginnenden 20. Jahrhundert, in: AHG N.F. 33 (1975), S. 313-390

Wackernagel, Hans Georg (Hg.), Die Matrikel der Universität Basel, Bd. 3, Basel 1962

Wagner, Hermann (Hg.), Staats- und Gesellschaftslexikon, Bd. 19, Berlin 1865

Wasserschleben, Hermann: Die ältesten Privilegien und Statuten der Ludoviciana. Rektoratsprogramm 1881 [Gießen 1881]

Westermann Lexikon der Geographie, hg. v. Wolf Tietze, 5 Bde., Braunschweig 1968-1972

Witt, Werner, Lexikon der Kartographie (Die Kartographie und ihre Randgebiete, Bd. B), Wien 1979

Zedler, Johann Heinrich, Grosses vollständiges Universal-Lexikon aller Wissenschaften und Künste, 64 Bde., 4 Erg.-Bde., Halle/Leipzig 1732-1754 (Nachdruck Graz 1962-1964)

7.4 Darstellungen

Aaron, Daniel (Hg.), Studies in Biography, Cambridge/Mass. 1978

Abel, Wilhelm, Geschichte der deutschen Landwirtschaft vom frühen Mittelalter bis zum 19. Jahrhundert, Stuttgart ²1967

Abel, Wilhelm, Agrarkrisen und Agrarkonjunktur. Eine Geschichte der Land- und Ernährungswirtschaft Mitteleuropas seit dem hohen Mittelalter, Hamburg ³1978

Abel, Wilhelm, Landwirtschaft 1648-1800, in: Handbuch der deutschen Wirtschafts- und Sozialgeschichte, Bd. 1: Von der Frühzeit bis zum Ende des 18. Jahrhunderts, hg. v. Hermann Aubin u. Wolfgang Zorn, Stuttgart 1971, S. 507-510

Achenbach, Heinrich v., Geschichte der Stadt Siegen, 2 Bde., Siegen 1894 (Nachdruck Kreuztal 1980)

Ackermann, Karl, Von der Wasserburg zur Großstadt. Darmstadts Entwicklung in 900 Jahren, Darmstadt 1964

Aders, G., Das verschollene älteste Bürgerbuch der Stadt Münster, in: WZ 100 (1960)
Aiton, Eric J., Gottfried Wilhelm Leibniz. Eine Biographie, Frankfurt a.M. 1991
Alberti, Hans-Joachim v., Maß und Gewicht. Geschichtliche und tabellarische Darstellungen von den Anfängen bis zur Gegenwart, Berlin 1957
Alter, Willi, Die Reichsstadt Speyer und das Reichskammergericht, in: Geschichte der Stadt Speyer, hg. v. d. Stadt Speyer, Red.: Wolfgang Eger, Bd. III, Stuttgart 1989, S. 213-289
Andersson, J., Schwedische Geschichte von den Anfängen bis zur Gegenwart, München 1950
Archambault, Paul, The Analogy of the „Body" in Renaissance Political Literature, in: Bibliothèque d'Humanisme et Renaissance 29 (1967), S. 21-53
Ariès, Philippe, Geschichte der Kindheit, München [6]1984
Arndt, Helmut u.a., Leipzig in acht Jahrhunderten (Leipziger stadtgeschichtliche Forschungen, Bd. 7), Leipzig 1965
Aston, T. (Hg.), Crisis in Europe, 1560-1660. Essays from Past and Present 1952-1962, London 1965
Bachelard, La formation de l'ésprit scientifique. Contribution à une psychoanalyse de la conaissance objective, Paris [8]1970 (dt. Die Bildung des wissenschaftlichen Geistes. Beiträge zu einer Psychoanalyse der objektiven Erkenntnis, Frankfurt a.M. 1978)
Backes, Magnus, Hessen (Handbuch der deutschen Kunstdenkmäler, hg. v. Georg Dehio), Berlin 1966
Baku, Georg, Der Streit über den Naturbegriff am Ende des 17. Jahrhunderts, in: Zeitschrift für Philosophie und philosophische Kritik 98 (1891), S. 162-190
Bald, Ludwig, Das Fürstentum Nassau-Siegen. Territorialgeschichte des Siegerlandes (Schriften des Instituts für geschichtliche Landeskunde von Hessen und Nassau, Bd. 15), Marburg 1939
Balzer, Karl/Fontaine, Lothar, Persönlichkeit und Werk Vaubans als „Ingénieur de France". Ausstellungskatalog d. Städt. Museums Saarlouis, Saarlouis 1983
Banholzer, Hildegard, Veit Ludwig von Seckendorff als Kameralist, Diss. (rer. pol.) masch. Innsbruck 1964
Bargrow, Leo, Die Geschichte der Kartographie, Berlin 1951
Barkhausen, Max, Der Aufstieg der rheinischen Industrie im 18. Jahrhundert und die Entstehung eines industriellen Großbürgertums, in: RhVjbll. 19 (1954), S. 135-177
Barkhausen, Max, Staatliche Wirtschaftslenkung und freies Unternehmertum im westdeutschen und im nord- und südniederländischen Raum bei der Entstehung der neuzeitlichen Industrie, in: VSWG 45 (1958), S. 168-241
Barleben, Ilse, Die Entwicklung der städtischen Selbstverwaltung im Herzogtum Kleve während der Reform Friedrich Wilhelms I. (Rheinisches Archiv, Bd. 18), Bonn 1931
Barlett, Robert, Gerald of Wales, 1146-1223, Oxford 1982
Baron, Margaret E., The Origins of the Infinitesimal Calculs, Oxford 1969 (ND New York 1987)

Baruzzi, Arno, Mensch und Maschine. Das Denken sub specie machinae, München 1973
Bauch, Gustav, Beiträge zur Literaturgeschichte des schlesischen Humanismus I/2: Bartholomäus Stenus, in: Zeitschrift des Vereins für Geschichte und Alterthum Schlesiens 26 (1892), S. 225-238
Bauer, Bruno, Einfluß des englischen Quäkertums auf die deutsche Cultur und auf das englisch-russische Project einer Weltkirche, Berlin 1878
Bauer, Leonhard/Matis, Herbert, Geburt der Neuzeit. Vom Feudalsystem zur Marktgesellschaft, München ²1989
Baum, Detlef, Bürokratie und Sozialpolitik. Zur Geschichte staatlicher Sozialpolitik im Spiegel der älteren deutschen Staatsverwaltungslehre, Berlin 1988
Bausinger, Hermann, Einleitung, in: Lebenslauf und Lebenszusammenhang. Autobiographische Materialien in der volkskundlichen Forschung, hg. v. Rolf W. Brednich, Freiburg 1982, S. 5 ff
Bausinger, Hermann/Beyrer, Klaus/Korff, Gottfried (Hg.), „Reisekultur". Von der Pilgerfahrt zum modernen Tourismus, München 1991
Bechtel, G., Paracelse ou la naissance de la médicine alchimique, Paris 1970
Beck, Hanno, Barthel Steins Bedeutung für die deutsche Landeskunde, in: Berichte zur deutschen Landeskunde 30 (1963), S. 59-84
Beck, Hanno, Geographie. Europäische Entwicklung in Texten und Erläuterungen, Freiburg i.Br. 1973
Beck, Hanno, Krise der Geographie - Krise der Geschichte der Geographie? Geographiegeschichte und Wissenschaftstheorie, in: SudA 61 (1977), S. 45-53
Beck, Hanno, Geographie und Statistik. Die Lösung einer Polarität, in: Statistik und Staatsbeschreibung in der Neuzeit, vornehmlich im 16.-18. Jahrhundert, hg. v. Mohammed Rassem u. Justin Stagl (Quellen und Abhandlungen zur Geschichte der Staatsbeschreibung und Statistik, Bd. 1), Paderborn 1980, S. 269-281
Beck, Hanno, Große Geographen. Pioniere - Außenseiter - Gelehrte, München 1982
Beck, Kurt, Der Hessische Bruderzwist zwischen Hessen-Kassel und Hessen-Darmstadt in den Verhandlungen zum Westfälischen Frieden von 1644 und 1648, Frankfurt a.M. 1978
Beck, Kurt, Der Bruderzwist im Hause Hessen, in: Die Geschichte Hessens, hg. v. Uwe Schultz, Stuttgart 1983, S. 95-105
Beck, L. J., The Method of Descartes. A Study of the Regulae, Oxford 1952
Becker, Odo, Der Geheime Rat in Hessen, Diss. Kiel 1911
Becker, Oskar/Hofmann, Joseph E., Geschichte der Mathematik, Bonn 1951
Becker, Wilhelm Martin, Das erste halbe Jahrhundert der hessen-darmstädtischen Landesuniversität, in: Die Universität Gießen von 1607 bis 1907. Beiträge zu ihrer Geschichte. Festschrift zur dritten Jahrhundertfeier, hg. v. der Universität Gießen, Bd. I, Gießen 1907, S. 1-364
Becker, Wilhelm Martin, Landgraf Ludwigs V. von Hessen-Darmstadt angeblicher Religionswechsel und die öffentliche Meinung, in: AHG N.F. 4 (1907), S. 381-396

Beckett, Francis, En gammelnederlansk Altertavle paa Gaunø, in: Statens Museum for Kunst (København), Kunstmuseets arsskrift 1929-1931, Kopenhagen 1931, S. 45-60
Behnen, Michael, Statistik, Politik und Staatengeschichte von Spitteler bis Heeren, in: Geschichtswissenschaft in Göttingen. Eine Vorlesungsreihe, hg. v. Hartmut Boockmann u. Hermann Wellenreuther (Göttinger Universitätsschriften, Serie A: Schriften, Bd. 2), Göttingen 1988, S. 76-101
Benedum, Jost, Medizinische Fakultät, in: 375 Jahre Universität Gießen 1607-1982. Geschichte und Gegenwart, hg. v. Norbert Werner (Ausstellungskatalog), Frankfurt a.M. 1982, S. 90-109
Benrath, Gustav Adolf, Die deutsche evangelische Universität der Reformationszeit, in: Universität und Gelehrtenstand 1400-1800, hg. v. Hellmuth Rössler u. Günther Franz (Deutsche Führungsschichten in der Neuzeit, Bd. 4), Limburg a.d. Lahn 1970, S. 63-83
Berdahl, Robert u.a., Klassen und Kultur. Sozialanthropologische Perspektiven der Geschichtsschreibung, Frankfurt a.M. 1982
Bergsträsser, Gisela, Darmstadt, eine bürgerliche Residenz, Amorbach 1971
Bernal, John Desmond, Wissenschaft - Sience in History, Bd. 2: Die wissenschaftliche und die industrielle Revolution, Reinbek (4. dt. Aufl. v. „Die Wissenschaft in der Geschichte", Berlin 1961) 1970
Bernleithner, Ernst, Die Entwicklung der Kartographie in Österreich, in: Berichte zur deutschen Landeskunde 22 (1959), S. 191-224
Bertaux, Daniel (Hg.), Biography and Society. The Life History Approach in the Social Sciences, Beverly Hills 1981
Beschorner, Hans, Geschichte der sächsischen Kartographie im Grundriß, Leipzig 1907
Beschorner, Hans, Landesvermessung und Kartenwesen Kursachsens bis 1780, in: Beiträge zur deutschen Kartographie, hg. v. H. Praesent, Leipzig 1921, S. 32-46
Bingsohn, Wilhelm, Zur Wirtschaftsgeschichte der Universität Gießen von der Gründung bis zum Beginn des 18. Jahrhunderts, in: Academia Gissensis. Beiträge zur älteren Gießener Universitätsgeschichte, hg. v. Peter Moraw u. Volker Press (Veröffentlichungen der Historischen Kommission für Hessen, Bd. 45), Marburg 1982, S. 137-160
Birg, Herwig (Hg.), Ursprünge der Demographie in Deutschland. Leben und Werk Johann Peter Süßmilchs (1707-1767), Frankfurt a.M. 1986
Bitton, Davis, The French Nobility in Crisis, 1560-1640, Stanford 1969
Blaich, Fritz, Die Epoche des Merkantilismus, Wiesbaden 1973
Bleeck, Klaus, Adelserziehung auf deutschen Ritterakademien. Die Lüneburger Adelsschulen 1655-1850, 2 Bde., Frankfurt a.M. 1977
Bleeck, Klaus/Garber, Jörn, Nobilitas: Standes- und Privilegienlegitimation in deutschen Adelstheorien des 16. und 17. Jahrhunderts, in: Daphnis 11 (1982), S. 49-114
Bloch, Ernst, Christian Thomasius, ein deutscher Gelehrter ohne Misere, Frankfurt a.M. ^{2}1968

Bloch, Marc, Antritt und Siegeszug der Wassermühle, in: Schrift und Materie der Geschichte. Vorschläge zur systematischen Aneignung historischer Prozesse, hg. v. Claudia Honegger, Frankfurt a.M. 1977, S. 171-197

Blomfield, Reginald, Sébastien le Prestre de Vauban (1633-1707), London ²1971

Blumenberg, Hans, Die Legitimität der Neuzeit, Frankfurt a.M. 1966

Blumenberg, Hans, Der Prozeß der theoretischen Neugierde (erw. u. überarb. Neuausg. v. „Die Legitimität der Neuzeit", 3. T.), Frankfurt a.M. ²1980

Boas, Marie, The Establishment of the Mechanical Philosophy, in: Osiris 10 (1952), S. 412-541

Boas, Marie, Die Renaissance der Naturwissenschaften 1450-1630. Das Zeitalter des Kopernikus, Nördlingen ²1988

Bodemann, Eduard (Hg.), Briefe der Kurfürstin Sophie von Hannover an die Raugräfinnen und Raugrafen zu Pfalz (Publicationen aus den Kgl. Preußischen Staatsarchiven, Bd. 37), Leipzig 1888

Bödeker, Hans Erich, Reisebeschreibungen im historischen Diskurs der Aufklärung, in: Geschichte und Aufklärung. Studien zur deutschen Geschichtswissenschaft im 18. Jahrhundert, hg. v. Hans Erich Bödeker, Georg G. Iggers, Jonathan B. Knudsen u. Peter H. Reill (Veröffentlichungen des Max-Planck-Instituts für Geschichte, Bd. 81), Göttingen 1988, S. 276-298

Bönisch, Fritz, Die Niederlausitz in der älteren Kartographie, in: Petermanns Geographische Mitteilungen 106 (1962), S. 141-150

Bog, Ingomar, Der Merkantilismus in Deutschland, in: JNS 173 (1961), S. 125-145

Böhme, Gernot/Daele, Wolfgang van den/Krohn, Wolfgang, Experimentelle Philosophie. Ursprünge autonomer Wissenschaftsentwicklung, Frankfurt a.M. 1977

Bollnow, Otto Friedrich, Mensch und Raum, Stuttgart 1963

Bornhak, Konrad, Deutsches Adelsrecht, Leipzig 1929

Borscheid, Peter, Alltagsgeschichte - Modetorheit oder neues Tor zur Vergangenheit?, in: Sozialgeschichte in Deutschland, Bd. III: Entwicklungen und Perspektiven im internationalen Zusammenhang, hg. v. Wolfgang Schieder u. Volker Sellin, Göttingen 1987, S. 78-100

Bosch, Manfred (Hg.), Persönlichkeit und Struktur in der Geschichte. Historische Bestandsaufnahme und didaktische Implikation, Düsseldorf 1977

Bosl, Karl/Weis, Eberhard, Die Gesellschaft in Deutschland, Bd. 1: Von der fränkischen Zeit bis 1848, München 1976

Bott, Heinrich, Stadt und Festung Hanau, in: Hanauer Geschichtsblätter 20 (1965), S. 61-125

Bott, Heinrich, Gründung und Anfänge der Neustadt Hanau 1596-1620, 2 Bde. (Hanauer Geschichtsblätter, Bd. 22 u. 23), Hanau 1970/71

Bourdieu, Pierre, Esquisse d'une théorie de la pratique, Genf 1972 (dt. Entwurf einer Theorie der Praxis, Frankfurt a.M. 1979)

Bourdieu, Pierre, L'illusion biographique, in: Actes de la recherche en sciences sociales, 62/63, Juni 1986, S. 69-72

Bourdieu, Pierre, Fieldwork in Philosophy, in: Choses dites, Paris 1987, S. 43 ff

Boyer, Carl B., The History of the Calculs and its Conceptual Development, New York 1959
Braithwaite, William C., The Second Period of Quakerism, ed. by Henry J. Cadbury, Cambridge 1961
Braubach, Max, Johann Wilhelm, Kurfürst von der Pfalz, Herzog von Jülich und Berg (1658-1716), in: Rheinische Lebensbilder, Bd. 1, hg. v. Edmund Strutz, Düsseldorf 1961, S. 83-101
Braubach, Max, Holland und die geistlichen Staaten im Nordwesten des Reiches während des Spanischen Erbfolgekrieges, in: ders., Diplomatie und geistiges Leben im 17. und 18. Jahrhundert (Bonner Historische Forschungen, Bd. 33), Bonn 1969, S. 185-196
Braubach, Max, Vom Westfälischen Frieden bis zum Wiener Kongreß (1648-1815), in: Rheinische Geschichte, hg. v. Franz Petri u. Georg Droege, Bd. 2: Neuzeit, Düsseldorf 1976, S. 219-365
Braudel, Fernand/Spooner, Frank C., Prices in Europe from 1450 to 1750, in: The Cambridge Economic History of Europe, Bd. IV: The Economy of Expanding Europe in the Sixteenth and Seventeenth Centuries, hg. v. E. E. Rich u. C. H. Wilson, Cambridge 1967, S. 374-486
Braudel, Fernand, Sozialgeschichte des 15.-18. Jahrhunderts, Bd. 1: Der Alltag, München 1985; Bd. 2: Der Handel, Bd. 3: Aufbruch zur Weltwirtschaft, München 1986
Bredekamp, Horst, Antikensehnsucht und Maschinenglauben. Die Geschichte der Kunstkammer und die Zukunft der Kunstgeschichte, Berlin 1993
Bredt, Johann Viktor, Geschichte der Familie Bredt, Elberfeld 1902
Bredt, Johann Viktor, Die Lohnindustrie dargestellt an der Garn- und Textilindustrie von Barmen, Berlin 1905
Bremer, Clemens, Kölns rechtsrheinische Großindustrie von ihren Anfängen bis zur Gegenwart, Würzburg 1934
Brinckmann, Albert Erich, Deutsche Stadtbaukunst, Frankfurt a.M. ^{2}1921
Bringsohn, Wilhelm, Zur Wirtschaftsgeschichte der Universität Gießen von der Gründung bis zum Beginn des 18. Jahrhunderts, in: Academia Gissensis. Beiträge zur älteren Gießener Universitätsgeschichte, hg. v. Peter Moraw u. Volker Press (Veröffentlichungen der Historischen Kommission für Hessen in Verb. mit der Justus-Liebig-Universität Gießen, Bd. 45), Marburg 1982, S. 137-160
Broch, Herbert v., Das Gottesgnadentum. Historisch-soziologischer Versuch über die religiöse Herrschaftslegitimation, Heidelberg 1934
Brucker, Gene (Hg.), Two Memoirs of Renaissance Florence, New York 1967
Brückner, Jutta, Staatswissenschaften, Kameralismus und Naturrecht. Ein Beitrag zur Geschichte der Politischen Wissenschaft im Deutschland des späten 17. und frühen 18. Jahrhunderts (Münchener Studien zur Politik, Bd. 27), München 1977
Bruin, C. A. de, Menno van Coehoorn, zijn leven en werk, Antwerpen 1973
Brunner, Otto, Adeliges Landleben und europäischer Geist. Leben und Werk Wolf Helmhards von Hoberg 1612-1688, Salzburg 1949

Brunner, Otto, Das „ganze Haus“ und die alteuropäische „Ökonomik“, in: ders., Neue Wege der Sozialgeschichte, Göttingen 1956, S. 33-62

Brunner, Otto, Souveränitätsproblem und Sozialstruktur in deutschen Reichsstädten der frühen Neuzeit, in: VSWG 50 (1963), S. 329-360

Brunner, Otto, Vom Gottesgnadentum zum monarchischen Prinzip, in: Die Entstehung des modernen souveränen Staates, hg. v. Hanns Hubert Hofmann, Köln 1967, S. 115-136

Buchholz, Ernst Wolfgang, Vom Mittelalter zur Neuzeit, in: ders./Köllmann, Wolfgang, Raum und Bevölkerung in der Weltgeschichte. Bevölkerungs-Ploetz, Bd. 2, Teil II, Würzburg 1956, S. 68 ff

Buck, August, Die ‚Querelle des anciens et des modernes‘ im italienischen Selbstverständnis der Renaissance und des Barock (Sitzungsberichte der Wissenschaftlichen Gesellschaft an der Johann-Wolfgang-Goethe-Universität Frankfurt a.M., Bd. 11, Nr. 1), Wiesbaden 1973

Buck, August (Hg.), Die Rezeption der Antike. Zum Problem der Kontinuität zwischen Mittelalter und Renaissance (Wolfenbütteler Abhandlungen zur Renaissanceforschung), Hamburg 1981

Buck, August u.a. (Hg.), Europäische Hofkultur im 16. und 17. Jahrhundert, 3 Bde., Hamburg 1981

Büttner, Manfred, Die Geographia Generalis vor Varenius. Geographisches Weltbild und Providentiallehre, Wiesbaden 1973

Büttner, Manfred/Burmeister, Karl Heinz, Sebastian Münster (1488-1552), in: Wandlungen im geographischen Denken von Aristoteles bis Kant. Dargestellt an ausgewählten Beispielen, hg. v. Manfred Büttner (Abhandlungen und Quellen zur Geschichte der Geographie und Kosmologie, Bd. 1), Paderborn 1979, S. 111-128

Büttner, Manfred, Bartholomäus Keckermann (1572-1609), in: ebd., S. 153-172

Buntz, Herwig, Alchemie und Aufklärung: Die Diskussion in der Zeitschrift Parnassus Boicus (1722-1740), in: Die Alchemie in der europäischen Kultur- und Wissenschaftsgeschichte, hg. v. Christoph Meinel (Wolfenbütteler Forschungen, Bd. 32), Wiesbaden 1986, S. 327-344

Burkhardt, Johannes, Der Dreißigjährige Krieg, Frankfurt a.M. 1992

Burke, Gerald, Towns in the Making, London 1971

Burke, Peter, Popular Culture in Early Modern Europe, London 1978 (dt. Helden, Schurken und Narren. Europäische Volkskultur in der frühen Neuzeit, Stuttgart 1981)

Burke, Peter, Vico. Philosoph, Historiker, Denker einer neuen Wissenschaft, Berlin 1987

Burmeister, Karl Heinz, Sebastian Münster. Versuch eines biographischen Gesamtbildes (Baseler Beiträge zur Geschichtswissenschaft, Bd. 91), Basel ²1969

Butterfield, Herbert, The Origins of Modern Science 1300-1800, London ⁸1968

Cadbury, M. Ch., Robert Barclay. His Life and Work, London 1912

Cantor, Moritz, Vorlesungen über Geschichte der Mathematik, Bd. III, Berlin 1898, Bd. IV, Leipzig 1908

Carsten, Francis L., The Empire After the Thirty Years' War, in: New Cambridge Modern History, Bd. V: The Ascendancy of France 1648-88, hg. v. Francis L. Carsten, Cambridge 1961, S. 430-457

Chartier, Roger/Revel, Jacques, Université et société dans l'Europe moderne: positions des problèmes, in: RHMC 25 (1978), S. 353-374

Chartier, Roger, Intellektuelle Geschichte und Geschichte der Mentalitäten, in: Freibeuter 29 (1986), S. 22-31 u. Freibeuter 30 (1986), S. 21-35

Chartier, Roger, Die Zeit, um zu begreifen. Die frustrierten Intellektuellen des 17. Jahrhunderts, in: ders., Die unvollendete Vergangenheit. Geschichte und die Macht der Weltauslegung, Berlin 1989, S. 120-139

Chaunu, Pierre, Europäische Kultur im Zeitalter des Barock, Frankfurt a.M. ²1989

Clark, G. N., Science and Social Welfare in the Age of Newton, Oxford 1949

Clemen, Paul, Der Düsseldorfer Schloßplan des Grafen Matthaeus Alberti, in: Beiträge zur Geschichte des Niederrheins 17 (1912), S. 181-187

Coehoorn, G. T. van, Het leven van M. Baron van Coehoorn, hg. v. J. M. van Sypesteyn, Leeuwarden 1860

Conrads, Norbert, Ritterakademien der frühen Neuzeit. Bildung als Standesprivileg im 16. und 17. Jahrhundert, Göttingen 1982

Conrads, Norbert, Politische und staatsrechtliche Probleme der Kavalierstour, in: Reiseberichte als Quellen europäischer Kulturgeschichte. Aufgaben und Möglichkeiten der historischen Reiseforschung, hg. v. Antoni Maczak u. Hans Jürgen Teuteberg (Wolfenbütteler Forschungen, Bd. 21), Wolfenbüttel 1982, S. 45-64

Corbin, Alain, Pesthauch und Blütenduft. Eine Geschichte des Geruchs, Berlin 1984

Corino, Karl, Genie und Geld. Vom Auskommen deutscher Schriftsteller, Reinbek ²1991

Crapulli, G., Mathesis universalis: Genesi di una idea nel XVI secolo (Lessico intellettuale europeo, II), Rom 1969

Croon, Helmuth, Stände und Steuern in Jülich-Berg im 17. und vornehmlich im 18. Jahrhundert (Rheinisches Archiv, Bd. 10), Bonn 1929

Czok, Karl, August der Starke und Kursachsen, München 1988

Dahm, Helmut, Verluste der jülich-bergischen Landmiliz im Dreißigjährigen Krieg, in: DJb 45 (1951), S. 280-288

Dahms, H. J./Majer, U., Wissenschaftsgeschichte, in: Wissenschaftstheoretisches Lexikon, hg. v. Edmund Braun u. Hans Rademacher, Graz 1978, Sp. 670 ff

Dann, Otto, Das historische Interesse in der deutschen Gesellschaft des 18. Jahrhunderts. Geschichte und historische Forschung, in: Historische Forschung im 18. Jahrhundert. Organisation - Zielsetzung - Ergebnisse, hg. v. Karl Hammer u. Jürgen Voss (Pariser Historische Studien, Bd. 13), Bonn 1976, S. 386-415

Darnton, Robert, Intellectual and Cultural History, in: The Past Before Us: Contemporary Historical Writing in the United States, hg. v. M. Kammer, Ithaca 1980, S. 337 ff

Davis, Natalie Zemon, Le Retour du Martin Guerre, Paris 1982 (dt. Die Wiederkehr des Martin Guerre, München 1984)

Davis, Natalie Zemon, Vom anderen Umgang mit der Geschichte, in: Freibeuter 24 (1985), S. 65-75

Davis, Natalie Zemon, Die Geister der Verstorbenen, Verwandtschaftsgrade und die Sorge um die Nachkommen. Veränderungen des Familienlebens in der frühen Neuzeit, in: dies., Frauen und Gesellschaft am Beginn der Neuzeit. Studien über Familie, Religion und die Wandlungsfähigkeit des sozialen Körpers, Berlin 1986, S. 19-51

Davis, Natalie Zemon, Society and Culture in Early Modern France. Eight Essays, Stanford 1975 (dt. Humanismus, Narrenherrschaft und die Riten der Gewalt. Gesellschaft und Kultur im frühneuzeitlichen Frankreich, Frankfurt a.M. 1987)

Davis, Natalie Zemon, The Return of Martin Guerre. „On the Lame", in: AHR 93 (1988), S. 572-603

Debendetti, Giacomo, Il personaggio uomo, Mailand 1970

Delany, Paul, British Autobiography in the Seventeenth Century, London 1969

Delfos, Leo, Kulturgeschichte von Niederland und Belgien, Bremen 1962

Demandt, Karl E., Geschichte des Landes Hessen, Kassel ²1972

Devyver, Abdré, Le sang épuré: Les préjugés de race chez les gentilshommes français de l'Ancien Régime (1560-1720), Brüssel 1973

Dick, Oliver Lawson, Das Leben: ein Versuch. John Aubrey und sein Jahrhundert, Berlin 1988

Dickerhof, Harald, Gelehrte Gesellschaften, Akademien, Ordensstudien und Universitäten. Zur sogenannten „Akademiebewegung" vornehmlich im bayerischen Raum, in: ZBLG 45 (1982), S. 37-66

Diehl, Wilhelm, Bilder aus der hessischen Vergangenheit, 2. Reihe: Aus der Zeit des Landgrafen Ernst Ludwig (Hessische Volksbücher, Bd. 6), Darmstadt 1910

Diehl, Wilhelm, Kirchenbehörden und Kirchendiener in der Landgrafschaft Hessen-Darmstadt von der Reformation bis zum Anfang des 19. Jahrhunderts (Hassia sacra, Bd. 2), Darmstadt 1925

Diestelkamp, Bernhard, Das Reichskammergericht im Rechtsleben des Heiligen Römischen Reiches Deutscher Nation (Schriftenreihe der Gesellschaft für Reichskammergerichtsforschung, H. 1), Wetzlar 1985

Diestelkamp, Bernhard, Das Reichskammergericht in der deutschen Geschichte, in: Das Reichskammergerichts-Museum in Wetzlar. Katalog, hg. v. d. Gesellschaft für Reichskammergerichtsforschung e.V., Wetzlar 1987, S. 7-20

Dietrich, Julius Reinhard, Landgraf Ernst Ludwig und die Goldmacher, in: Hessische Heimat 1, H. 1 (1919), S. 15-33

Dietz, Burkhard, Im Zeichen des Mittelalters: Aufstieg und Niedergang des Tuchgewerbes in Wipperfürth 1462-1803, in: ZBGV 90 (1982/83), S. 46-83

Dietz, Burkhard, Die „Topographia Ducatus Montani" von Erich Philipp Ploennies aus dem Jahre 1715, in: ders. (Hg.), Erich Philipp Ploennies. Topographia Ducatus Montani (1715), Teil 1 (Bergische Forschungen, Bd. XX), Neustadt a.d. Aisch 1988, S. 9-44

Dietz, Burkhard, Vom spätmittelalterlichen Handwerk zur industriellen Produktionsweise: der Aufstieg des bergischen Papiergewerbes (16. bis 19. Jahrhundert), in: ZBGV 93 (1988/89), S. 81-131

Dietz, Burkhard, Der Handel mit siegerländischen und bergisch-märkischen Eisen- und Stahlwaren vor der Industrialisierung, in: Vom heißen Eisen. Zur Kulturgeschichte des Schmiedens, hg. v. Michael Dauskardt (Forschungsbeiträge zu Handwerk und Technik, Bd. 4), Hagen 1993, S. 177-189, 271 ff.

Dietz, Burkhard, An den Grenzen des Wachstums. „Hölzernes Zeitalter" und Holzmangel um 1800, in: Hölzerne Zeiten. Die unendliche Karriere eines Naturstoffes, hg. v. Uwe Beckmann (Forschungsbeiträge zu Handwerk und Technik, Bd. 6), Hagen 1994, S. 57-72

Dietz, Walter, Die Wuppertaler Garnnahrung. Geschichte der Industrie und des Handels von Elberfeld und Barmen 1400 bis 1800 (Bergische Forschungen, Bd. IV), Neustadt a.d. Aisch 1957

Dietz, Walter, Die Wuppertaler Garnnahrung, in: Werden und Wachsen der Wuppertaler Wirtschaft. Von der Garnnahrung 1527 zur modernen Industrie, hg. v. Horst Jordan u. Heinz Wolff, Wuppertal 1977, S. 23-48

Dijksterhuis, Eduard J., Die Mechanisierung des Weltbildes, Berlin 1956

Dinse, Paul, Ein schwedischer Kartograph der Mark Brandenburg aus der Zeit des dreißigjährigen Krieges, in: Zeitschrift der Gesellschaft für Erdkunde zu Berlin 31 (1896), S. 98-105

Dipper, Christof, Deutsche Geschichte 1648-1789, Frankfurt a.M. 1991

Dörries, Hans, Nordwestdeutschland im Kartenbild der ersten Landesaufnahmen, in: Geographischer Anzeiger 40 (1939), S. 221-230

Dösseler, Emil, Eisenhandel im südlichen Westfalen und in seiner Nachbarschaft in der vorindustriellen Zeit, in: WF 21 (1968), S. 192-249

Dohrn-van Rossum, Gerhard, Art. „Organ, Organismus, Organisation, politischer Körper", in: Geschichtliche Grundbegriffe. Historisches Lexikon zur politisch-sozialen Sprache in Deutschland, hg. v. Otto Brunner, Werner Conze u. Reinhart Koselleck, Bd. IV, Stuttgart 1978, S. 519-560

Doll, Anton L., Speyer, in: Rheinland-Pfalz und Saarland, hg. v. Erich Keyser (Deutsches Städtebuch, Bd. IV/3), Stuttgart 1964, S. 384-416

Dollinger, Philippe, Die Hanse, Stuttgart 1976

Drach, C. Alhard v., Jost Bürgi, Kammeruhrmacher Kaiser Rudolfs II., in: Jahrbuch der kunsthistorischen Sammlungen des ah. Kaiserhauses XV (1893), S. 15-44

Dreier, Franz Adrian, Winkelmeßinstrumente, Berlin 1979

Dreitzel, Horst, Protestantischer Aristotelismus und absoluter Staat. Die „Politica" des Henning Arnisaeus (ca. 1575-1636), (Veröffentlichungen des Instituts für Europäische Geschichte, Bd. 55), Wiesbaden 1970

Drews, Paul, Das Eindringen der Aufklärung in der Universität Gießen, in: PJbb 130 (1907), S. 35-59

Drews, Paul, Der wissenschaftliche Betrieb der praktischen Theologie in der theologischen Fakultät zu Gießen, in: Die Universität Gießen von 1607 bis 1907. Beiträge zu ihrer Geschichte. Festschrift zur dritten Jahrhundertfeier, hg. v. der Universität Gießen, Bd. II, Gießen 1907, S. 245-292

Droysen, Johann Gustav, Historik. Vorlesungen über Enzyklopädie und Methodologie der Geschichte, hg. v. Rudolf Hübner, München 1937

Duchhardt, Heinz, Reichskammerrichter Franz Adolf Dietrich von Ingelheim (1659/1730-1742). Eine biographische Skizze, in: NA 81 (1970), S. 173-202

Duchhardt, Heinz, Reichsritterschaft und Reichskammergericht, in: ZHF 5 (1978), S. 315-337

Duchhardt, Heinz, Das Zeitalter des Absolutismus, München 1989

Dülfer, Kurt, Fürst und Verwaltung. Grundzüge der hessischen Verwaltungsgeschichte im 16.-19. Jahrhundert, in: HJbL 3 (1953), S. 150-223

van Dülmen, Richard, Entstehung des frühneuzeitlichen Europa 1550-1648 (Fischer Weltgeschichte, Bd. 24), Frankfurt a.M. 1982

van Dülmen, Richard/Schindler, Norbert (Hg.), Volkskultur. Zur Wiederentdeckung des vergessenen Alltags (16. bis 20. Jahrhundert), Frankfurt a.M. 1984

van Dülmen, Richard, Fest der Liebe. Heirat und Ehe in der frühen Neuzeit, in: ders. (Hg.) Armut, Liebe, Ehre. Studien zur historischen Kulturforschung, Frankfurt a.M. 1988, S. 67-106

van Dülmen, Richard, Heirat und Eheleben in der Frühen Neuzeit, in: AfK 72 (1990), S. 153-171

van Dülmen, Richard, Kultur und Alltag in der Frühen Neuzeit, 3 Bde., München 1990-94

Düsseldorf im Jahre 1715 nach E. Ph. Ploennies, hg. vom Düsseldorfer Geschichts-Verein zum 14. August 1894 mit einer Kunstbeilage, Düsseldorf 1894

Düsterwald, Erich, Kleine Geschichte der Grafen und Herzöge von Berg, Sankt Augustin 1980

Dussourd, Henriette, Au même pot et au même feu: Etude sur les communautés familiales agricoles au centre de la France, Moulins 1962

Eckhardt, Albrecht, Beamte und Diener der Zentral- und Hofverwaltung Hessen-Darmstadt 1704-1728, in: Hessische Familienkunde 9 (1968/69), Sp. 29-44, 232

Edwards jr., C. H., The Historical Development of the Calculs, New York 1979

Eeg-Olofsson, Leif, The Conception of the Inner Light in R. Barclay's Theology, Lund 1954

Ehalt, Hubert Ch., Ausdrucksformen absolutistischer Herrschaft. Der Wiener Hof im 17. und 18. Jahrhundert (Wirtschafts- und sozialgeschichtliche Studien, Bd. 14), München 1980

Eichberg, Henning, Geometrie als barocke Verhaltensnorm. Fortifikation und Exerzitien, in: ZHF 4 (1977), S. 17-50

Eichberg, Henning, Die Rationalität der Technik ist veränderbar. Festungsbau im Barock, in: Technik-Geschichte. Historische Beiträge und neuere Ansätze, hg. v. Ulrich Troitzsch u. Gabriele Wohlauf, Frankfurt a.M. 1980, S. 212-240

Elias, Norbert, Über den Prozeß der Zivilisation. Soziogenetische und psychogenetische Untersuchungen, Bd. 1, Frankfurt a.M. 1976 (unveränderter ND der 2. Aufl. Bern 1969)

Elias, Norbert, Die höfische Gesellschaft. Untersuchungen zur Soziologie des Königtums und der höfischen Aristokratie, Frankfurt a.M. ²1983

Elkar, Rainer S., Reisen bildet. Überlegungen zur Sozial- und Bildungsgeschichte des Reisens während des 18. und 19. Jahrhunderts, in: Reisen und Reisebeschreibungen im 18. und 19. Jahrhundert als Quellen der Kulturbeziehungsforschung, hg. v. I. B. Krasnobaev, Gert Robel u. Herbert Zeman (Studien zur Geschichte der Kulturbeziehungen in Mittel- und Osteuropa, Bd. VI), Berlin 1980, S. 51-82

Elsasser, Robert, Über die politischen Bildungsreisen der Deutschen nach England (vom 16. Jahrhundert bis 1815), Heidelberg 1915

Emsbach, Karl, Politische Geschichte der Stadt Wesel 1666-1815, in: Geschichte der Stadt Wesel, hg. v. Jutta Prieur, Bd. 1, Düsseldorf 1991, S. 251-307

Endres, Rudolf, Die „Moderne" bei den hugenottischen Städtegründungen, in: Der Exodus der Hugenotten, hg. v. Heinz Duchhardt, Köln 1985, S. 155-175

Endres, Rudolf, Fürstliche Stadtgründungen aus der Sicht des Wirtschafts- und Sozialhistorikers, in: Deutsche Stadtgründungen der Neuzeit, hg. v. Wilhelm Wortmann (Wolfenbütteler Forschungen, Bd. 44), Wolfenbüttel 1989, S. 31-43

Engel, Franz, Die Kurhannoversche Landesaufnahme des 18. Jahrhunderts. Erläuterungen zur Neuherausgabe als amtliches historisches Kartenwerk im Maßstab 1 : 25.000 (Veröffentlichungen der Historischen Kommission für Niedersachsen, Bd. 26, H. 1), Hannover 1959

Engelbrecht, Jörg, Anna Maria Luisa von Medici und ihr Hof in Düsseldorf. Zur Bedeutung des Luxus im Zeitalter des Absolutismus, in: Anna Maria Luisa Medici, Kurfürstin von der Pfalz. Ausstellungskatalog des Stadtmuseums Düsseldorf, Düsseldorf 1988, S. 125-132

Engelhardt, Dietrich v., Die Bedingungen des Wissenschaftsprozesses im Bewußtsein der Naturforscher des 18. Jahrhunderts, in: Medizinhistorisches Journal 10 (1975), S. 1-27

Engelhardt, Ulrich, Zum Begriff der Glückseligkeit in der kameralistischen Staatslehre des 18. Jahrhunderts (J.H.G. v. Justi), in: ZHF 8 (1981), S. 37-79

Engels, Renate, Zur Topographie der Stadt Speyer vor 1689, in: Geschichte der Stadt Speyer, hg. v. d. Stadt Speyer, Red.: Wolfgang Eger, Bd. III, Stuttgart 1989, S. 487-547

Engelsing, Rolf, Sozial- und Wirtschaftsgeschichte Deutschlands, Göttingen ²1976

Esselborn, Karl, Landgrafengeschichten aus der Zeit Ernst Ludwigs, Ludwigs VIII. und Ludwigs IX., aufgezeichnet von Friedrich Hild, Marburg 1919

Etter, Else-Lilly, Tacitus in der Geistesgeschichte des 16. und 17. Jahrhunderts (Baseler Beiträge zur Geschichtswissenschaft, Bd. 103), Basel 1966

Eulen, Focko, Vom Gewerbefleiß zur Industrie. Ein Beitrag zur Wirtschaftsgeschichte des 18. Jahrhunderts (Studien zur Wirtschafts- und Sozialgeschichte, Bd. 11), Berlin 1967

Eulenburg, Franz, Über die Frequenz der deutschen Universitäten in früherer Zeit, in: JNS 13 (1897), S. 481-555
Eulenburg, Franz, Die Frequenz der deutschen Universitäten von ihrer Gründung bis zur Gegenwart (Abhandlungen der phil.-hist. Klasse der königl. Sächsischen Gesellschaft der Wissenschaften, Bd. 24), Leipzig 1904
Euler, Friedrich Wilhelm, Entstehung und Entwicklung deutscher Gelehrtengeschlechter, in: Universität und Gelehrtenstand 1400-1800, hg. v. Hellmuth Rössler u. Günther Franz (Deutsche Führungsschichten in der Neuzeit, Bd. 4), Limburg a.d. Lahn 1970, S. 183-232
Faber, Karl-Georg, Mitteleuropäischer Adel im Wandel der Neuzeit, in: GG 7 (1982), S. 276-296
Faber, Karl-Georg, Zum Verhältnis von Absolutismus und Wissenschaft (Akademie der Wissenschaften und der Literatur. Abhandlungen der geistes- und sozialwissenschaftlichen Klasse, Jg. 1983, Nr. 5), Mainz 1983
Fabian, Bernhard, Der Naturwissenschaftler als Originalgenie, in: Europäische Aufklärung. Herbert Dieckmann zum 60. Geb., hg. v. Hugo Friedrich u. Fritz Schalk, München 1967, S. 47-68
Fahrmbacher, Hans, Vorgeschichte und Anfänge der kurpfälzischen Armee in Jülich-Berg 1609-1685, in: ZBGV 42 (1908), S. 35-94
Fahrmbacher, Hans, Die pfälzischen Truppen im Orléanschen Kriege 1688-1697, in: Mannheimer Geschichtsblätter 13 (1912), Sp. 75-84, 105-116
Fahrmbacher, Hans, Kurfürst Johann Wilhelms Kriegsstaat im spanischen Erbfolgekriege 1700-1714, in: ZBGV 47 (1914), S. 11-83, 48 (1915), S. 105-191
Febvre, Lucien, Le problème de l'incroyance au XVIième siècle. La religion de Rabelais (1942), Paris [2]1968
Fehling, E. F., Lübeckische Ratslinie von den Anfängen der Stadt bis auf die Gegenwart, Lübeck 1925
Feldhaus, F. M., Geschichte des technischen Zeichnens, Wilhelmshaven 1953
Feuer, Lewis S., The Scientific Intellectual: The Psychological and Sociological Origins of Modern Science, New York/London 1963
Fickeler, Paul, Das Siegerland als Beispiel wirtschaftsgeschichtlicher und wirtschaftsgeographischer Harmonie, in: Erdkunde. Archiv für wissenschaftliche Geographie 8 (1954), S. 15-51
Figala, Karin, Zwei Londoner Alchemisten um 1700: Isaac Newton und Cleidophorus Mystagogus, in: Physis 18 (1976), S. 245-273
Figala, Karin, Newtons rationales System der Alchemie, in: Chemie in unserer Zeit 12 (1978), S. 101-110
Finsterwalder, Rüdiger, Zur Entwicklung der bayerischen Kartographie von ihren Anfängen bis zum Beginn der amtlichen Landesaufnahme (Deutsche Geodätische Kommission bei der Bayerischen Akademie der Wissenschaften, Reihe C: Dissertationen, H. 108), München 1967
Fisher, C. D. (Bearb.), Cornelii Taciti Historiarum Libri, Oxford 1967 (Nachdruck d. Ausg. v. 1911)

Fleckenstein, Joachim Otto, Scholastik, Barock, exakte Wissenschaften, Einsiedeln 1949
Fleckenstein, Joachim Otto, Gottfried Wilhelm Leibniz. Barock und Universalismus, München 1958
Fleckenstein, Joachim Otto, Die Einheit von Technik, Forschung und Philosophie im Wissenschaftsideal des Barock, in: TG 32 (1965), S. 19-30
Folz, Theodor, Stadtherrschaft und Stadtbürgerschaft in Speyer, Speyer 1955
Forberger, Rudolf, Zu den Begriffen „Manufaktur" und „Fabrik" in technischer und technologischer Sicht, in: Technologischer Wandel im 18. Jahrhundert, hg. v. Ulrich Troitzsch (Wolfenbütteler Forschungen, Bd. 14), Wolfenbüttel 1981, S. 175-187
Foucault, Michel, Die Ordnung der Dinge. Eine Archäologie der Humanwissenschaften, Frankfurt a.M. 1971
Foucault, Michel, Archäologie des Wissens, Frankfurt a.M. 1978
Franck, Wilhelm, Die Politik Landgraf Ludwigs V. von Hessen-Darmstadt (Archiv für Hessische Geschichte und Altertumskunde, Bd. 10), Darmstadt 1863
Franz, Eckhart G., Zunftwesen in Darmstadt, in: Darmstadt in der Zeit des Barock und Rokoko. Ausstellungskatalog, Bd. 1, Darmstadt 1980, S. 327-332
Franz, Eckhart G., Der Finanzplatz Frankfurt und die Hof- und Staatsfinanzen der hessischen Fürstenstaaten, in: BlldLg 125 (1989), S. 43-62
Franz, Günther, Der Dreißigjährige Krieg und das deutsche Volk. Untersuchungen zur Bevölkerungs- und Agrargeschichte, Stuttgart [4]1979
Frensdorff, F., Halle und Göttingen. Rede zur Feier des Geburtstages Sr. M. d. Kaisers und Königs 1894 ..., Göttingen o.J.
Friedberg, Emil, Die Leipziger Universität in Vergangenheit und Gegenwart, Leipzig 1898
Frijhoff, Willem, Surplus ou déficit? Hypothèses sur le nombre reel des étudiants en Allemagne à l'époque moderne, in: Francia 7 (1979), S. 171-218
Gaier, Dieter, Mathematik, in: Gießener Universitätsblätter 15. Jg., H. 2 (1982), S. 13 ff
Gantesweiler, Peter Theodor Anton, Chronik der Stadt Wesel, Wesel 1881 (ND ebd. [2]1974)
Garber, Klaus, Zur Statuskonkurrenz von Adel und Gelehrtentum im theoretischen Schrifttum des 17. Jahrhunderts. Veit Ludwig von Seckendorffs „Teutscher Fürstenstaat" und die deutsche „Barockdichtung", in: Daphnis 11 (1982), S. 115-145
Garber, Klaus, Gelehrtenadel und feudalabsolutistischer Staat. Zehn Thesen zur Sozial- und Mentalitätsgeschichte der „Intelligenz" in der Frühen Neuzeit, in: Kultur zwischen Bürgertum und Volk, hg. v. Jutta Held (Das Argument, Sonderbd. AS 103), Berlin 1983, S. 31-43
Gaudemet, Jean, Les communautés familiales, Paris 1963
Geerz, Clifford, Thick Description: Towards an Interpretative Theory of Culture, in: ders., The Interpretation of Culture. Selected Essays, New York 1973, S. 2-30 (dt. Dichte Beschreibung, in: ders., Dichte Beschreibung. Beiträge zum Verstehen kultureller Systeme, Frankfurt a.M. 1983, S. 7-43)

Geisendorf, P.-F., Histoire d'une famille du refuge français: Les Des Gouttes, Gent 1941

Geppert, Julius, Zur Geschichte der medizinischen Fakultät, in: Die Universität Gießen von 1607 bis 1907. Beiträge zu ihrer Geschichte, Bd. II, Gießen 1907, S. 355-364

Gerhardt, C. I, Geschichte der Mathematik in Deutschland, München 1877 (ND New York/London 1965)

Gerloff, A. Wolfgang, Staatstheorie und Staatspraxis des kameralistischen Verwaltungsstaates (Abhandlungen aus dem Staats- und Verwaltungsrecht, Bd. 56), Breslau 1937

Gerteis, Klaus, Die deutschen Städte in der frühen Neuzeit. Zur Vorgeschichte der „bürgerlichen Welt“, Darmstadt 1986

Gerth, Hans, Die sozialgeschichtliche Lage der bürgerlichen Intelligenz um die Wende des 18. Jahrhunderts, Berlin 1935

Gestrich, Andreas, Einleitung: Sozialhistorische Biographieforschung, in: Biographie - sozialgeschichtlich, hg. v. Andreas Gestrich, Peter Knoch u. Helga Merkel, Göttingen 1988, S. 5-28

Gilbert, Felix, Intellectual History: its Aims and Methods, in: Deadalus, W. 1971, S. 80-97

Ginzburg, Carlo, Il fromaggio e i vermi. Il cosmo di un mugnaio del '500, Turin 1976 (dt. Der Käse und die Würmer. Die Welt eines Müllers um 1600, Frankfurt a.M. 1979)

Ginzburg, Carlo, Spurensicherungen. Über verborgene Geschichte, Kunst und soziales Gedächtnis, Berlin 1983

Gleitsmann, Rolf-Jürgen, Rohstoffmangel und Lösungsstrategien: Das Problem vorindustrieller Holzknappheit, in: Technologie und Politik 16, hg. v. Freimut Duve, Reinbek 1980

Glöckner, Karl (Bearb.), Gießen 1248-1948. Denkschrift zur 700-Jahrfeier der Stadt Gießen, Gießen 1948

Glöckner, Karl, Gießen, in: Hessen, hg. v. Wilhelm Sante (Handbuch der Historischen Stätten Deutschlands, Bd. 4), Stuttgart 1960, S. 162 ff

Goebel, Klaus, Zuwanderung zwischen Reformation und Franzosenzeit. Ein Beitrag zur vorindustriellen Bevölkerungs- und Wirtschaftsgeschichte Wuppertals 1527-1808, Wuppertal 1966

Goebel, Max, Geschichte des christlichen Lebens in der rheinisch-westphälischen evangelischen Kirche, Bd. II, Koblenz 1852

Goeters, J. F. Gerhard, Die konfessionelle Entwicklung innerhalb des Protestantismus im Herzogtum Kleve, in: Der Niederrhein zwischen Mittelalter und Neuzeit, hg. v. J. F. Gerhard Goeters u. Jutta Prieur (Studien und Quellen zur Geschichte von Wesel, Bd. 8), Wesel 1986, S. 142-168

Götze, Karl-Heinz, Hallisches Studentenleben in 250 Jahren, in: 250 Jahre Universität Halle. Streifzüge durch ihre Geschichte in Forschung und Lehre, Halle 1944, S. 45-64

Goltz, Dietlinde, Versuch einer Grenzziehung zwischen „Chemie“ und „Alchemie“, in: SudA 52 (1968), S. 30-47
Gombrich, Ernst H., Die Geschichte der Kunst, Stuttgart [3]1986
Goodwin, Albert (Hg.), The European Nobility in the 18th Century, New York [2]1967
Graham, John W., Der Glaube eines Quäkers, Leipzig 1926
Grein, Gerd J., Handwerk und Gewerbe in Hessen-Darmstadt am Beispiel von Textil- und Ziegelherstellung, in: Darmstadt in der Zeit des Barock und Rokoko. Ausstellungskatalog, Bd. 1, Darmstadt 1980, S. 360-371
Greiselmayer, Volkmar, Zur Form der Hugenottenstädte in Deutschland, in: 300 Jahre Hugenottenstadt Erlangen. Vom Nutzen der Toleranz, hg. v. Christoph Friederich (Katalog einer Ausstellung im Stadtmuseum Erlangen), Nürnberg 1986, S. 43-52
Grimm, Gunter E., Literatur und Gelehrtentum in Deutschland. Untersuchungen zum Wandel ihres Verhältnisses vom Humanismus bis zur Frühaufklärung (Studien zur deutschen Literatur, Bd. 75), Tübingen 1983
Grimm, Gunter E., Vom Schulfuchs zum Menschheitslehrer. Zum Wandel des Gelehrtentums zwischen Barock und Aufklärung, in: Über den Prozeß der Aufklärung in Deutschland im 18. Jahrhundert. Personen, Institutionen und Medien, hg. v. Hans Erich Bödeker u. Ulrich Herrmann (Veröffentlichungen des Max-Planck-Instituts für Geschichte, Bd. 85), Göttingen 1987, S. 14-38
Gronow, Ruth Elsner v., Die öffentliche Meinung in Deutschland gegenüber Holland nach 1648, Diss. Marburg 1914
Growe, Bernd, Hofluft macht frei! Martin Warnkes Studie „Hofkünstler“, in: Merkur 41 (1987), S. 338-341
Grünenberg, A./Voigt, B., Das merkwürdige Interesse an Biographien, in: Berliner Hefte. Zeitschrift für Kultur und Politik 5 (1977), S. 28-37
Grundmann, Herbert, Literatus - illiteratus, in: AfK 40 (1958), S. 1-66
Guenée, Bernard, Entre l'église et l'état. Quatre vies de prélats français à la fin du moyen âge, Paris 1987
Guibert, Louis/Leroux, A., Livres de raison, registres de familles et journaux individuels limousins et marchois, in: Bulletin de la société scientifique, historique et archéologique de la Corrèze 7 (1885), 8 (1886)
Guillaume, P./Poussou, J.-P., Démographie historique, Paris 1970
Güthling, Wilhelm, Erich Philipp Ploennies, in: WF 23 (1938), S. 254-261
Güthling, Wilhelm, Jülich-bergische Landesaufnahmen im 18. Jahrhundert, in: DJb 40 (1938), S. 289-313
Güthling, Wilhelm, Erich Philipp Ploennies (1668? bis 1744?), in: Nassauische Lebensbilder, Bd. 3, hg. im Auftrag der Historischen Kommission für Nassau v. Karl Wolf, Wiesbaden 1948, S. 153-164
Güthling, Wilhelm, Die Vermessung des Siegerlandes durch Erich Philipp Ploennies 1717-1726 (Siegerländer Beiträge zur Geschichte und Landeskunde, H. 1), Siegen 1950
Güthling, Wilhelm, Die Vermessungen im Siegerland 1717-1726, in: W 27 (1950), S. 47-58

Güthling, Wilhelm, Erich Philipp Ploennies. Zur 200. Wiederkehr seines Todestages, in: Siegerland 28 (1951), S. 65 f
Güthling, Wilhelm, Geschichte der Stadt Siegen im Abriß, Siegen 1955
Güthling, Wilhelm, Erich Philipp Ploennies (1672-1751), in: DJb 50 (1960), S. 102-119
Güthling, Wilhelm, Das Markbuch des Dorfes Grund von etwa 1720, in: Siegerland 38 (1961), S. 91-100
Güthling, Wilhelm, Erich Philipp Ploennies (1672-1751) als Baudirektor und Kartograph im Siegerland, in: Siegerland 45 (1968), S. 13-21
Güthling, Wilhelm, Erich Philipp Ploennies. Baumeister und Kartograph (1672-1751), in: Schlösser und Burgen 9 (1968), S. 37-42
Güthling, Wilhelm, Der „Dicke Turm" zu Siegen. War Darmstadts „Weißer Turm" sein Vorbild?, in: Unser Heimatland 38 (1970), S. 109
Gundel, Friedrich, Die Mathematik an den deutschen höheren Schulen, Teil 1: Von der Zeit Karls des Großen bis zum Ende des 17. Jahrhunderts (Zeitschrift für mathematischen und naturwissenschaftlichen Unterricht, Beih. 12), Berlin 1928
Haacke, Heinrich, Barmens Bevölkerung im XVII. und XVIII. Jahrhundert unter besonderer Berücksichtigung der Volkszählung im Dezember 1698 nach zeitgenössischen Urkunden dargestellt, Barmen 1911
Haacke, Heinrich, Die Entwicklung der Besiedlung Barmens bis zum Beginn des 19. Jahrhunderts, in: ZBGV 52 (1920/21), S. 94-133
Häpke, R., Niederländische Akten und Urkunden zur Geschichte der deutschen Hanse und zur deutschen Seegeschichte, Bd. II, Lübeck 1923
Hahlweg, Werner, Barriere - Gleichgewicht - Sicherheit. Eine Studie über die Gleichgewichtspolitik und die Strukturwandlung des Staatensystems in Europa 1646-1715, in: HZ 187 (1959), S. 54-89
Hale, David George, The Body Politic. A Political Metaphor in Renaissance English Literature, The Hague 1971
Hall, Rupert A., The Scientific Revolution 1500-1800, Boston 1966
Hammerstein, Notker, Jus und Historie. Ein Beitrag zur Geschichte des historischen Denkens an deutschen Universitäten im späten 17. und im 18. Jahrhundert, Göttingen 1972
Hammerstein, Notker, Die Universitätsgründungen im Zeichen der Aufklärung, in: Beiträge zu Problemen deutscher Universitätsgründungen der frühen Neuzeit, hg. v. Peter Baumgart u. Notker Hammerstein (Wolfenbütteler Forschungen, Bd. 4), Nendeln/Liechtenstein 1978, S. 263-298
Hammerstein, Notker, Humanismus und Universitäten, in: Die Rezeption der Antike. Zum Problem der Kontinuität zwischen Mittelalter und Renaissance, hg. v. August Buck (Wolfenbütteler Abhandlungen zur Renaissanceforschung, Bd. 1), Hamburg 1981, S. 23-39
Hammerstein, Notker, Die deutschen Universitäten im Zeitalter der Aufklärung, in: ZHF 10 (1983), S. 73-89

Hanke, Max, Geschichte der amtlichen Kartographie Brandenburg-Preußens bis zum Ausgang der friderizianischen Zeit, bearb. v. Hermann Degener (Geographische Abhandlungen, Reihe 3, H. 7), Stuttgart 1935

Harder, Hans-Bernd (Hg.), Landesbeschreibungen Mitteleuropas vom 15. bis 17. Jahrhundert. Vorträge der 2. internationalen Tagung des „Slawenkomitees“ im Herder-Institut Marburg a.d. Lahn, 10.-13. Nov. 1980 (Schriften des Komitees der Bundesrepublik Deutschland zur Förderung der Slawischen Studien, Bd. 5), Köln 1983

Harig, G., From the Critique of Scholasticism to the Critique of Antiquity, in: Organon 4 (1967), S. 19-26

Harm, Wolfgang, Der Übergang zur Neuzeit und die Wirkung von Traditionen, in: Der Übergang zur Neuzeit und die Wirkung von Traditionen. Vorträge gehalten auf der Tagung der Joachim Jungius-Gesellschaft der Wissenschaften (1977), Göttingen 1978, S. 7-14

Harnack, Adolf v., Geschichte der Königlich Preussischen Akademie der Wissenschaften in Berlin, 3 Bde., Berlin 1900 (ND Hildesheim/New York 1970)

Harnack, Adolf v., Das geistige und wissenschaftliche Leben in Brandenburg-Preußen um das Jahr 1700, in: Hohenzollern-Jahrbuch 4 (1900), S. 170-191 (in gekürzter Fassung wieder abgedruckt in: Moderne Preußische Geschichte 1648-1947. Eine Anthologie, hg. v. Otto Büsch u. Wolfgang Neugebauer, Bd. 3 [Veröffentlichungen der Historischen Kommission zu Berlin, Bd. 52/3], Berlin 1981, S. 1243-1267)

Harthausen, Hartmut, Geistes- und Kulturgeschichte Speyers vom 16. bis zum 18. Jahrhundert, in: Geschichte der Stadt Speyer, hg. v. d. Stadt Speyer, Red.: Wolfgang Eger, Bd. III, Stuttgart 1989, S. 349-434

Hartlaub, G. F., Der Stein der Weisen. Wesen und Bildwelt der Alchemie, München 1959

Hartnack, Wilhelm, Berleburg als Druckort. Druck der Berleburger Bibel, in: Wittgenstein. Blätter des Wittgensteiner Heimatvereins 44 (1956), S. 73-79

Hartwich, Wolfgang, Speyer vom Dreißigjährigen Krieg bis zum Ende der Napoleonischen Zeit (1620 bis 1814), in: Geschichte der Stadt Speyer, hg. v. d. Stadt Speyer, Red.: Wolfgang Eger, Bd. II, Stuttgart ²1983, S. 1-113

Harvey, Paul D. A., The History of Topographical Maps. Symbols, Pictures and Surveys, London 1980

Hashagen, Justus/Narr, Karl J./Rees, Wilhelm/Strutz, Edmund, Bergische Geschichte, Remscheid-Lennep 1958

Haupt, Georg, Die Bau- und Kunstdenkmäler der Stadt Darmstadt, Bd. I: Textband, Darmstadt 1952; Bd. II: Bildband, Darmstadt 1954

Hauschild, Wolf-Dieter, Frühe Neuzeit und Reformation: Das Ende der Großmachtstellung und die Neuorientierung der Stadtgemeinschaft, in: Lübeckische Geschichte, hg. v. Antjekathrin Graßmann, Lübeck 1988, S. 341-432

Haussherr, Hans, Wirtschaftsgeschichte der Neuzeit vom Ende des 14. bis zur Höhe des 19. Jahrhunderts, Köln ⁴1970

Hazard, Paul, Die Krise des europäischen Geistes 1680-1715, Hamburg 1939

Hebel, Paul, Der Schlesier Barthel Stein, der erste Professor der Erdkunde in Deutschland, in: Geographische Zeitschrift 38 (1932), S. 420 ff
Heckscher, Eli, Merkantilismus, 2 Bde., Jena 1932
Heidelberger, Michael, Die Rolle der Erfahrung in der Entstehung der Naturwissenschaften im 16. und 17. Jahrhundert: Experiment und Theorie, in: ders./Sigrun Thiessen, Natur und Erfahrung. Von der mittelalterlichen zur neuzeitlichen Naturwissenschaft (Deutsches Museum. Kulturgeschichte der Naturwissenschaften und der Technik, Bd. 5), Reinbek 1981, S. 25-181
Heigel, Karl Theodor, Über den Plan des Kurfürsten Johann Wilhelm von der Pfalz, die armenische Königskrone zu gewinnen (1698-1705), in: Sitzungsberichte der philosophisch-philologischen und der historischen Classe der Königlich Bayerischen Akademie der Wissenschaften zu München, München 1894, S. 273-319
Heinecke, Ernst, Die wirtschaftliche Entwicklung der Stadt Halle unter brandenburg-preußischer Wirtschaftspolitik von 1680-1806 (Beiträge zur mitteldeutschen Wirtschaftsgeschichte und Wirtschaftskunde, Bd. 10), Halberstadt 1929
Heinemeyer, Walter, Die Bildungspolitik Landgraf Philipps des Großmütigen von Hessen, in: HJbL 21 (1971), S. 100-128
Heinemeyer, Walter, Landgraf Philipp der Großmütige von Hessen - politischer Führer der Reformation, in: Die Geschichte Hessens, hg. v. Uwe Schultz, Stuttgart 1983, S. 72-81
Heinzerling, Jakob, Aus der Geschichte des Kreises Siegen, in: Siegerländer Heimatbuch, Siegen 1914, S. 87 ff
Helbig, Herbert, Universität Leipzig, Frankfurt a.M. 1961
Hellwig, Fritz, Zur älteren Kartographie des Herzogtums Berg, in: RhVjbll 55 (1991), S. 355-362
Hendrichs, Franz, Die Schleifkotten an der Wupper, Solingen 1922
Hendrichs, Franz, Solingen und seine Industrie, Darmstadt [2]1968
Henn, Volker, Zur Lage der rheinischen Landwirtschaft im 16. bis 18. Jahrhundert, in: ZAA 21 (1973), S. 173-188
Hennings, C. Rudolf, Deutsche in England, Stuttgart 1923
Herberger, Patricia, Hermann Conring 1606-1681. Ein Gelehrter der Universität Helmstedt. Katalog (Herzog August Bibliothek, Wolfenbüttel), Wolfenbüttel 1981
Herbst, Kurt, Der Student in der Geschichte der Universität Leipzig, Leipzig 1961
Herrmann, M. Adele, 750 Jahre Kloster Sankt Magdalena Speyer 1228-1978, Speyer 1978
Herrmann, Ulrich, Probleme und Aspekte historischer Ansätze in der Sozialisationsforschung, in: Handbuch der Sozialisationsforschung, hg. v. Klaus Hurrelmann u. Dieter Ulich, Weinheim 1980
Herrmann, Ulrich (Hg.), „Die Bildung der Bürger". Die Formierung der bürgerlichen Gesellschaft und die Gebildeten im 18. Jahrhundert, Weinheim 1982
Herrmann, Ulrich, Biographische Konstruktionen und das gelebte Leben. Prolegomena zu einer Biographie- und Lebenslaufforschung in pädagogischer Absicht, in: ZfP 33 (1987), S. 303-323

Hertner, Peter, Stadtwirtschaft zwischen Reich und Frankreich. Wirtschaft und Gesellschaft Straßburgs 1650-1714, Köln 1973
Hertzberg, Gustav, Geschichte der Stadt Halle an der Saale, Bd. II, Halle 1891
Heubaum, Alfred, Geschichte des deutschen Bildungswesens seit der Mitte des 17. Jahrhunderts, Bd. 1: Das Zeitalter der Standes- und Berufserziehung, Berlin 1905 (ND ebd. 1973)
Heuken, Bernhard, Zur Soziologie barocker Städteplanung in Süddeutschland, in: ZfÄ AKW 13 (1968), S. 146-177
Hildebrandt, Reinhard, Rat contra Bürgerschaft. Die Verfassungskonflikte in den Reichsstädten des 17. und 18. Jahrhunderts, in: ZSSD 1 (1974), S. 221-241
Hilger, Hans Peter, Grabdenkmäler der Häuser Jülich, Kleve, Berg, Mark und Ravensberg, in: Land im Mittelpunkt der Mächte. Die Herzogtümer Jülich, Kleve, Berg. Ausstellungskatalog, Kleve ²1984, S. 181-208
Hilsenbeck, Adolf, Johann Wilhelm, Kurfürst von der Pfalz vom Ryswicker Frieden bis zum spanischen Erbfolgekrieg 1698-1701, phil. Diss. München 1905
Hinrichs, Carl, Der Hallesche Pietismus als politisch-soziale Reformbewegung des 18. Jahrhunderts, in: JbGMO 2 (1954), S. 117-189
Hinrichs, Carl, Staat und Gesellschaft im Barockzeitalter, in: ders., Preußen als historisches Problem. Gesammelte Abhandlungen, hg. v. Gerhard Oestreich (Veröffentlichungen der Historischen Kommission zu Berlin, Bd. 10), Berlin 1964, S. 205-226
Hinrichs, Carl, Zur Selbstauffassung Ludwigs XIV. in seinen Mémoires, in: ders., Preußen als historisches Problem, a.a.O., S. 299-315
Hinrichs, Carl, Preußentum und Pietismus. Der Pietismus in Brandenburg-Preußen als religiös-soziale Reformbewegung, Göttingen 1971
Hobsbawm, Eric J., The General Crisis of the European Economy in the 17th Century, in: PP 5 (1954), S. 33-53, 6 (1955), S. 44-65, wieder abgedruckt mit einem Postskript u.d.T. „The Crisis of the Seventeenth Century", in: Crisis in Europe, 1560-1660. Essays from Past and Present 1952-1962, hg. v. T. Aston, London 1965, S. 1-58
Hock, Lothar, Beitrag zur Geschichte der Chemie in Gießen, in: Ludwigs-Universität, Justus Liebig-Hochschule 1607-1957. Festschrift zur 350-Jahrfeier, Gießen 1957, S. 288-307
Hoferichter, Carl Horst, Das Oberamt Alzey im letzten Jahrhundert seines Bestehens in der kurpfälzischen Landesstatistik, in: Alzeyer Geschichtsblätter, H. 11/12 (1977), S. 89-154
Hoferichter, Carl Horst, Der Hofstaat Ernst Ludwigs, in: Darmstadt in der Zeit des Barock und Rokoko. Ausstellungskatalog, Bd. 1, Darmstadt 1980, S. 69-78
Hoffbauer, Johann Christoph, Geschichte der Universität Halle bis zum Jahre 1805, Halle 1805 (ND Aalen 1981)
Hofmann, J. E., Die Entwicklungsgeschichte der Leibnizschen Mathematik, München 1949
Hofmann, J. E., Leibniz als Mathematiker, in: Leibniz. Sein Leben - sein Wirken - seine Zeit, hg. v. Wilhelm Totok u. Carl Haase, Hannover 1966, S. 421-458

Hoffmann, Julius, Die „Hausväter-Literatur“ und die „Predigten über den christlichen Hausstand“, Weinheim 1959

Hoffmann, P., Die Entwicklung der Geographie im 17. und 18. Jahrhundert und ihre Widerspiegelung in den Schriften und in der Bibliothek von E. W. von Tschirnhaus, in: E. W. von Tschirnhaus und die Frühaufklärung in Mittel- und Osteuropa, hg. v. Eduard Winter (Quellen und Studien zur Geschichte Osteuropas, Bd. 7), Berlin 1960, S. 326-335

Holl, Jann, Die historischen Bedingungen der philosophischen Planstadtentwürfe der frühen Neuzeit, in: „Klar und lichtvoll wie eine Regel“. Planstädte der Neuzeit vom 16. bis zum 18. Jahrhundert. Ausstellungskatalog des Badischen Landesmuseums Karlsruhe, Red.: Michael Maaß u. Klaus W. Berger, Karlsruhe 1990, S. 9-30

Hoock, Jochen, Statistik und Politische Ökonomie. Zum Wandel der politischen und ökonomischen Wissensformen in Frankreich in der zweiten Hälfte des 17. Jahrhunderts, in: Statistik und Staatsbeschreibung in der Neuzeit, vornehmlich im 16.-18. Jahrhundert, hg. v. Mohammed Rassem u. Justin Stagl (Quellen und Abhandlungen zur Geschichte der Staatsbeschreibung und Statistik, Bd. 1), Paderborn 1980, S. 307-323

Hooykaas, R., Religion and the Rise of Modern Science, Edinburgh 1972

Horneffer, August (Bearb.), Tacitus. Annalen, Stuttgart 1964

Hövel, E., Das Bürgerbuch der Stadt Münster 1538-1660 (Quellen und Forschungen zur Geschichte der Stadt Münster, Bd. VIII), Münster 1936

Horváth, Robert A., Statistische Deskription und nominalistische Philosophie, in: Statistik und Staatsbeschreibung in der Neuzeit, vornehmlich im 16.-18. Jahrhundert, hg. v. Mohammed Rassem u. Justin Stagl (Quellen und Abhandlungen zur Geschichte der Staatsbeschreibung und Statistik, Bd. 1), Paderborn 1980, S. 37-52

Hroch, Miroslav/Petrán, Josef, Das 17. Jahrhundert - Krise der Feudalgesellschaft?, Hamburg 1981

Hübinger, Paul Egon, Das Historische Seminar der Rheinischen Friedrich-Wilhelms-Universität zu Bonn 1861-1961, in: Hübinger, Paul Egon/Levison Wilhelm, Das Historische Seminar der Rheinischen Friedrich-Wilhelms-Universität zu Bonn. Vorläufer - Gründung - Entwicklung. Ein Wegstück deutscher Universitätsgeschichte (Bonner Historische Forschungen, Bd. 20), Bonn 1963, S. 32-228

Huizinga, Johan, Holländische Kultur des siebzehnten Jahrhunderts. Ihre sozialen Grundlagen und nationale Eigenart (Schriften des Deutsch-Niederländischen Instituts Köln, H. 1), Jena 1932

Ihm, Maximilian, C. Suetoni Tranquilli. De Vita Caesarum (Sueton Werke, Bd. I), Stuttgart 1958

Imhof, Eduard, Hans Conrad Gygers Zürcher Kantonskarte von 1667, in: Atlantis, Zürich 1944

Imhof, Eduard, Beiträge zur Geschichte der topographischen Kartographie, in: IJbK 4 (1964), S. 129-153

Irle, Trutzhart, Die Wirtschaft der Stadt Siegen in der Vergangenheit, Siegen 1972

Irsigler, Franz/Metz, Rainer, The Statistical Evidence of „Long Waves" in Pre-Industrial and Industrial Times, in: SSI 23 (1984), S. 389-412

Isenburg, Richard, Untersuchungen über die Entwicklung der bergischen Wollenindustrie, phil. Diss. Heidelberg 1906

Israel, August, Die pädagogischen Bestrebungen Erhard Weigels, 1653-1699 Professor der Mathematik zu Jena. Ein Beitrag zur Geschichte der pädagogischen Zustände im 17. Jahrhundert, Zschopau 1884

Jahns, Sigrid, Die Universität Gießen und das Reichskammergericht, in: Academia Giessensis. Beiträge zur älteren Gießener Universitätsgeschichte, hg. v. Peter Moraw u. Volker Press (Veröffentlichungen der Historischen Kommission für Hessen in Verb. mit der Justus-Liebig-Universität Gießen 45), Marburg 1982

Jahns, Sigrid, Juristen im Alten Reich. Das Richterliche Personal des Reichskammergerichts 1648-1806, in: Forschungen aus Akten des Reichskammergerichts, hg. v. Bernhard Diestelkamp (Quellen und Forschungen zur höchsten Gerichtsbarkeit im Alten Reich, Bd. 14), Köln/Wien 1984, S. 1-40

Jahns, Sigrid, Die Assessoren am Reichskammergericht in Wetzlar (Schriftenreihe der Gesellschaft für Reichskammergerichtsforschung, H. 2), Wetzlar 1986

Jakob, Andreas, Eine Stadt als Denkmal. Berlin und Erlangen als Beispiele für den fürstlichen Städtebau des Absolutismus, in: Das neue Erlangen 70/71 (1986), S. 50-62

Jakob, Andreas, Die Neustadt Erlangen. Planung und Entstehung (Erlanger Bausteine zur fränkischen Heimatforschung, Bd. 33), Erlangen 1986

Jakob, Andreas, Planstadt Erlangen. Die Baugeschichte der Erlanger Neustadt, in: 300 Jahre Hugenottenstadt Erlangen. Vom Nutzen der Toleranz, hg. v. Christoph Friederich (Katalog einer Ausstellung im Stadtmuseum Erlangen), Nürnberg 1986, S. 193-219

Jakob, Andreas, Die Legende von den „Hugenottenstädten". Deutsche Planstädte des 16. und 17. Jahrhunderts, in: „Klar und lichtvoll wie eine Regel". Planstädte der Neuzeit vom 16. bis zum 18. Jahrhundert. Ausstellungskatalog des Badischen Landesmuseums Karlsruhe, Red.: Michael Maaß u. Klaus W. Berger, Karlsruhe 1990, S. 181-198

Jannasch, Wilhelm, Reformationsgeschichte Lübecks vom Petersablaß bis zum Augsburger Reichstag, 1515-1530 (Veröffentlichungen zur Geschichte der Stadt Lübeck, Bd. 16), Lübeck 1958

Jantzen, Heinrich, Johann Joachim Becher als theoretischer und praktischer Privatökonom, Diss. Köln 1925

Jarausch, Konrad H., Deutsche Studenten 1800-1970, Frankfurt a.M. 1984

Jensen, Martin, Civil Engeneering Around 1700. With Special Reference to Equipment and Methods, Kopenhagen 1969

Jersch-Wenzel, Stefi, Ein importiertes Ersatzbürgertum? Die Bedeutung der Hugenotten für die Wirtschaft Brandenburg-Preußens, in: Die Hugenotten, hg. v. Rudolf v. Thadden u. Michelle Magdelaine, München 1985

Joachimsen, Paul, Valentin Andreae und die evangelische Utopie, in: Zeitwende, 2. Jg., H. 1, 1926
Jochimsen, P., Tacitus im deutschen Humanismus, in: Neue Jahrbücher für das Klassische Altertum 27 (1911), S. 697 ff
John, Victor, Geschichte der Statistik, Bd. 1: Vom Ursprung der Statistik bis auf Quetelet (1835), Stuttgart 1884 (ND Wiesbaden 1968)
Jones, Richard Forster, Ancients and Moderns: A Study of the Rise of the Scientific Movement in the Seventeenth-Century England, St. Louis ²1961
Jouanna, Arlette, L'idée de la race en France au XVIe siècle et au début du XVIIe siècle (1498-1614), in: Bulletin de l'association d'étude sur l'humanisme, la réforme et la renaissance 1 (1975)
Jüttner, Guido, Alchemie und Sympathielehre in der Therapie der frühen Neuzeit, in: Der Übergang zur Neuzeit und die Wirkung von Traditionen. Vorträge gehalten auf der Tagung der Joachim Jungius-Gesellschaft der Wissenschaften (Hamburg, am 13. u. 14. Okt. 1977), Göttingen 1978, S. 130-140
Jung, Carl Gustav, Studien über alchemistische Vorstellungen (Gesammelte Werke, Bd. 13), Olten/Freiburg 1978
Jung, Max, Wirtschaftsverfassung und Verwaltung der Freien Reichsstadt Speyer am Rhein im 16. und 17. Jahrhundert. Mit besonderer Berücksichtigung der merkantilistischen Strömungen, Diss. Frankfurt a.M. 1930
Kahlfuß, Hans-Jürgen, Landesaufnahme und Flurvermessung in den Herzogtümern Schleswig, Holstein und Lauenburg vor 1864, Neumünster 1969
Kaegi, Werner, Wandlungen des Geistes in der Renaissance, in: Eranos 14 (1946), S. 228 ff
Kamen, Henry, The Economic and Social Consequences of the Thirty Years' War, in: PP 39 (1968), S. 44-61
Kamen, Henry, The Iron Century. Social Change in Europe 1550-1660, London 1971
Kantorowicz, Ernst H., The King's Two Bodies. A Study in Mediaeval Political Theology, Princeton N.J. 1957
Kastrop, Rainer, Ideen über die Geographie und Ansatzpunkte für eine moderne Geographie bei Varenius, Saarbrücken 1972
Kastrop, Rainer, Das geographische Werk des Johann Heinrich Alsted und des Abraham Gölnitz, in: Wandlungen im geographischen Denken von Aristoteles bis Kant. Dargestellt an ausgewählten Beispielen, hg. v. Manfred Büttner (Abhandlungen und Quellen zur Geschichte der Geographie und Kosmologie, Bd. 1), Paderborn 1979, S. 173-188
Kastrop, Rainer, Die Bedeutung des Varenius innerhalb der Entwicklung des geographischen Denkens in Deutschland, in: Zur Entwicklung der Geographie vom Mittelalter bis zu Carl Ritter, hg. v. Manfred Büttner (Abhandlungen und Quellen zur Geschichte der Geographie und Kosmologie, Bd. 3), Paderborn 1982, S. 79-95
Kauffeldt, A., Die Naturwissenschaft im 17. Jahrhundert und E. W. von Tschirnhaus, in: E. W. von Tschirnhaus und die Frühaufklärung in Mittel- und Osteuropa, hg. v.

Eduard Winter (Quellen und Studien zur Geschichte Osteuropas, Bd. 7), Berlin 1960, S. 319-325
Kaufhold, Karl Heinrich/Sachse, Wieland, Die Göttinger „Universitätsstatistik" und ihre Bedeutung für die Wirtschafts- und Sozialgeschichte, in: Anfänge Göttinger Sozialwissenschaft. Methoden, Inhalte und soziale Prozesse, hg. v. Hans-Georg Herrlitz u. Horst Kern, Göttingen 1987, S. 72-95
Kearney, H., Science and Change 1500-1700, London 1971
Kellenbenz, Hermann, Wirtschaft des Sieg-Lahn-Dillgebietes durch die Jahrhunderte, in: ders. u. Jürgen H. Schawacht, Schicksal eines Eisenlandes, Siegen 1974, S. 15-170
Kellenbenz, Hermann, Deutsche Wirtschaftsgeschichte, Bd. 1, München 1977
Kemp, Wolfgang, „...einen wahrhaft bildenden Zeichenunterricht einzuführen." Zeichnen und Zeichenunterricht der Laien 1500-1870. Ein Handbuch, Frankfurt a.M. 1979
Kempt, Adalbert, Die Säkularisierung der universalhistorischen Auffassung. Zum Wandel des Geschichtsdenkens im 16. und 17. Jahrhundert, Göttingen 1960
Kern, Horst, Empirische Sozialforschung. Ursprünge, Ansätze, Entwicklungslinien, München 1982
Kessler, Alfred/Schöpf, Alfred/Wild, Christoph, Erfahrung, in: Handbuch philosophischer Grundbegriffe, hg. v. Hermann Krings, Hans Michael Baumgartner u. Christoph Wild, Bd. 1, München 1973, S. 373-386
Ketteler, Josef, Vom Geschlechterkreise des Münsterschen Honoratiorentums, in: MWGF 5 (1928), S. 422-430
Keyser, Erich, Der Stadtgrundriß als Geschichtsquelle, in: Studium Generale 16 (1963), S. 345-351
Kirn, Otto, Die Leipziger theologische Fakultät in fünf Jahrhunderten (Festschrift zur Feier des 500jährigen Bestehens der Universität Leipzig, Bd. 1), Leipzig 1909
Kisch, Herbert, The Textile Industries of Silesia and the Rhineland. A Comparative Study in Industrialization, in: JEH 19 (1959), S. 541-564 (dt. mit einem Postskript von 1977 u.d.T. „Die Textilgewerbe in Schlesien und im Rheinland: eine vergleichende Studie zur Industrialisierung", in: Peter Kriedte u.a., Industrialisierung vor der Industrialisierung, Göttingen 1977, S. 350-386)
Kisch, Herbert, From Monopoly to Laissez-faire: The Early Growth of the Wupper Valley Textile-Trades, in: JEEH 1 (1972), S. 298-407 (dt. Vom Monopol zum Laissez-Faire: Das frühe Wachstum der Textilgewerbe im Wuppertal, in: ders., Die hausindustriellen Textilgewerbe, S. 162-257)
Kisch, Herbert, Die hausindustriellen Textilgewerbe am Niederrhein vor der industriellen Revolution. Von der ursprünglichen zur kapitalistischen Akkumulation (Veröffentlichungen des Max-Planck-Instituts für Geschichte, Bd. 65), Göttingen 1981
van Klaveren, Jacob, Das Zeitalter des Merkantilismus, in: VSWG 50 (1963), 57-70
van Klaveren, Jacob, Die Manufakturen des Ancien Régime, in: VSWG 51 (1964), S. 145-191

Kleinert, Andreas, Mathematik und anorganische Naturwissenschaften, in: Wissenschaften im Zeitalter der Aufklärung, hg. v. Rudolf Vierhaus, Göttingen 1985, S. 218-248

Kleinn, Hans, Nordwestdeutschland in der exakten Kartographie der letzten 250 Jahre. Ein Beitrag zur Landeskunde, in: WF 17 (1964), S. 28-82, 18 (1965), S. 43-74

Kleinspehn, Thomas, Der flüchtige Blick. Sehen und Identität in der Kultur der Neuzeit, Reinbek 1989

Klingenstein, Grete/Lutz, Heinrich/Stourzh, Gerald (Hg.), Biographie und Geschichtswissenschaft. Ansätze zur Theorie und Praxis biographischer Arbeit, Wien 1979

Klocke, F. v., Nachrichten aus dem untergegangenen ältesten Ratswahlbuch 1345-1531, in: Quellen und Forschungen zur Geschichte der Stadt Münster 3 (1927)

Klotz, Fritz, Die Waffen der Freien Reichsstadt Speyer, in: Pfälzische Heimatblätter 2 (1954), S. 47 ff.

Klotz, Fritz, Speyer. Kleine Stadtgeschichte (Beiträge zur Speyerer Stadtgeschichte, H. 2), Speyer 41988

Klueting, Harm, Die Lehre von der Macht der Staaten. Das außenpolitische Machtproblem in der „politischen Wissenschaft" und in der praktischen Politik im 18. Jahrhundert (Historische Forschungen, Bd. 29), Berlin 1986

Kluxen, Kurt, Großbritannien von 1660 bis 1783, in: Europa im Zeitalter des Absolutismus und der Aufklärung, hg. v. Fritz Wagner (Handbuch der Europäischen Geschichte, Bd. 4), Stuttgart 1968, S. 304-377

Kluxen, Kurt, Geschichte Englands. Von den Anfängen bis zur Gegenwart, Stuttgart 21976

Knobloch, Eberhard, Musik, in: Maß, Zahl und Gewicht. Mathematik als Schlüssel zu Weltverständnis und Weltbeherrschung, hg. v. Menso Folkerts u.a. (Katalog der Herzog August Bibliothek, Wolfenbüttel), Weinheim/Wolfenbüttel 1989, S. 243-264

Knobloch, Eberhard, Praktisches, in: Maß, Zahl und Gewicht, a.a.O., S. 123-186

Knobloch, Eberhard, Infinitesimalmathematik, in: Maß, Zahl und Gewicht, a.a.O., S. 297-328

Knodt, Manfred, Die Regenten von Hessen-Darmstadt, Darmstadt 21977

Knöpp, Friedrich, Weiprecht von Gemmingen, der Leiter der hessen-darmstädtischen Politik am Ende des 17. Jahrhunderts, in: Festschrift für Adolf Freiherr von Gemmingen-Hornberg zum 70. Geburtstag, hg. v. Karl Diel, o.O. 1957, S. 7-16

Knöpp, Friedrich, Eine Regierungskrise im Hessen-Darmstadt des 18. Jahrhunderts, in: AHG N.F. 31 (1973), S. 167-181

Kocka, Jürgen, Sozialgeschichte. Begriff - Entwicklung - Probleme, Göttingen 1977 (21986)

Kocka, Jürgen, Klassen oder Kultur? Durchbrüche und Sackgassen in der Arbeitergeschichte, in: Merkur 36 (1982), S. 955-965

Köhler, Brigitte, Landwirtschaft, in: Darmstadt in der Zeit des Barock und Rokoko. Ausstellungskatalog, Bd. 1, Darmstadt 1980, S. 348-354

Köhler, Walther, Die Anfänge des Pietismus in Gießen 1689 bis 1695, in: Die Universität Gießen von 1607 bis 1907. Beiträge zu ihrer Geschichte. Festschrift zur dritten Jahrhundertfeier, hg. v. der Universität Gießen, Bd. II, Gießen 1907, S. 133-244

Köllmann, Wolfgang, Wirtschaft, Weltanschauung und Gesellschaft in der Geschichte des Wuppertals, Wuppertal 1955

König, René, Vom Wesen der deutschen Universität, Berlin 1935

Koenigsberger, Helmut G., Die Krise des 17. Jahrhunderts, in: ZHF 9 (1982), S. 143-165

Koepf, Hans, Das Stadtbild als Ausdruck der geschichtlichen Entwicklung, in: Stadt und Kultur, hg. v. Hans Eugen Specker (Stadt in der Geschichte, Bd. 11), Sigmaringen 1983, S. 9-28

Kötzschke, Rudolf, Die kulturgeschichtliche Stellung der Universität Leipzig, in: Neues Archiv für sächsische Geschichte 31 (1910)

Kohli, Martin, Wie es zur ‚biographischen Methode' kam und was daraus geworden ist. Ein Kapitel aus der Geschichte der Sozialforschung, in: ZfS 10 (1981), S. 273-293

Koselleck, Reinhart, Vergangene Zukunft der frühen Neuzeit, in: Epirrhosis. Festgabe für Carl Schmitt, hg. v. Hans Barion, Ernst-Wolfgang Böckenförde, Ernst Forsthoff u. Werner Weber, Bd. 2, Berlin 1968, S. 549-566 (wieder abgedruckt in Reinhart Koselleck, Vergangene Zukunft. Zur Semantik geschichtlicher Zeiten, Frankfurt a.M. ²1984, S. 17-37)

Koselleck, Reinhart, Fortschritt, in: Geschichtliche Grundbegriffe. Historisches Lexikon zur politisch-sozialen Sprache in Deutschland, hg. v. Otto Brunner, Werner Conze u. Reinhart Koselleck, Bd. 2, Stuttgart 1975, S. 351-353, 363-423

Koselleck, Reinhart, Neuzeit. Zur Semantik moderner Bewegungsbegriffe, in: Studien zum Beginn der modernen Welt, hg. v. Reinhart Koselleck, Stuttgart 1977, S. 264-299 (wieder abgedruckt in Reinhart Koselleck, Vergangene Zukunft. Zur Semantik geschichtlicher Zeiten, Frankfurt a.M. ²1984, S. 300-348)

Koselleck, Reinhart, Das achtzehnte Jahrhundert als Beginn der Neuzeit, in: Epochenschwelle und Epochenbewußtsein, hg. v. Reinhart Herzog u. Reinhart Koselleck, München 1987, S. 269-282

Koyré, Alexandre, Les origines de la science moderne, in: Diogène 16 (1956), S. 14-42

Krafft, Fritz, Renaissance der Naturwissenschaften - Naturwissenschaften der Renaissance, in: Humanismusforschung seit 1945. Ein Bericht aus interdisziplinärer Sicht (DFG, Kommission für Humanismusforschung, M II), Bonn 1975, S. 11-183

Kraus, Andreas, Grundzüge barocker Geschichtsschreibung, in: HJb 88 (1968), S. 54-77, erneut abgedruckt in: ders., Bayerische Geschichtswissenschaft in drei Jahrhunderten. Gesammelte Aufsätze, München 1979, S. 11-33

Kraus, Thomas R., Die Entstehung der Landesherrschaft der Grafen von Berg bis zum Jahre 1225 (Bergische Forschungen, Bd. XVI), Neustadt a.d. Aisch 1980

Kretzschmar, Johannes, Geschichte Lübecks in der Neuzeit, in: Geschichte der Freien und Hansestadt Lübeck, hg. v. Fritz Endres, Lübeck 1926, S. 57-64

Kriedte, Peter/Medick, Hans/Schlumbohm, Jürgen: Industrialisierung vor der Industrialisierung. Gewerbliche Warenproduktion auf dem Land in der Formationsperiode des Kapitalismus (Veröffentlichungen des Max-Planck-Instituts für Geschichte, Bd. 53), Göttingen 1977
Kriedte, Peter, Spätfeudalismus und Handelskapital. Grundlinien der europäischen Wirtschaftsgeschichte vom 16. bis zum Ausgang des 18. Jahrhunderts, Göttingen 1980
Kriedte, Peter, Proto-Industrialisierung und großes Kapital. Das Seidengewerbe in Krefeld und seinem Umland bis zum Ende des Ancien Régime, in: AfS 23 (1983), S. 219-266
Kröger, Kurt, Das Vermessungswesen im Spiegel der Hausväterliteratur (Europäische Hochschulschriften, Reihe III: Geschichte und ihre Hilfswissenschaften, Bd. 280), Frankfurt a.M. 1986
Kroker, Ernst, Leipzig in der Geschichte, in: Leipzig. Ein Blick in das Wesen und Werden einer deutschen Stadt, hg. v. Paul Weigel, Leipzig 1914
Kruedener, Jürgen v., Die Rolle des Hofes im Absolutismus (Forschungen zur Sozial- und Wirtschaftsgeschichte, Bd. 19), Stuttgart 1973
Krüger, Kersten (Hg.), Der Ökonomische Staat Landgraf Wilhelms IV., Bd. 3: Landbuch und Ämterbuch (Veröffentlichungen der Historischen Kommission für Hessen, Bd. 17), Marburg 1977
Kruft, Hanno-Walter, Städte in Utopia. Die Idealstadt vom 15. bis zum 18. Jahrhundert, München 1989
Kruft, Hanno-Walter, Utopie und Idealstadt, in: „Klar und lichtvoll wie eine Regel". Planstädte der Neuzeit vom 16. bis zum 18. Jahrhundert. Ausstellungskatalog des Badischen Landesmuseums Karlsruhe, Red.: Michael Maaß u. Klaus W. Berger, Karlsruhe 1990, S. 31-38
Krumbholtz, R., Die Gewerbe der Stadt Münster (Publikationen aus den Preußischen Staatsarchiven, Bd. 70), Leipzig 1898
Kruse, Hans, Forstwirtschaft und Industrie im ehemaligen Fürstentum Nassau-Siegen (Holzköhlerei und Löherei), in: Beiträge zur Wirtschaftsgeschichte des Siegerlandes, hg. v. Friedrich Philippi, Münster 1909, S. 65-176
Kruse, Hans, Das Untere Schloß zu Siegen. Ein Beitrag zu seiner Baugeschichte (I), in: Siegerland 4 (1919), S. 148-167; (II), in: Siegerland 8 (1926), S. 104-111
Kühn, Arthur, Die Neugestaltung der deutschen Geographie im 18. Jahrhundert. Ein Beitrag zur Geschichte der Geographie an der Georgia Augusta zu Göttingen, Leipzig 1939
Kühn, Arthur, Vauban und die französische Raumordnung im 17. Jahrhundert, in: Raumordnung in Renaissance und Merkantilismus (Historische Raumforschung, Bd. 4), Hannover 1963, S. 31-48
Kühn-Steinhausen, Hermine, Der Briefwechsel der Kurfürstin Anna Maria Luise von der Pfalz, in: DJb 40 (1938), S. 16-256
Kühn-Steinhausen, Hermine, Die Feste am Düsseldorfer Hofe nach Briefen der Kurfürstin Anna Maria Luise, in: Das Tor (1938), S. 68-73

Kühn-Steinhausen, Hermine, Johann Wilhelm, Kurfürst von der Pfalz, Herzog von Jülich-Berg (1658-1716), Düsseldorf 1958

Kühnel, H., Die adelige Kavalierstour im 17. Jahrhundert, in: Jahrbuch für Landeskunde von Niederösterreich N.F. 36 (1964), S. 364-384

Kuhn, G., Jülich-bergische Wirtschaftspolitik im 17. und 18. Jahrhundert, phil. Diss. (masch.) Köln 1948

Kuhn, Thomas S., Die Struktur wissenschaftlicher Revolutionen, Frankfurt a.M. ²1976

Kunisch, Johannes, Über den Epochencharakter der frühen Neuzeit, in: Die Funktion der Geschichte in unserer Zeit, hg. v. Eberhard Jäckel u. Ernst Weymar, Stuttgart 1975, S. 150-161

Kunisch, Johannes, Die deutschen Führungsschichten im Zeitalter des Absolutismus, in: Deutsche Führungsschichten in der Neuzeit. Eine Zwischenbilanz, hg. v. Hanns Hubert Hofmann u. Günther Franz (Deutsche Führungsschichten in der Neuzeit, Bd. 12), Boppard a. Rh. 1980, S. 111-141

Kunze, A., Lebensbeschreibung des Ehrenfried Walther v. Tschirnhaus auf Kieslingswalde und Würdigung seiner Verdienste, in: Neues Lausitzisches Magazin 43 (1866), S. 1-40

Kuske, Bruno, Die Volkswirtschaft des Rheinlandes in ihrer Eigenart und Bedeutung, Essen 1925

Kuske, Bruno, Die Grundzüge der Wirtschaftsentwicklung am Niederrhein vom Mittelalter bis zur Gegenwart, in: AHVN 115 (1929), S. 38-60

Kuske, Bruno, Das Bergische Land als Wirtschaftsraum, in: Das Bergische Land, hg. v. Kurt Hackenberg, Wuppertal ²1953, S. 46-76

Lahrkamp, Helmut, Beiträge zur Geschichte des Hubertusordens der Herzöge von Jülich-Berg und verwandter Gründungen, in: DJb 49 (1959), S. 3-49

Lahrkamp, Helmut, Dietrich Kaspar von Fürstenberg, in: W 43 (1965), S. 227 ff

Lahrkamp, Helmut, Das Patriziat in Münster, in: Deutsches Patriziat, 1430-1740, hg. v. Hellmuth Rössler (Deutsche Führungsschichten in der Neuzeit, Bd. 3), Limburg a.d. Lahn 1968, S. 195-207

Lahrkamp, Helmut, Münsters wirtschaftliche Führungsschichten, in: Quellen und Forschungen zur Geschichte der Stadt Münster N.F. 5 (1970), S. 1-53

Lamb, H. H., Klima und Kulturgeschichte. Der Einfluß des Wetters auf den Gang der Geschichte, Reinbek 1989

Lange, Gottfried, Varenius über die Grundfragen der Geographie. Ein Beitrag zur Problemgeschichte der geographischen Wissenschaft, in: Petermanns geographische Mitteilungen 105 (1961), S. 274-283

Lau, Friedrich, Beiträge zur Geschichte der Kunstbestrebungen des Kurfürsten Johann Wilhelm, in: DJb 26 (1913/14), S. 239-252

Lau, Friedrich, Die Regierungskollegien zu Düsseldorf und der Hofstaat zur Zeit Johann Wilhelms (1679-1716), in: DJb 39 (1937), S. 228-242, 40 (1938), S. 257-288

Le Goff, Jacques, Die Intellektuellen im Mittelalter, Stuttgart ²1987

Le Goff, Jacques, Comment écrire une biographie?, in: Le Débat, Nr. 54, März-April 1989 (dt. Wie schreibt man eine Biographie?, in: Fernand Braudel u.a., Der Historiker als Menschenfresser. Über den Beruf des Geschichtsschreibers, Berlin 1990, S. 103-112)

Lehmann, Hartmut, Literaturbericht Absolutismus, in: GWU 38 (1987), S. 241-256, 311-324, 373-388

Lehnert, Georg/Haupt, Hermann, Chronik der Universität Gießen von 1607 bis 1907, in: Die Universität Gießen von 1607 bis 1907. Beiträge zu ihrer Geschichte. Festschrift zur dritten Jahrhundertfeier, hg. v. der Universität Gießen, Bd. I, Gießen 1907, S. 365-474

Lehnert, Georg/Glöckner, Karl, Gießen, in: Hessisches Städtebuch, hg. v. Erich Keyser (Deutsches Städtebuch, Bd. IV/1), Stuttgart 1957, S. 191-199

Lekai, Ludwig, Geschichte und Wirken der Weißen Mönche. Der Orden der Cistercienser, Köln 1958

Lepenies, Wolf, Das Ende der Naturgeschichte, München 1976

Lepenies, Wolf, Vergangenheit und Zukunft der Wissenschaftsgeschichte. Das Werk Gaston Bachelards. Die Bildung des wissenschaftlichen Geistes, Frankfurt a.M. 1978

Lepenies, Wolf, Wissenschaftsgeschichte und Disziplingeschichte, in: GG 4 (1978), S. 437-451

Le Roy Ladurie, Emmanuel, Le climat. L'histoire de la pluie et du beau temps, in: Faire de l'histoire, hg. v. Pierre Nora u. Jacques Le Goff, Bd. 3, Paris 1974, S. 3-30 (dt. Die Geschichte von Sonnenschein und Regenwetter, in: Marc Bloch u.a., Schrift und Materie, S. 220-246)

Le Roy Ladurie, Emmanuel, Montaillou, village occitan de 1294 à 1324, Paris 1975 (dt. Montaillou. Ein Dorf vor dem Inquisitor 1294 bis 1324, Frankfurt a.M. 1980)

Le Roy Ladurie, Le Carneval de Romans. De la Chandeleur au mercredi des Cendres, 1579-1580, Paris 1979 (dt. Karneval in Romans. Eine Revolte und ihr blutiges Ende, 1579-1580, Stuttgart 1982).

Le Roy Ladurie, Auprès du roi, la cour, in: Annales E.S.C. 38 (1983), S. 21-41

Levi, Giovanni, Les usages de la biographie, in: Annales E.S.C. 44 (1989), S. 1325-1336 (dt. Vom Umgang mit der Biographie, in: Freibeuter 46, 1990, S. 33-45)

Levin, Theodor, Beiträge zur Geschichte der Kunstbestrebungen in dem Hause Pfalz-Neuburg, in: Beiträge zur Geschichte des Niederrheins 19 (1905), S. 97-213, 20 (1905), S. 123-249, 23 (1910), S. 1-185

Lohmeier, Dieter (Hg.), Arte et marte. Studien zur Adelskultur des Barockzeitalters in Schweden, Dänemark und Schleswig-Holstein (Kieler Studien zur deutschen Literaturgeschichte, Bd. 13), Neumünster 1978

Looz-Corswarem, Clemens v., Wirtschafts- und Sozialgeschichte Wesels in brandenburgisch-preußischer und französischer Zeit (1609-1814), in: Geschichte der Stadt Wesel, hg. v. Jutta Prieur, Bd. 2, Düsseldorf 1991, S. 230-278

Lorey, Wilhelm, Aus der mathematischen Vergangenheit Gießens, in: Nachrichten der Gießener Hochschulgesellschaft, Bd. 10, H. 2 (1934/35), S. 47-75

Lorey, Wilhelm, Der Briefwechsel von Leibniz mit Gießener Mathematikern, in: Nachrichten der Gießener Hochschulgesellschaft, Bd. 10, H. 3 (1934/35), S. 52-80
Loukes, Harold, Die Quäker, Stuttgart 1965
Lüdtke, Alf (Hg.), Alltagsgeschichte. Zur Rekonstruktion historischer Erfahrungen und Lebensweisen, Frankfurt a.M. 1989
Lütge, Friedrich, Deutsche Sozial- und Wirtschaftsgeschichte. Ein Überblick, Berlin [3]1966
Lunkenheimer, Ludwig, Schleifkotten, Mühlen und Hämmer an den Solinger Bächen (Landeskonservator Rheinland, Arbeitsh. 33), Köln 1990
Lutz, Gerhard, Geographie und Statistik im 18. Jahrhundert. Zu Neugliederung und Inhalten von „Fächern" im Bereich der historischen Wissenschaften, in: Statistik und Staatsbeschreibung in der Neuzeit, vornehmlich im 16.-18. Jahrhundert, hg. v. Mohammed Rassem u. Justin Stagl (Quellen und Abhandlungen zur Geschichte der Staatsbeschreibung und Statistik, Bd. 1), Paderborn 1980, S. 249-268
Macco, Hermann Friedrich, Geschichte der Familie Wuppermann, Berlin 1911
Macfarlane, Alan, The Family Life of Ralph Josselin, a Seventeenth Century Clergyman, Cambridge 1970
Mack, Rüdiger, Johann Christoph Friedrich Schulz und das Eindringen der Aufklärung in die Universität Gießen, in: Academia Gissensis. Beiträge zur älteren Gießener Universitätsgeschichte, hg. v. Peter Moraw u. Volker Press (Veröffentlichungen der Historischen Kommission für Hessen, Bd. 45), Marburg 1982, S. 379-408
Mack, Rüdiger, Pietismus und Aufklärung an der Universität Gießen und in Hessen-Darmstadt, Gießen 1984
Mackensen, Ludolf v., Der universale Reduktionszirkel zum Umzeichnen und Umrechnen. Seine Entwicklung und sein Gebrauch bis ins 17. Jahrhundert, in: Architekt und Ingenieur. Baumeister in Krieg und Frieden (Katalog der Herzog August Bibliothek, Wolfenbüttel), Braunschweig/Wolfenbüttel 1984, S. 118-123
Maier, Anneliese, Die Mechanisierung des Weltbildes, Leipzig 1938
Maier, Hans, Die ältere deutsche Staats- und Verwaltungslehre (Polizeiwissenschaft), München [3]1986
Malettke, Klaus, Fragestellungen und Aufgaben der neuen Absolutismus-Forschung in Frankreich und Deutschland, in: GWU 30 (1979), S. 140-157
Malettke, Klaus (Hg.), Ämterkäuflichkeit: Aspekte sozialer Mobilität im europäischen Vergleich (17. und 18. Jahrhundert), Berlin 1980
Mandrou, Robert, Histoire de la pensée européenne, Bd. 3: Des humanistes aux hommes des la science (XVIe et XVIIe siècle), Paris 1973
Mandrou, Robert, Der europäische Barock: Pathetische Mentalität und soziale Umwälzung, in: Marc Bloch u.a., Schrift und Materie der Geschichte. Vorschläge zur systematischen Aneignung historischer Prozesse, hg. v. Claudia Honegger, Frankfurt a.M. 1977, S. 368-392
Mandrou, Robert, Staatsräson und Vernunft 1649-1775, Frankfurt a.M. 1982
Maschke, Erich, „Obrigkeit" im spätmittelalterlichen Speyer und in anderen Städten, in: ders., Städte und Menschen (VSWG, Beih. Bd. 68), Wiesbaden 1980, S. 121 ff

Mason, Stephen F., Geschichte der Naturwissenschaft in der Entwicklung ihrer Denkweisen, Stuttgart 1961
Mathias, Peter, Wer entfesselte Prometheus? Naturwissenschaft und technischer Wandel 1600-1800, in: Wissenschaft, Technik und Wirtschaftswachstum im 18. Jahrhundert, hg. v. A. E. Musson, Frankfurt a.M. 1977, S. 83-112
Matthes, Joachim (Hg.), Biographie in handlungswissenschaftlicher Perspektive, Nürnberg 1981
Mayer, Eugen, Pfälzische Kirchengeschichte, Kaiserslautern 1939
Mayr, Alois, Universität und Stadt. Ein stadt-, wirtschafts- und sozialgeographischer Vergleich alter und neuer Hochschulstandorte in der Bundesrepublik Deutschland (Münstersche Geographische Arbeiten, H. 1), Paderborn 1979
Medick, Hans, „Missionare im Ruderboot?“ Ethnologische Erkenntnisweisen als Herausforderung an die Sozialgeschichte, in: GG 10 (1984), S. 295-319
Medick, Hans/Sabean, David (Hg.), Emotionen und materielle Interessen in Familie und Verwandtschaft. Historische und sozialanthropologische Beiträge zur Familienforschung, Göttingen 1984
Meinel, Christoph (Hg.), Die Alchemie in der europäischen Kultur- und Wissenschaftsgeschichte (Wolfenbütteler Forschungen, Bd. 32), Wiesbaden 1986
Meitzen, August, Geschichte, Theorie und Technik der Statistik, Stuttgart ^{2}1903
Melle, Jakob v., Die Westfalen in Lübeck, hg. v. A. Fahne, Köln 1855
Mendelsohn, Everett/Weingart, Peter (Hg.), The Social Production of Scientific Knowledge (Sociology of Science, Bd. 1), Dordrecht 1977
Merk, Walther, Der Gedanke des gemeinen Besten in der deutschen Staats- und Rechtsentwicklung, Darmstadt ^{2}1968
Meurer, Peter H., Der „Codex Welser“. Eine frühe Topographie des Herzogtums Jülich von 1723, in: Beiträge zur Jülicher Geschichte 44 (1977), S. 1-42
Meyer, Ahlrich, Mechanische und organische Metaphorik politischer Philosophie, in: AfB 13 (1969), S. 128-199
Meyer, Gerhard, Die Schriftgattung der Topographien seit dem 18. Jahrhundert, betrachtet vornehmlich an Hand von Beispielen aus Nordwestdeutschland, in: Berichte zur deutschen Landeskunde 40 (1968), S. 92-120
Mieck, Ilja, Europäische Geschichte der Frühen Neuzeit, Stuttgart ^{3}1981
Mitgau, Hermann, Geschlossene Heiratskreise sozialer Inzucht, in: Deutsches Patriziat 1430-1740, hg. v. Hellmut Rössler (Deutsche Führungsschichten in der Neuzeit, Bd. 3), Limburg a.d. Lahn 1968, S. 1-25
Mittelstrass, Jürgen, Neuzeit und Aufklärung. Studien zur Entstehung der neuzeitlichen Wissenschaft und Philosophie, Berlin 1970
Mittelstrass, Jürgen, Das praktische Fundament der Wissenschaft und die Aufgabe der Philosophie, Konstanz 1972
Mombert, Paul, Die Entwicklung der Bevölkerung Europas seit der Mitte des 17. Jahrhunderts, in: ZfN 7 (1936), S. 533-545
Momigliano, Arnaldo, Tacitismo, in: Enciclopedia italiana, Bd. 33, Rom 1937, S. 172 f
Momigliano, Arnaldo, Lo syiluppo della biografia greca, Turin 1974

Momigliano, Arnaldo, Storicismo rivisitato, in: ders., Fondamenti della storia antica, Turin 1984, S. 464 ff
Mommsen, Wolfgang J., Geschichte als Historische Sozialwissenschaft, in: Theorie der modernen Geschichtswissenschaft, hg. v. Pietro Rossi, Frankfurt a.M. 1987, S. 107-146
Mörsch, Karl, Geschichte der Pfalz. Von den Anfängen bis zum 19. Jahrhundert, Landau 1987
Moraw, Peter, Aspekte und Dimensionen älterer deutscher Universitätsgeschichte, in: Academia Gissensis. Beiträge zur älteren Gießener Universitätsgeschichte, hg. v. Peter Moraw u. Volker Press (Veröffentlichungen der Historischen Kommission für Hessen in Verb. mit der Justus-Liebig-Universität Gießen, Bd. 45), Gießen 1982, S. 1-43
Moraw, Peter, Kleine Geschichte der Universität Gießen 1607-1982, Gießen 1982
Muchembled, Robert, Kultur des Volks - Kultur der Eliten. Die Geschichte einer erfolgreichen Verdrängung, Stuttgart [2]1984
Muchembled, Robert, Die Erfindung des modernen Menschen. Gefühlsdifferenzierung und kollektive Verhaltensweisen im Zeitalter des Absolutismus, Reinbek 1990
Mühlberger, Josef, Die Entwicklung der österreichischen Staats-Kartographie, in: Mitteilungen des Reichsamtes für Landesaufnahme 5 (1929/30), S. 193-213
Mülfarth, Leo, Johann Wilhelm von Pfalz-Neuburg und die jülich-bergischen Landstände 1679-1716, phil. Diss. Köln 1963
Müller, Adolf u.a., Art. „Darmstadt“, in: Hessisches Städtebuch, hg. v. Erich Keyser (Deutsches Städtebuch, Bd. IV/1), Stuttgart 1957, S. 83-91
Müller, Beatrix/Tilch, Marianne (Bearb.), Düsseldorf. Beschreibung einer Stadt (1600-1850), (Düsseldorfer Jahrbuch, Bd. 59), Düsseldorf 1984
Müller, Gerhard, Die Aristoteles-Rezeption im deutschen Protestantismus, in: Die Rezeption der Antike. Zum Problem der Kontinuität zwischen Mittelalter und Renaissance, hg. v. August Buck (Wolfenbütteler Abhandlungen zur Renaissanceforschung, Bd. 1), Hamburg 1981, S. 55-70
Müller, Klaus, Kurfürst Johann Wilhelm und die europäische Politik seiner Zeit, in: DJb 60 (1986), S. 1-23
Müller, Klaus, Unter pfalz-neuburgischer und pfalz-bayerischer Herrschaft (1614-1806), in: Düsseldorf. Geschichte von den Ursprüngen bis ins 20. Jahrhundert, Bd. 2: Von der Residenzstadt zur Beamtenstadt (1614-1900), hg. v. Hugo Weidenhaupt, Düsseldorf 1988, S. 7-312
Müller, Kurt, Zur Entstehung und Wirkung der wissenschaftlichen Akademien und gelehrten Gesellschaften des 17. Jahrhunderts, in: Universität und Gelehrtenstand 1400-1800, hg. v. Hellmuth Rössler u. Günther Franz (Deutsche Führungsschichten in der Neuzeit, Bd. 4), Limburg a.d. Lahn 1970, S. 127-144
Müller, Rainer A., Universität und Adel. Eine soziokulturelle Studie zur Geschichte der bayerischen Landesuniversität Ingolstadt, 1472-1648, Berlin 1974
Müller, Rainer A., Die deutschen Fürstenspiegel des 17. Jahrhunderts. Regierungslehren und politische Pädagogik, in: HZ 240 (1985), S. 571-597

Münker, Herbert, Die Weseler Schiffahrt vornehmlich zur Zeit des spanisch-niederländischen Krieges (Studien und Quellen zur Geschichte von Wesel, Bd. 1), Wesel 1908

Münter, Georg, Idealstädte. Ihre Geschichte vom 15.-17. Jahrhundert (Studien zur Architektur- und Kunstwissenschaft, Bd. 1), Berlin 1957

Mundorf, G., Bemerkungen zu einer pädagogischen Schrift von E. W. v. Tschirnhaus, in: E. W. von Tschirnhaus und die Frühaufklärung in Mittel- und Osteuropa, hg. v. Eduard Winter (Quellen und Studien zur Geschichte Osteuropas, Bd. 7), Berlin 1960, S. 108-120

Muthmann, Ernst, Das Elberfelder Einwohnerbuch von 1702/03, in: ZBGV 64 (1936/37), S. 98-112

Natorp, G. B. A., Geschichte der evangelischen Gemeinde zu Düsseldorf, Düsseldorf 1881

Nerdinger, Winfried, Die Architekturzeichnung. Vom barocken Idealplan zur Axonometrie, München 1986

Neumann, Hartwig, Ingenieurmäßiges Zeichnen und Konstruktionsübungen, in: Architekt und Ingenieur. Baumeister in Krieg und Frieden, bearb. v. Ulrich Schütte u.a. (Katalog der Herzog August Bibliothek, Wolfenbüttel), Wolfenbüttel/Braunschweig 1984, S. 112-117

Neumann, Hartwig, Architectura Militaris, in: Architekt und Ingenieur, a.a.O., S. 281-404

Neumann, Hartwig, Reißbrett und Kanonendonner. Festungsstädte der Neuzeit, in: „Klar und lichtvoll wie eine Regel". Planstädte der Neuzeit vom 16. bis zum 18. Jahrhundert, hg. v. Michael Maaß u. Klaus W. Berger (Ausstellungskatalog, Badisches Landesmuseum Karlsruhe), Karlsruhe 1990, S. 51-76

Nielsen, Axel, Die Entstehung der deutschen Kameralwissenschaft im 17. Jahrhundert, Jena 1911

Niemann, August, Abris der Statistik und der Staatenkunde, Altona 1807

Nitschke, August, Naturwissenschaftliche Revolutionen und Wandel der Gesellschaftsstruktur, in: SudA 53 (1969), S. 337-361

Nitschke, August, Erfahrungswissenschaften und Gesellschaftsformen, in: Erfahrung und Erfahrungswissenschaft. Die Frage des Zusammenhangs wissenschaftlicher und gesellschaftlicher Entwicklung, hg. v. Rolf E. Vente, Stuttgart 1974, S. 72-89

Nitschke, August, Die Geschichte der Naturwissenschaft und die Gesellschaft, in: Saeculum 29 (1978), S. 205-213

Nobis, Herbert M., Frühneuzeitliche Verständnisweisen der Natur und ihr Wandel bis zum 18. Jahrhundert, in: AfB 11 (1967), S. 37-58

Oehme, Ruthardt, Die Geschichte der Kartographie des deutschen Südwestens, Konstanz 1961

Oehme, Ruthardt, Pläne und Versuche einer kurpälzischen Landesaufnahme im 18. Jahrhundert, in: Berichte zur deutschen Landeskunde 31 (1963), S. 416-446

Oelkers, Jürgen, Biographik. Überlegungen zu einer unschuldigen Gattung, in: NPL 3 (1974), S. 296-309

Oexle, Otto Gerhard, Alteuropäische Voraussetzungen des Bildungsbürgertums - Universitäten, Gelehrte und Studierte, in: Bildungsbürgertum im 19. Jahrhundert, T. 1: Bildungssystem und Professionalisierung im internationalen Vergleich, hg. v. Werner Conze u. Jürgen Kocka, Stuttgart 1985, S. 29-78
Ohlemutz, Walter, Beiträge und kritische Betrachtungen zur amtlichen Topographie und Kartographie im ehemaligen Großherzogtum Hessen, Ing.-Diss. Darmstadt 1951
Ohler, Norbert, Alltag in einer Zeit des Friedens, 1570-1620, in: Geschichte der Stadt Speyer, hg. v. d. Stadt Speyer, Red.: Wolfgang Eger, Bd. I, Stuttgart ²1983, S. 571-655
Ornstein, Martha, The Role of Scientific Societies in the Seventeenth Century, London ²1963
Otto, Heinrich, Werden und Wesen des Quäkertums und seine Entwicklung in Deutschland, Wien 1972
Pabst, Wilhelm D., Im Schatten der Großen. Zeit und Werk des Ulmer Kartographen Joh. Ulrich Müller (1653-1715), in: IJbK 15 (1985), S. 159-182
Pagel, Walter, Paracelsus. An Introduction to Philosophical Medicine in the Era of Renaissance, Basel/New York 1958
Parent, Michel/Verroust, Jacques, Vauban, Paris 1971
Parker, G./Smith, L. M. (Hg.), The General Crisis of the Seventeenth Century, London 1978
Pasquino, Pasquale, Politisches und historisches Interesse. „Statistik" und historische Staatslehre bei Gottfried Achenwall (1719-1772), in: Geschichte und Aufklärung. Studien zur deutschen Geschichtswissenschaft im 18. Jahrhundert, hg. v. Hans Erich Bödeker, Georg G. Iggers, Jonathan B. Knudsen u. Peter H. Reill (Veröffentlichungen des Max-Planck-Instituts für Geschichte, Bd. 81), Göttingen 1986, S. 144-168
Paulsen, Friedrich, Geschichte des gelehrten Unterrichts auf den deutschen Schulen und Universitäten vom Ausgang des Mittelalters bis zur Gegenwart, Bd. 1, Leipzig ³1919 (ND Berlin 1960)
Petersen, P., Geschichte der aristotelischen Philosophie im protestantischen Deutschland, Leipzig 1921
Petri, Franz, Das Siegerland - geschichtliches Grenzland, in: ders./Otto Lucas/Peter Schöller, Das Siegerland. Geschichte, Struktur und Funktionen (Veröffentlichungen des Provinzialinstituts für Westfälische Landes- und Volksforschung, Reihe 1: Wirtschafts- und verkehrswissenschaftliche Arbeiten, H. 8), Münster 1955, S. 5-54
Petri, Franz, Die Kultur der Niederlande. Handbuch der Kulturgeschichte, Konstanz 1964
Petri, Franz, Im Zeitalter der Glaubenskämpfe (1500-1648), in: Rheinische Geschichte, Bd. 2: Neuzeit, hg. v. Franz Petri u. Georg Droege, Düsseldorf 1976, S. 1-217
Peuckert, Will-Erich, Die egyptischen Geheimnisse, in: AVR. Tidskrift för Nordisk Folkminnesforskning - Journal of Scandinavian Folklore 10 (1954), S. 40-96
Peuckert, Will-Erich, Pansophie, 3 Bde., Berlin ²1956-1973
Peuckert, Will-Erich, Die große Wende, 2 Bde., Darmstadt 1966

Pfeiffer, Elisabeth, Die alten Längen- und Flächenmaße. Ihr Ursprung, geometrische Darstellungen und arithmetische Werte, 2 Teile (Sachüberlieferung und Geschichte. Siegener Abhandlungen zur Entwicklung der materiellen Kultur, Bd. 2), St. Katharinen 1986

Pitz, Ernst, Landeskulturtechnik, Markscheide- und Vermessungswesen im Herzogtum Braunschweig bis zum Ende des 18. Jahrhunderts (Veröffentlichungen der Niedersächsischen Archivverwaltung, Bd. 23), Göttingen 1967

Planeth, E., Der außerwestfälische Handel Münsterscher Kaufleute von 1536-1661, phil. Diss. Gütersloh 1937

Platter, Felix, Tagebuch 1536-1567, hg. v. Valentin Lötscher, Basel 1976

Platter, Thomas, Lebensbeschreibung, hg. v. A. Hartmann, Basel 1944

Praetorius, Otfried, Juristen-Sippen am alten Reichskammergericht, in: Familiengeschichtliche Blätter 35 (1935), Sp. 67-78

Prahl, Hans-Werner, Sozialgeschichte des Hochschulwesens, München 1978

Press, Volker, Calvinismus und Territorialstaat. Regierung und Zentralbehörden der Kurpfalz 1559-1619, Stuttgart 1970

Press, Volker, Die Reichsritterschaft im Reich der frühen Neuzeit, in: NA 87 (1976), S. 101-122

Prieur, Jutta, Wesels große Zeit. Das Jahrhundert in den Vereinigten Herzogtümern, in: Geschichte der Stadt Wesel, hg. v. Jutta Prieur, Bd. 1, Düsseldorf 1991, S. 166-212

Prinz, Johann, Die ältesten Landkarten, Kataster- und Landesaufnahmen des Fürstentums Osnabrück, in: Mitteilungen des Vereins für Geschichte und Landeskunde von Osnabrück 63 (1948), S. 251-302, 64 (1950), S. 110-145

Pross, Wolfgang, „Natur", Naturrecht und Geschichte. Zur Entwicklung der Naturwissenschaften und der sozialen Selbstinterpretation im Zeitalter des Naturrechts (1600-1800), in: IASL 3 (1978), S. 38-67

Purver, M., The Royal Society: Concept and Creation, London 1967

Rabb, Theodore K., The Effects of the Thirty Years' War on the German Economy, in: JMH 39 (1962), S. 40-51

Rabb, Theodore K., The Struggle for Stability in Early Modern Europe, New York 1975

Rachel, Hugo, Der Merkantilismus in Brandenburg-Preußen, in: Moderne Preußische Geschichte 1648-1947. Eine Anthologie, hg. v. Otto Büsch u. Wolfgang Neugebauer, Bd. 2, Berlin 1981, S. 951-993 (gekürzter Auszug aus einem Originalbeitrag von 1927)

Radkau, Joachim, Zur angeblichen Energiekrise des 18. Jahrhunderts. Revisionistische Betrachtungen über die „Holznot", in: VSWG 73 (1986), S. 1-37

Radkau, Joachim, Technik in Deutschland. Vom 18. Jahrhundert bis zur Gegenwart, Frankfurt a.M. 1989

Raeff, Marc, The Well-Ordered Police State. Social and Institutional Change through Law in the Germanies and Russia 1600-1800, New Haven 1983

Ranieri, Filippo, Versuch einer quantitativen Strukturanalyse des deutschen Rechtslebens im 16.-18. Jahrhundert (Jus commune, Sonderh. 7), Frankfurt a.M. 1977
Rassem, Mohammed/Stagl, Justin (Hg.), Statistik und Staatsbeschreibung in der Neuzeit, vornehmlich im 16.-18. Jahrhundert (Quellen und Abhandlungen zur Geschichte der Staatsbeschreibung und Statistik, Bd. 1), Paderborn 1980
Rassem, Mohammed/Stagl, Justin (Hg.), Geschichte der Staatsbeschreibung. Ausgewählte Quellentexte (1456-1813), Berlin 1994
Raumer, Kurt v., Die Zerstörung der Pfalz von 1689 im Zusammenhang der französischen Rheinpolitik, München 1930
Raumer, Kurt v., Speyers geschichtliche Stellung im Deutschen Reich, Speyer o.J.
Rausch, Alfred, Christian Thomasius als Gast in Erhard Weigels Schule zu Jena. Ein Beitrag zur Geschichte der Pädagogik im 17. Jahrhundert, in: Symbola doctorum Jenensis Gymnasii in honorem Gymnasii Isenacensis collecta, hg. v. G. Richter, 2. Teil, Jena 1895, S. 60-68
Rebelliau, A., Vauban, Paris 1962
Reichmann, Eberhard, Die Herrschaft der Zahl. Quantitatives Denken in der deutschen Aufklärung, Stuttgart 1968
Reif, Heinz, Sozialgeschichte des deutschen Adels, Frankfurt a.M. 1987
Reininghaus, Wilfried, Gewerbe in der frühen Neuzeit, München 1990
Reulecke, Jürgen, Nachzügler und Pionier zugleich: Das Bergische Land und der Beginn der Industrialisierung in Deutschland, in: Region und Industrialisierung. Studien zur Rolle der Region in der Wirtschaftsgeschichte der letzten zwei Jahrhunderte, hg. v. Sidney Pollard (Kritische Studien zur Geschichtswissenschaft, Nr. 42), Göttingen 1980, S. 52-68
Reuther, Hans, Hugenottensiedlung und Städtebau in Deutschland, in: 300 Jahre Hugenotten in Hessen. Ausstellungskatalog des Museums Fridericianum Kassel, Kassel 1985, S. 175-199
Ribbe, Charles de, Les familles et la société en France avant la révolution d'apres des documents originaux, Bd. I, Paris ^{3}1874
Richter, Karl, Literatur und Naturwissenschaft. Eine Studie zur Lyrik der Aufklärung, München 1972
Riedenhauer, Erwin, Kaiserliche Standeserhebungen für reichsstädtische Bürger 1519-1740, in: Deutsches Patriziat 1430-1740, hg. v. Hellmuth Rössler (Deutsche Führungsschichten in der Neuzeit, Bd. 3), Limburg a.d. Lahn 1968, S. 27-98
Riedenauer, Erwin, Kaiser und Patriziat. Struktur und Funktion des reichsstädtischen Patriziats im Blickpunkt kaiserlicher Adelspolitik von Karl V. bis Karl VI., in: ZBLG 30 (1970)
Ritter, Henning, Einführung: John Aubrey 1626-97, in: John Aubrey, Thomas Hobbes, Berlin ^{2}1984
Robel, Gert, Reisen und Kulturbeziehungen im Zeitalter der Aufklärung, in: Reisen und Reisebeschreibungen im 18. und 19. Jahrhundert als Quellen der Kulturbeziehungsforschung, hg. v. I. B. Krasnobaev, Gert Robel u. Herbert Zeman (Studien

zur Geschichte der Kulturbeziehungen in Mittel- und Osteuropa, Bd. VI), Berlin 1980, S. 9-37
Roberts, M., The Early Vasas. A History of Sweden 1523-1611, Cambridge 1968
Robson-Scott, William Douglas, German Travellers in England 1400-1800, Oxford 1953
Röd, Wolfgang, Geometrischer Geist und Naturrecht, München 1970
Rösch, S., Die Professorengalerie der Gießener Universität. Ikonographische und genealogische Betrachtungen, in: Ludwigs-Universität, Justus-Liebig-Hochschule, 1607-1957. Festschrift zur 350-Jahrfeier, Gießen 1957, S. 433-442
Rössler, Hellmuth, Geistesgeschichtliche Grundzüge in der Entwicklung Hessen-Darmstadts, in: BlldLg 97 (1961), S. 74-98
Rössler, Hellmuth (Hg.), Deutscher Adel 1555-1740, Darmstadt 1965
Rössler, Hellmuth (Hg.), Deutsches Patriziat 1430-1740 (Deutsche Führungsschichten in der Neuzeit, Bd. 3), Limburg a.d. Lahn 1968
Rössler, Hellmuth/Franz, Günther (Hg.), Universität und Gelehrtenstand 1400-1800 (Deutsche Führungsschichten in der Neuzeit, Bd. 4), Limburg a.d. Lahn 1970
Roessler, Wilhelm, Die Entstehung des modernen Erziehungswesens in Deutschland, Stuttgart 1961
Rommel, Christoph v., Geschichte von Hessen, Bd. 5, Kassel 1835; Bd. 6, Kassel 1837
Roosbroek, R. van, Niederländische Patrizier im Exil (1585-1600), in: Deutsches Patriziat 1430-1740, hg. v. Hellmuth Rössler (Deutsche Führungsschichten in der Neuzeit, Bd. 3), Limburg a.d. Lahn 1968
Rosenthal, Heinz, Solingen. Geschichte einer Stadt, Bd. 1: Von den Anfängen bis zum Ausgang des 17. Jahrhunderts, Duisburg 1969
Rossi, Paolo, I filosofi e le macchine (1400-1700), Mailand 1962
Rudersdorf, Manfred, Der Weg zur Universitätsgründung in Gießen. Das geistige und politische Erbe Landgraf Ludwigs IV. von Hessen-Marburg, in: Academia Gissensis. Beiträge zur älteren Gießener Universitätsgeschichte, hg. v. Peter Moraw u. Volker Press (Veröffentlichungen der Historischen Kommission für Hessen, Bd. 45), Marburg 1982, S. 45-82
Rümmler, Else, Düsseldorf zur Zeit Johann Wilhelms und Anna Maria Luisas, in: Anna Maria Luisa de Medici, Kurfürstin von der Pfalz. Ausstellungskatalog des Stadtmuseums Düsseldorf, Düsseldorf 1988, S. 27-33
Ruska, Julius, L'alchimie à l'époque du Dante, in: Annales Guébhard-Séverine, 10. Jg., Neuchâtel 1934, S. 410-417
Saalfeld, Dietrich, Die ständische Gliederung der Gesellschaft Deutschlands, in: VSWG 67 (1980), S. 457-483
Sachse, Wieland, Wirtschaftsliteratur und Kommunikation bis 1800. Beispiele und Tendenzen aus Mittelalter und früher Neuzeit: Kaufmannsbücher, Enzyklopädien, kameralistische Schriften und Statistiken, in: Die Bedeutung der Kommunikation für Wirtschaft und Gesellschaft, hg. v. Hans Pohl (VSWG, Beih. 87), Wiesbaden 1989, S. 216-254

Schaab, Meinrad, Geschichte der Kurpfalz, Bd. 2: Neuzeit, Stuttgart 1992
Schama, Simon, Überfluß und schöner Schein. Zur Kultur der Niederlande im Goldenen Zeitalter, München 1988
Scharfe, Wolfgang, Abriß der Kartographie Brandenburgs 1771-1821 (Veröffentlichungen der Historischen Kommission zu Berlin, Bd. 35), Berlin 1972
Schaube, Adolf, Die Fortschritte unserer Kenntnis von Bartholomäus Stein und seinen Werken seit Markgraf, in: Zeitschrift des Vereins für Geschichte Schlesiens 60 (1926), S. 60-80
Schaumburg, Ernst v., Die Jugendjahre Johann Wilhelms, Pfalzgrafen zu Neuburg und Herzogs zu Jülich und Berg, in: ZBGV 5 (1868/70), S. 327-358
Schaumburg, Ernst v., Zur Charakteristik Johann Wilhelms, Herzogs zu Jülich-Berg etc., Kurfürsten von der Pfalz und seiner Regierung, Düsseldorf 1869
Schaumburg, Ernst v., Johann Wilhelm. Erbprinz und Pfalzgraf zu Neuburg, Regent der Herzogtümer Jülich und Berg, 1679-1690, in: ZBGV 8 (1872), S. 1-179
Schawacht, Jürgen H., Standortprobleme des Siegerländer Wirtschaftsraumes dargestellt am Beispiel der Eisenwirtschaft, in: Natur- und Landschaftskunde in Westfalen 12 (1976), S. 65-71
Scheel, Günter, Leibniz' Eintritt in den braunschweigischen Staatsdienst und seine Wolfenbütteler Wohnung, in: Zur Stadtgeschichte Wolfenbüttels, hg. v. Hans-Georg Reuter, Wolfenbüttel 1988, S. 125-134
Scheppen, H., Niederländische Universitäten und deutsches Geistesleben von der Gründung der Universität Leiden bis ins späte 18. Jahrhundert (Neue Beiträge zur Geschichtsforschung, Bd. 16), Münster 1960
Scheuner, Ulrich, Samuel Freiherr von Pufendorf (1632-1694), in: Die großen Deutschen, hg. v. Hermann Heimpel, Theodor Heuss u. Benno Reifenberg, Bd. V, Gütersloh [3]1978, S. 126-135
Schieder, Theodor, Friedrich der Große. Ein Königtum der Widersprüche, Frankfurt a.M. 1983
Schimank, Hans, Stand und Entwicklung der Naturwissenschaften im Zeitalter der Aufklärung, in: Lessing und die Zeit der Aufklärung, Göttingen 1968
Schindling, Anton, Bildung und Wissenschaft in der Frühen Neuzeit 1650-1800, München 1994
Schindling, Anton, Die Universität Gießen als Typus einer Hochschulgründung, in: Academia Gissensis. Beiträge zur älteren Gießener Universitätsgeschichte, hg. v. Peter Moraw u. Volker Press (Veröffentlichungen der Historischen Kommission für Hessen in Verb. mit der Justus-Liebig-Universität Gießen, Bd. 45), Marburg 1982, S. 83-113
Schivelbusch, Wolfgang, Das Paradies, der Geschmack und die Vernunft. Eine Geschichte der Genußmittel, München 1980
Schlippe, Joseph, Louis Remy de la Fosse und seine Bauten, in: Quartalblätter des Historischen Vereins für das Großherzogtum Hessen 5 (1915), S. 291-316

Schmale, Franz-Josef, Die Anfänge der Grafen von Berg, in: Geschichte in der Gesellschaft. Festschrift f. Karl Bosl zum 65. Geb., hg. v. Friedrich Prinz, Franz-Josef Schmale u. Ferdinand Seibt, Stuttgart 1974, S. 370-392

Schmauderer, Eberhard, Chemiatriker, Scheidekünstler und Chymisten, in: Der Chemiker im Wandel der Zeiten, hg. v. Eberhard Schmauderer, Weinheim 1973

Schmidt, Hans, Philipp Wilhelm von Pfalz-Neuburg (1615-1658), Düsseldorf 1973

Schmidtchen, Volker, Wesel - fester Platz in sieben Jahrhunderten. Befestigte Stadt des Mittelalters und neuzeitliche Festung, in: Geschichte der Stadt Wesel, hg. v. Jutta Prieur, Bd. 2, Wesel 1991, S. 203-229

Schmidt-von Rhein, Georg, Das Reichskammergericht in Wetzlar, in: NA 100 (1989), S. 127-140

Schmithüsen, Josef, Geschichte der geographischen Wissenschaft von den ersten Anfängen bis zum Ende des 18. Jahrhunderts, Mannheim 1970

Schmitt, Carl, Der Staat als Mechanismus bei Hobbes und Descartes, in: Archiv für Rechts- und Sozialphilosophie 30 (1936/37), S. 622-632

Schmitt, Michael/Luckhardt, Jochen, Realität und Abbild in Stadtdarstellungen des 16. bis 19. Jahrhunderts. Untersuchungen am Beispiel Lippstadt (Beiträge zur Volkskultur in Nordwestdeutschland, H. 31), Münster 1982

Schmitt, Michael, Vorbild, Abbild und Kopie. Zur Entwicklung von Sehweisen und Darstellungsarten in druckgraphischen Stadtabbildungen des 15. bis 18. Jahrhunderts am Beispiel Aachen, in: Civitatum Communitas. Studien zum europäischen Städtewesen (Festschrift f. Heinz Stoob zum 65. Geb.), hg. v. Helmut Jäger, Franz Petri u. Heinz Quirin, Köln 1984, S. 322-354

Schnath, Georg, Die Kurhannoversche Landesaufnahme des 18. Jahrhunderts und ihre Kartenwerke, in: Mitteilungen des Reichsamtes für Landesaufnahme 9 (1933/34), S. 19-32

Schnee, Heinrich, Die Hoffinanz und der moderne Staat. Geschichte und System der Hoffaktoren an deutschen Fürstenhöfen im Zeitalter des Absolutismus, Bd. I: Die Institution des Hoffaktorentums in Brandenburg-Preußen, Berlin 1953; Bd. IV: Hoffaktoren an süddeutschen Fürstenhöfen nebst Studien zur Geschichte des Hoffaktorentums in Deutschland, Berlin 1963

Schneider, Ivo, Die mathematischen Praktiker im See-, Vermessungs- und Wehrwesen vom 15. bis 19. Jahrhundert, in: TG 37 (1970), S. 210-242

Schneider, Ivo, Der Proportionalzirkel. Ein universelles Analoginstrument der Vergangenheit (Deutsches Museum, Abhandlungen und Berichte, Bd. 38/2), München 1970

Schneider, Ivo, Maß und Messen bei den Praktikern der Mathematik vom 16. bis 19. Jahrhundert, in: Die historische Metrologie in den Wissenschaften, hg. v. Harald Witthöft u.a. (Sachüberlieferung und Geschichte. Siegener Abhandlungen zur Entwicklung der materiellen Kultur, Bd. 3), St. Katharinen 1986, S. 118-133

Schneider, Wolfgang, Geschichte der Pharmazeutischen Chemie, Weinheim 1972

Schöffler, Herbert, Deutsches Geistesleben zwischen Reformation und Aufklärung. Von Martin Opitz zu Christian Wolff, Frankfurt a.M. ^{2}1956

Schöner, Erich, Das Vicrerschema in der antiken Humoralpathologie (SudA, Beih. 4), Berlin 1964
Schrader, Wilhelm, Geschichte der Friedrichs-Universität zu Halle, Bd. 1, Berlin 1894
Schremmer, Eckart, Standortausweitung der Warenproduktion im langfristigen Wirtschaftswachstum. Zur Stadt-Land-Arbeitsteilung im Gewerbe des 18. Jahrhunderts, in: VSWG 59 (1972), S. 1-40
Schröder, G., Oswald Croll, in: Pharmazeutische Industrie 21 (1959), S. 405-408
Schüling, Hermann, Erhard Weigel (1625-1699). Materialien zur Erforschung seines Wirkens (Berichte und Arbeiten aus der Universitätsbibliothek Gießen, Bd. 18), Gießen 1970
Schütte, G. Loria-F., Algebraische und transzendente ebene Kurven, Leipzig 1902
Schütte, Ulrich, Architekt und Ingenieur, in: Architekt und Ingenieur. Baumeister in Krieg und Frieden, bearb. v. Ulrich Schütte u.a. (Katalog der Herzog August Bibliothek Wolfenbüttel), Wolfenbüttel/Braunschweig 1984, S. 18-27
Schütte, Ulrich, Das Architekturbuch in Deutschland, in: Architekt und Ingenieur, a.a.O., S. 32-38
Schütte, Ulrich, Die Lehre von den Gebäudetypen, in: Architekt und Ingenieur, a.a.O., S. 156-262
Schulin, Ernst, Der Ausgriff Europas nach Übersee. Eine universalhistorische Skizze des Kolonialzeitalters, in: Saeculum 35 (1984), S. 73-85
Schulz-Blochwitz, J., Magister Adam Friedrich Zürner, in: Mitteilungen des Rolands, H. 2, S. 19 ff
Schulze, Hagen, Die Biographie in der ‚Krise der Geschichtswissenschaft', in: GWU 29 (1978), S. 508-518
Schulze, Reiner, Policey und Gesetzgebungslehre im 18. Jahrhundert, Berlin 1982
Schulze, Winfried, Vom Gemeinnutz zum Eigennutz. Über den Normenwandel in der ständischen Gesellschaft der frühen Neuzeit, in: HZ 243 (1986), S. 591-626
Schweitzer, B., Die Universität Leipzig 1409-1959 (Tübinger Universitätsreden, Bd. 7), Tübingen 1960
Schwinges, Rainer Chr., Immatrikulationsfrequenz und Einzugsbereich der Universität Gießen 1650-1800. Zur Grundlegung einer Sozialgeschichte Gießener Studenten, in: Academia Gissensis. Zur älteren Gießener Universitätsgeschichte, hg. v. Peter Moraw u. Volker Press (Veröffentlichungen der Historischen Kommission für Hessen in Verb. mit der Justus-Liebig-Universität Gießen, Bd. 45), Marburg, 1982, 247-296
Seeberg-Elverfeldt, R., Revaler Regesten. Beziehungen der Städte Deutschlands zu Reval in den Jahren 1500-1807, Göttingen 1966
Sehling, Emil (Hg.), Die evangelischen Kirchenordnungen des XVI. Jahrhunderts, Bd. 8, Tübingen 1965
Seidel, Waldemar, Gottfried Wilhelm Leibniz, Köln [2]1979
Seifert, Arno, Cognitio Historica. Die Geschichte als Namengeberin der frühneuzeitlichen Empirie (Historische Forschungen, Bd. 10), Berlin 1976

Seifert, Arno, Staatenkunde. Eine neue Disziplin und ihr wissenschaftstheoretischer Ort, in: Statistik und Staatsbeschreibung in der Neuzeit, vornehmlich im 16.-18. Jahrhundert, hg. v. Mohammed Rassem u. Justin Stagl (Quellen und Abhandlungen zur Geschichte der Staatsbeschreibung und Statistik, Bd. 1), Paderborn 1980, S. 217-248
Seifert, Arno, Conring und die Begründung der Staatenkunde, in: Hermann Conring (1606-1681). Beiträge zu Leben und Werk, hg. v. Michael Stolleis (Historische Forschungen, Bd. 23), Berlin 1983, S. 201-214
Sellenriek, Jörg, Zirkel und Lineal. Kulturgeschichte des Konstruktiven Zeichnens, München 1987
Sellert, Wolfgang, Über die Zuständigkeitsabgrenzung von Reichshofrat und Reichskammergericht (Untersuchungen zur deutschen Staats- und Rechtsgeschichte, N.F. 4), Aalen 1965
Sellin, Volker, Die Finanzpolitik Karl Ludwigs von der Pfalz. Staatswirtschaft im Wiederaufbau nach dem Dreißigjährigen Krieg, Stuttgart 1987
Sellin, Volker, Mentalitäten in der Sozialgeschichte, in: Sozialgeschichte in Deutschland, Bd. III: Entwicklungen und Perspektiven im internationalen Zusammenhang, hg. v. Wolfgang Schieder u. Volker Sellin, Göttingen 1987, S. 101-122
Sheppard, Harry J., Gnosticism and Alchemy, in: Ambix 6 (1957), S. 86-101
Sheppard, Harry J., Alchemy, in: Dictionary of the History of Science, hg. v. W. F. Bynum, E. J. Browne u. Roy Porter, London 1981, S. 9 f
Sheppard, Harry J., European Alchemy in the Context of a Universal Definition, in: Die Alchemie in der europäischen Kultur- und Wissenschaftsgeschichte, hg. v. Christoph Meinel (Wolfenbütteler Forschungen, Bd. 32), Wiesbaden 1986, S. 13-17
Siebert, Gisela, Jagd und Jagdhäuser in Hessen-Darmstadt, Stuttgart 1972
Siebert, Gisela, Die Jagdhäuser der Landgrafen Ernst Ludwig und Ludwig VIII., in: Darmstadt in der Zeit des Barock und Rokoko. Ausstellungskatalog, Bd. 1, Darmstadt 1980, S. 141-150
Siewert, Franz, Geschichte und Urkunden der Rigafahrer in Lübeck im 16. und 17. Jahrhundert (Hansische Geschichtsquellen, N.F. Bd. 1), Berlin 1897
Sijpesteyn, J. W. van, Het leven van Menno Baron van Coehoorn, Leeuwarden 1860
Skalweit, Stephan, Das Herrscherbild des 17. Jahrhunderts, in: HZ 184 (1957), S. 65-80
Slootmans, Korneel, Bergen op Zoom, een stad als een huis, Zaltbommel 1977
Smend, Rudolf, Das Reichskammergericht, Teil 1: Geschichte und Verfassung (Quellen und Studien zur Verfassungsgeschichte des Deutschen Reiches in Mittelalter und Neuzeit, Bd. 4, H. 3), Weimar 1911
Smid, Stefan, Recht und Staat als „Maschine". Zur Bedeutung einer Metapher, in: Der Staat. Zeitschrift für Staatslehre, Öffentliches Recht und Verfassungsgeschichte 27 (1988), S. 325-350
Sommer, Susanne, Mühlen am Niederrhein. Die Wind- und Wassermühlen des linken Niederrheins im Zeitalter der Industrialisierung (1814-1914), Köln 1991
Spaemann, Robert, Genetisches zum Naturbegriff des 18. Jahrhunderts, in: AfB 11 (1967), S. 59-74

Specht, Gerhard, Johann VIII. von Nassau-Siegen und die katholische Restauration der Grafschaft Siegen, Paderborn 1964
Spieß, Edmund, Erhard Weigel. Ein Lebensbild, Leipzig 1881
Sprandel, Rolf, Historische Anthropologie. Zugänge zum Forschungsstand, in: Saeculum 27 (1976), S. 121-142
Das Nordrhein-Westfälische Staatsarchiv Münster 1829-1979 (Veröffentlichungen der staatlichen Archive des Landes Nordrhein-Westfalen, Reihe C, Bd. 7), Münster 1979
Stagl, Justin, Die Apodemik oder „Reisekunst" als Methodik der Sozialforschung vom Humanismus bis zur Aufklärung, in: Statistik und Staatsbeschreibung in der Neuzeit, vornehmlich im 16.-18. Jahrhundert, hg. v. Mohammed Rassem u. Justin Stagl (Quellen und Abhandlungen zur Staatsbeschreibung und Statistik, Bd. 1), Paderborn 1980, S. 131-204
Stavenhagen, Wilhelm, Die geschichtliche Entwicklung des preußischen Militär-Kartenwesens, in: Geographische Zeitschrift 6 (1900), S. 435-449, 504-512, 549-565
Stein, Günter, Befestigungen des Mittelalters, Schlösser und Befestigungen der Neuzeit, in: Pfalzatlas, hg. v. Willi Alter, Textband I, Speyer 1964, S. 320 ff
Stengel, Edmund E., Johann Georg Schleensteins Landesaufnahme der Landgrafschaft Hessen-Kassel, in: Hessenland 44 (1933), S. 48-52
Stewart, William E., Die Reisebeschreibungen und ihre Theorie im Deutschland des 18. Jahrhunderts, Bonn 1978
Stiehler, G., Tschirnhaus als Philosoph, in: E. W. von Tschirnhaus und die Frühaufklärung in Mittel- und Osteuropa, hg. v. Eduard Winter (Studien und Quellen zur Geschichte Osteuropas, Bd. 7), Berlin 1968
Stollberg-Rilinger, Barbara, Der Staat als Maschine. Zur politischen Metapher des absoluten Fürstenstaats (Historische Forschungen, Bd. 30), Berlin 1986
Stolleis, Michael, Veit Ludwig von Seckendorff, in: Staatsdenker im 17. und 18. Jahrhundert. Reichspublizistik - Politik - Naturrecht, hg. v. Michael Stolleis, Frankfurt a.M. 1977, S. 148-173
Stolleis, Michael, Pecunia Nervus Rerum. Zur Staatsfinanzierung in der frühen Neuzeit, Frankfurt a.M. 1983
Stolleis, Michael, Die Einheit der Wissenschaften - Hermann Conring (1606-1681), in: Hermann Conring (1606-1681). Beiträge zu Leben und Werk, hg. v. Michael Stolleis (Historische Forschungen, Bd. 23), Berlin 1983, S. 11-31
Stone, Lawrence (Hg.), The University in Society, 2 Bde., Princeton 1974
Störmer, Wilhelm, Territoriale Landesherrschaft und absolutistisches Staatsprogramm. Zur Mikrostruktur des Alten Reiches im 18. Jahrhundert, in: BlldLg 108 (1972), S. 90-104
Straub, Eberhard, Zum Herrscherideal im 17. Jahrhundert, vornehmlich nach dem „Mundus Christiano Bavaro Politicus", in: ZBLG 22 (1969), S. 193-221
Strauss, Gerald, Sixteenth-Century Germany. Its Topography and Topographers, Madison 1959

Strutz, Edmund, Bergische Wirtschaftsgeschichte, in: Justus Hashagen, Karl J. Narr, Wilhelm Rees u. Edmund Strutz, Bergische Geschichte, Remscheid-Lennep 1958, S. 297-446

Stubenvoll, Hans, Deutsche Hugenottenstädte. Ein Beitrag zur Geschichte des deutschen Städtebaus im 16. und 17. Jahrhundert, phil. Diss. (masch.) Frankfurt a.M. 1952

Stumann-Bowert, Ruth, Theologische Fakultät, in: 375 Jahre Universität Gießen 1607-1982. Geschichte und Gegenwart, hg. v. Norbert Werner (Ausstellungskatalog), Frankfurt a.M. 1982, S. 55-66

Stursberg, E. Erwin, Geschichte des Hütten- und Hammerwesens im ehemaligen Herzogtum Berg, Remscheid 1964

Stursberg, E. Erwin, Remscheid und seine Gemeinden. Geschichte, Wirtschaft, Kultur, Remscheid 1969

Süssmuth, Hans (Hg.), Historische Anthropologie. Der Mensch in der Geschichte, Göttingen 1984

Suhling, Lothar, Meßtechnik und Erfahrungswissenschaften. Ein historischer Überblick, in: Erfahrung und Erfahrungswissenschaft. Die Frage des Zusammenhangs wissenschaftlicher und gesellschaftlicher Entwicklung, hg. v. Rolf E. Vente, Stuttgart 1974, S. 96-105

Sutter, Alex, Göttliche Maschinen. Die Automaten für Lebendiges bei Descartes, Leibniz, La Mettrie und Kant, Frankfurt a.M. 1988

Taenzler, Walter, Der Wortschatz des Maschinenbaus im 16., 17. und 18. Jahrhundert. Ein lexikalischer und sprachwissenschaftlicher Beitrag zur Kultur- und Volkskunde, phil. Diss. Bonn 1955

Taton, René (Hg.), Histoire générale des sciences, Bd. II: La science moderne (de 1450 à 1800), Paris 1958

Tenbruck, Friedrich H., Die unbewältigten Sozialwissenschaften oder Die Abschaffung des Menschen, Graz 1984

Teuteberg, Hans Jürgen, Der Beitrag der Reiseliteratur zur Entstehung des deutschen Englandbildes zwischen Reformation und Aufklärung, in: Reiseberichte als Quellen europäischer Kulturgeschichte. Aufgaben und Möglichkeiten der historischen Reiseforschung, hg. v. Antoni Maczak u. Hans Jürgen Teuteberg (Wolfenbütteler Forschungen, Bd. 21), Wolfenbüttel 1982, S. 73-113

Teuteberg, Hans Jürgen, Reise- und Hausväterliteratur der frühen Neuzeit, in: Die Bedeutung der Kommunikation für Wirtschaft und Gesellschaft, hg. v. Hans Pohl (VSWG, Beih. 87), Wiesbaden 1989, S. 216-254

Thiessen, Sigrun, Die Neuordnung der Wissenschaften, in: Michael Heidelberger/Sigrun Thiessen, Natur und Erfahrung. Von der mittelalterlichen zur neuzeitlichen Naturwissenschaft (Deutsches Museum. Kulturgeschichte der Naturwissenschaften und der Technik, Bd. 5), Reinbek 1981, S. 183-275

Thomas, K., Religion and the Decline of Magic, London 1971

Thorndike, Lynn, A History of Magic and Experimental Science, 8 Bde., New York 1923-1958 (ND 1966)

Thorndike, Lynn, Newness and Craving for Novelty in Seventeenth-Century Science and Medicine, in: JHI 12 (1951), S. 584-598
Thun, Alphons, Die Industrie am Niederrhein und ihre Arbeiter, Bd. 2: Die Industrie des Bergischen Landes (Solingen, Remscheid und Elberfeld-Barmen), Leipzig 1879
Till, Rudolf, Sueton. Cäsarenleben, Leipzig 1936
Timm, Albrecht, Die Universität Halle-Wittenberg. Herrschaft und Wissenschaft im Spiegel ihrer Geschichte, Frankfurt a.M. 1960
Tooley, Ronal Vere, Maps and Map-Makers, London [6]1978
Totok, Wilhelm, Handbuch der Geschichte der Philosophie, Bd. I, Frankfurt a.M. 1964
Totok, Wilhelm/Haase, Carl (Hg.), Leibniz. Sein Leben - sein Wirken - seine Welt, Hannover 1966
Treue, Wilhelm, Zum Thema der Auslandsreisen im 17. Jahrhundert, in: AfK 35 (1953), S. 199-212
Trunz, Erich, Der deutsche Späthumanismus um 1600 als Standeskultur, in: Zeitschrift für Geschichte der Erziehung und des Unterrichts 21 (1931), S. 17-53 (wieder abgedruckt in: Deutsche Barockforschung. Dokumentation einer Epoche, hg. v. Richard Alewyn, Köln 1965, S. 147-181)
Ullrich, Egon, Die naturwissenschaftliche Fakultät in Gießen, in: Ludwigs-Universität, Justus Liebig-Hochschule, 1607-1957. Festschrift zur 350-Jahrfeier, Gießen 1957, S. 267-287
Utsch, Richard, Die Entwicklung und volkswirtschaftliche Bedeutung des Erzbergbaus und der Eisenindustrie im Siegerland, Görlitz 1913 (ND Kreuztal 1984)
Valera, Gabriella, Statistik, Staatengeschichte, Geschichte im 18. Jahrhundert, in: Geschichte und Aufklärung. Studien zur deutschen Geschichtswissenschaft im 18. Jahrhundert, hg. v. Hans Erich Bödeker, Georg G. Iggers, Jonathan B. Knudsen u. Peter H. Reill (Veröffentlichungen des Max-Planck-Instituts für Geschichte, Bd. 81), Göttingen 1986, S. 119-143
Vente, Rolf E. (Hg.), Erfahrungen und Erfahrungswissenschaft. Die Frage des Zusammenhangs wissenschaftlicher und gesellschaftlicher Entwicklung, Stuttgart 1974
Verweyen, J., Ehrenfried Walter v. Tschirnhaus als Philosoph, Diss. Bonn 1906
Vierhaus, Rudolf (Hg.), Der Adel vor der Revolution, Göttingen 1971
Vierhaus, Rudolf, Bildung, in: Geschichtliche Grundbegriffe. Historisches Lexikon zur politisch-sozialen Sprache in Deutschland, hg. v. Otto Brunner, Werner Conze u. Reinhart Koselleck, Bd. 1, Stuttgart 1972, S. 508-551
Vierhaus, Rudolf, Geschichtsschreibung als Literatur im 18. Jahrhundert, in: Historische Forschung im 18. Jahrhundert. Organisation - Zielsetzung - Ergebnisse, hg. v. Karl Hammer u. Jürgen Voss (Pariser Historische Studien, Bd. 13), Bonn 1976, S. 416-431
Vierhaus, Rudolf, Deutschland im Zeitalter des Absolutismus, Göttingen 1978
Vierhaus, Rudolf, Umrisse einer Sozialgeschichte der Gebildeten in Deutschland, in: QFIAB 60 (1980), S. 395-419

Vierhaus, Rudolf, Höfe und höfische Gesellschaft in Deutschland im 17. und 18. Jahrhundert, in: Kultur und Gesellschaft in Deutschland von der Reformation bis zur Gegenwart, hg. v. Klaus Bohnen, Sven-Aage Jørgensen u. Friedrich Schmöe (Kopenhagener Kolloquien zur deutschen Literatur, Bd. 4), Kopenhagen/München 1981, S. 36-56

Vierhaus, Rudolf, Staaten und Stände. Vom Westfälischen zum Hubertusburger Frieden, 1648 bis 1763, Berlin 1984

Vierhaus, Rudolf, Historisches Interesse im 18. Jahrhundert, in: Geschichte und Aufklärung. Studien zur deutschen Geschichtswissenschaft im 18. Jahrhundert, hg. v. Hans Erich Bödeker, Georg G. Iggers, Jonathan B. Knudsen u. Peter H. Reill (Veröffentlichungen des Max-Planck-Instituts für Geschichte, Bd. 81), Göttingen 1986, S. 264-275

Voges, Hermann, Die Gerlachsche Karte des Herzogtums Braunschweig, in: Braunschweigisches Magazin 1922, S. 42-47

Voges, Hermann, Die Allgemeine Landesvermesssung und die erste Verkoppelung im Lande Braunschweig im 18. Jahrhundert, in: Jahrbuch des Braunschweigischen Geschichtsvereins IX (1937), S. 5-56

Volk, O., E. W. v. Tschirnhaus als Mathematiker und Physiker, in: E. W. von Tschirnhaus und die Frühaufklärung in Mittel- und Osteuropa, hg. v. Eduard Winter (Quellen und Studien zur Geschichte Osteuropas, Bd. 7), Berlin 1960, S. 247-265

Volkert, Klaus, Geschichte der Analysis, Mannheim 1988

Voss, Jürgen, Geschichtswissenschaft und Diplomatie im Zeitalter der Aufklärung. Johann Daniel Schöpflin (1694-1771), München 1979

Voss, Jürgen, Die Akademien als Organisationsträger der Wissenschaften im 18. Jahrhundert, in: HZ 231 (1980), S. 43-74

Vovelle, Michel, De la biographie à l'étude de cas, in: Problèmes et méthodes de la biographie. Actes du Colloque (Mai 1985), Paris 1985, S. 191 ff

Wagenführ, Horst, Handelsfürsten der Renaissance, Stuttgart 1957

Wagner, Adolph, Statistik, in: Deutsches Staats-Wörterbuch, hg. v. J. C. Bluntschli u. K. Brater, Bd. 10, Leipzig 1867, S. 400-481

Wagner, Fritz, Europa im Zeitalter des Absolutismus und der Aufklärung. Die Einheit der Epoche, in: Europa im Zeitalter des Absolutismus und der Aufklärung, hg. v. Fritz Wagner (Handbuch der Europäischen Geschichte, Bd. 4), Stuttgart 1968, S. 1-163

Wagner, Fritz, Isaac Newton im Zwielicht zwischen Mythos und Forschung. Studien zur Epoche der Aufklärung, Freiburg i.Br. 1976

Wagner, Stefan, Staatssteuern in Jülich-Berg von der Schaffung der Steuerverfassung im 15. Jahrhundert bis zur Auflösung der Herzogtümer in den Jahren 1801 und 1806 (Kölner Vorträge und Abhandlungen zur Sozial- und Wirtschaftsgeschichte, H. 27), Köln 1977

Wagner, Walter, Der Architekturunterricht außerhalb der Kunstakademien in Mitteleuropa vom Beginn des 16. bis zur Mitte des 19. Jahrhunderts, in: architectura 10 (1980), S. 58-91
Walz, Rainer, Wirtschaft und Verkehr, in: Land im Mittelpunkt der Mächte. Die Herzogtümer Jülich, Kleve, Berg (Ausstellungskatalog), Kleve ^{3}1985
Warnke, Martin, Hofkünstler. Zur Vorgeschichte des modernen Künstlers, Köln 1985
Wasserschleben, Wilhelm, Die ältesten Privilegien und Statuten der Ludoviciana. Rektoratsprogramm 1881, [Gießen 1881]
Weber, Max, Wirtschaft und Gesellschaft. Grundriß der verstehenden Soziologie, Studienausgabe, hg. v. Johannes Winckelmann, Tübingen ^{5}1972
Weber, Otto, Physik und Technologie am Darmstädter Hof: Von der Drechslerwerkstatt zum physikalischen Kabinett, in: Darmstadt in der Zeit des Barock und Rokoko. Ausstellungskatalog, Bd. 1, Darmstadt 1980, S. 105-114
Weber, Wolfhard, Technik zwischen Wissenschaft und Handwerk. Die Technologie des 18. Jahrhunderts als Lenkungswissenschaft des spätabsolutistischen Staates, in: Wirtschaft, Technik und Geschichte. Festschrift f. Albrecht Timm zum 65. Geb., hg. v. Volker Schmidtchen u. Eckhard Jäger, Berlin 1980, S. 137-154
Wegmann, G., Die führenden Geschlechter Lübecks und ihre Verschwägerungen, in: ZVLGA 31 (1941), S. 17-51
Wehler, Hans-Ulrich, Anwendung von Theorien in der Geschichtswissenschaft, in: Theorie und Erzählung in der Geschichte, hg. v. Jürgen Kocka u. Thomas Nipperdey (Beiträge zur Historik, Bd. 3), München 1979, S. 17-39
Wehler, Hans-Ulrich, Neoromantik und Pseudorealismus in der neuen „Alltagsgeschichte“, in: Die Zeit, 18.9.1981 (wieder abgedruckt in ders., Preußen ist wieder chic... Politik und Polemik in zwanzig Essays, Frankfurt a.M. 1983, S. 99-106)
Wehler, Hans-Ulrich, Geschichte von unten gesehen. Wie bei der Suche nach dem Authentischen Engagement mit Methodik verwechselt wird, in: Die Zeit, 3.5.1986
Wehler, Hans-Ulrich, Deutsche Gesellschaftsgeschichte, Bd. 1: Vom Feudalismus des Alten Reiches bis zur Defensiven Modernisierung der Reformära, 1700-1815, München 1987
Weidenhaupt, Hugo, Kleine Geschichte der Stadt Düsseldorf, Düseldorf ^{4}1968 (^{9}1983)
Weigelt, Johannes, Gedanken zur Universitätsgeschichte, in: 250 Jahre Universität Halle. Streifzüge durch ihre Geschichte in Forschung und Lehre, Halle 1944, S. 7-35
Weingart, Peter, Wissensproduktion und soziale Struktur, Frankfurt a.M. 1976
Weißenborn, Bernhard, Die Universität Halle-Wittenberg (Stätten der Bildung, Bd. 2), Berlin 1919
Weißenborn, Bernhard, Halle und Wittenberg, in: DAD 1 (1930)
Weissenborn, Hermann, Die Principien der höheren Analysis in ihrer Entwicklung von Leibniz bis auf Lagrange als historisch-kritischer Beitrag zur Geschichte der Mathematik, Halle 1856 (ND Leipzig 1972)

Weis, Eberhard, Frankreich von 1661 bis 1789, in: Europa im Zeitalter des Absolutismus und der Aufklärung, hg. v. Fritz Wagner (Handbuch der Europäischen Geschichte, Bd. 4), Stuttgart 1968, S. 164-303

Weiss, Fritz, Aulus Gellius. Die Attischen Nächte, Bd. 1: I.-VIII. Buch, Darmstadt ²1965

Weitz, Wolfgang, Barocke Jagdarten in Hessen-Darmstadt, in: Darmstadt in der Zeit des Barock und Rokoko. Ausstellungskatalog, Bd. 1, Darmstadt 1980, S. 137-141

Wessel, Helga, Zweckmäßigkeit als Handlungsprinzip in der deutschen Regierungs- und Verwaltungslehre der frühen Neuzeit (Schriften zur Verfassungsgeschichte, Bd. 28), Berlin 1979

Westermann, Karl/Langhans, Adolf, Wesel, in: Rheinisches Städtebuch, hg. v. Erich Keyser (Deutsches Städtebuch, Bd. III), Stuttgart 1956, S. 402-410

Wichelhaus, Robert, Geschichte der Familie Wichelhaus, Düsseldorf 1922

Winter, Eduard, E. W. v. Tschirnhaus (1651-1708). Ein Leben im Dienste des Akademiegedankens (Sitzungsberichte der deutschen Akademie der Wissenschaften zu Berlin, Klasse f. Philosophie, Geschichte, Staats-, Rechts- und Wirtschaftswissenschaft, Jg. 1959, Nr. 1), Berlin 1959

Winter, Eduard, Der Bahnbrecher der deutschen Frühaufklärung E. W. v. Tschirnhaus und die Frühaufklärung in Mittel- und Osteuropa, in: E. W. von Tschirnhaus und die Frühaufklärung in Mittel- und Osteuropa, hg. v. Eduard Winter (Quellen und Studien zur Geschichte Osteuropas, Bd. 7), Berlin 1960, S. 1-82

Winter, Eduard, Leibniz und die Aufklärung, Berlin 1968

Wisplinghoff, Erich, Ältere Karten im Nordrhein-Westfälischen Hauptstaatsarchiv zu Düsseldorf. Ein Beitrag zur Geschichte des Vermessungswesens und der Landmesser am Niederrhein vom 16. bis zum Beginn des 19. Jahrhunderts, in: 250 Jahre Klevisches Kataster. Studien zur Geschichte der Kartographie und des Vermessungs- und Katasterwesens am Niederrhein, hg. v. Gregor Hövelmann u. Heinrich Steinbring (Schriftenreihe des Kreises Kleve, Bd. 4), Kleve 1984

Witthöft, Harald, Meßrealien und die Tradition nordeuropäischer Maßnormen in Mittelalter und Neuzeit, in: Die historische Metrologie in den Wissenschaften, hg. v. Harald Witthöft u.a. (Sachüberlieferung und Geschichte. Siegener Abhandlungen zur Entwicklung der materiellen Kultur, Bd. 3), St. Katharinen 1986, S. 213-225

Witthöft, Harald, Längenmaß und Genauigkeit 1660 bis 1870 als Problem der deutschen historischen Metrologie, in: TG 57 (1990), S. 189-210

Wolf, A., A History of Science, Technology and Philosophy in the 16th and 17th Centuries, hg. v. D. McKie, 2 Bde., New York ²1950

Wolf, Jürgen Rainer, Darmstadt - Fürstenresidenz und Bürgerstadt, in: Darmstadt in der Zeit des Barock und Rokoko. Ausstellungskatalog, Bd. 1, Darmstadt 1980, S. 278-282

Wolf, Jürgen Rainer, Louis Remy de la Fosse. Leben und Werk, in: Darmstadt in der Zeit des Barock und Rokoko. Ausstellungskatalog, Bd. 2: Louis Remy de la Fosse, Darmstadt 1980, S. 9-35

Wolf, Jürgen Rainer, Zwei Jahrhunderte Krieg und Frieden, in: Battenberg, Friedrich/ Wolf, Jürgen Rainer/Franz, Eckhart G./Deppert, Fritz, Darmstadts Geschichte. Fürstenresidenz und Bürgerstadt im Wandel der Jahrhunderte, Darmstadt 1980, S. 129-288
Wolf, Jürgen Rainer, Hessen-Darmstadt und seine Landgrafen in der Zeit von Barock, Absolutismus und Aufklärung (1650-1803), in: Die Geschichte Hessens, hg. v. Uwe Schultz, Stuttgart 1983, S. 121-132
Wolf, Jürgen Rainer, Joseph Süß Oppenheimer („Jud Süß") und die Darmstädter Goldmünze. Ein Beitrag zur hessen-darmstädtischen Finanzpolitik unter Landgraf Ernst Ludwig, in: Neunhundert Jahre Geschichte der Juden in Hessen. Beiträge zum politischen, wirtschaftlichen und kulturellen Leben, Red.: Christiane Heinemann, Wiesbaden 1983, S. 215-261
Wolf, Jürgen Rainer, Zum Scheitern der Waldenser-Ansiedlung in Arheilgen bei Darmstadt, in: AHG N.F. 44 (1986), S. 419-432
Wolf, Jürgen Rainer, Die ehemalige Düsseldorfer „Pyramide" Grupellos, in: DJb 62 (1990), S. 69-98
Wolff, Fritz, Karten im Archiv (Veröffentlichungen der Archivschule Marburg, Institut für Archivwissenschaft, Nr. 13), Marburg 1987
Wolkenhauer, Wilhelm, Aus der Geschichte der Kartographie, in: Deutsche Geographische Blätter 27 (1904), S. 95 ff, 33 (1910), S. 239 ff, 34 (1911), S. 120 ff, 35 (1912), S. 29 ff, 36 (1913), S. 136 ff, 38 (1916), S. 101 ff, 39 (1917), S. 157 ff
Wülfrath, Karl, Bänder aus Ronsdorf. 150 Jahre J.H. Baur und Sohn, o.O. 1955
Wunder, Bernd, Die Sozialstruktur der Geheimratskollegien in den süddeutschen protestantischen Fürstentümern (1660-1720). Zum Verhältnis von sozialer Mobilität und Briefadel im Absolutismus, in: VSWG 58 (1971), S. 145-220
Wunderkammer des Abendlandes. Museum und Sammlung im Spiegel der Zeit, hg. v. d. Kunst- und Ausstellungshalle der Bundesrepublik Deutschland, Bonn 1994
Wunderlich, Herbert, Kursächsische Feldmeßkunst, artilleristische Richtverfahren und Ballistik im 16. und 17. Jahrhundert (Veröffentlichungen des Staatlichen Mathematisch-Physikalischen Salons, Forschungsstelle Dresden, Zwinger, Bd. 7), Berlin 1977
Wußing, Hans, Zum Charakter der europäischen Mathematik in der Periode der Herausbildung frühkapitalistischer Verhältnisse, in: Mathematik, Physik, Astronomie in der Schule 8 (1961), S. 519-532, 585-593
Zang, Gert, Sozialstruktur und Sozialisation des Adels im 18. Jahrhundert. Exemplarisch dargestellt an Kurbayern, phil. Diss. Konstanz 1972
Zang, Gert, Die unaufhaltsame Annäherung an das Einzelne. Reflexionen über den theoretischen und praktischen Nutzen der Regional- und Alltagsgeschichte, Konstanz 1985
Zeeden, Ernst Walter, Deutsche Kultur in der frühen Neuzeit, Frankfurt a.M. 1968
Zeeden, Ernst Walter, Hegemonialkriege und Glaubenskämpfe, 1556-1648, Frankfurt a.M. 1982
Zeeden, Ernst Walter, Das Erscheinungsbild der frühneuzeitlichen Stadt, vornehmlich nach Reiseberichten und Autobiographien des 16. und 17. Jahrhunderts, in: Stadt

und Kultur, hg. v. Hans Eugen Specker (Stadt in der Geschichte, Bd. 11), Sigmaringen 1983, S. 70-84
Zehrfeld, Reinold, Hermann Conrings (1606-1681) Staatenkunde. Ihre Bedeutung für die Geschichte der Statistik unter besonderer Berücksichtigung der Conringschen Bevölkerungslehre (Sozialwissenschaftliche Forschungen, Abt. I, H. 5), Berlin 1926
Zeuss, Johann Kaspar, Die freie Reichsstadt Speier vor ihrer Zerstörung nach urkundlichen Quellen örtlich geschildert, Speier 1843
Zilsel, Edgar, Die Entstehung des Geniebegriffs, Tübingen 1926
Zilsel, Edgar, Die sozialen Ursprünge der neuzeitlichen Wissenschaft, hg. v. Wolfgang Krohn, Frankfurt a.M. 1976
Zimmermann, Georg, Das Darmstädter Schloß und seine Baugeschichte, Darmstadt 1978
Zinner, Ernst, Entstehung und Ausbreitung der Coppernikanischen Lehre, Erlangen 1943
Zorn, Wolfgang, Hochschule und höhere Schule in der deutschen Sozialgeschichte der Neuzeit, in: Spiegel der Geschichte. Festgabe f. Max Braubach, hg. v. Konrad Repgen u. Stephan Skalweit, Münster 1964, S. 321-339
Zorn, Wolfgang, Deutsche Führungsschichten des 17. und 18. Jahrhunderts. Forschungsergebnisse seit 1945, in: IASL 6 (1981), S. 176-197
Zschaek, Fritz (Hg.), Die Gründungssage der Abtei Altenberg, in: Die Chronik der Grafen von der Mark von Levold von Northof (Monumenta Germaniae historica. Scriptores rerum Germanicarum. Nova series, Bd. 6), Berlin ³1955, S. 108-115
Zubov, V. P., Die cartesianische Physik und Tschirnhaus, in: E. W. von Tschirnhaus und die Frühaufklärung in Mittel- und Osteuropa, hg. v. Eduard Winter (Quellen und Studien zur Geschichte Osteuropas, Bd. 7), Berlin 1960, S. 266-284
Zuhorn, Karl, Vom Münsterschen Bürgertum um die Mitte des XV. Jahrhunderts, in: WZ 95 (1939), S. 88-193
Zunkel, Friedrich, Art. „Ehre, Reputation", in: Geschichtliche Grundbegriffe. Historisches Lexikon zur politisch-sozialen Sprache in Deutschland, hg. v. Otto Brunner, Werner Conze u. Reinhart Koselleck, Bd. 2, Stuttgart 1975, S. 1-63

8. Abkürzungen

a.a.O.	am angegebenen Ort
Abb.	Abbildung
Abt.	Abteilung
ADB	Allgemeine Deutsche Biographie
AfB	Archiv für Begriffsgeschichte
AfK	Archiv für Kulturgeschichte
AfRS	Archiv für Rechts- und Sozialphilosophie
AfS	Archiv für Sozialgeschichte
AHG N.F.	Archiv für hessische Geschichte und Altertumskunde, Neue Folge
AHR	American History Review
AHVN	Annalen des Historischen Vereins für den Niederrhein
AESC	Annales. Economies - Sociétés Civilisations
Anh.	Anhang
Anm.	Anmerkung
Art.	Artikel
Aufl.	Auflage
AZ	Archivalische Zeitschrift
Bd., Bde.	Band, Bände
Bearb.	Bearbeiter/-in
bearb. v.	bearbeitet von
BH	Berliner Hefte - Zeitschrift für Kultur und Politik
Bl.	Blatt
BlldLg	Blätter für deutsche Landesgeschichte
DA	Der Archivar
DAD	Das akademische Deutschland
Dep.	Depositum
ders., dies.	derselbe, dieselbe (Autor/-in)
DGV	Düsseldorfer Geschichtsverein
Diss.	Dissertation
DJb	Düsseldorfer Jahrbuch
DNB	The Dictionary of National Biography
Dok.	Dokument
ebd.	ebenda
f, ff	folgende Seite, folgende Seiten
fol.	Folio, Blatt
GG	Geschichte und Gesellschaft
GWU	Geschichte in Wissenschaft und Unterricht
H.	Heft
HAB	Herzog August Bibliothek Wolfenbüttel
Habil.	Habilitation
Hb.	Handbuch

Hg., hg. v.	Herausgeber/-in, herausgegeben von
HJb	Historisches Jahrbuch
HiJb	Hildener Jahrbuch
HJbL	Hessisches Jahrbuch für Landesgeschichte
Hs	Handschrift
HSTA	Hauptstaatsarchiv
HZ	Historische Zeitschrift
IASL	Internationales Archiv für Sozialgeschichte der deutschen Literatur
IJbK	Internationales Jahrbuch für Kartographie
Jb	Jahrbuch
JbGMO	Jahrbuch für die Geschichte Mittel- und Ostdeutschlands
JEH	Journal of Economic History
JEEH	Journal of European Economic History
Jg.	Jahrgang
JHI	Journal of the History of Ideas
JMH	Journal of Modern History
JNS	Jahrbücher für Nationalökonomie und Statistik
Kap.	Kapitel
LThK	Lexikon für Thologie und Kirche
masch.	maschinenschriftlich
MEKGR	Monatshefte für Evangelische Kirchengeschichte des Rheinlandes
MHVPF	Mitteilungen des Historischen Vereins der Pfalz
MWGF	Mitteilungen der westdeutschen Gesellschaft für Familienkunde
NA	Nassauische Annalen
ND	Neudruck, Nachdruck
NDB	Neue Deutsche Biographie
N.F.	Neue Folge
NPL	Neue Politische Literatur
o.J.	ohne Jahr
o.O.	ohne Ort
Pag.	Pagina, Seite
phil.	philosophisch/-e
PJbb	Preußische Jahrbücher
PP	Past & Present
QFIAB	Quellen und Forschungen aus italienischen Archiven und Bibliotheken
Rep.	Repositorium, Fach
RGG	Die Religion in Geschichte und Gegenwart
RhVjbll.	Rheinische Vierteljahrsblätter
RHMC	Revue d'histoire moderne et contemporaine
S.	Seite
s.	siehe
Sp.	Spalte
SSI	Social Science Information

STA	Staatsarchiv
StA	Stadtarchiv
SudA	Sudhoffs Archiv
T.	Teil
TG	Technikgeschichte
u.a.	unter anderem, und andere
UA	Universitätsarchiv
UB	Universitätsbibliothek
vgl.	vergleiche
VSWG	Vierteljahrschrift für Sozial- und Wirtschaftsgeschichte
W	Westfalen
WBN	Wolfenbütteler Barock-Nachrichten
WF	Westfälische Forschungen
WZ	Westfälische Zeitschrift
Z	Zeile
ZAA	Zeitschrift für Agrargeschichte und Agrarsoziologie
ZBGV	Zeitschrift des Bergischen Geschichtsvereins
ZBLG	Zeitschrift für Bayerische Landesgeschichte
ZfÄAKW	Zeitschrift für Ästhetik und Allgemeine Kunstwissenschaft
ZfN	Zeitschrift für Nationalökonomie
ZfP	Zeitschrift für Pädagogik
ZfS	Zeitschrift für Soziologie
ZHF	Zeitschrift für Historische Forschung
Zit., zit.	Zitat, zitiert (nach)
ZSSD	Zeitschrift für Stadtgeschichte, Stadtsoziologie und Denkmalpflege (seit 1978: Die Alte Stadt)
ZVW	Zeitschrift für Vermessungswesen
ZVLGA	Zeitschrift des Vereins für Lübeckische Geschichte und Altertumskunde

9. Bildnachweise

Umschlag, Vorderseite: wie Abb. 1; Rückseite: Titelvignette der Gründungsakten des „Istituto delle Science" Bologna, 1728 – **Abb. 1**: Kopie von Otto Friedrich nach dem in Privatbesitz befindlichen Original, 1957 (Siegerlandmuseum, Siegen, Best.-Nr. p 305, Inv.-Nr. 1957/7) – **Abb. 1a**: wie Umschlag, Rückseite – **Abb. 2**: Gemälde (Öl auf Holz), wohl von Jacobus Storck, dat. 1683 (Uppsala, Kunstmuseum der Universität, Inv.-Nr.: Way A I, 38) – **Abb. 3**: entnommen aus: *Johann Georg Funcke*, Den Frieden mit Gott . . ., [Leichenpredigt auf] Joachim Georg von Ploennies . . ., [Wetzlar] 1733 (Universitätsbibliothek Marburg a. L. XiXe A 730) – **Abb. 4**: Kupferstich, sign. A. E. D., dat. 1618 (Stadtarchiv Speyer, Inv.-Nr.: 2104) – **Abb. 5**: Kupferstich, unsign., undatiert, Ende 17. Jh. (Stadtarchiv Speyer, Best. 233, Nr. IV 19) – **Abb. 6**: entnommen aus: *Franciscus Philippus Florinus*, Des Klugen Und Rechts-verständigen Haus-Vatters Anderer Theil/Oder Grosser Herren Stands Und Adelichen Haus-Vatters Erstes (Fünfftes) Buch, Nürnberg 1722 (Herzog August Bibliothek Wolfenbüttel, Oe 2° 11 [2]) – **Abb. 7**: Kupferstich, unsign., Nürnberg: Johann Hoffmann, 1689 (Stadtarchiv Speyer, Best. 233, Nr. III 52) – **Abb. 8**: entnommen aus: *Johann Christoph Sturm*, Kurzgefaßte Mathesis oder erste Anleitung zu mathematischen Wissenschafften . . ., Coburg 1717 (Herzog August Bibliothek Wolfenbüttel, Nb 4° 61, Tb. II) – **Abb. 9**: Stich von Gabriel Bodenehr d. Ä., undat. (Stadtgeschichtliches Museum Leipzig) – **Abb. 10**: unsign., undat. (Stadtgeschichtliches Museum Leipzig) – **Abb. 11**: Kupferstich von Johann Dürr (Städtisches Museum Jena, Inv.-Nr. 2930) – **Abb. 12**: entnommen aus: 250 Jahre Universität Halle. Streifzüge durch ihre Geschichte in Forschung und Lehre, Halle 1944 (36) – **Abb. 13**: Gemälde von A. Storck Nieuwershuis, undat. (Privatbesitz) – **Abb. 14**: British Museum, London – **Abb. 15**: British Museum, London – **Abb. 15a**: Kartusche (Ausschnitt) der Karte Solingen; E. P. Ploennies, Topographia Ducatus Montani (Hauptstaatsarchiv Düsseldorf, Karte 3500) – **Abb. 16**: Gemälde (Öl auf Leinwand) von Johann Christian Fiedler, undat. (Schloßmuseum Darmstadt) – **Abb. 17**: Kopie von J. M. Franck (1801) nach einer Kopie des Obristen Müller (Kabinettsbibliothek Darmstadt; hier entnommen aus: Georg Haupt, Die Bau- und Kunstdenkmäler der Stadt Darmstadt, Bd. II, Darmstadt 1954, S. 55) – **Abb. 18**: Gemälde von J. Tobias Sonntag, 1746 (Stadtarchiv Darmstadt, Bildersammlung) – **Abb. 19–21**: Staatliche Kunsthalle Karlsruhe, Plansammlung Nr. 114 – **Abb. 22**: Privatbesitz – **Abb. 23**: entnommen aus: „Der getreue Reihs-Gefert durch Ober- und Nieder-Teutschland", o. O. 1686 – **Abb. 24**: Universitätsarchiv Gießen, Phil. K. 9 – **Abb. 25**: Öl auf Leinwand (Kunstmuseum Bern, Inv.-Nr. 1889) – **Abb. 26**: Stadtarchiv Wesel – **Abb. 27**: Vignette eines Landmessers und seiner Gehilfen; entnommen aus: *Jacob Meyer*, Compendium geometriae practicae, sive planimetria, Kurtzer Bericht, vom Feldmessen und Feldtheilen, 1663 (Herzog August Bibliothek Wolfenbüttel, Nx 60 [3]) – **Abb. 28**: Das Handwerkszeug eines Landmessers, entnommen aus: *Jacopo Barozzi* *da Vignola*, Regola delli cinque ordini d'architettura . . ., Regel der funff orden von Architectur . . ., Amsterdam 1640 (Herzog August Bibliothek Wolfenbüttel, 10. 5 Geom. 2° [2]) – **Abb. 29**: Gemälde (Öl auf Leinwand) von A. Hollander 1889 (Stadtmuseum Düsseldorf, Inv.-Nr. 25) nach dem Original von Jan Frans Douven (Florenz, Galleria Palatina) – **Abb. 30–33**: Titelvignetten aus dem „Atlas Augusteus Saxonicus" von Adam Friedrich Zürner, um 1725 (Hauptstaatsarchiv Dresden, Kartensammlung) – **Abb. 34**: Erich Philipp Ploennies, Topographia Ducatus Montani, 1715 (Hauptstaatsarchiv Düsseldorf, Karte 3500) – **Abb. 35**: Gouache von Caspar Wolf um 1780 nach Jan van Nikkelen, 1714/15 (Staatliche Graphische Sammlung, München, Inv.-Nr. 417) – **Abb. 36**: Erich Philipp Ploennies, Topographia Ducatus Montani, 1715 (Hauptstaatsarchiv Düsseldorf, Karte 3500) – **Abb. 37**: entnommen aus: *Christoff Weigel*, Abbildung Der Gemein-Nützlichen Haupt-Stände Von denen Regenten . . . biß auf alle Künstler und Handwercker . . ., Regensburg 1698 (Herzog August Bibliothek Wolfenbüttel, Oc 124) – **Abb. 38–39**: Erich Philipp Ploennies, Generallandmessung des Fürstentums Nassau-Siegen (Staatsarchiv Münster, Fürstentum Oranien-Nassau, Reg. Arnsberg, Karten 27/Nr. 789) – **Abb. 40**: Hauptstaatsarchiv Wiesbaden, Abt. 3011, Nr. 2802, 1 – **Abb. 41**: ebd., Nr. 2801, fol. 1–3 – **Abb. 42**: Friends Reference Library, London (Thirnbeck Manuscripts, No. XXIX)

10. Ortsregister

11. Personenregister